继电保护培训题库

浙江省电力公司　组编

中国电力出版社
CHINA ELECTRIC POWER PRESS

内 容 提 要

本书是在浙江电网调度系统继电保护专业各类专项培训、普考、调考及技术技能竞赛练习题的基础上，经过整理、补充、汇编而成，分为理论篇、新技术篇、技能篇和实战篇四个部分共十八章。其中：理论篇包括基础知识、整定计算、线路保护、母线保护、变压器保护、发变组保护、安全自动装置、二次回路、规程规范及相关专业知识共十章；新技术篇包括智能变电站和特高压电网控制与保护两章；技能篇包括整定案例、保护调试、事故案例分析及应急处理共四章；实战篇包括模拟理论题及模拟技能题若干套。题型包括选择题、判断题、简答题、计算题、绘图题、分析题及案例题等。

本书可作为调度系统技术人员的学习参考用书。

图书在版编目（CIP）数据

继电保护培训题库/浙江省电力公司组编. —北京：中国电力出版社，2013.12（2019.6重印）
ISBN 978-7-5123-4721-2

Ⅰ.①继… Ⅱ.①浙… Ⅲ.①继电保护-技术培训-习题集 Ⅳ.①TM77-44

中国版本图书馆 CIP 数据核字（2013）第 162030 号

中国电力出版社出版、发行
（北京市东城区北京站西街 19 号　100005　http://www.cepp.sgcc.com.cn）
三河市百盛印装有限公司印刷
各地新华书店经售

*

2013 年 12 月第一版　2019 年 6 月北京第五次印刷
787 毫米×1092 毫米　16 开本　33 印张　791 千字
印数 6501—7500 册　定价 110.00 元

编 委 会

前 言

继电保护是电网安全运行的第一道防线，是电网的守护神。电力系统的迅速发展对继电保护不断提出新的要求，随着电子技术、计算机技术的快速发展，从 20 世纪 90 年代开始，我国继电保护技术进入微机保护时代，近年来，继电保护技术向计算机化，网络化，智能化、保护、控制、测量和数据通信一体化方向不断发展，特高压电网的建设和 IEC61850 标准智能变电站的工程应用，为继电保护技术的发展注入了新的活力，同时对继电保护从业人员提出了新的技术要求。

为提高继电保护从业人员业务素质，更好地保障电网安全、可靠运行，特编写《继电保护培训题库》一书。本书共分四篇，第一篇为理论知识题，主要侧重继电保护原理，包括基础知识、整定计算、线路保护、母线保护、变压器保护、发变组保护、安全自动装置和二次回路、规程规范及相关专业知识等；第二篇为新技术知识题，主要包括智能变继电保护及相关知识和特高压控制与保护知识；第三篇为技能题，主要侧重案例分析，包括整定案例、保护调试、事故案例分析和应急处理；第四篇为实战模拟题，包括模拟理论题和模拟技能题。

本书由具有丰富现场经验的专业技术人员及丰富培训教学经验的专业培训师编写。全书由裴愉涛、王文廷、方磊、杨小青统稿。

本书在编写过程中，得到了公司系统相关单位和人员的大力支持，方丽清、陈栋林、范锡同等原公司系统专家对本书部分章节进行审阅并提出了宝贵意见，在此一并致以衷心的感谢！

恳请读者对本书的错误和不当之处提出批评和指正。

编 者

2013.10.10

继电保护 培训题库

目 录

第一篇

理 论 篇

第一章

基 础 知 识

一、选择题

1. 已知正弦电压 $u=311\sin\left(314t-\dfrac{\pi}{6}\right)\mathrm{V}$，有一正弦电流 $i=7.07\sin\left(314t+\dfrac{\pi}{3}\right)$，它们之间的相位差为（ A ）。

    A. 电压滞后电流 $\dfrac{\pi}{2}$ B. 电压超前电流 $\dfrac{\pi}{2}$

    C. 电压滞后电流 $\dfrac{\pi}{6}$ D. 电压超前电流 $\dfrac{\pi}{6}$

2. 把 $L=100\mathrm{mH}$ 的电感接到 $u=\sqrt{2}\times220\sin\left(314t-\dfrac{\pi}{6}\right)\mathrm{V}$ 的交流电源上，电感的无功功率是（ B ）。

    A. 770Var   B. 1540Var   C. 1333.7Var   D. 0

3. 现有 $47\mu\mathrm{F}$、额定电压为 20V 的电容器，将两只这样的电容器并联后接到 1000Hz、1CV 的交流电源上，电路的总电流是（ D ）。

    A. 电容器因过压而损坏   B. 2.96A

    C. 1.48A   D. 5.92A

4. 有 $R=30\Omega$、$L=127\mathrm{mH}$ 的线圈与 $C=39.8\mu\mathrm{F}$ 电容串联，接到 50Hz、220V 的正弦交流电源上，电容器上的电压是（ A ）。

    A. 352V   B. 220V   C. 117.3V   D. 58.7V

5. 有 $L=\dfrac{1}{100\pi}\mathrm{H}$ 的线圈与 $C=\dfrac{1}{100\pi}\mathrm{F}$ 电容并联，接到 50Hz、220V 的正弦交流电源上，电路稳定后电源支路电流为（ B ）。

    A. 220A   B. 0   C. 440A   D. 短路

6. 有一感性负载接在 220V 的工频交流电源上，吸收的有功功率 $P=10\mathrm{kW}$，功率因数为 0.7。现要求把功率因数提高到 0.9，所需要并联电容器的电容量为（ B ）。

    A. $176\mu\mathrm{F}$ B. $352\mu\mathrm{F}$ C. $407\mu\mathrm{F}$ D. $704\mu\mathrm{F}$

7. 三相负载 $Z_U=Z_V=Z_W=19+\mathrm{j}11\Omega$，接于线电压为 380V 的对称三相电源上。负载做 Y 连接时相电流为（ A ）。

    A. 10A   B. 17.3A   C. 20A   D. 8.66A

8. 非正弦周期电流电路吸收的平均功率（B）其直流分量和各次谐波分量吸收的平均功率之和。

    A. 小于   B. 等于   C. 大于   D. 不能确定

9. RL 串联电路的时间常数 τ（A）。

    A. 与 L 成正比，与 R 成反比   B. 与 R 成正比，与 L 成反比

    C. 与 L、R 成正比   D. 与 L、R 成反比

10. RC 串联电路的时间常数 τ（C）。

    A. 与 C 成正比，与 R 成反比   B. 与 R 成正比，与 C 成反比

    C. 与 C、R 成正比   D. 与 C、R 成反比

11. 暂态过程的大小与持续时间、系统的时间常数有关，一般 220kV 系统的时间常数不大于（B）。

    A. 10ms   B. 60ms   C. 80～200ms   D. 200～300ms

12. 纯电感、电容并联回路发生谐振时，其并联回路的阻抗等于（A）。

    A. 无穷大   B. 零   C. 电源阻抗   D. 谐振回路中的电抗

13. 分析和计算复杂电路的基本依据是（C）。

    A. 欧姆定律

    B. 克希荷夫（基尔霍夫）定律

    C. 克希荷夫（基尔霍夫）定律和欧姆定律

    D. 节点电压法

14. 图 1-1 门电路为（B）电路。

    A. 延时动作、瞬时返回

    B. 瞬时动作、延时返回

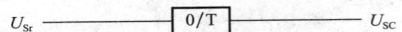

图 1-1

    C. 延时动作、延时返回

    D. 瞬时动作、瞬时返回

15. 输送相同的负荷，提高输送系统的电压等级会（B）。

    A. 提高负荷功率因数   B. 减少线损

    C. 改善电能波形   D. 以上都是

16. 通过调整有载调压变压器分接头进行调整电压时，对系统来说（C）。

    A. 起不了多大作用   B. 改变系统的频率

    C. 改变了无功分布   D. 改变系统的谐波

17. 如果电网提供的无功功率小于负荷需要的无功功率，则电压（A）。

    A. 降低   B. 不变   C. 升高   D. 不确定

18. 当线路输送自然功率时，线路产生的无功（B）线路吸收的无功。

    A. 大于   B. 等于   C. 小于   D. 视具体情况都可能

19. 输电线路空载时，其末端电压比首端电压（A）。

    A. 高   B. 低   C. 相同   D. 不确定

20. 当变比不同的两台升压变压器并列运行时，将在两台变压器内产生环流，使得两台变压器空载的输出电压（C）。

　　A. 上升　　　　　　　　　　　　B. 降低

　　C. 变比大的升，小的降　　　　　D. 变比小的升，大的降

21. 两台阻抗电压不相等变压器并列运行时，在负荷分配上（ A ）。

　　A. 阻抗电压大的变压器负荷小　　B. 阻抗电压小的变压器负荷小

　　C. 不受阻抗电压影响　　　　　　D. 一样大

22. 系统发生短路故障时，系统网络的总阻抗会出现（ B ）。

　　A. 突然增大　　　　　　　　　　B. 突然减小

　　C. 忽大忽小变化　　　　　　　　D. 不变

23. 有一两电源系统，已知 M 侧母线电压和 N 侧母线电压相位相同，M 侧母线电压大于 N 侧母线电压，则有（ C ）。

　　A. 线路中有功功率从 M 侧输向 N 侧

　　B. 线路中有功功率从 N 侧输向 M 侧

　　C. 线路中无功功率（感性）从 M 侧输向 N 侧

　　D. 线路中无功功率（感性）从 N 侧输向 M 侧

24. 输电线路中某一侧的潮流是受有功、送无功，它的电压超前电流为（ B ）。

　　A. $0°\sim90°$　　　B. $90°\sim180°$　　　C. $180°\sim270°$　　　D. $270°\sim360°$

25. 如果线路送出有功与受进无功相等，则线路电流、电压相位关系（ B ）。

　　A. 电压超前电流 $45°$　　　　　　B. 电流超前电压 $45°$

　　C. 电流超前电压 $135°$　　　　　D. 电压超前电流 $135°$

26. 某线路有功负荷由母线流向线路，下面的角度范围正确的是（ C ）。

　　A. $\varphi(U_u-I_u)=97°$，$\varphi(U_u-U_v)=122°$

　　B. $\varphi(U_u-I_u)=195°$，$\varphi(U_u-U_v)=121°$

　　C. $\varphi(U_u-I_u)=13°$，$\varphi(U_u-U_v)=119°$

　　D. 以上都不正确

27. 试验接线如图 1-2 所示，合上开关 S，电压表 PV、电流表 PA、功率表 PW 均有读数，打开 S 时 PV 读数不变，但 PA 和 PW 的读数都增加了，由此可判负载是（ A ）。

　　A. 感性　　　　　　B. 容性

　　C. 阻性　　　　　　D. 都可能

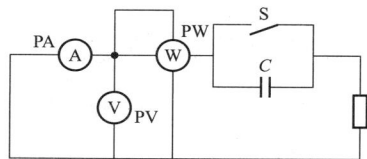

图 1-2

28. 一三角形网络 LMN，其支路阻抗（Z_{LM}、Z_{MN}、Z_{LN}）均为 Z，变换为星形网络 LMN-O，其支路阻抗（Z_{LO}、Z_{MO}、Z_{NO}）均为（ B ）。

　　A. $3Z$　　　　　　　　B. $Z/3$　　　　　　　C. Z　　　　　　　D. 以上都不是

29. 电阻连接如图 1-3 所示，AB 间的电阻为（ B ）。

　　A. 3.8Ω　　　　B. 4.4Ω

　　C. 5.2Ω　　　　D. 7Ω

30. 在三相对称故障时，计算电流互感器的二次负载，三角形接线是星形接线的（ C ）。

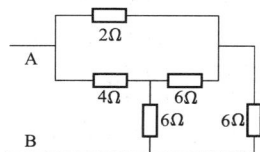

图 1-3

A. 2 倍   B. $\sqrt{3}$ 倍   C. 3 倍   D. 1/3 倍

31. 采用（B），就不存在由发电机间相角确定的功率极限问题，不受系统稳定的限制。

A. 串联补偿   B. 直流输电   C. 并联补偿   D. 特高压交流输电

32. 中性点经消弧线圈接地后，若单相接地故障的电流呈感性，此时的补偿方式为（B）。

A. 全补偿   B. 过补偿   C. 欠补偿   D. 零补偿

33. 中性点经消弧线圈接地，普遍采用（B）。

A. 全补偿   B. 过补偿   C. 欠补偿   D. 零补偿

34. 我国电力系统中性点接地方式主要有（B）三种。

A. 直接接地方式、经消弧线圈接地方式和经大电抗器接地方式

B. 直接接地方式、经消弧线圈接地方式和不接地方式

C. 直接接地方式、经消弧线圈接地方式和经大电抗器接地方式

D. 以上都是

35. 我国 220kV 及以上系统的中性点均采用（A）。

A. 直接接地方式   B. 经消弧圈接地方式

C. 经大电抗器接地方式   D. 不接地方式

36. 一组对称向量 A、B、C 彼此按顺时针方向排列并相差 120°，称为（A）分量。

A. 正序   B. 负序   C. 零序   D. 以上都是

37. 有一组负序对称向量，彼此间相位角是 120°，它按（B）方向排列。

A. 顺时针   B. 逆时针   C. 平行方向   D. 以上都是

38. 把 U、V、W 三相不对称相量分解为正序、负序及零序三组对称分量时，正序分量 V_1 为（A）（$\alpha = e^{j120°}$）。

A. $\frac{1}{3}(\alpha^2 U + V + \alpha W)$ B. $\frac{1}{3}(U + \alpha V + \alpha^2 W)$

C. $\frac{1}{3}(\alpha U + V + \alpha^2 W)$ D. 以上都不是

39. 表达式 $\frac{1}{3}(\dot{U}_{VW} + e^{-j60°}\dot{U}_{WU})$，代表的是（B）。

A. U 相负序电压   B. V 相负序电压

C. W 相负序电压   D. 以上都不对

40. 电力设备的参数常用以（C）为基准的标幺值表示。

A. 100MVA，平均额定电压   B. 1000MVA，平均额定电压

C. 三相额定容量，额定线电压   D. 三相额定容量，平均线电压

41. 当标幺制基准容量选取为 100MVA 时，220kV 基准阻抗为（B）。

A. 484Ω   B. 529Ω   C. 251Ω   D. 262Ω

42. 若取相电压基准值为额定相电压，则功率标幺值等于（C）。

A. 线电压标幺值   B. 线电压标幺值的 $\sqrt{3}$ 倍

C. 电流标幺值   D. 电流标幺值的 $\sqrt{3}$ 倍

43. 如果对短路点的正、负、零序综合电抗为 $X_{1\Sigma}$、$X_{2\Sigma}$、$X_{0\Sigma}$，而且 $X_{1\Sigma} = X_{2\Sigma}$，故障点

的单相接地故障相的电流比三相短路电流大的条件是（ A ）。

    A. $X_{1\Sigma}>X_{0\Sigma}$ B. $X_{1\Sigma}=X_{0\Sigma}$ C. $X_{1\Sigma}<X_{0\Sigma}$ D. 不确定

44. 两相接地故障的零序电流大于单相接地故障的零序电流的条件是（ C ）。

    A. $Z_{k1}<Z_{k0}$ B. $Z_{k1}=Z_{k0}$ C. $Z_{k1}>Z_{k0}$ D. 不确定

    注：Z_{k1}故障点正序综合阻抗；Z_{k0}故障点零序综合阻抗。

45. 若故障点综合零序阻抗小于正序阻抗，则各类接地故障中的零序电流分量以（ B ）的为最大。

    A. 单相接地   B. 两相接地   C. 三相接地   D. 不确定

46. 两相金属性短路故障时，两故障相电压和非故障相电压相位关系为（ B ）。

    A. 同相   B. 反相   C. 相垂直   D. 不确定

47. 两相金属性短路故障时，故障点非故障相电压（ C ）。

    A. 升高   B. 降低

    C. 是故障相电压的两倍   D. 不确定

48. 中性点不接地系统，发生金属性两相接地故障时，健全相的电压（ C ）。

    A. 略微增大   B. 不变

    C. 增大为正常相电压的 1.5 倍   D. 增大为正常相电压的 $\sqrt{3}$ 倍

49. 线路发生两相短路时短路点处正序电压与负序电压大小的关系为（ B ）。

    A. $U_{K1}>U_{K2}$ B. $U_{K1}=U_{K2}$ C. $U_{K1}<U_{K2}$ D. 以上都可能

50. 在线路上同一点发生故障，（ D ）情况下母线正序电压下降最少。

    A. 三相短路   B. 两相接地短路   C. 两相短路   D. 单相短路

51. 在大电流接地系统中发生接地短路时，保护安装点的 $3U_0$ 和 $3I_0$ 之间的相位角取决于（ C ）。

    A. 该点到故障点的线路零序阻抗角

    B. 该点正方向到零序网络中性点之间的零序阻抗角

    C. 该点背后到零序网络中性点之间的零序阻抗角

    D. 以上都不是

52. 当架空输电线路发生三相短路故障时，该线路保护安装处的电流和电压的相位关系是（ B ）。

    A. 功率因数角   B. 线路阻抗角

    C. 保护安装处的功角   D. 0°

53. 输电线路 VW 两相金属性短路时，短路电流 I_{VW}（ C ）。

    A. 滞后于 W 相间电压一线路阻抗角

    B. 滞后于 V 相电压一线路阻抗角

    C. 滞后于 VW 相间电压一线路阻抗角

    D. 滞后于 U 相电压一线路阻抗角

54. 大接地电流系统中，不论正向发生单相接地，还是发生两相接地短路时，都是 $3I_0$ 超前 $3U_0$ 约（ D ）。

    A. 30°   B. 45°   C. 70°   D. 110°

55. 大接地电流系统中，发生接地故障时，零序电压在（ A ）。

　　A. 接地短路点最高　　　　　　　　B. 变压器中性点最高

　　C. 各处相等　　　　　　　　　　　D. 发电机中性点最高

56. 在小接地电流系统中，某处发生单相接地时，母线电压互感器开口三角形的电压（ C ）。

　　A. 故障点距母线越近，电压越高　　B. 故障点距母线越近，电压越低

　　C. 与故障点的距离远近无关　　　　D. 不确定

57. 在中性点非直接接地系统中，故障线路的零序电容电流与非故障线路上的零序电容电流方向（ A ）。

　　A. 相反　　　　　B. 超前　　　　　C. 滞后　　　　　D. 相同

58. 接地故障时，零序电流的大小（ A ）。

　　A. 与零序等值网络的状况和正负序等值网络的变化有关

　　B. 只与零序等值网络的状况有关，与正负序等值网络的变化无关

　　C. 只与正负序等值网络的变化有关，与零序等值网络的状况无关

　　D. 不确定

59. 只有发生（ C ），零序电流才会出现。

　　A. 相间故障　　　　　　　　　　　B. 振荡时

　　C. 不对称接地故障或非全相运行时　D. 以上都会

60. 110kV 某一条线路发生两相接地故障，该线路保护所测的正序和零序功率的方向是（ C ）。

　　A. 均指向线路　　　　　　　　　　B. 零序指向线路，正序指向母线

　　C. 正序指向线路，零序指向母线　　D. 均指向母线

61. 在大电流接地系统，各种类型短路的电压分布规律是（ C ）。

　　A. 正序电压、负序电压、零序电压越靠近电源数值越高

　　B. 正序电压、负序电压越靠近电源数值越高，零序电压越靠近短路点越高

　　C. 正序电压越靠近电源数值越高，负序电压、零序电压越靠近短路点越高

　　D. 正序电压、零序电压越靠近电源数值越高，负序电压越靠近短路点越高

62. 一条 220kV 线路 M 侧为系统，N 侧无电源但主变压器（YNd 接线）中性点接地，当该线路 U 相接地故障时，如果不考虑负荷电流，则（ C ）。

　　A. N 侧 U 相有电流，V、W 相无电流

　　B. N 侧 U 相有电流，V、W 相有电流，但大小不同

　　C. N 侧 U 相有电流，与 V、W 相电流大小相等且相位相同

　　D. N 侧 U、V、W 相均无电流

63. 已知 500kV 三相自耦变压器组 YNa0d11，750MVA，515/230/36kV，变压器高压侧母线发生单相接地故障时，流过高压侧断路器 $3I_0$ 的电流为 4547A，中压侧断路器 $3I_0$ 的电流为 6159A，流过变压器中性点的 $3I_0$ 电流则为（ B ）。

　　A. 4547A　　　　　B. 1612A　　　　　C. 1796A　　　　　D. 4022A

64. 大电流接地系统反方向发生接地故障（K 点）时，如图 1-4 所示，在 M 处流过该线路的 $3I_0$ 与 M 母线 $3U_0$ 的相位关系是（ B ）。

A. $3I_0$ 超前 M 母线 $3U_0$ 约 80°

B. $3I_0$ 滞后 M 母线 $3U_0$ 约 80°

C. $3I_0$ 滞后 M 母线 $3U_0$ 约 100°

D. $3I_0$ 超前 M 母线 $3U_0$ 约 100°

图 1-4

65. 如果对短路点的正、负、零序综合电抗为 $X_{1\Sigma}$、$X_{2\Sigma}$、$X_{0\Sigma}$，且 $X_{1\Sigma}=X_{2\Sigma}$，则两相接地短路时的复合序网图是在正序序网图中的短路点 K_1 和中性点 H_1 间串入如（ C ）式表达的附加阻抗。

A. $X_{2\Sigma}+X_0$ B. $X_{2\Sigma}$ C. $X_{2\Sigma} /\!/ X_{0\Sigma}$ D. 以上都不正确

66. 线路上发生 V 相单相接地时，故障点正、负、零序电流分别通过线路 M 侧的正、负、零序分流系数 C_{1M}、C_{2M}、C_{0M} 被分到了线路 M 侧，形成了 M 侧各相全电流中的故障分量 ΔI_Φ（Φ＝U、V、W）。若（ B ）成立，则 $\Delta I_U=\Delta I_W\neq 0$；若（ C ）成立，则 $\Delta I_U\neq\Delta I_W\neq 0$；若（ A ）成立则 $\Delta I_U=\Delta I_W=0$。

A. $C_{1M}=C_{2M}=C_{0M}$ B. $C_{1M}=C_{2M}\neq C_{0M}$

C. $C_{1M}\neq C_{2M}\neq C_{0M}$ D. $C_{1M}\neq C_{2M}=C_{0M}$

67. 系统发生两相短路，短路点距母线远近与母线上负序电压值的关系是（ C ）。

A. 与故障点的位置无关   B. 故障点越远负序电压越高

C. 故障点越近负序电压越高   D. 不确定

68. 双侧电源的输电线路发生不对称故障时，短路电流中各序分量受两侧电动势相差影响的是（ C ）。

A. 零序分量   B. 负序分量   C. 正序分量   D. 都有影响

69. 原理上不受电力系统振荡影响的保护有（ C ）。

A. 电流保护   B. 距离保护

C. 电流差动纵联保护和相差保护   D. 电压保护

70. 电力系统发生振荡时，各点电压和电流（ A ）。

A. 均做往复性摆动   B. 均会发生突变

C. 在振荡的频率高时会发生突变   D. 之间的相位角基本不变

71. 系统短路时电流、电压是突变的，而系统振荡时电流、电压的变化是（ C ）。

A. 缓慢的   B. 与三相短路一样快速变化

C. 缓慢的且与振荡周期有关   D. 之间的相位角基本不变

72. 下列关于电力系统振荡和短路的描述哪些是不正确的？（ C ）

A. 短路时电流、电压值是突变的，而系统振荡时系统各点电压和电流值均做往复性摆动

B. 振荡时系统任何一点电流和电压之间的相位角都随着功角 δ 的变化而变化

C. 系统振荡时，将对以测量电流为原理的保护形成影响，如电流速断保护、电流纵联差动保护等

D. 短路时电压与电流的相位角是基本不变的

73. 电力系统发生振荡时，振荡中心电压的波动情况是（ A ）。

A. 幅度最大   B. 幅度最小   C. 幅度不变   D. 不一定

74. 所谓继电器常闭触点是指（ C ）。

    A. 正常时触点闭合   B. 继电器线圈带电时触点闭合

    C. 继电器线圈不带电时触点闭合   D. 短路时触点闭合

75. （ B ）是为补充主保护和后备保护的性能或当主保护和后备保护退出运行而增加的简单保护。

    A. 异常运行保护   B. 辅助保护   C. 失灵保护   D. 以上都是

76. 继电器按其结构形式分类，目前主要有（ C ）。

    A. 测量继电器和辅助继电器   B. 电流型、电压型继电器

    C. 电磁型、感应型、整流型和静态型   D. 以上都是

77. 主保护或断路器拒动时，用来切除故障的保护是（ C ）。

    A. 辅助保护   B. 异常运行保护   C. 后备保护   D. 安自装置

78. 下列保护中，属于后备保护的是（ D ）。

    A. 变压器差动保护   B. 气体（瓦斯）保护

    C. 高频闭锁零序保护   D. 断路器失灵保护

79. 电力系统不允许长期非全相运行，为了防止断路器一相断开后，长时间非全相运行，应采取措施断开三相，并保证选择性。其措施是装设（ C ）。

    A. 断路器失灵保护   B. 零序电流保护

    C. 断路器三相不一致保护   D. 距离保护

80. 继电保护（ B ）要求在设计要求它动作的异常或故障状态下，能够准确地完成动作。

    A. 安全性   B. 可信赖性   C. 选择性   D. 快速性

81. 电力系统继电保护的选择性，除了决定于继电保护装置本身的性能外，还要求满足：由电源算起，越靠近故障点的继电保护的故障启动值（ C ）。

    A. 相对越小，动作时间越长   B. 相对越大，动作时间越短

    C. 相对越灵敏，动作时间越短   D. 相对越灵敏，动作时间越长

82. 在微机保护中，掉电会丢失数据的主存储器是（ B ）。

    A. ROM   B. RAM   C. EPROM   D. E^2PROM

83. 二进制 1010 1101 0111 0101 用十六进制表示为（ C ）。

    A. 9C86   B. 9C75   C. AD75   D. AD86

84. 数字滤波器是（ C ）。

    A. 由运算放大器、电阻、电容组成   B. 存在阻抗匹配的问题

    C. 程序   D. 一种硬件电路

85. 采样定理的基本内容是：若被采样信号中所含最高频率成分的频率为 f_{max}，则采样频率 f_s 必须大于 f_{max} 的（ A ），否则会造成频率混叠。

    A. 两倍   B. 三倍   C. 四倍   D. 六倍

86. 在下述各种微机保护算法中，不需求出电压、电流的幅值和相位，可以直接算出 R 和 X 值的是（ D ）。

    A. 两点乘积法   B. 微分算法

C. 半周积分法   D. 解微分方程算法

87. 在下列微机保护的基本算法中，其算法的精度与采样频率无关的是（ A ）。

    A. 两点乘积法   B. 微分算法

    C. 半周积分法   D. 解微分方程算法

88. 电压频率变换器（VFC）构成模数变换器时，其主要优点是（ C ）。

    A. 精度高   B. 速度快

    C. 易隔离和抗干扰能力强   D. 以上都是

89. 电压/频率变换式数据采集系统，在规定时间内，计数器输出脉冲的个数与模拟输入电压量的（ C ）。

    A. 积分成正比   B. 积分成反比

    C. 瞬时值的绝对值成正比   D. 瞬时值的绝对值成反比

90. 在微机保护中经常用全周傅氏算法计算工频量的有效值和相角，请选择当用该算法时正确的说法是（ C ）。

    A. 对直流分量和衰减的直流分量都有很好的滤波作用

    B. 对直流分量和所有的谐波分量都有很好的滤波作用

    C. 对直流分量和整数倍的谐波分量都有很好的滤波作用

    D. 对衰减的直流分量和整数倍的谐波分量都有很好的滤波作用

91. 采用 VFC 数据采集系统时，每隔 T_s 从计数器中读取一个数。保护算法运算时采用的是（ C ）。

    A. 直接从计数器中读得的数   B. T_s 期间的脉冲个数

    C. $2T_s$ 或以上期间的脉冲个数   D. 以上都不正确

92. 微机保护要保证各通道同步采样，如果不能做到同步采样，除对（ B ）以外，对其他元件都将产生影响。

    A. 负序电流元件   B. 相电流元件

    C. 零序方向元件   D. 差动保护元件

93. 检查微机型保护回路及整定值的正确方法是（ C ）。

    A. 可采用打印定值和键盘传动相结合的方法

    B. 可采用检查 VFC 模数变换系统和键盘传动相结合的方法

    C. 只能用由电流电压端子通入与故障情况相符的模拟量，保护装置处于与投入运行完全相同状态的整组试验方法

    D. 以方法上都可以

94. ΔI_{UV}、ΔI_{VW} 动作，ΔI_{WU} 未动作时，相电流差突变量选相元件认为是（ B ）。

    A. U 相接地故障   B. V 相接地故障

    C. W 相接地故障   D. 三相故障

95. 某 220kV 微机保护采用相电流差突变量选相元件，当选相元件 $\Delta I_{UV} = \Delta I_{VW} = 10A$，$\Delta I_{WU} = 20A$ 时，线路发生了（ C ）故障。

    A. UV 相间故障   B. VW 相间故障

    C. UW 相间故障   D. 三相故障

96. 根据 $\dot{I}_0$ 和 $\dot{I}_{U2}$ 之间的相位关系，稳态序分量选相元件还不能准确判出故障相，往往需要结合（C）的动作行为综合判别。

    A. 相电流差突变量　　　　　　　　B. 过电流元件

    C. 阻抗元件　　　　　　　　　　　D. 低电压元件

97. 线路正方向区内故障时，其中一侧工频变化量电压和电流的夹角与（A）有关。

    A. 保护安装处背后系统的等值正序阻抗角

    B. 保护安装处到故障点的线路正序阻抗角

    C. 线路阻抗与对侧系统阻抗之和

    D. 故障点过渡电阻

98. 线路保护安装处和故障点电压之间的关系 $\dot{U}_{M\varphi}=\dot{U}_{K\varphi}+(\dot{I}_\varphi+K3\dot{I}_0)Z_1$ 是否成立与（C）有关。

    A. 线路故障类型　　　　　　　　　B. 过渡电阻

    C. 故障点和保护安装处是否有分支　D. 是否发生振荡

99. 工频变化量方向元件的原理是利用（C）。

    A. 正向故障时 $\Delta U/\Delta I=Z_L+Z_{SN}$，反向故障时 $\Delta U/\Delta I=-Z_{SM}$

    B. 正向故障时 $\Delta U/\Delta I=Z_L+Z_{SN}$，反向故障时 $\Delta U/\Delta I=-Z_{SN}$

    C. 正向故障时 $\Delta U/\Delta I=-Z_{SN}$，反向故障时 $\Delta U/\Delta I=Z_L+Z_{SM}$

    D. 正向故障时 $\Delta U/\Delta I=-Z_{SM}$，反向故障时 $\Delta U/\Delta I=Z_L+Z_{SM}$

100. 复合电压闭锁过流保护的动作条件是（B）。

    A. 复合电压元件不动，过流元件动作，保护启动出口继电器

    B. 低电压或负序电压元件动作，且电流元件动作，保护才启动出口继电器

    C. 低电压和负序电压元件均动作，且电流元件动作，保护才启动出口继电器

    D. 当相间电压降低或出现负序电压时，电流元件才动作

101. 对于反映电流值动作的串联信号继电器，其压降不得超过工作电压的（B）。

    A. 5%　　　　　B. 10%　　　　　C. 15%　　　　　D. 20%

102. 在电压回路最大负荷时，保护和自动装置的电压降不得超过其额定电压的（B）。

    A. 2%　　　　　B. 3%　　　　　C. 5%　　　　　D. 10%

103. 用实测法测定线路的零序参数，假设试验时无零序干扰电压，电流表读数为 20A，电压表读数为 20V，瓦特表读数为 137W，零序阻抗的计算值为（B）。

    A. (0.34+j0.94) Ω　　　　　　　　B. (1.03+j2.82) Ω

    C. (2.06+j5.64) Ω　　　　　　　　D. (0.51+j1.41) Ω

104. 在大接地电流系统中，当相邻平行线路停运检修并在两侧接地时，电网发生接地故障，此时停运线路（A）零序电流。

    A. 流过　　　　　　　　　　　　　B. 没有

    C. 不一定有　　　　　　　　　　　D. 视具体情况而定

105. 在大接地电流系统中的两个变电站之间，架有同杆并架双回线路。当其中的一条线路停运检修，另一条线路仍然运行时，电网中发生了接地故障，如果此时被检修线路两端均已接地，则在运行线路上的零序电流将（A）。

A. 大于被检修线路两端不接地的情况

B. 与被检修线路两端不接地的情况相同

C. 小于被检修线路两端不接地的情况

D. 不一定

106. 对于有零序互感的平行双回线路中的每回线路，其零序阻抗有下列几种，其中最小的是（ B ）。

A. 一回线路处于热备用状态　　　　B. 一回线路处于接地检修状态

C. 二回线路运行状态　　　　　　　D. 不确定

107. 负序电流整定往往用模拟单相接地短路的方法，因为单相接地短路时负序电流分量为短路电流的（ C ）。

A. 3 倍　　　　　B. 2 倍　　　　　C. 1/3 倍　　　　　D. $\sqrt{3}$ 倍

108. 超高压输电线单相跳闸熄弧较慢是由于（ A ）。

A. 潜供电流影响　　　　　　　　　B. 单相跳闸慢

C. 短路电流小　　　　　　　　　　D. 短路电流大

109. 微机保护一般都记忆故障前的电压，其主要目的是（ B ）。

A. 事故后分析故障前潮流　　　　　B. 保证方向元件的方向性

C. 录波功能的需要　　　　　　　　D. 微机保护录波功能的需要

110. 大电流接地系统的 TV 变比为（ C ）。

A. $\dfrac{U_N}{\sqrt{3}}\Big/\dfrac{100}{\sqrt{3}}\Big/\dfrac{100}{3}$ 　　　　　　　　B. $\dfrac{U_N}{\sqrt{3}}\Big/\dfrac{100}{\sqrt{3}}\Big/\dfrac{100}{\sqrt{3}}$

C. $\dfrac{U_N}{\sqrt{3}}\Big/\dfrac{100}{\sqrt{3}}\Big/100$ 　　　　　　　　D. $\dfrac{U_N}{100}\Big/\dfrac{\sqrt{3}}{100}$

111. 三相五柱式电压互感器若用于中性点非直接接地电网中，其变比为（ A ）。

A. $\dfrac{U_N}{\sqrt{3}}\Big/\dfrac{100}{\sqrt{3}}\Big/\dfrac{100}{3}$ 　　　　　　　　B. $\dfrac{U_N}{\sqrt{3}}\Big/\dfrac{100}{\sqrt{3}}\Big/100$

C. $\dfrac{U_N}{\sqrt{3}}\Big/100\Big/\dfrac{100}{3}$ 　　　　　　　　D. $\dfrac{U_N}{\sqrt{3}}\Big/100\Big/100$

112. YNd11 接线的变压器 d 侧发生 VW 两相短路时，Y 侧必有（ C ）相电流为另外两相电流的 2 倍。

A. U　　　　　B. V　　　　　C. W　　　　　D. 不确定

113. 双侧电源线路上发生经过渡电阻接地，流过保护装置电流与流过过渡电阻电流的相位（ C ）。

A. 同相　　　　　B. 不同相　　　　　C. 不确定　　　　　D. 反相

114. 微机保护中，每周波采样 20 点，则（ A ）。

A. 采样间隔为 1ms，采样率为 1000Hz

B. 采样间隔为 5/3ms，采样率为 1000Hz

C. 采样间隔为 1ms，采样率为 1200Hz

D. 采样间隔为 1ms，采样率为 2000Hz

115. 直馈输电线路，其零序网络与变压器的等值零序阻抗如图 1-5 所示（阻抗均换算至 220kV 电压），变压器 220kV 侧中性点接地，110kV 侧不接地，K 点的综合零序阻抗为（ B ）。

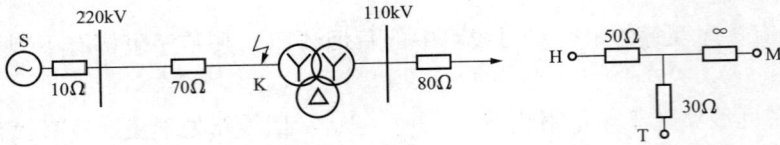

图 1-5

    A. 80Ω   B. 40Ω   C. 30.7Ω   D. 120Ω

116. 交流电压二次回路断线时不会误动的保护为（ B ）。
    A. 距离保护   B. 电流差动保护
    C. 零序电流方向保护   D. 低电压保护

117. YNd11 变压器，三角形侧 uv 两相短路，星形侧装设两相三继电器过电流保护，设 Z_L 和 Z_K 为二次侧控制电缆（包括 TA 二次漏阻抗）和过电流继电器的阻抗，则电流互感器二次侧负载阻抗为（ C ）。
    A. $Z_L + Z_K$ B. $2(Z_L + Z_K)$
    C. $3(Z_L + Z_K)$ D. $\sqrt{3}(Z_L + Z_K)$

118. 如果三相输电线路的自感阻抗为 Z_L，互感阻抗为 Z_M，则正确的是（ A ）。
    A. $Z_0 = Z_L + 2Z_M$ B. $Z_1 = Z_L + 2Z_M$
    C. $Z_0 = Z_L - Z_M$ D. $Z_1 = Z_L - Z_M$

119. 我国 220kV 及以上系统的中性点均采用（ A ）。
    A. 直接接地方式   B. 经消弧圈接地方式
    C. 经大电抗器接地方式   D. 不接地方式

120. 对电力系统的稳定性干扰最严重的一般是（ B ）。
    A. 投切大型空载变压器   B. 发生三相短路故障
    C. 发生两相接地短路   D. 发生单相接地

121. 突变量可以反映（ A ）状况。
    A. 短路   B. 过负荷   C. 振荡   D. 以上都可反应

122. 下列哪一项是提高继电保护装置的可靠性所采用的措施？（ A ）
    A. 双重化   B. 自动重合闸
    C. 重合闸后加速   D. 备自投

123. 在电流保护中加装低电压闭锁组件的目的是（ D ）。
    A. 提高保护的可靠性   B. 提高保护的选择性
    C. 提高保护的快速性   D. 提高保护的灵敏性

124. 某 35kV 变电站发"35kV 母线接地"信号，测得三相电压为 U 相 22.5kV、V 相 23.5kV、W 相 0.6kV，则应判断为（ B ）。
    A. 单相接地   B. TV 断线   C. 铁磁谐振   D. 线路断线

125. 当系统的频率高于额定频率时，方向阻抗继电器最大灵敏角（ A ）。

    A. 变大　　　　　　B. 变小　　　　　　C. 不变　　　　　　D. 不确定

126. 三段式电流保护中，灵敏度最高的是（ A ）。

    A. Ⅲ段　　　　　　B. Ⅱ段　　　　　　C. Ⅰ段　　　　　　D. 都一样

127. 对接地距离继电器，如发生 U 相接地故障，为消除电压死区，应采用（ C ）作为极化电压效果最好。

    A. UW 相间电压　　　　　　　　　　B. UV 相间电压

    C. VW 相间电压　　　　　　　　　　D. 都可以

128. 微机线路保护每周波采样 12 点，现负荷潮流为有功 $P=86.6MW$、无功 $Q=-50Mvar$，微机保护打印出电压电流的采样值，在工作正确的前提下，下列各组中（ C ）是正确的。

    A. U_u 比 I_u 由正到负过零点超前 1 个采样点

    B. U_u 比 I_u 由正到负过零点滞后 2 个采样点

    C. U_u 比 I_v 由正到负过零点超前 3 个采样点

    D. U_u 比 I_v 由正到负过零点超前 4 个采样点

129. 用于 20kV 小电阻接地系统的专用接地变压器阻抗呈现（ A ）特性。

    A. 正序阻抗→∞，零序阻抗→0

    B. 正序阻抗、零序阻抗→0

    C. 正序阻抗、零序阻抗→∞

    D. 正序阻抗→0，零序阻抗→∞

130. 线路断相运行时，两健全相电流之间的夹角与系统纵向阻抗 $Z_{0\Sigma}/Z_{2\Sigma}$ 之比有关。若 $Z_{0\Sigma}/Z_{2\Sigma}=1$，此时两电流间夹角（ B ）。

    A. 大于 120°　　　B. 为 120°　　　C. 小于 120°　　　D. 变化范围较大

131. 系统频率降低时，可以通过（ CD ）的办法使频率上升。

    A. 增加发电机的励磁，降低功率因数

    B. 投入大电流联切装置

    C. 增加发电机有功出力或减少用电负荷

    D. 投入低频减载装置

132. 变压器并联运行的条件是所有并联运行变压器的（ ABC ）。

    A. 变比相等　　　　　　　　　　　　B. 短路电压相等

    C. 绕组接线组别相同　　　　　　　　D. 中性点绝缘水平相当

133. 对称分量法所用的运算因子 α 正确的表达式是（ AC ）。

    A. $e^{j120°}$　　　B. $e^{-j120°}$　　　C. $-\dfrac{1}{2}+j\dfrac{\sqrt{3}}{2}$　　　D. $-\dfrac{1}{2}-j\dfrac{\sqrt{3}}{2}$

134. 对称分量法中，$\dfrac{\dot{U}}{\alpha}$ 表示（ AD ）。

    A. 将 $\dot{U}$ 顺时针旋转 120°　　　　　　B. 将 $\dot{U}$ 顺时针旋转 240°

    C. 将 $\dot{U}$ 逆时针旋转 120°　　　　　　D. 将 $\dot{U}$ 逆时针旋转 240°

135. 设 A、B、C 为一组相量，A_1、A_2、A_0 为 A 相三序分量，则下列表达式正确的是（ AD ）。

    A. $B=A_0+\alpha^2A_1+\alpha A_2$ B. $B=A_0+\alpha A_1+\alpha^2A_2$

    C. $C=A_0+\alpha^2A_1+\alpha A_2$ D. $C=A_0+\alpha A_1+\alpha^2A_2$

136. 系统发生振荡时，（ CD ）可能发生误动作。

    A. 电流差动保护   B. 零序电流保护

    C. 电流速断保护   D. 距离保护

137. 继电器按在继电保护中的作用，可分为（ AC ）两大类。

    A. 测量继电器   B. 中间继电器   C. 辅助继电器   D. 信号继电器

138. 继电保护的四个基本性能要求中，（ BD ）主要靠整定计算工作来保证。

    A. 可靠性   B. 选择性   C. 快速性   D. 灵敏性

139. 继电保护的可靠性主要靠（ BC ）来保证。

    A. 配置快速主保护   B. 选用性能优良、质量稳定的产品

    C. 正常的运行维护   D. 整定计算

140. 微机保护中通常用来保存定值信息的存储器是（ AB ）。

    A. FLASH ROM   B. EPROM

    C. E^2PROM   D. SRAM

141. 微机保护对程序进行自检的方法有（ BC ）。

    A. 复位重启   B. 累加和校验   C. CRC 校验   D. 看门狗

142. 微机线路保护常用的启动元件有（ ABC ）。

    A. 零、负序电流   B. 相电流变化量

    C. 低电压   D. 负序电压

143. 稳态序分量选相元件主要根据零序电流和 U 相负序电流的角度关系进行选相，当 $60°<\arg(\dot{I}_0/\dot{I}_{U2})<180°$ 时，可能是（ BC ）。

    A. U 相接地故障   B. V 相接地故障

    C. UW 相妾地故障   D. VW 相接地故障

144. 线路非全相运行时，零序功率方向元件是否动作与（ CD ）因素有关。

    A. 线路阻抗   B. 两侧系统阻抗

    C. 电压互感器装设位置   D. 两侧电动势差

145. 距离保护采用正序电压做极化电压的优点有（ AB ）。

    A. 故障后各相正序电压的相位与故障前的相位基本不变，与故障类型无关，易取得稳定的动作特性

    B. 除了出口三相短路以外，正序电压幅值不为零，死区较小

    C. 可改善保护的选相性能

    D. 可提高保护动作时间

二、判断题

1. 只要电源是正弦的，电路中的各个部分电流和电压也是正弦的。   （ × ）

2. 当流过某负载的电流 $i=1.4\sin(314t+\pi/12)$ A 时，其端电压为 $u=311\sin(314t-\pi/12)$ V，

那么这个负载一定是容性负载。 （√）

3. 在线性电路中，如果电源电压是方波，则电路中各个部分的电流及电压也是方波。
（×）

4. 一般情况下，三相正弦交流电路的视在功率不等于各相视在功率之和。 （√）

5. 在非正弦周期电路中，只有同频率的谐波电压和电流才能构成平均功率。 （√）

6. 电容元件的电流在换路瞬间不会发生跃变，电感元件的电压在换路瞬间不会发生
跃变。 （×）

7. 共模电压是指在某一给定地点所测得在同一网络中两导线间的电压。 （×）

8. 电力变压器中性点直接接地或经消弧线圈接地的电力系统，称为大电流接地系统。
（×）

9. 我国 35kV 及以下电压等级的电网中，中性点采用中性点不接地方式或经消弧线圈接
地方式。这种系统被称为小电流接地系统。 （√）

10. 中性点经消弧线圈接地系统普遍采用全补偿运行方式，即补偿后电感电流等于电容
电流。 （×）

11. 中性点经消弧线圈接地系统采用过补偿方式时，由于接地点的电流是感性的，熄弧
后故障相电压恢复速度加快。 （×）

12. 在超高压电网中，宜采用单相重合闸或综合重合闸。 （√）

13. 大电流接地系统是指所有的变压器中性点均直接接地的系统。 （×）

14. 输电线路采用串联电容补偿，可以增加输送功率、改善系统稳定及电压水平。
（√）

15. 220kV 系统时间常数较小，500kV 系统时间常数较大，后者短路电流非周期分量的
衰减较慢。 （√）

16. 快速切除线路和母线的短路故障是提高电力系统静态稳定的重要手段。 （×）

17. 无论线路末端开关是否合入，始端电压必定高于末端电压。 （×）

18. 空载长线路充电时，末端电压会升高。这是由于对地电容电流在线路自感电抗上产
生了电压降。 （√）

19. $220kV \pm 1.5\% U_n/110kV$ 的有载调压变压器的调压抽头运行在 $+1.5\%$ 挡处，当
110kV 侧系统电压过低时，应将变压器调压抽头调至 -1.5% 挡处。 （√）

20. 在电力系统中，负荷吸取的有功功率与系统频率的变化有关。系统频率升高时，负
荷吸取的有功功率随着增高；频率下降时，负荷吸取的有功功率随着下降。 （√）

21. 当电力系统发生严重的低频事故时，为迅速使电网恢复正常，低频减负荷装置在达
到动作值后，可以不经时限立即动作，快速切除负荷。 （×）

22. 电力系统有功出力不足时，不只影响系统的频率，对系统电压的影响更大。 （×）

23. 由母线向线路送出有功 100MW，无功 100MVar。电压超前电流的角度是 45°。 （√）

24. 超高压线路电容电流对线路两侧电流大小和相位的影响可以忽略不计。 （×）

25. 长距离输电线路为了补偿线路分布电容的影响，以防止过电压和发电机的自励磁，
需装设并联电抗补偿装置。 （√）

26. 串补电容通常加装在线路一端，主要是考虑运行维护方便和对保护的影响较小。
（×）

27. 在中性点不接地系统中，如果忽略电容电流，发生单相接地时，系统一定不会有零序电流。 （ √ ）

28. 在零序序网图中没有出现发电机的电抗是发电机的零序电抗为零。 （ × ）

29. 中性点直接接地系统，单相接地故障时，两个非故障相的故障电流一定为零。 （ × ）

30. 在中性点直接接地系统中，如果各元件的阻抗角都是 $80°$，当正方向发生接地故障时，$3U_0$ 落后 $3I_0100°$；当反方向发生接地故障时，$3U_0$ 超前 $3I_080°$。 （ √ ）

31. 零序电流和零序电压一定是三次谐波。 （ × ）

32. 只要系统零序阻抗和零序网络不变，无论系统运行方式如何变化，零序电流的分配和零序电流的大小都不会发生变化。 （ × ）

33. 大电流接地系统中，单相接地故障电流大于三相短路电流的条件是：故障点零序综合阻抗小于正序综合阻抗，假设正序阻抗等于负序阻抗。 （ √ ）

34. 在小电流接地系统中，某处发生单相接地时，母线 TV 开口三角电压幅值大小与故障点距离母线的远近无关。 （ √ ）

35. 大电流接地系统单相接地故障时，故障相接地点处的 U_0 与 U_2 相等。 （ × ）

36. 小电流接地系统中，当 U 相经过渡电阻发生接地故障后，各相间电压发生变化。 （ × ）

37. 线路发生两相短路时短路点处正序电压与负序电压的关系为 $U_{K1} > U_{K2}$。 （ × ）

38. 发生各种不同类型短路时，电压各序对称分量的变化规律是，三相短路时，母线上正序电压下降得最厉害，单相短路时正序电压下降最少。 （ √ ）

39. VW 相金属性短路时，故障点的边界条件为 $I_{KU}=0$；$U_{KV}=0$；$U_{KW}=0$。 （ × ）

40. 大电流接地系统发生单相接地故障时，正序电压是越靠近故障点数值越小，负序电压和零序电压是越靠近故障点数值越大。 （ √ ）

41. 对不旋转的电气设备，其正序电抗 X_1 与负序电抗 X_2 是相等的。对发电机来讲，由于其 d 轴与 q 轴气隙不均匀，所以严格地讲正序电抗 X_1 与负序电抗 X_2 是不相等的。 （ √ ）

42. 平行线路之间存在零序互感，当相邻平行线流过零序电流时，将在线路上产生感应零序电动势，有可能改变零序电流与零序电压的相量关系。 （ √ ）

43. 在大电流接地系统中，当相邻平行线停运检修并在两侧接地时，电网接地故障线路通过零序电流，将在该运行线路上产生零序感应电流，此时在运行线路中的零序电流将会减少。 （ × ）

44. 由于互感的作用，平行双回线路外部发生接地故障时，该双回线路中流过的零序电流要比无互感时小。 （ √ ）

45. 保护安装点的零序电压，等于故障点的零序电压减去由故障点至保护安装点的零序电压降，因此，保护安装点距离故障点越近，零序电压越高。 （ √ ）

46. 电力系统的不对称故障有三种单相接地、三种两相短路接地、三种两相短路和断线、系统振荡。 （ × ）

47. 在变压器中性点直接接地系统中，当发生单相接地故障时，将在变压器中性点产生很大的零序电压。 （ × ）

48. 电力系统正常运行和三相短路时，三相是对称的，即各相电动势是对称的正序系统，发电机、变压器、线路及负载的每相阻抗都是相等的。 （ √ ）

49. 被保护线路上任一点发生 UV 两相金属性短路时，母线上电压 U_{uv} 将等于零。 （ × ）

50. 在大电流接地系统中，三相短路对系统的危害不如两相接地短路大，在某些情况下，不如单相接地短路大，因为这时单相接地短路电流比三相短路电流还要大。 （ × ）

51. 大电流接地系统中接地短路时，系统零序电流的分布与中性点接地点的多少有关，而与其位置无关。 （ × ）

52. 在电力系统运行方式变化时，如果中性点接地的变压器数目不变，则系统零序阻抗和零序等效网络就是不变的。 （ × ）

53. 接地故障时零序电流的分布与发电机的开停机有关。 （ × ）

54. 系统零序阻抗和零序网络不变，接地故障时的零序电流大小就不变。 （ × ）

55. 流过保护的零序电流的大小仅决定于零序序网图中参数，而与电源的正负序阻抗无关。 （ × ）

56. 在中性点接地大电流系统中，增加中性点接地变压器台数，在发生接地故障时，零序电流将变小。 （ × ）

57. 220kV 终端变电站主变压器的中性点，不论其接地与否不会对其电源进线的接地短路电流值有影响。 （ × ）

58. 在大电流接地系统中，线路始端发生两相金属性短路接地时，零序方向电流保护中的方向元件将因零序电压为零而拒动。 （ × ）

59. 在双侧电源系统中，如忽略分布电容，当线路非全相运行时一定会出现零序电流和负序电流。 （ × ）

60. 大电流接地系统中，当线路出现不对称运行时，因为没有发生接地故障，所以线路没有零序电流。 （ × ）

61. 当输送功率为 10MW 的线路出现不对称断相时，因为线路没有发生接地故障，所以线路没有零序电流。 （ × ）

62. 线路出现断相，当断相点纵向零序阻抗大于纵向正序阻抗时，单相断相零序电流小于负序电流。 （ √ ）

63. 在大电流接地系统中，线路的零序功率方向继电器接于母线电压互感器的开口三角电压，当线路非全相运行时，该继电器可能会动作。 （ √ ）

64. 系统振荡时，线路发生断相，零序电流与两侧电动势角差的变化无关，与线路负荷电流的大小有关。 （ × ）

65. 线路发生单相接地故障，其保护安装处的负序、零序电流大小相等，方向相同。

（ × ）

66. 中性点不接地系统中，单相接地故障时，故障线路上的容性无功功率的方向为由母线流向故障点。 （ × ）

67. 五次谐波电流的大小或方向可以作为中性点非直接接地系统中，查找故障线路的一个判据。 （ √ ）

68. 在小电流接地系统中发生单相接地故障时，其相间电压基本不变。 （ √ ）

69. 系统振荡时，变电站现场观察到表计每秒摆动两次，系统的振荡周期应该是 0.5s。
（ √ ）

70. 振荡时系统任何一点电流与电压的相角都随功角 δ 的变化而变化。 （ √ ）

71. 振荡时，系统任何一点电流与电压之间的相位角都随功角的变化而变化，而短路时，电流与电压的角度基本不变。 （ √ ）

72. 振荡时母线电压变化与母线离振荡中心位置有关，离振荡中心越远变化越小，到了大电源母线则基本不变。 （ √ ）

73. 大电流接地系统单相接地时，故障点的正、负、零序电流一定相等，各支路中的正、负、零序电流可不相等。 （ √ ）

74. 全相振荡是没有零序电流的。非全相振荡是有零序电流的，但这一零序电流不可能大于此时再发生接地故障时故障分量中的零序电流。 （ × ）

75. 在受电侧电源的助增作用下，线路正向发生经接地电阻单相短路，假如接地电阻为纯电阻性的，将会在送电侧相阻抗继电器的阻抗测量元件中引起容性的附加分量 Z_R。 （ √ ）

76. 高压线路上 F 点的 V、W 两相各经电弧电阻 R_V 与 R_W（$R_V \neq R_W$）短路后再金属性接地时，仍可按简单的两相接地故障一样，在构成简单的复合序网图后来计算故障电流。 （ × ）

77. U 相接地短路时，$I_{U1} = I_{U2} = I_0 = 1/3 I_U$，所以，用通入 U 相一相电流整定负序电流继电器时，应使 $1/3 I_{OP.U} = I_{OP.2}$。 （ √ ）

78. 三相三柱式变压器的零序磁通由于只能通过油箱作为回路，所以磁阻大，零序阻抗比正序阻抗小。 （ √ ）

79. YNd11 两侧电源变压器的 YN 绕组发生单相接地短路，两侧电流相位相同。（ × ）

80. 12 点接线的变压器，其高压侧线电压和低压侧线电压同相；11 点接线的变压器，其高压侧线电压滞后低压侧线电压 30°。 （ √ ）

81. 电力变压器不管其接线方式如何，其正、负、零序阻抗均相等。 （ × ）

82. 变压器励磁涌流含有大量的高次谐波分量，并以 2 次谐波为主。 （ √ ）

83. 由三个单相构成的变压器（YNd）正序电抗与零序电抗相等。 （ √ ）

84. 变压器发生过激磁故障时，并非每次都造成设备的明显损坏，但多次反复过激磁将会降低变压器的使用寿命。 （ √ ）

85. 如果变压器中性点直接接地，且在中性点接地线流有电流，该电流一定是 3 倍零序电流。 （ √ ）

86. YNd11 变压器在三角侧发生两相短路，星形侧三相电流中有两相电流为另一相电流的 2 倍。 （ × ）

87. YNd11 升压变压器，YN 侧发生相间短路时，d 侧三相均有电流通过，对应于故障相得两相中的超前相电流最大。 （ √ ）

88. YNd11 变压器，d 侧发生相间短路时，YN 侧三相均有电流通过，对应于故障相得两相中的超前相电流最大。 （ × ）

89. 在小电流接地系统线路发生单相接地时，非故障线路的零序电流超前零序电压 90°，故障线路的零序电流滞后零序电压 90°。 （ √ ）

90. 在大电流接地系统中，在故障线路上的零序功率是由母线流向线路。 （ × ）

91. 零序、负序功率元件不反应系统振荡和过负荷。 （√）

92. 接地故障时，零序电流和零序电压的相位关系与变电站和有关支路的零序阻抗角、故障点有无过渡电阻有关。 （×）

93. 在大电流接地系统中发生接地短路时，保护安装点的零序电压与零序电流之间的相位角决定于该点正方向到零序网络中性点之间的零序阻抗角。 （×）

94. 线路上发生单相接地故障时，短路电流中存在着正、负、零序分量，其中只有正序分量才受线路两端电动势角差的影响。 （√）

95. 当电网（$Z_{\Sigma 1}=Z_{\Sigma 2}$）发生两相金属性短路时，若某变电站母线的负序电压标幺值应为 0.55，那么其正序电压标幺值为 0.45。 （×）

96. 变电站发生接地故障时，故障零序电流与母线零序电压之间的相位差大小主要取决于变电站内中性点接地的变压器的零序阻抗角，与接地点弧光电阻的大小也有关。 （×）

97. 在小电流接地系统中，线路上发生金属性单相接地时故障相电压为零，而非故障相电压升高$\sqrt{3}$倍，中性点电压变为相电压。三个线电压的大小和相位与接地前相比都发生了变化。 （×）

98. 发生不对称故障时，保护安装点距故障点越近，保护感受的负序电压越高。 （√）

99. 过渡电阻产生的附加阻抗一般比过渡电阻本身大。 （√）

100. 微机保护对 A/D 变换器的转换速度要求不小于 $35\mu s$。 （×）

101. 用逐次逼近式原理的模数转换器（A/D）的数据采样系统中有专门的低通滤波器，滤除输入信号中的高次分量，以满足采样定律。用电压—频率控制器（VFC）的数据采样系统中，由于用某一段时间内的脉冲个数来进行采样，这种做法本身含有滤波功能，所以不必再加另外的滤波器。 （√）

102. A/D 变换器的位数越多，分辨率越高。 （√）

103. 微机中的"RAM"叫做随机存取存储器，一旦断开电源，存储内容立即会消失。 （√）

104. 微机保护采用的低通滤波器一般滤除频率高于采样频率 1/3 的信号。 （×）

105. 微机保护数据采集单元中通常采用变换器，变换器的一、二次绕组间有屏蔽层，对高频干扰有一定的抑制作用。 （√）

106. 微机线路保护应具有独立性、完整性和成套性，在一套装置内应含有高压输电线路必须的能反映各种故障的保护功能。 （√）

107. 微机保护装置应设有自复位电路，在因干扰而造成程序走死时应能通过自复位电路自动恢复正常工作。但在进行抗高频干扰试验时，不允许自复位电路工作。 （√）

108. 一般微机保护的"信号复归"按钮和装置的"复位"键的作用是相同的。 （×）

109. 继电保护装置的电磁兼容性是指它具有一定的耐受电磁干扰的能力，对周围电子设备产生较小的干扰。

110. 微机保护每周波采样 12 点，则采样率为 600Hz。 （√）

111. 数字滤波器无任何硬件附加于计算机中，而是通过计算机去执行一种计算程序或算法，从而去掉采样信号中无用的成分，以达到滤波的目的。 （√）

112. 傅里叶算法可以滤去多次谐波，但受输入模拟量中非周期分量的影响较大。 （√）

113. 半周积分算法具有滤波功能，对高频分量有抑制作用，但不能抑制直流分量。（ √ ）

114. 微机保护装置储存要求：长期不用的装置应保留原包装，在相对湿度不大于85％的库房内储存。（ √ ）

115. CPU 在运算过程中可能因干扰的影响而导致运算出错，对此可以将整个运算进行两次，以核对运算是否有误。（ √ ）

116. 过渡电阻不影响序电压和序电流之间的相位关系，也不影响突变量电压和突变量电流间的相位关系。（ × ）

117. 纯电阻电路中，各部分电流与电压的波形是相同的。（ √ ）

118. 所有保护装置在系统振荡时均不允许动作跳闸。（ × ）

119. 为保证选择性，对相邻设备和线路有配合要求的保护和同一保护内有配合要求的两个元件，其灵敏系数及动作时间，在一般情况下应相互配合。（ √ ）

120. 阻抗继电器的工作电压在系统振荡和区外故障时，继电器的工作电压总是对应于一次系统保护整定点的电压。（ √ ）

121. 相间距离继电器能够正确测量三相短路故障、两相短路接地、两相短路、单相接地故障的距离。（ × ）

122. 由于助增电流的存在，使距离保护的测量阻抗增大，保护范围缩小。（ √ ）

123. 正方向不对称故障时，对正序电压为极化量的相间阻抗继电器，稳态阻抗特性圆不包括原点，对称性故障恰好通过原点。（ × ）

124. 对方向阻抗继电器来讲，如果在反方向出口（或母线）经小过渡电阻短路，且过渡阻抗呈阻感性时，容易发生误动。（ × ）

125. 在系统发生振荡情况下，同样的整定值，全阻抗继电器受振荡的影响最大，而椭圆继电器所受的影响最小。（ √ ）

126. 方向元件改用正序电压作为极化电压后，与90°接线的方向元件比较，主要优点是电压死区消失。（ × ）

127. 过渡电阻对距离继电器工作的影响，视条件可能失去方向性，也可能使保护区缩短，还可能发生超越及拒动。（ √ ）

128. 由于对侧母线上电源的助增作用，使得阻抗继电器感受阻抗变小，造成超越。（ × ）

129. 新投运带有方向性的保护只需要用负荷电流来校验电流互感器接线的正确性。（ × ）

130. 过电流保护在系统运行方式变小时，保护范围将变大。（ × ）

131. 阶段式电流保护是将电流速断、限时电流速断和过电流保护组合在一起。（ √ ）

132. 电流速断保护接线简单、动作迅速，可保护线路全长，因此被广泛采用。（ × ）

133. 反时限电流保护，当故障电流大时保护的动作时限短，故障电流小时保护的动作时限长。（ √ ）

134. 零序电流保护的优点：结构及原理简单、中间环节少，对于近处故障可以实现快速动作；在电网零序网络基本稳定的条件下，保护范围比较稳定；受故障过渡电阻的影响小；保护定值不受负荷电流的影响，也基本不受其他中性点不接地电网短路故障的影响，保护延时段灵敏度允许整定得较高。（ √ ）

135. 根据叠加原理，电力系统短路时的电气量可分为负荷分量和故障分量，工频变化

量指的就是故障分量。 （ √ ）

136. 工频变化量保护只能用来构成快速保护，无法用它来构成带时限的保护。 （ √ ）

137. 工频变化量阻抗继电器不适合在有串补电容的情况下使用。 （ × ）

138. 工频变化量方向继电保护引入补偿阻抗的目的是为了保证大电源长线路末端故障时的正方向元件灵敏度。 （ √ ）

139. 用工频变化量阻抗继电器计算出的工作电压的数值可用以构成选相元件。 （ √ ）

140. 以突变量构成的方向元件不存在电压死区。 （ √ ）

141. 相电流差突变量启动元件比相电流突变量启动元件对相间故障的灵敏度更高。 （ √ ）

142. 高压终端负荷线路弱电源侧线路保护只有利用低电压元件才能正确选相。 （ × ）

143. 零序过电流保护为保证线路经较大过渡电阻故障时能可靠动作切除故障，不经 $3U_0$ 突变量闭锁。在发生 TA 断线时，零序过电流保护一定不会误动。 （ × ）

144. 零序电流保护，能反映各种不对称短路，但不反映三相对称短路。 （ × ）

145. 由电源算起，越靠近故障点的继电保护动作越灵敏，动作时间越长，并在上下级之间留有适当的裕度。 （ × ）

146. 为提高远方跳闸的安全性，防止误动作，对采用非数字通道的，执行端应设置故障判别元件。对采用数字通道的，执行端可不设置故障判别元件。 （ √ ）

147. 抽水蓄能发电机组由于具有发电机和电动机两种状态，因此不需装设逆功率保护。 （ × ）

148. 在线路主保护双重化配置功能完整的前提下，后备保护允许不完全配合。 （ √ ）

149. 为保护高阻接地故障，220kV 线路零序 IV 段或反时限零序启动电流在任何情况下均不应大于 300A。 （ × ）

三、简答题

1. 试述电力系统中线路、变压器、发电机的负序阻抗及线路、变压器的零序阻抗的特点。

答：（1）线路、变压器等静止元件的负序阻抗。系统中静止元件施以负序电压产生的负序电流与施以正序电压产生的正序电流是相同的（只是相序不同），因此静止元件的正、负序阻抗相同。

（2）发电机的负序阻抗。当对发电机施以负序电压时，电枢绕组的负序工频电流产生负序旋转磁场，在转子中产生 2 倍频电动势和电流，故发电机的负序阻抗与正序阻抗不同，一般为 0.16～0.24，对汽轮机和具有阻尼绕组的凸极发电机可近似取 $X_2 = X''_d$。

（3）线路的零序阻抗。线路的零序阻抗为对线路施以零序电压时呈现的阻抗。零序阻抗以大地构成回路，数值较大，一般为正序阻抗的 2.5～3.5 倍。

（4）变压器的零序阻抗。变压器的零序阻抗与绕组的连接方式及磁路结构有关。系统使用的变压器一般为 YNd 接线且 YN 侧中性点接地，从 d 侧施以零序电压，由于回路不通不产生任何电流，故从 d 侧看入的零序阻抗为∞。从 YN 侧施以零序电压，在 d 侧将形成零序环流，故对零序来讲，从 YN 侧看入几乎相当于另一侧短路，呈现的是短路阻抗 $U_k\%$，但由于三芯式三相变压器的零序磁通要经过空气隙，使励磁阻抗大为降低，一般使零序阻抗减

少到 $U_k\%$ 的 80% 左右。

2. 中性点经消弧线圈接地系统为什么普遍采用过补偿方式？

答：中性点经消弧线圈接地系统采用全补偿时，无论不对称电压的大小如何，都将因发生串联谐振而使消弧线圈感受到很高的电压。因此，要避免全补偿运行方式的发生，而采用过补偿的方式或欠补偿的方式。实际上一般都采用过补偿的运行方式，其主要原因如下：

（1）欠补偿电网发生故障时，容易出现数值很大的过电压。例如，当电网中因故障或其他原因而切除部分线路后，在欠补偿电网中就可能形成全补偿的运行方式而造成串联谐振，从而引起很高的中性点位移电压与过电压，在欠补偿电网中也会出现很大的中性点位移而危及绝缘。只要采用欠补偿的运行方式，这一缺点是无法避免的。

（2）欠补偿电网在正常运行时，如果三相不对称度较大，还有可能出现数值很大的铁磁谐振过电压。这种过电压是因欠补偿的消弧线圈 $\left(它的\ \omega L>\dfrac{1}{3\omega C_0}\right)$ 和线路电容 $3C_0$ 发生铁磁谐振而引起。如采用过补偿的运行方式，就不会出现这种铁磁谐振现象。

（3）电力系统往往是不断发展和扩大的，电网的对地电容也将随之增大。如果采用过补偿，原来的消弧线圈仍可以继续使用一段时期，至多是由过补偿转变为欠补偿运行；但如果原来就采用欠补偿的运行，则系统一有发展就必须立即增加补偿容量。

（4）由于过补偿时流过接地点的是电感电流，熄弧后故障相电压恢复速度较慢，因而接地电弧不易重燃。

（5）采用过补偿时，系统频率的降低只是使过补偿度暂时增大，这在正常运行时是毫无问题的；反之，如果采用欠补偿，系统频率的降低将使之接近于全补偿，从而引起中心点位移电压的增大。

3. 小电流接地系统发生单相接地故障时其电流、电压有何特点？

答：（1）电压：在接地故障点，故障相对地电压为零；非故障相对地电压升高至线电压；零序电压大小或等于相电压。

（2）电流：非故障线路 $3\dot{I}_0$ 值等于本线路电容电流；故障线路 $3\dot{I}_0$ 等于所有非故障线路电容电流之和；接地故障点的 $3\dot{I}_0$ 等于全系统电容电流之总和。

（3）相位：接地故障点的 $3\dot{I}_0$ 导前于零序电压 $90°$。

4. 方向过电流保护为什么必须采用按相启动方式？

答：方向过电流保护采取"按相启动"的接线方式，是为了躲开反方向发生两相短路时造成装置误动。例如，当反方向发生 VW 相短路时，在线路 U 相方向继电器因负荷电流为正方向将动作，此时如果不按相启动，当 W 相电流元件动作时，将引起装置误动；采用了按相启动接线，尽管 U 相方向继电器动作，但 U 相的电流元件不动作，而 W 相电流元件动作但 W 相方向继电器不动作，所以装置不会误动作。

5. 什么叫定时限过电流保护？什么叫反时限过电流保护？

答：为了实现过电流保护的动作选择性，各保护的动作时间一般按阶梯原则进行整定。即相邻保护的动作时间，自负荷向电源方向逐级增大，且每套保护的动作时间是恒定不变的，与短路电流的大小无关。具有这种动作时限特性的过电流保护称为定时限过电流保护。反时限过电流保护是指动作时间随短路电流的增大而自动减小的保护。使用在输电线路上的反时限过电流保护，能更快地切除被保护线路首端的故障。

6. 在负序滤过器的输出中为什么常装设 5 次谐波滤过器，而不是装设 3 次谐波滤过器？

答：因为系统中存在 5 次谐波分量，且 5 次谐波分量相当于负序分量，所以在负序滤过器中必须将 5 次谐波滤掉。系统中同样存在 3 次谐波分量，且 3 次谐波分量相当于零序分量，它已在过滤器的输入端将其滤掉，不可能有输出，因此在输出中不必装设 3 次谐波滤过器。

7. 消弧线圈的作用是什么？

答：消弧线圈的作用是：当中性点不接地系统发生单相接地故障时，通过消弧线圈产生的感性电流补偿接地点非故障相产生的电容电流，使流过接地点的电流变小或为零，从而消除接地处的间歇电弧产生的谐振过电压。

8. 影响阻抗继电器正确测量的因素有哪些？

答：（1）故障点的过渡电阻；
（2）保护安装处与故障点之间的助增电流和汲出电流；
（3）测量互感器的误差；
（4）电力系统振荡；
（5）电压二次回路断线；
（6）被保护线路的串补电容。

9. 三相三柱式变压器与三相五柱式变压器的零序阻抗的主要区别有哪些？

答：三相三柱式变压器零序磁通无法在铁芯内流通，将流经变压器外壳，因此零序励磁阻抗不能视为∞，可等效为第四绕组（d 接线），零序阻抗小于正序阻抗；三相五柱式变压器零序磁通始终在铁芯内流通，因此零序励磁阻抗可视为∞，零序阻抗等于正序阻抗。

10. 中性点接地系统非全相运行对电网、设备及人身将造成的危害有哪些？

答：（1）对电网的危害：
1）零序电压形成的中性点位移使各相对地电压升高，容易造成绝缘击穿事故；
2）零序电流在电网内产生电磁干扰，威胁通信线路安全；
3）电网之间连接阻抗增大，造成异步运行；
4）负序和零序电流可能引起电网内零序、非全相等保护误动。
（2）对设备的危害：
1）引起发电机定、转子发热，机组振动增大，可能出现过电压；
2）在变压器内部产生附加损耗，引起局部过热，降低变压器的使用效率。
（3）对人身的危害：
1）零序电流长期通过大地，接地装置的电位升高，跨步电压与接触电压也升高，对运行人员的安全构成一定的威胁；
2）零序电流可能在沿输电线路平行架设的通信线路中产生危险的对地电压，危及人员生命安全。

11. 直流输电的主要优缺点是什么？

答：主要优点：
（1）架空输电线路只需要正负两根导线，杆塔结构简单、线路造价低、损耗小；

(2) 直流电缆线路输送容量大、造价低、损耗小，寿命长，输送距离不受限制；

(3) 不存在交流输电的稳定问题，有利于远距离大容量输电；

(4) 采用直流输电可实现电力系统之间的非同步联网，不增加被联电网的短路容量；

(5) 输送潮流可控，可改善交流系统运行性能；

(6) 运行方式灵活，提高了输电系统的运行可靠性；

(7) 可方便地进行分期建设和增容扩建。

主要缺点：

(1) 设备多、结构复杂、造价高、损耗大、运行费用高、可靠性差；

(2) 对于交流侧来说，是一谐波源，必须装大量滤波装置；

(3) 换流器需消耗大量无功，需装设无功补偿设备；

(4) 单极运行时地中电流存在沿途金属腐蚀、变压器饱和等问题；

(5) 直流断路器由于没有电流过零点可以利用，灭弧问题难以解决。

12. 超、特高压线路的并联电抗器的主要用途是什么？

答：（1）补偿容性无功；

(2) 降低线路上的工频过电压；

(3) 中性点连接小电抗使单相接地时的潜供电流幅值降低而易于自灭，提高重合闸成功率；

(4) 有利于消除同步电机带空载长线路时可能出现的自激磁现象。

13. 什么是高速接地开关，配置在特高压交流线路两侧的主要作用是什么？

答：高速接地开关是接于线路两侧的与断路器协调动作的快速开关，线路单相故障时两侧断路器跳开后，先快速合上故障线路两侧的快速接地开关，将接地点的潜供电流转移到电阻很小的两侧闭合的接地开关上，加速接地潜供电流电弧的熄灭，然后打开快速接地开关，再通过断路器重合故障相线路，由于潜供电弧已熄灭，重合闸的成功率大大提高。

14. 对 YNd 接线的变压器，当 YN 侧区外发生接地故障时，YN 侧零序电流与中性点零序电流存在什么关系？当 YN 侧靠近中性点附近发生匝间故障时，YN 侧零序电流与中性点零序电流方向存在什么关系？

答：YN 侧区外发生接地故障时，YN 侧零序电流与中性点零序电流大小相等、方向相同，属于穿越变压器零序电流。发生匝间故障时，可以把短路绕组当作自耦变压器的公共绕组发生一相与中性点短路，此时 YN 侧零序电流与中性点接地电流也大小相等、方向相同。

15. 对 YNad 接线的自耦变压器，当两个调压端子间发生短路故障时，YN 侧是否会出现零序电流？零序差动是否能动作？

答：此时可把短路的两个接头之间的绕组当作第四侧的 Y 接线绕组发生一相短路故障，此时，会使得三相磁通不平衡，在 d 绕组中产生环流，引起 YN 侧及中性点产生零序电流，但此零序电流属于穿越性零序电流，不会引起零序差动保护动作。

16. 装设在变压器高压侧作为变压器后备保护的接地阻抗保护，若其保护范围为其正方向不超越中压母线，反方向对高压侧母线故障有灵敏度，该接地阻抗保护在计算接地阻抗时，如何考虑零序补偿系数？

答：装设在变压器高压侧作为变压器后备保护的接地阻抗保护，其正方向保护范围不超越中压母线，因此计算接地阻抗时，不需要考虑零序补偿系数；其反方向保护范围要考虑与线路接地阻抗保护配合，因此计算接地阻抗时，需要考虑零序补偿系数。

17. 电压互感器在运行电网中产生铁磁谐振的原因及危害是什么？

答：铁磁谐振问题：电磁式电压互感器的唯一缺陷是铁磁谐振。在电网的所有元件中，入端阻抗为容抗（X_C）的有输电线路对地、耦合电容、少油断路器断口的并联电容及电容式电压互感器。入端阻抗为电抗（感抗 X_L）的有电磁式电压互感器、变压器及电抗器。当电网正常操作（断路器投切）出现的操作过电压或大气过电压时，电网会因容抗与感抗相等会在某些元件中产生铁磁谐振而烧毁。分析电网中呈现感抗的元件可见：变压器和电抗器在工作电压及过电压时处于铁芯饱和状态，入端阻抗值在出现过电压过程中是基本不变的，因此它不可能与电网中的容抗相等。而电磁式电压互感器的工作磁密在拐点以下，当电网出现过电压过程中，电磁式电压互感器的入端阻抗随之变化，可能会与电网的容抗值相等发生铁磁谐振烧毁电磁式电压互感器。因此电磁式电压互感器必须解决或避免铁磁谐振问题，才能安全运行。

18. 保护应用于短线路时应特别注意哪些问题？为什么？

答：短线路主要特点是线路阻抗小，在最小运行方式下，尤其是当经过长线路向短线路供电时，在线路末端故障时，保护安装处的残压非常低，当此电压低于距离保护的最小的精确工作电压时，可能会造成距离保护的非选择性动作，因此，距离保护应用于短线路时应特别注意校核在最不利的情况下，在线路末端短路时距离保护能够精确测量阻抗，同时，还应注意其在小定值下的整定精度，保证距离保护运行时不会出现非选择性动作。

19. 发电厂和变电站的主接线方式常见的有哪几种？

答：发电厂和变电站的主接线方式常见的有六种，即：

（1）单母线和分段单母线；

（2）双母线；

（3）多角形接线；

（4）3/2 断路器母线；

（5）多分段母线；

（6）内桥、外桥接线。

20. 什么是计算电力系统故障的叠加原理？

答：在假定是线性网络的前提下，将电力系统故障状态分为故障前的负荷状态和故障引起的附加状态分别求解，然后将这两个状态叠加起来，就得到故障状态。

21. 根据国标规定，电力系统谐波要监测的最高次数为 19 次谐波。一台录波装置如要达到上述要求，从采样角度出发，每周波（指工频 50Hz）至少需采样多少点？

答：至少需采样 38 点（谐波频率为 $19 \times 50 = 950$Hz，根据采样定律，采样频率至少为 $f_s = 2 \times 950 = 1900$Hz，采样点为 $1900 \times 0.02 = 38$ 点）。

22. 微机保护装置中，为什么要在电压频率变换器（VFC）的输入回路中设置一个偏置电压？

答：因为 VFC 并不能反应输入电压的极性，加入偏置电压是为了将双极性的输入电压变为单极性。

23. 微机保护中，"看门狗"的作用是什么？

答：微机保护运行时，由于各种难以预测的原因导致 CPU 系统工作偏离正常程序设计的轨道，或者进入某个死循环时，由看门狗经一个事先设定的延时将 CPU 系统强行复位，重新拉入正常运行的轨道。

24. 简述微机型保护装置对运行环境的要求。

答：（1）微机继电保护装置室内月最大湿度不应超过 75%。

（2）应防止灰尘和不良气体侵入。

（3）微机继电保护装置室内环境温度应在 5～30℃范围内。

（4）若超过此范围应装设空调。

25. 试说明数字滤波器的优点。

答：（1）滤波精度高：通过增加数值字长可很容易提高精度。

（2）可靠性高：滤波特性基本不受环境、温度的影响。

（3）滤波特性改变灵活方便：通过改变算法或系数，即可改变滤波特性。

（4）可用于时分复用：通过时分复用，一套滤波算法即可完成所有交流通道的滤波任务。

26. 什么是采样与采样定理？并计算 $N=12$ 时的采样频率 f_s 和采样周期 T_s 的值。

答：采样就是周期性地抽去连续信号，把连续的模拟信号 A 变为数字量 D，每隔 ΔT 时间采样一次，ΔT 称为采样周期，$1/\Delta T$ 称为采样频率。为了根据采样信号完全重现原来的信号，采样频率 f_s 必须大于输入连续信号最高频率的 2 倍，即 $f_s > 2f_{max}$，这就是采样定理，即 $T_s = 1.66\text{ms}$，$f_s = 600$。

27. 在中性点不接地系统中，各相对地的电容是沿线路均匀分布的，请问线路上的电容电流沿线路是如何分布的？

答：线路上的电容电流沿线路是不相等的。越靠近线路末端，电容电流越小。

28. 微机保护硬件系统通常包括哪几个部分？

答：（1）数据处理单元，即微机主系统。

（2）数据采集单元，即模拟量输入系统。

（3）数字量输入/输出接口，即开关量输入/输出系统。

（4）通信接口。

29. 确定继电保护和安全自动装置的配置和构成方案时，应综合考虑哪几个方面？

答：（1）电力设备和电力网的结构特点、运行特点。

（2）故障出现的频率和可能造成的后果。

（3）电力系统的近期发展情况。

（4）经济上的合理性。

（5）国内和国外的经验。

30. 简述继电保护双重化配置的主要原则。

答：（1）每套完整、独立的保护装置应能处理可能发生的所有类型的故障。两套保护之间不应有任何电气的联系，当一套保护退出时不应影响另一套保护的运行。

（2）两套保护装置的交流电压宜分别接入电压互感器的不同二次绕组；交流电流应分别取自电流互感器互相独立的绕组，其保护范围应交叉重叠，避免死区。

（3）两套保护装置的直流电源应取自不同蓄电池组供电的直流母线段。

（4）两套保护装置的跳闸回路应分别作用于断路器的两个跳闸线圈。

（5）两套保护装置与其他保护、设备配合的回路应遵循相互独立的原则等。

31. 电力系统振荡和短路的区别是什么？

答：电力系统振荡和短路的主要区别是：

（1）电力系统振荡时系统各点电压和电流均做往复性摆动，而短路时电流、电压值是突变的。此外，振荡时电流、电压值的变化较慢，而短路时电流、电压值突然变化量很大。

（2）振荡时系统任何一点电流与电压之间的相位角都随功角 δ 的变化而变化；而短路时，电流和电压之间的相位角基本不变。

32. 电力系统故障如何划分？故障种类有哪些？

答：电力系统有一处故障时称为简单故障，有两处以上同时故障时称为复故障。简单故障有七种：短路故障有四种，即单相接地故障、两相短路故障、两相短路接地故障、三相短路故障，均称为横向故障；断线故障有三种，即断一相故障、断两相故障、全相振荡故障，均称为纵向故障。其中，三相短路故障和全相振荡故障为对称故障，其他是不对称故障。

33. 在微机保护数据采集系统中，共用 A/D 转换器条件下采样/保持器的作用是什么？

答：（1）保证在 A/D 变换过程中输入模拟量保持不变。

（2）保证各通道同步采样，使各模拟量的相位关系经过采样后保持不变。

34. 如果全系统对短路点的综合正负零序阻抗分别为 $Z_{1\Sigma}$，$Z_{2\Sigma}$，$Z_{0\Sigma}$。则各种短路故障的复合序网图相当于在正正序网图的短路点 K1 和中性点 H1 两点间串入了一个附加阻抗 ΔZ。试分别写出 K(3)，K(2)，K(1,1) 和 K(1) 四种故障类型的 ΔZ 的表达式。

答：K(3)，$\Delta Z = 0$；

K(2)，$\Delta Z = Z_{2\Sigma}$；

K(1，1)，$\Delta Z = Z_{2\Sigma}/Z_{0\Sigma}$ ［或写成 $\Delta Z = Z_{2\Sigma} \times Z_{0\Sigma}/(Z_{2\Sigma} + Z_{0\Sigma})$］；

K(1)，$\Delta Z = Z_{2\Sigma} + Z_{0\Sigma}$。

35. 试述小电流接地系统单相接地的特点。当发生单相接地时，为什么可以继续运行 $1 \sim 2h$？

答：小电流接地系统单相接地的特点如下：

（1）非故障线路 $3I_0$ 的大小等于本线路的接地电容电流；故障线路 $3I_0$ 的大小等于所有故障线路的 $3I_0$ 之和，也就是所有非故障线路的接地电容电流之和。

（2）非故障线路的零序电流超前零序电压 $90°$；故障线路的零序电流滞后零序电压 $90°$。故障线路的零序电流与非故障线路的零序电流相位相差 $180°$。

（3）接地故障处的电流大小等于所有线路（包括故障线路和非故障线路）的接地电容电流的总和，并超前零序电压 $90°$。

根据小接地电流系统单相接地时的特点，因为故障点电流很小，而且三相之间的线电压仍然对称，对负荷的供电没有影响，所以在一般情况下都允许再继续运行 $1 \sim 2h$，不必立即跳闸，这也是采用中性点非直接接地运行的主要优点。但在单相接地以后，其他两相对地电压升高 $\sqrt{3}$ 倍，为了防止故障进一步扩大成两点、多点接地短路，应及时发出信号，以便运行人员采取措施予以消除。

36. 用单相电源试验负序电压继电器的定值时，试验电压与负序电压定值是什么关系？

答： 用单相电源电压模拟 UV、VW、WU 三种两相短路故障，试验负序继电器的定值时，所加试验电压是负序电压定值的 $\sqrt{3}$ 倍。

37. 监控系统的基本功能是什么？

答：（1）"四遥"功能的实现，即遥测、遥信、遥控、遥调。

（2）主变压器挡位的采集。

（3）微机保护的通信联系。

（4）微机五防系统的通信联系。

（5）其他智能设备的通信联系。

（6）实现全网统一校时。

38. 为什么线路发生单相接地故障进行三相重合闸时，会比单重产生更大的操作过电压？

答： 这是由于三相跳闸，电流过零时断电，在非故障相上会保留相当于相电压峰值的残余电荷电压，而重合闸的断电时间较短，上述非故障相的电压变化不大，因而在重合时会产生较大的操作过电压。而当使用单相重合闸时，重合时的故障相电压一般只有 17% 左右（由于线路本身电容分压产生），因而没有操作过电压问题。然而，从较长时间在 110kV 及 220kV 电网采用三相重合闸的运行情况来看，对一般中、短线路操作过电压方面的问题并不突出。

39. 35kV 母线分段断路器备用电源自投的主要充电条件和动作过程是什么？

答： 充电条件：Ⅰ、Ⅱ 段母线三相均有压，母线分段断路器在分位，工作电源断路器 QF1、QF2 在合位，经延时 10～15s 完成充电。

动作过程：Ⅰ（Ⅱ）段母线三相均无压，1 号（2 号）工作电源无流，经整定延时跳 1 号（2 号）工作电源断路器，确认断路器跳开后，经短延时或程序固化时间合上母线分段断路器 QF3。

40. 110kV 进线备用电源自投的主要充电条件和动作过程是什么？

答： 充电条件：Ⅰ、Ⅱ 段母线三相均有压，工作电源断路器运行，备用电源线路有压，桥断路器运行，备用电源断路器热备用。

动作过程：母线 Ⅰ、Ⅱ 段三相均无压，工作电源无流，备用电源线路有压，经整定延时后跳开工作电源断路器，确认断路器跳开后，经短延时或程序固化的时间合上备用电源断路器。

41. 电力系统中为什么采用低频低压解列装置？低频率减载装置防误动的闭锁措施有哪些？

答： 在功率缺额的受端小电源系统中，当大电源切除后，发、供功率严重不平衡，将造成频率或电压的降低，如用低频率减负荷不能满足发供电安全运行时，须在发供平衡的地点装设低频低压解列装置。

防误动的闭锁措施有时限闭锁、频率闭锁、滑差闭锁、电压闭锁（电流闭锁）。

42. 为什么说负荷调节效应对系统运行有积极作用？

答： 系统中发生有功功率缺额而引起频率下降时，负荷调节效应的存在会使相应的负荷功率也跟着减小，从而对功率缺额起着自动补偿作用，系统才得以稳定在一个较低的频率上继续运行。否则，缺额得不到补偿，变成不再有新的有功功率平衡点，频率势必一直下降，系统必然瓦解。因此，负荷调节效应对系统起着积极作用。

43．微机保护启动元件有什么作用？

答：早期微机保护在启动元件动作后，才进入故障计算模块，这样可以节约计算能力。同时采用启动元件后还可以提高保护的可靠性，只有当启动元件和保护测量元件都动作时，保护才能动作于出口。在微机保护装置中还可以利用启动元件来查找故障时标。

44．微机保护有哪些常用的启动元件？

答：相电流启动元件、相电流突变量及相电流差突变量启动元件、零序电流启动元件、负序电流启动元件、差电流启动元件、电压工频变化量启动元件等。

45．相电流差突变量启动元件有什么优缺点？

答：其优点是简单、灵敏、准确、快速，是快速主保护较理想的选相元件；缺点是因为它利用的是电流的突变量，所以在短路稳态时无法选相，同时该选相元件在转换性故障时可能不能判断出最终的故障类型，在弱电源侧时灵敏度也可能不足，导致无法正确选相。

46．微机保护有哪些常用的选相元件？

答：其常用的选相元件有相电流差突变量选相元件、阻抗选相元件、稳态序分量选相元件、工作电压突变量选相元件、低电压选相元件。

47．简述稳态序分量选相元件（$\dot{I}_0$ 和 $\dot{I}_{U2}$ 比相原理）的工作过程。

答：首先根据 $\dot{I}_0$ 和 $\dot{I}_{U2}$ 之间的相位关系，确定三个选相区：$-60°<\arg(\dot{I}_0/\dot{I}_{U2})<60°$，选择 U 区；$60°<\arg(\dot{I}_0/\dot{I}_{U2})<180°$，选择 V 区；$180°<\arg(\dot{I}_0/\dot{I}_{U2})<300°$，选择 W 区。然后结合阻抗继电器的动作行为进行综合判别。以 U 区为例先检查 Z_U：若 Z_U 不动作，则检查 Z_{VW}，若 Z_{VW} 动作则判为 VW 相接地故障，若 Z_{UV} 不动作则判为选相无效，由后备回路延时三跳；若 Z_U 动作，再判别 Z_V，若 Z_V 动作，则为 UV 两相接地短路，否则为 U 相单相接地故障。

48．微机保护一般如何判别 TV 断线？

答：当 $\dot{U}_u+\dot{U}_v+\dot{U}_w>8V$，且启动元件不启动，延时 1.25s 判 TV 断线（一相和两相断线）；当使用母线电压互感器时，满足 $\dot{U}_u+\dot{U}_v+\dot{U}_w<8V$ 且正序电压低，启动元件不动作，延时 1.25s 判 TV 断线（三相断线）；当使用线路电压互感器时，除满足 $\dot{U}_u+\dot{U}_v+\dot{U}_w<8V$ 且正序电压低，启动元件不动作几个条件外，再加之满足任意一相有电流或断路器在合位的条件，延时 1.25s 判 TV 断线。

49．微机线路保护有哪些常用的 TA 断线判别方法？

答：（1）有零序电流无零序电压，异常相无电流，延时 10s 左右报"TA 断线"；

（2）对光纤差动保护，对侧不启动，本侧启动有差流，且异常相无电流，延时报"本侧 TA 断线"。

50．两相经过渡电阻接地时，其测量附加阻抗有什么特点？

答：两相经过渡电阻接地时，相间测量阻抗无附加测量阻抗，故障相测量阻抗存在附加测量阻抗。在空载情况下，其中的超前相附加测量阻抗呈阻容性，滞后相附加测量阻抗呈阻感性;当处于送电侧时,超前相的附加测量阻抗容性程度增加;当处于受电侧时,滞后相的附加测量阻抗感性程度增加。这种增加的程度随负荷电流的增大而增大。

四、分析题

1. 对大电流接地系统,如果 TV 开口三角中 V 相绕组的极性接反,正常运行时 $U_L - U_N$ 的电压为多少?请用相量图表示。

答:200V。其相量图如图 1-6 所示。

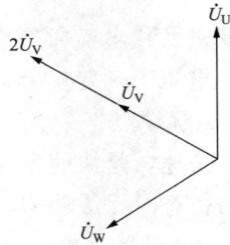

图 1-6

2. 电压互感器二次绕组及三次绕组接线如图 1-7 所示,试画出二次及三次绕组相量图,并求出 U_{Uu+}、U_{Vv+}、U_{Ww+} 为多少伏?(电压互感器的二次和三次电压为 $100/\sqrt{3}$ 和 100V,"·"表示极性端)

答:

$$U_{Uu+} = 100 - 57 = 43(V)$$

$$U_{Vv+} = 57(V)$$

$$U_{Ww+} = \sqrt{100^2 + 57^2 - 2 \times 100 \times 57 \times \cos 60^\circ} = 86.8(V)$$

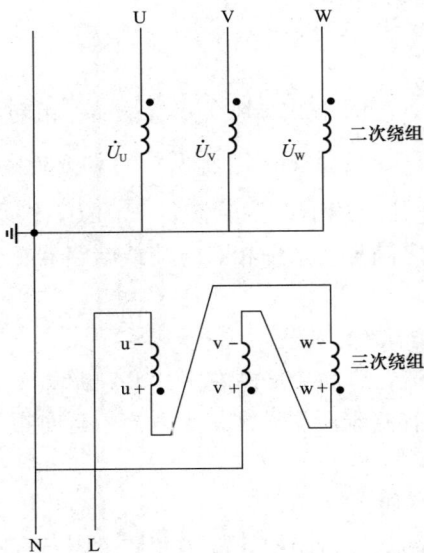

图 1-7

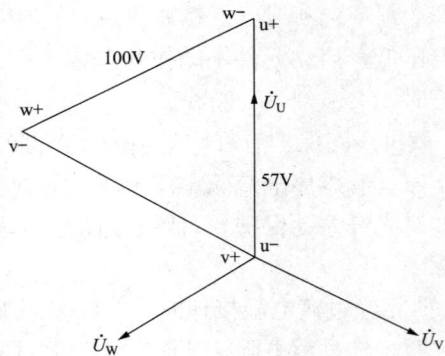

图 1-8

3. 试画出中性点直接接地电网（假设 $Z_{0\Sigma}=Z_{1\Sigma}$）和中性点非直接接地电网，发生 U 相接地故障时，三相电压的相量，试述两种电网使用的电压互感器的变比及开口绕组的电压。

解：（1）相量图，如图 1-9 所示。

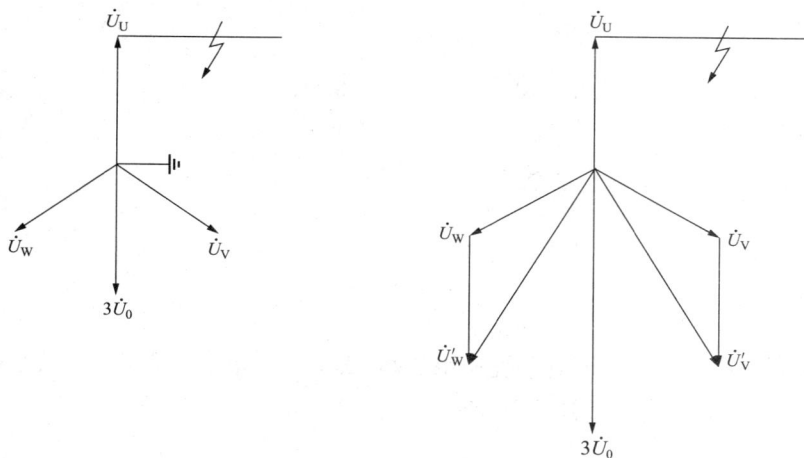

图 1-9

1）中性点直接接地电网。

2）中性点非直接接地电网。

（2）分析。

1）对于中性点直接接地电网：

故障相 $\dot{U}_U=0$；

$\dot{U}_V$、$\dot{U}_W$ 电压与故障前相同，开口三角绕组两端的电压 $3U_0=U_U$；

变比 $(U_N/1.732)/(100/1.732)/100$（V）；

则 $3U_0=100$V。

2）对于中性点非直接接地电网：

故障相 $U_U=0$；

U_V、U_W 电压升高 1.732 倍，开口三角绕组两端的电压 $3U_0=3U_U$；

变比 $(U_N/1.732)/(100/1.732)/(100/3)$（V）；

则 $3U_0=100$V。

4. 已知变压器额定容量 240/240/72MVA，额定电压 220/117/37kV，零序阻抗试验数据为：高压侧加电、中压侧开路 54.3Ω；高压侧加电、中压侧短路 29.97Ω；中压侧加电、高压侧开路 4.94Ω；中压侧加电、高压侧短路 2.75Ω。请求出各侧零序阻抗标幺值（基准容量 100MVA，基准电压近似取变压器额定电压）。

答：

$$Z_{0l}=\left(\sqrt{\frac{(54.3-29.97)\times4.94}{484\times136.89}}+\sqrt{\frac{(4.94-2.75)\times54.3}{484\times136.89}}\right)\Big/2$$

$$=0.0425（0.0424、0.0426 也对）$$

$$Z_{0h}=\frac{54.3}{484}-0.0425=0.0697$$

$$Z_{0m} = \frac{4.94}{136.89} - 0.0425 = -0.0064$$

5. 某一 220kV 输电线路送有功 $P = 90MW$，受无功 $Q = 50Mvar$，电压互感器 TV 变比为 220kV/100V，电流互感器变比为 600/5。试计算出二次侧负荷电流。

答：线路输送功率为

$$S = \sqrt{P^2 + Q^2} = \sqrt{90^2 + 50^2} = 103(MVA)$$

一次侧负荷电流为

$$I_1 = \frac{S}{\sqrt{3}U} = \frac{103000}{\sqrt{3} \times 220} = 270.3(A)$$

二次侧负荷电流为

$$I_2 = \frac{I_1}{n_{TA}} = \frac{270.3}{600/5} = 2.25(A)$$

6. 某电网电力铁路工程的供电系统采用的是 220kV 两相供电方式，但牵引站的变压器 T 为单相变压器，一典型系统如图 1-10 所示。

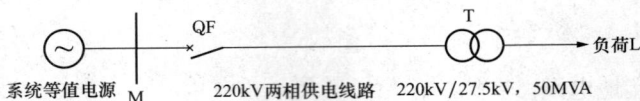

图 1-10

假设变压器 T 满负荷运行，母线 M 的运行电压和三相短路容量分别为 220kV 和 1000MVA，两相供电线路非常短，断路器 QF 保护设有负序电压和负序电流稳态启动元件，定值的一次值分别为 22kV 和 120A。

试问：

(1) 忽略谐波因素，该供电系统对一、二次系统有何影响？

(2) 负序电压和负序电流启动元件能否启动？

答：(1) 由于正常运行时，有负序分量存在，所以负序电流对系统中的发电机有影响；负序电压和负序电流对采用负序分量的保护装置有影响。

(2) 计算负序电流和负荷电压。

1) 计算负序电流。

正常运行的负荷电流为

$$I = \frac{S}{U} = \frac{50 \times 1000}{220} = 227(A)$$

负序电流为

$$I_2 = \frac{I}{\sqrt{3}} = \frac{227}{\sqrt{3}} = 131(A)$$

可知，正常运行的负序电流值大于负序电流稳态启动元件的定值 120A，所以负序电流启动元件能启动。

2) 计算负序电压。

系统等值阻抗为

$$Z = \frac{U_V^2}{S_V} = \frac{220^2}{1000} = 48.4(\Omega)$$

负序电压为

$$U_2 = Z \times I_2 = 48.4 \times 131 = 6340V = 6.34(kV)$$

可知，正常运行的负序电压值小于负序电压启动元件的定值 22kV，所以负序电压启动元件不能启动。

7. 某一电流互感器的变比为 600/5，某一次侧通过最大三相短路电流 4800A，如测得该电流互感器某一点的伏安特性为 $I_e=3A$ 时，$U_2=150V$，计算二次侧接入 3Ω 负载阻抗（包括电流互感器二次侧漏抗及电缆电阻）时，其变比误差能否超过 10%？

答： 一次侧通过最大三相短路电流 4800A 时，二次电流为

$$4800/120 = 40(A)$$

电流互感器二次侧电压为

$$U_1 = (40-3) \times 3 = 111(V)$$

因 111V < 150V 相应 $I_e < 3A$，若 I_e 按 3A 计算，则

$$I_2 = 40-3 = 37(A)$$

此时变比误差为

$$\Delta I = (40-37)/40 = 7.5\% < 10\%$$

故变比误差不超过 10%。

8. 试计算如图 1-11 所示接线在 UV 两相短路时 U 相电流互感器的视在负载。

答： U、V 两相短路时，U 相电流互感器两端的

电压为 $\dot{U}_u = (\dot{I}_u + \dot{I}_v)Z_1 + \dot{I}_u Z_1 = 3\dot{I}_u Z_1$

因为 $\dot{I}_u = \dot{I}_v$，所以 U 相电流互感器的视在负载

为 $Z_H = \dfrac{\dot{U}_u}{\dot{I}_u} = 3Z_1$

负荷为 $3Z_1$。

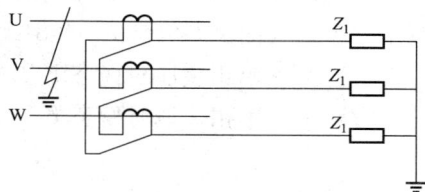

图 1-11

9. 如图 1-12 所示电压互感器 TV 的二次额定线电压为 100V，当星形接线的二次绕组 W 相熔断器熔断时。

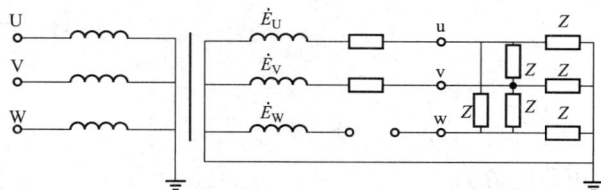

图 1-12

（1）试计算负荷处 W 相电压及相间电压 U_{vw}、U_{wu} 值。（电压互感器二次电缆阻抗忽略不计）。

（2）某方向继电器接入 U_{wu} 电压和 I_v 电流，继电器的灵敏角为 90°，动作区为 0°～180°。

如果当时送有功 100MW，送无功 100Mvar，发生上述 TV 断线时，该继电器是否可能动作？

答：（1）计算负载处 W 相电压及相间电压 U_{vw}、U_{wu}。

由图可知

$$\frac{\dot{E}_u - \dot{U}_w}{Z} + \frac{\dot{E}_v - \dot{U}_w}{Z} = \frac{\dot{U}_w}{Z}$$

$$\dot{U}_w = \frac{\dot{E}_u + \dot{E}_v}{3} (\dot{U}_w \text{ 落后 } \dot{E}_u 60°)$$

$$U_w = 19.2 (\text{V})$$

$$\dot{U}_{vw} = \dot{U}_v - \dot{U}_w = 0.88 \dot{E}_{uw}^{-j139°} \quad (\text{余弦定理})$$

$$U_{vw} = 51 (\text{V})$$

$$\dot{U}_{wu} = \dot{U}_w - \dot{U}_u = 0.88 \dot{E}_{uw}^{-j161°} \quad (\text{余弦定理})$$

$$U_{wu} = 51 (\text{V})$$

（2）因为送有功 100MW，送无功 100Mvar，所以 $\dot{I}_v$ 滞后 $\dot{E}_v$ 角度为 45°，而 $\dot{U}_{wu}$ 滞后 $\dot{E}_v$ 角度为 161° − 120° = 41°，即 $\dot{U}_{wu}$ 超前 $\dot{I}_v$ 角度为 4°。可见，$\dot{I}_v$ 落入继电器动作区（边缘），故继电器可能动作。

10. 如图 1-13 所示，某 110kV 系统的各序阻抗为 $X_{\Sigma 1} = X_{\Sigma 2} = j5\Omega$，$X_{\Sigma 0} = j3\Omega$，母线电压为 115kV；P 级电流互感器变比为 1200/5，星形连接，不计电流互感器二次绕组漏阻抗、铁芯有功损耗；不计二次电缆电抗和微机保护电流回路阻抗，若 $Z_L = 4\Omega$，K 点三相短路时测得 TA 二次侧稳态电流为 54.8A，TA 不饱和。试求：

（1）K 点单相接地时稳态下 TA 的变比误差 ε；

（2）K 点单相接地时稳态下 TA 的相角误差 δ。

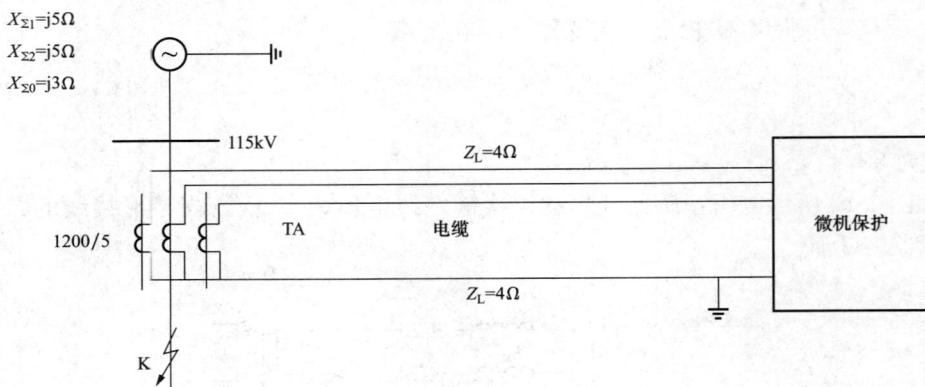

图 1-13

答：（1）K 点三相短路电流为

$$I_K^{(3)} = \frac{115}{\sqrt{3} \times 5} \times 10^3 = 13279 (\text{A})$$

折算到 TA 二次侧，得到

$$I_K^{(3)} (\text{二次}) = \frac{13279}{1200/5} = 55.3 (\text{A})$$

K 点单相短路电流为

$$I_K^{(1)} = \frac{(115/\sqrt{3}) \times 10^3}{5+5+3} \times 3 = 15322(A)$$

折算到二次侧为

$$I_K^{(1)}(二次) = \frac{15322}{1200/5} = 63.8(A)$$

求 TA 励磁阻抗 X_u

$$I_K^{(3)}(二次) = \left| \frac{jX_u}{Z_u + jX_u} \right| = 54.8$$

所以

$$55.3 \times \left| \frac{jX_u}{4 + jX_u} \right| = 54.8$$

解得

$$X_u = \frac{4}{\sqrt{\left(\frac{55.3}{54.8}\right)^2 - 1}} = 29.5(\Omega)$$

（2）K 点单相接地时的 ε。

TA 二次侧负载阻抗 $\qquad R = 4 \times 2 = 8(\Omega)$

所以 $\qquad I_2 = 63.8 \times \frac{j29.5}{8 + j29.5} = 61.6\angle 15.2°(A)$

$$\varepsilon = \frac{61.6 - 63.8}{63.8} = -3.45\%$$

K 点单相接地时的相角误差为

$$\delta = 15.2$$

11. 对于同杆架设的具有互感的两回线路，在双线路运行和单线路运行（另一回线路两端接地）的不同运行方式下，试计算在线路末端故障时双线路零序等值电抗。

设 $X_{01} = 3X_1$，$X_{0M} = 0.6X_{01}$（X_{01} 为线路零序电抗，X_{0M} 为线路互感电抗）。

答：（1）双线路运行时等值电路，如图 1-14 所示。

双线路运行时零序等值电抗为

$$X_0 = X_{0M} + \frac{1}{2}(X_{01} - X_{0M})$$

$$= 0.6X_{01} + \frac{1}{2} \times 0.4X_{01}$$

$$= 0.8X_{01} = 2.4X_1$$

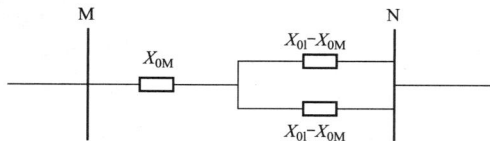

图 1-14

（2）单回线路运行另一回线路两端接地时等值电路，如图 1-15 所示。

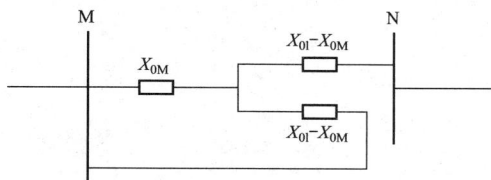

图 1-15

零序等值电抗为

$$X_0 = \frac{X_{0M}(X_{01} - X_{0M})}{X_{0M} + (X_{01} + X_{0M})} + (X_{01} - X_{0M})$$

$$= X_{01} - \frac{X_{0M}^2}{X_{01}} = X_{01} - \frac{(0.6X_{01})^2}{X_{01}}$$

$$= 0.64X_{01} = 1.92X_1$$

12. 如图 1-16 和表 1-1 所示，在 FF′点 U 相断开，求 U 相断开后，V、W 相流过的电流并和断相前进行比较。

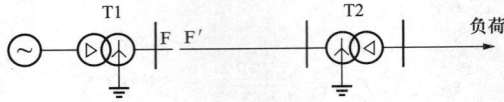

图 1-16

表 1-1

X_1	0.25	0.2	0.15	0.2	1.2
X_2	0.25	0.2	0.15	0.2	0.35
X_0		0.2	0.57	0.2	

假设各元件参数已归算到以 $S_v = 100\text{MVA}$，U_b 为各级电网的平均额定电压为基准的标幺值表示。$E_{u1} = \text{j}1.43$。

答：(1) U 相断线序网图，如图 1-17 所示。

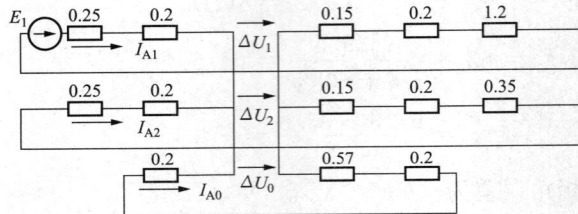

图 1-17

(2) 系统各序阻抗。
$$X_{1\Sigma} = 0.25 + 0.2 + 0.15 + 0.2 + 1.2 = 2$$
$$X_{2\Sigma} = 0.25 + 0.2 + 0.15 + 0.2 + 0.35 = 1.15$$
$$X_{0\Sigma} = 0.2 + 0.57 + 0.2 = 0.97$$

(3) 断线相 U 相各序电流。
$$I_{U1} = \frac{E_{u1}}{\text{j}(X_{1\Sigma} + X_{2\Sigma} /\!/ X_{0\Sigma})} = \frac{\text{j}1.43}{\text{j}(2 + 1.15 /\!/ 0.97)} = 0.565$$

$$I_{U2} = -I_{A1} \frac{X_{0\Sigma}}{X_{2\Sigma} + X_{0\Sigma}} = 0.565 \times \frac{0.97}{1.15 + 0.97} = -0.258$$

$$I_{U0} = -I_{A1} \frac{X_{2\Sigma}}{X_{2\Sigma} + X_{0\Sigma}} = 0.565 \times \frac{1.15}{1.15 + 0.97} = -0.307$$

(4) 非故障相电流。
$$I_V = \alpha^2 I_{U1} + \alpha I_{U2} + I_{U0} = 0.85 \angle 237°$$
$$I_W = \alpha I_{U1} + \alpha^2 I_{U2} + I_{U0} = 0.85 \angle 123°$$

(5) 故障前各相电流。
$$I_U = I_V = I_W = \frac{E_\alpha 1}{X_{1\Sigma}} = \frac{\text{j}1.43}{\text{j}2} = 0.715$$

13. 如图 1-18 所示 220kV 线路 K 点 U 相单相接地短路。电源、线路阻抗标幺值已注明在图中，设正、负序电抗相等，基准电压为 230kV，基准容量为 1000MVA。

(1) 绘出 K 点 U 相接地短路时复合序网图。

(2) 计算出短路点的全电流（有名值）。

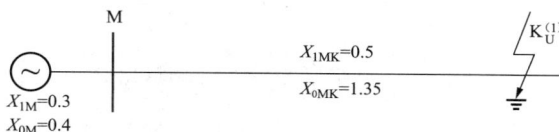

图 1-18

答：(1) 复合序网图如图 1-19 所示。

(2) $X_{1\Sigma} = X_{1M} + X_{1MK} = 0.3 + 0.5 = 0.8$

$X_{1\Sigma} = X_{2\Sigma} = 0.8$

$X_{0\Sigma} = X_{0M} + X_{0MK} = 0.4 + 1.35 = 1.75$

基准电流

$$I_j = \frac{S_j}{\sqrt{3}U_j} = \frac{1000}{\sqrt{3} \times 230} = 2.51(\text{kA})$$

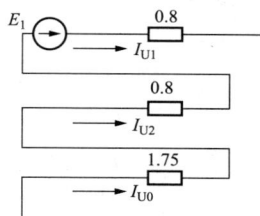

图 1-19

短路点的全电流

$$I_U = I_{U1} + I_{U2} + I_{U0} = 3 \times \frac{I_j}{2X_{1\Sigma} + X_{0\Sigma}} = 3 \times \frac{2.51}{2 \times 0.8 + 1.75} = 2.25(\text{kA})$$

14. 如图 1-20 所示，已知 $X_{G^*} = 0.14$，$X_{T^*} = 0.094$，$X_{0.T^*} = 0.08$，线路 L 的 $X_1 = 0.126$，（上述参数均已统一归算至 100MVA 为基准的标幺值），且线路的 $X_0 = 3X_1$。

(1) 试求 K 点发生三相短路时，线路 L 和发电机 G 的短路电流。

(2) 试求 K 点发生单相短路时，线路 L 短路电流，并画出序网图。

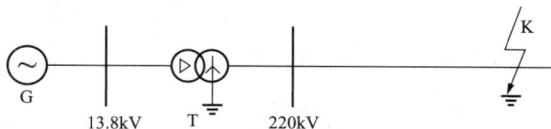

图 1-20

答：(1) K 点发生三相短路时，线路 L 和发电机 G 的短路电流分别为

$$I_K^{(3)} = \frac{I_V}{X_\Sigma}$$

$$X_\Sigma = X_{G1^*} + X_{T1^*} + X_{L1^*}$$

220kV 侧基准电流为

$$I_{V1} = \frac{S_V}{\sqrt{3}U_V} = \frac{100 \times 1000}{\sqrt{3} \times 220} = 262.4(\text{A})$$

13.8kV 侧基准电流为

$$I_{V2} = \frac{S_V}{\sqrt{3}U_V} = \frac{100 \times 1000}{\sqrt{3} \times 13.8} = 4.18(\text{kA})$$

线路短路电流为

$$I_L = \frac{I_{V1}}{X_\Sigma} = \frac{262.4}{0.36} = 729(\text{A})$$

发电机短路电流为

$$I_G = \frac{I_{V2}}{X_\Sigma} = \frac{4.18}{0.36} = 11.61(\text{kA})$$

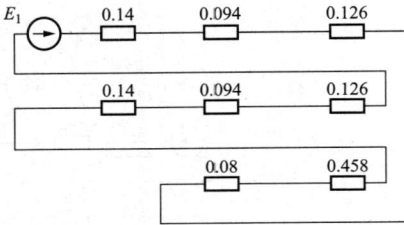

图 1-21

（2）K 点发生单相短路时，序网图如图 1-21 所示。

接地故障电流标幺值为

$$I_K^* = 3I_0^* = \frac{3}{X_\Sigma} = \frac{3}{X_{1\Sigma} + X_{2\Sigma} + X_{0\Sigma}}$$
$$= \frac{3}{0.36 + 0.36 + 0.458} = 2.547$$

则线路短路电流为

$$I_{KU} = I_K^* \times I_{V1} = 2.547 \times 262.4 = 668.3(\text{A})$$
$$I_{KV} = 0(\text{A})$$
$$I_{KW} = 0(\text{A})$$

15. 如图 1-22 所示。

G_1、G_2：$S_e = 200\text{MVA}$　$U_N = 10.5\text{kV}$　$X_{d'} = 0.2$

T_1：接线 $Y_N y_n d11$　$S_N = 200\text{MVA}$

$U_N = 230\text{kV}/115\text{kV}/10.5\text{kV}$

$U_{K高—中}\% = 15\%$　$U_{K高—低}\% = 5\%$　$U_{K低—中}\% = 10\%$（均为全容量下）

T_2：接线 $Yd11$　$S_N = 100\text{MVA}$　$U_N = 115\text{kV}/10.5\text{kV}$

$U_K\% = 10\%$

基准容量 $S_B = 100\text{MVA}$；基准电压 230kV，115kV，10.5kV。

假设：（1）发电机、变压器 $X_1 = X_2 = X_0$。

（2）不计发电机、变压器电阻值。

问题：

（1）计算出图中各元件的标幺阻抗值。

（2）画出在 220kV 母线处 U 相接地短路时，包括两侧的复合序网图。

（3）计算出短路点的全电流（有名值）。

（4）计算出流经 G_1 的负序电流（有名值）。

答：（1）计算各元件标幺阻抗。

G_1、G_2 的标幺值为

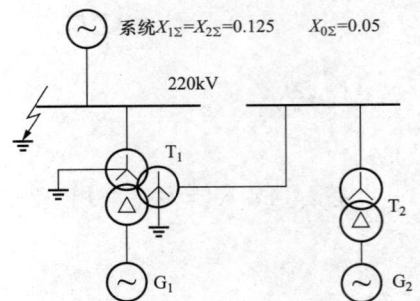

图 1-22

$$X_{F^*} = X_{d'}\frac{S_j}{S_e} = 0.2 \times \frac{100}{200} = 0.1$$

T_1 的标幺值为

$$X_1^* = \frac{U_{KI}\%}{100} \times \frac{100}{200} = \frac{1}{2}(0.15 + 0.05 - 0.1) \times \frac{1}{200} = 0.025$$

$$X_{II}^* = \frac{U_{KII}\%}{100} \times \frac{100}{200} = \frac{1}{2}(0.15 + 0.1 - 0.05) \times \frac{1}{200} = 0.05$$

$$X_{III}^* = \frac{U_{KIII}\%}{100} \times \frac{100}{200} = \frac{1}{2}(0.1 + 0.05 - 0.15) \times \frac{1}{200} = 0$$

T2 的标幺值为

$$X_T^* = \frac{U_K\%}{100} \times \frac{S_B}{S_N} = \frac{10}{100} \times \frac{100}{100} = 0.1$$

(2) 220kV 母线 U 相接地短路包括两侧的复合序网图，如图 1-23 所示。

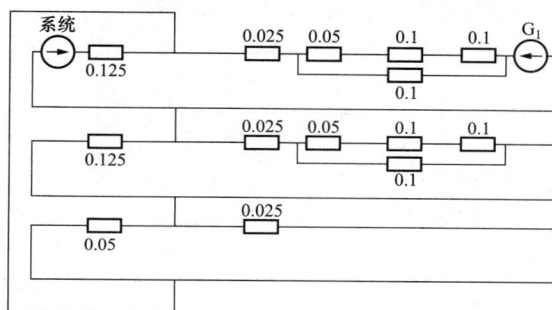

图 1-23

(3) 220kV 母线侧 U 相接地故障，故障点总的故障电流。

$$X_{1\Sigma}^* = 0.125 \mathbin{/\!/} [0.1 \mathbin{/\!/} (0.05 + 0.1 + 0.1) + 0.025] = 0.0544$$

$$X_{1\Sigma}^* = X_{2\Sigma}^*$$

$$X_{1\Sigma}^* = 0.05 \mathbin{/\!/} 0.025 = 0.0617$$

220kV 电流基准值为

$$I_{B1} = \frac{S_B}{\sqrt{3}U_B} = \frac{100 \times 1000}{\sqrt{3} \times 230} = 251(A)$$

10.5kV 电流基准值为

$$I_{B2} = \frac{S_B}{\sqrt{3}U_B} = \frac{100 \times 1000}{\sqrt{3} \times 10.5} = 5499(A)$$

故障点总的故障电流为

$$I_K = \frac{3I_{B1}}{X_\Sigma^*} = \frac{3 \times 251}{2 \times 0.054 + 0.0167} = 6002(A)$$

(4) 流过 G_1 的负序电流。

故障点的负序电流为

$$I_{K2} = \frac{1}{3}I_K = \frac{6002}{3} = 2000.7(A)$$

折算到 10.5kV 侧负序电流为

$$I_2 = I_{K2} \frac{I_{B2}}{I_{B1}} = 2000.7 \times \frac{5499}{251} = 43831 \text{(A)}$$

流过 G_1 的负序电流为

$$I_{F2} = I_2 \times \frac{0.125}{0.125 + 0.025 + \dfrac{0.1 \times (0.1 + 0.1 + 0.05)}{0.1 + 0.1 + 0.1 + 0.05}} \times \frac{0.1 + 0.1 + 0.05}{0.1 + 0.1 + 0.1 + 0.05}$$

$$= 43831 \times 0.403 = 17673 \text{(A)}$$

16. 如图 1-24 所示，系统经一条 220kV 线路供一终端变电站，该变电站有一台 150MVA，220/110/35kV，YNynd 三绕组变压器，变压器 220、110kV 侧中性点均直接接地，中、低压侧均无电源且负荷不大。系统、线路、变压器的正序、零序标幺阻抗分别为 X_{1S}/X_{0S}、X_{1L}/X_{0L}、X_{1T}/X_{0T}，当在变电站出口发生 220kV 线路 U 相接地故障时，请画出复合序网图，并说明变电站侧各相电流如何变化？有何特征？

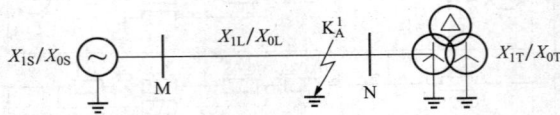

图 1-24

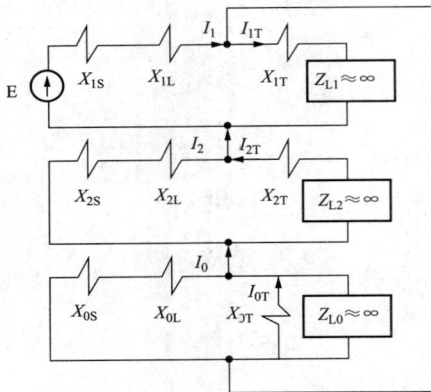

图 1-25

答：（1）复合序网图，如图 1-25 所示。

（2）变电站侧的各相电流及特征。

由 U 相接地短路的边界条件 $\dot{U}_U = 0$，$\dot{I}_V = \dot{I}_W$

得 $I_1 = I_2 = I_0 = \dfrac{\dot{E}}{j(X_{1\Sigma} + X_{2\Sigma} + X_{0\Sigma})}$

$$X_{1\Sigma} = X_{1S} + X_{1L}$$

$$X_{2\Sigma} = X_{2S} + X_{2L} = X_{1S} + X_{1L}$$

$$X_{0\Sigma} = (X_{0S} + X_{0L}) \; // \; X_{0T}$$

因为中低压侧无电源且负荷不大，可以近似认为负荷阻抗为无穷大，所以可得变压器侧的各序电流为

$$I_{1T} = I_{2T} = 0$$

$$I_{0T} = I_0 \cdot (X_{0S} + X_{0L})/(X_{0S} + X_{0L} + X_{0T})$$

若忽略 V、W 相的负荷电流，则各相电流可近似为

$$I_U = I_V = I_W = I_{0T}$$

17. 在单侧电源线路上发生 U 相接地短路，假设系统如图 1-26 所示。T 变压器 YNy0 接线，YN 侧中性点接地。T′ 变压器 YNd11 接线，YN 侧中性点接地。T′ 变压器空载。

（1）请画出复合序网图。

（2）求出短路点的零序电流。

（3）求出 M 母线处的零序电压。

（4）分别求出流过 M、N 侧线路上的各相电流值。

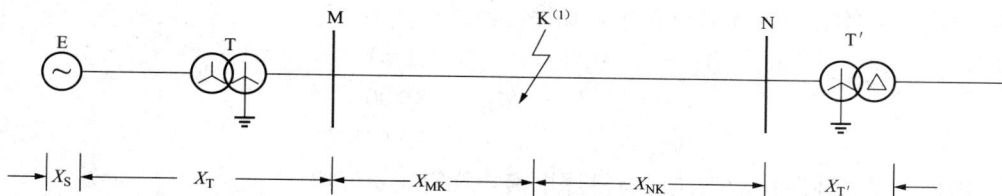

图 1-26

设电源电动势 $E=1$，各元件电抗为 $X_{S1}=j10$，$X_{T1}=j10$，$X_{MK1}=j20$，$X_{NK1}=j10$，$X_{T'1}=X_{T'0}=j10$，输电线路 $X_0=3X_1$

答：（1）复合序网图如图 1-27 所示。

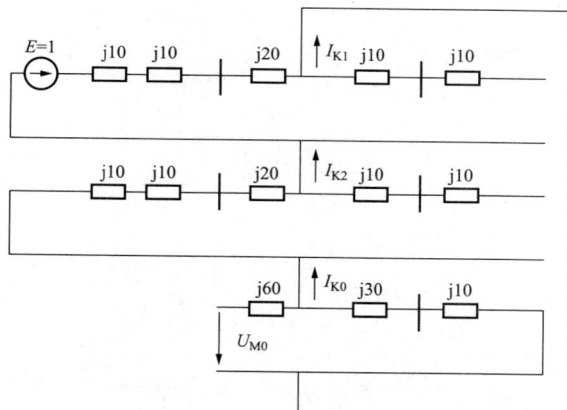

图 1-27

（2）短路点的零序电流。

综合正序阻抗为

$$X_{1\Sigma}=j10+j10+j20=j40$$

综合负序阻抗为

$$X_{2\Sigma}=j10+j10+j20=j40$$

综合零序阻抗为

$$X_{0\Sigma}=j10+j30=j40$$

短路点的零序电流为

$$I_{K1}=I_{K2}=I_{K0}=\frac{E}{X_{1\Sigma}+X_{2\Sigma}+X_{0\Sigma}}=\frac{1}{j40+j40+j40}=\frac{1}{j120}=-j0.00833$$

（3）M 母线处的零序电压。

因为流过 MK 线路的零序电流为零，所以在 X_{MK0} 上的零序电压降为零，M 母线处的零序电压 U_{M0} 与短路点的零序电压相等。

则 M 母线处的零序电压为

$$U_{M0}=U_{K0}=-I_{K0}\times X_{0\Sigma}=j0.00833\times j40=-0.3332$$

（4）流过 M、N 侧线路上的各相电流值。

因为流过 M 侧线路电流只有正序，负序电流。

所以
$$I_{MU} = I_{K1} + I_{K2} = 2 \times (-j0.00833) = -j0.0166$$
$$I_{MV} = \alpha^2 I_{K1} + \alpha I_{K2} = j0.00833$$
$$I_{MW} = \alpha I_{K1} + \alpha^2 I_{K2} = j0.00833$$

因为流过 N 侧线路中的电流只有零序电流，没有正负序电流。

所以
$$I_{NU} = I_{NV} = I_{NW} = -j0.00833$$

第二章
整　定　计　算

一、选择题

1. 继电保护后备保护逐级配合是指（ B ）。

　　A. 时间配合　　　　　B. 时间和灵敏度均配合　　　　　C. 灵敏度配合

2. 各级继电保护部门划分继电保护装置整定范围的原则是（ B ）。

　　A. 严格按电压等级划分，分级管理

　　B. 整定范围一般与调度操作范围相适应

　　C. 由各级继电保护部门协商决定

3. 继电保护是以常见运行方式为主来进行整定计算和灵敏度校核的。所谓常见运行方式是指（ B ）。

　　A. 正常运行方式下，任意一回线路检修

　　B. 正常运行方式下，与被保护设备相邻近的一回线路或一个元件检修

　　C. 正常运行方式下，与被保护设备相邻近的一回线路检修并有另一回线路故障被切除

4. 继电保护的不完全配合是指（ A ）。

　　A. 时间配合，定值不配

　　B. 定值配合，时间不配

　　C. 定值时间均不配，与主保护配合

5. 电网中相邻 A、B 两条线路，正序阻抗均为 $60\angle75°\Omega$，在 B 线络中点三相短路时流过 A、B 线路同相的短路电流如图 2-1。则 A 线路相间阻抗继电器的测量阻抗一次值为（ B ）。

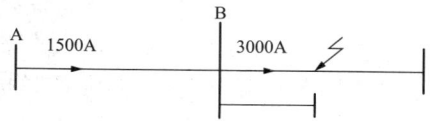

图 2-1

　　A. 75Ω　　　　　　B. 120Ω

　　C. 90Ω　　　　　　D. 100Ω

6. 电网中相邻 M、N 两线路，正序阻抗分别为 $40\angle75°\Omega$ 和 $60\angle75°\Omega$，在 N 线路中点发生三相短路，流过 M、N 同相的短路电流如图 2-2 所示，M 线路相间阻抗继电器的测量阻抗一次值为（ C ）。

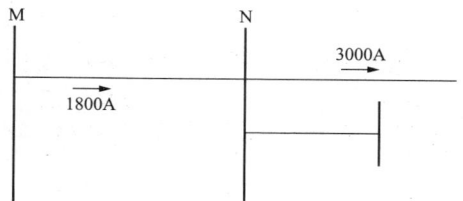

图 2-2

A. 70Ω   B. 100Ω   C. 90Ω   D. 123Ω

7. 按频率降低自动减负荷装置的具体整定时，各轮间的频率整定差一般为（ C ）Hz。

A. 0.5   B. 0.6   C. 0.2

8. 110kV 变电站故障解列装置动作时间应躲过相邻线路保护灵敏段时间，并与上级线路重合闸时间配合，一般（ A ）。

A. ≤1.5s   B. <1s   C. ≤2.5s   D. >1s

9. 三段式电流保护中，灵敏度最高的是（ A ）。

A. Ⅲ段   B. Ⅱ段   C. Ⅰ段   D. 都一样

10. 某 110kV 线路距离保护Ⅰ段的原定值为 1Ω，若电流互感器由原来的 600/5A 改为 1500/5A，则距离Ⅰ段的定值应调整为（ C ）。

A. 0.4Ω   B. 1Ω   C. 2.5Ω   D. 5Ω

11. 220kV 线路零序方向电流保护的方向元件应有足够的灵敏度，当本线路末端接地故障时，零序功率方向灵敏度应不小于（ B ）。

A. 1.5 倍   B. 2 倍   C. 2.5 倍   D. 3 倍

12. 同一套微机保护装置中的以下元件，整定时动作灵敏度（ A ）最低。

A. 测量元件   B. 选相元件   C. 启动元件

13. 220kV 及以上线路距离Ⅱ段的动作时间与断路器失灵保护切除故障时间相比，应（ A ）。

A. 比失灵保护时间长 0.3s

B. 比失灵保护时间短 0.3s

C. 可与失灵保护时间相同

14. 除大区系统间的弱联系联络线外，系统最长振荡周期可按（ B ）考虑。

A. 1s   B. 1.5s   C. 2s   D. 2.5s

15. 母线差动保护电压闭锁元件中的低电压元件一般可整定为母线最低运行电压的（ B ）。

A. 50%～60%   B. 60%～70%   C. 70%～80%   D. 75%～85%

16. 母线差动保护电压闭锁元件中的零、负序电压按（ D ）原则整定。

A. 母线故障有 2 倍灵敏度

B. 母线故障有 1.5 倍灵敏度

C. 出线末端故障有 2 倍灵敏度

D. 躲过正常运行最大不平衡电压

17. Yd11 组别变压器配备微机型差动保护，两侧电流互感器回路均采用星型接线，Y 侧二次电流分别为 $\dot{i}_U$、$\dot{i}_V$、$\dot{i}_W$；d 侧二次电流分别为 $\dot{i}_u$、$\dot{i}_v$、$\dot{i}_w$，软件中 U 相差动元件采用（ A ）经接线系数、变比折算后计算差流。

A. $\dot{i}_U - \dot{i}_V$ 与 I_u B. $\dot{i}_u - \dot{i}_v$ 与 $\dot{i}_U$ C. $\dot{i}_U - \dot{i}_W$ 与 $\dot{i}_u$

18. 某同杆并架双回线路间互感抗为 X_m，每回线路的正序电抗为 X_1、零序电抗为 X_0。当其中一线路检修时区外故障，另一运行线路零序电抗应视为（ D ）。

A. $X_0 - X_m$ B. $X_0 + X_m$

C. $X_0 - X_m - X_1$ D. $X_0 - (X_m^2 / X_0)$

19. 某线路的实测正序阻抗为 Z_1，零序阻抗 Z_0，则接地距离保护的零序电流补偿系数应整定为（D）。

    A. $(Z_1-Z_0)/3Z_0$ B. $(Z_0-Z_1)/3Z_0$

    C. $(Z_1-Z_0)/3Z_1$ D. $(Z_0-Z_1)/3Z_1$

20. 用实测法测定线路的零序参数，假设试验时无零序干扰电压，电流表读数为 10A，电压表读数为 10V，功率表读数为 50W，零序阻抗的计算值为（B）。

    A. $0.5+j0.866\Omega$ B. $1.5+j2.598\Omega$

    C. $1.0+j1.732\Omega$ D. $0.2+j0.986\Omega$

21. Yd1 连接组别变压器配备微机型差动保护，两侧 TA 回路均采用星型接线，Y、d 侧二次电流分别为 I_U、I_V、I_W 及 I_u、I_v、I_w，软件中 U 相差动元件采用（C）经接线系数、变比折算后计算差流。

    A. I_U-I_V 与 I_u B. I_u-I_v 与 I_U C. I_U-I_W 与 I_u

22. 220kV 电网按近后备原则整定的零序方向保护，其方向继电器的灵敏度应满足（A）。

    A. 本线路末端接地短路时，零序功率灵敏度不小于 2

    B. 相邻线路末端接地短路时，零序功率灵敏度不小于 2

    C. 相邻线路末端接地短路时，零序功率灵敏度不小于 1.5

23. 220kV 变压器的中性点经间隙接地的零序过电压保护定值一般可整定为（B）。

    A. 120V   B. 180V   C. 70V   D. 220V

24. 相间距离 I 段保护整定范围为被保护线路全长的（C）。

    A. 60%   B. 70%   C. 80%～85%

25. 在所有圆特性的阻抗继电器中，当整定阻抗相同时，（C）躲过渡电阻能力最强。

    A. 全阻抗继电器

    B. 方向阻抗继电器

    C. 工频变化量阻抗继电器

26. 综合重合闸中常用的阻抗选相元件的整定，除了要躲最大负荷外，还要保证线路末端经（A）过渡电阻接地时，起码能相继动作，同时还要校验非故障相选相元件在出口故障时不误动。

    A. 20Ω B. 10Ω C. 30Ω

27. 对于 BP-2B 型母线保护装置，若只考虑母线区内故障时流出母线的电流最多占总故障电流的 20%，复式比率系数 K_r 整定为（B）最合适。

    A. 1   B. 2   C. 4

28. 断路器失灵保护动作的必要条件是（C）。

    A. 失灵保护电压闭锁回路开放，本站有保护装置动作且超过失灵保护整定时间仍未返回

    B. 失灵保护电压闭锁回路开放，故障元件的电流持续时间超过失灵保护整定时间仍未返回，且故障元件的保护装置曾动作

    C. 失灵保护电压闭锁回路开放，本站有保护装置动作，且该保护装置和与之相对应的失灵电流判别元件持续动作时间超过失灵保护整定时间仍未返回

29. 具有二次谐波制动的差动保护，为了可靠躲过励磁涌流，可（C）。

A. 增大差动速断保护动作电流的整定值

B. 增大差动保护启动电流定值

C. 适当减小差动保护的二次谐波制动比

D. 适当增大差动保护的二次谐波制动比

30. Yd11 接线的变压器装有微机差动保护，其 Y 侧电流互感器的二次电流相位补偿是通过微机软件实现的。现整定 Y 侧二次基准电流 $I_V=5A$，差动动作电流 $I_W=0.4I_V$，从这一侧模拟 VW 相短路，其动作电流应为（ C ）左右。

A. $\sqrt{3}/2A$ B. $\sqrt{3}A$ C. 2A

31. 如果用 Z_1 表示测量阻抗，Z_2 表示整定阻抗，Z_3 表示动作阻抗。线路发生短路，不带偏移的圆特性距离保护动作. 则说明（ B ）。

A. $|Z_3|<|Z_2|$；$|Z_2|<|Z_1|$

B. $|Z_3|\leqslant|Z_2|$；$|Z_1|\leqslant|Z_2|$

C. $|Z_3|<|Z_2|$；$|Z_2|\leqslant|Z_1|$

D. $|Z_3|\leqslant|Z_2|$；$|Z_2|\leqslant|Z_1|$

32. 对于国产微机型距离保护，如果定值整定为Ⅰ、Ⅱ段经振荡闭锁，Ⅲ段不经振荡闭锁，则当在Ⅰ段保护范围内发生单相故障，且 0.3s 之后，发展成三相故障，此时将由距离保护（ A ）切除故障。

A. Ⅰ段   B. Ⅱ段   C. Ⅲ段

33. 220kV 采用单相重合闸的线路使用母线电压互感器。事故前负荷电流 700A，单相故障双侧选跳故障相后，按保证 100Ω 过渡电阻整定的方向零序Ⅳ段在此非全相过程中（ C ）。

A. 虽零序方向继电器动作，但零序电流继电器不可能动作，Ⅳ段不出口

B. 零序方向继电器会动作，零序电流继电器也动作，Ⅳ段可出口

C. 零序方向继电器动作，零序电流继电器也可能动作，但Ⅳ段不会出口

34. 220kV 变压器的中性点经间隙接地的间隙过电流保护定值一般可整定为（ A ）。

A. 100A   B. 180A   C. 70A   D. 120A

35. 比率制动差继电器，整定动作电流为 2A，比率制动系数为 0.5，无制动区电流为 5A。本差动继电器的动作判据 $I_{op}=|I_1+I_2|$，制动量为 $\{I_1,I_2\}$ 取较大者。模拟穿越性故障，当 $I_1=7A$ 时测得差电流 $I_c=2.8A$，此时该继电器（ B ）。

A. 动作   B. 不动作   C. 处于动作边界

36. 瞬时电流速断保护的动作电流应大于（ A ）。

A. 被保护线路末端短路时的最大短路电流

B. 线路的最大负载电流

C. 相邻下一线路末端短路时的最大短路电流

37. 双侧电源线路的 M 侧，若系统发生接地故障，M 母线上有相电压突变量 $\Delta\dot{U}_\varphi$；另外工作电压 $\dot{U}_{op\varphi}=\dot{U}_\varphi-(\dot{I}_\varphi+K3\dot{I}_0)Z_{set}$，其中 $\dot{U}_\varphi$ 为 M 母线相电压，$\dot{I}_\varphi+K3\dot{I}_0$ 为 M 母线流向被保护线路的电流 $\left(K=\dfrac{Z_0-Z_1}{3Z_1}\right)$，$Z_{set}$ 为保护区范围确定的线路阻抗。如果有 $|\Delta\dot{U}_\varphi|>|\Delta\dot{U}_{op\varphi}|$，则接地点位置在（ C ）。

A. 保护方向保护范围内　　　　　　B. 保护方向保护范围外

C. 保护反方向上　　　　　　　　　D. 不能确定

38. 某输电线路发生 VW 两相短路时（不计负荷电流），故障处的边界条件是（B）。

A. $\dot{I}_U=0$　$\dot{U}_V=\dot{U}_W=0$

B. $\dot{I}_U=0$　$\dot{I}_V=-\dot{I}_W$　$\dot{U}_V=\dot{U}_W$

C. $\dot{I}_U=0$　$\dot{I}_V=\dot{I}_W$

D. $\dot{U}_U=0$　$\dot{I}_V=\dot{I}_W$

39. 在大电流接地系统中，零序电流分布主要取决于（A）。

A. 变压器中性点是否接地

B. 电源的数目

C. 电源的数目与变压器中性点

40. 谐波制动的变压器纵差保护中设置差动速断元件的主要原因是（B）。

A. 为了提高差动保护的动作速度

B. 为了防止在故障较高的短路水平时，由于电流互感器的饱和产生高次谐波量增加，导致差动保护拒动

C. 保护设置的双重化，互为备用

D. 为了提高差动保护的可靠性，防止差动范围内的死区

41. 一组二进制数为 1101000110100100，转换为 16 进制数表达为（D）。

A. B328　　　B. DA54　　　C. E7A8　　　D. D1A8

42. 相同情况下，同一点发生两相短路电流 $I_K^{(2)}$ 与三相短路电流 $I_K^{(3)}$ 之比值为（B）。

A. $I_K^{(2)}=\sqrt{3}I_K^{(3)}$　　B. $I_K^{(2)}=\frac{\sqrt{3}}{2}I_K^{(3)}$　　C. $I_K^{(2)}=\frac{1}{2}I_K^{(3)}$　　D. $I_K^{(2)}=I_K^{(3)}$

43. 我国电力系统中 110kV 电网中性点接地方式为（A）。

A. 中性点直接接地方式

B. 中性点经消弧线圈接地方式

C. 主变压器中性点经放电间隙接地方式

D. 中性点不接地方式

44. 接地距离继电器在线路故障时感受到的是从保护安装处至故障点的（A）。

A. 正序阻抗　　B. 零序阻抗　　C. 由零序阻抗按系数 K 补偿过的正序阻抗

45. 某接地距离继电器整定二次阻抗为 2Ω，其零序补偿系数为 K=0.67，从 A−N 通入 5A 电流调整动作值，最高的动作电压为（C）。

A. 10V　　　B. 20V　　　C. 16.7V　　　D. 12V

46. 在保证可靠动作的前提下，对于联系不强的 220kV 电网，重点应防止保护无选择性动作；对于联系紧密的 220kV 电网，重点应保证保护动作的（B）。

A. 选择性　　　B. 快速性　　　C. 灵敏性

47. 确保 220kV 及 500kV 线路单相接地时线路保护能可靠动作，允许的最大过渡电阻值分别是（C）。

A. 100Ω　100Ω　B. 100Ω　200Ω　C. 100Ω　300Ω　D. 100Ω　150Ω

48. 为简化整定计算工作，短路电流计算时规程允许假设（ABD）条件。

A. 忽略发电机、变压器、架空线路的电阻部分

B. 发电机电动势假定等于 1

C. 发电机正序电抗＝负序电抗＝次暂态电抗（不饱和）

D. 不考虑短路电流的衰减

49. 小电源接入的 110kV 线路保护，主系统侧重合闸检线路无压，弱电源侧重合闸可停用，也可（ AB ）。

    A. 检同期   B. 检线路有压、母线无压

    C. 检线路无压、母线有压   D. 不检定

50. 以下运行方式中，允许保护适当牺牲部分选择性的有（ ABCD ）。

    A. 线路—变压器组接线   B. 预定的解列线路

    C. 多级串联供电线路   D. 一次操作过程中

51. 三相输电线路的自感阻抗为 Z_L，互感阻抗为 Z_M，则以下正确的是（ AD ）。

    A. $Z_0 = Z_L + 2Z_M$ B. $Z_1 = Z_L + 2Z_M$

    C. $Z_0 = Z_L - Z_M$ D. $Z_1 = Z_L - Z_M$

52. 距离保护振荡闭锁中的相电流元件，其动作电流应满足的条件是（ AB ）。

    A. 躲过最大负荷电流

    B. 本线末短路故障时应有足够的灵敏度

    C. 躲过振荡时通过的最大电流

    D. 躲过突变量元件最大的不平衡输出电流

53. 在超高压系统中，提高系统稳定水平措施为（ BCD ）。

    A. 电网结构已定，提高线路有功传输

    B. 尽可能快速切除故障

    C. 采用快速重合闸或采用单重

    D. 串补电容

54. 继电保护短路电流计算可以忽略（ ABCD ）等阻抗参数中的电阻部分。

    A. 发电机   B. 变压器   C. 架空线路   D. 电缆

55. 电力变压器差动保护在稳态情况下的不平衡电流的产生原因（ ACD ）。

    A. 各侧电流互感器型号不同

    B. 正常变压器的励磁电流

    C. 改变变压器调压分接头

    D. 电流互感器实际变比和计算变比不同

二、判断题

1. 线路单相重合闸过程中，由于零序Ⅳ段的整定值较小，将会导致保护误动，应在重合闸期间闭锁该继电器。   （ × ）

2. 接地距离保护的零序电流补偿系数 K 应按式 $K = \dfrac{Z_0 - Z_1}{3Z_1}$ 计算获得，线路的正序阻抗 Z_1、零序阻抗 Z_0 参数需进行实测，装置整定值应大于或接近计算值。   （ × ）

3. 保护整定计算以常见的运行方式为依据。所谓常见的运行方式一般是指正常运行方

式加上被保护设备相邻的一回线路（同杆双回线路仍作为二回线路）或一个元件检修的正常检修方式。 （×）

4. 继电保护短路电流计算可以忽略发电机、变压器、架空线路、电缆等阻抗参数的电阻部分。 （√）

5. 高压线路上某点的 V、W 两相各经电弧电阻 R_V 与 R_W（$R_V \neq R_W$）短路后再金属性接地时，仍可与简单的两相接地故障一样，在构成简单的复合序网图后来计算故障电流。

（×）

6. 把三相不对称相量 UVW 分解为正序、负序及零序三组对称分量时，U 相正序分量 U_1 和 U 相负序分量 U_2 的计算式分别为 $U_1 = \frac{1}{3}(U + \alpha V + \alpha^2 W)$：$U_2 = \frac{1}{3}(U + \alpha^2 V + \alpha W)$。

（√）

7. 把三相不对称相量分解为正序、负序及零序三组对称分量时，其中正序分量 U_1 和负序分量 U_2 的计算式分别为 $U_1 = \frac{1}{3}(U + \alpha^2 V + \alpha W)$，$U_2 = \frac{1}{3}(U + \alpha V + \alpha^2 W)$。 （×）

8. 把三相不对称相量分解为正序、负序及零序三组对称分量时，其中正序分量 B_1 和负序分量 B_2 的计算式分别为：$V_1 = \frac{1}{3}(\alpha^2 U + V + \alpha W)$，$V_2 = \frac{1}{3}(\alpha U + V + \alpha^2 W)$。 （√）

9. 计算表明：大电流接地系统中，当发生经电阻的单相接地短路时，一般超前相电压升高不超过 1.3～1.4 倍。 （√）

10. 系统振荡时各点电流值均作往复性摆动，过电流保护有可能误动，由于一般情况下振荡周期较短，当保护装置的时限大于 1～1.5s 时，就能躲过振荡误动。 （×）

11. 变压器各侧电流互感器型号不同，变流器变比与计算值不同，变压器调压分接头不同，所以在变压器差动保护中会产生暂态不平衡电流。 （×）

12. 零序电流 I 段定值计算的故障点一般在本侧母线上。 （×）

13. 电流系统继电保护有四项基本性能要求，分别是可靠性、选择性、速动性、安全性。 （×）

14. 在系统发生故障而振荡时，只要距离保护的整定值大于保护安装点至振荡中心之间的阻抗值就不会误动作。 （×）

15. 对只有两回线路和一台变压器的变电站，当该变压器退出运行时，可以不更改两侧线路保护定值，此时，不要求两回线路相互之间的整定配合有选择性。 （√）

16. 相间距离保护的Ⅲ段定值，按可靠躲过本线路的最大事故过负荷电流对应的最大阻抗整定。 （×）

17. 接入供电变压器的终端线路，无论是一台或多台变压器并列运行，都允许线路侧的速动段保护按躲开变压器其他侧母线故障整定。 （√）

18. 由于变压器在 1.3 倍额定电流时还能运行 10s，因此变压器过电流保护的过电流定值按不大于 1.3 倍额定电流值整定，时间按不大于 9s 整定。 （×）

19. 对于距离保护后备段，为了防止距离保护超越，应取常见运行方式下最小的助增系数进行计算。 （√）

20. 对于零序电流保护后备段，为了防止零序电流保护越级，应取常见运行方式下最大

的分支系数进行计算。　　　　　　　　　　　　　　　　　　　　　　　　（ √ ）

21. 计算最大短路电流时应考虑以下两个因素：最大运行方式和短路类型。（ √ ）

22. 电气量的标幺值是有名值除以基准值，基准值通常可选为 100MVA 或 1000MVA。
　　　　　　　　　　　　　　　　　　　　　　　　　　　　　　　　（ √ ）

23. 整定计算完成定值计算后需校验灵敏度，灵敏度一般根据可能出现的最小运行方式和最不利的单一故障情形进行校验。　　　　　　　　　　　　　　　（ √ ）

24. 整定计算完成定值计算后需校验灵敏度，灵敏度一般根据可能出现的最小运行方式进行校验。　　　　　　　　　　　　　　　　　　　　　　　　　（ × ）

25. 电流互感器的负载为其两端的电压与其绕组内流过的电流之比。　（ √ ）

26. 当阻抗继电器的动作阻抗等于 0.9 倍整定阻抗时，流入继电器的最小电流称之为最小精工电流，精工电流与整定阻抗的乘积称之为精工电压。　　　　　（ √ ）

27. 高压电网继电保护的运行整定，是以保证电网全局的安全稳定运行为根本目标的。
　　　　　　　　　　　　　　　　　　　　　　　　　　　　　　　　（ √ ）

28. 超范围允许式距离保护，正向阻抗定值为 8Ω，因不慎错设为 2Ω，则其后果可能是区内故障拒动。　　　　　　　　　　　　　　　　　　　　　　　　（ √ ）

29. 零序末段过电流保护，对 220kV 线路应以适应故障点经 100Ω 接地电阻短路为整定条件，零序电流保护最末一段的电流动作值应不大于 300A。　　　　　（ √ ）

30. 某断路器距离保护Ⅰ段二次定值整定为 1Ω，由于断路器电流互感器由原来的 600/5 改为 750/5，其距离保护Ⅰ段二次定值应整定为 1.25Ω。　　　　　　（ √ ）

31. 对 220kV 及以上电网不宜选用全星形普通变压器，以免恶化接地故障后备保护的运行整定。　　　　　　　　　　　　　　　　　　　　　　　　　　（ × ）

32. 有时零序电流保护要设置两个Ⅰ段，即灵敏Ⅰ段和不灵敏Ⅰ段。灵敏Ⅰ段按躲过非全相运行情况整定，不灵敏Ⅰ段按躲过线路末端故障整定。　　　　（ × ）

33. 接地距离保护的零序电流补偿系数 K 应按线路实测的正序、零序阻抗 Z_1、Z_0，用式 $K=(Z_0-Z_1)/3Z_1$ 计算获得。装置整定值应小于计算值。　　　　（ √ ）

34. 断路器失灵保护的相电流判别元件的整定值，为了满足线路末端单相接地故障时有足够灵敏度，而必须躲过正常运行负荷电流。　　　　　　　　　　（ × ）

35. 某系统中的Ⅱ段阻抗继电器，因汲出与助增同时存在，且助增与汲出相等，所以整定阻抗没有考虑它们的影响。若运行中因故助增消失，则Ⅱ段阻抗继电器的保护区要缩短。　　　　　　　　　　　　　　　　　　　　　　　　（ × ）

36. 一台容量为 8000kVA，短路电压为 5.56%，变比为 20/0.8kV，接线为 Yy 的三相变压器，因需要接到额定电压为 6.3kV 系统上运行，当基准容量取 100MVA 时，该变压器阻抗的标幺值应为 7。　　　　　　　　　　　　　　　（ √ ）

37. 某接地距离保护，零序电流补偿系数为 0.6，现错设为 0.85，则该接地距离保护区缩短。　　　　　　　　　　　　　　　　　　　　　　　　　　　（ × ）

38. 电网中出现短路故障时，过渡电阻的存在，对距离保护装置有一定的影响，而且当整定值越小时，它的影响越大，故障点离保护安装处越远时，影响也越大。（ × ）

39. 电力系统发生振荡时，可能会导致阻抗元件误动作，因此突变量阻抗元件动作出口

时，同样需经振荡闭锁元件控制。 （×）

三、简答题

1. 简述整定计算工作的目的。

答：不同的部门整定计算的目的有所不同。对于调度部门，整定计算工作主要是根据具体的参数和运行要求，给已配置好的保护装置通过计算分析给出所需的各项整定值；对于设计部门，则通过计算分析来选择和论证保护配置及选型的正确性。

2. 何谓系统的最大、最小运行方式？

答：在继电保护的整定计算中，一般都要考虑电力系统的最大与最小运行方式。最大运行方式是指在被保护对象末端短路时，系统的等值阻抗最小，通过保护装置的短路电流为最大的运行方式。最小的运行方式是指在上述同样的短路情况下，系统等值阻抗最大，通过保护装置的短路电流为最小的运行方式。

3. 电网继电保护的整定不能兼顾速动性、选择性或灵敏性要求时，应按什么原则合理进行取舍？

答：（1）局部电网服从整个电网。

（2）下一级电网服从上一级电网。

（3）局部问题自行消化。

（4）尽量照顾局部电网和下级电网的需要。

（5）保证重要用户供电。

4. 如何计算接地距离保护的零序电流补偿系数？

答：接地距离保护的零序电流补偿系数 K 应按线路实测的正序阻抗 Z_1 和零序阻抗 Z_0，用式 $K=(Z_0-Z_1)/3Z_1$ 计算获得。实用值宜小于或接近计算值。

5. 断路器失灵保护中的相电流判别元件的整定值按什么原则计算？如果条件不能同时满足，那么以什么作为取值依据？

答：整定原则是：

（1）保证在线路末端和本变压器低压侧单相接地故障时灵敏系数大于 1.3。

（2）躲过正常运行负荷电流。

如果两个条件不能同时满足，则按原则（1）取值。

6. 用于整定计算的哪些一次设备参数必须采用实测值？

答：（1）三相三柱式变压器的零序阻抗。

（2）66kV 及以上架空线路和电缆线路的阻抗。

（3）平行线路之间的零序互感阻抗。

（4）双回线路的同名相间和零序的差电流系数。

（5）其他对继电保护影响较大的有关参数。

7. 电力系统的运行方式是经常变化的，在整定计算上如何保证继电保护装置的选择性和灵敏度？

答：一般采用系统最大运行方式来整定选择性，用最小运行方式来校核灵敏度，以保证在各种系统运行方式下满足选择性和灵敏度的要求。

8. 在 220kV 系统和 10kV 系统中，有一相等的有名阻抗值，在短路电流计算中，将它们换算成同一基准值的标幺阻抗，他们是否仍然相等？为什么？

答：不等。$Z^* = Z/Z_B$，$Z_B = U_B^2/S_B$。因此 10kV 的标幺阻抗要大。

9. 在系统稳定分析和短路电流计算中，通常将某一侧系统的等效母线处看成无穷大系统，那么无穷大系统的含义是什么？

答：无穷大系统指的是等效母线电压恒定不变，母线背后系统的综合阻抗等于零。

10. 什么是计算电力系统故障的叠加原理？

答：在假定是线性网络的前提下，将电力系统故障状态分为故障前的运行状态和故障引起的附加状态分别求解，然后将这两个状态叠加起来，就得到故障状态。

11. 继电保护整定计算以什么运行方式作为依据？

答：合理地选择继电保护整定计算用运行方式是改善保护效果，充分发挥保护效能的关键之一。继电保护整定计算应以常见的运行方式为依据。所谓常见运行方式是指正常运行方式和被保护设备相邻近的一回线路或一个元件检修的正常检修方式。对特殊运行方式，可以按专用的运行规程或者依据当时实际情况临时处理，并考虑以下情况：

（1）对同杆并架的双回线路，考虑双回线路同时检修或双回线路同时跳开的情况。

（2）发电厂有两台机组时，应考虑全部停运的方式，即一台机组检修时，另一台机组故障跳闸；发电厂有三台及以上机组时，可考虑其中两台容量较大的机组同时停运的方式。

（3）电力系统运行方式应以调度运行部门提供的书面资料为依据。

12. 设正、负、零序网在故障端口的综合阻抗分别是 X_1、X_2、X_0，简单故障时的正序电流计算公式中，$I_1 = \dfrac{E}{X_1 + \Delta Z}$ 的附加阻抗 ΔZ 为在各种故障情况下的值各为多少？

答：当三相短路时为 $\Delta Z = 0$，当单相接地时 $\Delta Z = X_2 + X_0$，当两相短路时 $\Delta Z = X_2$，两相短路接地 $\Delta Z = X_2 /\!/ X_0$。

13. 继电保护整定计算的四性要求是什么？

答：继电保护整定计算的四性要求是可靠性、速动性、灵敏性、选择性。

14. 什么是继电保护整定配合的选择性？如何实现选择性配合？

答：继电保护整定计算的选择性是指首先由故障设备或线路本身的保护切除故障，当故障设备或线路本身的保护或断路器拒动时，才允许由相连设备、线路的保护或断路器失灵保护切除故障。要求灵敏度和动作时间都应相互配合，时限配合是指上一级保护动作时限比下一级保护动作时限要大，存在时限级差；灵敏度配合是指上一级保护的保护范围应比下一级相应段保护范围短。

15. 线路零序阻抗测量时，在配合侧三相短路接地，在测试侧线路三相短接加压，采用线路参数测试仪测出功率、线路相电压和三相的总电流。其试验接线如图 2-3 所示，电流表 PA 读数为 I_0，电压表 PV 读数为 U_0，功率表 PW 读数为 W_0。请利用获得的实测数据写出零序电阻、零序电抗的求解公式。

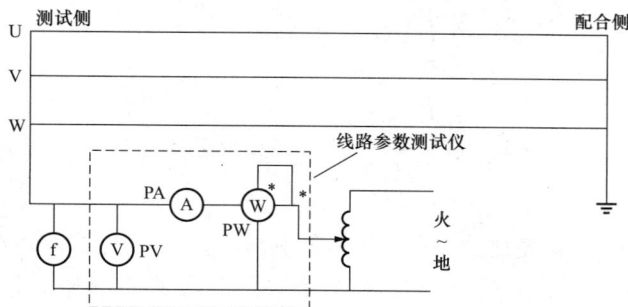

图 2-3

答：$Z_0 = 3U_0/I_0$（Ω）

$\cos\varphi = W_0/(U_0 \times I_0)$

$R_0 = Z_0\cos\varphi$（Ω）

$X_0 = Z_0\sin\varphi$（Ω）

16. 计算星形接线电流互感器的二次侧负载 Z，如图 2-4 所示。

答：$Z = \dfrac{\text{电流互感器两端电压}}{\text{电流互感器绕组内流过电流}}$

式中：Z_L，导线阻抗；Z_K，继电器线圈阻抗；$Z_{K,0}$，零序回路的继电器线圈阻抗。

（1）三相短路（中性线内无电流时）。

$$\dot{U}_u = \dot{I}_u(Z_L + Z_K)$$

$$Z = \frac{\dot{I}_u(Z_L + Z_K)}{\dot{I}_u} = Z_L + Z_K$$

（2）两相短路（以 $K_{uv}^{(2)}$ 为例）。

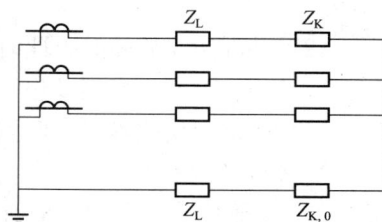

图 2-4

$$\dot{U}_u = \frac{1}{2}2\dot{I}_u(Z_L + Z_K)$$

$$Z = \frac{\dot{U}_u}{\dot{I}_u} = Z_L + Z_K$$

（3）单相接地（以 $K_a^{(1)}$ 为例）。

$$\dot{U}_u = \dot{I}_u(Z_L + Z_K + Z_{K,0} + Z_L)$$

$$Z = \frac{\dot{U}_u}{\dot{I}_u} = 2Z_L + Z_K + Z_{K,0}$$

17. Yd11 接线变压器，三角形接线侧 uv 两相短路，流过星形接线侧 U 相电流为 $\dfrac{1}{\sqrt{3}}\dot{I}_K$，流过中性线电流为 $\dfrac{2}{\sqrt{3}}\dot{I}_K$，求 Y 侧电流互感器的二次负载。

答：

$$\dot{U}_u = \frac{1}{\sqrt{3}}\dot{I}_K(Z_L + Z_K) + \frac{2}{\sqrt{3}}\dot{I}_K(Z_L + Z_K)$$

$$= \frac{3}{\sqrt{3}}\dot{I}_{\text{K}}(Z_{\text{L}}+Z_{\text{K}})$$

$$Z = \frac{\dfrac{3}{\sqrt{3}}\dot{I}_{\text{K}}(Z_{\text{L}}+Z_{\text{K}})}{\dfrac{1}{\sqrt{3}}\dot{I}_{\text{K}}} = 3(Z_{\text{L}}+Z_{\text{K}})$$

18. 容量为 2500kVA、变比为 20/0.9kV 的变压器，短路电压为 10％。将该变压器接于 6.3kV 的无穷大电网上，试用标幺值法求该变压器低压侧的两相短路电流（取基准容量 100MVA）为多少安培？

答：$X_{\text{T}} = 10\% \times \dfrac{100}{2.5} \times \left(\dfrac{20}{6.3}\right)^2 = 40.3124$

$$I_{\text{k}}^{(2)} = \frac{\sqrt{3}}{2} \times \frac{1}{40.3124} \times \frac{100 \times 10^3}{\sqrt{3} \times 6.3} \times \frac{20}{0.9} = 4375\ (\text{A})$$

19. 某输电线路光纤分相电流差动保护，一侧 TA 变比为 1200/5，另一侧 TA 变比为 600/1，因不慎误将 1200/5 的二次侧额定电流错设为 1A，试分析正常运行和故障时有何问题发生？

答：（1）正常运行时，因有差流存在，所以当线路负荷电流达到一定值时，差流会告警。

（2）外部短路故障时，此时线路两侧测量到的差动回路电流均增大，制动电流减小，故两侧保护均有可能发生误动作。

（3）内部短路故障时，两侧测量到的差动回路电流均减小，制动电流增大，故灵敏度降低，严重时可能发生拒动。

20. 变压器差动保护不平衡电流是怎样产生的？

答：（1）变压器正常运行时的励磁涌流；

（2）由于变压器各侧电流互感器型号不同而引起的不平衡电流；

（3）由于实际的电流互感器变比和计算变比不同引起的不平衡电流；

（4）由于变压器改变调压分接头引起的不平衡电流。

21. 一台自耦变压器的高中压侧额定电压、零序参数及 110kV 侧系统零序阻抗（皆为纯电抗）如图 2-5 所示。设变压器 220kV 侧发生单相接地故障，故障点总零序电流为 300A，则流过变压器中性点的零序电流应为多少？

注：图中阻抗为归算至 220kV 的阻抗。

图 2-5

答：110kV 侧提供的零序电流

$$300 \times (1+19)/(1+19+30) = 120\ (\text{A})$$

折算至 110kV 下的电流值

$$120 \times 230/115 = 240\ (\text{A})$$

中性点提供的零序电流

$$300 - 240 = 60\ (\text{A})$$

22. 为保证灵敏度，接地故障保护的最末一段定值应如何整定？

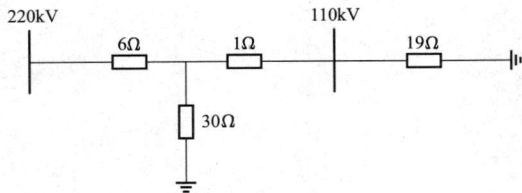

答：零序电流保护最末一段的动作电流应不大于 300A（一次值）线路末端发生高阻接地故障时，允许线路两侧继电保护装置纵续动作切除故障，接地故障保护最末一段（如零序电流保护四段），应以适应下述短路点接地电阻值的故障为整定条件：

（1）220kV 线路，100 Ω。

（2）330kV 线路，150 Ω。

（3）500kV 线路，300 Ω。

23. 零序电流分支系数的选择要考虑哪些情况？

答：零序电流分支系数的选择，要通过各种运行方式和线路对侧断路器跳闸前或跳闸后等各种情况进行比较，选取其最大值。在复杂的环网中，分支系数的大小与故障点的位置有关，在考虑与相邻线路零序电流保护配合时，按理应利用图解法，选用故障点在被配合段保护范围末端时的分支系数。但为了简化计算，可选用故障点在相邻线路末端时的可能偏高的分支系数，也可选用与故障点位置有关的最大分支系数。如被配合的相邻线路是与本线路有较大零序互感的平行线路，应考虑相邻线路故障在一侧断路器先断开时的保护配合关系。

24. 为什么距离保护的Ⅰ段保护范围通常选择为被保护线路全长的 80%～85%？

答：（1）距离保护Ⅰ段的动作时限为保护装置本身的固有动作时间，为了和相邻的下一线路的距离保护Ⅰ段有选择性的配合，两者的保护范围不能有重叠的部分，否则，本线路Ⅰ段的保护范围会延伸到下一线路，造成无选择性动作。

（2）另外，保护定值计算用的线路参数有误差，电压互感器和电流互感器的测量也有误差。考虑最不利的情况，若这些误差为正值相加，如果Ⅰ段的保护范围为被保护线路的全长，就不可避免地要延伸到下一线路。此时，若下一线路出口故障，则相邻的两条线路的Ⅰ段会同时动作，造成无选择性地切断故障。因此，距离保护的Ⅰ段通常取被保护线路全长的 80%～85%。

25. 如图 2-6 所示 110kV 电网，等值电源 1、2 均有大、小方式，变电站 A、B 之间为同杆并架双回线路。

（1）计算 A 站线路保护接地距离Ⅰ段时应如何考虑检修方式？

（2）计算 A 站线路保护接地距离Ⅱ段灵敏度时应如何考虑检修方式？

（3）计算 A 站线路保护接地距离与 B—C 线路 B 站的配合关系时应如何考虑运行检修方式？

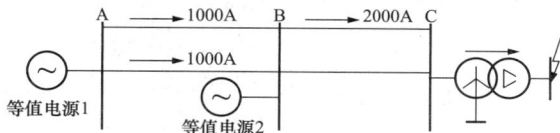

图 2-6

答：（1）计算 A 站线路保护距离Ⅰ段时应考虑双回线路中的一回检修。

（2）计算 A 站线路保护接地距离Ⅱ段灵敏度时应考虑双回线路并列运行。

（3）计算 A 站线路保护接地距离与 B—C 线路 B 站的配合关系时应考虑：等值电源 1 采用大运行方式，等值电源 2 采用小运行方式，同杆并架双回线路中的一回检修。

四、分析题

1. 如图 2-7 所示，断路器 A、断路器 B 均配置限时速断、定时限过电流保护，已知断路器 B 的定值（二次值），请计算断路器 A 的定值（要求提供二次值）。

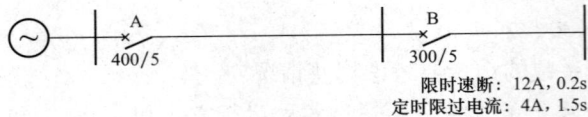

图 2-7

答：（1）断路器 B。

限时速断：$n_{TA} = \dfrac{300}{5}$，$I_{setI} = 12$（A），0.2s

则一次值 $I_{B1} = n_{TA} \times I_{setI} = 60 \times 12 = 720$（A）

定时限过电流：$n_{TA} = \dfrac{300}{5}$，$I_{setII} = 4$（A），1.5s

则一次值 $I_{B2} = n_{TA} \times I_{setII} = 60 \times 4 = 240$（A）

（2）断路器 A 定值。

$$n_{TA} = \frac{400}{5}$$

限时速断：与断路器 B 的限时速断配合（$K_K = 1.15$）。

$$I_{OPI} = K_K \times \frac{I_{B1}}{n_{TA}} = 1.15 \times \frac{720}{80} = 10.35 (A)$$

取值：10.5A，0.7s。

定时限过电流：与断路器 B 的过电流配合（$K_K = 1.15$）。

$$I_{OPII} = K_K \times \frac{I_{B2}}{n_{TA}} = 1.15 \times \frac{240}{80} = 3.45 (A)$$

取值：3.5A，2.0s。

2. 如图 2-8 所示电网中相邻 A、B 两线路，线路 A 长度为 100km。因通信故障使 A、B 的两套快速保护均退出运行。在距离 B 母线 80km 的 K 点发生三相金属性短路，流过 A、B 保护的相电流如图所示。试计算分析 A 处相间距离保护与 B 处相间距离的动作情况。

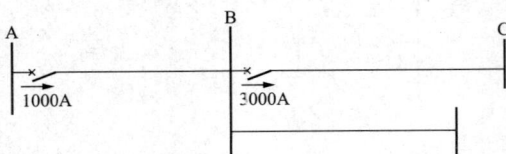

已知线路单位长度电抗为 0.4Ω/km，A 处距离保护定值分别为（二次值）TA：1200/5；$Z_I = 3.5Ω$；$Z_{II} = 13Ω$；$t = 0.5s$。B 处距离保护定值分别为（二次值）TA：600/5$Z_I = 1.2Ω$；$Z_{II} = 4.8Ω$；$t = 0.5s$。

线路 TV 变比为 220/0.1kV。

图 2-8

答：（1）计算 B 保护距离 I 段一次值，即

$$1.2 \times \frac{2200}{120} = 22 (\Omega)$$

（2）计算 B 保护距离Ⅱ段一次值，即

$$4.8 \times \frac{2200}{120} = 88(\Omega)$$

（3）计算 A 保护距离Ⅱ段一次值，即

$$13 \times \frac{2200}{240} = 120(\Omega)$$

（4）计算 B 保护测量到的 K 点电抗一次值，即

$$0.4 \times 80 = 32(\Omega)$$

（5）计算 A 保护与 B 保护之间的助增系数，即

$$\frac{3000}{1000} = 3$$

（6）计算 A 保护测量到的 K 点电抗一次值，即

$$0.4 \times 100 + 3 \times 32 = 136(\Omega) > 120(\Omega)$$

（7）K 点在 B 保护Ⅰ段以外Ⅱ段以内，同时也在 A 保护Ⅱ段的范围之外，所以 B 保护相间距离Ⅱ段以 0.5s 出口跳闸。A 保护不动作。

3. 如图 2-9 所示，各线路均装有距离保护，试对保护 A 的距离Ⅱ段保护进行整定计算，并求出最大分支系数 K_{bmax}。已知 $Z_1 = 0.4\Omega/\text{km}$，$K_{\text{rel}}^{\text{I}} = K_{\text{rel}}^{\text{II}} = 0.8$。

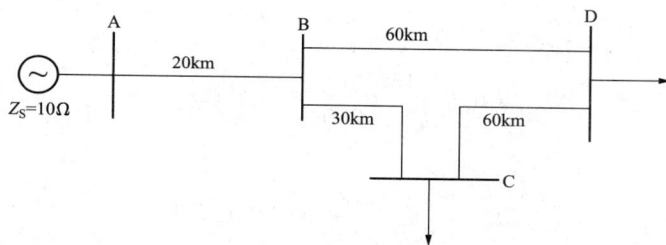

图 2-9

答：（1）线路阻抗：$Z_{AB} = 20 \times 0.4 = 8$（Ω）；$Z_{BD} = 60 \times 0.4 = 24$（Ω）；$Z_{BC} = 30 \times 0.4 = 12$（Ω）；$Z_{CD} = 60 \times 0.4 = 24$（Ω）

（2）BD 线路 B 侧。

距离Ⅰ段：$Z_{\text{dz}\,\text{I}} = 0.8 \times 24 = 19.2$（Ω）

距离Ⅱ段：$Z_{\text{dz}\,\text{II}} = 1.5 \times 24 = 36$（Ω）

（3）BC 线路 B 侧。

距离Ⅰ段：$Z_{\text{dz}\,\text{I}} = 0.8 \times 12 = 9.6$（Ω）

距离Ⅱ段：$Z_{\text{dz}\,\text{II}} = 1.5 \times 12 = 18$（Ω）

（4）助增系数。

BD 线路 D 侧故障：$Z_{\text{fz}} = 36/60 = 0.6$

BC 线路 C 侧故障：$Z_{\text{fz}} = 24/30 = 0.8$

（5）最大分支系数：$K_{\text{fz}} = 1/0.6 = 1.666$

（6）A 侧保护。

1）与 BD 线路配合：

距离Ⅱ段（与相邻线路Ⅰ段配合）：

$Z_{dzⅡ} \leqslant 0.8 \times 8 + 0.8 \times 0.6 \times 19.2 = 15.616$（Ω）　本线路末端故障：15.616/8＝1.952 满足要求。

2）与 BC 线路配合：

距离Ⅱ段（与相邻线路Ⅱ段配合）：

$Z_{dzⅡ} \leqslant 0.8 \times 8 + 0.8 \times 0.8 \times 9.6 = 12.5$（Ω）　本线路末端故障：12.5/8＝1.5 满足要求。

综合取 $Z_{dzⅡ} = 12.5$（Ω）。

4. 计算如下变压器微机型主变压器差动保护各侧额定电流及各侧平衡系数。

参数表：

额定容量：150/90/45MVA。

接线组别：YNynd11。

额定电压：230/110/38.5kV。

主变压器差动保护 TA 二次侧均采用星形接线。

高压侧 TA 变比为 600/5，中压侧 TA 变比为 1200/5，低压侧 TA 变比为 4000/5。

答：（1）按 $I_e = \dfrac{S_e}{\sqrt{3} \cdot U_e}$ 计算变压器各侧额定电流一次值，得到：

230kV 侧

$$I_{eH} = \frac{150000}{\sqrt{3} \times 230} = 376（A）$$

110kV 侧

$$I_{eM} = \frac{150000}{\sqrt{3} \times 110} = 787（A）$$

38.5kV 侧

$$I_{eL} = \frac{150000}{\sqrt{3} \times 38.5} = 2249（A）$$

（2）按 $I_2 = \dfrac{K_j \cdot I_e}{n_{TA}}$ 计算变压器各侧电流二次值，得到：

230kV 侧

$$I_{2H} = \frac{376}{600/5} = 3.13（A）$$

110kV 侧

$$I_{2M} = \frac{787}{1200/5} = 3.28（A）$$

38.5kV 侧

$$I_{2L} = \frac{2249}{4000/5} = 2.81（A）$$

（3）高、中、低压侧平衡系数：

230kV 侧

$$K_{PH} = \frac{3.13}{3.13\sqrt{3}} = 0.58$$

110kV 侧

$$K_{PM} = \frac{3.13}{3.28\sqrt{3}} = 0.55$$

38.5kV 侧

$$K_{PL} = \frac{3.13}{2.81} = 1.11$$

5. 某一主变器额定容量为 750MVA，额定电压为 550kV/23kV，一次接线方式为 Yd11，550kV 侧 TA 变比为 3000：1，23kV 侧为 23000：1，高压侧 TA 二次接线为角形，低压侧 TA 二次接线为星形，试计算两侧电流的平衡系数应分别整定为多少？

答： 高压侧二次额定电流为

$$I_{BH} = \frac{S_B}{\sqrt{3}U_B n_{CTH}} = \frac{750 \times 1000}{\sqrt{3} \times 550 \times 3000} = 0.262(A)$$

高压侧 TA 二次接线为角形，流入差动继电器电流为

$$I_{BH2} = \sqrt{3}I_{BH} = \sqrt{3} \times 0.262 = 0.454(A)$$

低压侧二次额定电流为

$$I_{BL} = \frac{S_B}{\sqrt{3}U_B n_{CTH}} = \frac{750 \times 1000}{\sqrt{3} \times 23 \times 23000} = 0.818(A)$$

低压侧 TA 二次接线为星形，流入差动继电器电流为 $I_{BL2} = I_{BL}$
高压侧平衡系数为

$$K_{PH} = 1$$

低压侧平衡系数为

$$K_{PL} = \frac{I_{BH2}}{I_{BL2}} = \frac{0.454}{0.818} = 0.55$$

6. 微机变压器保护的比例制动特性（见图 2-10）：
动作值

$$I_{cd} = 2(A)(单相)$$

制动拐点

$$I_G = 5(A)(单相)$$

比例制动系数

$$K = 0.5$$

差流

$$I_{cd} = BL_1 \times I_1 + BL_2 \times I_2 + BL_3 \times I_3$$

制动电流

$$I_{zd} = \max(BL_1 \times I_1, BL_2 \times I_2, BL_3 \times I_3)$$

$$BL_1 = BL_2 = BL_3 = 1$$

计算当在高中压侧 U 相分别通入反相电流作制动特性时，$I_1 = 10A$，I_2 通入多大电流正好是保护动作边缘（I_1 高压侧电流，I_2 中压侧电流，I_3 低压侧电流，BL 为平衡系数）。

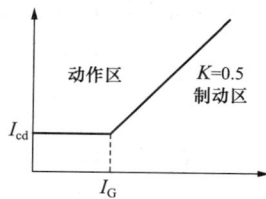

图 2-10

答：根据比例制动特性：

(1) 设高压侧电流 I_1 大于中压侧电流 I_2，即 I_1 作为制动电流，有

$$K = \frac{I_1 - I_2 - I_{cd}}{I_1 - I_G} = \frac{10 - I_2 - 2}{10 - 5} = 0.5$$

可求出 $I_2 = 5.5\text{A}$。

(2) 设高压侧电流 I_1 小于中压侧电流 I_2，即 I_2 作为制动电流。

$$K = \frac{I_2 - I_1 - I_{cd}}{I_2 - I_G} = \frac{I_2 - 10 - 2}{I_2 - 5} = 0.5$$

可求出 $I_2 = 19\text{A}$。

7. 某降压变压器容量 $S = 100\text{MVA}$，变比 230/38.5kV，高压侧 TA 变比为 1200/5A，低压侧 TA 变比为 2500/5A，接线为 YNd11，该变压器微机差动保护 TA 接线为星形，采用低压侧移相方式，请回答以下问题。

(1) 以低压侧为基准，求高压侧电流平衡系数。

(2) 额定运行情况下，高压侧保护区内发生单相接地故障，接地电流为 12.6kA，求 U、V、W 相差动回路电流（低压侧无电源）。

答：(1) 额定电流有

$$I_{1N} = \frac{100 \times 10^3}{\sqrt{3} \times 230} = 251.02(\text{A})$$

$$I_{2N} = \frac{100 \times 10^3}{\sqrt{3} \times 38.5} = 1499.61(\text{A})$$

进入差动回路电流为

$$I_{1N} = \frac{251.02}{240} = 1.046(\text{A})$$

$$I_{2N} = \frac{1499.61}{500} = 2.999(\text{A})$$

平衡系数为

$$K_{b1} = \frac{2.999}{1.046} = 2.867$$

$$K_{b2} = 1$$

如答：

$$K_{b1} = \frac{1}{1.046} = 0.956$$

$$K_{b2} = \frac{1}{2.999} = 0.333$$

同样得分。

(2) YN 侧保护区内单相接地时，有 $I_{KU1} = I_{KU2} = I_{KU0} = \frac{1}{3} \times 12.6 = 4.2$ （kA）

因低压侧无电流，所以低压侧进入差动回路的电流为 0，只有 YN 侧正、负序电流进入差动回路。

画出 YN 侧进入差动回路的一次电流相量如图 2-11 所示。

$$I_{KU}（进差动）= 2 \times 4.2 = 8.4 \text{（kA）}$$

$$I_{KV}（进差动）= -4.2 \text{（kA）}$$

$$I_{KW}（进差动）= -4.2 \text{（kA）}$$

$$I_{dU} = \frac{8.4 \times 10^3}{240} \times 2.867 = 100.4 \text{（A）}$$

$$I_{dV} = -\frac{4.2 \times 10^3}{240} \times 2.867 = -50.2 \text{（A）}$$

$$I_{dW} = -\frac{4.2 \times 10^3}{240} \times 2.867 = -50.2 \text{（A）}$$

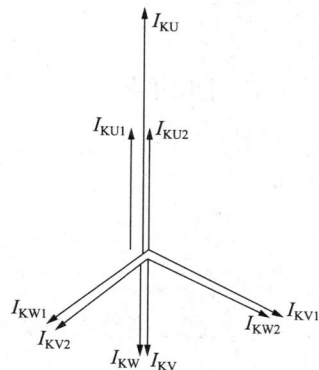

图 2-11

8. 某降压变压器容量 $S_N = 40\text{MVA}$，YNd11 接线，电压变比为 115/6.3kV，YN 侧 TA 变比为 300/5，低压侧 TA 变比 3000/5，微机差动保护采用 d 侧移相方式，差动保护接线如图 2-12 所示，当在"X"处断开，将 U 相高、低压侧 TA 一次侧串联，如图所示通入 900A 正旋交流电流，取 YN 侧为基本侧，求 U 相差动回路电流。

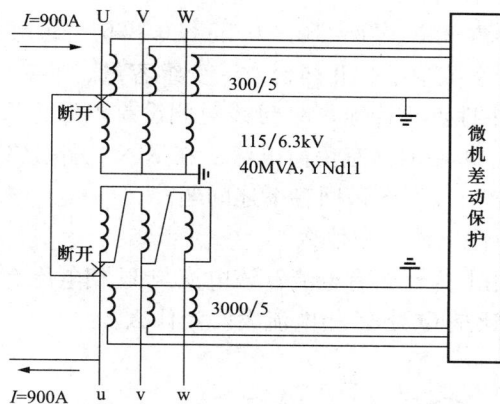

图 2-12

答：（1）计算电流平衡系数。

1）一次额定电流。

110kV 侧

$$I_{1N} = \frac{40 \times 10^3}{\sqrt{3} \times 115} = 200.8\text{（A）}$$

6.3kV 侧

$$I_{2N} = \frac{40 \times 10^3}{\sqrt{3} \times 6.3} = 3665.7\text{（A）}$$

2）进入差动回路电流。

110kV 侧

$$I_{1N} = \frac{200.8}{300/5} = 3.35\text{（A）}$$

6.3kV 侧

$$I_{2N} = \frac{3665.7}{3000/5} = 6.11(A)$$

3）电流平衡系数。

110kV 侧

$$K_{D1} = 1$$

6.3kV 侧

$$K_{b2} = \frac{3.35}{6.11} = 0.55$$

（2）高压侧进入差动回路电流。

$$I_u = \frac{900}{300/5} - \frac{1}{3} \times \frac{900}{300/5} = 10(A)$$

（3）低压侧进入差动回路电流。

$$I'_u = \frac{1}{\sqrt{3}} \left(-\frac{900}{3000/5} - 0 \right) = -0.866(A)$$

（4）计算差动回路电流。

$$I_{du} = I_u + K_{b2} I'_u = 10 - 0.55 \times 0.866 = 9.52(A)$$

9. 在如图 2-13 所示的系统中Ⅰ、Ⅱ两台发一变组容量、参数完全相同，但Ⅰ号变压器中性点接地，Ⅱ号变压器中性点不接地。M 母线对侧没有电源也没有中性点接地的变压器。各元件的各序阻抗角相同，短路前没有负荷电流。在 MN 线路上发生 U 相单相接地短路后分析 P、Q 处 TA 录得的电流波形图请回答下述问题。

（1）P、Q 处有没有零序电流？为什么？

（2）P、Q 处 V、W 相上为什么有电流？该电流与 U 相电流有什么相位关系？为什么？

（3）P 处 U 相电流大还是 Q 处 U 相电流大？为什么？

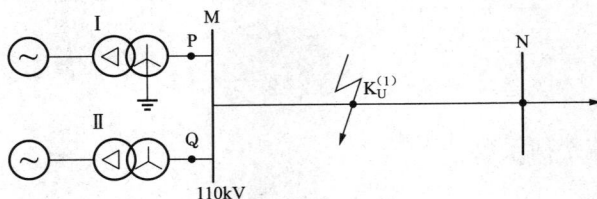

图 2-13

答：（1）P 处有零序电流，因为变压器中性点接地。Q 处没有零序电流，因为变压器中性点不接地。

（2）故障线路中 U 相的正序、负序、零序电流大小、相位都相同，故障线路中 V、W 相电流为零。上述正序、负序电流在Ⅰ、Ⅱ机组中平均分配，但零序电流只流入Ⅰ号变压器，不流入Ⅱ号变压器。由于两台机组正序、负序、零序电流分配系数不相等，所以 P 处的 V、W 相电流不为零，但相位与 U 相电流相同。Q 处的 V、W 相电流也不为零，相位与 U 相电流相反。

（3）由于上述相同原因 P 处电流中有零序电流，所以 P 处的 U 相电流大于 Q 处的 U 相电流。（大一倍，不要求回答）

P、Q 处电流相量图分别如图 2-14 和图 2-15 所示（相量图可不要求画）。

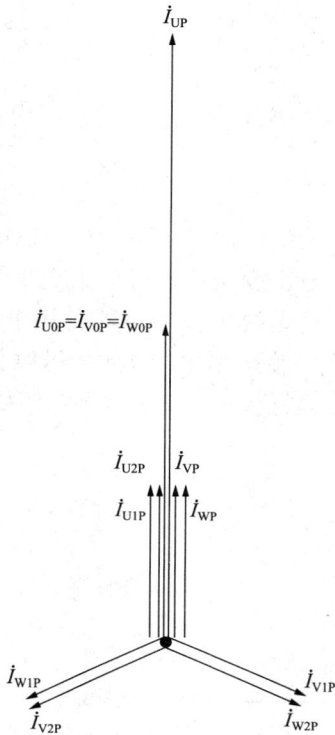

图 2-14

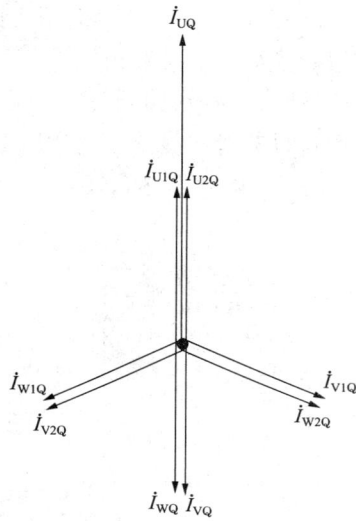

图 2-15

10. 在图 2-16 所示系统中，整定线路 MN 的 M 侧阻抗继电器 II 定值时要计算分支系数（分支系数 K_{fz} 的定义为流过故障线路的电流与流过保护的电流之比）。请说明，求该时的分支系数应取何处短路？请选择运行方式并计算出分支系数的数值。

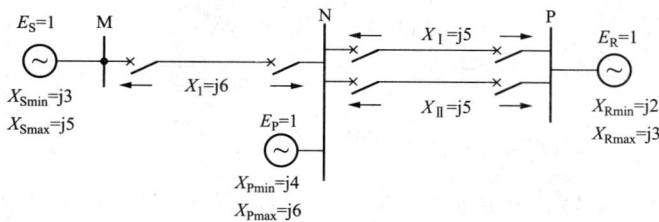

图 2-16

答：计算分支系数应取母线 P 短路。

运行方式：N—P 之间双回线路运行、电源 E_S 大运行方式（$X_{Smin}=j3$）、电源 E_P 小运行方式（$X_{Pmax}=j6$）。

母线 P 处发生短路时，由 N—P 双回线路提供的短路电流为

$$I_{NP}=\cfrac{1}{(X_I /\!/ X_{II})+\left[(X_1+X_{Smin}) /\!/ X_{Pmax}\right]}$$

$$= \frac{1}{2.5 + 3.6} = 0.1639$$

线路 NP_I 流过的短路电流为

$$I_{NP\,I} = 0.5 I_{NP} = 0.0820$$

保护所在的 MN 线路流过的短路电流为 $I_{MN} = I_{NP} \times 6/15 = 0.0656$。

$$K_{fz} = \frac{I_{NP\,I}}{I_{MN}} = 1.25$$

11. 如图 2-17 所示，110kV 变电站甲由 220kV 变电站通过线路 1 单线供电，变电站内无故障录波装置，主变压器接线组别为 Yd11，1、2 号主变压器运行，主变压器两侧 TA 均为 Y接线，10kV 母线分段断路器热备用，投入 10kV 母线分段断路器备用电源自投装置、线路 2 备用电源自投装置、线路 3 备用电源自投装置。变电站甲中 10kV 母线分段断路器热备用，线路 2、线路 3 断路器热备用，其余断路器在运行状态。有关保护定值如下：

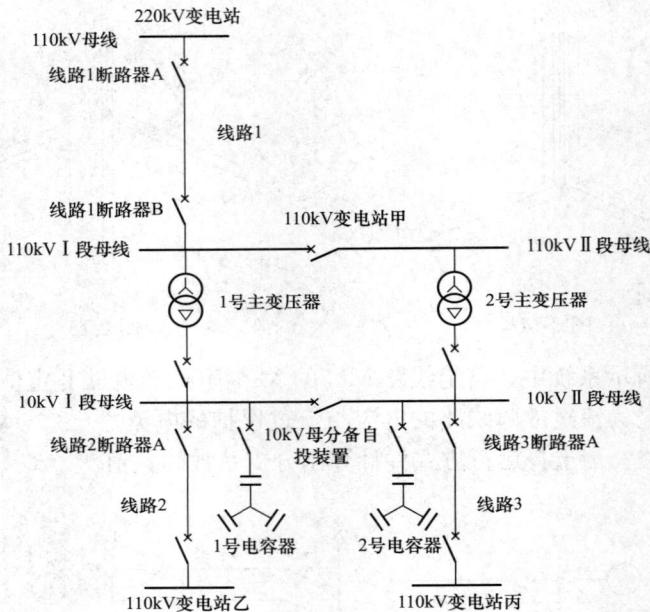

图 2-17

1 号主变压器 10kV 后备保护时间定值 1.7s，2 号主变压器 10kV 后备保护时间定值 1.7s；

电容器保护速断时间定值 0.2s，过电流时间定值 0.8s，失压保护时间定值 0.5s；

线路 2 备用电源自投装置、线路 3 备用电源自投装置跳闸时间定值 8s，合闸时间定值 1s；

10kV 母线分段断路器备用电源自投装置跳闸时间定值 6s，合闸时间定值 1s。

2011 年 5 月 6 日 10：00：00：000；110kV 变电站甲 10kV I 段母线发生永久性故障，随即引起母线分段断路器真空包爆炸，当地后台信息如下：

5 月 6 日 10：00：01：700，1 号主变压器 10kV 后备保护动作。

5月6日10：00：02：000，2号主变压器10kV后备保护动作。

经检查确认保护装置动作正确。

220kV变电站110kV故障录波器录波图如图2-18所示。

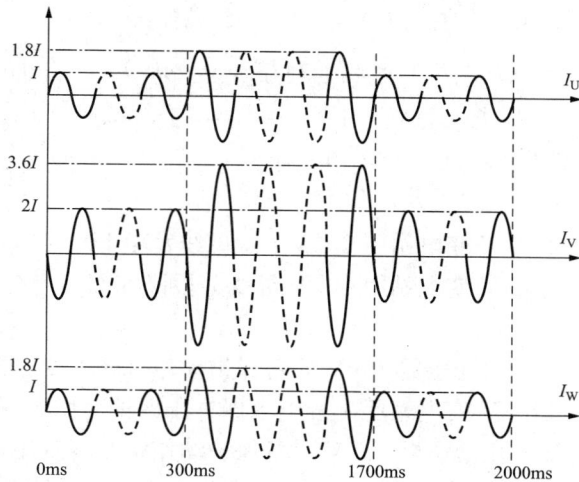

图 2-18

请回答：（1）根据图2-18中所示的故障电流波形和主变压器接线方式，请判断变电站甲内10kV侧发生的故障类型，详细写出推导分析过程。

（2）请按时间顺序描述变电站甲1、2号主变压器10kV后备保护、电容器保护、备自投装置等动作过程（忽略开关机构、保护装置固有动作时间；电流、电压保护定值均满足定值要求），并解释图2-18中300～1700ms故障电流增大的原因。

答：（1）从220kV变电站内的110kV故障录波器录波图可知，110kV侧电流在任何时刻三相电流存在的关系为

$$-\dot{I}_V = 2\dot{I}_U = 2\dot{I}_W$$

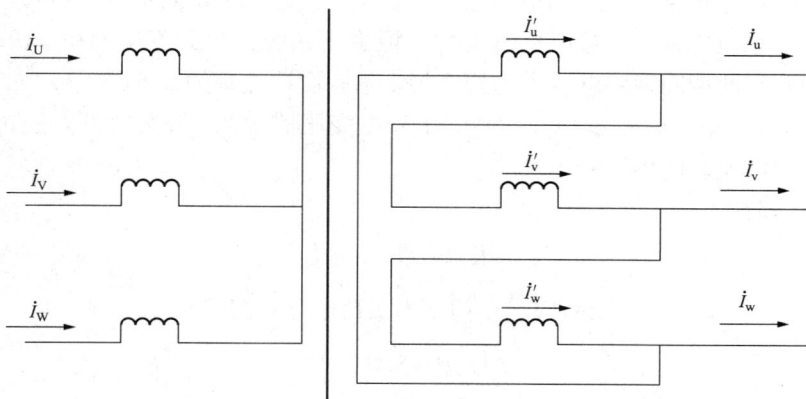

图 2-19

因为
$$\dot{I}'_u = n\dot{I}_U$$
$$\dot{I}'_v = n\dot{I}_V$$
$$\dot{I}'_w = n\dot{I}_W$$

所以
$$\dot{I}_u = (\dot{I}'_u - \dot{I}'_v) = n\dot{I}_U + 2 \cdot n\dot{I}_U = 3n\dot{I}_U$$
$$\dot{I}_v = (\dot{I}'_v - \dot{I}'_w) = n(-2)\dot{I}_U + (-n\dot{I}_U) = -3n\dot{I}_U$$
$$\dot{I}_w = (\dot{I}'_w - \dot{I}'_u) = n\dot{I}_U - n\dot{I}_U = 0$$

变电站甲 10kV 侧发生的故障为 UV 相故障。

(2) 2011 年 5 月 6 日。

10：00：00：000，110kV 变电站甲 10kV I 段母线发生 UV 相故障。

10：00：00：300，110kV 变电站甲 10kV 母线分段断路器真空包爆炸，10kV II 段母线发生故障。

10：00：01：700，1 号主变压器 10kV 后备保护动作跳开本变压器 10kV 断路器。

10：00：02：200，110kV 变电站甲 1 号电容器失压保护动作跳开电容器断路器。

10：00：02：000，2 号主变压器 10kV 后备保护动作跳开本变压器 10kV 断路器。

10：00：02：500，110kV 变电站甲 2 号电容器失压保护动作跳开电容器断路器。

10：00：09：700，线路 2 备用电源自投装置动作发一次跳闸脉冲跳 1 号主变压器 10kV 断路器。

10：00：10：700，线路 2 备用电源自投装置动作合上线路 2 断路器。

10：00：10：000，线路 3 备用电源自投装置动作发一次跳闸脉冲跳 2 号主变压器 10kV 断路器。

10：00：11：000，线路 3 备用电源自投装置动作合上线路 3 断路器。

母分备自投装置不动作。

10：00：00：000～10：00：00：300（10kV 母线分段断路器热备用），10kV I 段母线 UV 相故障，通过 1 号主变压器本体提供短路电流，图中注释为 I。

10：00：00：300～10：00：01：700，10kV II 段母线 UV 相故障，系统同时通过 1 号主变压器、2 号主变压器本体提供短路电流，相当于主变压器高低压并列运行，主变压器阻抗减半，短路点总阻抗减少，短路电流增大。但由于系统归化到变电站甲 110kV 母线等值阻抗不变，因此在此期间短路电流未达到增加 1 倍，图中注释为 3.6I。

10：00：01：700～10：00：02：000，1 号主变压器 10kV 开关跳开，通过 2 号主变压器本体提供短路电流，图中注释为 I。

第 (1) 题答案二：
$$-\dot{I}_v = 2\dot{I}_U = 2\dot{I}_W$$
$$\dot{I}_u = -\dot{I}_v \quad (\dot{I}_w \text{ 为负荷电流，忽略})$$

因为
$$\dot{I}_u = (\dot{I}'_u - \dot{I}'_v)$$
$$\dot{I}_v = (\dot{I}'_v - \dot{I}'_w)$$
$$\dot{I}_w = (\dot{I}'_w - \dot{I}'_u)$$

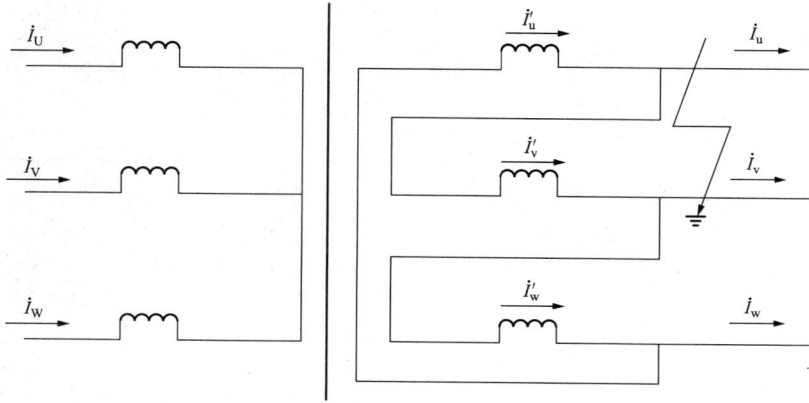

图 2-20

所以
$$\dot{I}'_u = \frac{1}{3}(\dot{I}_u - \dot{I}_w) = \frac{1}{3}\dot{I}_u$$

$$\dot{I}'_v = \frac{1}{3}(\dot{I}_v - \dot{I}_u) = -\frac{2}{3}\dot{I}_u$$

$$\dot{I}'_w = \frac{1}{3}(\dot{I}_w - \dot{I}_v) = \frac{1}{3}\dot{I}_u$$

$$\dot{I}_U = n\dot{I}'_u = \frac{n}{3}\dot{I}_u$$

$$\dot{I}_V = n\dot{I}'_v = -\frac{2n}{3}\dot{I}_v$$

$$\dot{I}_W = n\dot{I}'_w = \frac{n}{3}\dot{I}_w$$

与 220kV 变电站的 110kV 故障录波器录波图符合，因此变电站甲 10kV 侧发生的故障为 UV 相故障。

第三章
线 路 保 护

一、选择题

1. 高频闭锁式保护通道试验逻辑是按下通道试验按钮，本侧发信（C）以后本侧停信，连续收对侧信号 5s 后（对侧连续发 10s），本侧启动发信 10s。

    A. 100ms   B. 150ms   C. 200ms   D. 250ms

2. 光纤分相差动保护远跳的主要作用是（A）。

    A. 快速切除死区故障及防止断路器失灵

    B. 保护相继快速动作

    C. 防止保护拒动及防止断路器失灵

    D. 防止保护拒动

3. 对于距离保护振荡闭锁回路（A）。

    A. 先故障而后振荡时保护不致无选择性动作

    B. 先故障而后振荡时保护可以无选择性动作

    C. 先振荡而后故障时保护可以不动作

    D. 先振荡而后故障时保护可以无选择性动作

4. 零序电压的特性是（A）。

    A. 接地故障点处最高   B. 变压器中性点零序电压最高

    C. 接地电阻大的地方零序电压高   D. 接地故障点处最低

5. 过电流保护加装复合电压闭锁可以（C）。

    A. 加快保护动作时间   B. 增加保护可靠性

    C. 提高保护的灵敏度   D. 延长保护范围

6. 对于高频闭锁式保护，如果由于某种原因使高频通道不通，则以下哪种情况不可能发生？（D）

    A. 区内故障时能够正确动作   B. 功率倒向时可能误动作

    C. 区外故障时可能误动作   D. 区内故障时可能拒动

7. 线路第 I 段保护范围最稳定的是（A）。

    A. 距离保护   B. 零序电流保护

    C. 相电流保护   D. 以上都不对

8. （A）故障对电力系统稳定运行的影响最小。

A. 单相接地　　　　　B. 两相短路　　　　C. 两相接地短路　　　D. 三相短路

9. 高频阻波器所起的作用是（ C ）。

A. 限制短路电流　　　　　　　　　B. 补偿接地电流

C. 阻止高频电流向变电站母线分流　　D. 增加通道衰耗

10. 在电力系统中发生不对称故障时，短路电流中的各序分量，其中受两侧电动势相角差影响的是（ A ）。

A. 正序分量　　　　　　　　　　　B. 负序分量

C. 正序分量和负序分量　　　　　　D. 零序分量

11. 从继电保护原理上讲，受系统振荡影响的有（ C ）。

A. 零序过电流保护　　　　　　　　B. 负序过电流保护

C. 相间距离保护　　　　　　　　　D. 相间过电流保护

12. 当双侧电源线路两侧重合闸均投入检同期方式时，将造成（ C ）。

A. 两侧重合闸均动作　　　　　　　B. 非同期合闸

C. 两侧重合闸均不动作　　　　　　D. 一侧重合闸启动、一侧重合闸不启动

13. 线路两侧的保护装置在发生短路时，其中的一侧保护装置先动作，等它动作跳闸后，另一侧保护装置才动作，这种情况称之为（ B ）。

A. 保护有死区　　　　　　　　　　B. 保护相继动作

C. 保护不正确动作　　　　　　　　D. 保护既存在相继动作又存在死区

14. 当某线路区外故障时，如果该线路正方向侧高频保护所发的高频闭锁信号有缺口，可能造成（ D ）。

A. 正方向侧误动　　　　　　　　　B. 正方向侧拒动

C. 反方向侧误动　　　　　　　　　D. 两侧均可能误动

15. 接地距离继电器在线路故障时感受到的是从保护安装处至故障点的（ A ）。

A. 正序阻抗　　　B. 零序阻抗　　　C. 由零序阻抗按系数 K 补偿过的正序阻抗

16. 四统一设计的距离保护振荡闭锁使用方法是（ B ）。

A. 由大阻抗圆到小阻抗圆的动作时差大于设定时间值即进行闭锁

B. 由故障启动对Ⅰ、Ⅱ段短时开放，超时不动闭锁保护

C. 整组靠负序与零序分量启动

D. 整组靠突变量电流分量启动

17. 电力系统振荡时，阻抗继电器的工作状态是（ D ）。

A. 继电器周期性地动作及返回

B. 继电器不会动作

C. 继电器一直处于动作状态

D. 继电器可能不动作，也可能周期性地动作及返回

18. RCS901A 微机保护零序方向元件所使用的电压是（ A ）。

A. 自产的　　　B. 外接的　　　C. 正常为自产，TV 断线后为外接

19. RCS901A 微机保护，其突变量方向元件中补偿阻抗的作用是（ B ）。

A. 防止反方向时方向元件误动

B. 用于长线路重负荷时，保护背后运行方式很大，长线路末端短路，方向元件能够可靠动作

C. 用于短线路时，保护背后运行方式很大，长线路末端短路，提高方向元件的灵敏度

D. 防止正向区外故障保护误动

20. 高频距离零序电流保护的高频保护（或高频通道）停用时，距离、零序电流保护应（ A ）。

    A. 继续运行   B. 同时停用

    C. 只允许零序电流保护运行   D. 只允许距离电流保护运行

21. RCS931A 保护两侧装置采样同步的前提条件为通道单向最大传输时延小于（ C ）ms。

    A. 20   B. 10   C. 15   D. 25

22. RCS901A 与 LFX912 收发信机配合使用时 912 停信回路（ B ）。

    A. 停用   B. 不接停信触点

    C. 接停信触点   D. 直接接跳闸回路

23. 发生 V、W 两相接地短路时说法最正确、全面的是（ C ）。

    A. V、W 相的接地阻抗继电器可以保护这种故障

    B. VW 相间阻抗继电器可以保护这种故障

    C. V、W 相的接地阻抗继电器和 UV 相的相间阻抗继电器都可以切除这种故障

    D. 以上都不正确

24. 在弱馈侧，最可靠的选相元件是（ C ）。

    A. 相电流差突变量选相元件   B. I_0、I_2 选相元件

    C. 低电压选相元件   D. 以上都不一定能正确选相

25. 如果以两侧电流的相量和作为动作电流，则（ A ）是输电线路电流纵差保护的动作（差动）电流。

    A. 本线路的电容电流   B. 本线路的负荷电流

    C. 全系统的电容电流   D. 其他线路的电容电流

26. 光纤保护接口装置用的通信电源为 48V，下列说法正确的是（ B ）。

    A. 48V 直流电源与保护用直流电源一样，要求正负极对地绝缘

    B. 48V 直流系统正极接地，负极对地绝缘

    C. 48V 直流系统负极接地，正极对地绝缘

    D. 以上说法都不正确

27. 一台发信功率为 10W、额定输出阻抗为 75Ω 的收发信机，当其向输入阻抗为 100Ω 的通道发信时，通道上接收到的功率（ C ）。

    A. 等于 10W   B. 大于 10W   C. 小于 10W   D. 无法确定

28. 某单回超高压输电线路 U 相瞬时故障，两侧保护动作跳 U 相断路器，线路转入非全相运行，当两侧保护取用线路侧 TV 时，就两侧的零序方向元件来说，正确的是（ C ）。

    A. 两侧的零序方向元件肯定不动作

    B. 两侧的零序方向元件的动作情况，视传输功率方向、传输功率大小而定、可能一侧处于动作状态，另一侧处于不动作状态

C. 两侧的零序方向元件可能一侧处于动作状态，另一侧处于不动作状态、或两侧均处于不动作状态，这与非全相运行时的系统综合零序阻抗、综合正序阻抗相对大小有关

D. 以上都不对

29. 在特性阻抗为 75Ω 的高频电缆上，使用电平表进行跨接测量时，选择电平表的内阻为（ C ）。

　　A. 75Ω 挡　　　　　B. 600Ω 挡　　　　　C. 高阻挡　　　　　D. 2000Ω 挡

30. 已知一条高频通道发信侧收发信机输送到高频通道的功率是 $10W$，收信侧收发信机入口接收到的电压电平为 $15dBv$（设收发信机的内阻为 75Ω），则该通道的传输衰耗为（ C ）。

　　A. $25dB$　　　　　B. $19dB$　　　　　C. $16dB$　　　　　D. $12Db$

31. 高频通道衰耗增加 $3dB$，对应的接收侧的电压下降到原来收信电压的（ A ）倍（已知 $\lg 2 = 0.3010$）。

　　A. $1/\sqrt{2}$ 倍　　　　B. $1/2$ 倍　　　　C. $1/\sqrt{3}$ 倍　　　　D. $1/3$

32. 突变量方向元件的原理是利用（ C ）。

　　A. 正向故障时 $\Delta U/\Delta I = Z_L + Z_{SN}$，反向故障时 $\Delta U/\Delta I = -Z_{SM}$

　　B. 正向故障时 $\Delta U/\Delta I = Z_L + Z_{SN}$，反向故障时 $\Delta U/\Delta I = -Z_{SN}$

　　C. 正向故障时 $\Delta U/\Delta I = -Z_{SN}$，反向故障时 $\Delta U/\Delta I = Z_L + Z_{SM}$

　　D. 正向故障时 $\Delta U/\Delta I = -Z_{SM}$，反向故障时 $\Delta U/\Delta I = Z_L + Z_{SM}$

33. 高频保护在电压二次回路断线时可不退出工作的是（ B ）。

　　A. 高频闭锁距离保护　　　　　　　　B. 相差高频保护

　　C. 高频闭锁负序方向保护　　　　　　D. 高频闭锁零序方向保护

34. 闭锁式纵联保护跳闸的条件是（ B ）。

　　A. 正方向元件动作，反方向元件不动作，没有收到过闭锁信号

　　B. 正方向元件动作，反方向元件不动作，收到闭锁信号而后信号又消失

　　C. 正、反方向元件均动作，没有收到过闭锁信号

　　D. 正方向元件不动作，收到闭锁信号而后信号又消失

35. 具有相同的整定值的全阻抗继电器、方向阻抗继电器、偏移圆阻抗继电器、四边形方向阻抗继电器，受系统振荡影响最大的是（ A ）。

　　A. 全阻抗继电器　　　　　　　　　　B. 方向阻抗继电器

　　C. 偏移圆阻抗继电器　　　　　　　　D. 四边形方向阻抗继电器

36. 零序电流保护在常见运行方式下，在 $220\sim500kV$ 的 $205km$ 线路末段金属性短路时的灵敏度应大于（ C ）。

　　A. 1.5　　　　　B. 1.4　　　　　C. 1.3　　　　　D. 2

37. 高频方向保护中（ A ）。

　　A. 本侧启动元件（或反向元件）的灵敏度一定要高于对侧正向测量元件

　　B. 本侧正向测量元件的灵敏度一定要高于对侧启动元件（或反向元件）

　　C. 本侧正向测量元件的灵敏度与对侧无关

D. 两侧启动元件（或反向元件）的灵敏度必须一致，且与正向测量元件无关

38. 220kV 采用单相重合闸的线路使用母线电压互感器。事故前负荷电流 700A，单相故障双侧选跳故障相后，按保证 100Ω 过渡电阻整定的方向零序Ⅳ段在此非全相过程中（ C ）。

　　A. 虽零序方向继电器动作，但零序电流继电器不动作，Ⅳ段不出口

　　B. 零序方向继电器会动作，零序电流继电器也动作，Ⅳ段可出口

　　C. 零序方向继电器动作，零序电流继电器也动作，但Ⅳ段不会出口

　　D. 以上都不正确

39. 如果躲不开在一侧断路器合闸时三相不同步产生的零序电流，则两侧的零序后加速保护在整个重合闸周期中均应带（ A ）s 延时。

　　A. 0.1　　　　　B. 0.2　　　　　C. 0.5　　　　　D. 0.3

40. 超范围式纵联保护可保护本线路全长的（ B ）。

　　A. 80%～85%　　　B. 100%　　　C. 115%～120%　　　D. 180%～185%

41. 高频通道中接合滤波器与耦合电容器共同组成带通滤波器，其在通道中的作用是（ B ）。

　　A. 使输电线路和高频电缆的连接成为匹配连接

　　B. 使输电线路和高频电缆的连接成为匹配连接，同时使高频收发信机和高压线路隔离

　　C. 阻止高频电流流到相邻线路上去

　　D. 降低高频信号的衰耗

42. 为保证接地后备最后一段保护可靠地有选择性地切除故障，500kV 线路接地电阻最大按（ C ）Ω，220kV 线路接地电阻最大按 100Ω 考虑。

　　A. 150　　　　　B. 180　　　　　C. 300　　　　　D. 200

43. 对于线路高电阻性接地故障，由（ B ）带较长时限切除。

　　A. 距离保护　　　　　　　　　B. 方向零序电流保护

　　C. 高频保护　　　　　　　　　D. 过电流保护

44. 工频变化量阻抗继电器在整套保护中最显著的优点是（ C ）。

　　A. 反应过渡电阻能力强

　　B. 出口故障时高速动作

　　C. 出口故障时高速动作，反应过渡电阻能力强

　　D. 电压断线时不退出

45. CSL 101 的零序方向电流保护中，（ C ）。

　　A. 零序方向的计算总采用自产 $3U_0$

　　B. 零序方向的计算总采用 TV 开口三角电压

　　C. 正常时零序方向的计算采用自产 $3U_0$，TV 断线时采用 TV 开口三角形电压计算零序方向或者改零序方向电流保护为零序过电流保护

　　D. TV 三相断线时，改零序方向电流保护为零序过电流保护，其他情况下采用自产 $3U_0$ 计算零序方向

46. CSC 101 的 TV 断线后过电流保护若动作，其动作为（ C ）。

　　A. 采用自产 $3U_0$　　B. 采用外接 $3U_0$　　C. 永跳　　　　　D. 可带方向

47. PSL 603 纵联差动保护采用（ A ）完成测距计算，大大提高了测距结果的精度。

    A. 双端电气量   B. 单端电气量   C. 阻抗   D. 波形比较法

48. PSL 602 纵联保护能够用于弱电源线路，采用允许式通道时，线路（ B ）。

    A. 必须弱电源侧投入弱馈保护控制字，大电源侧退出弱馈保护控制字

    B. 大电源侧和弱电源侧可以同时投入弱馈保护控制字

    C. 必须强电源侧投入弱馈保护控制字，小电源侧退出弱馈保护控制字

49. RCS 902A 微机保护，当满足条件（ A ）时，判明线路为非全相运行。

    A. 本装置跳闸固定继电器动作

    B. 跳闸位置继电器动作

    C. 线中三相无流

50. RCS 900 系列微机保护，当系统发生区外故障后又经 200ms 转为区内三相短路时，振荡闭锁由（ B ）开放。

    A. 不对称故障元件

    B. $U_1\cos\varphi$ 元件

    C. 启动元件动作

51. 距离保护（或零序方向电流保护）的第Ⅰ段按躲本线路末端短路整定是为了（ B ）。

    A. 在本线路出口短路保证本保护瞬时动作跳闸

    B. 在相邻线路出口短路防止本保护瞬时动作而误跳闸

    C. 在本线路末端短路只让本侧的纵联保护瞬时动作跳闸

    D. 使得保护瞬时动作

52. 下列说法正确的是（ B ）。

    A. 只有距离保护，才受分支系数的影响

    B. 距离保护，电流保护均受分支系数的影响

    C. 电流保护不受分支系数的影响

    D. 零序电流保护不受分支系数的影响

53. 小接地电流系统中，当发生 U 相接地时，下列说法正确的是（ A ）。

    A. V，W 相对地电压分别都升高 1.73 倍

    B. V，W 相对地电压不受影响

    C. UV、WU 相间电压降为 57.8V

    D. U_0 电压为 100V

54. 下面的说法中正确的是（ C ）。

    A. 系统发生振荡时电流和电压值都往复摆动，并且三相严重不对称

    B. 零序电流保护在电网发生振荡时容易误动作

    C. 有一电流保护其动作时限为 4.5s，在系统发生振荡时它不会误动作

    D. 距离保护在系统发生振荡时容易误动作，所以系统发生振荡时应断开距离保护投退压板

55. 电力系统发生振荡时，振荡中心电压的波动情况是（ A ）。

    A. 幅度最大   B. 幅度最小   C. 幅度不变   D. 不一定

56. 在大接地电流系统中的两个变电站之间，架有同杆并架双回线路。当其中的一条线路停运检修，另一条线路仍然运行时，电网中发生了接地故障，如果此时被检修线路两端均已接地，则在运行线路上的零序电流将（ A ）。

    A. 大于被检修线路两端不接地的情况

    B. 与被检修线路两端不接地的情况相同

    C. 小于被检修线路两端不接地的情况

    D. 无法确定

57. 电力系统不允许长期非全相运行，为了防止断路器一相断开后，长时间非全相运行，应采取措施断开三相，并保证选择性，其措施是装设（ C ）。

    A. 断路器失灵保护   B. 零序电流保护

    C. 断路器三相不一致保护   D. 接地距离保护

58. 当架空输电线路发生三相短路故障时，该线路保护安装处的电流和电压的相位关系是（ B ）。

    A. 功率因数角   B. 线路阻抗角

    C. 保护安装处的功角   D. $0°$

59. 500kV 某一条线路发生两相接地故障，该线路保护所测的正序和零序功率的方向是（ C ）。

    A. 均指向线路   B. 零序指向线路，正序指向母线

    C. 正序指向线路，零序指向母线   D. 均指向母线

60. 超高压输电线路单相跳闸熄弧较慢是由于（ A ）。

    A. 潜供电流影响   B. 单相跳闸慢

    C. 短路电流小   D. 短路电流大

61. 在大电流接地系统中发生接地短路时，保护安装点的 $3U_0$ 和 $3I_0$ 之间的相位角取决于（ C ）。

    A. 该点到故障点的线路零序阻抗角

    B. 该点正方向到零序网络中性点之间的零序阻抗角

    C. 该点背后到零序网络中性点之间的零序阻抗角

    D. 以上都不对

62. 双侧电源的输电线路发生不对称故障时，短路电流中各序分量受两侧电动势相差影响的是（ C ）。

    A. 零序分量   B. 负序分量   C. 正序分量

63. 继电保护后备保护逐级配合是指（ B ）。

    A. 时间配合   B. 时间和灵敏度均配合   C. 灵敏度配合

64. 在大电流接地系统，各种类型短路的电压分布规律是（ C ）。

    A. 正序电压、负序电压、零序电压、越靠近电源数值越高

    B. 正序电压、负序电压、越靠近电源数值越高，零序电压越靠近短路点越高

    C. 正序电压越靠近电源数值越高，负序电压、零序电压越靠近短路点越高

    D. 正序电压、零序电压越靠近电源数值越高，负序电压越靠近短路点越高

65. 在大电流接地系统中，线路始端发生两相金属性接地短路，零序方向电流保护中的方向元件将（ B ）。

    A. 因短路相电压为零而拒动

    B. 因感受零序电压最大而灵敏动作

    C. 因零序电压为零而拒动

    D. 可能无法动作

66. 大接地电流系统，发生单相接地故障，故障点距母线远近与母线上零序电压值的关系是（ C ）。

    A. 与故障点位置无关　　　　　　B. 故障点越远零序电压越高

    C. 故障点越远零序电压越低　　　D. 无法确定

67. 电网中相邻 A、B 两条线路，正序阻抗均为 $60\angle75°\Omega$，在 B 线路中点三相短路时流过 A、B 线路同相的短路电流如图 3-1 所示。则 A 线路相间阻抗继电器的测量阻抗一次值为（ B ）。

    A. 75Ω

    B. 120Ω

    C. 90Ω

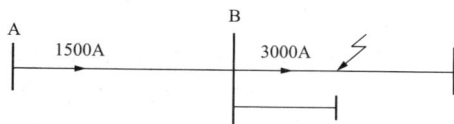

图 3-1

68. 当大接地系统发生单相金属性接地故障时，故障点零序电压（ B ）。

    A. 与故障相正序电压同相位

    B. 与故障相正序电压相位相差 180°

    C. 超前故障相正序电压 90°

    D. 超前故障相零序电压 90°

69. 微机保护要保证各通道同步采样，如果不能做到同步采样，除（ B ）以外，对其他元件都将产生影响。

    A. 负序电流元件　　　　　　　　B. 相电流元件

    C. 零序方向元件　　　　　　　　D. 正序方向元件

70. 方向闭锁高频保护发信机启动后当判断为外部故障时（ D ）。

    A. 两侧立即停信

    B. 两侧继续发信

    C. 正方向一侧发信，反方向一侧停信

    D. 正方向一侧停信，反方向一侧继续发信

71. 下列阻抗继电器，其测量阻抗受过渡电阻影响最大的是（ A ）。

    A. 方向阻抗继电器　　　　　　　B. 带偏移特性的阻抗继电器

    C. 四边形阻抗继电器　　　　　　D. 苹果型阻抗继电器

72. 发生电压断线后，RCS 901A 型保护保留有以下哪种保护元件？（ C ）

    A. 距离保护　　　　　　　　　　B. 零序方向保护

    C. 工频变化量距离元件　　　　　D. 零序 Ⅱ 段

73. 下列哪项定义不是接地距离保护的优点？（ C ）

    A. 接地距离保护的 Ⅰ 段范围固定

B. 接地距离保护比较容易获得有较短延时和足够灵敏度的Ⅱ段

C. 接地距离保护三段受过渡电阻影响小，可作为经高阻接地故障的可靠的后备保护

D. 接地距离可反映各种接地故障

74. 下列哪项定义不是零序电流保护的优点？（ B ）

A. 结构及工作原理简单、中间环节环节少，尤其是近处故障动作速度快

B. 不受运行方式影响，能够具备稳定的速动段保护范围

C. 保护反应零序电流的绝对值，受过渡电阻影响小，可作为经高阻接地故障的可靠的后备保护

D. 不受振荡的影响

75. 下列哪一项对线路距离保护振荡闭锁控制原则的描述是错误的？（ B ）

A. 单侧电源线路的距离保护不应经振荡闭锁

B. 双侧电源线路的距离保护必须经振荡闭锁

C. 35kV 及以下的线路距离保护不考虑系统振荡误动问题

D. 振荡闭锁针对的是距离Ⅰ、Ⅱ段

76. 高频信号起闭锁保护作用的高频保护中，断路器跳位置停信针对的是（ C ），让对侧的高频保护得以跳闸。

A. 故障点在本侧流变与断路器之间

B. 故障点在本侧母线上

C. 故障点在本侧线路出口

D. 故障点在本线末端

77. 下列不可以作为高频闭锁方向保护中的方向元件的是（ A ）。

A. 方向阻抗Ⅰ段   B. 方向阻抗Ⅱ段

C. 零序方向继电器   D. 工频变化量方向继电器

78. 配有重合闸后加速的线路，当重合到永久性故障时（ A ）。

A. 能瞬时切除故障

B. 不能瞬时切除故障

C. 具体情况具体分析，故障点在Ⅰ段保护范围内时，可以瞬时切除故障；故障点在Ⅱ段保护范围内时，则需带延时切除

D. 以上都不对

79. 某超高压输电线路零序电流保护中的零序方向元件，其零序电压取自线路侧 TV 二次侧，当两侧 U 相断开线路处非全相运行期间，测得该侧零序电流为 240A，下列说法正确的是（ D ）。

A. 零序方向元件是否动作取决于线路有功功率、无功功率的流向及其功率因数的大小

B. 零序功率方向元件肯定不动作

C. 零序功率方向元件肯定动作

D. 零序功率方向元件动作情况不明，可能动作，也可能不动作，与电网具体结构有关

80. 在输电线路的高频保护中，收发信机与结合滤波器间用高频电缆连接，如电缆长度为 L，高频保护的工作频率为 f_0，其高频波的波长 $\lambda = \dfrac{v}{f_0}$（v 为高频波波速），则 L 与 λ 之间的关系正确的是（ A ）。

    A. L 应该避开 $\dfrac{\lambda}{4}$ 的倍数 $\left(\dfrac{\lambda}{4}、\dfrac{\lambda}{2}、\dfrac{3\lambda}{4}、\lambda、\cdots \right)$

    B. L 可按实际需要取任意长度

    C. L 越短衰耗越小，故应尽可能短些，与 λ 无关

    D. L 越短衰耗越长，故应尽可能长些，与 λ 无关

81. 不论用何种方法构成的方向阻抗继电器，均要正确测量故障点到保护安装点的距离（阻抗）和故障点的方向，为此方向阻抗继电器中对极化的正序电压（或故障前电压）采取了"记忆"措施，其作用是（ C ）。

    A. 正确测量三相短路故障时故障点到保护安装处的阻抗

    B. 可保证正向出口两相短路故障可靠动作、反向出口两相短路可靠不动作

    C. 可保证正向出口三相短路故障可靠动作、反向出口三相短路可靠不动作

    D. 可保证正向出口相间短路故障可靠动作、反向出口相间短路可靠不动作

82. 在小电流接地系统中，发生单相接地时，母线电压互感器开口三角电压为（ C ）。

    A. 故障点距母线越近，电压越高

    B. 故障点距母线越近，电压越低

    C. 不管距离远近，基本上电压一样高

    D. 以上都不对

83. 小电流接地系统中的电压互感器开口三角绕组的单相额定电压为（ B ）。

    A. $100/\sqrt{3}V$ B. $100/3V$ C. $100V$ D. $300V$

84. 220kV 系统中，假设整个系统中各元件的零序阻抗角相等，在发生单相接地故障时，下列说法正确的是（ A ）。

    A. 全线路零序电压相位相同

    B. 全线路零序电压幅值相同

    C. 全线路零序电压相位幅值都相同

    D. 以上均错误

85. 变电站接地网接地电阻过大对继电保护的影响是（ A ）。

    A. 可能会引起零序方向保护不正确动作

    B. 可能会引起过电流保护不正确动作

    C. 可能会引起纵差保护不正确动作

    D. 可能会引起距离保护不正确动作

86. 当零序功率方向继电器的最灵敏角为电流越前电压100°时（ B ）。

    A. 其电流和电压回路应按反极性与相应的 TA、TV 回路连接

    B. 该相位角与线路正向故障时零序电流与零序电压的相位关系一致

    C. 该元件适用于中性点不接地系统零序方向保护

D. 线路正方向接地故障动作，反方向故障不动

87. RCS 902A 的零序保护中正常设有二段零序保护，下面叙述条件是正确的为（ C ）。

A. I_{02}、I_{03} 均为固定带方向

B. I_{02}、I_{03} 均为可选是否带方向

C. I_{02} 固定带方向，I_{03} 为可选是否带方向

D. I_{03} 固定带方向，I_{02} 为可选是否带方向

88. 按躲负荷电流整定的线路过电流保护，在正常负荷电流下，由于电流互感器的极性接反而可能误动的接线方式为（ C ）。

A. 三相三继电器式完全星形接线

B. 两相两继电器式不完全星形接线

C. 两相三继电器式不完全星形接线

D. 电流差接线方式

89. 基于零序方向原理的小电流接地选线继电器的方向特性，对于无消弧线圈和有消弧线圈过补偿的系统，如方向继电器按正极性接入电压、电流（流向线路为正），对于故障线路零序电压超前零序电流的角度是（ B ）。

A. 均为 $+90°$

B. 无消弧线圈为 $+90°$，有消弧线圈为 $-90°$

C. 无消弧线圈为 $-90°$，有消弧线圈为 $+90°$

90. 两侧都有电源的平行双回线路 L1、L2，L1 装有高闭距离、高闭零序电流方向保护，在 A 侧出线 L2 发生正方向出口故障，30ms 之后 L1 发生区内故障，L1 的高闭保护动作行为是（ B ）。

A. A 侧先动作，对侧后动作

B. 两侧同时动作，但保护动作时间较系统正常时 L1 故障要长

C. 对侧先动作，A 侧后动作

D. 两侧同时动作，与系统正常时故障切除时间相同

91. 在大电流接地系统中的两个变电站之间，架有同杆并架双回线路，电网中发生了接地故障（非本双回线路），则在哪种情况下运行线路上的零序电流将最大（ C ）。

A. 两回线路正常运行 　　　　　　　　B. 一回线路处于热备用状态

C. 一回线路检修两端接地 　　　　　　D. 一回线路检修一端接地

92. 对双端电源的线路，过渡电阻对送电侧的距离继电器工作的影响是（ C ）。

A. 只会使保护区缩短

B. 只会使继电器超越

C. 视条件可能会失去方向性，也可能使保护区缩短，也可能超越或拒动

D. 没有影响

93. 某 220kV 线路配置 CSL 101A 和 LFP 901A 保护（LFP 901A 因缺陷两侧装置处于信号状态），重合闸置于单重方式下，当发生相间故障时，如 CSL 101A 至操作箱的 TJQ 跳闸回路松开，此时保护什么元件切除故障？（ D ）

A. 高频延时永跳出口 　　　　　　　　B. 高频延时三跳出口

C. 经失灵保护动作出口　　　　　　　　D. 高频瞬时三跳出口

94. 线路光纤差动保护，在某一 TA 二次侧中性点有虚接情况，当发生区外单相接地故障时，故障相与非故障相的差动保护元件（ B ）。

　　A. 故障相不动作，非故障相动作

　　B. 故障相动作，非故障相动作

　　C. 故障相动作，非故障相不动作

　　D. 故障相不动作，非故障相不动作

95. 在高频闭锁零序距离保护中，保护停信需带一短延时，这是为了（ C ）。

　　A. 防止外部故障时的暂态过程而误动

　　B. 防止外部故障时功率倒向而误动

　　C. 与远方启动相结合，等待对端闭锁信号的到来，防止区外故障时误动

　　D. 防止内部故障时高频保护拒动

96. 线路分相电流差动保护采用（ B ）通道最优。

　　A. 数字载波　　　　B. 光纤　　　　　　C. 数字微波　　　　D. 高频通道

97. 对采用单相重合闸的线路，当发生永久性单相接地故障时，保护及重合闸的动作顺序为（ B ）。

　　A. 三相跳闸不重合

　　B. 单相跳闸，重合单相，后加速跳三相

　　C. 三相跳闸，重合三相，后加速跳三相

　　D. 选跳故障相，瞬时重合单相，后加速跳三相

98. 相—地制高频通道组成元件中，阻止高频信号外流的元件是（ A ）。

　　A. 高频阻波器　　B. 耦合电容器　　C. 结合滤波器　　　D. 高频电缆

99. 系统短路时电流、电压是突变的，而系统振荡时电流、电压的变化是（ C ）。

　　A. 缓慢的　　　　　　　　　　　　B. 与三相短路一样快速变化

　　C. 缓慢的且与振荡周期有关　　　　D. 突变

100. 系统发生振荡时，（ C ）可能发生误动作。

　　A. 电流差动保护　　　　　　　　　B. 零序电流保护

　　C. 电流速断保护　　　　　　　　　D. 暂态方向保护

101. 在大电流接地系统中，当相邻平行线路停运检修并在两侧接地时，电网发生接地故障，此时停运线路（ A ）零序电流。

　　A. 流过　　　　　B. 没有　　　　　C. 不一定有　　　D. 以上都不对

102. 双侧电源线路上发生经过渡电阻接地，流过保护装置电流与流过过渡电阻电流的相位（ C ）。

　　A. 同相　　　　　B. 不同相　　　　C. 不定

103. 电力系统继电保护的选择性，除了决定于继电保护装置本身的性能外，还要求满足：由电源算起，越靠近故障点的继电保护的故障启动值（ A ）。

　　A. 相对越小，动作时间越短

　　B. 相对越大，动作时间越短

  C. 相对越大，动作时间越长

  D. 相对越小，动作时间较长

104. 交流电压二次回路断线时不会误动的保护为（ B ）。

  A. 距离保护   B. 电流差动保护

  C. 零序电流方向保护   D. 高频零序保护

105. 当线路上发生 UV 两相接地短路时，从复合序网图中求出的各序分量的电流是（ A ）中的各序分量电流。

  A. W 相   B. V 相   C. U 相

106. 保护线路发生两相接地故障时，相间距离保护感受的阻抗（ B ）接地距离保护感受的阻抗。

  A. 大于   B. 等于   C. 小于

107. 单侧电源线路的自动重合闸必须在故障切除后，经一定时间间隔才允许发出合闸脉冲，这是因为（ C ）。

  A. 需与保护配合

  B. 防止多次重合

  C. 故障点去游离需一定时间

108. 在所有圆特性的阻抗继电器中，当整定阻抗相同时，（ C ）躲过渡电阻能力最强。

  A. 全阻抗继电器   B. 方向阻抗继电器

  C. 工频变化量阻抗继电器   D. 偏移特性阻抗继电器

109. 纵联保护相地制电力载波通道（见图 3-2）由（ C ）部件组成。

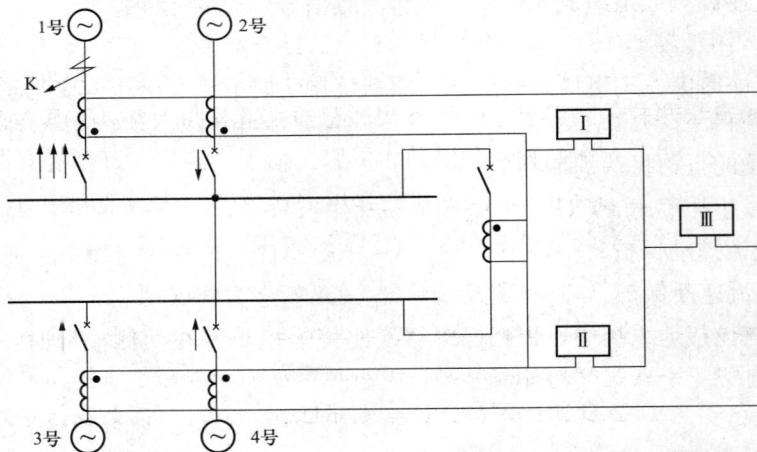

图 3-2

  A. 输电线路，高频阻波器，连接滤波器，高频电缆

  B. 高频电缆，连接滤波器，耦合电容器，高频阻波器，输电线路

  C. 收发信机，高频电缆，连接滤波器，保护间隙，接地开关，耦合电容器，高频
   阻波器，输电线路

  D. 收发信机，高频电缆，连接滤波器，保护间隙，接地开关，耦合电容器，高频

阻波器

110. 当单相故障，单跳故障相，故障相单相重合；当相间故障，三跳，不重合，是指（ A ）。

    A. 单重方式　　　　B. 三重方式　　　　C. 综重方式　　　　D. 特殊重合

111. 加到阻抗继电器的电压电流的比值是该继电器的（ A ）。

    A. 测量阻抗　　　　B. 整定阻抗　　　　C. 动作阻抗　　　　D. 相阻抗

112. 在线路保护的定值单中，若零序补偿系统整定不合理，则将对（ C ）的正确动作产生影响。

    A. 零序电流保护　　　　　　　　　　　B. 相间距离保护

    C. 接地距离保护　　　　　　　　　　　D. 零序功率方向继电器

113. 500kV 线路单相瞬时性故障，重合闸动作方式为（ A ）。

    A. 先重合边断路器，再重合中断路器

    B. 先重合中断路器，再重合边断路器

    C. 两个断路器同时重合

114. 断路器失灵保护启动条件是（ B ）。

    A. 故障线路保护动作跳闸

    B. 线路故障保护动作跳闸以后，保护不返回且相电流元件继续动作

    C. 线路长期有电流

    D. 收到远方启动信号

115. 下述哪个原因不会引起线路区外正方向高频保护误动？（ D ）

    A. TV 多点接地　　　　　　　　　　　B. 通道中断

    C. N600 没有接地　　　　　　　　　　D. TV 断线

116. 对于长距离线路，高频信号主要是以（ A ）的形式传输到对端。

    A. 混合波　　　　B. 相间波　　　　C. 空间电磁波　　　　D. 地返波

117. 下列哪种情况不会引起高频通道衰耗增加？（ C ）

    A. 结合滤波器的放电器烧坏，绝缘下降

    B. 阻波器调谐元件损坏或失效

    C. 使用较低的工作频率

    D. 电力线路覆冰

118. 高频收发信机可分为发信部分、收信部分、电源部分和（ A ）部分。

    A. 接口和逻辑回路　　　　　　　　　　B. 接口回路

    C. 逻辑回路　　　　　　　　　　　　　D. 执行回路

119. 阻波器所引起的通道衰耗称（ A ）。

    A. 分流衰耗　　　　B. 传输衰耗　　　　C. 跨越衰耗　　　　D. 工作衰耗

120. 高频保护的工作频率为 54kHz 时，宽带阻波器的电感量应选（ B ）。

    A. 1mH　　　　B. 2mH　　　　C. 3mH　　　　D. 4mH

121. 收发信机的输入阻抗为 75Ω，灵敏度启动电平整定为 +5dBm，试验时要在收发信机的通道入口处加多少电压电平？（ D ）

    A. 4dBv　　　　B. −2dBv　　　　C. 2dBv　　　　D. −4dBv

122. 在相同工作频率下，相—地制和相—相制高频通道的输电衰耗（ A ）。

    A. 相—地制的衰耗大   B. 相—地制的衰耗小

    C. 相—地制的衰耗一样大   D. 随天气情况而变化

123. 微机高频保护装置年投入运行时间应大于（ D ）天。

    A. 335   B. 340   C. 345   D. 330

124. 高频通道中的保护间隙用来保护（ D ）免受过电压袭击。

    A. 收发信机   B. 高频电缆

    C. 结合滤波器   D. 收发信机和高频电缆

125. 线路高频保护投入运行时，为保证保护可靠工作，要求保护的灵敏起始电平为（ B ）dBm。

    A. 25～28   B. 10   C. 4   D. 8

126. 线路高频保护投入运行时，为保证保护可靠工作，收信电平在（ A ）dBm 范围内。

    A. 25～28   B. 10   C. 4   D. 8

127. 线路高频保护投入运行时，通道异常告警电平整定为（比实际收到功率电平低）（ C ）dBm。

    A. 25～28   B. 10   C. 4   D. 8

128. 某收发信机的收信功率为 16dBm，所接高频电缆的特性阻抗为 75Ω，则该收发信机收到的电压电平应为（ D ）dBv。

    A. 8   B. 9   C. 5   D. 7

129. 运行中高频通道传输衰耗超过投运时的 3dBm 时，相当于收信功率降低（ C ）。

    A. 1/4   B. 1/3   C. 1/2   D. 3/4

130. 高频信号传输用到的计量单位奈培 Np 与分贝 dB 的换算关系是 1Np＝（ A ）dB。

    A. 8.686   B. 6.686   C. 6.868   D. 8.868

131. 某收发信机的发信功率为 43dBm，所接高频电缆的特性阻抗为 75Ω，测得的收发信机发信电压电平应为（ C ）dBv。

    A. 36   B. 24   C. 34   D. 38

132. KLS-400-5，在通道结合加工设备中是（ C ）。

    A. 阻波器型号   B. 耦合电容器型号

    C. 结合滤波器型号   D. 高频电缆

133. 结合滤波器 JL5-400-5，说法正确的是（ C ）。

    A. 400 代表线路侧阻抗为 400Ω

    B. 第 3 个数字 5 代表工作衰耗≤5dB

    C. 第 3 个数字 5 代表与耦合电容器电容量 500pF 配套

134. 选用结合滤波器时，JL2-100-10 型，其中间数 100 代表（ A ）。

    A. 峰值包络 100W   B. 代表电缆侧阻抗 100Ω

    C. 代表最高输出电压 100V   D. 代表电压有效值为 100V

135. 某距离保护的动作方程为 $90° < \arg[(Z_J - Z_{DZ})/Z_J] < 270°$，它在阻抗复数平面上的动作特性是以 $+Z_{ZD}$ 与坐标原点两点的连线为直径的圆。特性为以 $+Z_{ZD}$ 与坐标原点连线为长

轴的透镜的动作方程（$\delta>0°$）是（ B ）。

  A. $90°+\delta<\arg\left[(Z_J-Z_{DZ})/Z_J\right]<270°+\delta$

  B. $90°+\delta<\arg\left[(Z_J-Z_{DZ})/Z_J\right]<270°-\delta$

  C. $90°-\delta<\arg\left[(Z_J-Z_{DZ})/Z_J\right]<270°+\delta$

  D. $90°-\delta<\arg\left[(Z_J-Z_{DZ})/Z_J\right]<270°-\delta$

136. 距离保护正向区外故障时，测量电压 U'_ϕ 与同名相母线电压 U'_ϕ 之间的相位关系（ A ）。

  A. 基本同相 B. 基本反相 C. 相差 90° D. 相差 270°

137. 在振荡中，线路发生 V、W 两相金属性接地短路。如果从短路点 F 到保护安装处 M 的正序阻抗为 Z_K，零序电流补偿系数为 K，M 到 F 之间的 U、V、W 相电流及零序电流分别是 I_U、I_V、I_W 和 I_0，则保护安装处 V 相电压的表达式为（ B ）。

  A. $(I_V+I_W+K3I_0)Z_K$ B. $(I_V+K3I_0)Z_K$

  C. I_VZ_K D. I_0Z_K

138. 一条双侧电源的 220kV 输电线路，输出功率为 150＋j70MVA，运行中送电侧 U 相断路器突然跳开，出现一个断口的非全相运行，就断口点两侧负序电压间的相位关系（系统无串补电容），正确的是（ B ）。

  A. 同相

  B. 反相

  C. 可能同相，也可能反相，视断口点两侧负序阻抗相对大小而定

  D. 以上都不对

139. 单侧电源供电系统短路点的过渡电阻对距离保护的影响是（ B ）。

  A. 使保护范围延长   B. 使保护范围缩短

  C. 保护范围不变   D. 保护范围不定

140. 在平行双回线路上发生短路故障时，非故障线路发生功率倒方向，功率倒方向发生在（ BC ）。

  A. 故障线路发生短路故障时

  B. 故障线路一侧断路器三相跳闸后

  C. 故障线路一侧断路器单相跳闸后

  D. 故障线路两侧断路器三相跳闸后，负荷电流流向发生变化

141. 超高压输电线路单相接地故障跳闸后，熄弧较慢是由于（ ACD ）。

  A. 潜供电流的影响

  B. 短路阻抗小

  C. 并联电抗器作用

  D. 负荷电流大

142. 对于远距离超高压输电线路一般在输电线路的两端或一端变电站内装设三相对地的并联电抗器，其作用是（ AB ）。

  A. 为吸收线路容性无功功率、限制系统的操作过电压

  B. 提高单相重合闸的成功率

  C. 限制线路故障时的短路电流

D. 消除长线路低频振荡，提高系统稳定性

143. 下列对于突变量继电器的描述，正确的是（ ACD ）。

A. 突变量保护与故障的初相角有关

B. 突变量继电器在短暂动作后仍需保持到故障切除

C. 突变量保护在故障切除时会再次动作

D. 继电器的启动值离散较大，动作时间也有离散

144. 1 个半断路器接线的断路器失灵启动回路由（ AB ）构成。

A. 相电流元件

B. 保护动作触点

C. 母线电压切换

145. 双侧电源的 110kV 线路保护，主系统侧重合闸检线路无压，弱电源侧重合闸可停用，也可（ AB ）。

A. 检同期 　　　　　　　　　　B. 检线路有压、母线无压

C. 检线路无压、母线有压 　　　D. 不检定

146. 可能造成光纤通道收发路由不一致的光纤自愈环网方式为（ ABC ）。

A. 二纤单向通道倒换环

B. 二纤双向通道倒换环

C. 二纤单向复用段倒换环

D. 二纤双向复用段倒换环

147. MN 线路上装设了超范围闭锁式方向纵联保护，若线路 M 侧的结合滤波器的放电间隙击穿，则可能出现的结果是（ CD ）。

A. MN 线路上发生短路故障时，保护拒动

B. MN 线路外部发生短路故障，两侧保护误动

C. N 侧线路外部发生短路故障，M 侧保护误动

D. M 侧线路外部发生短路故障，N 侧保护误动

148. 某 220kV 线路，采用单相重合闸方式，在线路单相瞬时故障时，一侧单跳单重，另一侧直接三相跳闸。若排除断路器本身的问题，下面哪些是可能造成直接三跳的原因？（ ABC ）

A. 选相元件问题 　　　　　　　B. 重合闸方式设置错误

C. 沟通三跳回路问题 　　　　　D. 控制回路断线

149. 某超高压单相重合闸方式的线路，其接地保护第Ⅱ段动作时限应考虑（ ABC ）。

A. 与相邻线路接地Ⅰ段动作时限配合

B. 与相邻线路选相拒动三相跳闸时间配合

C. 与相邻线路断路器失灵保护动作时限配合

D. 与单相重合闸周期配合

150. 线路采用"单重"方式，当 CSL 101A 微机保护装置启动后，以下哪些开入量将闭锁重合闸？（ BC ）

A. 低气压闭锁重合闸 　　　　　B. 三跳位置

C. 重合闸停用 　　　　　　　　D. 单跳位置

151. 光纤分相电流差动保护在主保护处于信号状态时，哪些保护功能将退出？（BD）

A. 零序保护　　　　B. 差动保护　　　　C. 距离保护　　　　D. 远跳功能

152. 某 220kV 线路采用单重方式，当线路两侧装设（BCD）的双套保护时，若在线路某侧的电流互感器和断路器之间发生 U 相瞬时性接地故障，则线路对侧的保护动作跳开后闭锁重合闸。

A. RCS 901（高频通道）CSC 101（高频通道）

B. CSC 101（高频通道）RCS 931

C. PSL 603 RCS 931

D. RCS 901（光纤通道）CSC 103

E. RCS 901（高频通道）CSC 101（光纤通道）

153. 以下有关 RCS 941 保护中的方向零序电流保护，说法正确的有（AD）。

A. 方向元件的灵敏角度与定值中的线路零序阻抗角无关

B. 电压回路断线时，四段零序方向电流保护均保留，只是自动退出方向元件

C. 后备段的零序电流保护动作时，闭锁重合

D. 外接零序电流开路时，零序电流保护不能动作

154. 以下有关 CSC 101 保护中的阻抗继电器，描述正确的有（AC）。

A. 当在 90° 方向做 X 的定值校验时，接地距离保护与 R 无关

B. 当在 0° 方向做 R 的定值校验时，阻抗 I 段的动作阻抗在 0.95 倍整定电阻时动作，1.05 倍整定电阻时不动作

C. 零序方向元件的灵敏角为 −99°

D. 零序方向元件的灵敏角由线路零序阻抗角确定

155. 某 220kV 线路保护采用 CSC 101B、RCS 931 装置，且均用装置内的单重方式，下面描述正确的有（CD）。

A. 检无压、检同期、重合不检三种方式至少有一个需投入

B. 线路故障，检无压侧重合闸先合，检同期侧重合闸后合

C. 电压回路断线时，闭锁重合闸

D. 当任一装置内的重合闸停用时，该装置的保护仍然选相跳闸

156. 监控系统与继电保护信息交换方式有（ABCD）。

A. 各种数字保护的保护跳闸信号应采用硬触点的方式接入 I/O 测控单元

B. 数字保护的装置重要故障信号应采用硬触点的方式接入 I/O 测控单元

C. 其他保护信号宜采用通信接口方式与监控系统的站控层网络或间隔层网络连接

D. 数字保护与 I/O 测控单元通信的数据传送宜采用 IEC 60870-5-103《远动设备及系统传输规约》

157. 500kV 高频通道故障会产生哪些严重的后果？（ABCD）

A. 闭锁式保护在保护区外故障时可能误动作

B. 通道故障自动闭锁分相电流差动保护

C. 允许式保护因收不到对方允许信号而拒动

D. 开关失灵、过电压、高抗保护动作后不能启动远方跳闸

158. 500kV 关于断路器失灵保护描述正确的是（ BD ）。

A. 失灵保护动作将启动母差保护

B. 若线路保护拒动，失灵保护将无法启动

C. 失灵保护动作后，应检查母差保护范围，已发现故障点

D. 失灵保护的整定时间应大于线路主保护的时间

159. 光纤通信的主要优点是（ ABCD ）。

A. 传输频带宽、通信容量大　　　　B. 损耗低

C. 不受电磁干扰　　　　　　　　　D. 线径细、质量轻

160. 高压线路自动重合闸（ AC ）。

A. 手动跳、合闸应闭锁重合闸

B. 手动合闸故障只允许一次重合闸

C. 重合永久故障开放保护加速逻辑

D. 远方跳闸启动重合闸

161. 对 220kV 及以上选用单相重合闸的线路，无论配置一套或两套全线速动保护，（ AB ）动作后三相跳闸不重合。

A. 后备保护延时段　　　　　　　　B. 相间保护

C. 距离保护Ⅰ段　　　　　　　　　D. 零序保护Ⅰ段

162. RCS-931A 型微机保护装置在 TV 断线时，退出的保护元件有（ ACD ）。

A. 零序方向元件　　　　　　　　　B. 分相差动电流元件

C. 距离保护　　　　　　　　　　　D. 零序Ⅱ段过电流保护元件

163. 电力系统发生全相振荡时，（ BD ）不会发生误动。

A. 阻抗元件　　　　　　　　　　　B. 分相电流差动元件

C. 电流速断元件　　　　　　　　　D. 零序电流速断元件

164. 光纤纵联保护中远方跳闸（DTT）的作用（ AB ）。

A. 当本侧断路器和电流互感器之间故障，母差保护正确动作跳开本侧断路器，但故障并未切除，此时依靠远方跳闸回路，使对侧断路器加速跳闸

B. 当母线故障，母差保护正确动作，但本侧断路器失灵拒动时，依靠远方跳闸回路，使对侧断路器加速跳闸

C. 当线路故障，线路保护依靠远方跳闸回路，使对侧断路器加速跳闸

D. 当线路故障，线路保护拒动时依靠远方跳闸回路，使对侧断路器跳闸以切除故障

165. 在超范围闭锁式纵联距离保护中，收到高频闭锁信号一定时间后才允许停信，其作用的正确说法是（ ABC ）。

A. 区外短路故障，远离故障点侧需等待对侧闭锁信号到达，可防止误动

B. 区外短路故障，靠近故障点侧在有远方启动情况下因故未启动发信时，可防止误动

C. 收到一定时间高频闭锁信号，可区别于干扰信号，提高保护工作可靠性

166. 高频保护启动发信方式有（ ABC ）。

A. 保护启动　　　　　　　　　　　B. 远方启动

C. 手动启动　　　　　　　　　　　D 断路器跳闸位置启动

167. 在超范围闭锁式方向纵联保护中设置了远方启动措施，其所起作用是 （ AB ）。

A. 可方便地对高频通道进行试验

B. 可防止区外短路故障时一侧启动元件因故未启动造成保护的误动

C. 可防止单侧电源线路内部短路故障时保护的拒动

D. 可防止区外故障时保护的误动

168. 某条 220kV 输电线路，保护安装处的零序方向元件，其零序电压由母线电压互感器二次电压的自产方式获取，对正向零序方向元件来说，当该线路保护安装处 U 相断线时，下列说法正确的是（说明：—j80 表示容性无功）（ ABCD ）。

A. 断线前送出 80—j80MVA 时，零序方向元件动作

B. 断线前送出 80＋j80MVA 时，零序方向元件动作

C. 断线前送出 —80—j80MVA 时，零序方向元件动作

D. 断线前送出 —80—j80MVA 时，零序方向元件动作

169. 在中性点经消弧线圈接地的电网中，过补偿运行时消弧线圈的作用有 （ BCD ）。

A. 改变接地电流相位

B. 减小接地电流

C. 消除铁磁谐振过电压

D. 单相故障接地时故障点电压恢复慢，电弧不易重燃

170. 对 220kV 及以上选用单相重合闸的线路，无论配置一套或两套全线速动保护，（ ABD ）动作后三相跳闸不重合。

A. 后备保护延时段　　　　　　　　B. 相间保护

C. 速动保护　　　　　　　　　　　D. 选相失败

171. 远方跳闸保护是一种直接传输跳闸命令的保护，（ ABCD ） 动作后，通过发出远方跳闸信号，直接将对侧断路器跳开。

A. 高压电抗器保护　　　　　　　　B. 过电压保护

C. 断路器失灵保护　　　　　　　　D. 后备保护

172. 保护线路发生 （ AB ） 故障时，相间阻抗继电器感受到的阻抗和故障点的接地电阻大小无关。

A. 两相短路接地故障　　　　　　　B. 三相短路接地

C. 单相接地故障　　　　　　　　　D. 两相相间短路

173. 下列哪些保护动作可启动远方跳闸？（ BC ）

A. 线路主保护动作　　　　　　　　B. 断路器失灵保护动作

C. 过电压保护动作　　　　　　　　D. 母差保护动作

174. 对解决线路高阻接地故障的切除问题，可以选择 （ AD ）。

A. 分相电流差动保护　　　　　　　B. 高频距离保护

C. 高频零序保护　　　　　　　　　D. 零序电流保护

175. 纵联保护按通道类型可分为 （ ABCD ）。

A. 电力线载波纵联保护　　　　　　B. 微波纵联保护

  C. 光纤纵联保护   D. 导引线纵联保护

176. 在结合滤波器与高频电缆之间串有电容的原因有（ ABC ）。

  A. 某些结合滤波器和收发信机使高频电缆与两侧变量器直连，接地故障时有较大电流穿越

  B. 工频地电流的穿越会使变量器铁芯饱和，使发信中断

  C. 串入电容器为了扼制工频电流（对工频呈现高阻抗，对高频影响很小）

177. 在选择高频电缆长度时应考虑在现场放高频电缆时，要避开电缆长度接近（ AD ）的情况。

  A. 1/4 波长的整数倍   B. 1/2 波长的整数倍

  C. 1/2   D. 1/4 波长

178. 高频通道由（ ABC ）基本元件组成。

  A. 输电线路   B. 高频阻波器   C. 保护间隙   D. 保护装置

179. 电流稳态量选相是以三相负序电流将全平面（360°）等分为三个区，当零序电流位于 B 区时，则可能存在以下哪种故障类型？（ ACD ）

  A. V 相接地   B. UV 两相接地

  C. WU 两相接地   D. VW 两相接地

180. 在高频通道中连接滤波器与耦合电容器共同组成带通滤波器，其在通道中的作用是（ AB ）。

  A. 使输电线路和高频电缆连接成为匹配连接

  B. 使高频收发信机和高压输电线路隔离

  C. 阻止高频电流流到相邻线路上去

  D. 增加通道衰耗

二、判断题

1. 距离保护配合时助增系数的选择，要通过各种运行方式的比较，选取最大值。（ × ）

2. 一般情况下 220kV 同杆并架双回线路发生同时性故障时，允许同时跳开双回线路，且不重合。   （ √ ）

3. 在整定计算单相重合闸时间取固定值，应为最佳的单相重合闸时间与线路送电负荷潮流的大小无关。   （ × ）

4. 因为 550kV 同杆并架接线，所以主变压器、线路、断路器失灵保护均适合电流接线。   （ × ）

5. 相对电平为＋、－、0 时分别表示"＋"表示增益；"－"表示衰减；"0"表示不增、不衰。   （ √ ）

6. 数据通信方式是指数据在信道上传输所采取的方式．通常有如下三种分类方法：单工、半双工和双工传输。   （ × ）

7. 大电流接地系统中发生 WU 两相经电阻接地短路时：W 相接地阻抗继电器的保护范围伸长，在区外短路时容易误动；U 相接地阻抗继电器的保护范围缩短，在区内短路时容易拒动。   （ √ ）

8. 在振荡中发生单相金属性短路时，接在故障相上的阻抗继电器的测量阻抗会随着两侧电动势夹角 δ 的变化而变化。 （×）

9. 光纤纵差保护的时钟主从方式与选用的通道方式无关。 （×）

10. 电力系统振荡时，线路两侧电源频率不相等，两端保护测量的电流、电压的频率也不相等。 （×）

11. 当电力系统发生振荡时，第一个和最后一个振荡周期比较长。 （√）

12. 如果保护装置中有纵联方向和纵联距离两种纵联保护但共用一个通道，则必须正方向的方向继电器和阻抗继电器都要动作才允许发跳闸命令。 （×）

13. RCS 901 保护中有纵联工频变化量方向和纵联零序方向两个原理的纵联保护。 （√）

14. 使用 RCS 900 线路保护时，引入保护装置的母线电压是 U、V、W 三相的相电压，引入保护装置的线路电压一定需要 U 相电压。 （×）

15. 本线路的电容电流一定会成为输电线路纵联电流差动保护的动作电流。 （√）

16. 输电线路的纵联电流差动保护本身有选相功能，因此不必再用选相元件选相。 （√）

17. 纵联零序方向保护本身也有选相功能，只要通道允许也可以选相跳闸。 （×）

18. 反应输电线路一侧电气量的选相元件对同杆并架双回线路上的跨线故障也能正确选相。 （×）

19. 输电线路的纵联电流差动保护对同杆并架双回线路上的跨线故障也能正确选相。 （√）

20. 对于 220kV 及 500kV 的线路保护，为保证在本侧流变与断路器之间发生故障时，能让线路对侧保护快速切除故障，高频保护需采用母差跳闸停信。 （×）

21. 高频通道反措中，采用高频变量器直接耦合的高频通道，要求在高频电缆芯回路中串接一个电容的目的是为了高频通道的参数匹配。 （×）

22. 若线路保护装置和收发信机均由远方启动回路时，应将两套远方启动回路均投入运行。 （×）

23. 一台功率为 10W、额定阻抗为 75Ω 的收发信机，当其接入通道后测得的电压电平为 30dBv 时，则通道的输入阻抗小于 75Ω。 （√）

24. 部分检验测定高频通道传输衰耗时，可以简单地以测量接收电平的方法代替，当接收电平与最近一次通道传输衰耗试验中所测得的接收电平相比较，其差不大于 2.5dB 时，则不必进行细致的检验。 （√）

25. 若液压机构的开关泄压，其压力闭锁触点接通的顺序为闭锁重合、闭锁合、闭锁分及总闭锁。 （√）

26. 接地距离保护的零序电流补偿系数 K 应按线路实测的正序、零序阻抗 Z_1、Z_0，用式 $K=(Z_0-Z_1)/3Z_1$ 计算获得。装置整定值应大于或接近计算值。 （×）

27. 零序电流保护虽然不能作为所有类型故障的后备保护，却能保证在本线路末端经较大过渡电阻接地时仍有足够灵敏度。 （√）

28. 短路初始时，一次短路电流中存在的直流分量与高频分量是造成距离保护暂态超越的因素之一。 （√）

29. 闭锁式纵联保护在系统发生区外故障时靠近故障点一侧的保护将作用收发信机

停信。 （×）

30. 一般允许式纵联保护比用同一通道的闭锁式纵联保护安全性更好。 （√）

31. 某 35kV 线路发生两相接地短路，则其零序电流保护和距离保护都应动作。 （×）

32. 不论是单侧电源线路，还是双侧电源的网络上，发生短路故障时故障短路点的过渡电阻总是使距离保护的测量阻抗增大。 （×）

33. 高频闭锁负序功率方向保护，当被保护线路出现非全相时，若电压取自母线电压互感器时，保护装置可能会误动。 （√）

34. 三相重合闸后加速和单相重合闸的后加速，应加速对线路末端故障有足够灵敏度的保护段。如果躲不开后合侧断路器合闸时三相不同期产生的零序电流，则两侧的后加速保护在整个重合闸周期中均应带 0.1s 延时。 （√）

35. 平行线路之间存在零序互感，当相邻平行线路流过零序电流时，将在线路上产生感应零序电动势，有可能改变零序电流与零序电压的相量关系。 （√）

36. 在大电流接地系统中，如果正序阻抗与负序阻抗相等，则单相接地故障电流大于三相短路电流的条件是：故障点零序综合阻抗小于正序综合阻抗。 （√）

37. 零序电流保护只在线路发生接地故障时动作，距离保护只反映系统的相间短路故障。 （×）

38. 在光纤通道中断时，光纤纵联差动保护将闭锁差动保护并发出告警信号，光纤纵联距离保护装置本身没有任何反应。 （√）

39. 光纤纵联保护的信号数字复用接口、保护 PCM 设备均应将告警信号接到主控室光字牌。 （√）

40. 高频保护不能作为相邻线路发生故障时的后备。 （√）

41. 零序电流方向保护为相邻线路发生故障的后备保护，却能保证在本线路经较大过渡电阻接地时仍有足够灵敏度。 （√）

42. 消弧线圈用于小电流接地系统，采用过补偿方式时，故障线路的零序电流与非故障线路一样，也超前于零序电压。 （√）

43. 对于传送大功率的输电线路保护，一般宜于强调可信赖性；而对于其他线路保护，则往往宜于强调安全性。 （×）

44. 当线路断路器与电流互感器之间发生故障时，本侧母差保护动作三跳。为使线路对侧的高频保护快速跳闸，采用母差保护动作三跳停信措施。 （√）

45. 全相振荡是没有零序电流的。非全相振荡是有零序电流的，但这一零序电流不可能大于此时再发生接地故障时，故障分量中的零序电流。 （×）

46. 系统振荡时，变电站现场观察到表计每秒摆动两次，系统的振荡周期应该是 0.5s。 （√）

47. 与电流电压保护相比，距离保护主要优点在于完全不受运行方式影响。 （×）

48. 500kV 线路重合闸只采用保护启动方式。 （√）

49. 光纤分相电流差动保护在系统发生故障时，不受系统振荡的影响。 （√）

50. 故障分量的特点是仅在故障时出现，正常时为零；仅由施加于故障点的 1 个电动势产生。 （√）

51. 对于微机距离保护，若 TV 断线失压不及时处理，遇区外故障或系统操作使其启动，则只要有一定的负荷电流保护就有可能误动。 （√）

52. 通常在分相电流差动保护中，远方跳闸信号传输方式是一种直跳式即对侧收到远跳信号即刻跳闸。 （√）

53. 在 500kV 系统中，断路器失灵保护、高抗保护、短线保护动作均应启动远方跳闸。 （×）

54. 500kV 线路分相电流差动保护的定期巡视应检查其差流在规定的允许值以内。 （√）

55. 分相电流差动保护可以与通信复用光纤通道。 （√）

56. 接地距离保护的保护范围受系统运行方式变化的影响较大。 （×）

57. 接地距离保护不仅能反应单相接地故障，而且也能反应两相接地故障。 （√）

58. 500kV 远跳装置中的就地判别功能是根据低有功功率、低阻抗、有零序电流分量等原理实现的。 （√）

59. 相间阻抗继电器不反映接地故障。 （×）

60. 超范围闭锁式纵联保护中，本侧收信机不仅可以收到对侧发信机发出的高频信号，也可收到本侧发信机发出的高频信号。 （√）

61. 突变量构成的保护，不仅可构成快速主保护，也可构成阶段式后备保护。 （×）

62. 输电线路传输高频信号时，传输频率越高则衰耗越大。 （√）

63. 单相经高电阻接地故障一般是导线对树枝放电。高阻接地故障一般不会破坏系统的稳定运行。因此，当主保护灵敏度不足时可以用简单的反时限零序电流保护来保护。 （√）

64. 系统振荡时，两侧电动势角摆开最大（180°），此时振荡中心的电压最小，而此时振荡中心的电压变化率最小。 （√）

65. 一般来说母线的出线越多，零序电流的分支系数越小，零序电流保护配合越困难。 （√）

66. 零序电流保护的灵敏度必须保证在对侧断路器三相跳闸前后，均能满足规定的灵敏系数要求。 （√）

67. 零序电流Ⅰ段的保护范围随系统运行方式变化，距离保护 1 段的保护范围不随系统运行方式变化。 （√）

68. 当线路发生单相接地故障而进行三相重合闸时，将会比单相重合闸产生较小的操作过电压。 （×）

69. 用单相重合闸时会出现非全相运行，除纵联保护需要考虑一些特殊问题外，对零序电流保护的整定和配合产生了很大影响，也使中、短线路的零序电流保护不能充分发挥作用。 （√）

70. "合闸于故障保护"是基于以下认识而配备的附加简单保护，即合闸时发生的故障都是内部故障，不考虑合闸时刚好发生外部故障。 （√）

71. 对较长线路空载充电时，由于断路器三相触头不同时合闸而出现短时非全相，产生的零序、负序电流不至于会启动保护装置。 （×）

72. 在大接地电流系统中，当线路上故障点逐渐靠近保护安装处时，流经保护电流的变化陡度：零序电流变化陡度较相间故障相电流变化陡度大。 （√）

73. 允许式的纵联保护较闭锁式的纵联保护易拒动，但不易误动。 （ √ ）

74. 助增电流的存在，使距离保护的测量阻抗增大，保护范围缩短。 （ √ ）

75. 采用检无压、检同期重合闸的线路，投检无压的一侧，没有必要投检同期。 （ × ）

76. 对于纵联保护，在被保护范围末端发生金属性故障时，应有足够的灵敏度。 （ √ ）

77. 运行中的高频保护，两侧交换高频信号试验时，保护装置需要断开跳闸压板。 （ × ）

78. 距离保护中，故障点过渡电阻的存在，有时会使阻抗继电器的测量阻抗增大，也就是说保护范围会伸长。 （ × ）

79. 电力系统振荡时，电流速断、零序电流速断保护有可能发生误动作。 （ × ）

80. 过电流保护在系统运行方式变小时，保护范围也将缩小。 （ √ ）

81. 允许式保护控制载波机发信的触点为闭锁式保护停信的触点，该触点只有在正方向发生故障时才可能动作。 （ √ ）

82. 零序电流保护Ⅳ段定值一般整定较小，线路重合过程非全相运行时，可能误动，因此在重合闸周期内应闭锁，暂时退出运行。 （ × ）

83. 当系统最大振荡周期为 1.5s 时，动作时间不小于 0.5s 的距离Ⅰ段，不小于 1s 的距离保护Ⅱ段和不小于 1.5s 的距离保护Ⅲ段均可不经振荡闭锁控制。 （ √ ）

84. 零序电流保护逐级配合是指零序电流定值的灵敏度和时间都要相互配合。 （ √ ）

85. 单侧电源线路所采用的三相重合闸时间，除应大于故障点熄弧时间及周围介质去游离时间外，还应大于断路器及操动机构复归原状准备好再次动作的时间。 （ √ ）

86. 在大电流接地系统中，为了保证各零序电流保护有选择性动作和降低定值，有时要加装方向继电器组成零序电流方向保护。 （ √ ）

87. 为了防止断路器在正常运行情况下由于某种原因（如误碰、保护误动等）而跳闸时，由于对侧并未动作，线路上有电压而不能重合，通常是在检无压的一侧同时投入检同期重合闸，两者的逻辑是与门关系（两者的触点串联工作），这样就可将误动跳闸的断路器重新投入。 （ × ）

88. 距离保护的振荡闭锁，是在系统发生故障后，不管有无系统振荡，都去闭锁距离保护的。 （ √ ）

89. 零序电流保护灵敏Ⅰ段在重合在永久故障时将瞬时跳闸。 （ × ）

90. 电力系统发生振荡时，可能会导致阻抗元件误动作，因此突变量阻抗元件动作出口时，同样需经振荡闭锁元件控制。 （ × ）

91. 线路过电压保护的作用在于线路电压高于定值时，跳开本侧线路断路器。 （ × ）

92. 高频闭锁保护一侧发信机损坏，无法发信，当反方向发生故障时，对侧的高频闭锁保护可能会误动作。 （ √ ）

93. 双侧电源线路两侧装有闭锁式纵联保护，在相邻线路出口故障，若靠近故障点的阻波器调谐电容击穿，该线路两侧闭锁式纵联保护会同时误动作跳闸。 （ × ）

94. 零序电流保护不反应电网正常负荷、振荡和相间短路。 （ √ ）

95. 闭锁式纵联保护跳闸的必要条件是正方向元件动作，反方向元件不动作，收到过闭锁信号而后信号又消失。 （ √ ）

96. 相间距离保护的Ⅲ段定值，按可靠躲过本线路的最大事故过负荷电流对应的最大阻

抗整定。 （×）

97. 输电线路光纤分相电流差动保护，线路中的负荷电流再大，一侧 TA 二次断线时保护不会误动。 （√）

98. 某线路光纤分相电流差动保护、信号传送通过 PCM 设备采用数字复接方式（经 64Kbit/s 接口），两侧保护装置的"专用光纤（内部时钟）"控制字都整定成"1"。 （×）

99. 线路允许式纵联保护较闭锁式纵联保护易拒动，但不易误动。 （√）

100. 对于小电流接地系统来说，发生两相相间短路时的短路电流和发生两相接地短路的短路电流相等。 （√）

101. 接地距离保护在受端母线经电阻三相短路时，不会失去方向性。 （×）

102. 分相差动保护在使用复用 PCM 时，保护设备的时钟同步方式应当采用"主—主"方式。 （×）

103. 国产光纤差动保护采用复用通道传输时，对通道要求单向传输时延小于 15ms，必须保证保护装置的收发路由时延一致。 （√）

104. 在大电流接地系统中，在线路发生单相接地故障时，保护装置感受到的零序电流、负序电流值一定是相等的。 （×）

105. CSL 101A 型微机保护闭锁出口回路设置为三取二方式，高频保护投入压板退出时，线路故障微机保护不能出口。 （×）

106. 线路两侧高频保护一侧为允许式，另一侧误设置为专用闭锁式，线路发生区内故障时，两侧高频保护均可能拒动，区外故障时正方向侧保护可能误动。 （√）

107. RCS 931 两侧装置一侧作为同步端，另一侧作为参考端，采样同步时在同步端调整采样间隔。 （√）

108. RCS 931A 光纤差动保护两侧保护都动作才能发跳令的目的是防止 TA 断线引起差动保护误动。 （√）

109. 线路发生 B 相接地故障，对侧 RCS 901A 保护单相跳闸并重合成功，本侧在跳 V 相断路器的瞬间操作电源熔断器在跳闸过程中烧断，本侧 RCS901A 接着发三跳令。 （√）

110. CSL 101A 如果发生 TV 二次三相失压，当线路合环时距离保护不会误动，因为保护会发 TV 断线告警信号，并闭锁距离保护。 （×）

111. 超高压线路单相跳闸，熄弧较慢是由于潜供电流的影响。 （√）

112. 方向阻抗继电器中电压回路采用记忆回路的作用消除出口三相故障的方向死区。 （√）

113. 小电流接地电网中，母线单相接地，线路末段接地，TV 开口三角形侧电压总在 100V 左右。 （√）

114. 某线路保护在其相邻元件检修的方式下，通过计算得知，检修的方式下线路保护零序 I 段定值比原来减小，该保护定值应在方式变化后调整。 （√）

115. 220kV 线路因故双高频保护停役时，需将线路两侧后备保护灵敏 II 段时间定值调至 0.5s，并停线路重合闸。 （√）

116. 高频闭锁式方向纵联保护应用在单相重合闸线路上时，单相跳闸要求收发信机发信。 （×）

117. 220kV 线路保护应按加强主保护、完善后备保护的基本原则配置和整定。　　（×）

118. 对 220～500kV 线路的全线速动保护，规程要求其整组动作时间为 20ms（近端故障），30ms（远端故障，包括通道传输时间）。　　（×）

119. 设 I_{U2} 与 I_{U0} 比相元件的动作方程式为 $-60°<\arg(I_{U2}/I_{U0})<60°$。某 500kV 线路在一定负荷电流下 U 相发生瞬时性接地，两侧保护正确动作将 U 相跳闸线路处非全相运行状态，此时比相元件处于动作状态。　　（√）

120. 阻抗继电器的整定范围超出本线路，由于对侧母线上电源的助增作用，使得感受阻抗变小，造成超越。　　（×）

121. RCS 941 保护若外接零序电流接反，将造成零序方向元件不正确动作。　　（×）

122. 距离保护 I 段不受系统运行方式的影响。　　（√）

123. 采用"近后备"原则，只有一套纵联保护和一套后备保护的线路，纵联保护和后备保护的直流回路应分别由专用的直流熔断器供电。　　（√）

124. 允许式高频保护必须使用双频制，而不能使用单频制。　　（√）

125. 断路器合闸后加速与重合闸后加速共用一个加速继电器。　　（√）

126. 查找直流接地时，所用仪表内阻不应低于 $1000\Omega/V$。　　（×）

127. 当线路出现非全相运行时，由于没有发生接地故障，所以零序保护不会发生误动。　　（×）

128. 在微机保护装置中，距离保护 II 段必须经振荡闭锁控制。　　（×）

129. 距离保护原理上受振荡的影响，因此距离保护必须经振荡闭锁。　　（×）

130. "四统一"设计的距离保护振荡闭锁原则是遇系统故障时，短时解除振荡闭锁，投入保护，故障消失又没有振荡后再经一延时复归。　　（√）

131. 500kV 系统主保护双重化是指两套主保护的交流电流、电压和直流电源均彼此独立；同时要求具有两条独立的高频通道，断路器有两个跳闸线圈，断路器控制电源可分别接自两套主保护的直流电源。　　（√）

132. 1 个半断路器接线方式的线路保护、短线保护的交流回路均采用和电流接线方式，失灵保护采用单独的开关电流输入。　　（√）

133. 当 500kV 线路发生耦合相两相接地或三相接地短路时，可能导致信号不能传输。此时高频保护不能动作。　　（×）

134. 短线路保护是没有方向元件的过电流保护，没有时间延时，在线路隔离开关断开后，断路器合环前投入，保护范围为所接 TA 至线路隔离开关内侧。　　（√）

135. 220kV 设备的保护均采用近后备方式。　　（√）

136. 500kV 线路均配置两套全线速动保护，原则上要求任何时候至少有一套全线速动保护投运，以便快速切除故障。　　（√）

137. 目前 500kV 远方跳闸的通道有光纤专用芯、复用载波、复用数字微波和复用光纤的 PCM。　　（√）

138. 超范围允许式纵联保护中，本侧收信机可以收到两侧发信机发出的高频信号。（×）

139. 超范围闭锁式纵联保护，高频通道通常采用"相—地"耦合方式，超范围允许式纵联保护，高频通道通常采用"相—相"耦合方式。　　（√）

140. 同一基准功率，电压等级越高，基准阻抗越小。（×）

141. 零序电流Ⅰ段定值计算的故障点一般在本侧母线上。（×）

142. 线路自动重合闸的使用，不仅提高了供电的可靠性，减少了停电损失，而且还提高了电力系统的暂态稳定水平，增大了高压线路的送电容量。（√）

143. 当重合闸合于永久性故障时，主要有以下两个方面的不利影响：①使电力系统又一次受到故障的冲击；②使断路器的工作条件变得更严重，因为断路器要在短时间内，连续两次切断电弧。（√）

144. 对采用单相重合闸的线路，当发生永久性单相接地故障时，保护及重合闸的动作顺序是：先跳故障相，重合单相，后加速跳单相。（×）

145. 闭锁式纵联保护中母差跳闸停信，主要防止母线故障发生在电流互感器和断路器之间，需要通过远方跳闸来切除故障点。（√）

146. 零序电流保护能反应各种不对称短路，但不反应三相对称短路。（×）

147. 为了保证在电流互感器与断路器之间发生故障时，本侧断路器跳开后对侧高频保护能快速动作，应采取的措施为跳闸位置继电器停信。（×）

148. 零序电流保护的逐级配合是指零序电流保护各段的时间要严格配合。（×）

149. 纵联保护不仅作为本线路的全线速动保护，还可作为相邻线路的后备保护。（×）

150. 一侧高频保护定期检验时，应同时退出两侧的高频保护。（√）

151. 本侧收发信机的发信功率为20W，如对侧收信功率为5W，则通道衰耗为6dB。（√）

152. 利用电力线载波通道的纵联保护为保证有足够的通道裕度，只要发信端的功放元件允许，接收端的接收电平越高越好。（×）

153. 当负载阻抗等于600Ω时，功率电平与电压电平相等。（√）

154. 传送64k或2M的音频信号应采用屏蔽线，屏蔽线接地时接地线经端子排转接。（×）

155. 虽然使用光纤通道传送保护信息，微机故障录波器仍可录取"继电保护信号数字复接接口"输出的收信信号。（√）

156. 高频电缆屏蔽层应在接入收发信机前直接接地，收发信机内的"通道地"另行接地。（√）

157. 同相通道允许直接并机，工作频率间隔应大于12kHz。（×）

158. 高频通道中一侧的终端衰耗约4dB。（√）

159. 高频通道中接合滤波器与耦合电容器共同组成带通滤波器，其在通道中的作用是使输电线路和高频电缆的连接成为匹配连接。（×）

160. RCS 931A保护两侧装置采样同步的前提条件为通道单向最大传输时延小于15ms。（×）

161. 对于长距离线路，高频信号主要是以相间波的形式传输到对端。（×）

162. 结合滤波器应安装在耦合电容器下面，距地面高度以1.3m为宜。（√）

163. 用测量跨越衰耗检查某一运行线路的阻波器，这种方法适用于相邻线路挂宽频阻波器的情况。（×）

164. 高频通道中的保护间隙用来保护收发信机和高频电缆免受过电压袭击。（√）

165. 传输远方跳闸信号的通道，在新安装或更换设备后应测试其通道传输时间。采用

允许式信号的纵联保护，除了测试该时间外，还应测试"允许跳闸"信号的返回时间。（ √ ）

166. 220kV 线路保护高频保护的停信回路有其他保护停信、断路器位置停信两种。（ × ）

167. 应注意校核继电保护通信设备传输信号的可靠性和冗余度，防止因通信设备的问题而引起保护不正确动作。（ √ ）

168. 高频振荡器中采用的石英晶体具有压电效应，当外加电压的频率与石英切片的固有谐振频率不同，就引起共振。（ √ ）

169. 在选择高频电缆长度时应考虑在现场放高频电缆时，要避开电缆长度接近 1/4 波长的情况。（ × ）

170. 故障录波器的电流接入应取自不饱和的仪表用的电流互感器的回路，否则取自后备保护的电流回路。（ √ ）

171. 目前应用的结合滤波器在工作频段下，从电缆侧看，它的输入阻抗为 75Ω，从结合电容器侧看，它的输入阻抗为 400Ω。（ √ ）

172. 高频保护启动发信方式有保护启动、远方启动两种。（ × ）

173. 高频方向保护中本侧启动元件（或反向元件）的灵敏度一般要高于对侧正向测量元件。（ √ ）

174. 为保证允许式纵联保护能够正确动作，要求收信侧的通信设备在收到允许信号时须将其展宽至 $100\sim200ms$。（ × ）

175. 220kV 系统故障录波器应单独对录波器进行统计动作次数。（ √ ）

176. 对于保护支路与配合支路成放射性网络，零序分支系数与是否相继动作无关系。（ √ ）

177. 对于线路的相间继电保护的最后一段，它的动作灵敏性，必须限制在可靠地躲开线路正常运行功率和实际可能最大事故后过负荷功率的范围内。（ √ ）

178. 阻抗圆特性中的极化电压在各种短路情况下故障前后相位始终不变。（ √ ）

179. 小电流接地系统发生单相接地故障时，故障线路的 $3I_0$ 是本线路的接地电容电流。（ × ）

180. 在后加速期间，即使相邻线路发生故障，也不允许本线路无选择性地三相跳闸。（ × ）

181. 对 $330\sim500kV$ 电网和联系不强的 220kV 电网，在保证继电保护可靠动作的前提下，重点应防止继电保护装置的非选择性动作。（ √ ）

182. 电力网中出现短路故障时，过渡电阻的存在，对距离保护装置有一定的影响，而且当整定值越小时它的影响越大，故障点离保护安装处越远时影响也越大。（ × ）

183. 系统振荡时各点电流值均作往复性摆动，过电流保护有可能误动，由于一般情况下振荡周期较短，当保护装置的时限大于 $1\sim1.5s$ 时，就能躲过振荡误动。（ × ）

184. 距离保护是保护本线路正方向故障和与本线路串联的下一条线路上故障的保护，它具有明显的方向性。因此，即使作为距离保护第Ⅲ段的测量元件，也不能用具有偏移特性的阻抗继电器。（ × ）

185. 空载长线路充电时，末端电压会升高。这是由于对地电容电流在线路自感电抗上产生了电压降。（ √ ）

186. 线路上发生单相接地故障时，短路电流中存在着正、负、零序分量，其中只有正序分量才受线路两端电动势角差的影响。 （√）

187. 长距离输电线路为了补偿线路分布电容的影响，以防止过电压和发电机的自励磁，需装设并联电抗补偿装置。 （√）

188. 在单电源系统的线路上发生区内故障时，对于负荷侧的工频变化量阻抗继电器来说可能拒动。 （×）

189. 因为阻波器有分流衰耗，因此当线路一侧拉开隔离开关和断路器，并启动发信时，对侧的收信电平一定会比拉开隔离开关和断路器前高（通道正常，发信机发信功率恒定）。 （×）

190. 某线路上装设了超范围允许式距离保护，当在该线路一侧的断路器与电流互感器间发生短路故障时，该侧母线保护动作后，应立即停信，以使对侧保护快速动作。 （×）

191. 接地方向距离继电器在线路发生两相短路经过渡电阻接地时超前相的继电器保护范围将缩短，滞后相的继电器保护范围将伸长。 （×）

192. 某超高压线路一侧（甲侧）设置了串补电容、且补偿度较大，当在该串联补偿电容背后线路侧发生单相金属性接地时，该线路甲侧的正向零序方向元件不会有拒动现象（零序电压取自母线 TV 二次）。 （√）

193. 某系统中的Ⅱ段阻抗继电器，因汲出与助增同时存在，且助增与汲出相等，所以整定阻抗没有考虑它们的影响。若运行中因故助增消失，则Ⅱ段阻抗继电器的保护区要缩短。 （×）

194. 单电源线路距离保护Ⅰ、Ⅱ段不经振荡闭锁。 （√）

195. 大电流接地系统单相接地时，故障点的正、负、零序电流一定相等，各支路中的正、负、零序电流不一定相等。 （√）

196. 高频保护停用，应先将保护装置直流电源断开。 （×）

197. 在受电侧电源的助增作用下，线路正向发生经接地电阻单相短路，假如接地电阻为纯电阻性的，将会在送电侧相阻抗继电器的阻抗测量元件中引起容性的附加分量 Z_R。 （√）

198. 某线路的正序阻抗为 $0.2\Omega/km$，零序阻抗为 $0.6\Omega/km$，它的接地距离保护的零序补偿系数为 0.6。 （×）

199. 比相式阻抗继电器，不论是全阻抗、方向阻抗、偏移阻抗，抛球特性还是电抗特性，它们的工作电压都是 $U'=U-IZ_Y$，只是采用了不同的极化电压。 （√）

200. 高频保护采用相—地制高频通道是因为相—地制通道衰耗小。 （×）

201. 相—地高频通道的线路高频保护只能采用闭锁式保护，不能采用允许式保护。 （√）

202. 距离保护中的振荡闭锁装置，即使故障时系统不发生振荡时，也将启动振荡闭锁回路。 （√）

三、简答题

1. 线路距离保护振荡闭锁的控制原则是什么？

答：线路距离保护振荡闭锁的控制原则一般如下：

（1）单侧电源线路和无振荡可能的双侧电源线路的距离保护不应经振荡闭锁。

（2）35kV 及以下线路距离保护不考虑系统振荡误动问题。

（3）预定作为解列点上的距离保护不应经振荡闭锁控制。

（4）躲过振荡中心的距离保护瞬时段不宜经振荡闭锁控制。

（5）动作时间大于振荡周期的距离保护段不应经振荡闭锁控制。

（6）当系统最大振荡周期为 1.5s 时，动作时间不小于 0.5s 的距离保护Ⅰ段、不小于 1.0s 的距离保护Ⅱ段和不小于 1.5s 的距离保护Ⅲ段不应经振荡闭锁控制。

2. 大短路电流接地系统中为什么要单独装设零序保护？

答：在大短路电流接地系统中发生接地故障后，就有零序电流、零序电压和零序功率出现，利用这些电量构成保护接地短路故障的继电保护装置统称为零序保护。三相星形接线的过电流保护虽然也能保护接地短路故障，但其灵敏度较低，保护时限较长。采用零序保护就可克服此不足。这是因为：

（1）系统正常运行和发生相间短路时，不会出现零序电流和零序电压，因此零序保护的动作电流可以整定得较小，这有利于提高其灵敏度；

（2）Yd 接线的降压变压器，三角形绕组侧以后的故障不会在星形绕组侧反映出零序电流，所以零序保护的动作时限可以不必与该种变压器以后的线路保护相配合而取较短的动作时限。

3. 如果 220kV 线路保护为常规配置，线路保护要求引入断路器的位置触点，保护根据触点闭合判断线路处于分闸状态，但实际接线时却将要求引入的常闭触点接成了常开触点（如为一个半断路器接线，两个断路器的位置触点也同时接错），调试时也没有及时得以纠正，而将该线路投入运行，保护装置也没有不正常指示，请问：

（1）保护这样投入运行，可能会影响线路保护中的哪些保护功能（判别）（至少说出 4 种影响）？

（2）在区外故障（包括正方向区外故障与反方向故障），该线路保护可能会怎样反应？简述理由。

答：（1）会影响线路保护中的 TA 断线检测、TV 断线检测、合于故障（或合闸加速）保护投入判别、非全相运行判别、弱馈回路判别（跳闸位置发信/停信）。

（2）在区外故障时，会使合于故障保护误动作，因为在保护启动时，保护会通过辅触点输入判断出断路器刚被跳开，而开始投入合于故障保护，而合于故障保护一般带偏移，且保护范围远大于本线路全长（即能反映正方向的区外故障及反方向的故障），因而可能会造成其误动出口。

4. 什么叫潜供电流？对重合闸时间有什么影响？

答：当故障相跳开后，另两健全相通过电容耦合和磁感应耦合供给故障点的电流叫潜供电流。潜供电流使故障点的消弧时间延长，因此重合闸的时间必须考虑这一消弧时间的延长。

5. 电力系统振荡和短路的区别是什么？

答：电力系统振荡和短路的主要区别是：

（1）电力系统振荡时系统各点电压和电流均作往复性摆动，而短路时电流、电压值是突变的。此外，振荡时电流、电压值的变化速度较慢，而短路时电流、电压值突然变化量很大。

（2）振荡时系统任何一点电流与电压之间的相位角都随功角 δ 的变化而变化；而短路时，电流和电压之间的相位角基本不变。

6. 反应输电线路一侧电气量变化的保护（如距离保护、零序保护）为什么不能瞬时切除本线路全长范围内的故障？

答：因为它不能区分本线路末端短路和相邻线路出口短路两种状态。本线路末端短路（K_1）和相邻线路始端（K_2）短路对 M 侧的电压电流是一样的，因为 K_1、K_2 两点间电气距离很近，阻抗很小。为了保证 K_2 点短路 M 侧保护不能瞬时动作，那么 K_1 点短路它也不能瞬时动作。因而它不能保护本线路全长范围内的故障。

7. 在 110kV 出线保护回路中，TA 的中性线不通，试分析正常时和故障时对保护装置有什么影响？

答：正常时，因为没有零序电流，所以对保护装置没有影响。当发生相间故障时，零序电流也为零，保护装置能够正确动作；当发生接地故障时，特别是单相接地故障，由于中性线不通，相当于 TA 开路，这时保护装置不能动作，造成拒动。

8. 在 220kV 及以上线路保护有 TWJ 的开入量触点输入，当 TWJ 动作后闭锁式的纵联保护在启动元件未启动时要将远方起信推迟 100～160ms，请说明此功能的作用？

答：设本侧为 M 侧，断路器在合位，另一侧为 N 侧，断路器断开，TWJ 开入。则发生本线路的故障，如果不设上述功能，那么 M 侧启动元件启动后马上发信，N 侧启动元件不启动，经远方启信马上发信 10sM 侧收到 N 侧的远方启信信号将造成 M 侧纵联保护拒动。为此加上述功能，N 侧启动元件未动作，TWJ 又动作了将远方启信功能推迟 100～160ms，在此时间内 M 侧纵联保护可以跳闸。

9. 某 110kV 线路配置一套主后一体保护，某日，该保护电源插件故障，需要将保护退出运行进行处理。由于该线路上一级线路或变压器的后备保护对该线路的全长有灵敏度，故线路继续运行，而将保护退出进行处理。请问该做法是否正确？为什么？

答：不正确，设备不得无保护运行；必须至少有两保护、两断点。

10. 怎样理解 220kV 及以上保护装置要进行双重化配置？

答：（1）解决保护拒动问题。

（2）解决保护检修、校验导致主设备及线路陪停问题。

（3）双重合化配置后重点要防止保护误动的问题。

（4）双重化配置应强化主保护，简化后备保护，并将两套保护互为备用。

（5）两套保护必须是完整独立的保护。

（6）必须相互间无电气上的联系。

（7）相关设备都应双重化配置。

（8）宜使用主-后一体化的微机保护，最大程度地简化二次回路。

（9）对失灵保护只采用一套配置。

11. 请表述阻抗继电器的测量阻抗、动作阻抗、整定阻抗的含义。

答：（1）测量阻抗是指其测量（感受）到的阻抗，即为加入到阻抗继电器的电压、电流的比值。

（2）动作阻抗是指能使阻抗继电器动作的最大测量阻抗。

（3）整定阻抗是指编制整定方案时根据保护范围给出的阻抗（当角度等于线路阻抗角时，动作阻抗等于整定阻抗；发生短路时，当测量阻抗等于或小于整定阻抗时，阻抗继电器动作）。

12. 影响阻抗继电器正确测量的因素有哪些？

答：（1）故障点的过渡电阻。

（2）保护安装处与故障点之间的助增电流和汲出电流。

（3）测量互感器的误差。

（4）电力系统振荡。

（5）电压二次回路断线。

（6）被保护线路的串补电容。

13. 大电流接地系统的零序电流保护的时限特性和相间短路电流保护的时限特性有何异同？

答：接地故障和相间故障电流保护的时限特性都按阶梯原则整定。不同之处在于接地故障零序电流保护的动作时限不需要从离电源最远处的保护逐级增大，而相间故障的电流保护的动作时限必须从离电源最远处的保护开始逐级增大。

14. 方向阻抗继电器采用电压记忆量作极化，除了消除死区外，对继电保护特性还带来什么改善？如果采用正序电压极化又有什么优点？

答：（1）反向故障时，继电器暂态特性抛向第一象限，使动作区远离原点，避免因背后母线上经小过渡电阻短路时，受到受电侧电源的助增而失去方向性导致的误动。

（2）正方向故障时，继电器暂态特性为包括电源阻抗的偏移特性，避免相邻线始端经电阻短路使继电器越级跳闸。

（3）在不对称故障时，$U_1 \neq 0$，不存在死区问题。

15. 在我国有的电力系统历史上曾用过 $-30°$ 接线的方向阻抗继电器用以保护相间短路，三个阻抗继电器的接线方式分别为 $\dfrac{U_{UV}}{-2I_V}$、$\dfrac{U_{VW}}{-2I_W}$、$\dfrac{U_{WU}}{-2I_U}$。请证明第一块继电器在三相和 UV 两相短路时（均为金属性短路）的保护范围相同。（设保护范围末端到保护安装处的正序阻抗为 Z_{ZD}）。

答：（1）保护范围末端三相金属性短路时，有

$$U_{UV} = (I_U - I_V)Z_{ZD} = \sqrt{3}(-I_V)\mathrm{e}^{-\mathrm{j}30°}Z_{ZD}$$

继电器测量阻抗为

$$Z_J^{(3)} = \frac{U_{UV}}{-2I_V} = \frac{\sqrt{3}}{2}Z_{ZD}\mathrm{e}^{-\mathrm{j}30°}$$

（2）保护范围末端 UV 两相金属性短路时，有

$$U_{UV} = (I_U - I_V)Z_{ZD} = -2I_Z Z_{ZD}$$

继电器测量阻抗为

$$Z_J^{(2)} = \frac{U_{UV}}{-2I_V} = Z_{ZD}$$

（3）由方向阻抗继电器的动作特性看 $Z_J^{(3)}$ 与 $Z_J^{(2)}$ 都位于动作特性的圆周上，继电器都处在动作边界（如图 3-3 所示），故它们的保护范围相同。

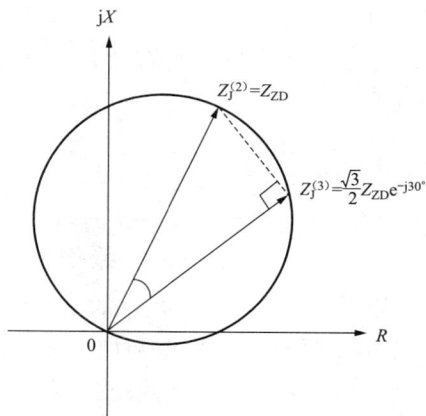

图 3-3

16. 简述负序、零序分量和工频变化量这两类故障分量的同异及在构成保护时应特别注意的地方。

答：零序和负序分量及工频变化量都是故障分量，正常时为零，仅在故障时出现，它们仅由施加于故障点的一个电动势产生。但他们是两种类型的故障分量。零序、负序分量是稳定的故障分量，只要不对称故障存在，他们就存在，它们只能保护不对称故障。工频变化量是短暂的故障分量，只能短时存在，但在不对称、对称故障开始时都存在，可以保护各类故障，尤其是它不反应负荷和振荡，是其他反应对称故障量保护无法比拟的。由于它们各自特点决定：由零序、负序分量构成的保护既可以实现快速保护，也可以实现延时的后备保护；工频变化量保护一般只能作为瞬时动作的主保护，不能作为延时的保护。

17. 对于保护复用光缆通道的基本要求是什么？

答：（1）保护复用光纤通信网络通道误码率应小于 1.0E-06。

（2）保护复用光纤通信网络的中间触点数不宜超过 6 个，中间传输距离不宜超过 1000km，正常传输总时间（包括接口调制解调时间）应小于 10ms。

（3）在继电保护室应设置一面通信接口屏，保护专用纤芯应在该通信接口屏引出。

（4）用于保护的尾纤必须加护套防护，防止折断和鼠咬。

（5）保护用尾纤的接口方式宜采用 FC 接口。

（6）保护到通信机房之间的连接光缆应随通道相互独立，避免由于一根连接光缆的损坏而造成多个通道中断。

18. 高频通道的干扰主要有哪两种？各有什么特点？保护分别通过什么办法躲过这些干扰？

答：（1）脉冲干扰。它是由隔离开关和断路器的操作、系统短路时的电弧、雷击等引起的。此时产生幅度大、前沿很陡的脉冲群将通过耦合电容器、结合滤波器而窜入收发信机。这种脉冲干扰幅值很大，它有数百伏甚至上千伏，因此应有相应的过电压防护措施。这种脉冲持续时间很短，单个脉冲持续时间一般不超过几十微秒。如果是多个连续的脉冲会影响收信输出，因此保护装设启动元件是必要的。

（2）分布干扰。它是由电晕和绝缘子内部放电引起的。它产生的干扰电压分布在很宽的频谱上，类似于白噪声，故称之为分布干扰。为减少这种干扰的影响，在收信机上都要有窄通带的收信滤波器。

19. 由于选用了不适当的结合滤波器，当区外故障时，本侧高频信号出现 100Hz 的收信间断，造成高频保护误动，为什么？

答：（1）结合滤波器的二次侧电容省略。

（2）工频的二次谐波通过接地点进入高频电缆。

（3）高频电缆的芯线与屏蔽外壳之间形成工频电流回路。

（4）高频电量器饱和。

20. 为什么要求高频阻波器的阻塞阻抗要含有足够的电阻分量？

答：因为高频信号的相返波必须要通过阻波器和加工母线对地阻抗串联才形成分流回路；而母线对地阻抗一般呈容性，但也有可能是感性的。因此，要求阻波器具有足够的电阻分量，以保证当阻波器的容抗或感抗在对地感抗或容抗处于串联谐振状态而全部抵消时，还有良好的阻塞作用。

21. 什么叫传输衰耗？画图说明如何进行单侧通道传输衰耗的测试？

答：（1）传输衰耗是当信号接入四端网络后输入端与输出端的相对电平 $b_t = 10\log(P_i/P_O)$ P_i 为输入功率，P_O 为输出功率。

（2）测试传输衰耗时，启动高频收发信机在工作频率下进行测试。测试接线图如图 3-4 所示。

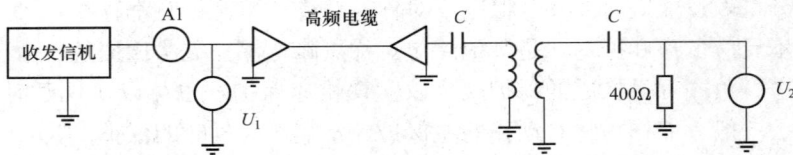

图 3-4

计算式为

$$Z_i = U_1 / I_1$$

$$b_t = 10\log\ (U_1 \times I_1 / U_2^2 \times 400)\ \text{dBm}$$

若无高频交流电流表，可在收发信机出口处串一只 $R = 5\Omega$ 左右小电阻，用选频表测两端相对电平 L_r，换算成电流。由于测量时串入一只电阻，将产生一定的附加衰耗，但只要取得足够小，如 $R = 5\Omega$，仅为通道阻抗的 5%，所以可以认为这个误差是允许的。

22. 线路保护为超范围允许式高频距离保护。

（1）请画出它的原理框图。

（2）所用的阻抗继电器应满足什么要求？如果不满足这些要求会产生什么后果？

答：（1）其原理框图如图 3-5 所示。

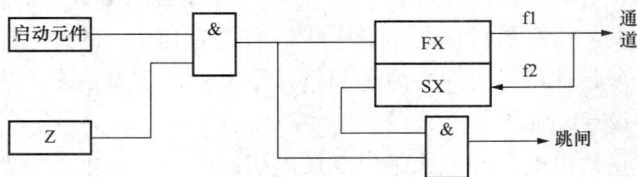

图 3-5

（2）有两个要求：

1）要有方向性，如果反方向短路动作的话将造成非故障线路两侧高频保护误动。

2）应可靠保护本线路全长。如果线路末端短路，阻抗继电器不动的话，将造成故障线路两侧高频保护拒动。

23. 某开口线路 PSL603 光纤纵差保护联调时，保护通道无法正常工作，检查后发现两侧光纤接口板出厂时期不同、生产厂家不一致、原理上有所差别引起通道无法正常工作，后经两侧插件更换解决了该问题。请你谈谈在以后工作中应如何避免类似问题。

答：该问题的出现往往发生在线路开口，由于存在保护出厂时间的差异可能出现该问题，因此碰到线路开口时继保人员应特别引起重视，提早做好准备和检查，避免联调时的被动局面（考点为让大家重视该问题，避免类似问题的发生）。

24. 请以闭锁式的纵联零序方向保护为例说明在如图 3-6 所示的单侧电源线路上发生短路时如不采取一定措施保护为什么可能拒动。纵联零序方向保护由正方向零序方向元件 F_{0+} 和反方向零序方向元件 F_{0-} 构成，保护有两相电流差的突变量和零序电流两个启动元件。负荷侧变压器为 YNd11 接线，Y 侧中心点不接地。请分别以短路前线路空负荷和有重负荷两种情况给以说明。

答：（1）短路前线路空载：因为受电侧电流在短路前后都为零，所以两相电流差突变量启动元件不启动。因为受电侧没有中性点接地的变压器，所以零序电流启动元件也不启动。在受电侧启动元件不动作的情况下，

图 3-6

收到电源侧的高频信号后立即远方起信发信 10s。电源侧由于一直收到受电侧的闭锁信号而不能跳闸。受电侧启动元件不动作当然保护也不会动作了。

（2）短路前线路有负荷电流：受电侧电流在短路前电流是负荷电流，短路前后电流不同，所以两相电流差突变量启动元件可能启动。受电侧启动元件启动以后一方面启动发信，另一方面在故障计算程序中判别方向元件的动作行为。由于零序电流是零，F_{0+} 不能动作而不能停信，造成两侧纵联方向保护都拒动。

25. 试简述闭锁式纵联保护只有在先收信 6～8ms 后才允许停信的原因。

答：闭锁式纵联保护如果不采取上述措施启动发信以后匆忙停信有可能在区外短路时误动。假如区外短路时，近故障点的一侧由于某种原因启动元件没有动作，只能靠远方启信启动发信。远离故障点的一侧启动元件动作并发信后如果匆忙停信，可能近故障点一侧的远方启信信号尚未到达而收不到闭锁信号。所以只有保证可靠收到对侧信号以后再停信，有利于保护不误动。此外先收信 6～8ms 后才允许停信的做法也把收发信机的工作检查了一次。

26. 试说明用超范围允许式的纵联方向保护时为什么必须采用双频制？（即发信频率与收信频率是两个频率，收信机只能收对侧频率）。如果采用单频制（即发信频率与收信频率是一个频率）的话会出现什么问题来说明。

答：如果采用单频制的话，收信机能收本侧信号。该保护是正方向方向继电器能保护到哪里保护就瞬时跳闸到哪里的一种保护。例如相邻线路出口短路，本线路远离故障点一侧判断正方向短路，正方向方向继电器动作，反方向方向继电器不动，启动发信。该侧既判断正方向短路又收到自己发的允许信号造成保护误动，所以必须采用双频制各侧都只能收对侧

信号。

27. 试回答光纤差动保护目前需要解决的一些问题。

答： 光纤差动保护目前需要解决以下问题：

（1）通道稳定性问题、同步及延时问题，特别是复用通道在切换后怎样保证数据往返时间一致性问题。

（2）两侧 TA 饱和特性一致性问题，防止区外故障时，某侧 TA 饱和，保护误动问题。

（3）TA 断线时，防止区内故障拒动、区外故障误动问题。

（4）区内单相经高阻抗接地故障时，保护灵敏度问题。

（5）线路电容电流补偿问题。

（6）线路空冲、合环时，防止保护拒动、误动问题。

（7）送终端变时弱馈功能选相问题。

28. 在超范围允许式距离纵联保护中，线路一侧距离元件的电流互感器本应是 800/1，因不慎错用为 1600/1，试分析该保护行为。

答： 测量阻抗为

$$Z_m = Z_{(一次)} \cdot \frac{n_{TA}}{n_{TV}}$$

同一故障点，因为 TA 变比扩大一倍，故测量阻抗增大一倍，导致保护区严重缩短。

当在对侧出口附近故障时，本侧正向距离元件可能不能动作，导致保护拒动。

29. 某输电线路光纤分相电流差动保护，一侧 TA 变比为 1200/5，另一侧 TA 变比为 600/1，因不慎误将 1200/5 的二次额定电流错设为 1A，试分析正常运行、发生故障时有何问题发生？

答：（1）正常运行时，因有差流存在，所以当线路负荷电流达到一定值时，差流会告警。

（2）外部短路故障时，此时线路两侧测量到的差动回路电流均增大，制动电流减小，故两侧保护均有可能发生误动作。

（3）内部短路故障时，两侧测量到的差动回路电流均减小，制动电流增大，故灵敏感度降低，严重时可能发生拒动。

30. 下述哪些情况下，保护需要进行远方跳闸（至少说出四种）？远跳保护的就地判据有哪些（至少说出六种）？

答： 需远方跳闸的情况：3/2 接线断路器失灵、高压侧无开关的高压并联电抗器保护动作、线路过电压保护动作、线路变压器组的变压器保护动作、光纤保护永跳时。

远跳保护的就地判据有：低电流；过电流；零序电流；负序电流；低功率；负序电压；低电压；过电压。

31. 什么是功率倒向？功率倒向时高频保护为什么有可能误动？目前保护采取了什么主要措施？

答： 某线路发生故障，当近故障侧断路器先于远故障侧断路器跳闸时，将会引起与故障线路并行的线路上电流方向反转的情况，该现象称之为功率倒向。

非故障线路发生功率倒向后，反向转正向侧纵联方向（或超范围距离）保护如不能及时收到对侧闭锁信号（或对侧的允许信号不能及时撤除），则有可能发生误动。

目前采取的主要措施有：反方向元件的动作范围大于对侧正方向元件动作范围；反方向元件动作速度快于正方向元件；反方向元件返回带一定的延时；反方向元件闭锁正方向元件；保护装置感受到故障方向由反方向转为正方向时，延时跳闸等。

32. 对载波通道，500kV 线路保护采用相间耦合方式，使用允许式保护原理，而 220kV 线路保护却采用相地耦合方式，使用闭锁式保护原理，请问：

（1）500kV 线路保护要求有解除闭锁信号与其配合，而 220kV 线路保护却不要求，为什么？

（2）如 500kV 通道耦合方式也采用相地耦合方式，但使用允许式保护原理，也可要求有解除闭锁信号与其配合，这有什么不妥？

答：（1）对允许式保护采用相间耦合方式，当在耦合的相间发生短路故障时，通道会被短路阻塞，如果不使用解除闭锁信号，保护可能拒动，不能切除故障。而 220kV 采用闭锁式原理，使用相地耦合，但在发生单相接地故障通道阻塞时，不要求传送信号，虽在故障初期，两侧保护会交换信号，可能因通道阻塞传不过去，但这对闭锁式保护更加有利，因不闭锁对侧的保护，可加快其动作，快速切除故障。

（2）如 500kV 采用相地耦合方式使用允许式原理，在发生单相接地故障时，会造成通道阻塞，保护拒动。如使用解除闭锁信号，会造成保护动作太慢，而线路上发生的故障大部分为单相故障，如因故障切除太慢，对设备、系统稳定、重合闸均会带来不利影响。

33. 在有一侧为弱电源的线路内部故障时，防止纵联电流差动保护拒动的措施是什么？

答：在发生短路以后，弱电侧由于三相电流为零、又无电流的突变，故启动元件不启动。于是无法向对侧发"差动动作"的允许信号，因此造成电源侧的纵差保护因收不到允许信号而无法跳闸。为解决此问题，在纵联电流差动保护中除了有两相电流差突变量启动元件、零序电流启动元件和不对应启动元件以外，再增加一个"低压差流启动元件"。该启动元件的启动条件为：

（1）差流元件动作。

（2）差流元件的动作相或动作相间的电压小于 0.6 倍的额定电压。

（3）收到对侧的"差动动作"的允许信号。同时满足上述三个条件该启动元件启动。

34. 光纤差动保护通道连接情况如图 3-7 所示，M 侧母线接有大电源，N 侧母线无电源。当线路Ⅰ的 N 侧区内出口短路故障时，分析线路Ⅰ和线路Ⅱ两侧差动保护的动作情况。

答：QF1 与 QF4 侧差动保护的差动电流近似等于Ⅰ线路短路电流的 2 倍，将首先动作，QF2 与 QF3 侧保护差动电流接近于零，不会动作，在断路器 QF1 或 QF4 跳开后，保护开始出现差流，且保护已经启动，满足动作条件出口跳闸。

35. 高频闭锁式纵联保护的收发信机为什么

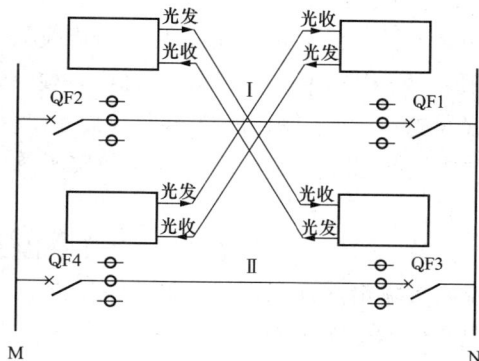

图 3-7

要采用远方启动发信？

答：（1）采用远方启动发信，可使值班运行人员检查高频通道时单独进行，而不必与对侧保护的运行人员同时联合检查通道。

（2）还有最主要的原因是为了保证在区外故障时，近故障侧（反方向侧）能确保启动发信，从而使二侧保护均收到高频闭锁信号而将保护闭锁起来。防止了高频闭锁式纵联保护在区外近故障侧因某种原因拒绝启动发信，远故障侧在测量到正方向故障停信后，因收不到闭锁信号而误动。

36. 如图 3-8 所示，当 BC 线路发生距 C 端 10%处永久性 V 相接地故障时，试分析 QF3、QF4 所配保护的动作行为。若 QF2 由于所配纵联距离保护用收发信机原因未发闭锁信号，则分析 QF1、QF2 的保护动作行为（均只写出何种保护元件动作即可）。

注：QF1、QF2 所配保护：光纤纵联差动＋载波纵联距离。

QF3、QF4 所配保护：光纤纵联差动＋光纤纵联距离。

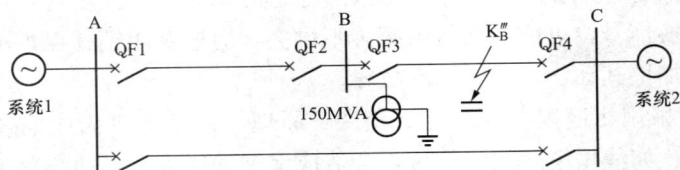

图 3-8

答：（1）BC 线路发生单相永久接地故障时，QF3 应有如下保护动作：纵联差动、纵联距离、重合闸动作，零序后加速、接地后加速动作。QF4 应有如下保护动作：纵联差动、纵联距离、接地距离Ⅰ段动作出口，重合闸动作，零序后加速、接地后加速动作（工频变化量阻抗）。

（2）若 QF2 侧收发信机未发闭锁信号，则 QF1 侧的纵联距离动作出口，选相元件灵敏度足够时掉 B 相，重合闸动作（零序后加速、接地后加速动作）。选相元件灵敏度不足时掉三相，不重合。QF2 侧不应有保护动作。

37. 220kV 系统图如图 3-9 所示，线路 L1 长 38km，线路 L2 长 79km，线路 L3 长 65km。线路 L2 停电检修完成后准备从变电站 B 恢复送电，合上 QF3 向 L2 线路充电时，QF3 开关的手合加速距离保护动作跳开 QF3（三相），同时 QF1 的高频方向保护动作跳开 QF1（三相）不重合（单重方式），QF6 的高频方向保护动作跳开 QF6（三相）不重合（单重方式），QF6 保护的打印报告显示，V、W 相故障，故障测距为 92km。请根据以上保护动作及断路器跳闸情况，判断故障点在哪条线路上，为什么？同时分析保护动作行为是否正确。

答：（1）故障点在 L2 线路上。因为 L1、L3 线路的另一端断路器保护没有动作跳闸，说明故障出现在 QF2 和 QF5 的反向。且 QF6 保护的故障测距为 92km，线路 L3 长 65km，因此故障点在相邻线路。综上，故障点应在 L2 线路上。

（2）因为故障点在 L2 线路上，所以 QF3 的手合加速距离保护动作正确，QF1 的高频方向保护为误动作，QF6 的高频方向保护也为误动作。

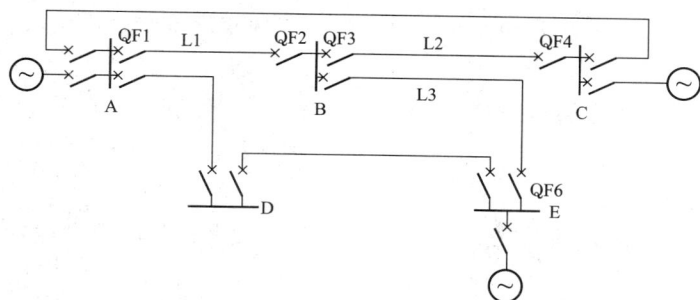

图 3-9

38. 为何 500kV 母线（一个半接线）保护动作不启动远方跳闸而 220kV 母线（双母线接线）保护动作却要启动远方跳闸？它们之间有什么区别？

答：因为 500kV 母线保护仅包含母差保护，220kV 母线保护不仅包含母差保护还包含断路器失灵保护。只有线路断路器失灵保护动作时才要启动远方跳闸，500kV 的断路器失灵保护包含在线路断路器保护中，不包含在母线保护中。500kV 母线保护为单母线保护，包含母差保护，并且边断路器的失灵保护出口之一也通过母差出口继电器进行相关跳闸。220kV 母线保护为双母线保护，包含母差保护、失灵保护，其出口也用同一出口继电器，另外 220kV 母差保护、失灵保护还包含隔离开关位置选排、及低电压闭锁回路。

39. 3/2 接线方式下，为什么重合闸及断路器失灵保护须单独设置？

答：在重合线路时，由于两个断路器都要进行重合，且两个断路器的重合还有一个顺序问题，因此重合闸不应设置在线路保护装置内，而应按断路器单独设置。此外每个断路器的失灵保护跳闸对象也不一样，所以失灵保护也应按断路器单独设置。因此一般在 3/2 断路器接线方式中，把重合闸和断路器失灵保护做在单独的一个装置内，每一个断路器配置一套该装置。

40. 500 kV 装有重合闸的线路，当它们的断路器跳闸后，在哪些情况下不允许或不能重合闸？（至少 6 点）

答：（1）手动跳闸。

（2）断路器失灵保护动作跳闸。

（3）远方跳闸。

（4）断路器操作气压下降到允许值以下时跳闸。

（5）重合闸停用时跳闸。

（6）重合闸在投运单相重合闸位置，三相跳闸时。

（7）重合于永久性故障又跳闸。

（8）母线保护动作跳闸不允许使用母线重合闸时。

（9）变压器差动、气体保护动作跳闸时。

41. 在我国电力系统中，光纤通信网正在迅猛发展。在继电保护中，特别是光纤的差动保护应用非常广泛。请你从 RCS931/PSL603/CSC103 装置中任选一种，举例说明该种线路差动保护的基本工作原理及特点。

答：以 RCS931 为例。

基本工作原理为分相电流差动比率制动；设有工频变化量差动，稳态Ⅰ段差动，稳态Ⅱ段差动，得到

动作电流＝$|\Delta I_{L\varphi}+\Delta I_{R\varphi}|$，制动电流＝$|\Delta I_{L\varphi}|+|\Delta I_{R\varphi}|$（工频变化量差动）。

动作电流＝$|I_{L\varphi}+I_{R\varphi}|$，制动电流＝$|I_{L\varphi}|+|I_{R\varphi}|$（稳态Ⅰ段、Ⅱ段差动）。

特点如下：

（1）设有工频变化量差动及稳态Ⅰ段、Ⅱ段差动，Ⅰ、Ⅱ段差动电流设有不同的门槛值，差动比率（斜率）均只有一个。

（2）设有零序Ⅰ、Ⅱ段差动。

（3）带有充电电流补偿。

（4）有完善的后备距离保护。

42. 高频通道（见图3-10）由哪些基本元件组成？各元件的功能是什么？

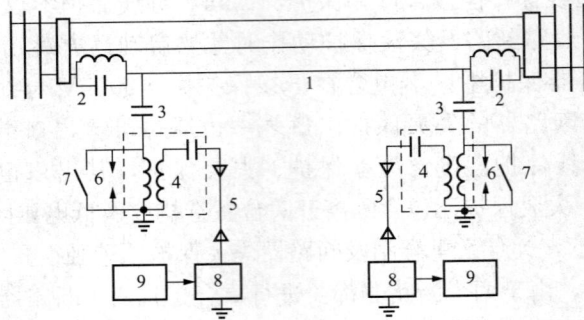

图3-10

答：（1）输电线路三相线路都用，以传送高频信号。

（2）高频阻波器。高频阻波器是由电感线圈和可调电容组成的并联谐振回路。当其谐振频率为选用的载波频率时，对载波电流呈现很大的阻抗（在1000Ω以上），从而使高频电流限制在被保护的输电线路以内（即两侧高频阻波器之内），而不致流到相邻的线路上去。对50Hz工频电流而言。高频阻波器的阻抗仅是电感线圈的阻抗，其值约为0.04Ω，因而工频电流可畅通无阻。

（3）耦合电容器。耦合电容器的电容量很小，对工频电流具有很大的阻抗，可防止工频高压侵入高频收发信机。对高频电流则阻抗很小，高频电流可顺利通过。耦合电容器与结合滤波器共同组成带通滤波器，只允许此通带频率内的高频电流通过。

（4）结合滤波器。结合滤波器与耦合电容器共同组成带通滤波器。由于架空输电线路的波阻抗约为400Ω，电力电缆的波阻抗约为100Ω或75Ω，因此利用结合滤波器与它们起阻抗匹配作用，以减小高频信号的衰耗，使高频收信机收到的高频功率最大。同时还利用结合滤波器进一步使高频收发信机与高压线路隔离，以保证高频收发信机及人身的安全。

（5）高频电缆。高频电缆的作用是将户内的高频收发信机和户外的结合滤波器连接起来。

（6）保护间隙。保护间隙是高频通道的辅助设备。用它保护高频收发信机和高频电缆免受过电压的袭击。

（7）接地开关。接地开关也是高频通道的辅助设备。在调整或检修高频收发信机和结合滤波器时，将它接地，以保证人身安全。

（8）高频收发信机。高频收发信机用来发出和接收高频信号。

43. 线路运行中通道衰耗突然增加很多（3dB 以上），如何排除阻波器的问题？为什么？

答：（1）一侧发信，一侧收信，轮流断开两侧断路器，当断开某一断路器时，收信电压有明显提高，则说明该侧阻波器损坏了。

（2）可以测量两侧高频通道的输入阻抗，如果输入阻抗产生了突变，可能是该侧阻波器有问题。

（3）邻线阻波器为狭带阻波器时可以本侧发信测量邻线跨越衰耗的方法确认阻波器是否有问题。

44. 某双侧电源甲乙输电线路上装设了超范围闭锁式纵联保护，当甲侧的收信机发生故障收不到信号时，试分析保护行为？

答： 超范围闭锁式纵联保护发信转为停信条件为信机故障收不到信号，所以一经发信就不能停信，于是保护行为。

（1）甲侧区外、乙侧区外发生故障时，保护不会发生误动。

（2）内部故障时，甲侧不能停信。两侧保护将发生拒动。

45. 为什么要求在结合滤波器与高频电缆之间串有电容？选择该电容的参数时应考虑哪些因素？

答：（1）近年来生产的结合滤波器和收发信机使高频电缆与两侧变量器直连，接地故障时有较大电流穿越。

（2）工频地电流的穿越会使变量器铁芯饱和，使发信中断，区外故障时有可能造成正方向侧纵联保护误动，串入电容器为了扼制工频电流。

（3）所选电容应对工频呈现高阻抗，对高频影响较小，同时考虑适当的耐压。

46. 在 220kV 及以上线路保护中有母线保护动作的开入量触点输入。以闭锁式纵联方向保护为例，当该开入量有输入时马上停信。请说明此功能的作用。

图 3-11

答： 这主要是为了解决在断路器与电流互感器之间发生故障时让纵联方向保护能马上跳闸。如图 3-11 所示，故障发生在 TA 与断路器之间 M 侧方向元件判断反方向短路（F_+ 不动，F_- 动作）从而发出闭锁信号闭锁两侧纵联保护。K 点位于 M 侧母线保护范围内母线保护动作跳母线上的断路器包括 QF1，QF1 跳开后 M 侧方向元件继续判断是反方向短路继续发信，N 侧的纵联方向保护仍旧不能跳闸。现采用上述功能后依靠母线保护动作的触点使 M 侧停信，N 侧的纵联方向保护马上可快速发出跳闸命令。

47. 非全相运行对哪些纵联保护有影响？如何解决非全相期间健全相再故障时快速切除故障的问题？

答： 非全相运行对采用距离、零序、负序等方向元件作为发停信控制的纵联保护有影响，对判断两侧电流幅值、相位关系的差动、相差等纵联保护无影响。非全相期间健全相再故障时，应尽量使用不失去选择性的纵联保护动作，不宜采用直接加速后备保护段的方法来切除故障。

48. 为保证继电保护安全运行，高频通道需进行哪些检验项目？

答：（1）分别测量结合滤波器二次侧（包括高频电缆）及一次对地的绝缘电阻。

（2）测定高频通道的传输衰耗（与最近一次测量值之差不大于 2.5dB）。

（3）对于专用高频通道，新投运或更换加工设备后，应保证收发信机的通道裕量不低于 8.68dB。

49. 高频电流如何在高频通道上传输？

答：相—地制的高频通道是由本侧及对侧的高频收发信机、结合滤波器、耦合电容器和输电线路及大地组成的回路，实际上，发信机发送的高频载波电流，并不完全沿着加工相的高频通道传输，这是因为输电线路各相导线之间以及导线对地之间存在电容耦合，由于容抗和频率成反比，故对于高频载波频率来说，这些容抗是很小的，因此，由本侧高频发信机发出的高频电流，在沿线传输的过程中，有一部分电流会通过相导线和大地的耦合电容及泄漏电阻流回来。其余高频电流经高频通道流至对端入地后，也不是全部经大地流回，而是分成三路流回。经大地流回发信端的高频电流 i_1，称地返波。其余两路，一路高频电流 i_2 是经未加工的两相对地电容流上两相导线，再经这两相的对地电容流回发信端。另一路高频电流 i_3 则是经对侧未加工的两相母线对地电容，流过两相输电线路，再经本侧该两相母线的对地电容流回发信端。后两路高频电流称相返波。高频电流的传播途径如图 3-12 所示。

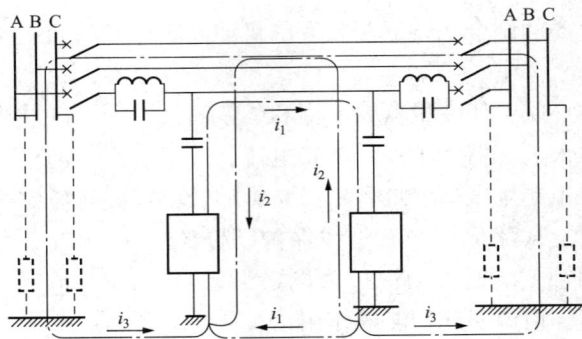

图 3-12

50. 在单相重合闸的过程中，为什么要使高频闭锁式（突变量方向除外）保护实现单跳停信？

答：因为线路单相故障，如果一侧先跳闸，单跳之后保护就返回，而起信元件可能不复归，则收发信机又启动发信，将对侧高频保护闭锁而不能跳闸，所以要实现单跳停信。

51. 为什么专用收发信机需要每天进行对试，而利用通信载波机构成的复用通道则不需要？

答：专用收发信机正常运行时通道上没有信号传递，因此无法检查通道正常与否，更无法保证故障时高频信号能可靠地在两侧收发信机间传输。因此必须人为地利用保护（或收发信机）的通道对试逻辑对高频通道进行测试。而利用通信载波机构成的复用通道，因为通道中一直有导频信号监视通道，一旦出现异常会自动报警，因此不需要进行每天的通道对试。

52. 复用光纤纵差保护通道故障如何判定，如何检测？

答：当保护装置通道出现故障时候，可以采用以下分步检查，来确定故障的部件：

(1) 保护装置电自环，即保护内部通信板自环，用于检测通信板好坏。

(2) 光端机光自环，即本侧保护装置上的光端机自环，用于检测光端机好坏。

(3) 复用接口盒自环，即在复用接口盒出口处自环，用于检测复用接口盒的好坏。

(4) 复用通道自环，用于检测复用通道的好坏。

(5) 对端自环检测，用于检测对端各个部分的好坏。

53. 在输电线路采用光纤分相电流差动保护中，回答下列问题：

(1) 短路故障时，如另一侧启动元件不启动，有何现象发生？

(2) 在各种运行方式下线路发生故障（含手合故障线），采用何措施使两侧保护启动？

答：(1) 设 A 侧启动元件动作，B 侧启动元件不动作。

内部故障时：B 侧不发差动元件动作信号，当然 A 侧收不到 B 侧的差动信号，虽 A 侧启动元件动作，但 U、V、W 三相差动不出口，于是内部故障时保护拒动。

外部故障时：A 侧差动元件动作，启动元件动作，向 B 侧发差动作允许信号，只是 A 侧收不到对侧差动动作信号，A 侧保护不出口，故不发生误动作。但 A 侧差动元件处动作状态，是一种危险的状态。

(2) 从原理看：要保证保护正确动作，不论是线路内部，外部故障，也不论故障类型，两侧启动元件必须启动。措施如下：

采用灵敏的带浮动门槛的相电流突变量启动元件（线路一侧无电源，该侧变压器中性点接地时，将不能启动）。

零序电流启动元件，保证高阻接地时也能启动。

低电压启动，启动方式为：收到对侧启动信号，同时本侧低电压（相电压或线电压），两条件满足就启动。这可保证线路一侧无电源本线路故障时该侧启动。

手合故障线路，只要对侧三相断路器断开、同时收到合闸侧发来的启动信号，则断开侧保护启动。这可保证合闸保护快速切除故障。

四、分析题

1. 在如图 3-13 所示的 35kV 系统中如果忽略电容电流的影响，请分别回答在 A 点发生

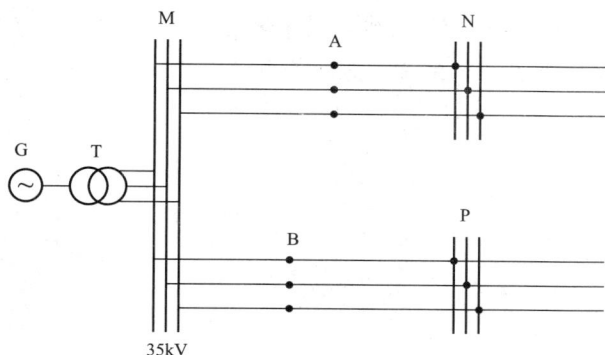

图 3-13

两相接地短路和在 A、B 两点发生不同相别上的接地短路，该系统中会不会出现零序电流？如会出现零序电流，零序电流在哪些范围内出现？

答：（1）在 A 点发生两相接地短路时不会出现电容电流。

（2）在 A、B 两点发生不同相别上的接地短路时会出现零序电流，零序电流在 AMB 范围内出现。所以在 MA、MB 这两段线路上将出现零序电流。

2. 简述具有方向特性的四边形阻抗继电器（见图 3-14）各边界的作用。

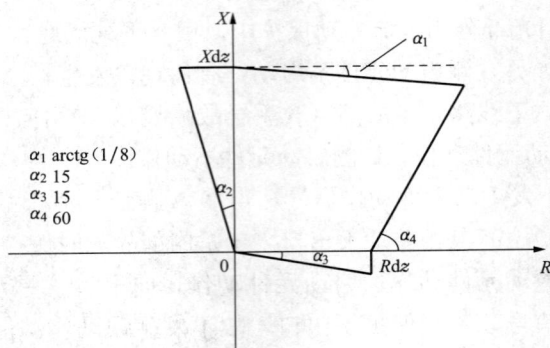

图 3-14

答：X 边界：测量距离。

R 边界：躲负荷阻抗。

D 边界：判断故障方向。

3. 已知系统最低运行电压 200kV，相间方向阻抗继电器一次整定值为 $80\angle75°\Omega$，线路视在功率因数为 0.866 以下，继电器会误动的线路最小单相送出功率为多少？

答：一次 $Z_{\text{III}} = 80 \times \cos(75° - 30°) = 56.57$（$\Omega$）

所以 $I_{\text{fhmin}} = 200/1.732/56.57 = 2.04$（kA）

$P_{\text{min}} = (200/1.732) \times 2.04 \times 0.866 = 204$（MW）

4. 对于同杆架设的具有互感的两回线路，在双回线路运行和单回线路运行（另一回线路两端接地）的不同运行方式下，试计算在线路末端故障零序等值电抗和零序补偿系数的计算值。

设 $X_{01} = 3X_1$，$X_{0M} = 0.6X_{01}$（X_{01} 为线路零序电抗，X_{0M} 为线路互感电抗）。

答：（1）双回线路运行时一次系统示意图如图 3-15 所示。

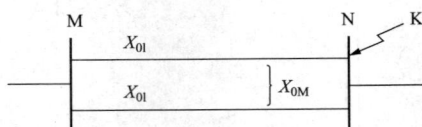

图 3-15

等值电路如图 3-16 所示。

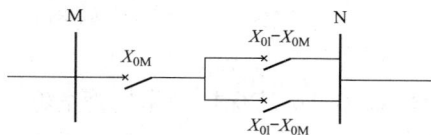

图 3-16

双回线路运行时零序等值电抗为

$$X_0 = X_{0M} + \frac{1}{2}(X_{01} - X_{0M}) = 0.6X_{01} + \frac{1}{2} \times 0.4X_{01}$$

$$= 0.8X_{01} = 2.4X_1$$

零序补偿系数为

$$K = \frac{X_0 - X_1}{3X_1} = 0.47$$

（2）单回线路运行另一回线路两端接地时一次系统示意图如图 3-17 所示。

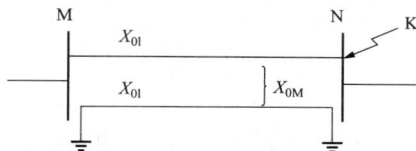

图 3-17

等值电路如图 3-18 所示。

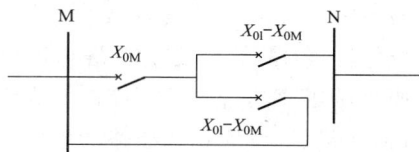

图 3-18

单回线路运行另一回线路两端接地时零序等值电抗为

$$X_0 = \frac{X_{0M}(X_{01} - X_{0M})}{X_{0M} + (X_{01} + X_{0M})} + (X_{01} - X_{0M}) = X_{01} - \frac{X_{0M}^2}{X_{01}}$$

$$= X_{01} - \frac{(0.6X_{01})^2}{X_{01}} = 0.64X_{01} = 1.92X_1$$

零序补偿系数为 $$K = \frac{X_0 - X_1}{3X_1} = 0.31$$

5. 某 110kV 系统接线如图 3-19 所示，甲线 B 变电站出口发生单相接地故障，零序Ⅰ段动作，跳开本侧断路器，1.5s 重合闸动作，零序Ⅱ段后加速动作跳开本断路器。

甲线 A 变电站侧零序Ⅱ段、零序Ⅲ段拒动，由零序四段经 4s 跳开本侧断路器。

D 变电站 2 号主变压器零序过电流保护 2.5s 动作。

乙线 B 变电站侧零序Ⅲ段经 3s 跳开本侧断路器。

丁线路两侧零序四段经 4s 跳开各自断路器。

C 变电站 1 号主变压器零序过电流保护 4s 动作跳两侧断路器。

试分析：

(1) D 变电站 2 号主变压器零序过电流保护动作是否正确？为什么？

(2) 乙线路 B 变电站侧零序Ⅲ段动作是否正确？为什么？

(3) 丁线路两侧零序Ⅳ段动作是否正确？为什么？

(4) C 变电站 1 号主变压器零序过电流保护动作是否正确？为什么？

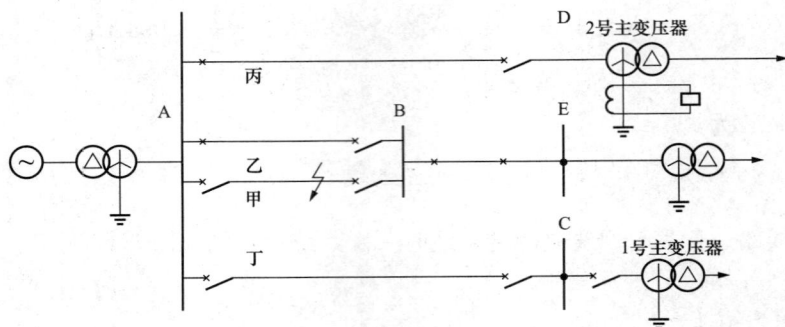

图 3-19

答：(1) 正确。主变压器零序过电流保护作为相邻线路的后备保护，可以保护到故障点，在甲线路 A 变电站侧零序Ⅱ、Ⅲ段拒动时，该保护动作是正确的。

(2) 正确。零序Ⅲ段作为相邻线路的后备保护，在甲线路 A 变电站侧零序Ⅱ、Ⅲ段拒动时，该保护动作是正确的。

(3) 正确。零序Ⅳ段保护没有方向，因此丁线路 A 变电站侧零序Ⅳ段动作正确。

丁线路 C 变电站侧正确，原因：若零序Ⅱ段在线路对端母线接地故障时灵敏度不足，就由零序Ⅲ段保护线路全长，原来的零序第Ⅲ段就相应地变为零序Ⅳ段。

(4) 正确。主变压器零序过电流保护作为相邻线路的后备保护，可以保护到故障点，在甲线路 A 变电站侧零序Ⅱ、Ⅲ段拒动时，该保护动作是正确的。

6. 图 3-20 中两条线路都装有闭锁式零序方向高频保护，线路阻抗角为 $80°$。

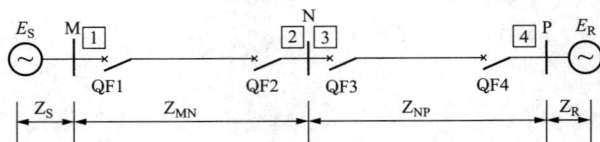

图 3-20

(1) 请画出闭锁式零序方向高频保护的原理框图（保护停信和断路器位置停信可不画入）。

(2) 如果保护用母线 TV，当 MN 线路两侧 QF1、QF2 均已跳开单相，进入两相运行状态时，按传统规定的电压、电流正方向，分析四个保护安装处的零序方向元件测量到的零序电压与零序电流之间的相角差及零序方向元件的动作行为，并根据方向元件动作行为阐述它们的发信、收信情况。

答：（1）闭锁式零序方向高频保护的原理框图如图 3-21 所示。

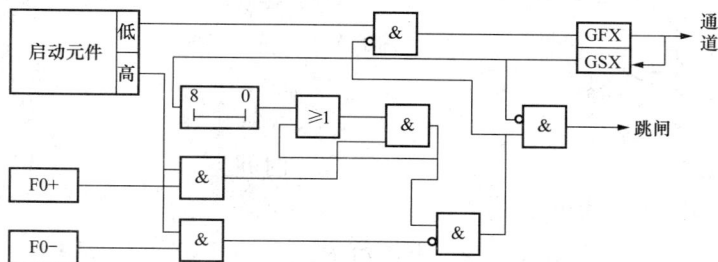

图 3-21

（2）保护 1：$U_0=-I_0 Z_{S0}$ $\arg 3U_0/3I_0=-100°$ 动作；

保护 2：$U_0=-I_0(Z_{NP0}+Z_{R0})$ $\arg 3U_0/3I_0=-100°$ 动作；

MN 线路两侧 1、2 号保护都停信，两侧都收不到信号；

保护 3：$U_0=I_0(Z_{NP0}+Z_{R0})$ $\arg 3U_0/3I_0=80°$ 不动作；

保护 4：$U_0=-I_0 Z_{R0}$ $\arg 3U_0/3I_0=-100°$ 动作。

（3）NP 线路 N 侧 3 号保护发信，收信机收到自己的信号。P 侧 4 号保护停信但收信机一直收到 3 号保护发出的信号。

7. 试计算图示系统方式下断路器 A 处的相间距离保护 Ⅱ 段定值，并校验本线路末灵敏度。

已知：线路参数（一次有名值）为 $Z_{AB}=20\Omega$（实测值），$Z_{CD}=30\Omega$（计算值）

变压器参数为：$Z_T=100\Omega$（归算到 110kV 有名值）。

D 母线相间故障时：$I_1=1000A$，$I_2=500A$。

可靠系数：对于线路取 $K_k=0.8\sim0.85$，对于变压器取 $K_k=0.7$。

配合系数：取 $K_{ph}=0.8$。

答：（1）与相邻线路距离 Ⅰ 段配合：

$Z_{CI}=0.8\times30=24\Omega$ $0''$

$$Z_{AII}=0.85\times20+0.8\times\frac{1000+500}{1000}\times24$$

$=45.8\Omega$ $0.5''$

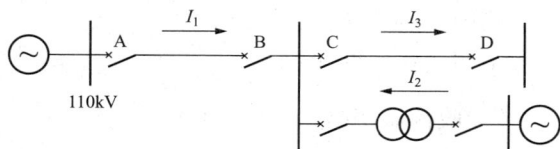

图 3-22

（2）躲变压器低压侧故障整定：

$Z_{AII}=0.85\times20+0.7\times100=87\Omega$ 0.5s

综合 1、2，取 $Z_{AII}=45.8\Omega$（一次值）   0.5s

（3）灵敏度校验：$K_m=45.8/20=2.29>1.5$ 符合规程要求。

8. 如图 3-23 所示，已知 K1 点最大三相短路电流为 1300A（折合到 110kV 侧），K2 点的最大接地短路电流为 2600A，最小接地短路电流为 2000A，1 号断路器零序保护的一次整定值为 Ⅰ 段 1200A，0s；Ⅱ 段 400A，0.5s；Ⅲ 段 180A，1s。按三段式保护配置，计算 3 号断路器零序电流保护 Ⅰ、Ⅱ、Ⅲ 段的一次动作电流值及动作时间（取可靠系数 $K_{rel}=1.3$，配合系数 $K_{co}=1.1$）。

117

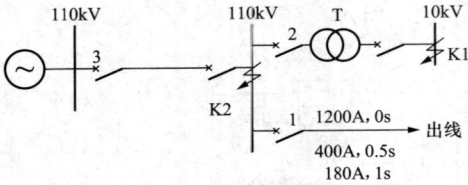

图 3-23

答：（1）2 号断路器零序 I 段的整定。

动作电流按躲 K1 点三相短路最大不平衡电流整定：

$$I_{OB(2)}^{I} = K_{rel}I_{(3)kmax} \times 0.1$$
$$= 1.3 \times 1300 \times 0.1 = 169(A)$$

动作时间为 0s。

（2）3 号断路器零序保护的定值。

零序 I 段的定值躲 K2 点最大接地短路电流为

$$I_{OB(3)}^{I} = K_{rel}I_{(3)kg} = 1.3 \times 2600 = 3380(A)$$

零序 I 段动作时间为 0s。

零序 II 段的整定值与 1 号断路器零序 I 段相配合：

$$I_{OP(3)}^{II} = K_{CO}I_{OP(1)}^{I} = 1.1 \times 1200 = 1320(A)$$

零序 II 段动作时间与 1、2 号断路器零序 I 段相配合，即 $t_3^{II} = t_2^{I} + \Delta t = 0.5s$

（3）零序 III 段的定值与 1 号断路器零序 II 段相配合：

$$I_{OP(3)}^{III} = K_{CO}I_{OP(1)}^{II} = 1.1 \times 330 = 363(A)$$

动作时间与 1 号断路器零序 II 段相配合，即 $t_3^{III} = t_1^{II} + \Delta t = 0.5 + 0.5 = 1.0s$

9. 在定检时测得某收发信机的收信电压电平是 17dB、发信电压电平为 25dB，进一步检测发现，该收发信的输入阻抗为 80Ω，输出阻抗为 60Ω，请计算该收发信机的收信功率电平，发信功率电平（要求写出计算公式）。

答：功率电平和电压电平的关系为

$$L_{PX} = 10\lg\frac{P_x}{P_0} = 10\lg\frac{U_X^2}{0.775^2/600} = 20\lg\frac{U_X}{0.775} + 10\lg\frac{600}{Z}$$

$$= L_{UX} + 10\lg\frac{600}{Z}$$

式中：L_{PX}、L_{UX}、Z 分别为功率电平、电压电平和被测处的阻抗。

按照上式，得到

$$收信功率电平 = L_{UX}(收) + 10\lg\frac{600}{Z(输出阻抗)} = 17 + 10\lg\frac{600}{60} = 27(dBm)$$

$$发信功率电平 = L_{UX}(发) + 10\lg\frac{600}{Z(输入阻抗)} = 25 + 10\lg\frac{600}{80} = 33.75(dBm)$$

10. 如图 3-24 所示电网，某线路发生高阻接地故障时 M 侧保护拒动，此时流过 M 侧保

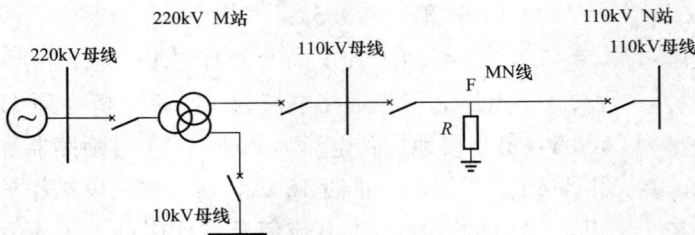

图 3-24

护的零序电流为 300A，M 侧零序方向过电流保护Ⅳ段定值为 240A（一次值），M 侧保护装置及其二次回路正常，请分析保护拒动可能的原因？此时变压器什么保护可能动作？

答：MN 线路保护由于零序电压小，达不到零序电压开放门槛，零功方向不开放。

变压器（110kV 侧或 220kV 侧的）不带方向的过电流或零序过电流保护动作。

11. 双侧电源双回线路系统参数如图 3-25 所示，在线路 L1 距离 M 侧 $\alpha=0.45$ 的 K 点发生两相短路接地。

（1）健全线路 L2 的方向纵联保护在两侧都同时采用零序功率方向元件 D0 和负序功率方向元件 D2。

（2）健全线 L2 的距离纵联保护两侧的超范围距离元件的整定阻抗 $Z_{set}=j150\Omega$。

试问在上述两种情况下，健全线路纵联保护的动作情况如何？

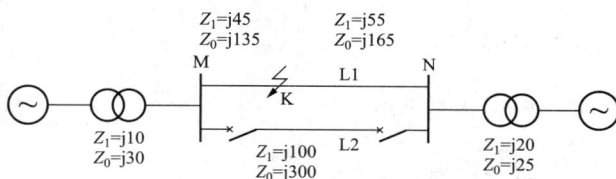

$$Z_1=j45 \quad Z_1=j55$$
$$Z_0=j135 \quad Z_0=j165$$

$$Z_1=j10 \quad Z_1=j100 \quad Z_1=j20$$
$$Z_0=j30 \quad Z_0=j300 \quad Z_0=j25$$

图 3-25

答：（1）将健全线路 L2 断开，在 K 点加负序电压，则

$$\dot{U}_{2M}=\dot{U}_2-\dot{I}_{2M}\times j45$$

$$=\dot{U}_2-\frac{75}{55+75}\dot{I}_2\times 45=\dot{U}_2-\frac{3375}{130}\dot{I}_2$$

$$\dot{U}_{2N}=\dot{U}_2-\dot{I}_{2N}\times j55$$

$$=\dot{U}_2-\frac{55}{55+75}\dot{I}_2\times 55=\dot{U}_2-\frac{3025}{130}\dot{I}_2$$

所以，$U_{2M}<U_{2N}$。

再将 L2 接通，在 L2 上 $\dot{I}_2$ 将由 N 侧流向 M 侧，则 M 侧 D_2 判为正方向。

将健全线路 L2 断开，在 K 点加零序电压，则

$$\dot{U}_{0M}=\dot{U}_0-\dot{I}_{0M}\times j135$$

$$=\dot{U}_0-\frac{190}{255}\dot{I}_0\times 135=\dot{U}_0-\frac{25650}{255}\dot{I}_0$$

$$\dot{U}_{0N}=\dot{U}_0-\dot{I}_{0N}\times j165$$

$$=\dot{U}_0-\frac{165}{255}\dot{I}_0\times 165=\dot{U}_0-\frac{27225}{255}\dot{I}_0$$

所以，$U_{0M}<U_{0N}$。

再将 L2 接通，在 L2 上 $\dot{I}_0$ 将由 M 侧流向 N 侧，则 N 侧 D_0 判为正方向。

若不采取措施，M 侧 D_2 动作停信，N 侧 D_0 动作停信，则方向纵联保护误动作。

对策是两侧都加反方向判别元件，当任何一个反方向判别元件动作时，即将正方向判别元件闭锁，禁止停信，纵联保护不会误动。

（2）健全线 L2 的 M 侧超范围距离元件测量阻抗必大于 j155Ω，不会动作。N 侧距离元件因为有 M 侧电源起助增作用，也不会动作。两侧超范围元件都不动作，纵联保护不会跳闸。

12. 如图 3-26 所示的电网中相邻 A、B 两线路，线路 A 长度为 100km。因通信故障使 A、B 的两套快速保护均退出运行。在距离 B 母线 80km 的 K 点发生三相金属性短路，流过 A、B 保护的相电流如图 3-26 所示。试计算分析 A 处相间距离保护与 B 处相间距离保护的动作情况。

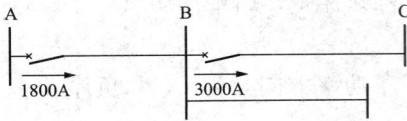

图 3-26

已知线路单位长度电抗：0.4Ω/km。

A 处距离保护定值分别为（二次值）TA：1200/5；$Z_I = 3.5Ω$；$Z_{II} = 13Ω$；$t = 0.5s$。

B 处距离保护定值（二次值）分别为：TA 变比为 600/5；$Z_I = 1.2Ω$；$Z_{II} = 4.8Ω$；$t = 0.5s$。

线路 TV 变比为 220/0.1kV。

答：（1）计算 B 保护距离 I 段一次值：$1.2 \times \dfrac{2200}{120} = 22$（Ω）。

（2）计算 B 保护距离 II 段一次值：$4.8 \times \dfrac{2200}{120} = 88$（Ω）。

（3）计算 A 保护距离 II 段一次值：$13 \times \dfrac{2200}{240} = 120$（Ω）。

（4）计算 B 保护测量到的 K 点电抗一次值：$0.4 \times 80 = 32$（Ω）。

（5）计算 A 保护与 B 保护之间的助增系数：$\dfrac{3000}{1000} = 3$。

（6）计算 A 保护测量到的 K 点电抗一次值：$0.4 \times 100 + 3 \times 32 = 136Ω > 120Ω$。

K 点在 B 保护 I 段以外 II 段以内，同时也在 A 保护 II 段的范围之外，所以 B 保护相间距离 II 段以 0.5s 出口跳闸。A 保护不动作。

13. 某圆特性方向阻抗继电器整定阻抗的一次值为 40Ω，已知 TA 变比为 1200/5A，TV 变比为 $\dfrac{220\mathrm{kV}}{\sqrt{3}} \Big/ \dfrac{100\mathrm{V}}{\sqrt{3}} / 100\mathrm{V}$；最大灵敏角为 80°。当继电器的测量阻抗为 $2.8\angle 50°\Omega/$相时，继电器是否动作？

答：折算到二次侧的整定阻抗 $Z_{set} = 40 \times \dfrac{1200/5}{220000/100} = 4.36$（Ω）。

在测量阻抗角方向上，动作阻抗 $Z_{op} = 4.36\cos(80° - 50°) = 3.78Ω$，而继电器的测量阻抗为 $2.8\angle 50°\Omega/$相，小于 3.78Ω，故继电器动作。

14. 某条线路的零序电流保护 III 段，其定值为 4.6A，3.0s，其电流互感器 V 相极性接反，试问当负荷电流为 90A 时该保护会不会动作？并用向量分析。

答：电流互感器变比为 150/5 = 30。

负荷电流二次值为 90/30 = 3，零序电流为 2 倍负荷电流，二次 6A，保护动作。

其向量图如图 3-27 所示。

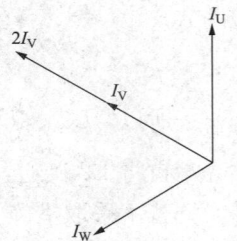

图 3-27

15. 如图 3-28 所示：计算 220kV1XL 线路 M 侧的相间距离Ⅰ、Ⅱ、Ⅲ段保护定值。2XL 与 3XL 为同杆并架双回线路，且参数一致。无单位值均为标幺值（最终计算结果以标幺值表示），可靠系数均取 0.8，相间距离Ⅱ段的灵敏度不小于 1.5。

已知条件：

（1）发电机以 100MVA 为基准容量，230kV 为基准电压，1XL 的线路阻抗为 0.04，2XL、3XL 的线路阻抗为 0.03，2XL、3XL 线路 N 侧的相间距离Ⅱ段定值为 0.08，$t_2 =$ 0.5s。

（2）P 母线故障，线路 1XL 的故障电流为 18，线路 2XL、3XL 的故障电流各为 20。

（3）1XL 的最大负荷电流为 1200A（Ⅲ段仅按最大负荷电流整定即可，不要求整定时间）。

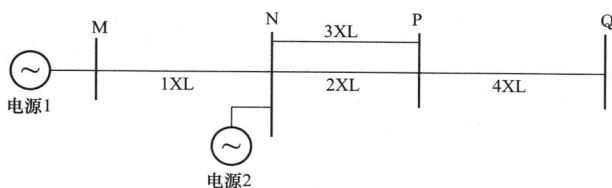

图 3-28

答：（1）1XL 相间距离Ⅰ段保护定值：

$$Z1_{\text{set I}} = 0.8 \times 0.04 = 0.032$$

动作时间 $t = 0$s。

（2）1XL 相间距离Ⅱ段保护定值：

计算Ⅱ段距离保护定值，考虑电源 2 停运，取得最小助增系数

$$K_{\text{fz}} = \frac{9}{18} = 0.5$$

1）与线路 2XL 的Ⅰ段 $Z2_{\text{set I}}$ 配合。

$$Z2_{\text{set I}} = 0.8 \times 0.03 = 0.024$$
$$Z1_{\text{set Ⅱ}} = 0.8 \times 0.04 + 0.8 \times 0.5 \times Z2_{\text{set I}}$$
$$= 0.032 + 0.8 \times 0.5 \times 0.024 = 0.0416$$

校核灵敏度：$1.5 \times 0.04 = 0.06$，0.0416 小于 0.06。

灵敏度不符合要求。

2）与线路 2XL 的距离Ⅱ段配合。

$$Z1_{\text{set Ⅱ}} = 0.8 \times 0.04 + 0.8 \times 0.5 \times Z2_{\text{set Ⅱ}}$$
$$= 0.032 + 0.8 \times 0.5 \times 0.08 = 0.064$$

动作时间 $t = 0.8 \sim 1.0$s。

灵敏度符合要求。

121

3）1XL 相间距离Ⅲ段保护定值：按最大负荷电流整定。

$$Z_{\text{fh. min}} = \frac{0.9U_N}{\sqrt{3}I_{\text{fh. max}}} = \frac{0.9 \times 230}{\sqrt{3} \times 1.2} = 99.6(\Omega)$$

$$Z1_{\text{set}Ⅲ} = K_k \times Z_{\text{fh. min}} = 0.8 \times 99.6 = 79.7(\Omega)$$

换算成标幺值

$$Z1'_{\text{set}Ⅲ} = Z1_{\text{set}Ⅲ} \times \frac{S_B}{U_B^2} = 79.7 \times \frac{100}{230^2} = 0.151$$

16. 试画出工频变化量阻抗继电器在正向短路故障时的动作特性。并说明它保护过渡电阻的能力为什么有自适应功能。（设保护反向阻抗为 Z_s，整定阻抗为 Z_{zd}）

答：工频变化量阻抗继电器在正向短路故障时的计算示意图及等效电路图分别如图 3-29 和图 3-30 所示。

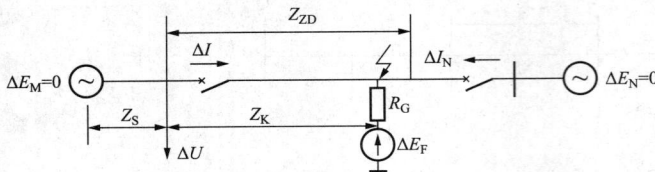

图 3-29

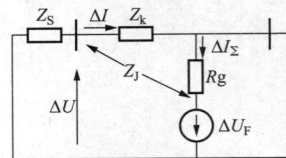

图 3-30

（1）工频变化量阻抗继电器的动作方程。

区内短路：$Z_k < Z_{zd}$ 或 $|\Delta U_{op}| > |\Delta U_F|$。

区外短路：$Z_k > Z_{zd}$ 或 $|\Delta U_{op}| < |\Delta U_F|$。

（2）阻抗继电器在正向短路故障时，即

$$\Delta U_{op} = \Delta U - \Delta I \cdot Z_{zd} = -\Delta I \cdot (Z_s + Z_{zd})$$

$$\Delta U_F = \Delta I \cdot (Z_s + Z_J)$$

将以上两式代入式 $|\Delta U_{op}| > |\Delta U_F|$，得

$$|Z_s + Z_{zd}| > |Z_s + Z_J|$$

经过变换后得

$$90° < \arg\frac{Z_J - Z_{zd}}{Z_J + 2Z_s + Z_{zd}} < 270°$$

由上画出此时的工频变化量阻抗继电器动作相量图如图 3-31 所示。

（3）考虑过渡电阻时，即

$$Z_J = Z_k + \frac{\Delta I_\Sigma}{\Delta I} \cdot Rg = Z_k + Z_a$$

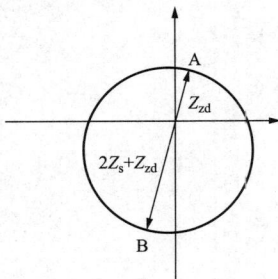

图 3-31

从以上的分析可知，当保护背后电源运行方式最小（即 $Z_s = Z_{s\max}$）时，$\Delta I_\Sigma/\Delta I$ 增大，过渡电阻的附加阻抗 Z_a 也随之增大，所以在背后运行方式最小时过渡电阻的影响最大，内部短路时更易拒动。但其动作特性圆由于 Z_s 的增大，使特性圆上的 B 点向第三象限移动（A 点不动），特性圆的直径增大，特性圆在 R 轴方向

上的分量随之增大，保护过渡电阻的能力也随之提高，因此说保护过渡电阻的能力有自适应功能。

17. 请分析输电线路末端 VW 相经过渡电阻接地时，过渡电阻对送电侧 V、W 相接地距离继电器 $[Z_\varphi=U_\varphi/(I_\varphi+K\times 3I_0)]$ 的影响，请列出公式并用相量图加以说明。假设保护安装处的零序电流与故障支路电流同相位。

图 3-32

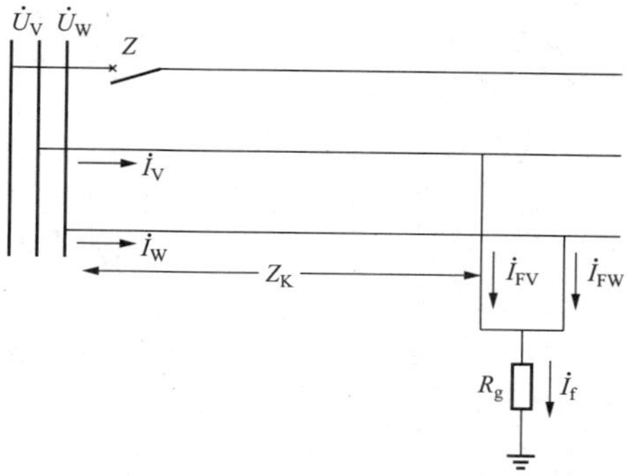

答：如图 3-32 所示设过渡电阻为 R_g，设保护安装处的零序电流为 $\dot{I}_0$，则保护安装处两故障相接地阻抗继电器的测量阻抗分别为。

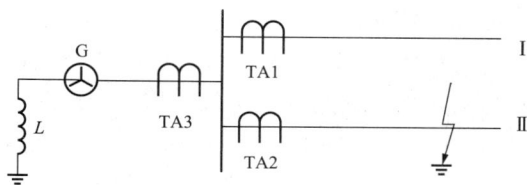

$$Z_V=\frac{\dot{U}_V}{\dot{I}_V+K\times 3\dot{I}_0}=\frac{(\dot{I}_V+K\times 3\dot{I}_0)Z_K+(\dot{I}_{FV}+\dot{I}_{FW})R_g}{(\dot{I}_V+K\times 3\dot{I}_0)}=Z_K+\frac{\dot{I}_f}{(\dot{I}_V+K\times 3\dot{I}_0)}R_g$$

$$Z_W=\frac{\dot{U}_W}{\dot{I}_W+K\times 3\dot{I}_0}=\frac{(\dot{I}_W+K\times 3\dot{I}_0)Z_K+(\dot{I}_{FV}+\dot{I}_{FW})R_g}{(\dot{I}_W+K\times 3\dot{I}_0)}=Z_K+\frac{\dot{I}_f}{(\dot{I}_W+K\times 3\dot{I}_0)}R_g$$

则

$$\begin{aligned}Z_V&=Z_K+\left|\frac{\dot{I}_f}{(\dot{I}_V+K\times 3\dot{I}_0)}\right|e^{-j\delta}R_g=Z_K+e^{-j\delta}R'_g\\&=R_K+jX_K+R'_g(\cos\delta+j\sin\delta)\\&=(R_K+R'_g\cos\delta)+j(X_K+R'_g\sin\delta)\end{aligned}$$

$$\begin{aligned}Z_W&=Z_K+\left|\frac{\dot{I}_f}{(\dot{I}_W+K\times 3\dot{I}_0)}\right|e^{-j\delta}R_g=Z_K+e^{-j\delta'}R''_g\\&=R_K+jX_K+R''_g(\cos\delta'+j\sin\delta')\\&=(R_K+R''_g\cos\delta')+j(X_K+R''_g\sin\delta')\end{aligned}$$

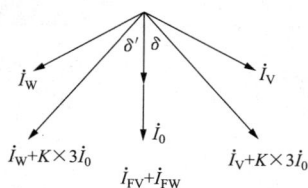

图 3-33

可见影响测量阻抗的因素主要为故障支路电流所造成的附加阻抗，相量图如图 3-33 所示。

由相量图 V 相计算电抗 $X_V=X_K+R'_g\sin\delta$ 中 $\delta<0$，故 $X_V<X_K$，附加阻抗为容性，W 相计算电抗 $X_W=X_K+R''_g\sin\delta'$ 中 $\delta'>0$，故 $X_W>X_K$，相附加阻抗为感性。

则 V 相附加阻抗导致测量阻抗变小，区外故障保护可能超越，W 相附加阻抗导致测量阻抗变大，不会出现超越现象，但可能造成保护范围缩小。

18. 如图 3-34 所示为中性点经消弧线圈接地系统，发电机的对地零序电容为 C_{0G}，线路Ⅰ、Ⅱ的对地电容分别为 $C_{0\text{I}}$ 和 $C_{0\text{II}}$，请分析线路 II 发生单相接地故障时，若消弧线圈过补偿时各电流互感器中的零序电流的幅值、零序电流及零序电压的夹角（其中 L 为过补偿的消弧线圈；TA 为各线路出口处安装的电流互感器）。

图 3-34

答：流经故障线路 TA2 的零序电流幅值为 $3U_0/3\omega L - 3U_0\omega(C_{01}+C_{0G})$，TA2 处的电压电流夹角为 $-90°$。

流经健全线路 TA1 的零序电流为 $3U_0\omega C_{01}$，TA1 处的电压电流夹角为 $-90°$。

流过发电机所在线路 TA3 的零序电流为 $3U_0/3\omega L - 3U_0\omega C_{0G}$，TA1 处的电压电流夹角为 $90°$。

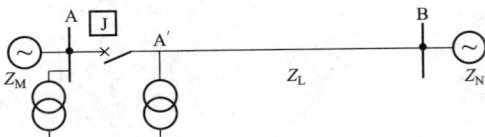

图 3-35

19. 如图 3-35 所示，A 变电站 AB 线路有一相断开，画出零序电压分布图，分析该线路高频闭锁零序方向保护装置 J 使用的电压互感器接在母线侧（A）和线路侧（A′）有何区别？A、B 两侧均为大电流接地系统。

答：零序网络图和零序电压分布图如图 3-36 所示。

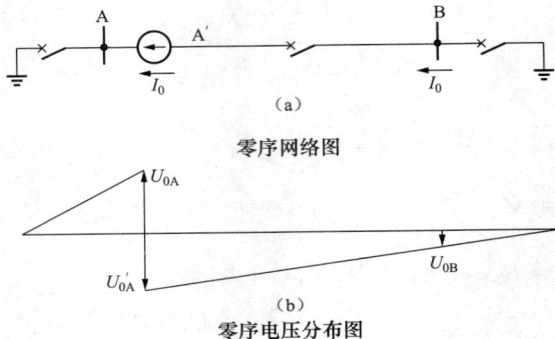

（a）

零序网络图

（b）

零序电压分布图

图 3-36

分析动作情况，如表 3-1 所示。

表 3-1

位置	A	A′	B
U_0	＋	－	－
I_0	－	－	＋
零序方向元件动作情况	－	＋	－

从表 3-1 中可以看出，线路的 A、B 两端零序功率方向元件的方向同时为"－"，这和内部故障情况一样，保护将误动。如选用线路侧（A′）电压互感器，则两端零序功率方向元件的方向为一"＋"一"－"，和外部故障情况一样，故保护不会误动。

20. 如图 3-37 所示。

2011 年 5 月 6 日 10：00：00：000，110kV 变电站甲内 10kV Ⅰ 段母线发生永久性故障，随即引起母分断路器真空包爆炸，当地后台信息如下：

5 月 6 日 10：00：01：700，1 号主变压器 10kV 后备保护动作。

5 月 6 日 10：00：02：000，2 号主变压器 10kV 后备保护动作。

经检查确认保护装置动作正确。

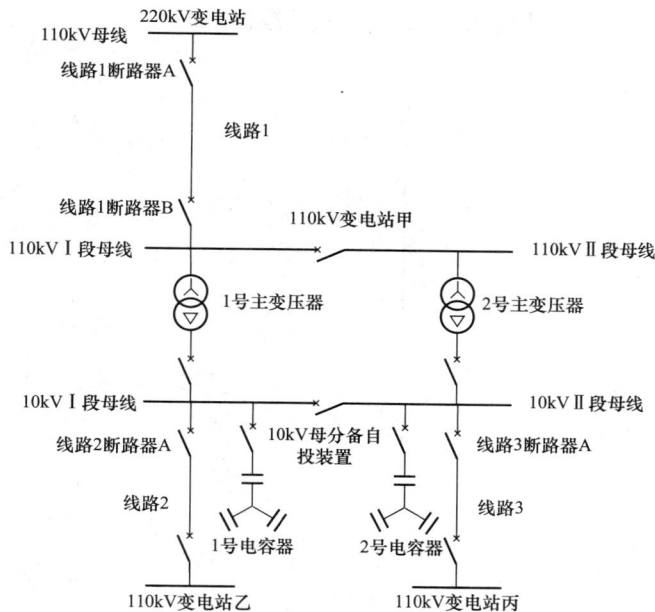

图 3-37

220kV 变电站内的 110kV 故障录波器录波图如图 3-38 所示。

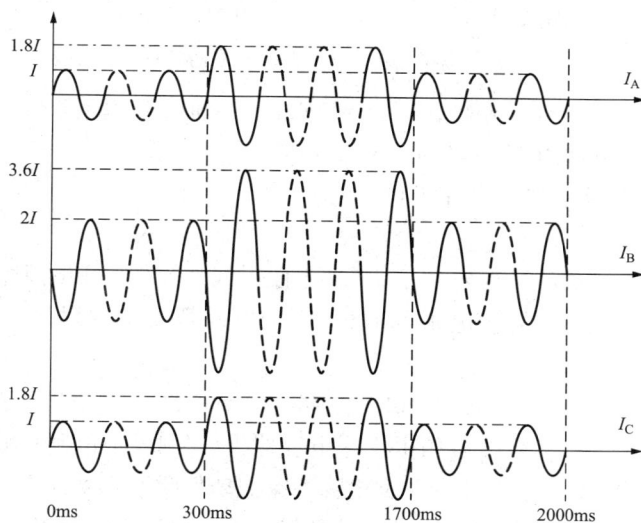

图 3-38

请回答：

（1）根据图 3-39 所示的故障电流波形和主变压器接线方式，请判断变电站甲内 10kV 侧发生的故障类型，详细写出推导分析过程。

（2）请按时间顺序描述变电站甲内包括主变压器 10kV 后备保护、电容器保护、备自投装置等动作过程（忽略开关机构、保护装置固有动作时间；电流、电压保护定值均满足定值要求），并解释图中 300～1700ms 故障电流增大的原因。

答：（1）从 220kV 变电站内的 110kV 故障录波器录波图可知，110kV 侧电流在任何时刻三相电流存在如下关系。

$$-\dot{I}_V = 2\dot{I}_U = 2\dot{I}_W$$

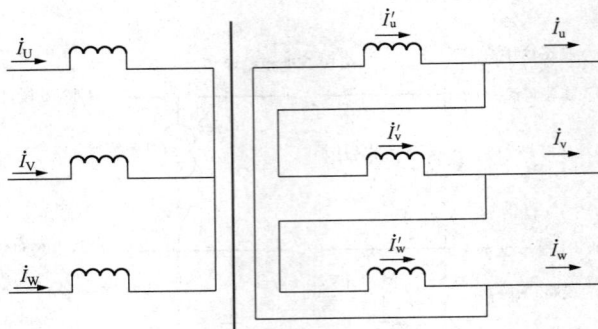

图 3-39

因为

$$\dot{I}'_u = n\dot{I}_U$$
$$\dot{I}'_v = n\dot{I}_V$$
$$\dot{I}'_w = n\dot{I}_W$$

所以

$$\dot{I}_u = (\dot{I}'_u - \dot{I}'_v) = n\dot{I}_U + 2 \cdot n\dot{I}_U = 3n\dot{I}_U$$
$$\dot{I}_v = (\dot{I}'_v - \dot{I}'_w) = n(-2)\dot{I}_U + (-n\dot{I}_U) = -3n\dot{I}_U$$
$$\dot{I}_w = (\dot{I}'_w - \dot{I}'_u) = n\dot{I}_U + 2 \cdot n\dot{I}_U = 0$$

变电站甲内 10kV 侧发生的故障为 UV 相故障。

（2）变电站甲内设备装置的动作描述：

2011 年 5 月 6 日

10：00：00：000，110kV 变电站甲 10kV Ⅰ 段母线发生 UV 相故障。

10：00：00：300，110kV 变电站甲 10kV 母分断路器真空包爆炸，10kV Ⅱ 段母线发生故障。

10：00：01：700，1 号主变压器 10kV 后备保护动作跳开本变 10kV 断路器。

10：00：02：200，110kV 变电站甲 1 号电容器失压保护动作跳开电容器断路器。

10：00：02：000，2 号主变压器 10kV 后备保护动作跳开本变 10kV 断路器。

10：00：02：500，110kV 变电站甲 2 号电容器失压保护动作跳开电容器断路器。

10：00：09：700，线路 2 备用电源自投装置动作发一次跳闸脉冲跳 1 号主变压器 10kV 断路器。

10：00：10：700，线路 2 备用电源自投装置动作合上线路 2 断路器。

10：00：10：000，线路 3 备用电源自投装置动作发一次跳闸脉冲跳 2 号主变压器 10kV 断路器。

10：00：11：000，线路 3 备用电源自投装置动作合上线路 3 断路器。

母分备自投装置不动作。

（3）图 3-38 中 300～1700ms 故障电流增大的原因：

10：00：00：000～10：00：00：300（10kV 母分断路器热备用），10kV Ⅰ 段母线 UV 相故障，通过 1 号主变压器本体提供短路电流，图中注释为 I；

10：00：00：300～10：00：01：700，10kV Ⅱ 段母线 UV 相故障，同时通过 1 号主变压器、2 号主变压器本体提供短路电流，图 3-38 中注释为 I（相当于主变压器高低压并列运行，系统总阻抗减少，短路电流增大，但是由于系统阻抗的存在，系统总阻抗增加不到 1 倍，因此在此期间短路电流未达到增加 1 倍，图 3-38 中注释为 $3.6I$）。

10：00：01：700～10：00：02：000，1 号主变压器 10kV 断路器跳开，通过 2 号主变压器本体提供短路电流，图 3-38 中注释为 I。

$$-\dot{I}_{\mathrm{V}} = 2\dot{I}_{\mathrm{U}} = 2\dot{I}_{\mathrm{W}}$$

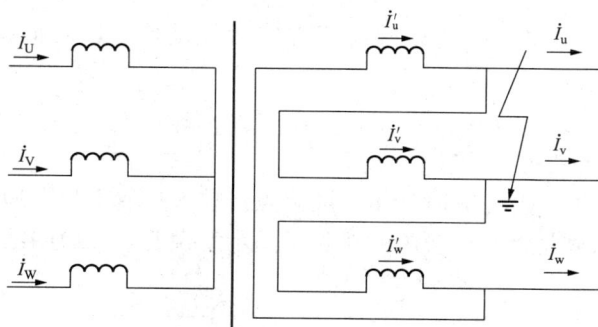

图 3-40

$\dot{I}_{\mathrm{u}} = -\dot{I}_{\mathrm{v}}, \dot{I}_{\mathrm{w}}$ 为负荷电流，忽略。

因为
$$\dot{I}_{\mathrm{u}} = (\dot{I}'_{\mathrm{u}} - \dot{I}'_{\mathrm{v}})$$

$$\dot{I}_{\mathrm{v}} = (\dot{I}'_{\mathrm{v}} - \dot{I}'_{\mathrm{w}})$$

$$\dot{I}_{\mathrm{w}} = (\dot{I}'_{\mathrm{w}} - \dot{I}'_{\mathrm{u}})$$

所以
$$\dot{I}_{\mathrm{u}} = \frac{1}{3}(\dot{I}_{\mathrm{u}} - \dot{I}_{\mathrm{w}}) = \frac{1}{3}\dot{I}_{\mathrm{u}}$$

$$\dot{I}_{\mathrm{v}} = \frac{1}{3}(\dot{I}_{\mathrm{v}} - \dot{I}_{\mathrm{u}}) = -\frac{2}{3}\dot{I}_{\mathrm{u}}$$

$$\dot{I}_{\mathrm{w}} = \frac{1}{3}(\dot{I}_{\mathrm{w}} - \dot{I}_{\mathrm{v}}) = \frac{1}{3}\dot{I}_{\mathrm{u}}$$

$$\dot{I}_{\mathrm{U}} = n\dot{I}'_{\mathrm{u}} = \frac{n}{3}\dot{I}_{\mathrm{u}}$$

$$\dot{I}_{\mathrm{V}} = n\dot{I}'_{\mathrm{v}} = -\frac{2n}{3}\dot{I}_{\mathrm{v}}$$

$$\dot{I}_{\mathrm{W}} = n\dot{I}'_{\mathrm{w}} = \frac{n}{3}\dot{I}_{\mathrm{w}}$$

与 220kV 变电站内的 110kV 故障录波器录波图符合，因此变电站甲内 10kV 侧发生的故障为 UV 相故障。

21. 根据原理接线图（见图 3-41），分析高频闭锁方向保护动作出口的必要条件。并分别说明 T1 和 T2 的作用。

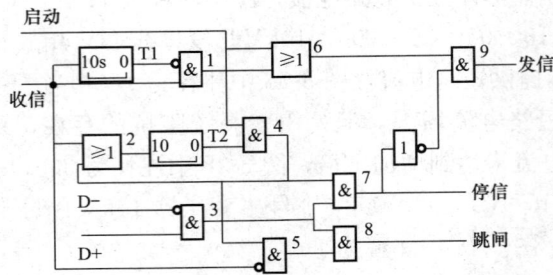

图 3-41

答：高频方向保护动作的必要条件：正方向元件动作，反方向元件不动作；先收信 10ms 后又收不到闭锁信号。

T1 用于通道检测。

T2 用于等待对侧闭锁信号送过来。

22. 对双侧电源线路，如图 3-42 所示，故障点经较大过渡电阻接地时，试在这四种情况下对接地阻抗继电器（圆特性）的影响。用相量图示意说明，并说明结论。

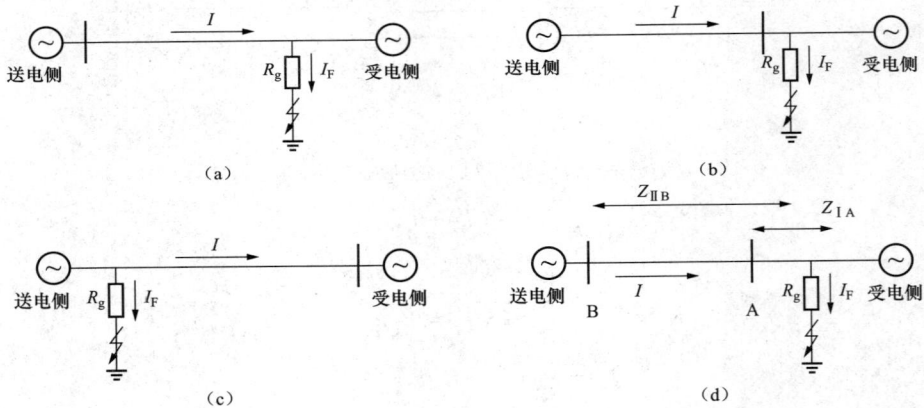

图 3-42

23. 画出微机三段式方向零序电流保护的逻辑框图。

答题要点：启动元件、测量元件（三段零序电流继电器）、零序功率方向继电器均应该画出，且逻辑正确。

答：见图 3-43。

24. 下面的双侧电源系统中，阻抗继电器装在 M 侧。设 $|\dot{E}_S| = |\dot{E}_R| = E$，保护背后电源阻抗为 Z_S，保护正方向的等值阻抗为 Z_R，两侧电动势间的总阻抗为 Z_Σ，各元件的阻抗角相同。

（1）请画出系统发生振荡时阻抗继电器测量阻抗相量端点的变化轨迹。

（2）如果阻抗继电器是方向阻抗继电器，其整定阻抗为 $Z_{ZD} = 4\Omega$，请问在下述几种情况下系统振荡时阻抗继电器是否会误动？

1）$Z_S = 2\Omega$，$Z_R = 14\Omega$

2）$Z_S = 1\Omega$，$Z_R = 7\Omega$

3）$Z_S = 8\Omega$，$Z_R = 6\Omega$

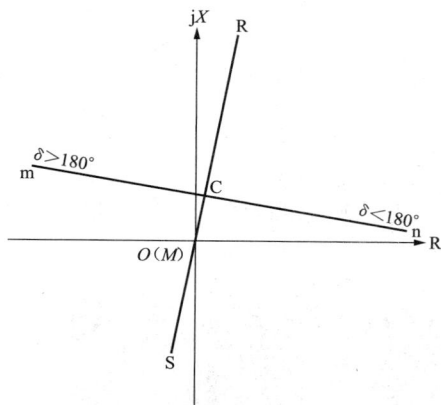

图 3-43

答：（1）系统发生振荡时阻抗继电器测量阻抗相量端点的变化轨迹是 SR 线的中垂线（垂直平分线）mn，SR 相量为 Z_Σ，如图 3-44 所示。

（2）判断继电器是否误动，方法是看振荡中心在不在动作特性内，如果在动作特性内，则测量阻抗相量端点变化的轨迹一定穿过动作特性，阻抗继电器在振荡时就会误动。

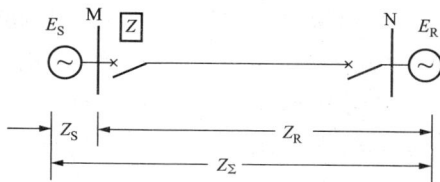

图 3-44

1）$Z_S = 2\Omega$，$Z_R = 14\Omega$ 时，振荡中心在 $(Z\Sigma/2) = [(2+14)/2] = 8\Omega$ 处，也就是在继电器正方向的 6Ω 处，位于动作特性外，继电器在振荡时不会误动。

2）$Z_S = 1\Omega$，$Z_R = 7\Omega$ 时，振荡中心在 $(Z\Sigma/2) = [(1+7)/2] = 4\Omega$ 处，也就是在继电器正方向 3Ω 处，位于动作特性内，继电器在振荡时将会误动。

3）$Z_S = 8\Omega$，$Z_R = 6\Omega$ 时，振荡中心在 $(Z\Sigma/2) = [(8+6)/2] = 7\Omega$ 处，也就是在继电器反方向 1Ω 处，位于动作特性外，继电器在振荡时不会误动。

阻抗继电器动作条件。

25. 系统发生接地故障时，某一侧的 $3U_0$，$3I_0$，试判断故障在正方向上还是反方向上？说明原因。

（提示：每周波采样点数为 12）

打印数据如表 3-2 所示。

表 3-2

$N=$	1	2	3	4	5	6	7	8
$3U_0$（V）	23.9	53.6	68.9	65.8	45	12.2	−23.9	−53.6
$3I_0$（A）	−76.6	−34.2	17.4	64.3	94	98.5	76.6	34.2
$N=$	9	10	11	12	13	14	15	16
$3U_0$（V）	−68.9	−65.8	−45	−12.2	23.9	53.6	68.9	65.8
$3I_0$（A）	−17.4	−64.3	−94	−98.5	−76.6	−34.2	17.4	64.3

答：（1）从打印数据读出：一个工频周期采样点数 $N=12$，即相邻两点间的工频电角度为 $\dfrac{360°}{12} = 30°$。

（2）从打印数据读出 $3I_0$ 滞后 $3U_0$ 的相角改为 $60°\sim70°$，如图 3-45 所示。

（3）结论：故障在反方向上。

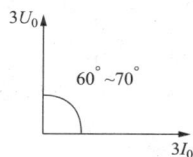

图 3-45

26. 某 220kV 线路 MN，如图 3-46 所示，配置闭锁式纵联保护及完整的距离、零序后备保护。线路发生故障并跳闸，经检查：一次线路 N 侧出口处 U 相断线，并在断口两侧接地。N 侧保护距离 I 段（Z_1）动作跳 U 相，经单重时间重合不成后加速跳三相。M 侧保护纵联零序方向（O_{++}）动作跳 U 相，经单重时间重合不成后加速跳三相。N 侧故障录波在线路断线时启动。

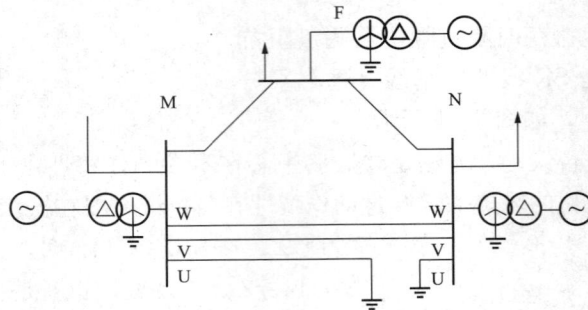

图 3-46

试通过 N 侧故障录波图（见图 3-47），分析两侧保护的动作行为。

注：N 侧为母线 TV，两侧纵联保护不接单跳位置停信，投单相重合闸。纵联保护通道在 W 相上。二段时间 $t_2 = 0.5s$。

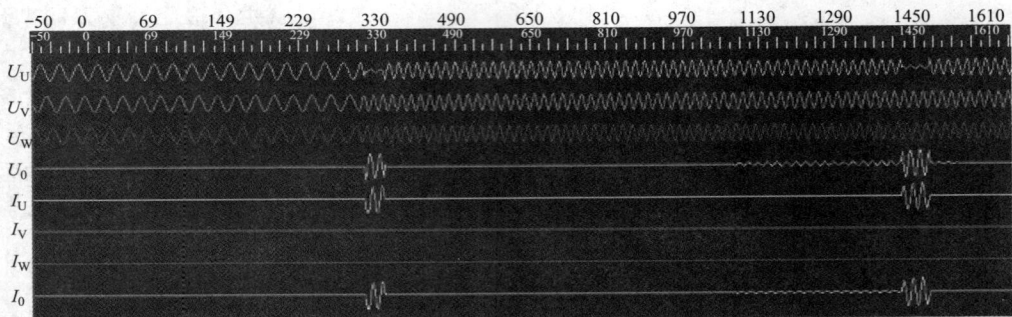

图 3-47

答：（1）从 N 侧录波图 0s 启动而没有故障表现，就此推断大约 300ms 前只发生了断线故障。两侧保护均没感受到故障。

（2）到录波图大约 300ms 处发生断口母线侧（与 N 侧相联结部分）U 相接地故障，N 侧保护由于感受到出口接地故障所以距离 I 段动作。由于 M 侧（断口的线路侧）这时仍感受不到故障，所以在收到 N 侧高频信号后，远方启动发信保护不停信，N 侧纵联保护被闭锁不动作。

（3）从 N 侧录波图看：到录波图大约 1070ms 处发生 M 侧（断口的线路侧）U 相接地故障，M 侧保护启动发信并停信，N 侧保护远方启动发信保护不停信，所以 M 侧保护被闭锁。只能走 II 段时间跳闸。

（4）N 侧保护大约经 1010ms 重合于 U 相故障，后加速三相跳闸。此时 N 侧保护启信并停信，所以 M 侧零序纵联保护（约为 1440ms）动作，跳 U 相，经单重时间重合不成后加速跳三相。

27. 如图 3-48 所示，串补电容安装在保护反方向上，且 $X_c > X_{set}$，则 K 点发生短路时，工频变化量阻抗继电器会误动，如何采取措施防止其误动？

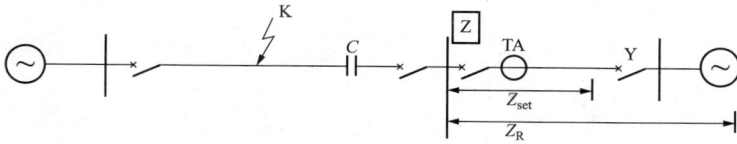

图 3-48

答：为了解决工频变化量阻抗继电器在上述情况下误动问题，采取的措施是设置两个工频变化量阻抗继电器。其中一个其定值按整定计算的要求即继电器所在线路阻抗的 0.8 倍整定，另一个其定值整定得比较大，大于 X_c，如整为 $Z_{set} = Z_R$。两个继电器构成逻辑"与"的关系，这样反方向短路时，两个工频变化量阻抗继电器的公共动作区就是 ZR 处的一个点（见图 3-49 中圆 2），从而防止反方向误动。

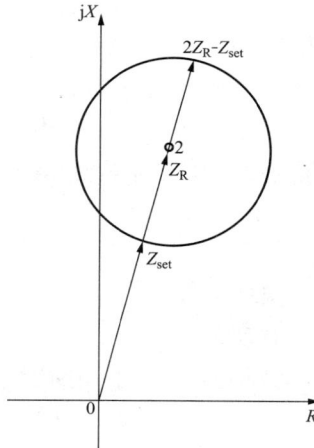

图 3-49

第四章

母 线 保 护

一、选择题

1. 在微机母差的 TA 饱和鉴别方法中，以下（ D ）方法是基于 TA 一次故障电流过零点附近存在线性传变区原理构成的。

    A. 同步识别法   B. 谐波制动原理

    C. 自适应阻抗加权抗饱和法   D. 基于采样值的重复多次判别法

2. 以下几种母线的主接线方式中，当在母线内部故障时不会有汲出电流产生的是（ D ）。

    A. 多角形母线   B. 2/3 接线   C. 双母线接线   D. 单母线分段接线

3. 以下（ C ）措施，不能保证母联断路器停运时母差保护的动作灵敏度。

    A. 解除大差元件

    B. 采用比例制动系数低值

    C. 自动降低小差元件的比率制动系数

    D. 自动降低大差元件的比率制动系数

4. 母差保护分列运行方式的自动判别方式与手动判别方式相比优先级要（ B ）。

    A. 高   B. 低   C. 一样   D. 随机

5. 母线故障，母线差动保护动作，已跳开故障母线上六个断路器（包括母联），有一个断路器因本身原因而拒跳，则母差保护按（ C ）进行评价。

    A. 正确动作一次   B. 拒动一次   C. 不予评价   D. 错误动作一次

6. 校核母差保护电流互感器的 10% 误差曲线时，计算电流倍数最大的情况是元件（ A ）。

    A. 对侧无电源   B. 对侧有电源   C. 都一样   D. 跟有无电源无关

7. 需要加电压闭锁的母差保护，所加电压闭锁环节应加在（ A ）。

    A. 母差各出口回路   B. 母联出口

    C. 母差总出口   D. 启动回路

8. 关于母线充电保护特点，不正确的是（ B ）。

    A. 为可靠切除被充电母线上的故障，专门设立母线充电保护

    B. 为确保母线充电保护的可靠动作，尽量采用阻抗保护作为相间故障的保护

    C. 母线充电保护仅在母线充电时投入，其余情况下应退出

    D. 母线充电保护可以由电流保护组成

9. 双母线的电流差动保护，当故障发生在母联断路器与母联 TA 之间时出现动作死区，

132

此时应该（ B ）。

  A. 启动远方跳闸   B. 启动母联失灵（或死区）保护

  C. 启动失灵保护及远方跳闸   D. 母联过流保护动作

10. 在母线上采用母线重合闸可以提高供电的可靠性，母线重合闸通常是在母线故障被切除之后（ C ）。

  A. 利用母线上连接的各电源元件来进行重合

  B. 利用母线上连接的所有元件来进行重合

  C. 利用母线上连接的一个电源元件来进行重合

  D. 利用母线上连接的一个负载元件来进行重合

11. 如果故障点在母差保护和线路纵差保护的交叉区内，致使两套保护同时动作，则（ C ）。

  A. 母差保护动作评价，线路纵差保护和"对侧纵联"不予评价

  B. 母差保护和"对侧纵联"分别评价，线路纵差保护不予评价

  C. 母差保护和线路纵联保护分别评价，"对侧纵联"不予评价

  D. 母差保护、线路纵差保护和"对侧纵联"均动作评价

12. 如图 4-1 所示，中阻抗型母差保护中使用的母联断路器电流取自靠Ⅱ母侧电流互感器，母联断路器的跳闸保险烧坏（即断路器无法跳闸），现Ⅱ母发生故障，在保护正确工作的前提下将不会出现的是（ A ）。

  A. Ⅱ母差动保护动作，丙、丁断路器跳闸，甲、乙线路因母差保护停信由对侧高频闭锁保护在对侧跳闸，切除故障，全站失压

  B. Ⅱ母差动保护动作，丙、丁断路器跳闸，失灵保护动作，跳甲、乙断路器，切除故障，全站失压

  C. Ⅱ母差动保护动作，丙、丁断路器跳闸，因母联断路器跳不开，导致Ⅰ母差动保护动作，跳甲、乙两条线路，全站失压

  D. Ⅱ母差动保护、Ⅰ母差动保护都会动作，全站失压

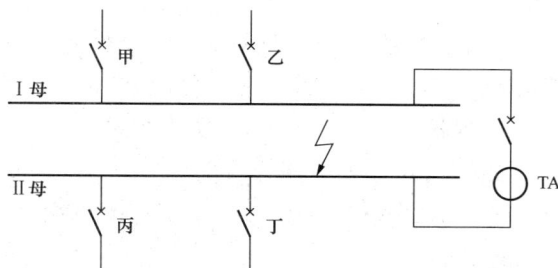

图 4-1

13. 为了从时间上判别断路器失灵故障的存在，失灵保护动作时间的整定原则是（ B ）。

  A. 大于故障元件的保护动作时间和断路器跳闸时间之和

  B. 大于故障元件的断路器跳闸时间和保护返回时间之和

  C. 大于故障元件的保护动作时间和返回时间之和

  D. 大于故障元件的保护动作时间即可

14. 为了防止误碰出口中间继电器造成母线保护误动作，应采用（ A ）。

    A. 电压闭锁元件   B. 电流闭锁元件

    C. 距离闭锁元件   D. 跳跃闭锁继电器

15. 母线差动保护采用电压闭锁元件的主要目的是（ C ）。

    A. 系统发生振荡时，母线差动保护不会误动

    B. 区外发生故障时，母线差动保护不会误动

    C. 由于误碰出口继电器而不至造成母线差动保护误动

    D. 电压回路出现问题时，可以闭锁母差保护

16. 《继电保护和电网安全自动装置现场工作保安规定》（以下简称《保安规定》）要求，对一些主要设备，特别是复杂保护装置或有联跳回路的保护装置的现场校验工作，应编制和执行《安全措施票》，如（ A ）。

    A. 母线保护、断路器失灵保护和主变压器零序联跳回路等

    B. 母线保护、断路器失灵保护、主变压器零序联跳回路和用钳形伏安相位表测量等

    C. 母线保护、断路器失灵保护、主变压器零序联跳回路和用拉路法寻找直流接地等

    D. 母线保护、用钳形伏安相位表测量和用拉路法寻找直流接地等

17. 《电力系统继电保护及安全自动装置反事故措施要点》规定：装有小瓷套的电流互感器一次端子应放在（ B ）。

    A. 线路侧   B. 母线侧   C. 线路或母线侧   D. 不做规定

18. BP-2B 母线保护装置双母线接线，当母联开关处于分位时，（ B ）自动转用比率制动系数低值。

    A. Ⅰ母比率差动元件   B. 大差比率差动元件

    C. Ⅱ母比率差动元件   D. 大差、Ⅰ母、Ⅱ母比率差动元件

19. 断路器失灵保护断开母联断路器的动作延时应整定为（ A ）。

    A. $0.15\sim0.25s$ B. $0.3\sim0.5s$ C. $0.5s$ D. $\geqslant0.5s$

20. 电力系统不允许长期非全相运行，为了防止断路器一相断开后，长时间非全相运行，应采取措施断开三相，并保证选择性，其措施是装设（ C ）。

    A. 断路器失灵保护   B. 零序电流保护

    C. 断路器三相不一致保护   D. 失灵保护

21. 双母线接线的母线保护，Ⅰ母小差电流为（ B ）。

    A. Ⅰ母所有电流的绝对值之和

    B. Ⅰ母所有电流和的绝对值

    C. Ⅰ母所有出线（不包括母联）和的绝对值

    D. Ⅰ母所有流出电流之和

22. 失灵保护的线路断路器启动回路由什么组成？（ A ）

    A. 失灵保护的启动回路由保护动作出口触点和断路器失灵判别元件（电流元件）构成"与"回路所组成

    B. 失灵保护的启动回路由保护动作出口触点和断路器失灵判别元件（电流元件）构成"或"回路所组成

    C. 母线差动保护（Ⅰ母或Ⅱ母）出口继电器动作触点和断路器失灵判别元件（电流元件）构成"与"回路所组成

    D. 母线差动保护（Ⅰ母或Ⅱ母）出口继电器动作触点和断路器失灵判别元件（电流元件）构成"或"回路所组成

23. 失灵保护的母联断路器启动回路由什么组成？（ B ）

    A. 失灵保护的启动回路由保护动作出口触点和母联断路器失灵判别元件（电流元件）构成"或"回路所组成

    B. 母线差动保护（Ⅰ母或Ⅱ母）出口继电器动作触点和母联断路器失灵判别元件（电流元件）构成"与"回路

    C. 母线差动保护（Ⅰ母或Ⅱ母）出口继电器动作触点和断路器失灵判别元件（电流元件）构成"或"回路所组成

    D. 母线差动保护（Ⅰ母或Ⅱ母）出口继电器动作触点和母联断路器位置触点构成"与"回路

24. 断路器失灵保护是（ C ）。

    A. 一种近后备保护，当故障元件的保护拒动时，可依靠该保护切除故障

    B. 一种远后备保护，当故障元件的断路器拒动时，必须依靠故障元件本身保护的动作信号启动失灵保护以切除故障点

    C. 一种近后备保护，当故障元件的断路器拒动时，可依靠该保护隔离故障点

    D. 一种远后备保护，当故障元件的保护拒动时，可依靠该保护隔离故障点

25. 分相操作的断路器拒动考虑的原则是（ A ）。

    A. 单相拒动   B. 两相拒动   C. 三相拒动   D. 都要考虑

26. 断路器失灵保护动作的条件是（ C ）。

    A. 失灵保护电压闭锁回路开放，本站有保护装置动作且超过失灵保护整定时间仍未返回

    B. 失灵保护电压闭锁回路开放，故障元件的电流持续时间超过失灵保护整定时间仍未返回，且故障元件的保护装置曾动作

    C. 失灵保护电压闭锁回路开放，本站有保护装置动作，且该保护装置和与之相对应的失灵电流判别元件的持续动作时间超过失灵保护整定时间仍未返回

    D. 本站有保护装置动作，且该保护装置和与之相对应的失灵电流判别元件的持续动作时间超过失灵保护整定时间仍未返回

  27. 微机型双母线母差保护中使用的母联断路器电流取自Ⅱ母侧电流互感器，在并列运行情况下，如母联断路器与电流互感器之间发生故障，将造成（ C ）。

    A. Ⅰ母差动保护动作，切除故障，Ⅰ母失压；Ⅱ母差动保护不动作，Ⅱ母不失压

    B. Ⅰ母差动保护动作，Ⅰ母失压，但故障没有切除，随后失灵保护动作切除故障，Ⅱ母失压

    C. Ⅰ母差动保护动作，Ⅰ母失压，但故障没有切除，随后Ⅱ母差动保护动作切除故障，Ⅱ母失压

    D. 双母线大差动保护动作，两条母线均失压

28. 母线不完全差动保护只需将母线上（A）电流互感器，接入差动回路。

    A. 有源元件   B. 全部元件   C. 无源元件   D. 变比相同

29. 母线完全差动保护需将母线上（B）电流互感器，接入差动回路。

    A. 有源元件   B. 全部元件   C. 无源元件   D. 变比相同

30. 母线完全差动保护差动继电器动作电流整定，需要躲开（A）。

    A. 最大负荷电流   B. 最小短路电流   C. 最大短路电流   D. 最小负荷电流

31. PMH 型快速母线保护是带制动特性的（B）阻抗型母线差动保护。

    A. 高   B. 中   C. 低   D. 大

32. 母线充电保护是指判别母联断路器的（B）来实现的保护。

    A. 电压   B. 电流   C. 阻抗   D. 位置

33. 当母线内部故障有电流流出时，应（A）差动元件的比率制动系数，以确保内部故障时母线保护正确动作。

    A. 减小   B. 增大   C. 减小或增大   D. 保持

34. 微机母线保护装置（B）辅助变流器。

    A. 可以采用   B. 不宜采用   C. 一定采用   D. 不允许采用

35. 正常运行或倒闸操作时，若母线保护交流电流回路发生断线，PMH 型快速母线保护装置应（C）闭锁整套保护。

    A. 延时或瞬时   B. 瞬时   C. 延时   D. 不

36. 对于 220kV 及以上电力系统的母线，（A）保护是其主保护。

    A. 母线差动   B. 变压器保护   C. 线路保护   D. 距离保护

37. RCS 915 差动保护制动特性试验，选两个单元，A 单元固定加 1A 电流，B 单元相位与 A 单元相反，当 B 单元电流增大到 4A 时，保护临界动作。根据该试验结果，计算其制动系数值为（D）。

    A. 0.5   B. 0.7   C. 0.8   D. 0.6

38. BP-2B 差动保护制动特性试验，选两个单元，A 单元固定加 1A 电流，B 单元相位与 A 单元相反，当 B 单元电流增大到 4A 时，保护临界动作。根据该试验结果，计算其制动系数值为（C）。

    A. 0.5   B. 0.6   C. 1.5   D. 4

39. RCS 915 TA 调整系数整定为"0.5"单元上加电流校验差动保护定值，当电流增大到 5A 时保护临界动作，此时的差动保护动作值为（B）。

    A. 5A   B. 2.5A   C. 7.5A   D. 0.5A

40. 双母线倒闸操作过程中，国电南自 WMZ-41 母线保护仅由（C）构成，动作时将跳开两段母线上所有联接单元。

    A. 两个小差   B. 大差、两个小差

    C. 大差   D. 母联过流保护

41. 当交流电流回路不正常或断线时，母线差动保护应（A）。

    A. 闭锁   B. 跳开   C. 开放   D. 毫无影响

42. 接入 RCS 915A/B 型微机母线保护装置的 TA 极性规定：接在 I 母线和 II 母线上的

间隔元件的 TA 的极性星端，均以（ B ）为星接入装置的星端。

    A. 线路侧   B. 母线侧   C. 母线或线路侧   D. 任意侧

43. 接入 RCS 915A/B 型微机母线保护装置的 TA 极性规定：母联的 TA 极性以（ A ）侧为星端接入装置的星端。

    A. Ⅰ母   B. Ⅱ母   C. 没有限制   D. 由现场安装决定

44. 接入 BP-2B 型微机母线保护装置的 TA 极性规定：母联的 TA 极性以（ B ）侧为星端接入装置的星端。

    A. Ⅰ母   B. Ⅱ母   C. 没有限制   D. 由现场安装决定

45. 对于 BP-2B 母线保护装置，若只考虑母线区内故障时流出母线的电流最多占总故障电流的 20%，复式比率系数 K_r 整定为（ B ）最合适。

    A. 1   B. 2   C. 4   D. 0.5

46. BUS 1000 母差保护的 K 值选取越大，允许流过差电流就越大，但差动保护的动作灵敏度将（ C ）。

    A. 升高   B. 不变   C. 降低   D. 不受影响

47. 固定连接式母线保护在倒排操作时，Ⅰ母发生故障，则母差保护跳（ C ）。

    A. Ⅰ母   B. Ⅱ母   C. Ⅰ母和Ⅱ母   D. 拒动

48. 所谓母线充电保护是指（ B ）。

    A. 母线故障的后备保护

    B. 利用母联断路器给另一母线充电时的保护

    C. 利用母线上任一断路器给母线充电时的保护

    D. 利用母联断路器给母线上任一断路器充电时的保护

49. 对于双母线接线方式的变电站，当某一连接元件发生故障且断路器拒动时，失灵保护应首先跳开（ B ）。

    A. 拒动断路器所在母线上的所有断路器

    B. 母联断路器

    C. 故障元件的其他断路器

    D. 双母线上所有断路器

50. 母线内部故障，PMH 型快速母线保护整组动作时间不大于（ C ）。

    A. 100ms   B. 50ms   C. 10ms   D. 20ms

51. 断路器失灵保护断开除母联或分段以外所有有电源支路的断路器的动作延时应整定为（ C ）。

    A. 0.15~0.25s   B. 0.3~0.5s   C. 0.5~1s   D. ≥0.5s

52. 220kV 母线差动保护的电压闭锁元件中负序电压一般可整定为（ D ）。

    A. ≤2V   B. 4~8V   C. 8~12V   D. 2~6V

53. 220kV 母线差动保护的电压闭锁元件中零序电压一般可整定为（ B ）。

    A. 4~6V   B. 4~8V   C. 4~12V   D. ≤4V

54. 母线差动保护的电压闭锁元件中低电压一般可整定为母线正常运行电压的（ B ）。

    A. 50%~60%   B. 60%~70%   C. 70%~80%   D. ≤50%

55. 母线差动保护的电压闭锁元件的灵敏系数与相应的电流启动元件的灵敏系数相比应（C）。

    A. 低   B. 相等   C. 高   D. 任意

56. 母线差动保护电流回路断线闭锁元件，其电流定值一般可整定为电流互感器额定电流的（C）。

    A. 15%～20%   B. 10%～15%   C. 5%～10%   D. ≤5%

57. 在 220kV 及以上变压器保护中，（B）保护的出口不宜启动断路器失灵保护。

    A. 差动   B. 瓦斯

    C. 220kV 零序过电流   D. 中性点零流

58. 对 220～500kV3/2 断路器接线，每组母线应装设（B）母线保护。

    A. 一套   B. 二套   C. 三套   D. 四套

59. 区内 U 相故障，母线保护动作出口应实现（D）跳闸。

    A. U 相   B. V 相   C. UV 相   D. 三相

60. 微机母线保护在系统使用不同变比电流互感器场合时，应（C）。

    A. 修改程序   B. 加装辅助 TA   C. 整定系数   D. 改造电流互感器

61. BP-2B 型微机母线保护装置电流通道系数的设定原则为以所有单元中（B）为基准进行折算。

    A. 最小变比   B. 最大变比

    C. 相同变比数量最多的变比   D. 平均变比

62. 为更好地解决母联断路器热备用时发生死区问题，当母联断路器的常开辅助接点断开时，小差判据中（B）母联电流。

    A. 计入   B. 不计入   C. 减去   D. 加上

63. 差动保护判据中的差电流计算公式为（D）。

    A. 所有电流的绝对值之和   B. 所有流出电流之和

    C. 所有流入电流之和   D. 所有电流和的绝对值

64. 差动保护判据中的制动电流计算公式为（A）。

    A. 所有电流的绝对值之和   B. 所有电流和的绝对值

    C. 所有流入电流之和   D. 所有流出电流之和

65. 双母线系统中，当Ⅰ母上隔离开关辅助接点出错，（A）可能出现较大的差流。

    A. Ⅰ母小差   B. 大差

    C. Ⅰ母小差和大差同时   D. Ⅱ母小差

66. BP-2B 母线保护起动元件返回判据表达式为（D）。

    A. $I_d < 1.0 I_{dset}$ B. $I_d < 0.9 I_{dset}$ C. $I_d < 0.8 I_{dset}$ D. $I_d < 0.75 I_{dset}$

67. 对 BP-2B 母线保护装置电压闭锁元件叙述正确的是（C）。

    A. 低电压为母线相电压；零序电压为母线零序电压；负序电压为母线负序电压

    B. 低电压为母线线电压；零序电压为母线三倍零序电压；负序电压为母线三倍负序电压

    C. 低电压为母线线电压；零序电压为母线三倍零序电压；负序电压为母线负序电压

D. 低电压为母线相电压；零序电压为母线三倍零序电压；负序电压为母线三倍负序电压

68. BP-2B 母线保护装置对双母线各元件的极性定义为（ B ）。

A. 母线上除母联外各元件的极性必须一致，母联极性同 I 母线上元件的极性

B. 母线上除母联外各元件的极性必须一致，母联极性同 II 母线上元件的极性

C. 母线上除母联外各元件的极性可以不一致，但母联正极性必须在 II 母线侧

D. 母线上除母联外各元件的极性可以不一致，但母联正极性必须在 I 母线侧

69. BP-2B 母线保护装置的复式比率差动判据的动作表达式为（ D ）。

A. I_d 大于 I_{dset} 且 I_d 小于 $K_r(I_r - I_d)$

B. I_d 大于 I_{dset} 或 I_d 大于 $K_r(I_r - I_d)$

C. I_d 大于 I_{dset} 或 I_d 小于 $K_r(I_r - I_d)$

D. I_d 大于 I_{dset} 且 I_d 大于 $K_r(I_r - I_d)$

70. BP-2B 母线保护装置必须整定项目（ A ）。

A. 定值、保护控制字、TA 变比   B. 定值、保护控制字、间隔类型、TA 变比

C. 定值、保护控制字   D. 定值

71. BP-2B 母线保护装置查看菜单中的事件记录可记录最近发生的事件共（ B ）。

A. 64 次   B. 32 次   C. 28 次   D. 20 次

72. BP-2B 母线保护装置的母联失灵电流定值按何种变比整定（ D ）。

A. 母联间隔的变比   B. 装置中用的最多变比

C. 装置中用的最少变比   D. 装置的基准变比

73. 母线分列运行时，BP-2B 微机母线保护装置小差比率系数为（ C ）。

A. 内部固化定值   B. 比率低值   C. 比率高值   D. 不判比率系数

74. 充电保护投入时刻为（ D ）。

A. 充电压板投入

B. 母联电流大于充电过流定值

C. 充电保护过流延时大于充电延时定值

D. 充电过程中，母联电流由无至有瞬间

75. BP-2B 母差保护，母联开关常开及常闭辅助开入接点都为合时，装置认为母联开关状态为（ A ）。

A. 合   B. 分

C. 不为合也不为分   D. 既为合也为分

76. 用 BUS1000 母差保护的测试按钮进行传动试验的现象是以下哪种情况（ B ）。

A. 装置跳闸信号灯亮，装置故障选相灯亮

B. 装置跳闸信号灯亮，装置出口跳闸

C. 无任何信号

D. 装置跳闸信号灯亮，装置不出口跳闸

77. BUS1000 型母差保护的优点就是允许不同型号、不同变比的 TA，通过 5/1 的辅助中间变流器的饱和电压应大于（ A ）V，就能保证母差保护不会误动。

A. 500   B. 400   C. 300   D. 100

78. 快速切除线路和母线的短路故障，是提高电力系统（C）的最重要手段。

　　A. 动态稳定　　　　B. 静态稳定　　　　C. 暂态稳定　　　　D. 以上都不对

79. 比例制动原理的高、中阻抗型母线差动保护的起动元件，按被保护母线短路故障有足够灵敏度整定，灵敏系数不小于（B）。

　　A. 1.2　　　　　　B. 1.5　　　　　　C. 2　　　　　　　　D. 3

80. 辅助流变的三次是否接地（D）。

　　A. 必须接地　　　B. 不能接地　　　C. 无所谓　　　　　D. 可不接地

81. BUS 1000 的动作方程（D）。

　　A. I_{dz} 大于 $K_{IF}+0.5$　　　　　　　　B. I_{dz} 大于 $K_{IF}+0.2$

　　C. I_{dz} 大于 $K_{IF}+0.3$　　　　　　　　D. I_{dz} 大于 $K_{IF}+0.1$

82. 对新装回路的辅助流变各挡变比是否都应检查（B）。

　　A. 不是　　　　　B. 是　　　　　　C. 无所谓　　　　　D. 由检修负责人决定

83. 在（A）一次接线方式下应设置母线出口电压闭锁元件。

　　A. 双母线　　　　B. 多角形　　　　C. 3/2 开关　　　　D. 任何方式

84. 在配置 RADSS 母线保护的站内，（A）情况下双母线中的任意一条母线故障就由总差动保护动作切除两条母线。

　　A. 倒闸操作，两个隔离开关同时合上

　　B. 母联断路器合上

　　C. 母联断路器打开

　　D. A 和 B

85. 双母线差动保护中，I、II 母线相继发生短路故障，不能反映后一母线故障的母线保护是（B）。

　　A. 元件固定联接的母线完全电流差动保护

　　B. 比较母联电流相位构成的母线差动保护

　　C. 比率制动式母线差动保护

　　D. 以上都不对

86. BUS 1000 母差保护的比率制动系数与差动元件最小动作电流有一定的关系，其公式为（C）。

　　A. $I_D=1/(1-K)$　　　　　　　　B. $I_D=1-K$

　　C. $I_D=0.1/(1-K)$　　　　　　　D. $I_D=0.1/K$

87. 固定连接式的双母线差动保护中每一组母线的差电流选择元件整定原则是应可靠躲过另一组母线故障时的（C）。选择元件可取与起动元件相同的整定值，并按本母线最小故障校验灵敏度。

　　A. 最大故障电流　　　　　　　　B. 最小故障电流

　　C. 最大不平衡电流　　　　　　　D. 最小不平衡电流

88. 当母线上连接元件较多时，电流差动母线保护在区外短路时不平衡电流较大的原因是（B）。

A. 电流互感器的变比不同　　　　　B. 电流互感器严重饱和

C. 励磁阻抗大　　　　　D. 合后位置

89. REB103 母差保护属于（ A ）。

A. 完全电流差动保护　　　　　B. 不完全电流差动保护

C. 复式差动保护　　　　　D. 无差动保护

90. 中阻抗型母线差动保护在母线内部故障时，保护装置整组动作时间不大于（ B ）ms。

A. 5　　　　　B. 10　　　　　C. 20　　　　　D. 30

91. 母联电流相位比较式母线差动保护当母联断路器和母联断路器的电流互感器之间发生故障时（ A ）。

A. 将会快速切除非故障母线，而故障母线反而不能快速切除

B. 将会快速切除故障母线，非故障母线不会被切除

C. 将会快速切除故障母线和非故障母线

D. 故障母线和非故障母线均不会被切除

92. 双母线接线形式的变电站，当母联断路器断开运行时，如一条母线发生故障，对于母联电流相位比较式母差保护会（ B ）。

A. 仅选择元件动作　　　　　B. 仅启动元件动作

C. 启动元件和选择元件均动作　　　　　D. 启动元件和选择元件均不动作

93. 3/2 断路器接线每组母线宜装设两套母线保护，同时母线保护应（ A ）电压闭锁环节。

A. 不设置　　　　　B. 设置

C. 一套设置一套不设置　　　　　D. 可带可不带

94. 当双母线接线的两条母线分列运行时，母差保护（ B ）元件的动作灵敏度将降低，因此需自动将制动系数降低。

A. 小差　　　　　B. 大差　　　　　C. 大差和小差　　　　　D. 制动

95. 在母差保护中，中间变流器的误差要求，应比主电流互感器严格，一般要求误差电流不超过最大区外故障电流的（ C ）。

A. 3%　　　　　B. 4%　　　　　C. 5%　　　　　D. 10%

96. 全电流比较原理的母差保护某一出线 TA 单元零相断线后，保护的动作行为是（ B ）。

A. 区内故障不动作，区外故障可能动作

B. 区内故障动作，区外故障可能动作

C. 区内故障不动作，区外故障不动作

D. 区内故障动作，区外故障不动作

97. BP-2B 母线保护装置双母线接线，当母联开关处于分位时，（ A ）自动改用比率制动系数低值。

A. 大差比率差动元件　　　　　B. 小差比率差动元件

C. Ⅰ母比率差动元件　　　　　D. Ⅱ母比率差动元件

98. 双母线运行倒闸过程中会出现两个隔离开关同时闭合的情况，如果此时Ⅰ母发生故障，母线保护应（ A ）。

A. 切除两条母线　　　　　B. 切除Ⅰ母

      C. 切除Ⅱ母   D. 两条母线均不切除

99. 双母线差动保护的复合电压（U_0，U_1，U_2）闭锁元件还要求闭锁每一断路器失灵保护，这一做法的原因是（C）。

    A. 断路器失灵保护原理不完善   B. 断路器失灵保护选择性能不好

    C. 防止断路器失灵保护误动作   D. 提高断路器失灵保护的灵敏度

100. 母线故障时，关于母差保护 TA 饱和程度，以下哪种说法正确？（C）

    A. 故障电流越大，TA 饱和越严重

    B. 故障初期 3～5ms TA 保持线性传变，以后饱和程度逐步减弱

    C. 故障电流越大，且故障所产生的非周期分量越大和衰减时间常数越长，TA 饱和越严重

    D. 母线区内故障比区外故障 TA 的饱和程度要严重

101. BP-2B 型母差保护带负荷试验，一次运行方式如下安排：主变总开关运行在Ⅰ母线，通过母联开关向Ⅱ母线上的某线路供电，则选取不同的相位基准情况下，装置显示上述三个开关的电流相角，其中（C）是正确的。

    A. 主变压器开关相角 0°、母联开关相角 180°、线路开关相角 0°

    B. 主变压器开关相角 0°、母联开关相角 180°、线路开关相角 180°

    C. 主变压器开关相角 180°、母联开关相角 180°、线路开关相角 0°

    D. 主变压器开关相角 180°、母联开关相角 0°、线路开关相角 0°

102. 微机型母差保护中使用的母联开关电流取自Ⅰ母侧电流互感器（TA），如分列运行时在母联开关与 TA 之间发生故障，将造成（A）。

    A. Ⅰ母差动保护动作，切除故障，Ⅰ母失压；Ⅱ母差动保护不动作，Ⅱ母不失压

    B. Ⅱ母差动保护动作，切除故障，Ⅱ母失压；Ⅰ母差动保护不动作，Ⅰ母不失压

    C. Ⅰ母差动保护动作，Ⅰ母失压，但故障没有切除，随后Ⅱ母差动保护动作，切除故障，Ⅱ母失压

    D. Ⅰ母差动保护动作，Ⅰ母失压，但故障没有切除，随后失灵保护动作，切除故障，Ⅱ母失压

103. RCS 915A/B 母差保护中当判断母联 TA 断线后，母联 TA 电流是（C）。

    A. 仍计入小差   B. 退出小差计算

    C. 自动切换成单母方式   D. 不受影响

104. 主变压器失灵解闭锁误开入发何告警信号？（C）

    A. 开入变位   B. TV 断线   C. 开入异常   D. 失灵动作

105. 某些母差保护中启动元件为何采用高低两个定值？（B）

    A. 提高第一次母线故障的动作灵敏度

    B. 提高第二次母线故障的动作灵敏度

    C. 在母线分列运行时采用低值

    D. 在母联开关失灵时采用低值

106. 当双母线并列运行改为分列运行时，以下哪些母线保护装置的灵敏性可能会发生变化？（B）

A. REB-103　　　B. BP-2B　　　　C. RADSS　　　　D. 固定连接式母差

107. 当某条线路进行隔离开关操作送电后，母差保护发断线"信号"，继电保护人员应首先查找什么？（ D ）

A. 断线继电器　　　　　　　　　B. 辅助变流器

C. 母差元件　　　　　　　　　　D. 辅助变流器切换回路

108. 母线差动保护 TA 断线后 （ A ）。

A. 延时闭锁母差保护　　　　　　B. 只发告警信号

C. 瞬时闭锁母差保护　　　　　　D. 启动保护跳闸

109. 220kV 母差保护在继保室有大电流端子屏，在开关端子箱也有大电流端子，两个大电流端子之间有什么关系？（ A ）

A. 串联关系

B. 并联关系

C. 停用母差时在继保室大电流端子屏进行操作

D. 开关改检修时在开关端子箱进行操作

110. 母差保护动作，对线路开关的重合闸 （ A ）。

A. 闭锁　　　　　　　　　　　　B. 不闭锁

C. 仅闭锁单相重合闸　　　　　　D. 不一定

111. 比率差动构成的国产双母线差动保护中，若母联开关由于需要处于开断运行时，则正确的做法是 （ C ）。

A. 从大差动、两个小差动保护中切出母联电流

B. 从母联开关侧的一个小差动保护中切出母联电流

C. 从两个小差动保护中切出母联电流

D. 无需将母联电流从差动保护中切出，只需将母联开关跳闸压板断开

112. 220kV 母差保护退出时，与母差保护同屏的 （ A ）功能退出。

A. 失灵保护　　　B. 出口保护　　　C. 电流保护　　　D. 开关保护

113. RCS 915 母线保护装置管理板主要完成的工作是 （ D ）。

A. 保护的逻辑及跳闸出口功能

B. 事件记录及打印功能

C. 保护部分的后台通信及与面板 CPU 的通信

D. 故障录波功能

114. 对于 BP-2B 保护，假设 δ（%）为区外故障时故障支路的 TA 饱和引起的传变误差，E_{xt}（%）为区内故障时流出母线的电流占总故障电流的比例，则如果整定要求在区外故障时允许故障支路的最大 TA 误差为 85% 而母差不会误动，在区内故障时允许 15% 以下的总故障电流流出母线而母差不会拒动。K_r 复式比率系数应整定为 （ C ）。

A. 1　　　　　　　B. 2　　　　　　　C. 3　　　　　　　D. 4

115. BP-2B 保护装置，只有保护元件可以完成的项目是 （ A ）。

A. 各间隔隔离开关位置开关量的采集

B. 各电压量的采集

    C. 各段母线的闭锁逻辑并出口至 BJ

    D. 人机交互．记录管理和后台通信

116. BP-2B 保护装置，下列哪种情况可能会导致开入异常报警？（ C ）

    A. 隔离开关辅触点变位

    B. 联络开关触点变位；

    C. 主变压器失灵解闭锁触点变位

    D. 保护控制字中出口触点被设为退出状态

117. RCS 915 母线保护装置在带旁路运行时哪些保护不会被退出？（ D ）

    A. 母联充电保护   B. 母联死区保护

    C. 母联失灵保护   D. 母联过流保护

118. 对于由一个大差元件与两个小差元件构成的双母线微机母差保护，以下说法正确的是（ B ）。

    A. 在各种工况下均有死区

    B. 在倒闸操作过程中失去选择性

    C. 在各种母线运行方式下对母联 TA 与母联断路器之间的故障只靠母联断路器失灵保护或死区保护切除故障

    D. TA 断线时差动元件一定会动作

119. RCS 915 母线保护装置关于隔离开关位置报警信号以下哪几种情况的说法是正确的？（ ABCD ）

    A. 当有隔离开关位置变位时，需要运行人员检查无误后按隔离开关位置确认按钮复归

    B. 隔离开关位置出现双跨时，此时不响应隔离关开位置确认按钮

    C. 当某条支路有电流而无隔离开关位置时，装置能够记忆原来的隔离开关位置，并根据当前系统的电流分布情况校验该支路隔离开关位置的正确性，此时不响应隔离开关位置确认按钮

    D. 由于隔离开关位置错误造成大差电流小于 TA 断线定值，而小差电流大于 TA 断线定值时延时 10s 发隔离开关位置报警信号

120. RCS 915 母线保护装置关于交流电压断线以下哪几种情况的说法是正确的？（ ABCD ）

    A. 母线负序电压 $3U_2$ 大于 12V，延时 1.25s 报该母线 TV 断线

    B. 母线三相电压幅值之和（$|U_u| + |U_v| + |U_w|$）小于 U_N，且母联或任一出线的任一相有电流（$>0.04I_N$）或母线任一相电压大于 $0.3U_N$，延时 1.25s 延时报该母线 TV 断线

    C. 三相电压恢复正常后，经 10s 延时后全部恢复正常运行

    D. 当检测到系统有扰动或任一支路的零序电流大于 $0.1I_N$ 时不进行 TV 断线的检测，以防止区外故障时误判

121. RCS 915 母线保护装置关于交流电流断线以下哪几种情况的说法是正确的？（ ABCD ）

    A. 任一支路 $3I_0 > 0.25I_{\phi max} + 0.04I_N$ 时延时 5s 发该支路 TA 断线报警信号，对于母联支路发母联不平衡断线信号，该判据可由控制字选择退出

B. 差流大于 TA 断线整定值 I_{DX}，延时 5s 发 TA 断线报警信号

C. 大差电流小于 TA 断线整定值 I_{DX}，两个小差电流均大于 I_{DX} 时，延时 5s 报母联 TA 断线，当母联代路时不进行该判据的判别

D. 如果仅母联 TA 断线不闭锁母差保护，但此时自动切到单母方式，发生区内故障时不再进行故障母线的选择。其他 TA 断线情况时均闭锁母差保护（其他保护功能不闭锁）

122. 关于失灵保护的描述正确地有（BCD）。

A. 主变压器保护动作，主变压器 220kV 开关失灵，启动 220kV 母差保护

B. 主变压器电气量保护动作，主变压器 220kV 开关失灵，启动 220kV 母差保护

C. 220kV 母差保护动作，主变压器 220kV 开关失灵，延时跳主变压器三侧开关

D. 主变压器 35kV 开关无失灵保护

123. 微机母差保护的特点有（AB）。

A. TA 变比可以不一样

B. 母线运行方式变化可以自适应

C. 必须使用辅助变流器

D. 不需要电压闭锁

124. 关于开关失灵保护描述正确的是（BD）。

A. 失灵保护动作将启动母差保护

B. 若线路保护拒动，失灵保护将无法启动

C. 失灵保护动作后，应检查母差保护范围，以发现故障点

D. 失灵保护的整定时间应大于线路主保护的时间

125. 比率差动构成的国产母线差动保护中，若大差电流不返回，其中有一个小差动电流动作不返回，母联电流越限，则可能的情况是（AB）。

A. 母联断路器失灵

B. 短路故障在死区范围内

C. 母联电流互感器二次回路断线

D. 其中的一条母线上发生了短路故障，有电源的一条出线断路器发生了拒动

126. 在发生母线短路故障时，在暂态过程中，母差保护差动回路的特点以下说法正确是（ABC）。

A. 直流分量大

B. 暂态误差大

C. 不平衡电流最大值不在短路最初时刻出现

D. 不平衡电流最大值出现在短路最初时刻

127. 对分相断路器，母联（分段）死区保护所需的开关位置辅触点应采用（AD）。

A. 三相常开触点并联
B. 三相常开触点串联

C. 三相常闭触点并联
D. 三相常闭触点串联

128. 中阻抗母差保护切换继电器切换触点要求（AB）。

A. 先闭合后另一对触点打开
B. 两对接点并联起来用

C. 先打开后另一对接点闭合　　　　　D. 两对接点串联起来用

129. 深圳南瑞 BP-2B 母线中复合电压闭锁元件包含（ ACD ）。
    A. 低电压　　　　B. 电压突变　　　　C. 负序电压　　　　D. 零序电压

130. 母联开关位置接点接入母差保护，作用是（ BC ）。
    A. 母联开关合于母线故障问题
    B. 母差保护死区问题
    C. 母线分裂运行时的选择性问题
    D. 母线并联运行时的选择性问题

131. 一次接线为 3/2 断路器接线时，该母线保护不必装设（ AC ）。
    A. 低电压闭锁元件　　　　　　　　　B. TA 断线闭锁元件
    C. 复合电压闭锁元件　　　　　　　　D. 辅助变流器

132. 对于双母线接线方式的变电站，当某一出线发生故障且断路器拒动时，应由（ AC ）切除电源。
    A. 失灵保护　　　　　　　　　　　　B. 母线保护
    C. 对侧线路保护　　　　　　　　　　D. 上一级后备保护

133. 采用高、中阻抗型母线差动保护时，要验证电流互感器（ ABC ）是否满足要求。
    A. 10% 误差　　　　B. 拐点电压　　　　C. 伏安特性　　　　D. 变比

134. 国电南自 WMZ-41 母线中复合电压闭锁元件包含（ ABCD ）。
    A. 低电压　　　　B. 电压突变　　　　C. 负序电压　　　　D. 零序电压

135. BP-2B 母线保护装置可强制母线互联的方式有（ ABC ）。
    A. 保护控制字中整定母线互联　　　　B. 投互联压板
    C. 通过闸刀模拟屏　　　　　　　　　D. 投分列压板

136. 双母线接线方式下，线路断路器失灵保护由哪几部分组成（ ABCD ）。
    A. 保护动作触点　　　　　　　　　　B. 电流判别元件
    C. 电压闭锁元件　　　　　　　　　　D. 时间元件

137. RCS 915A/B 母差保护中当判断母联 TA 断线后，母联 TA 电流是（ BCD ）。
    A. 仍计入小差　　　　　　　　　　　B. 退出小差计算
    C. 自动切换成单母方式　　　　　　　D. 投大差计算

138. 发生母线短路故障时，关于电流互感器二次侧电流的特点，以下说法正确的是（ ABC ）。
    A. 直流分量大
    B. 暂态误差大
    C. 二次电流最大值不在短路最初时刻
    D. 与一次短路电流成线性关系

139. 如图 4-2 所示，在 3/2 接线方式下，哪些保护可以起动 QF1 的失灵保护？（ ACD ）
    A. I 母母线保护
    B. II 母母线保护
    C. 线路 L1 保护

D. 线路 L1 远方跳闸的保护起动

140. 如图 4-2 和图 4-3 所示，在 3/2 接线方式下，QF2 失灵保护动作后，应跳开哪些断路器？（ABCD）

A. QF1   B. QF3

C. QF5   D. QF4

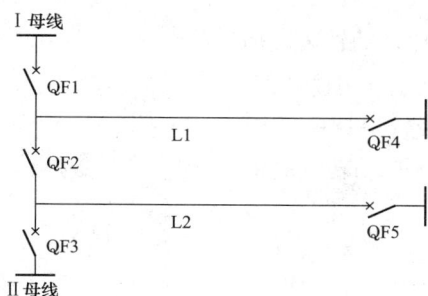 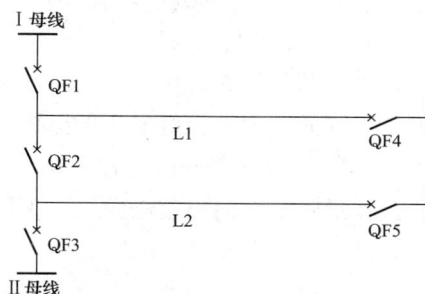

图 4-2   图 4-3

141. RADSS 型母差保护在电流互感器二次回路测量电阻偏大时，可采取什么措施？（ABC）

A. 减小辅助流变的变比

B. 增加主流变到母差盘之间的电缆截面

C. 将差动回路可调电阻 R_{d11} 调大

D. 将差动回路可调电阻 R_{d11} 调小

142. 满足下面哪些条件，断路器失灵保护方可启动？（AB）

A. 故障设备的保护能瞬时复归的出口继电器动作后不返回

B. 断路器未跳开的判别元件动作

C. 断路器动作跳闸

D. 电压元件不开放

143. 下列哪些保护可以启动断路器失灵保护？（AD）

A. 光纤差动保护   B. 变压器非电量保护

C. 变压器过负荷保护   D. 线路距离三段保护

144. 失灵保护的线路断路器启动回路由什么组成？（AB）

A. 保护动作出口接点   B. 断路器失灵判别元件（电流元件）

C. 断路器位置接点   D. 线路电压元件

145. 下列哪些条件可以使线路高频闭锁式保护停信？（ABC）

A. 母线保护动作

B. 断路器位置

C. 高频保护正方向元件动作，反方向元件不动作，且收到闭锁信号而后闭锁信号消失

D. 断路器失灵保护

146. 双母线接线的母线保护设置复合电压闭锁元件的原因有（ABC）。

A. 防止由于人员误碰，造成母差或失灵保护误动出口，跳开多个元件

B. 防止母差或失灵保护由于元件损坏或受到外部干扰时误动出口

C. 双母线接线的线路由一个断路器供电，一旦母线误动，会导致线路停电，所以母线保护设置复合电压闭锁元件可以保证较高的供电可靠性

D. 当变压器开关失灵时，电压元件可能不开放

147. 关于 BP-2B，下列说法正确的是（ AB ）。

A. 母联断路器在合位时，大差制动系数自动转入高值

B. 母联断路器在分位时，母联电流不再计入小差

C. 母联间隔电流极性和 I 母出线电流极性保持一致

D. 母联断路器在分位时，大差制动系数自动转入高值

148. 进行母线倒闸操作应注意（ ABCD ）。

A. 对母差保护的影响

B. 各段母线上电源与负荷分布是否合理

C. 主变压器中性点分布是否合理

D. 双母线 TV 在一次侧没有并列前二次侧不得并列运行防止 TV 对停运母线反充电

149. BP-2B 型母差保护装置在母线分裂运行时的跳闸出口的条件是（ AD ）。

A. 闭锁开放元件动作　　　　　　B. 仅要大差差流达到动作值

C. 仅要小差差流达到动作值　　　D. 大小差差流均达到动作值

150. 微机型母线差动保护装置包含母联（或旁路母联）开关的（ AB ）保护。

A. 母联充电保护　　　　　　　　B. 母联过流保护

C. 母联开关距离保护　　　　　　D. 母联开关零序保护

二、判断题

1. 电流互感器在暂态过程中短路电流含有直流分量使电流互感器的暂态误差比稳态误差大得多，因此母线差动保护的暂态不平衡电流要比稳态不平衡电流大得多。（ √ ）

2. 在采用自适应阻抗加权抗饱和法的母差保护装置中，如果工频变化量阻抗元件动作在先而工频变化量差动元件及工频变化量电压元件后动作，即判为区外故障 TA 饱和，立即将母差保护闭锁。（ × ）

3. 中阻抗母差保护从原理上就不受 TA 饱和的影响。（ √ ）

4. 当线路保护装置拒动时，一般情况只允许相邻上一级的线路保护越级动作，切除故障；当断路器拒动（只考虑一相断路器拒动），且断路器失灵保护动作时，应保留一组母线运行（双母线接线）或允许多失去一个元件（3/2 断路器接线）。（ √ ）

5. 对一个半断路器接线方式，当任一母线上的母线差动保护全部退出运行时，可通过解列保护切除母线故障，母线不需陪停。（ × ）

6. 合理分配母差保护所接电流互感器二次绕组，对确无办法解决的保护动作死区，可采取后备保护加以解决。（ × ）

7. 220kV 及以上电压等级双母线接线的微机母差保护出口可不经复合电压元件闭锁。（ × ）

8. 断路器失灵保护的电流判别元件返回系数也不宜低于 0.85。（ × ）

9. 220kV 及以上电压等级变压器的断路器失灵时，跳开失灵断路器相邻的全部断路器即可。　　　　　　　　　　　　　　　　　　　　　　　　　　　　　（×）

10. 用于母差保护的断路器和隔离开关的辅助接点、切换回路、辅助变流器以及与其他保护配合的相关回路亦应遵循相互独立的原则按双重化配置。　　　　　（√）

11. 母差保护与失灵保护共用出口回路时，闭锁元件的灵敏系数应按失灵保护的要求整定。　　　　　　　　　　　　　　　　　　　　　　　　　　　　　　　（√）

12. 母线充电保护只是在对母线充电时才投入使用，充电完毕后要退出。　（√）

13. 某母线装设有完全差动保护，在外部故障时，各健全线路的电流方向是背离母线的，故障线路的电流方向是指向母线的，其大小等于各健全线路电流之和。　（×）

14. 母线必须装设专用的保护。　　　　　　　　　　　　　　　　　　　（×）

15. 微机母线差动保护的实质就是基尔霍夫第一定律，将母线当作一个节点。　（√）

16. 母线保护在外部故障时，其差动回路电流等于各连接元件的电流之和（不考虑电流互感器的误差）；在内部故障时，其差动回路的电流等于零。　　　　　（×）

17. 母线完全差动保护启动元件的整定值，应能避开外部故障时的最大短路电流。　（×）

18. 为保证在电流互感器和断路器之间发生故障时，母差保护动作跳开本侧断路器的同时对侧闭锁式纵联保护能快速动作，应采取的措施是母差保护动作停信。　（√）

19. 对于超高压系统，当变电站母线发生故障，在母差保护动作切除故障的同时，变电站出线对端的线路保护也应可靠的跳开相应断路器。　　　　　　　　　（×）

20. 正常运行时，不得投入母联充电保护的连接片。　　　　　　　　　（√）

21. 双母线接线的母差保护采用电压闭锁元件是因为有二次回路切换问题；3/2 断路器接线的母差保护不采用电压闭锁元件是因为没有二次回路切换问题。　（×）

22. 母线差动保护采用电压闭锁元件，能够防止误碰出口继电器而造成保护误动。　（√）

23. 母线电流差动保护（不包括 3/2 接线的母差保护）采用电压闭锁元件可防止由于误碰出口中间继电器或电流互感器二次开路而造成母差保护误动。　　　（√）

24. 失灵保护的判别元件一般为相电流元件，当用于发电机变压器组保护起动断路器失灵保护时，判别元件应增加零序电流元件或负序电流元件。　　　　　　（√）

25. 断路器失灵保护所需动作延时，应为断路器跳闸时间，保护返回时间之和再加裕度时间。　　　　　　　　　　　　　　　　　　　　　　　　　　　　　　　（√）

26. 只将母线上所有电源元件的电流互感器均按同名相．同极性连接到差动回路、而无电源元件的电流互感器不接入差动回路的保护称之为母线不完全差动保护。　（√）

27. 母线差动及断路器失灵保护，允许用导通方法分别证实到每个断路器接线的正确性。　　　　　　　　　　　　　　　　　　　　　　　　　　　　　　　　（√）

28. 在对停电的线路电流互感器进行伏安特性试验时，必须将该电流互感器接至母差保护的二次线可靠短接后，再断开电流互感器二次的出线，以防止母差保护误动。　（×）

29. 母线保护用的电流互感器，一般要求在最不利的区外故障条件下，误差电流不超过最大故障电流的 10%，对中间变流器的误差，一般要求误差电流不超过最大区外故障电流的 10%。　　　　　　　　　　　　　　　　　　　　　　　　　　　　　（×）

30. 3/2 断路器接线的母线，应装设 2 套母差保护，并且装设电压闭锁元件。　（×）

31. 对于带制动特性的中阻抗母差保护，双母线正常运行时，如果Ⅰ母线发生电流二次回路断线，保护不会动作出口，但是当母线固定运行方式被破坏，保护有可能会动作出口。（×）

32. 变压器主保护动作后均要启动断路器失灵保护。（×）

33. 当母线故障，母线差动保护动作而某断路器拒动或故障点发生在电流互感器与断路器之间时，为加速对侧保护切除故障，对装有高频保护的线路，应采用母线差动保护动作发信的措施。（×）

34. 母线差动保护为防止误动作而采用的电压闭锁元件，正确的做法是闭锁总启动回路。（×）

35. 失灵保护是一种后备保护，当设备发生故障时，如保护拒动时可依靠失灵保护隔离故障。（√）

36. 失灵保护的线路断路器启动回路由失灵保护的启动回路由保护动作出口接点和断路器失灵判别元件（电流元件）构成"或"回路所组成。（×）

37. 失灵保护的母联断路器启动回路由母线差动保护（Ⅰ母或Ⅱ母）出口继电器动作接点和母联断路器失灵判别元件（电流元件）构成"与"回路。（√）

38. 双母线接线形式的变电站中，装设有母差保护和失灵保护，当一组母线电压互感器出现异常需要退出运行时，不允许通过将电压互感器二次并列运行来维持母线正常方式。（√）

39. 某双母线接线形式的变电站中，装设有母差保护和失灵保护，当一组母线电压互感器出现异常需要退出运行时，允许通过将电压互感器二次并列运行来维持母线正常方式。（×）

40. 母联电流相位比较式母差保护，在母联断路器断开时，为了切除母线故障，必须投无选择状态，否则母线故障时该保护将拒动。（√）

41. 在电流相位比较式母线差动保护装置中，一般利用相位比较继电器作为启动元件，利用差动继电器继电器作为选择元件。（×）

42. 断路器失灵保护的延时必须与其他保护的时限配合。（×）

43. 断路器失灵保护的相电流判别元件的整定值，在为了满足线路末端单相接地故障时有足够灵敏度，可以不躲过正常运行负荷电流。（√）

44. 当一个半断路器接线方式一串中的中间断路器拒动，启动失灵保护，并采用远方跳闸装置，使线路对端断路器跳闸并闭锁其重合闸。（√）

45. 双母线差动保护按要求在每一单元出口回路加装低电压闭锁。（×）

46. 固定连接方式的母差保护，当运行的双母线的固定连接方式被破坏时，此时发生任一母线故障，该母差保护能有选择故障母线的能力即只切除接于该母线的元件，另一母线可以继续运行。（×）

47. 母线差动保护为防止误动作而采用的电压闭锁元件，正常的做法是闭锁总起动回路。（×）

48. 中阻抗母差保护主要是靠谐波比率制动来防止 TA 饱和后保护误动作。（×）

49. 断路器失灵保护是一种后备保护，当故障元件的保护拒动时可依靠该保护切除故障。（×）

50. 中阻抗母线保护的差动元件动作电流一般整定 0.5A，若辅助变流器为 10/2.5，则从此辅助变换器原边加 1.9~2.1A 电流（考虑±5％的误差），继电器就会动作。　（✓）

51. 断路器失灵保护动作必须闭锁重合闸。　（✓）

52. 220kV 母线分列运行时，母联开关与母联 TA 之间发生故障，BP-2C 母差保护经 150ms 延时确认分列状态，母联电流不计入小差电流，由差动保护切除母联死区故障。　（✗）

53. 母联失灵出口延时定值应大于开关最大跳闸灭弧时间，一般整定为 0.2s。　（✓）

54. 当变电站 220kV 母线分列运行时，要求变电站中低压侧母线分列运行。　（✓）

55. 220kV 母线配置两套母差的变电站，正常运行时，两套母差保护全部投入，需要时两套母差保护可分别单独投退。　（✓）

56. 在 220kV 双母线运行方式下，当任一母线故障，该母线差动保护动作而母联断路器拒动时，这时需由母联失灵保护来切除故障。　（✓）

57. 接入 RCS 915A/B 型微机母线保护装置的 TA 极性规定如下：接在Ⅰ母线和Ⅱ母线上的间隔元件的 TA 的极性星端，均以母线侧为星接入装置的星端。母联的 TA 极性以Ⅱ母侧为星端接入装置的星端。　（✗）

58. 母差保护在电流互感器二次回路不正常或断线时可跳闸。　（✗）

59. 对数字式母线保护装置，允许在起动出口继电器的逻辑中设置电压闭锁回路，而不在跳闸出口接点回路上串接电压闭锁触点。　（✓）

60. 对于母线保护装置的备用间隔电流互感器二次回路应在母线保护柜端子排外侧断开，端子排内侧不应短路。　（✓）

61. 对于 3/2 断路器接线母线保护，要求它的可信赖性比安全性更高。　（✓）

62. 母差保护中，母联电流互感器断线闭锁母差。　（✗）

63. 母线倒闸操作时，电流相位比较式母线差动保护退出运行。　（✗）

64. 母线充电保护是指母线故障的后备保护。　（✗）

65. 在双母线母联电流比相式母线保护中，任一母线故障只要母联断路器中电流为零，母线保护将拒动。为此要求两条母线都必须有可靠电源与之联接。　（✓）

66. 母联电流相位比较式母线差动保护当母联断路器和母联断路器的电流互感器之间发生故障时将会切除非故障母线，而故障母线反而不能切除。　（✓）

67. BP-2B 保护和电流突变量判据，当任一相的和电流突变量大于突变量门坎时，该相起动元件动作。其中和电流突变量采用和电流有效值比前一周波的突变量。　（✗）

68. 双母线接线形式的变电站，当母联断路器断开运行时，如一条母线发生故障，对于母联电流相位比较式母差保护仅选择元件动作。　（✗）

69. 母线保护、断路器失灵保护作现场定检工作前，只要填写工作票，履行工作许可手续即可进行工作。　（✗）

70. 断路器失灵起动回路由相电流元件、保护动作接点、母线电压元件构成。　（✓）

71. 采用高、中阻抗型母线差动保护时，要验证电流互感器 10％误差和拐点电压是否满足要求。　（✓）

72. 所有母差保护的电压闭锁元件由低电压元件、负序电压元件及零序电压元件经或门构成。　（✗）

73. 母线差动保护起动元件的整定值，应能避开外部故障的最大不平衡电流。 （ √ ）

74. 断路器失灵保护的延时均不需与其他保护的时限配合，因为它在其他保护动作后才开始计时。 （ √ ）

75. 双母线电流差动保护，双母线固定连接方式破坏同时保护范围外部故障，Ⅰ母线差动保护会误动作，Ⅱ母线差动保护会误动作，完全电流差动保护不会误动作。 （ √ ）

76. 一次设备倒排前，必须先将母差保护退出。 （ × ）

77. 短路电流暂态过程中含有非周期分量，电流互感器的暂态误差比稳态误差大得多。因此，母线差动保护的暂态不平衡电流也比稳态不平衡电流大得多。 （ √ ）

78. 双母线系统中电压切换的作用是为了保证二次电压与一次电压的对应。 （ √ ）

79. 向变电站的母线空充电操作时，有时出现误发接地信号，其原因是变电站内三相带电体对地电容量不等，造成中性点位移，产生较大的零序电压。 （ √ ）

80. 断路器失灵保护时间定值的基本要求：断路器失灵保护所需动作延时，应为断路器跳闸时间和保护返回时间之和再加裕度时间。以较短时间动作于断开母联断路器或分段断路器，再经一时限动作于连接在同一母线上的所有有电源支路的断路器。 （ √ ）

81. 母线故障母差保护正确动作后，对侧高频保护能够出口跳闸。 （ √ ）

82. 母线故障，母差保护动作，由于断路器拒跳，最后由母差保护启动断路器失灵保护消除母线故障。此时，断路器失灵保护装置按正确动作 1 次统计，母差保护不予评价。 （ × ）

83. 母差保护与失灵保护共用出口回路时，闭锁元件的灵敏系数应按失灵保护的要求整定。 （ √ ）

84. 为保证安全，母线差动保护装置中各元件的电流互感器二次侧应分别接地。 （ × ）

85. 对于中阻抗比率制动式母差保护，任一母线复合电压闭锁继电器损坏，母差出口回路将失去闭锁，遇此情况，可不停母差保护，但应将故障母线的复合电压闭锁压板退出，Ⅰ、Ⅱ段母线复合电压闭锁切换压板投入，同时应及时处理。 （ √ ）

86. 运用于双母线接线的比率制动式母差保护装置，在倒闸操作工作过程中，遇到任一母线故障，母差保护动作会切除两条母线上的所有开关。 （ √ ）

87. 直流电源消失必须立即停用母差，待故障处理后方能投入保护。 （ √ ）

88. 当线路断路器与电流互感器之间发生故障时，本侧母差保护动作三跳。为使线路对侧的高频保护快速跳闸，可以采用母差保护动作三跳停信措施。 （ √ ）

89. 断路器非全相保护不启动断路器失灵保护。 （ × ）

90. 不论何种母线接线方式，当某一出线断路器发生拒动时，失灵保护只需跳开该母线上的其他所有断路器。 （ × ）

91. 双母线的母联断路器合闸运行，母线差动保护的死区在母联开关与母联 TA 之间。 （ √ ）

92. 对新建、扩建的技改工程 220kV 变电站的变压器高压断路器和母联 . 母线分段断路器应选用三相联动的断路器。 （ √ ）

93. 母联过流保护不经复合电压闭锁。 （ √ ）

94. 220kV 微机母差保护出口经相应母线复压元件闭锁（包括母联 . 母分也经电压闭锁），复压元件动作后应告警。 （ × ）

95. 220kV 微机母差保护当 TV 断线时，按照标准化设计规范，装置应发出告警信号但不闭锁保护。　　　　　　　　　　　　　　　　　　　　　　　　　　　（ √ ）

96. 母联失灵出口延时定值应大于开关最大跳闸灭弧时间，一般整定为 0.2s。　（ √ ）

97. 当变电站 220kV 母线分列运行时，要求变电站中低压侧母线分列运行。　（ √ ）

98. 在 220kV 双母线运行方式下，当任一母线故障，该母线差动保护动作而母联断路器拒动时，这时需由母联失灵保护来切除故障。　　　　　　　　　　　　　（ √ ）

99. 母线接地时母差保护动作，但断路器拒动，母差保护评价为正确动作。　（ × ）

100. 母线差动保护动作使纵联保护停讯造成对侧跳闸，则按母线所属"对侧纵联"评为"正确动作一次"。　　　　　　　　　　　　　　　　　　　　　　　　　（ √ ）

101. 双母线接线母线故障，母差保护动作，利用线路纵联保护促使其对侧断路器跳闸，消除故障，母差保护和线路两侧纵联保护应分别评价为"正确动作"。　　　　　（ × ）

102. 母联过流保护动作后经延时跳开母联开关，该保护不经复合电压闭锁元件闭锁。（ √ ）

103. 某母线装设有完全差动保护，在外部故障时，各健全线路的电流方向是背离母线的，故障线路的电流方向是指向母线的，其大小等于各健全线路电流之和。　　（ × ）

104. 对于双母线断路器失灵保护，复合电压闭锁元件应设置两套，分别接在各自母线 TV 二次，并分别作为各自母线失灵跳闸的闭锁元件。　　　　　　　　　　（ √ ）

105. 当连接元件从某一母线切换到另一母线时，对大差的工作并没影响，但对小差的工作却会带来影响。　　　　　　　　　　　　　　　　　　　　　　　　　（ √ ）

106. 一个半接线方式的线路保护、短线保护的交流回路均采用和电流接线方式，失灵保护采用单独的开关电流输入。　　　　　　　　　　　　　　　　　　　（ √ ）

107. 主变压器 500kV 侧、220kV 侧距离保护可分别作为 500kV、220kV 母线的后备保护，当对应母线保护停用时，可不调整距离保护动作时间。　　　　　　　　　（ × ）

108. 由于母差保护装置中采用了复合电压闭锁功能，所以当发生 TA 断线时，保护装置将延时发 TA 断线信号，不需要闭锁母差保护。　　　　　　　　　　　　　（ × ）

109. 220kV 母差保护停用，断路器失灵保护也随之停用。　　　　　　　　（ √ ）

110. 充电保护一般是利用判别母联电流是否越限来构成，出口后将母联断路器跳开，因此在正常运行时不允许随意退出充电保护。　　　　　　　　　　　　　　（ × ）

111. 不得将故障压变所在母线的母差保护停用。　　　　　　　　　　　（ √ ）

112. 所有 TA 二次回路都有且仅有一点接地，对有电气连接的母差保护电流回路接地点一般在母差保护屏上。　　　　　　　　　　　　　　　　　　　　　（ √ ）

113. 按照"六统一"要求，跳母联或分段断路器的回路不串复合电压元件的输出接点。
　　　　　　　　　　　　　　　　　　　　　　　　　　　　　　　　　（ √ ）

114. 大差取当前运行于双母线系统上所有联接单元的电流进行计算。　　（ × ）

115. 在双母线系统中，当母联单元只安装一组 TA，在母联断路器与母联 TA 之间发生的故障称为死区故障。　　　　　　　　　　　　　　　　　　　　　　　（ √ ）

116. 双母线并列、分列或互联时，母线保护大差的动作灵敏度一样。　　（ × ）

117. 按下 REB-103 母差屏上"BLOCK"按钮，会将母差出口回路及断路器失灵启动母差跳闸出口回路断开。　　　　　　　　　　　　　　　　　　　　　　　（ × ）

118. 一个半断路器接线方式的一串中的中间断路器拒动，应将该串两个边断路器跳开即可。 （×）

119. 在隔离开关双跨时，开关保护具有内连运行回路，发生母线内部故障时保护能有选择动作跳开故障母线上的所有连接元件。 （×）

120. 500kV 主变压器 35kV 过流保护一段可作为 35kV 母线相间短路故障的主保护。 （√）

121. 对于母线保护来说，220kV 电网重点防止保护误动，对于 500kV 电网重点防止保护拒动。 （√）

122. 220kV 系统在进行倒母线操作时，母联及分段断路器不必改为非自动。 （×）

123. 当 35kV 母线发生故障时，主变压器大差动保护不会启动。 （√）

124. 500kV 失灵保护还有一个重要的作用是与远方跳闸保护配合，消除开关与流变之间的死区故障。 （√）

125. 220kV 母差保护动作，500kV 变压器 220kV 侧开关拒动，此时 220kV 侧开关失灵保护应联跳主变压器各侧开关。 （√）

126. 采用 3/2 主接线运行方式的变电站在正常接线方式下发生一条母线故障停运时，不会造成出线停电。 （√）

127. 母线差动保护同其他设备的差动保护原理是相同的，在正常运行和外部故障，流入、流出母线电流之和为零、母线内部故障时，差动回路电流为短路总电流。 （√）

128. 500kV 断路器失灵保护采用保护跳闸触点闭合同时跳闸相电流不返回，按相接线作为动作判据。 （√）

129. 母线差动保护起动元件的整定值，应能避开外部故障的最大不平衡电流。 （√）

130. 直流电源消失必须立即停用母差，待故障处理后方能投入保护。 （√）

131. 对于单母线分段或双母线的母差保护，每相差动保护由两个小差元件及一个大差元件构成。大差元件用于检查母线故障，而小差元件选择出故障所在的哪段或哪条母线。 （√）

132. 母线出线故障时 TA 可能饱和。某一出线元件 TA 的饱和，其二次电流大大减少（严重饱和时 TA 二次电流等于零）。 （√）

133. 在母差保护中，当故障电流（即工频电流变化量）与差动元件中的差流同时出现时，认为是区内故障开放差动保护。 （√）

134. 当低电压元件、零序过电压元件及负序电压元件中只要有一个或一个以上的元件动作，立即开放母差保护跳各路开关的回路。 （√）

135. 母差保护为分相差动，TA 断线闭锁元件也应分相设置，即哪一相 TA 断线应去闭锁哪一相动保护，以减少母线上又发生故障时差动保护拒动的几率。 （√）

136. 在国产的微机母线保护装置中，设置有专用的死区保护，用于切除母联断路器与母联 TA 之间的故障。 （√）

137. 母联过电流保护是临时性保护，当用母联代路时投入运行。 （√）

三、简答题

1. 为什么母线差动保护的暂态不平衡电流的最大值不是出现在短路的最初时刻？

答：因为构成母差保护的电流互感器的励磁阻抗是电感性的，不允许励磁电流突变，在短路最初的瞬间全部一次电流传变到二次来，几乎每一电流互感器都没有误差，所以不平衡电流为零。其后直流分量流入励磁阻抗，电流互感器误差增大，不平衡电流也随之增大。当直流分量衰减后，不平衡电流减小为稳态不平衡电流。

2. 当母线出线发生近区故障 TA 饱和时，其二次侧电流有哪些特点？

答：（1）在故障发生瞬间，由于铁芯中的磁通不能跃变，TA 不能立即进入饱和区，而是存在一个时域为 3～5ms 的线性传递区。在线性传递区内，TA 二次电流与一次电流成正比。

（2）TA 饱和之后，在每个周期内一次电流过零点附近存在不饱和时段，在此时段内，TA 二次电流又与一次电流成正比。

（3）TA 饱和后其励磁阻抗大大减小，使其内阻大大降低，严重时内阻等于零。

（4）TA 饱和后，其二次电流偏于时间轴一侧，致使电流的正、负半波不对称，电流中含有很大的二次和三次谐波电流分量。

3. 在国产微机型母差保护中如何防止区外故障时 TA 饱和造成的误动？

答：为防止区外故障时由于 TA 饱和母差保护误动，在微机型母差保护中设置了专门的 TA 饱和鉴别元件。鉴别方法主要是同步识别法及差流波形存在线性传变区的特点；也有利用谐波制动原理防止 TA 饱和差动元件误动的。

在母差保护中，当故障电流（即工频电流变化量）与差动元件中的差流同时出现时，认为是区内故障开放差动保护；而当故障电流比差动元件中的差流出现早时，即认为差动元件中的差流是区外故障 TA 饱和产生的，立即将差动保护闭锁一定时间。将这种鉴别区外故障 TA 饱和的方法称作同步识别法。

TA 饱和时差电流的波形将发生畸变，其中含有大量的谐波分量。用谐波制动可以防止区外故障 TA 饱和误动。但是，当区内故障 TA 饱和时，差电流中同样会有谐波分量。因此，为防止区内故障或区外故障转区内故障 TA 饱和使差动保护拒动，必须引入其他辅助判据，以确定是区内故障还是区外故障。

4. 画图说明母联断路器状态对差动元件动作灵敏度有何影响，如何解决？

答：当母联开关分列运行时，会造成大差元件的灵敏度下降，如图 4-4 所示。

当母联运行时，Ⅰ 母发生短路故障，Ⅰ 母小差元件的差流为 $|\dot{I}_3|+|\dot{I}_4|+|\dot{I}_0|=|\dot{I}_3|+|\dot{I}_4|+|\dot{I}_1|+|\dot{I}_2|$；Ⅰ 母小差元件的制动电流也为 $|\dot{I}_3|+|\dot{I}_4|+|\dot{I}_1|+|\dot{I}_2|$。两者之比为 1。大差元件的差流与制动电流与 Ⅰ 母小差相同，两者之比也为 1。

当母联断开时，Ⅰ 母发生短路故障时，Ⅰ 母小差元件的差流为 $|\dot{I}_3|+|\dot{I}_4|$，制动电流也为 $|\dot{I}_3|+|\dot{I}_4|$，两者之比为 1。而大差元件的制动电流仍为 $|\dot{I}_3|+|\dot{I}_4|+|\dot{I}_1|+|\dot{I}_2|$，但差流确只有 $|\dot{I}_3|+|\dot{I}_4|$。显然大差元件

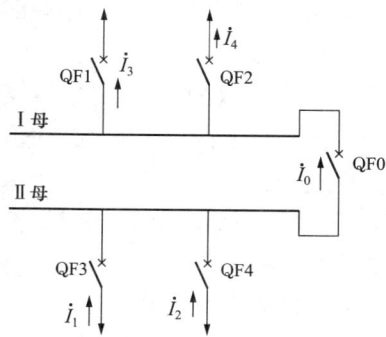

图 4-4

的动作灵敏度大大下降。在最为不利的情况下，对于常规比率差动的母差保护其大差元件的制动系可降低到 1/3。

为保证母联断路器停运时母差保护的动作灵敏度，可以采取以下措施：

（1）解除大差元件。

当母联断路器退出运行时，通过隔离开关的辅助接点解除大差元件，只要小差元件及其他启动元件动作就可以去跳断路器。这种对策的缺点是降低了保护的可靠性。

（2）自动降低大差元件的比率制动系数。

当母联断路器退出运行时，用断路器辅助接点作为开入量，自动将大差元件的制动系数减小。

5. 为什么在有电气连接的母差各 TA 二次回路中只能有一个接地点？

答：母差 TA 的数量多，各组 TA 之间的距离远。母差保护装置在控制室而与各组 TA 安装处之间的距离远。若在各组 TA 二次均有接地点，而由于各接地点之间的地电位相差很大，必定在母差保护中产生差流，可能导致保护误动。

6. 运行中能否将中阻抗母差保护的二次短接，为什么？

答：不能。若将运行中中阻抗母差保护的一组 TA 二次回路短接，等于将全套母差保护退出运行。其原因相当于 TA 饱和。

当母线某一连接元件检修时，可将该连接元件的母差 TA 二次回路在辅助 TA 一次断开。

7. 对母差保护装置中 TA 断线闭锁元件有何要求？

答：（1）延时（一般 5s）发出告警信号并将母差保护闭锁。

（2）分相设置闭锁元件。

（3）母联、分段断路器 TA 断线，不应闭锁母差保护。但此时应自动切换到单母方式，发生区内故障时不再进行故障母线的选择。

8. 请解释规程中规定双母线接线的断路器失灵保护要以较短时限先切母联断路器，再以较长时限切故障母线上的所有断路器？

答：双母线接线方式的断路器失灵时，失灵保护动作后，先跳开母联和分段开关，以第二延时跳开失灵开关所在母线的其他所有开关。

先跳开母联和分段开关，主要是为了尽快将故障隔离，减少对系统的影响，避免非故障母线线路对侧零序速动段保护误动。

9. 在母线电流差动保护中，为什么要采用电压闭锁元件？怎样闭锁？

答：为了防止差动继电器误动作或误碰出口中间继电器造成母线保护误动作，故采用复合电压闭锁元件。它利用接在每组母线电压互感器二次侧上的低电压继电器和零序过电压继电器实现。三只低电压继电器反应各种相间短路故障，零序过电压继电器反应各种接地故障。利用电压元件对母线保护进行闭锁，接线简单。防止母线保护误动接线是将电压重动继电器的触点串接在各个跳闸回路中。这种方式如误碰出口中间继电器不会引起母线保护误动作，因此被广泛采用。

10. 有哪些措施可以保证母联（分段）断路器停运时母差保护的工作灵敏度？现在微机型母差保护中一般采用哪种措施？并以什么作为开入量？

答：（1）解除大差元件。

（2）自动降低大差元件的比率制动系数。

现在的微机型母差保护一般采用自动降低大差元件的比率制动系数的方法，以母联（分段）开关的辅助接点作为开入量。

11. 为什么母线保护动作停信（闭锁式纵联）和发信（允许式纵联）的措施在 3/2 接线方式中不能应用？

答：因为在 3/2 接线中，当母线上故障时，母线保护动作跳开边断路器后，中断路器还可以继续带线路运行。此时断路器与电流互感器之间发生故障时由母线保护启动失灵保护，失灵保护动作后启动"远跳"跳对端断路器。

12. 500kV 母差保护（一个半开关接线），为什么不必考虑常规的电压闭锁？

答：（1）考虑电压闭锁需要有负序和零序电压，就需要三相式 TV，500kV 母线都是单相式 PT，构不成负序和零序。

（2）当一组母线 TV 检修时需切换电压回路，会增加回路的复杂性。

（3）母差保护误动不会带来严重的后果。

13. 母差保护停用时的影响及如何处理？

答：（1）对 3/2 接线方式，当任一母线的母差保护全部退出运行时，应将母线退出运行。

（2）双母线接线方式，母差因故停用，应尽量缩短母差停用的时间，不安排母线连接设备的检修，避免在母线上进行操作，减小母线故障的概率。

（3）根据当时的运行方式要求，临时将短时限的母联或分段断路器的过电流保护投入运行以快速地隔离故障。

（4）如果仍无法满足母线故障的稳定要求，可将母线上出线对侧保护对本母线故障有灵敏的后备保护时间缩短，无法整定配合时，允许无选择性跳闸。

14. 双母接线和 3/2 接线的母差保护动作跳相应开关且开关失灵时，两种接线方式是如何切除故障的，回路是如何实现的？

答：双母接线的母差保护动作跳相应开关且开关失灵时，是通过母差停信（闭锁式）或发信（允许式）或母差动作启动远跳（分相电流差动）将对侧开关跳开切除故障 3/2 接线的母差保护动作跳相应开关且开关失灵时，是通过母差动作启动边开关失灵，边开关失灵出口跳相邻开关（包括跳主变压器其他侧开关或远跳线路对侧开关）切除故障。

15. 中阻抗母差备用辅流变的一次侧为何不能短接？

答：辅流变的一次侧短接相当于该间隔母差区外故障故障支路 TA 完全饱和，母差保护不会动作，相当于把母差保护退出运行。

16. 双母线接线母线配置中阻抗型母差保护，母差保护能否采用母联 TA 的一个二次绕组带两组辅助 TA 的接线方式？为什么？

答：不能。

因为在母联 TA 饱和时，装置可能发生误动作。

母联 TA 饱和后，母联 TA 二次回路等值为较小的电阻，主要是主 TA 二次绕组电阻及连接电缆的电阻。因此，两个差动回路经两组辅助 TA 经母联 TA 二次等值电阻，形成电磁感应联系，Ⅰ母故障电流感应到Ⅱ母差动回路，Ⅱ母故障电流感应到Ⅰ母差动回路。该感应电流只流入差动回路，不流入制动回路。分析表明，当故障和电流较大的母线发生故障时，故障和电流较小的那段母线的母差保护必然误动；当故障和电流较小的母线发生故障时，当其与较大故障和电流的比值大于某一值时，故障和电流较大的那段母线的母差保护也会误动。

17. 什么条件下，断路器失灵保护的跳闸回路方可启动？

答：下列条件同时具备时失灵保护的跳闸回路方可启动：

（1）故障设备的保护能瞬时复归的出口继电器动作后不返回。

（2）断路器未跳开的判别元件动作。

18. 什么叫断路器失灵保护？

答：断路器失灵保护，在故障元件的继电保护装置动作而其断路器拒绝动作时，它能以较短的时限切除与故障元件接于同一母线的其他断路器，以便尽快地将停电范围限制到最小。

19. BP-2B 装置背板有两个独立模块电源：保护元件电源、闭锁元件电源、管理机电源和 24V 操作电源，其上电顺序是什么？若顺序出错，会有什么结果？

答：上电顺序依次为：管理机电源、操作电源、闭锁元件电源、保护元件电源。

若顺序出错，则"保护异常"灯亮，退出保护元件。

20. 目前微机母差屏上需要加装启动失灵压板，请问为什么应加装在负电源端？

答：在失灵保护试验时，有可能误碰将正电源引入失灵启动回路引起母线失灵保护误动作，在负电源侧加装启动失灵压板后可以有效进行隔离。

21. 目前普遍使用的微机母差保护差动定值是否需要考虑 TA 饱和的因素？

答：不考虑，微机保护差动定值只要躲过分支的最大负荷电流，在区外发生故障时 TA 饱和，由微机保护内部算法识别，并闭锁差动保护。

22. 某 220kV 双母线配置单套母差保护，某间隔需要打连通前，值班人员误将"互联"压板投成"分列"压板，请问这种状态对母差保护有什么影响？为什么？

答：这种情况下，把母联 TA 退出小差回路，将造成差流告警，闭锁母差保护，在操作过程中母线发生故障将无保护切除故障，造成严重后果。

23. 电流互感器二次回路一相开路，是否会造成母差保护误动作？说明原因。

答：电压闭锁元件投入时，如系统无扰动，电压闭锁元件不动作，此时电流断线闭锁元件动作，经整定延时后闭锁母差保护，母差保护不会误动作；如电流断线时，电压闭锁元件正好动作（在电流断线闭锁元件整定延时到达之前）或没有投入，则母差保护会误动作。

24. 双母线完全电流差动保护在母线倒闸操作过程中应怎样操作？

答：在母线配出元件倒闸操作的过程中，配出元件的两组隔离开关双跨两组母线，配出元件和母联断路器的一部分电流将通过新合上的隔离开关流入（或流出）该隔离开关所在母线，破坏了母线差动保护选择元件差流回路的平衡，而流过新合上的隔离开关的这一部分电流，正是它们共同的差电流。此时，如果发生区外故障，两组选择元件都将失去选择性，全靠总差流启动元件来防止整套母线保护的误动作。

在母线倒闸操作过程，为了保证在发生母线故障时，母线差动保护能可靠发挥作用，需将保护切换成由启动元件直接切除双母线的方式。但对隔离开关为就地操作的变电站，为了确保人身安全，此时，一般需将母联断路器的跳闸回路断开。

25. 停用母差保护的一般步骤是什么？

答：（1）解除母差保护出口跳闸压板；

（2）解除母差保护启动失灵压板。

（3）解除复合电压闭锁压板。

（4）断开直流信号电源。

（5）断开直流控制电源。

26. 为什么设置母线充电保护？

答：母线差动保护应保证在一组母线或某一段母线合闸充电时，快速而有选择地断开有故障的母线。

为了更可靠地切除被充电母线上的故障，在母联断路器或母线分段路器上设置相电流或零序电流保护，作为母线充电保护。

母线充电保护接线简单，在定值上可保证高的灵敏度。在有条件的地方，该保护可以作为专用母线单独带新建线路充电的临时保护。

母线充电保护只在母线充电时投入，当充电良好后，应及时停用。

27. 什么是汲出电流？并分析当双母线内部故障且有电流汲出时对该母差保护的动作行为有何影响？在微机型母差保护中如何解决此问题？

答：母线内部故障时，流出母线的电流称为汲出电流。

双母线内部故障且母联开关在分列运行时，存在汲出电流，会导致大差保护灵敏度下降。但对小差保护无影响。

微机母差保护大差在母线分列运行存在汲出电流的情况下降低比率制动系数以提高母差保护的灵敏度。

28. 3/2 接线方式下，为什么重合闸及断路器失灵保护必须单独设置？

答：在重合线路时，由于两个断路器都要进行重合，且两个断路器的重合还有一个顺序问题，因此重合闸不应设置在线路保护装置内，而应按断路器单独设置。此外每个断路器的失灵保护跳闸对象也不一样，所以失灵保护也应按断路器单独设置。因此，一般在 3/2 接线方式中，把重合闸和断路器失灵保护做在单独的一个装置内，每一个断路器配置一套该装置。

29. 简述 220kV 线路失灵保护的逻辑原理。

答：220kV 线路失灵保护的逻辑原理为：线路重合闸及断路器控制装置作为失灵启动装置，模拟 U 相、V 相、W 相和三相四个电流继电器，当断控单元启动且相电流 $I_P > I_{set}$（失灵启动定值）时，瞬时接通该相失灵启动触点，该触点与线路保护该相跳闸触点串联后去启动母差失灵。母差保护检测到某一失灵启动触点闭合后，启动该断路器所连的母线段失灵出口逻辑，经失灵复合电压闭锁，按可整定的"跳母联时限"跳开联络断路器，"跳支路时限"跳开该母线上连接的所有断路器。

30. 假设母线上共有四条支路，支路 1、2、3、4 的 TA 变比依次为 1200/5、600/5、600/1、600/5。母线差动保护 RCS 915 中各支路的 TA 调整系数如何整定？

答：各支路 TA 调整系数分别为 2.1.1.1。

31. 说明双母线接线时的失灵保护其复合电压闭锁元件应有一定的延时返回时间的原因。

答：双母线接线的每条母线上均设置有一组 TV。正常运行时其失灵保护的两套复合电压闭锁元件分别接在各自母线上的 TV 二次。但当一条母线上的 TV 检修时，两套复合电压闭锁元件将由同一个 TV 供电。

设 I 母上的 TV 检修，与 I 母连接的系统内出现短路故障 I 母所连的某一出线的断路器失灵。此时失灵保护动作，以短延时跳开母联。由于失灵保护的两套复合电压闭锁元件均由 II 母 TV 供电，而在母联开关跳开后 II 母电压恢复正常，复合电压元件不会动作，失灵保护将无法将接在 I 母上各元件的断路器跳开。

为了确保失灵保护能可靠切除故障，复合电压闭锁元件有 1s 的延时返回时间是必要的。

32. 重负荷下发生母线内经高电阻短路时，对比率制动特性的母差保护来说有什么影响？

答，对保护的灵敏度有影响。对所有稳态量的差动保护来说负荷电流不会产生动作电流而只能产生制动电流。因此在重负荷下发生母线内经高电阻短路时由于动作电流（短路电流）不大而制动电流较大将影响差动保护动作的灵敏度。可以采用工频变化量母线差动保护以提高在重负荷下母线内部发生轻微故障（经高电阻短路）的灵敏度。

33. 母线保护屏上配置的模拟盘有何作用？

答：当保护装置发出断路器位置报警信号以后如果运行人员检查并确认断路器位置与实际情况不符时，可利用模拟盘上的强制开关的接点代替断路器的辅助接点作为开入量输入保护装置，并按"断路器位置确认"按钮，让保护装置读取正确的断路器位置，这样在检修断路器的辅助触点期间不会影响母线保护的正确工作。

四、分析题

1. 某双母线接线的母线上的一条 220kV 传输线如图 4-5 所示，设在 K 点发生了短路故障，试说明保护的行为。

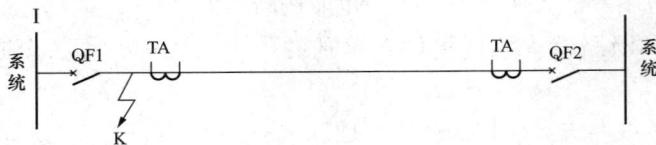

图 4-5

答：(1) 因为该故障在 I 母线差动保护范围内，所以该母差保护动作，跳开该母线上所有开关。

(2) 母差保护动作后：

如果线路保护中是超范围闭锁式纵联保护，则应停信，以便使对侧保护快速动作。

如果线路保护中是超范围允许式纵联保护，则应发信，以便使对侧保护快速动作。

如果线路保护为光纤纵差保护，则纵差保护不动，母差保护发远跳或对侧后备保护动作，使对侧开关跳开。

2. 试述双母线接线方式时断路器失灵保护的设计原则。断路器失灵保护时间定值如何整定？

答：双母线接线方式时断路器失灵保护的设计原则是：

（1）对带有母联断路器和分段断路器的母线，要求断路器失灵保护应首先动作于断开母联断路器或分段断路器，然后动作于与拒动断路器接于同一母线上的所有电源支路的断路器。

（2）断路器失灵保护由故障元件的继电保护启动，手动跳开断路器时不可启动失灵保护。

（3）在启动失灵保护的回路中，除故障元件保护的触点外，还应包括断路器失灵判别元件的触点，利用失灵分相判别元件来检测断路器失灵故障的存在。

（4）为从时间上判别断路器失灵故障的存在，失灵保护的动作时间应大于故障元件断路器跳闸时间和继电保护返回时间之和。

（5）为防止失灵保护的误动，失灵保护回路中任一对接点闭合时，应使失灵保护不被误启动或引起误跳闸。

（6）断路器失灵保护应有负序、零序和低电压闭锁元件。对于变压器、发电机变压器组采用分相操作的断路器，允许只考虑单相拒动，应用零序电流代替相电流判别元件和电压闭锁元件。

（7）当变压器发生故障或不采用母线重合闸时，失灵保护动作应闭锁各连接元件的重合闸回路，以防止对故障元件进行重合。

（8）当以旁路代某一连接元件的断路器时，失灵保护的启动回路可作相应切换。

（9）当某一连接元件退出运行时，它的启动失灵保护的回路应同时退出工作，以防止试验时引起失灵保护的误动；失灵保护动作应有专用信号表示。

断路器失灵保护时间定值的基本要求如下：

断路器失灵保护所需动作延时，必须保证让故障线路或设备的保护装置先可靠动作跳闸，应为断路器跳闸时间和保护返回时间之和再加裕度时间。以较短时间动作于断开母联断路器或分段断路器，再经一时限动作于连接在同一母线上的所有电源支路的断路器。

3. 在 3/2 接线方式（见图 4-6）下，QF1 的失灵保护应由哪些保护启动？QF2 失灵保护动作后应跳开哪些断路器？请说明理由。

答：QF1 的失灵保护由母线保护、线路 L1 保护启动；

QF2 失灵保护动作后应跳开 QF1、QF3、QF5、QF4，才能隔离故障。

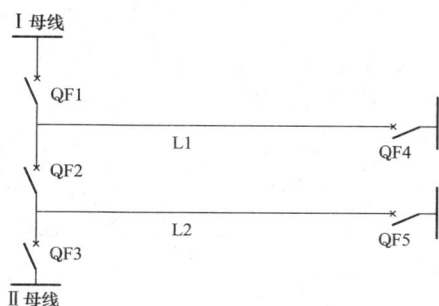

图 4-6

4. 某双母线接线形式的变电站中，装设有母差保护和失灵保护，当一组母线 TV 出现异常需要退出运行时，是否允许母线维持正常方式且将 TV 二次并列运行，为什么？

答：不允许，此时应将母线倒为单母线方式，而不能维持母线方式不变仅将 TV 二次并列运行。因为如果一次母线为双母线方式，母联开关为合入方式，单组 TV 且 TV 二次并列运行时，当无 TV 母线上的线路故障且断路器失灵时，失灵保护首先断开母联开关，此时，非故障母线的电压恢复，尽管故障元件依然还在母线上，但由于复合电压闭锁的作用，使得失灵保护无法动作出口。

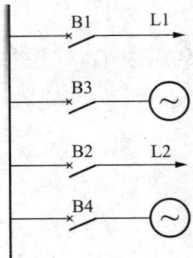

5. 一个 220kV 变电站的主接线如图 4-7 所示，其中，B1、B2、B3、B4 分别为引出单元断路器。母线上配置有中阻抗母差保护和断路器失灵保护，且母差保护与断路器失灵保护共用起动出口中间回路及信号回路。某日，当手动断开 B2 断路器时（线路 L2 小负荷），发出母线差动及失灵动作信号，各断路器未跳闸。经检查：母差保护装置正常，各元件母差 TA 二次回路完好，各种工况下（包括 B2 合上或断开）母差保护各相电流大小及相位正确，差流及零线电流很小。分别手动断开 B1、B3 及 B4 断路器时，未发现异常。

图 4-7

（1）分析母差保护和失灵保护的动作行为。

（2）说明断路器没有跳闸的原因。

（3）如何进一步检查误动原因（要求说出检查项目、步骤及安全措施等）。

答：（1）分析母差保护和失灵保护的动作行为：

由于本题中检查母差保护装置正常，各元件母差 TA 二次回路完好，各种工况下母差保护各相电流大小及相位正确，因此说明母差保护未误动，问题可能出在 L2 的断路器失灵保护误起动。

（2）断路器没有跳闸的原因是系统未发生故障，复合电压闭锁元件没动作，从而起到了闭锁出口的作用。

（3）准备进一步检查误动原因（要求说出检查项目、步骤及安全措施等）：

1）重点检查 L2 保护失灵起动回路；检查相电流元件、检查出口继电器起动失灵接点是否粘连；检查是否存在寄生回路。

2）检查前应向调度申请退出母差保护、失灵保护，申请 L2 线路改检修。

3）检查时按规定做好安全措施，禁止触及其他无关回路。

6. 失灵回路启动示意图如图 4-8 所示，分析这样接线会有什么后果？应该怎么改正？

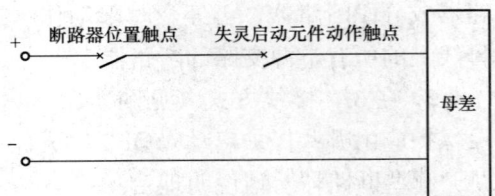

答：这种接线会造成在运行时，区外故障，失灵保护误启动；在开关跳开时，开关主触点击穿重燃的情况下，失灵保护反而不能启动。应将断路器位置接点改成相应元件保护的动作接点。

图 4-8

7. 说明母线保护与其出线上的高频保护应如何配合工作。

答：（1）当本侧出线的断路器与电流互感器之间发生故障，母差保护正确动作的同时应使高频闭锁保护发信机停信，以便使线路对侧的高频闭锁保护能切除故障。

（2）当母线发生故障，母差保护动作，但本侧断路器拒动时，母线保护在动作时也应使高频闭锁保护发信机停信，以便使对侧保护跳开对侧断路器。

8. 断路器失灵保护的启动应符合哪些要求？

答：断路器失灵保护的启动必须同时具备以下条件：

（1）故障线路或电气设备能瞬时复归的出口继电器动作后不返回（故障切除后，启动失灵的保护出口返回时间应不大于 30ms）。

（2）断路器未断开的判别元件动作后不返回。若主设备保护出口继电器返回时间不符合要求时，判别元件应双重化。失灵保护的判别元件一般应为相电流元件；发电机变压器组或变压器断路器失灵保护的判别元件应采用零序电流元件或负序电流元件。判别元件的动作时间和返回时间均不应大于 20ms。

9. 画出双母线接线中母联 TA 的三种布置方式（见图 4-9），试分析这三种布置方式下死区故障时母差保护的动作情况。

答：

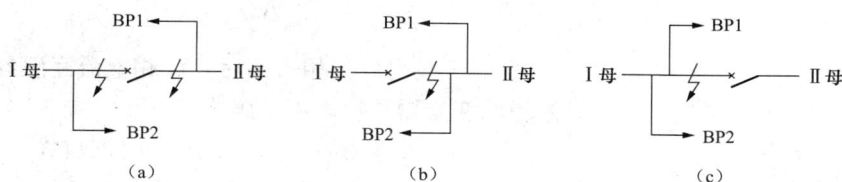

图 4-9

（a）方式一；（b）方式二；（c）方式三

方式一：TA 布置在母联开关的两侧，在开关与 TA 之间发生故障，两段母差均动作跳闸，也就是不存在死区。

方式二：Ⅰ母母差动作后，故障点仍然存在，靠死区保护动作切除Ⅱ母上所有开关。

方式三：Ⅱ母母差动作后，故障点仍然存在，靠死区保护动作切除Ⅰ母上所有开关。

10. PMH 型中阻抗比率制动型母差保护交流接线如图 4-10 所示，其中：差回路阻抗 R_c 为 100Ω；$R_Z/2$：制动电阻，其值固定为 5.33Ω；R_G：工作电阻，其值为 2Ω；辅助变流器 FLH 变比为 $5:0.6$；CLH 变比 n_{CLH} 为 $1:4$。从辅助变流器一次侧测量 L1 线路交流回路直流电阻：U 相，3.4Ω；V 相，3.7Ω；W 相，3.4Ω。

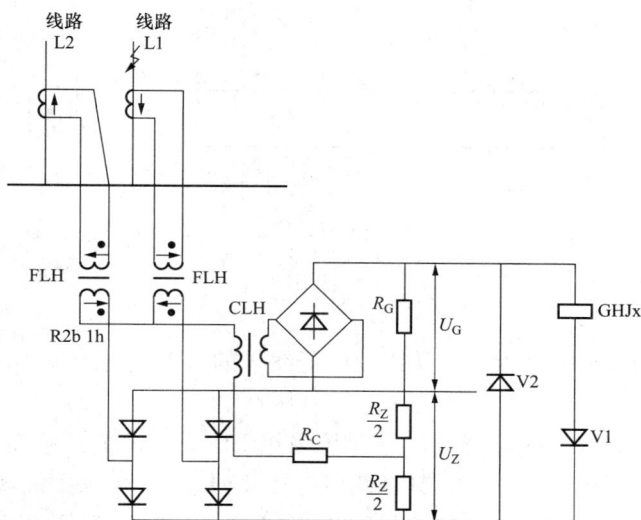

图 4-10

线路 L1、L2 的电流互感器变比为 600/5，线路对侧均为系统电源，当线路 L1 出口发生三相短路故障，L2 线路提供的短路电流为 12kA，若 L1 线路 U 相电流互感器完全饱和，而此时装置差回路阻抗 R_c 由 100W 降为 50W，试计算此时母差保护 U 相动作电压 U_G，制动电压 U_Z 的大小，分析装置动作行为。

答：（1）L2 线电流互感器二次电流为

$$I_{L2} = \frac{I_K}{n_{CT}} = \frac{12000}{120} = 100(A)$$

母差保护感受的故障电流即 FLH 二次电流为

$$I'_{L2} = \frac{I_{L2}}{n_{FLH}} = \frac{100}{5/0.6} = 12(A)$$

（2）L1 线出口三相短路后，U 相电流互感器完全饱和，母差辅助变流器二次入视电阻为

$$R = 3.4 \times (5/0.6)^2 = 236(\Omega)$$

（3）根据题意建立数学模型如图 4-11 所示。

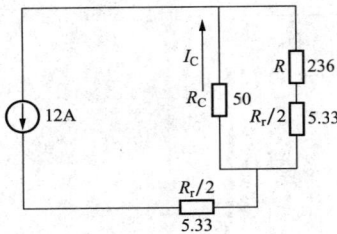

图 4-11

差回路电流　　$I_C = I_2 \times \dfrac{236 + 5.33}{50 + 236 + 5.33} = 9.94(A)$

U 相动作电压　　$U_G = \dfrac{I_C}{n_{CLH}} R_G = 9.94 \times 4 \times 2 = 79.52(V)$

U 相制动电压　　$U_Z = 12 \times 5.33 + (12 - 9.94) \times 5.33 = 74.93(V)$

可见，$U_G > U_Z$，此时母差保护将发生区外误动。

11. 双母线在两条母线上都装有分差动保护，母线按固定连接方式运行，如图 4-12 所示，线路 L2 进行倒闸操作，在操作过程中隔离开关 QS 已合上，将两条母线跨接，正在此时母线 I 发生故障，流入故障点的总短路电流为 I_f，假设有电流 I_x 经隔离开关 QS 流入母线 I。试问此时流入母线 I 和母线 II 的分差动保护的差动电流各为多少？

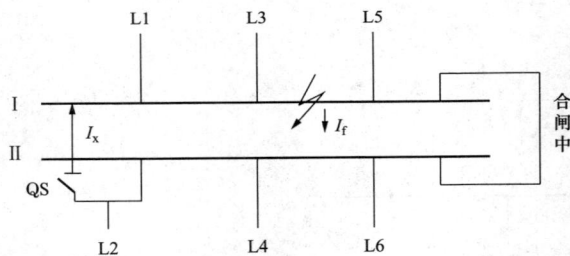

图 4-12

答：I_x 未流入两个分差动保护，所以故障母线 I 的差动电流为 $I_f - I_x$，而健全母线 II 的差动电流为 I_x。

12. 某站 220kV 为双母线接线，母差保护采用 BP-2B，定值：差动动作值＝2A，比率高值 $K_H = 0.7$，比率低值 $K_L = 0.5$。某日两段母线并列运行时，站内 I 母 K 点发生 U 相接地故障，故障电流（二次值）、TA 变比如图 4-13 所示，试计算 I 母小差差动电流值、大差差动电流值，并校验 I 母差动是否能动作？

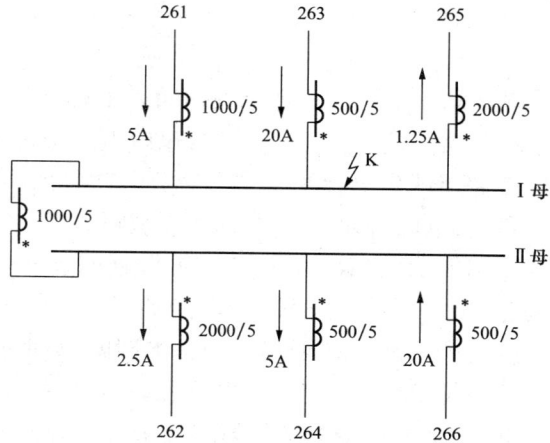

图 4-13

答：依题目可求得：母联一次流过 500A 电流，方向由 Ⅱ 母流向 Ⅰ 母。

Ⅰ 母小差差动电流为

$$I_{d1} = 5/2 + 20/4 + 2.5/2 - 1.25 = 2.5 + 5 + 1.25 - 1.25 = 7.5(A)$$

Ⅰ 母小差制动电流为

$$I_{r1} = 5/2 + 20/4 + 2.5/2 + 1.25 = 2.5 + 5 + 1.25 + 1.25 = 10(A)$$

$$I_{d1} = 7.5A > 2A(启动值)$$

$$I_{d1} = 7.5A > K_H \times (I_{r1} - I_{d1}) = 0.7 \times (10 - 7.5) = 1.75(A)$$

Ⅰ 母小差满足动作条件。

大差差动电流为

$$I_d = 5/2 + 20/4 + 20/4 - 2.5 - 5/4 - 2.5/2$$
$$= 2.5 + 5 + 5 - 2.5 - 1.25 - 1.25 = 7.5(A)$$

大差制动电流为

$$I_r = 5/2 + 20/4 + 20/4 + 1.25 + 5/4 + 2.5/2 = 2.5 + 5 + 5 + 2.5 + 1.25 + 1.25$$
$$= 17.5(A)$$

$$I_d = 7.5A > 2A(启动值)$$

$$I_d = 7.5A > K_H \times (I_r - I_d) = 0.7 \times (17.5 - 7.5) = 7(A)$$

大差元件满足动作条件。

结论：Ⅰ 母差动动作。

13. 以 BP-2B 母差保护为例，画出母差失灵出口回路图。

答：见图 4-14。

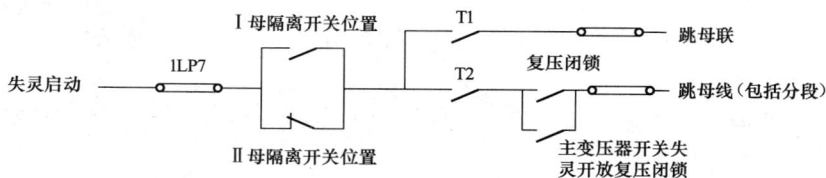

图 4-14

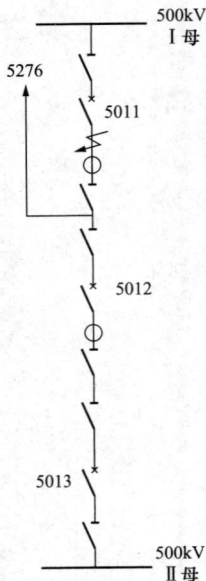

```
        500kV
         Ⅰ母
5276
        5011

        5012

        5013
        500kV
         Ⅱ母
```

图 4-15

14. 试分析一个半断路器接线方式下，如图 4-15 所示位置故障时，保护如何动作？

答：发生如图 4-15 所示故障时，Ⅰ母母差保护动作，跳开母线上所连断路器，此时 5011 断路器也跳开，但故障点依然有电流存在，5011 断路器的失灵保护动作，跳开 5012 断路器，并发远跳命令，使 5276 线对侧断路器跳闸，从而故障被隔离。

15. BP-2B 和 RCS 915 对母联分列死区故障的处理有何异同？

答：RCS 915 在母联分列运行时投入的分列压板是和母联开关的跳位接点并联的，必须满足两母均有压、母联三相跳位且三相均无流时才封母联 TA，母联分列死区故障时直接跳故障母线。

BP-2B 在母联分列运行时，当未投入分列压板时与 RCS 915 的动作逻辑一致。

当投入分列压板，可靠性更高，不管是否满足两母均有压都强制封母联 TA，母联分列死区故障时直接跳故障母线。

16. BP-2B 和 RCS 915 的主变压器失灵解除复压闭锁试验步骤如何？

答：（1）投入失灵压板和控制字。

（2）该间隔整定为主变压器，投不经电压闭锁，投经负、零流闭锁。

（3）该间隔隔离开关接至Ⅰ或Ⅱ母。

（4）Ⅰ或Ⅱ母加正常电压，该间隔通入电流并使相、负、零流大于该间隔的相、负、零流定值。

（5）同时短接主变压器失灵解除复压闭锁开入和该间隔的失灵开入，经 t_1、t_2、t_3 延时分别跳本开关，母联开关和相应母线。

17. 如图 4-16 所示，一次接线为双母双分段，且仅有北Ⅰ母线出线对侧为电源，其他线路无电源。用双套比率制动式 RADSS 中阻抗母差，Ⅰ段的母差保护接入南Ⅰ、北Ⅰ、母联Ⅰ；Ⅱ段的母差接入南Ⅱ、北Ⅱ、母联Ⅱ。RADSS 保护的启动元件和选择元件的比率制动系数均为 0.8，如图所示，当南Ⅰ段母线 K 点发生故障时，故障总电流为 4000A，北Ⅰ段母线通过分段向北Ⅱ母线，并通过母联Ⅱ向故障点提供的电流为 2000A，无 TA 饱和现象，请分析Ⅰ母差保护（即接入南Ⅰ，北Ⅰ，母联Ⅰ的母差）选择元件和启动元件的动作行为。

答：（1）当南Ⅰ故障时，流入南Ⅰ母线的电流为故障电流，南Ⅰ母线选择元件动作。

（2）流过北Ⅰ母线的故障电流为制动电流，北Ⅰ母线选择元件制动。

（3）流人第Ⅰ套（南Ⅰ、北Ⅰ）母差保护起动元件的差动电流为南Ⅰ母线选择元件的全部差动电流。

（4）而经过北母线分段开关流过母联Ⅱ的电流成为起动元件的制动电流，此电流满足 4000/8000＜0.8。

（5）起动元件拒动，不能切除故障。说明通过北母线分段的电流为制动电流。

（6）结论：Ⅰ套母差拒动。

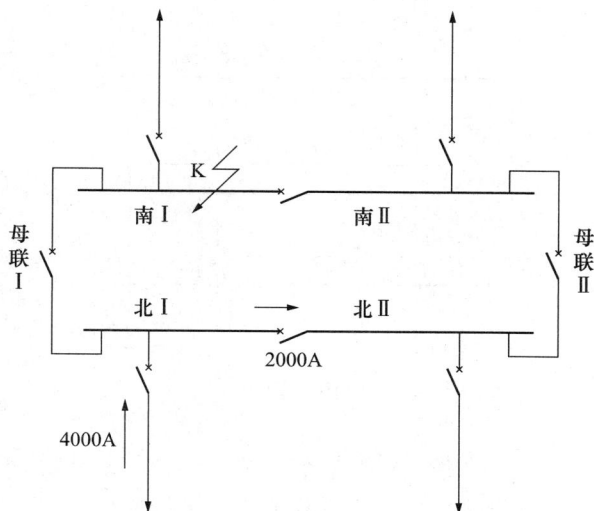

图 4-16

18. BP-2B 母差保护已知 TA 允许误差 δ 为 0.85，内部故障时流出电流占总差流比例 Ext 为 0.15，确定其复式比率差动 K 的整定范围？（要求写出推导过程）

答：（1）按区外故障支路 TA 误差为 c 时不误动整定，得 $c/(2-2c)<K$，即

$$0.85/(2-2\times0.85)=2.8<K。$$

（2）按内部故障时流出电流占总差流为 e 时不拒动，$K<1/(2e)$，即

$$K<1/(2\times0.15)=3.3。$$

K 的整定范围为 $c/(2-2c)<K<1/(2e)$，即 $2.8<K<3.3$。

19. 根据图 4-17 所采用的母差保护，请画出在图中位置发生故障时，流过各流变一、二次电流的示意图，并指出哪个差动继电器动作，跳哪些开关？

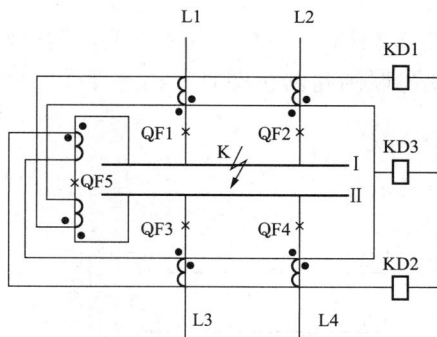

图 4-17

答：其示意图如图 4-17 所示。KD1、KD3 动作，跳开 QF1、QF2、QF5。

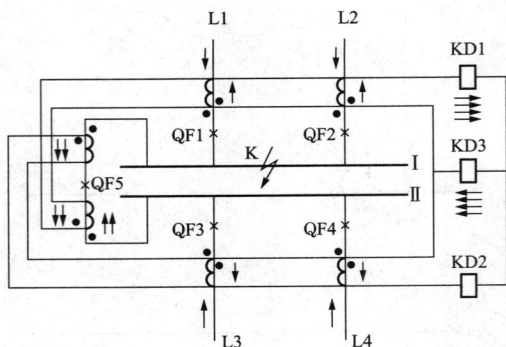

图 4-18

20. 根据图 4-19 所示 K 点故障，分析整个保护动作及切除故障全过程（各开关切除顺序）。保护配置为相位比较式母差保护，所有开关均在运行位置。

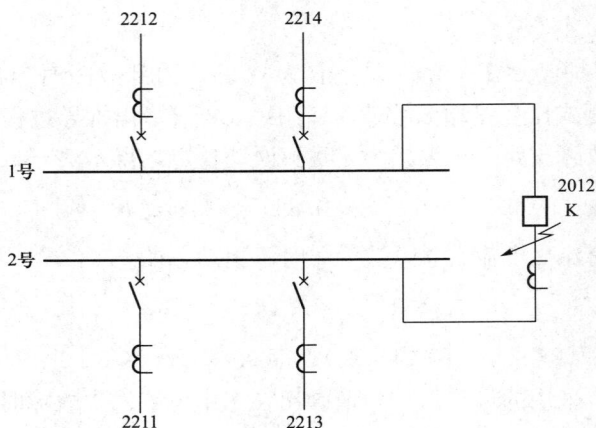

图 4-19

答：母差保护动作首先跳开 2212、2214、2012 开关，然后延时跳开 2211、2213 开关。

21. 以图 4-20 为例来说明母联断路器状态对差动元件动作灵敏度的影响。

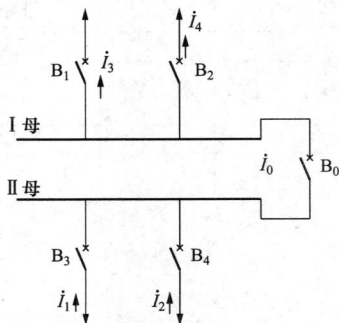

图 4-20

答：运行时，流入大差元件的电流为 $\dot{I}_1 \sim \dot{I}_4$ 4 个电流；流入 I 母小差元件的电流为 $\dot{I}_3$、$\dot{I}_4$ 及 $\dot{I}_0$ 3 个电流；流入 II 母小差元件的电流为 $\dot{I}_1$、$\dot{I}_2$、$\dot{I}_0$ 3 个电流。

当母联运行时，I 母发生短路故障，I 母小差元件的差流为 $|\dot{I}_3| + |\dot{I}_4| + |\dot{I}_0| = |\dot{I}_3| + |\dot{I}_4| + |\dot{I}_1| + |\dot{I}_2|$；I 母小差元件的制动电流也为 $|\dot{I}_3| + |\dot{I}_4| + |\dot{I}_1| + |\dot{I}_2|$，两者之比为 1。大差元件的差流与制动电流与 I 母小差相同，两者之比也为 1。

当母联断开时，I 母发生短路故障，I 母小差元件的差流为 $|\dot{I}_3| + |\dot{I}_4|$，制动电流也为 $|\dot{I}_3| + |\dot{I}_4|$，两者之比为 1。而大差元件的制动电流仍为 $|\dot{I}_3| + |\dot{I}_4| + |\dot{I}_1| + |\dot{I}_2|$，但差流确只有 $|\dot{I}_3| + |\dot{I}_4|$。显然大差元件的动作灵敏度大大下降。

第五章
变压器保护

一、选择题

1. 自耦变压器的零序方向保护中，零序电流（B）从变压器中性点的流变来取得。

    A. 必须　　　　　　　　B. 不应　　　　　　　　C. 可以　　　　　　　　D. 不确定

2. 双卷变压器空载合闸的励磁涌流的特点有（C）。

    A. 变压器两侧电流相位一致　　　　　　B. 变压器两侧电流相位无直接联系

    C. 仅在变压器一侧有电流　　　　　　　D. 变压器两侧均有电流

3. 为防止由瓦斯保护启动的中间继电器在直流电源正极接地时误动，应（A）。

    A. 采用动作功率较大的中间继电器，而不要求快速动作

    B. 对中间继电器增加 0.5s 的延时

    C. 在中间继电器启动线圈上并联电容

    D. 采用动作功率较大的中间继电器，但要求快速动作

4. 变压器本体的气体、压力释放、压力突变、温度和冷却器全停等非电量保护宜采用就地跳闸方式，即通过安装在开关场的、启动功率不小于（B）W 的中间继电器的两接点，分别直接接入变压器各侧断路器的跳闸回路，并将动作信号接至控制室。

    A. 2　　　　　　　　　B. 5　　　　　　　　　C. 10　　　　　　　　　D. 15

5. 变压器呼吸器所起的作用是（C）。

    A. 用以清除变压器中油的水分和杂质

    B. 用以吸收、净化变压器匝间短路时产生的烟气

    C. 用以清除所吸入空气中的水分和杂质

    D. 以上任一答案均正确

6. 变压器供电的线路发生短路时，要使短路电流小些，下述措施哪个是对的？（D）

    A. 增加变压器电动势　　　　　　　　B. 变压器加大外电阻 R

    C. 变压器增加内电阻 r　　　　　　　　D. 选用短路比大的变压器

7. Yd11 接线的变压器 d 侧发生两相短路时，Y 侧有一相电流比另外两相电流大，该相是（B）。

    A. 同名故障相中的超前相　　　　　　B. 同名故障相中的滞后相

    C. 同名的非故障相　　　　　　　　　D. 以上任一答案均不正确

8. 在一台 Yd11 接线的变压器低压侧发生 VW 相两相短路，星形侧某相电流为其他两

相短路电流的两倍，该相为（C）。

  A. U 相   B. V 相

  C. W 相   D. 以上任一答案均不正确

9. BCH-2 型差动继电器短路线圈中 B-B 改成 C-C，躲励磁涌流的能力（B）。

  A. 增强   B. 减弱   C. 不变   D. 以上都不对

10. 220kV 变压器的中性点经间隙接地的零序过电压保护定值一般可整定（B）。

  A. 120V   B. 180V   C. 70V   D. 220V

11. 设 Yyn0 的升压变压器，不计负荷电流情况下，当 YN 侧外部 U 相接地时，YN 侧的三相电流的说法正确的是（C）。

  A. YN 侧 U 相有故障电流，V、W 两相无故障电流

  B. YN 侧三相均有电流，故障相电流最大，另两相也有故障电流，且大小各不相同

  C. YN 侧三相均有流，U 相电流与另两相电流可能同相位

  D. 以上说法均不正确

12. 下面有关 YNd11 接线变压器的纵差动保护说法正确的是（D）。

  A. 只可以反应变压器三角形绕组的断线故障

  B. 只可反应 YN 侧一相的断线故障

  C. 既能反应变压器三角形绕组的断线故障，也能反映 YN 侧一相的断线故障

  D. 既不能反应变压器三角形绕组的断线故障，也不能反映 YN 侧一相的断线故障

13. 下列有关自耦变压器说法，正确的是（D）。

  A. 自耦变压器中性点必须接地，这是为了避免当中压侧电网内发生单相接地时高压侧出现过电压

  B. 自耦变压器的零序电流保护应接入中性点引出线电流互感器的二次电流

  C. 自耦变压器高压侧外部接地故障时，流过自耦变压器的零序电流不一定高压侧最大

  D. 由自耦变压器高、中压及公共绕组三侧电流构成的分相电流差动保护无需采取防止励磁涌流的专门措施

14. 主变压器纵差保护一般取（C）谐波电流元件作为过激磁闭锁元件，谐波制动比越（C），差动保护躲变压器过激磁的能力越强。

  A. 3 次，大   B. 2 次，大   C. 5 次，小   D. 2 次，小

15. 变压器过励磁保护的启动、反时限和定时限元件应根据变压器的过励磁特性曲线进行整定计算并能分别整定，其返回系数不应低于（D）。

  A. 0.88   B. 0.90   C. 0.95   D. 0.96

16. 在 YNd11 接线变压器的三角形侧发生两相 UV 短路时，则星型侧 W 相短路电流为 V 相短路电流的（D）。

  A. 2   B. $2/\sqrt{3}$ C. $1/\sqrt{3}$ D. 1/2

17. 变压器励磁涌流中大量存在的是（A）谐波。

  A. 2 次   B. 3 次   C. 4 次   D. 5 次

18. 在 220kV 电力系统中，校验变压器零序差动保护灵敏系数所采用的系统运行方式应

为（B）。

  A. 最大运行方式   B. 正常运行方式

  C. 最小运行方式   D. 以上说法均不正确

19. 新安装或一、二次回路经过变动的变压器差动保护，当第一次充电时，应将差动保护（A）。

  A. 投入   B. 退出   C. 投入退出均可   D. 以上说法均正确

20. 在变压器铁芯中，产生铁损的原因是（D）。

  A. 磁滞现象   B. 涡流现象

  C. 磁阻的存在   D. 磁滞现象和涡流现象

21. 变压器的接线组别表示的是变压器高低压侧（A）。

  A. 线电压间的相位关系   B. 线电流间的相位关系

  C. 相电压间的相位关系   D. 相电流间的相位关系

22. YNd11 接线的变压器，是指（C）。

  A. 一次侧相电压超前二次侧相电压 30°

  B. 一次侧线电压超前二次侧线电压 30°

  C. 一次侧线电压滞后二次侧线电压 30°

  D. 一次侧线电压滞后二次侧线电压 30°

23. Yd11 组别变压器配备微机型差动保护，两侧 TA 回路均采用星型接线，Y、d 侧二次电流分别为 I_{UVW}、I_{uvw}，软件中 U 相差动元件采用（A）经接线系数、变比折算后计算差流。

  A. I_U-I_V 与 I_u B. I_u-I_v 与 I_U

  C. I_U-I_w 与 I_u D. I_u-I_w 与 I_U

24. 运行中的变压器保护，当现场进行（A）工作时，重瓦斯保护应由"跳闸"位置改为"信号"位置运行。

  A. 进行注油和滤油时   B. 变压器中性点不接地运行时

  C. 变压器轻瓦斯保护动作后   D. 变压器重瓦斯保护动作后

25. 变压器励磁涌流与变压器充电合闸初相角有关，当初相角为（A）时励磁涌流最大。

  A. 0°   B. 60°   C. 90°   D. 120°

26. 主变压器复合电压闭锁过流保护当失去交流电压时（C）。

  A. 整套保护就不起作用   B. 仅失去低压闭锁功能

  C. 失去复合电压闭锁功能   D. 保护不受影响

27. 为防止变压器后备阻抗保护在电压断线时误动作，必须（C）。

  A. 装设电压断线闭锁装置

  B. 装设电流增量启动元件

  C. 同时装设电压断线闭锁装置和电流增量启动元件

  D. 以上说法均不正确

28. 变压器差动保护防止穿越性故障情况下误动的主要措施是（C）。

  A. 间断角闭锁   B. 二次谐波制动

C. 比率制动 　　　　　　　　　　　D. 以上说法均不正确

29. 变压器比率制动的差动继电器制动线圈接法中要求保护装置在内部故障时有（ B ）。

A. 有可靠的选择性 　　　　　　　　B. 有较高的灵敏度

C. 有较高的可靠性 　　　　　　　　D. 以上说法均不正确

30. 为躲过励磁涌流，变压器差动保护采用二次谐波制动，（ B ）。

A. 二次谐波制动比越大，躲过励磁涌流的能力越强

B. 二次谐波制动比越大，躲过励磁涌流的能力越弱

C. 二次谐波制动比越大，躲空投时不平衡电流的能力越强

D. 二次谐波制动比越大，躲空投时不平衡电流的能力越弱

31. 对自耦变压器的零序方向电流保护，其零序方向元件的零序电流取自（ B ）。

A. 变压器中性点接地的电流互感器　　B. 变压器出口的三相电流互感器

C. 均可 　　　　　　　　　　　　　D. 均不可

32. 分级绝缘的 220kV 变压器一般装有下列三种保护作为在高压侧失去接地中性点时发生接地故障的后备保护。此时，该高压侧中性点绝缘的主保护应为（ C ）。

A. 带延时的间隙零序电流保护　　　　B. 带延时的零序过电压保护

C. 放电间隙 　　　　　　　　　　　D. 以上说法均不正确

33. 变压器比率制动的差动继电器，设置比率制动的主要原因是（ C ）。

A. 为了躲励磁涌流

B. 为了提高内部故障时保护动作的可靠性

C. 当区外故障不平衡电流增加，为了使继电器动作电流随不平衡电流增加而提高动作值

D. 为了提高内部故障时保护动作的快速性

34. 变压器差动保护投入前，带负荷测相位和差电压（或差电流）的目的是检查（ A ）。

A. 电流回路接线的正确性 　　　　　B. 差动保护的整定值

C. 电压回路接线的正确性 　　　　　D. 以上说法均不正确

35. 主变间隙过压过流保护的构成是（ A ）。

A. 间隙过流继电器与间隙过压继电器并联构成或门，并带 0.5s 延时

B. 间隙过流继电器与间隙过压继电器串联构成与门，并带 0.5s 延时

C. 间隙过流继电器与间隙过压继电器各自带 0.5s 延时，分别出口

36. 一台微机变压器保护用于 Yyd 接线的变压器，外部 TA 全星形接入，微机保护内部转角。当在高压侧通单相电流和三相对称电流时，（ A ）。

A. 动作值不一样，两者之间的比值是 $\sqrt{3}:1$，通单相电流动作值大，三相对称电流动作值小

B. 动作值不一样，两者之间的比值是 $1:\sqrt{3}$，通单相电流动作值小，三相对称电流动作值大

C. 动作值一样

D. 以上说法均不正确

37. 自耦变压器中性点必须接地，这是为了避免当高压侧电网内发生单相接地故障时，（ A ）。

A. 中压侧出现过电压

B. 高压侧出现过电压

C. 高压侧、中压侧都出现过电压

D. 高压侧、中压侧均无过电压

38. 变压器过激磁与系统频率的关系是（ A ）。

A. 与系统频率成反比   B. 与系统频率无关

C. 与系统频率成正比   D. 以上说法均不正确

39. 某 YNy0 的变压器，其高压侧电压为 220kV 且变压器的中性点接地，低压侧为 6kV 的小接地电流系统（无电源），变压器差动保护采用内部未进行 Yd 变换的静态型变压器保护，如两侧 TA 二次均接成星型接线，则（ C ）。

A. 此种接线无问题

B. 低压侧区外发生故障时差动保护可能误动

C. 高压侧区外发生故障时差动保护可能误动

D. 高、低压侧区外发生故障时差动保护均可能误动

40. 有一台组别为 Yd11 变压器，在该变压器高、低压侧分别配置 U、W 两相式过电流保护，假设低压侧母线三相短路故障为 I_d，高压侧过电流保护定值为 I_{gdz}，低压侧过电流保护定值为 I_{ddz}。高压侧过电流保护灵敏度、高压侧过电流保护对低压侧过电流保护的配合系数、接线系数分别为（ B ）。

A. I_d/I_{gdz}，0.85，0.58   B. $I_d/2I_{gdz}$，1.15，1.732

C. $2I_d/I_{gdz}$，1.15，1.16   D. $I_d/2I_{gdz}$，1.15，1.16

41. 谐波制动的变压器纵差保护装置中设置差动速断元件的主要原因是（ B ）。

A. 提高保护动作速度

B. 防止在区内故障较高的短路水平时，由于电流互感器的饱和产生谐波量增加，导致谐波制动的比率差动元件拒动

C. 保护设置的双重化，互为备用

D. 提高整套保护灵敏度

42. Yd11 接线的变压器装有微机差动保护，其 Y 侧电流互感器的二次电流相位补偿是通过微机软件实现的。现整定 Y 侧二次基准电流 I_V 为 5A，差动动作电流 I_W 为 $0.4I_B$，从这一侧模拟 UV 相短路，其动作电流应为（ C ）左右。

A. $\sqrt{3}/2$A   B. $\sqrt{3}$A   C. 2A   D. $1/\sqrt{3}$A

43. 对两个具有两段折线式差动保护的动作灵敏度的比较，正确的说法是（ C ）。

A. 初始动作电流小的差动保护动作灵敏度高

B. 初始动作电流较大，但比率制动系数较小的差动保护动作灵敏度高

C. 当拐点电流及比率制动系数分别相等时，初始动作电流小者，其动作灵敏度高

D. 当拐点电流及比率制动系数分别相等时，初始动作电流大动作灵敏度高

44. 具有二次谐波制动的差动保护，为了可靠躲过励磁涌流，可（ B ）。

A. 增大差动速断动作电流的整定值

B. 适当减小差动保护的二次谐波制动比

C. 适当增大差动保护的二次谐波制动比

D. 减小差动速断动作电流的整定值

45. 发电机变压器的非电量保护，应该（ C ）。

A. 设置独立的电源回路（包括直流空气小开关及直流电源监视回路），出口回路与电气量保护公用

B. 设置独立的电源回路及出口跳闸回路，可与电气量保护安装在同一机箱内

C. 设置独立的电源回路和出口跳闸回路，且在保护柜上的安装位置也应相对独立

D. 以上说法均不正确

46. 容量为 180MVA，各侧电压分别为 220、110kV 和 10.5kV 的三卷自耦变压器，其高压侧、中压侧及低压侧的额定容量应分别是（ B ）。

A. 180MVA，180MVA，180MVA

B. 180MVA，180MVA，90MVA

C. 180MVA，90MVA，90MVA

D. 180MVA，90MVA，180MVA

47. 以下关于变压器保护说法正确的是（ A ）。

A. 由自耦变压器高、中压及公共绕组三侧电流构成的分相电流差动保护无需采取防止励磁涌流的专门措施

B. 由自耦变压器高、中压及公共绕组三侧电流构成的分相电流差动保护需要采取防止励磁涌流的专门措施

C. 自耦变压器的零序电流保护应接入中性点引出线电流互感器的二次电流

D. 以上说法均不正确

48. 变压器励磁涌流的衰减时间为（ B ）。

A. 1.5～2s   B. 0.5～1s   C.3～4s   D 4.5～5s

49. 自耦变压器高、低压侧同时向中压侧输送功率的升压变压器将在（ B ）侧装设过负荷保护。

A. 高、低压，公共绕组   B. 高、中、低压

C. 中、低压   D. 高、中压，公共绕组

50. 变压器气体继电器内有气体（ B ）。

A. 说明内部有故障   B. 不一定有故障

C. 说明有较大故障   D. 没有故障

51. 主变压器重瓦斯动作是由于（ C ）造成的。

A. 主变压器两侧断路器跳闸

B. 220kV 套管两相闪络

C. 主变压器内部高压侧绕组严重匝间短路

D. 主变压器大盖着火

52. 在 220kV 及以上变压器保护中，（ B ）保护的出口不应启动断路器失灵保护。

A. 差动   B. 瓦斯

C. 220kV 零序过电流   D. 中性点零流

53. 变压器装设的差动保护，对变压器来说一般要求是（ C ）。

    A. 所有变压器均装

    B. 视变压器的使用性质而定

    C. 1500kVA 以上的变压器要装设

    D. 8000kVA 以上的变压器要装设

54. 主变压器重瓦斯保护和轻瓦斯保护的正电源，正确接法是（ B ）。

    A. 使用同一保护正电源

    B. 重瓦斯保护接保护电源，轻瓦斯保护接信号电源

    C. 使用同一信号正电源

    D. 重瓦斯保护接信号电源，轻瓦斯保护接保护电源

55. 关于 TA 饱和对变压器差动保护的影响，以下哪种说法正确？（ C ）

    A. 由于差动保护具有良好的制动特性，区外故障时没有影响

    B. 由于差动保护具有良好的制动特性，区内故障时没有影响

    C. 可能造成差动保护在区内故障时拒动或延缓动作，在区外故障时误动作

    D. 以上说法均不正确

56. 自耦变压器公共线圈装设过负荷保护是为了防止（ C ）供电时，公共线圈过负荷而设置的。

    A. 高压侧向中、低压侧   B. 低压侧向高、中压侧

    C. 中压侧向高、低压侧   D. 高压侧向中压侧

57. 220/110/35kV 自耦变压器，高中低三侧容量比为 100/100/50，在运行中公共绕组首先发出过负荷信号，此时的功率传输应该是（ C ）。

    A. 低压侧同时向高、中压侧送电

    B. 高压侧同时向低、中压侧送电

    C. 中压侧同时向高、低压侧送电

    D. 以上说法均不正确

58. 变压器差动保护的灵敏度和（ D ）有关。

    A. 比率制动系数

    B. 拐点电流

    C. 初始动作电流

    D. 比率制动系数、拐点电流及初始动作电流三者

59. RCS 978 复合电压闭锁（方向）过流保护交流回路采用的接线方式为（ A ）。

    A. 0°接线   B. 90°接线   C. 180°接线   D. 45°接线

60. 变压器中性点间隙接地保护包括（ D ）。

    A. 间隙过电流保护

    B. 间隙过电压保护

    C. 间隙过电流保护与间隙过电压保护，且其接点串联出口

    D. 间隙过电流保护与间隙过电压保护，且其接点并联出口

61. 变压器的过电流保护，加装复合电压闭锁元件是为了（ C ）。

A. 提高过电流保护的可靠性　　　　B. 提高过电流保护的选择性

C. 提高过电流保护的灵敏度　　　　D. 提高过电流保护的快速性

62. 增设变压器的差动速断保护的目的是（ C ）。

　　A. 差动保护双重化

　　B. 防止比率差动拒动

　　C. 对装设速断保护的一次侧严重内部短路起加速保护作用

　　D. 提高差动保护的快速性

63. 变压器比率制动差动保护设置制动线圈的主要原因是（ C ）。

　　A. 为了躲励磁涌流

　　B. 为了在内部故障时提高保护的可靠性

　　C. 为了在区外故障时提高保护的安全性

　　D. 提高差动保护的快速性

64. 变压器内部发生匝间故障而同时又有流出电流时，差动保护（ A ）。

　　A. 仍能动作

　　B. 视流出电流的大小，有可能动作，也有可能不动作

　　C. 肯定不能动作

　　D. 有可能动作

65. 与励磁涌流（一次值）特征无关的是（ C ）。

　　A. 系统电压　　　　　　　　　　B. 合闸初相角

　　C. TA 传变特性　　　　　　　　　D. 变压器容量

66. 变压器差动速断的动作条件是（ C ）。

　　A. 必须经比率制动

　　B. 必须经二次谐波制动

　　C. 不经任何制动，只要差流达到整定值即能动作

　　D. 必须经五次谐波制动

67. 自耦变压器加装零序差动保护是为了（ A ）。

　　A. 提高自耦变压器内部接地短路的灵敏度

　　B. 提高自耦变压器内部相间短路的可靠性

　　C. 自耦变压器内部短路双重化

　　D. 提高自耦变压器内部接地短路故障的快速性

68. 变电站切除一台中性点直接接地的负荷变压器，在该变电站母线出线上发生单相接地故障时，该出线的零序电流（ B ）。

　　A. 变大　　　　　B. 变小　　　　　C. 不变　　　　　D. 不定

69. 变电站切除一台中性点直接接地的负荷变压器，在该变电站母线出线上发生二相接地故障时，该出线的正序电流（ C ）。

　　A. 变大　　　　　B. 变小　　　　　C. 不变　　　　　D. 不定

70. 变电站切除一台中性点直接接地的负荷变压器，在该变电站母线出线上发生二相接地故障时，该出线的负序电流（ C ）。

177

A. 变大　　　　　　B. 变小　　　　　　C. 不变　　　　　　D. 不定

71. 变电站增加一台中性点直接接地的负荷变压器，在该变电站某出线对侧母线上发生单相接地故障时，该出线的零序电流（ A ）。

A. 变大　　　　　　B. 变小　　　　　　C. 不变　　　　　　D. 不定

72. 发变组后备保护中电流元件用电流互感器，应设置在一次侧的（ C ）。

A. 发变组高压侧　　　　　　　　　　B. 发电机出口

C. 发电机中性点　　　　　　　　　　D. 发变组中压侧

73. 自耦变压器带方向的零序电流保护中的零序电流不应该从变压器的中性点的流变上取，以保证在（ A ）发生外部接地故障时不会误动作。

A. 高压侧　　　　B. 中压侧　　　　C. 高中压侧　　　　D. 不确定

74. 对于 220kV 的三侧自耦降压变压器，其高压侧阻抗通常比低压侧（ B ）。

A. 大　　　　　　B. 小　　　　　　C. 相等　　　　　　D. 不确定

75. 在同样情况下，YNyn 接线变压器一次侧看进去的零序电抗比 YNd 接线变压器的零序电抗（ A ）。

A. 大　　　　　　B. 小　　　　　　C. 相等　　　　　　D. 不确定

76. 在变压器差动保护中，通常识别避越变压器励磁涌流的措施（ D ）。

A. 采用差动电流速断　　　　　　　B. 采用比率制动特性

C. 采用三次谐波制动　　　　　　　D. 采用二次谐波制动

77. 对于 220kV 及以上的变压器相间短路后备保护的配置原则，下面说法正确的是（ D ）。

A. 除主电源外，其他各侧保护作为变压器本身和相邻元件的后备保护

B. 作为相邻线路的远后备保护，对任何故障具有足够的灵敏度

C. 对稀有故障，例如电网的三相短路，允许无选择性动作

D. 送电侧后备保护对各侧母线应有足够灵敏度

78. 主变压器失灵解闭锁误开入发告警信号（ C ）。

A. 开入变位　　　　B. TV 断线　　　　C. 开入异常　　　　D. 失灵动作

79. 变压器各侧的过电流保护均按躲过变压器（ C ）负荷整定，但不作为短路保护的一级参与选择性配合，其动作时间应（ C ）所有出线保护的最长时间。

A. 最大，小于　　B. 额定，小于　　C. 额定，大于　　D. 最大，大于

80. 为了将变压器的分接头进行调整，而将变压器的负荷切断，这种调压方式称为（ B ）。

A. 停电调压　　　B. 无载调压　　　C. 静电调压　　　D. 有载调压

81. 对于单侧电源的双绕组变压器，采用带制动线圈的差动继电器构成差动保护，其制动线圈（ B ）。

A. 应装在电源侧　　　　　　　　　　B. 应装在负荷侧

C. 应装在电源侧或负荷侧　　　　　　D. 可不用

82. 大电流接地系统中的分级绝缘变压器，若中性点未安装间隙，应选择接地后备保护方案（ C ）。

A. 先跳中性点直接接地的变压器，后跳中性点不接地的变压器

B. 在中性点直接接地时用零序过流保护，在中性点不直接接地时用零序过压保护

    C. 先跳中性点不接地的变压器，后跳中性点直接接地的变压器

    D. 以上说法都不对

83. 变压器中性点间隙保护包括（C）。

    A. 零序电压保护　　　　　　　　　　B. 零序电流保护

    C. 零序电压和零序电流保护　　　　　D. 以上说法均不正确

84. 某220kV终端变电站35kV侧接有电源，其两台主变压器一台220kV中性点直接接地，另一台主变压器经放电间隙接地，当其220kV进线单相接地，该线路系统侧断路器跳开后，一般（A）。

    A. 先切除中性点直接接地的变压器，根据故障情况再切除跳中性点不接地的变压器

    B. 先切除中性点不接地的变压器，根据故障情况再切除跳中性点接地的变压器

    C. 两台变压器同时切除

    D. 两台变压器跳闸的顺序不定

85. 变压器差动保护中的"差动电流速断"元件，由于反应的是差流（C），故其动作电流不受电流波形畸变的影响。

    A. 最大值　　　　B. 瞬时值　　　　C. 有效值　　　　D. 最小值

86. 为防止过励磁时变压器差动保护的误动，通常引入（C）谐波进行制动。

    A. 二次　　　　　B. 三次　　　　　C. 五次　　　　　D. 七次

87. 对于YNd11接线的变压器，在d侧的线电流中不会出现（B）。

    A. 2次谐波　　　B. 3次谐波　　　C. 5次谐波　　　　D. 7次谐波

88. 能完全排除故障前穿越性负荷电流的影响，并对内部故障有较高灵敏度的变压器差动保护是（A）。

    A. 故障分量比率制动式差动保护

    B. 比率制动式差动保护

    C. 防止励磁涌流误动的三相二次谐波电流平方和的差动保护

    D. 标识制动式差动保护

89. 三绕组自耦变压器高中压侧绕组额定容量相等，公共绕组及低压绕组容量仅为高中压侧绕组额定容量的（B）倍，其中 K_{12} 为高中压侧变比。

    A. $1/K_{12}$　　　B. $1-1/K_{12}$　　　C. $1/K_{12}-1$　　　D. K_{12}

90. 500kV系统联络变压器为切除外部相间短路故障，其高中压侧应装设（A）保护，保护可带两段时限，以较短的时限用于缩小故障影响范围，较长的时限用于断开变压器各侧断路器。

    A. 阻抗　　　　　B. 过励磁　　　　C. 非全相　　　　D. 过负荷

91. 对自耦变压器和高中侧中性点都直接接地的三绕组变压器，当有选择性要求时，应增设（B）。

    A. 时间　　　　　B. 方向　　　　　C. 电压闭锁　　　D. 零序过流

92. 110～220kV中性点直接接地电网中，对中性点不装设放电间隙的分段绝缘变压器，其零序电流电压保护在故障时首先切除（C）。

    A. 母联断路器　　　　　　　　　　　B. 中性点接地变压器

C. 中性点不接地变压器 　　　　　　D. 分段断路器

93. 110～220kV 中性点直接接地的变压器零序电流保护可有两段组成，每段可各带两个时限，并均以较长时限动作于断开变压器（ C ）。

　　A. 本侧断路器　　　　　　　　　B. 缩小故障影响范围
　　C. 各侧断路器　　　　　　　　　D. 电源侧断路器

94. 220kV 及以上双母线运行的变电站有三台及以上变压器时，应按照（ B ）台变压器中性点直接接地方式运行，并把它们分别接于不同的母线上。

　　A. 1　　　　　　B. 2　　　　　　C. 3　　　　　　D. 不确定

95. 变压器纵差，重瓦斯保护按（ A ）归类统计，各电压侧后备保护装置按各侧统计

　　A. 高压侧　　　　B. 中压侧　　　　C. 低压侧

96. 电力变压器电压的（ A ）可导致磁密的增大，使铁芯饱和，造成过励磁。

　　A. 升高　　　　　B. 降低　　　　　C. 变化　　　　　D. 不确定

97. 变压器过励磁保护是按磁密 B 正比于（ B ）原理实现的。

　　A. 电压 U 与频率 f 乘积
　　B. 电压 U 与频率 f 的比值
　　C. 电压 U 与绕组线圈匝数 N 的比值
　　D. 电压 U 与绕组线圈匝数 N 的乘积

98. 220kV 变压器用作相间故障的后备保护有（ D ）。

　　A. 零序电流保护　　　　　　　　B. 零序方向过电流保护
　　C. 公共绕组零序过电流保护　　　D. 复压过电流保护

99. （ A ）跳母联（分段）时不应启动失灵保护。

　　A. 变压器后备保护　　　　　　　B. 变压器差动保护
　　C. 母线差动保护　　　　　　　　D. 以上说法均不正确

100. 标准化变压器保护装置为提高切除自耦变压器内部单相接地短路故障的可靠性，可配置由高中压和公共绕组 TA 构成的分侧差动保护，如在分侧差动保护范围内发生匝间短路故障，分侧差动保护的动作行为是（ B ）。

　　A. 短路匝数较多时，差动保护会动作
　　B. 差动保护不会动作
　　C. 差动保护会动作
　　D. 短路匝数较少时，差动保护会动作

101. 变压器内部单相接地故障与相间故障相比，纵差保护的灵敏度相对（ C ）。

　　A. 较高　　　　B. 不变　　　　C. 较低　　　　D. 不确定

102. 220kV 主变压器断路器的失灵保护，其启动条件是（ B ）。

　　A. 主变压器保护动作，相电流元件不返回，开关位置不对应
　　B. 主变压器电气量保护动作，相电流元件动作，开关位置不对应
　　C. 主变压器瓦斯保护动作，相电流元件动作，开关位置不对应
　　D. 母差保护动作，相电流元件动作，开关位置不对应

103. 为从时间上判别断路器失灵故障的存在，失灵保护的动作时间应（ A ）故障元件

断路器跳闸时间和继电保护返回时间之和。

    A. 大于   B. 等于   C. 小于   D. 不确定

104. 500kV 三相自耦变压器组中性点加装小电抗对限制高中压侧单相接地故障电流效果（B）。

    A. 高压侧＞中压侧   B. 中压侧＞高压侧

    C. 高压侧＝中压侧   D. 不确定

105. 变压器瓦斯继电器的安装，要求导管沿油枕方向与水平具有（B）升高坡度。

    A. 0.5%～1.5%   B. 2%～4%

    C. 4.5%～6%   D. 6.5%～8%

106. 电抗变压器在空载情况下，二次电压与一次电流的相位关系是（A）。

    A. 二次电压超前一次电流近 90°

    B. 二次电压与一次电流接近 0°

    C. 二次电压滞后一次电流近 90°

    D. 不能确定

107. 当过电压作用于变压器时，为了使绕组上的起始电压和最终电压分布一致，且不发生振荡，通常（C）。

    A. 采用避雷器保护

    B. 采用增加阻尼措施

    C. 加强绕组绝缘强度和改善电容分布

    D. 以上说法均不正确

108. 变压器差动保护在外部短路故障切除后随即误动，原因可能是（C）。

    A. 整定错误

    B. TA 二次接线错误

    C. 两侧 TA 二次回路时间常数相差太大

    D. 以上说法均不正确

109. 双微机保护配置的主变压器保护，下列说法正确的是（A）。

    A. 其重瓦斯跳闸回路不进入微机保护装置，直接作用于跳闸，同时用触点向微机保护装置输入动作信息

    B. 其重瓦斯跳闸回路以开关量的方式接入微机保护装置，一方面进行事件记录，另一方面启动微机保护装置内部的出口继电器跳闸

    C. 上述两种方法都可以

    D. 上述两种方法都不可以

110. 一台 Yd11 型变压器，低压侧无电源，当其高压侧内部发生故障电流大小相同的三相短路故障和两相短路故障时，其差动保护的灵敏度（D）。

    A. 相同

    B. 三相短路的灵敏度大于两相短路的灵敏度

    C. 不定

    D. 两相短路的灵敏度大于三相短路的灵敏度

111. 当变压器的一次绕组接入直流电源时，其二次绕组的（ B ）。

A. 电势与匝数成正比

B. 电势为 0

C. 感应电势近似于一次绕组的电势

D. 电势与匝数成反比

112. 变压器的励磁涌流的大小与变压器的额定电流幅值的倍数有关，变压器容量（ A ），励磁涌流对额定电流幅值的倍数（ A ）。

A. 越大，越小　　B. 越小，越大　　　C. 越大，越大　　　D. 越小，越小

113. 励磁涌流衰减时间常数与变压器至（ B ）的阻抗大小、变压器的容量和铁芯的材料等因素有关。

A. 系统　　　　　B. 电源之间　　　　C. 接地点　　　　D. 以上说法均不正确

114. 某变电站装设两台自耦变压器，其中性点接地方式为（ B ）。

A. 一台变压器接地，当接地变退出运行时，另一台变压器接地

B. 两台变压器都接地

C. 两台变压器都不接地

D. 以上说法均不正确

115. 按间断角原理构成的变压器差动保护，闭锁角一般整定为 $60°\sim65°$。为提高其躲励磁涌流的能力，可适当（ A ）。

A. 减小闭锁角

B. 增大闭锁角

C. 增大最小动作电流及比率制动系数

D. 减小最小动作电流及比率制动系数

116. 三绕组自耦变压器，高、中压侧电压的电压变比为 2；高/中/低的容量为 100/100/50，下列说法正确的是（ BC ）。

A. 高压侧同时向中、低压侧送电时，公共绕组容易过负荷

B. 中压侧同时向高、低压侧送电时，公共绕组容易过负荷

C. 低压侧同时向高、中压侧送电时，低压绕组容易过负荷

117. 220/110/35kV 自耦变压器，中性点直接接地运行，下列说法正确的是（ AC ）。

A. 中压侧母线单相接地时，中压侧的零序电流一定比高压侧的零序电流大

B. 高压侧母线单相接地时，高压侧的零序电流一定比中压侧的零序电流大

C. 高压侧母线单相接地时，可能中压侧零序电流比高压侧零序电流大，这取决于中压侧零序阻抗的大小

D. 中压侧母线单相接地时，可能高压侧零序电流比中压侧零序电流大，这取决于高压侧零序阻抗的大小

118. 某超高压降压变装设了过励磁保护，引起变压器过励磁的可能原因是（ CDE ）。

A. 变压器低压侧外部短路故障切除时间过长

B. 变压器低压侧发生单相接地故障非故障相电压升高

C. 超高压电网电压升高

D. 超高压电网有功功率不足引起电网频率降低

E. 超高压电网电压升高，频率降低

119. 变压器空载合闸时有励磁涌流出现，其励磁涌流的特点为 （ ABCE ）。

A. 含有明显的非周期分量电流

B. 波形出现间断、不连续，间断角一般在 65℃ 以上

C. 含有明显的 2 次及偶次谐波

D. 变压器容量越大，励磁涌流相对额定电流倍数也越大

E. 变压器容量越大，衰减越慢

120. 变压器空载合闸或外部短路故障切除时，会产生励磁涌流，关于励磁涌流的说法正确的是 （ BDE ）。

A. 励磁涌流总会在三相电流中出现

B. 励磁涌流在三相电流中至少在两相中出现

C. 励磁涌流在三相电流中可在一相电流中出现，也可在两相电流中出现，也可在三相电流中出现

D. 励磁涌流与变压器铁芯结构有关，不同铁芯结构的励磁涌流是不同的

E. 励磁涌流与变压器接线方式有关

121. 高、中、低侧电压分别为 220、110、35kV 的自耦变压器，接线为 YNynd，高压侧与中压侧的零序电流可以流通，就零序电流来说，下列说法正确的是 （ BCD ）。

A. 中压侧发生单相接地时，自耦变接地中性点的电流可能为 0

B. 中压侧发生单相接地时，中压侧的零序电流比高压侧的零序电流大

C. 高压侧发生单相接地时，自耦变接地中性点的电流可能为 0

D. 高压侧发生单相接地时，中压侧的零序电流可能比高压侧的零序电流大

122. 变压器并联运行的条件是所有并联运行变压器的 （ ABC ）。

A. 变比相等   B. 短路电压相等

C. 绕组接线组别相同   D. 中性点绝缘水平相当

123. 变压器差动保护防止励磁涌流的措施有 （ ABD ）。

A. 采用二次谐波制动   B. 采用间断角判别

C. 采用五次谐波制动   D. 采用波形对称原理

124. 变压器在 （ AC ） 时会造成工作磁通密度的增加，导致变压器的铁芯饱和。

A. 电压升高   B. 过负荷   C. 频率下降   D. 频率上升

125. 变压器励磁涌流具有 （ ABC ） 特点。

A. 有很大的非周期分量

B. 含有大量的高次谐波

C. 励磁涌流的大小与合闸角关系很大

D. 5 次谐波的值最大

126. 电力变压器差动保护在稳态情况下的不平衡电流的产生原因 （ ACD ）。

A. 各侧电流互感器型号不同

B. 正常变压器的励磁电流

C. 改变变压器调压分接头

D. 电流互感器实际变比和计算变比不同

127. 在什么情况下需要将运行中的变压器差动保护停用?（ABCD）

A. 差动二次回路及电流互感器回路有变动或进行校验时

B. 继保人员测定差动保护相量图及差压时

C. 差动电流互感器一相断线或回路开路时

D. 差动误动跳闸后或回路出现明显异常时

128. 对于 220kV 及以上的变压器相间短路后备保护的配置原则，下面说法不正确的是（ABC）。

A. 除主电源外，其他各侧保护作为变压器本身和相邻元件的后备保护

B. 作为相邻线路的远后备保护，对任何故障具有足够的灵敏度

C. 对稀有故障，例如电网的三相短路，允许无选择性动作

D. 送电侧后备保护对各侧母线应有足够灵敏度

129. 根据自耦变压器的结构特点，对超高压自耦变压器通常另配置分侧差动保护，以下（ABCD）是分侧差动保护的特点。

A. 高中压侧及中性点之间是电的联系，各侧电流综合后，励磁涌流达到平衡，差动回路不受励磁涌流影响

B. 在变压器过励磁时，也不需考虑过励磁电流引起差动保护误动作问题

C. 当变压器调压而引起各侧之间变比变化时，不会有不平衡电流流过，可以不考虑变压器调压的影响

D. 分侧差动保护不反应绕组中不接地的匝间短路故障

130. 500kV 变压器后备保护主要有（ABCD）。

A. 相间故障的后备保护　　　　　B. 接地故障的后备保护

C. 过负荷保护　　　　　　　　　D. 过励磁保护

131. 500kV 变压器用作接地故障的后备保护有（ABC）。

A. 零序电流保护　　　　　　　　B. 零序方向过电流保护

C. 公共绕组零序过电流保护　　　D. 复压过电流保护

132. 常用的变压器比率差动保护需整定的定值项有（ABCDE）。

A. 差动启动电流值　　　　　　　B. 比率制动系数

C. 差动速断电流值　　　　　　　D. 涌流制动方式

E. 过励磁闭锁元件

133. 变压器差动保护需要特殊考虑相位平衡，相位平衡主要有两种方式，即以 d 侧为基准和以 YN 侧为基准，以下对于选择不同的相位平衡基准说法正确时是（ABC）。

A. 不同的相位平衡基准，对三相短路故障的灵敏度相同

B. 在相间短路时，YN→d 转换方式比 d→YN 转换方式的灵敏度高

C. 在单相接地时，d→YN 转换方式比 YN→d 转换方式的灵敏度高

D. 在相间短路时，d→YN 转换方式比 YN→d 转换方式的灵敏度高

134. 非电气量保护抗干扰的措施主要有（ABCDEF）。

  A. 非电气量保护启动回路动作功率应大于 5W

  B. 动作电压满足 $[(55\%\sim70\%)U_N]$

  C. 适当增加延时

  D. 输入采用重动继电器隔离

  E. 继电器线圈两端并联电阻

  F. 屏蔽电缆两端接地

135. 变压器保护标准化设计的主要原则是（ ABCDEF ）。

  A. 功能配置统一的原则   B. 回路设计统一的原则

  C. 端子排布置统一的原则   D. 接口标准统一的原则

  E. 屏柜连接片统一的原则   F. 保护定值、报告格式统一的原则

136. 500kV 变压器保护标准化设计方案中高压侧后备保护应配置哪些功能？（ ABCDEF ）

  A. 带偏移特性的相间和接地阻抗保护

  B. 复压闭锁过电流保护

  C. 零序电流保护

  D. 过励磁保护

  E. 高压侧失灵保护经变压器保护跳闸

  F. 过负荷保护

137. 220kV 变压器保护标准化设计方案中高压侧后备保护应配置哪些功能？（ ABCD ）

  A. 复压闭锁过电流（方向）保护

  B. 零序过电流（方向）保护

  C. 间隙电流保护和零序电压保护

  D. 高压侧失灵保护经变压器保护跳闸

二、判断题

1. 瓦斯保护能反应变压器油箱内的任何故障，如铁芯过热烧伤、油面降低、匝间故障等，但差动保护对此无反应。 （ × ）

2. 谐波制动的变压器差动保护为防止在较高的短路水平时，由于电流互感器饱和时高次谐波量增加，产生极大的制动力矩而使差动元件拒动，因此设置差动速断元件，当短路电流达到 4～10 倍额定电流时，速断元件快速动作出口。 （ √ ）

3. 变压器瓦斯保护是防御变压器油箱内各种短路故障和油面降低的保护。 （ √ ）

4. 变压器励磁涌流含有大量的高次谐波分量，并以 5 次谐波为主。 （ × ）

5. 装设电流增量启动元件，就能有效防止变压器后备阻抗保护在电压断线时误动作。 （ × ）

6. 用于 220～500kV 的大型电力变压器保护的电流互感器应选用 P 级或 TPY 级。P 级是一般保护用电流互感器，其误差是稳态条件下的误差；TPY 级电流互感器可用于暂态条件下工作，是满足暂态要求的保护用电流互感器。 （ √ ）

7. 变压器铁芯的总磁密有周期磁密、非周期磁密和剩磁磁密三项共同组成。总磁密超过饱和磁密后，使二次电流不再正确反映一次电流，造成差动保护内部故障时，轻则延迟动作，重则拒动的后果也可能造成外部短路时误动后果。 （ √ ）

8. 三绕组自耦变压器一般三侧绕组应装设过负荷保护，至少要在公共绕组装设过负荷保护。 （ √ ）

9. 新安装的变压器差动保护在投运前必须进行带负荷测相量试验，在变压器带负荷前，必须将变压器差动护停用，否则可能误动。 （ √ ）

10. 运行中的变压器加油后及新安装的变压器经冲击运行后，应将重瓦斯保护投信号，经过 2～3 天的连续运行后，到停止发散气体为止。 （ √ ）

11. 变压器在运行中必须加油、放油或在滤油回路上工作，为避免重兔瓦斯保护误动，应将重瓦斯保护切换至信号状态运行。 （ √ ）

12. 变压器的励磁涌流的幅值与变压器空载投入时的电压初相角有关，但在任何情况下空载投入变压器，至少在两相中要出现程度不同的励磁涌流。 （ √ ）

13. 变压器的励磁涌流的大小与变压器的额定电流幅值的倍数有关，变压器容量越大，励磁涌流对额定电流幅值的倍数越小。 （ √ ）

14. 励磁涌流衰减时间常数与变压器至电源之间的阻抗大小、变压器的容量和铁芯的材料等因素有关。 （ √ ）

15. 谐波制动的变压器纵差保护中设置差动速断元件的主要原因是为了防止在区内故障较高的短路水平时，由于电流互感器的饱和产生高次谐波量增加。 （ √ ）

16. 变压器比率制动的差动继电器，设置比率制动的主要原因是当区外故障不平衡电流增加，为了使继电器动作电流随不平衡电流增加而提高动作值。 （ √ ）

17. 新安装的变压器差动保护在变压器充电时，应将差动保护停用，瓦斯保护投入运行，待测试差动保护极性正确后再投入运行。 （ √ ）

18. 为了检查差动保护躲励磁涌流的性能，在对变压器进行 5 次冲击合闸试验时，必须投入差动保护。 （ √ ）

19. 变压器保护的瓦斯保护范围在差动保护范围内，这两种保护均为瞬动保护，所以可用差动保护代替瓦斯保护。 （ × ）

20. 220kV 终端变压器的中性点，不论其接地与否不会对其电源进线的接地短路电流值有影响。 （ × ）

21. 变压器差动保护的暂态不平衡电流是由于实际的电流互感器变比不同引起。 （ × ）

22. 改变变压器调压分接头会引起变压器差动保护的稳态不平衡电流。 （ √ ）

23. 变压器差动保护的稳态不平衡电流是由于短路电流的非周期分量主要为电流互感器的励磁电流，使其铁芯励磁，误差增大而引起。 （ × ）

24. 变压器励磁涌流包含有大量的高次谐波分量，并以二次谐波为主。 （ √ ）

25. 防止励磁涌流的方法可采用具有速饱和铁心的差动继电器。 （ √ ）

26. "12 点接线"的变压器，其高压侧线电压和低压侧线电压同相；"11 点接线"的变压器，其高压侧线电压滞后低压侧线电压 30°。 （ √ ）

27. 主变压器保护中除差动保护动作外，其他保护动作均应闭锁备自投装置。 （ × ）

28. 变压器的过电流保护，加装复合电压闭锁元件是为了提高过电流保护的灵敏度。 （ √ ）

29. 谐波制动的变压器差动保护中，设置差动速断元件的主要原因是为了提高差动保护的动作速度。 （ × ）

30. 自耦变压器中性点必须接地，这是为了避免当高压侧电网内发生单相接地时中压侧出现过电压。 （√）

31. 在变压器中性点直接接地系统中，当发生单相接地故障时，将在变压器中性点产生很大的零序电压。 （×）

32. 在变压器差动保护范围以外改变一次电路的相序时，变压器差动保护用的电流互感器的二次接线，也应随着作相应的变动。 （×）

33. 对 Yd11 接线的变压器，当变压器△侧出口故障，Y 侧绕组低电压接相间电压，不能正确反映故障相间电压。 （√）

34. 变压器的后备方向过电流保护的动作方向应指向变压器。 （×）

35. 对于全星形接线的三相三柱式变压器，由于各侧电流同相位差动电流互感器无需相位补偿；对于集成或晶体管型差动保护各侧电流互感器可接成星形或三角形。 （×）

36. 超高压电网中某中性点接地变压器空载合闸，产生了励磁涌流，流过中性点的励磁涌流之和为零。 （×）

37. 超高压变压器过励磁时，差动保护的差回路中出现 5 次谐波电流，过励磁越严重，5 次谐波电流与基波电流之比也越大。 （√）

38. 当变压器差动保护中的 2 次谐波制动方式采用分相制动时，躲励磁涌流的能力比其他 2 次谐波制动方式要高。 （×）

39. 变压器接线为 YNd11 接线，微机差动保护采用 d 侧移相方式，该变压器在额定运行时，YN 侧一相 TA 二次回路断线，三个差动继电器只有一个处动作状态，其余两个因差动回路无电流仍处制动状态。 （×）

40. 对自耦变压器，为增加切除单相接地短路的可靠性，可在变压器中性点回路增设零序过电流保护。 （√）

41. 双绕组变压器差动保护的正确接线，应该是正常及外部故障时，高、低压侧二次电流相位相同，流入差动继电器差动线圈的电流为变压器高、低压侧二次电流之向量和。 （×）

42. 当变压器发生多数绕组匝间短路时，匝间短路电流很大，因而变压器瓦斯保护和BCH 型纵差保护均动作跳闸。 （√）

43. 变压器各侧电流互感器型号不同，变流器变比与计算值不同，变压器调压分接头不同，所以在变压器差动保护中会产生暂态不平衡电流。 （×）

44. 为使变压器差动保护在变压器过激磁时不误动，在确定保护的整定值时，应增大差动保护的 5 次谐波制动比。 （√）

45. 当变压器铁芯过热烧伤，差动保护无反应。 （√）

46. 在变压器高压侧绕组单相接地故障时，短路电流将导致变压器油热膨胀，从而使瓦斯保护动作跳闸。 （√）

47. 变压器的复合电压方向过流保护中，三侧的复合电压接点并联是为了提高该保护的动作可靠性。 （×）

48. 变压器纵差保护经星-角相位补偿后，滤去了故障电流中的零序电流，因此，不能反映变压器 YN 侧内部单相接地故障。 （×）

49. 当变压器绕组发生少数线匝的匝间短路，差动保护仍能正确反应。　　　　　　　（×）

50. 变压器的两套完整、独立的电气量保护和一套非电量保护应使用各自独立的电源回路（包括直流空气小开关及其直流电源监视回路），在保护柜上的安装位置应相对独立。　　（√）

51. 变压器的零序阻抗不仅与接线方式有关，同时也与铁芯结构有关。　　　　　　　（√）

52. 对新建、扩建的技改工程 220kV 变电所的变压器高压断路器和母联、母线分段断路器应选用三相联动的断路器。　　　　　　　　　　　　　　　　　　　　　　　　　　（√）

53. 一台容量为 8000kvA，短路电压为 5.56％，变比为 20/0.8kV，接线为 Y/Y 的三相变压器，因需要接到额定电压为 6.3kV 系统上运行，当基准容量取 100MVA 时，该变压器的标示阻抗应为 7。　　　　　　　　　　　　　　　　　　　　　　　　　　　　　　（√）

54. 当变压器发生少数绕组匝间短路时，匝间短路电流很大，因而变压器瓦斯保护和纵差保护均动作跳闸。　　　　　　　　　　　　　　　　　　　　　　　　　　　　　　（×）

55. 对三绕组变压器的差动保护各侧电流互感器的选择，应按各侧的实际容量来选型电流互感器的变比。　　　　　　　　　　　　　　　　　　　　　　　　　　　　　　　（×）

56. 为防御变压器过励磁应装设负序过电流保护。　　　　　　　　　　　　　　　　（×）

57. 变压器内部故障系指变压器线圈内发生故障。　　　　　　　　　　　　　　　　（×）

58. 220kV 及以上电压等级变压器配置两套独立完整的保护（含非电量保护），以满足双重化原则。　　　　　　　　　　　　　　　　　　　　　　　　　　　　　　　　　（×）

59. 当系统发生事故电压严重降低时，应通过自动励磁控制装置快速降低发电机电压，如无法降低发电机电压，则应将发电机进行灭磁，并将发电机于系统解列。　　　　　　（×）

60. 所有的电压互感器（包括测量、保护和励磁自动调节）二次绕组出口均应装设熔断器或自动开关。　　　　　　　　　　　　　　　　　　　　　　　　　　　　　　　　（×）

61. 变比相同、型号相同的电流互感器，其二次接成星型时比接成三角形所允许的二次负荷要大。　　　　　　　　　　　　　　　　　　　　　　　　　　　　　　　　　　（√）

62. 电力变压器不管其接线方式如何，其正、负、零序阻抗均相等。　　　　　　　　（×）

63. 重瓦斯继电器的流速一般整定在 1.1～1.4m/s。　　　　　　　　　　　　　　　（×）

64. 新投运变压器充电前，应停用变压器差动保护，待相位测定正确后，才允许将变压器差动保护投入运行。　　　　　　　　　　　　　　　　　　　　　　　　　　　　　（×）

65. 如果变压器中性点不接地，并忽略分布电容，在线路上发生接地短路，连于该侧的三相电流中不会出现零序电流。　　　　　　　　　　　　　　　　　　　　　　　　　（√）

66. 静止元件（如线路和变压器）的负序和正序阻抗是相等的，零序阻抗则不同于正序或负序阻抗；旋转元件（如发电机和电动机）的正序、负序和零序阻抗三者互不相等。　　（√）

67. YNd11 接线的变压器低压侧发生 VW 两相短路时，高压侧 U 相电流是其他两相电流的 2 倍。　　　　　　　　　　　　　　　　　　　　　　　　　　　　　　　　　（×）

68. 在自耦变压器高压侧接地短路时，中性点零序电流的大小和相位，将随着中压侧系统零序阻抗的变化而改变。因此，自耦变压器的零序电流方向保护不能装于中性点，而应分别装在高、中压侧。　　　　　　　　　　　　　　　　　　　　　　　　　　　　　（√）

69. 调节变压器分接头会在差动回路中引起不平衡电流，目前的解决办法只能是靠提高整定值躲过。　　　　　　　　　　　　　　　　　　　　　　　　　　　　　　　　　（√）

70. 如果一台三绕组自耦变压器的高中绕组变比为 $n_{r12}=2.5$，S_n 为额定容量，则低压绕组的最大容量为 $0.6S_n$。 （√）

71. 与励磁涌流无关的变压器差动保护有：高中压分相差动保护、零序差动保护。 （√）

72. 继电保护自动装置盘及其电气设备的背面接线应由继电人员清扫。 （√）

73. 新安装的变压器差动保护在变压器充电时，应将变压器差动保护停用，瓦斯保护投入运行，待差动保护带负荷检测正确后，再将差动保护投入运行。 （×）

74. 自耦变压器零序保护的零序电流取自中性线上的电流互感器。 （×）

75. 所谓微机变压器保护双重化指的是双套差动保护和一套后备保护。 （×）

76. 当变压器中性点采用经过间隙接地的运行方式时，变压器接地保护应采用零序电流继电器和零序电压继电器串联的方式，保护的动作时限选用 0.5s。 （×）

77. 0.8MVA 及以上油浸式变压器，应装设瓦斯保护。 （√）

78. 自耦变压器中性点必须直接接地运行。 （√）

79. 当变压器中性点采用经过间隙接地的运行方式时，变压器接地保护应采用零序电流保护与零序电压保护并联的方式。 （√）

80. 装于 Yd 接线变压器高压侧的过电流保护，对于变压器低电压侧发生的两相短路，采用三相三继电器的接线方式比两相两继电器的接线方式灵敏度高。 （√）

81. 变压器投产时，进行五次冲击合闸前，应投入瓦斯保护，停用差动保护。 （×）

82. 电抗器差动保护动作值应躲过励磁涌流。 （×）

83. 变压器瓦斯保护的保护范围不如差动保护大，对电气故障的反应也比差动保护慢。所以，差动保护可以取代瓦斯保护。 （×）

84. 变压器采用比率制动式差动继电器主要是为了躲励磁涌流和提高灵敏度。 （×）

85. 变压器投产时，进行五次冲击合闸前，要投入瓦斯保护。先停用差动保护，待做过负荷试验，验明正确后，再将它投入运行。 （×）

86. YNynd 接线自耦变压器在中压侧出线故障时，直接接地中性点的零序电流和高压套管零序电流相等。 （×）

87. 变压器差动保护（包括无制动的电流速断部分）的定值应能躲过励磁涌流和外部故障的不平衡电流。 （×）

88. 新投或改动了二次回路的变压器，在由第一次投入充电时必须退出差动保护，以免保护误动。 （×）

89. 220kV 变压器保护动作后均应启动断路器失灵保护。 （×）

90. 新安装变压器，在进行 5 次冲击合闸试验时，必须投入差动保护。 （√）

91. 变压器的瓦斯与纵差保护范围相同，二者互为备用。 （×）

92. 为防止保护误动作，变压器差动保护在进行相量检查之前不得投入运行。 （×）

93. 新安装的变压器在第一次充电时，为防止变压器差动向量接反造成误动，比率差动保护应退出，但需投入差动速断保护和重瓦斯保护。 （×）

94. 变压器的复合电压方向过流保护中，三侧的复合电压接点并联是为了提高该保护的灵敏度。 （√）

95. 变压器油箱内部常见短路故障的主保护是差动保护。 （×）

96. 传统（完全）纵差保护只能对定子绕组和变压器绕组的相间短路起作用，不反应匝间短路。 （×）

97. 设置变压器差动速断元件的主要原因是防止区内故障 TA 饱和产生高次谐波致使差动保护拒动或延缓动作。 （√）

98. 对于发电机定子绕组和变压器原、副边绕组的小匝数匝间短路，短路处电流很大，所以阻抗保护可以做它们的后备。 （×）

99. 变压器差动保护对绕组匝间短路没有保护作用。 （×）

100. 运行中的变压器，为防止过励磁造成差动保护误动，采用 2 次谐波电流制动元件。其中制动比越大，差动保护躲变压器过励磁的能力越强。 （×）

101. YNd11 两侧电源变压器的 YN 绕组发生单相接地短路，两侧电流相位相同。 （×）

102. 变压器气体继电器的安装，要求变压器顶盖沿气体继电器方向与水平面具有 1%～1.5% 的升高坡度。 （√）

103. Yyn 接线变压器的零序阻抗比 YNd 接线的大得多。 （√）

104. 一般情况下，变压器容量越大，涌流值与额定电流的比值也越大。 （×）

105. 因为变压器从开始过激磁，到产生的过热程度危及变压器安全的时间与过激磁倍数的平方成反比，所以变压器过激磁保护按反时限整定。 （√）

106. 为与变压器保护双重化相适应，变压器各侧断路器必须选用具备双跳闸线圈的断路器。 （×）

107. 在 Yd11 接线的变压器低压侧发生 AB 两相短路时，短路电流为 I_k，则高压侧的电流值 I_C 为 $(2/\sqrt{3})I_k$。 （×）

108. PST-1200 变压器保护，后备保护零序方向元件在 TV 断线时，方向元件退出。TV 断线后电压恢复正常，本保护也随之恢复正常。 （√）

109. PST-1200 变压器保护，后备保护中方向元件的方向指向由控制字选择，当控制字选择为指向变压器时，复压闭锁方向元件的最大灵敏角为 $-45°$，零序方向元件的最大灵敏角为 $75°$。 （×）

110. 自耦变压器高压侧接地故障，接地中性线中零序电流方向不固定，因而接地中性点电流可能为零。 （√）

111. 自耦变压器零序比率差动保护中，与自耦变压器的纵差动保护一样要考虑励磁涌流的影响。 （×）

112. 自耦变压器的零序比率差动保护中，取用的零序电流是：高压侧零序电流、中压侧零序电流、接地中性点的零序电流。 （×）

113. 在间断角原理微机型变压器纵差动保护中，数据采取系统中的采样频率与比率制动式差动保护中的相当。 （×）

114. 在变压器差动保护接线中，内部接地故障电流中的零序电流分量不能流入差动回路中。 （√）

115. 某降压变压器在投入运行合闸时产生励磁涌流，当电源阻抗越小时，励磁涌流越大。 （√）

116. 某大型变压器发生故障，应跳断路器，若高压断路器失灵，则应启动断路器失灵保护，因此瓦斯保护、差动保护等均可构成失灵保护的启动条件。　　　（×）

117. 双绕组变压器的励磁涌流分布在变压器两侧，大小为变比关系。　　　　　（×）

118. YNd11 接线变压器差动保护，YN 侧保护区内单相接地时，接地电流中必有零序分量电流，根据内部短路故障时差动回路电流等于内部故障电流，所以差动电流中也必有零序分量电流。　　　　　（×）

119. 变压器的后备保护，主要是作为相邻元件及变压器内部故障的后备保护。　（√）

120. 大型变压器设有过激磁保护，能反应系统电压升高或频率下降以及频率下降同时电压升高的异常运行状态。　　　　　　　　　　　　　　　　　　　（√）

121. 二次电压回路断线闭锁是防止变压器阻抗保护因电压互感器二次失压误动作的最有效措施。　　　　　　　　　　　　　　　　　　　　　　　　　　　（×）

122. 当发变组保护启动失灵保护时，为提高可靠性，断路器未断开的判别元件宜采用双重化构成"与"回路的方式。　　　　　　　　　　　　　　　　　　　（√）

123. YNd11 接线变压器的纵差动保护可以反应变压器三角形绕组的断线故障。　（×）

124. YNd11 接线变压器的纵差动保护，可反应 YN 侧一相的断线故障。　　　（×）

125. 自耦变压器外部接地故障，其公共绕组的电流方向不变。　　　　　　　（×）

126. Yd11 变压器 d 侧两相短路，Y 侧三相均出现故障电流。　　　　　　　（√）

127. 变压器中性点零序电流始终等于同侧三相电流之和。　　　　　　　　　（×）

128. YNynd 接线的自耦变压器高压侧发生接地故障时，低压侧绕组中有环流电流。（√）

129. 相对于变压器容量而言，大容量变压器的励磁涌流大于小容量变压器的励磁涌流。

　　　　　　　　　　　　　　　　　　　　　　　　　　　　　　　　　（×）

130. 变压器励磁涌流含有大量的高次谐波分量，并以 2 次谐波为主。　　　　（√）

131. 主接线为内桥或 3/2 接线的变电站，为简化二次回路，可将高压侧两开关 TA 二次并联后接入静态型变压器比率差动保护。　　　　　　　　　　　　　　（×）

132. 自耦变压器的零序差动保护，能反映变压器内部各侧线圈的接地故障。　（×）

133. 变压器各侧电流互感器型号不同，变流器变比与计算值不同，变压器调压分接头不同，所以在变压器差动保护中会产生暂态不平衡电流。　　　　　　　　（×）

134. 终端变电站的变压器中性点直接接地，在其供电线路上发生单相接地故障时，终端变压器侧有负序电流。　　　　　　　　　　　　　　　　　　　　　　（×）

135. 由于变压器在 1.3 倍额定电流时还能运行 10s，因此变压器过电流保护的过电流定值按不大于 1.3 倍额定电流整定，时间按不大于 9s 整定。　　　　　　　（×）

136. 在变压器差动保护接线中，内部接地故障电流中的零序电流分量不能流入差动回路中。　　　　　　　　　　　　　　　　　　　　　　　　　　　　　（√）

137. 对于 220kV 的三侧三卷降压变压器，其高压侧阻抗通常比低压侧大。　（√）

138. YNynd 接线的三卷变压器在中压侧出线故障时，中压侧直接接地中性点的零序电流和中压侧套管零序电流相等。　　　　　　　　　　　　　　　　　　（√）

139. YNynd 接线的三卷变压器中压侧发生接地故障时，低压侧绕组中无环流电流。（×）

三、简答题

1. 试述自耦变压器有什么优缺点？

答：优点：

（1）节省材料，造价低。

（2）损耗少（包括铜损及铁损）。

（3）重量轻，便于运输安装，能扩大变压器的极限制造容量。

缺点：

（1）自耦变压器由于原边与副边之间除磁耦合外还有电气直接耦合，增加保护配置的复杂性。

（2）中性点绝缘水平低，故中性点必须直接接地，增加系统单相短路容量。

（3）使不同电压的零序网络相连通，给零序保护的配合带来困难。

2. 接地电流系统中的变压器中性点有的接地，也有的不接地，取决于什么因素？

答：变压器中性点是否接地一般考虑如下因素：

（1）保证零序保护有足够的灵敏度和很好的选择性，保证接地短路电流的稳定性。

（2）为防止过电压损坏设备，应保证在各种操作和自动掉闸使系统解列时，不致造成部分系统变为中性点不接地系统。

（3）变压器绝缘水平及结构决定的接地点（如自耦变一般为"死接地"）。

3. 自耦变压器的接线形式为 YNynd，其过负荷保护如何配置，为什么？

答：自耦变的自耦两侧和 d 侧及公共绕组均应装设过负荷保护。

原因：自耦变一般应用于超高压网络，作为联络变，各侧都有过负荷的可能。另外，带自耦的高中压侧可能没有过负荷，而公共绕组由于额定容量 $S_{公}=(1-1/N)S_e$，可能过负荷。因此，公共绕组及自耦变各侧均应装设过负荷。

4. 为什么发电机纵差保护对匝间短路没有作用而变压器差动保护对变压器各侧绕组匝间短路有保护作用？

答：发电机同一相发生匝间短路，虽然短路电流可以很大，但差动继电器中无差流。而变压器各侧绕组的匝间短路，通过变压器铁心磁路的耦合，改变了各侧电流的大小和相位，使变压器差动保护对匝间短路有作用。

5. 对新安装的变压器差动保护在投入运行前应做哪些试验？

答：对其应做如下检查：

（1）必须进行带负荷测相位和差电压（或差电流），以检查电流回路接线的正确性。

（2）在变压器充电时，将差动保护投入。

（3）带负荷前将差动保护停用，测量各侧各相电流的有效值和相位。

（4）测各相差电压（或差电流）。

（5）变压器充电合闸 5 次，以检查差动保护躲励磁涌流的性能。

6. 请问变压器各侧的过电流保护是按照什么原则整定的？

答：按躲过变压器额定负荷电流整定。

7. 请简要介绍变压器励磁涌流的特点，主变压器差动保护该采取哪些措施才能避免励磁涌流造成误动。

答：励磁涌流有以下特点：

（1）包含很大成分的非周期分量，往往使涌流偏于时间轴的一侧。

（2）包含有大量的高次谐波分量，并以二次谐波为主。

（3）励磁涌流波形出现间断。

防止励磁涌流影响的方法有：

（1）采用具有速饱和铁芯的差动继电器。

（2）鉴别短路电流和励磁涌流波形的区别，要求间断角为 $60°\sim65°$。

（3）利用二次谐波制动，制动比为 $15\%\sim20\%$。

（4）利用波形对称原理的差动继电器。

8. 变压器差动保护在外部短路暂态过程中产生不平衡电流（两侧二次电流的幅值和相位已完全补偿）的主要原因是哪些（要求至少答出 5 种原因）？

答：在两侧二次电流的幅值和相位已完全补偿好的条件下，产生不平衡电流的主要原因是：

（1）如外部短路电流倍数太大，两侧 TA 饱和程度不一致。

（2）外部短路非周期分量电流造成两侧 TA 饱和程度不同。

（3）二次电缆截面选择不当，使两侧差动回路不对称。

（4）TA 设计选型不当，应用 TP 型于 500kV，但中低压侧用 5P 或 10P。

（5）各侧均用 TP 型 TA，但 TA 的短路电流最大倍数和容量不足够大。

（6）各侧 TA 二次回路的时间常数相差太大。

9. 大电流接地系统中对变压器接地后备保护的基本要求是什么？

答：较完善的变压器接地后备保护应符合以下基本要求：

（1）与线路保护配合在切除接地故障中做系统保护的可靠后备；

（2）保证任何一台变压器中性点不遭受过电压；

（3）尽可能有选择地切除故障，避免全站停电；

（4）尽可能采用独立保护方式，不要公用保护方式，以免因"三误"造成多台变压器同时掉闸。

10. 主变压器接地后备保护中零序过电流与间隙过流的 TA 是否应该共用一组，为什么？

答：（1）不应该共用一组。

（2）该两种保护 TA 独立设置后则不须人为进行投、退操作，自动实现中性点接地时投入零序过电流（退出间隙过流）、中性点不接地时投入间隙过电流（退出零序过电流）的要求，安全可靠。反之，两者公用一组 TA 有如下弊端。

（3）当中性点接地运行时，一旦忘记退出间隙过电流保护，又遇有系统内接地故障，往往造成间隙过流误动作将本变压器切除。

（4）间隙过电流元件定值很小，但每次接地故障都受到大电流冲击，易造成损坏。

11. 为何自耦变压器的零序电流保护不能接在中性点电流互感器上？

答：分析表明，当系统接地短路时，该中性点的电流既不等于高压侧零序电流，也不等于中压侧零序电流，所以各侧零序保护只能接至其出口 TA 构成的零序电流回路而不能接在中性点 TA 上。

12. 变压器间隙保护由间隙电流保护和间隙电压保护组成，那么间隙电流保护和间隙电压保护是启动同一个时间继电器吗？为什么？

答： 是启动同一个时间继电器，因为，当出现单相故障时，变压器中心点偏移当电压达到定值，间隙电压保护启动，当经过一段时间后，可能放电间隙击穿，间隙电流保护动作，而间隙电压返回，如果间隙电流与间隙电压采用不同的时间继电器，则间隙保护将重新开始记时，此时间将可能大于一次设备所能承受接地的时间，而使一次设备损坏。

13. 变压器差动保护用的电流互感器，在最大穿越性短路电流时其误差超过 10%，此时应采取哪些措施来防止差动保护误动作？

答： 此时应采取下列措施：

（1）适当地增加电流互感器的变比。

（2）将两组电流互感器按相串联使用。

（3）减小电流互感器二次回路负载。

（4）在满足灵敏度要求的前提下，适当地提高保护动作电流。

14. 在 RCS 978 变压器差动保护中，采取哪些措施，防止区外故障伴随 TA 饱和时，差动保护误动？

答： 采用稳态低值差动和稳态高值差动相配合，低值差动有 TA 饱和判据，而高值差动没有 TA 饱和判据。在下列几种故障情况下，区内故障保护灵敏动作，区外故障保护不误动：

（1）区内轻微故障，短路电流小，TA 不饱和：低值比率差动灵敏动作。

（2）区内严重故障，短路电流大，TA 饱和：低值闭锁，高值动作。

（3）区外轻微故障，短路电流小，TA 不饱和：差流很小，低值和高值都不动作。

（4）区外严重故障，短路电流大，TA 饱和：低值闭锁，高值差动由于定值比较高，差流进入不到动作区，也不会动作。

15. 为什么在 Yd11 变压器中差动保护电流互感器二次在 Y 侧接成 d 形，而在 d 侧接成 Y 形？

答： Yd11 接线组别使两侧电流同名相间有 30°相位差，即使二次电流数值相等，也有很大的差电流进入差动继电器，为此将变压器 Y 侧的 TA 二次接成 d 形，而将 d 侧接成 Y 形，达到相位补偿之目的。

16. 简述三相变压器空载合闸时励磁涌流的大小及波形特征与哪些因素有关？

答： 三相变压器空载合闸的励磁涌流大小和波形与下列因素有关：

（1）系统电压大小和合闸出相角。

（2）系统等值电抗大小。

（3）铁芯剩磁、铁芯结构。

（4）铁芯材质（饱和特性、磁滞环）。

（5）合闸在高压或低压侧。

17. 简述变压器过激磁后对差动保护有哪些影响？如何克服？

答：变压器过激磁后，励磁电流急剧增加，使差电流相应加大，差动保护可能误动。可采取 5 次谐波制动方案，也可提高差动保护定值，躲过过励磁产生的不平衡电流。

18. 自耦变压器过负荷保护比起非自耦变压器的来，更要注意什么？

答：自耦变压器高、中、低三个绕组的电流分布、过载情况与三侧之间传输功率的方向有关，因而自耦变压器的最大允许负载（最大通过容量）和过载情况除与各绕组的容量有关外，还与其运行方式直接相关。特别是高、低压侧同时向中压侧传输功率时，会在三侧均未过载的情况下，其公共绕组却已过载，因此，应装设公共绕组过负荷保护。

19. YNd 接线变压器的差动保护为什么对 YN 侧绕组单相短路不灵敏？如何解决？

答：（1）通常作相间短路用的差动保护，一次为 YN 接线，其二次用 d 接线，而单相短路的零序电流经二次 d 接线时被滤掉，所以对单相短路不灵敏。

（2）YN 绕组单相短路，YNd 变压器两侧电流的相位可能具有外部短路特征，所以差动保护不灵敏。

（3）在 YN 绕组侧装设零序差动保护。

20. 220kV/110kV/35kV 变压器一次绕组为 YNynd11 接线，35kV 侧没负荷，也没引线，变压器实际当作两卷变用，采用的保护为微机双侧差动。问这台变压器差动的二次电流需不需要转角（内部转角或外部转角）为什么？

答：对高中侧二次电流必须进行转角。一次变压器内部有一个内三角绕组，在电气特性上相当于把三次谐波和零序电流接地，使之不能传变。二次接线电气特性必须和一次特性一致，所以必须进行转角，无论是采用内部软件转角方式还是外部回路转角方式。若不转角，当外部发生不对称接地故障时，差动保护会误动。

21. 运行中的变压器瓦斯保护，当现场进行什么工作时，重瓦斯保护应由"跳闸"位置改为"信号"位置运行？

答：进行注油和滤油时；进行呼吸器畅通工作或更换硅胶时，除采油样和气体继电器上部放气阀放气外，在其他所有地方打开放气、放油和进油阀门时开、闭气体继电器连接管上的阀门时；在瓦斯保护及其二次回路上进行工作时；对于充氮变压器，当油枕抽真空或补充氮气时，变压器注油、滤油、充氮（抽真空）、更换硅胶及处理器时，在上述工作完毕后，经 1h 试运行后，方可将重瓦斯保护投入跳闸。

22. 发电机纵差保护与变压器纵差保护最本质的区别是什么？反映在两种纵差保护装置中最明显的不同是什么？

答：（1）发电机纵差保护范围仅包含定子绕组电路，满足正常运行和外部短路时的电路电流的关系。变压器纵差保护范围包含诸绕组的电路并受它们的磁路影响，正常运行和空载合闸时。

（2）变压器纵差保护比发电机纵差保护增加了空载合闸时防励磁涌流下误动的部分。

23. 已知变压器额定容量 240/240/72MVA，额定电压 220/117/37kV，零序阻抗试验数据为：高压加电、中压开路 54.3Ω；高压加电、中压短路 29.97Ω；中压加电、高压开路 4.94Ω；中压加电、高压短路 2.75Ω。请求出各侧零序阻抗标幺值（基准容量 100MVA，基准电压近似取变压器额定电压）。

答：

$$Z_{0l} = \left(\sqrt{\frac{(54.3 - 29.97) \times 4.94}{484 \times 136.89}} + \sqrt{\frac{(4.94 - 2.75) \times 54.3}{484 \times 136.89}} \right) \Big/ 2$$

$$= 0.0425$$

注：$Z_{0l} = 0.0424$ 或 0.0426 也正确。

$$Z_{0h} = \frac{54.3}{484} - 0.0425 = 0.0697$$

$$Z_{0m} = \frac{4.94}{136.89} - 0.0425 = -0.0064$$

24. 怎样理解变压器非电气量保护和电气量保护的出口继电器要分开设置？

答：（1）反措要求要完善断路器失灵保护。

（2）反措同时要求慢速返回的非电气量保护不能启动失灵保护。

（3）变压器的差动保护等电气量保护和瓦斯保护合用出口，会造成瓦斯保护动作后启动失灵保护的问题，由于瓦斯保护的延时返回可能会造成失灵保护误动作。因此变压器非电气量保护和电气量保护的出口继电器要分开设置。

25. 变压器"复合电压闭锁过流保护"的电压闭锁为什么要采用三侧并联？

答：为提高电压闭锁的灵敏度，防止电压闭锁元件拒动。

26. 变零序后备保护中零序过流与放电间隙过流是否同时工作？各在什么条件下起作用？

答：（1）两者不同时工作。

（2）当变压器中性点接地运行时零序过流保护起作用，间隙过流应退出。

（3）当变压器中性点不接地时，放电间隙过流起作用，零序过流保护应退出。

27. 试简述应如何布置或选用 TA，以尽可能减少正常运行及转代时段变压器保护死区。

答：TA 选用开关外附 TA，不宜使用套管 TA，转代时，电流回路也切换至旁路开关的外附 TA。

四、分析题

1. 有一台变压器 Yd11 接线（见图 5-1），在其差动保护带负荷检查时，测得 Y 侧电流互感器电流相位关系为 $\dot{I}_V$ 超前 $\dot{I}_U$ 60°，$\dot{I}_U$ 超前 $\dot{I}_W$ 150°，$\dot{I}_W$ 超前 $\dot{I}_V$ 150°，且 I_W 为 8.65A，$I_U = I_V = 5$A，试分析变压器 Y 侧电流互感器是否有接线错误。

答：变压器 Y 侧 V 相接反，得到

$$I_u = I_{u1} + I_{v1} = 5$$
$$I_v = -I_{v1} - I_{w1} = 5$$
$$I_w = I_{w1} - I_{u1} = 8.66$$

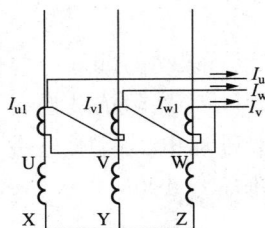

图 5-1

改正后，得到

$$I_u = I_{u1} - I_{v1} = 8.66$$
$$I_v = I_{v1} - I_{w1} = 8.66$$
$$I_w = I_{w1} - I_{u1} = 8.66$$

2. 有一台 Yd11 接线的变压器，在其整流型差动保护带负荷检查时，测得其 Y 侧电流互感器电流相位关系为 $\dot{I}_v$ 超前 $\dot{I}_u$150°，$\dot{I}_u$ 超前 $\dot{I}_w$60°，$\dot{I}_w$ 超前 $\dot{I}_v$150°，I_v 为 8.65A，$I_u = I_w = 5$A，试分析变压器 Y 侧电流互感器是否有接线错误，并改正之（用相量图分析）。

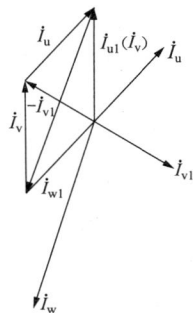

答： 由正常带负荷测得变压器差动保护 Y 侧三相电流不对称，因此可以断定变压器 Y 侧电流互感器接线有误，图 5-2 为测得的三相电流的向量图。

由于变压器差动保护 Y 侧电流互感器通常接成三角形，以消除 Y 侧零序电流对差动保护的影响。在接线的过程中最易出线的问题是电流互感器的极性接反，因此可从极性接反的角度进行考虑。

图 5-2

正常接线时三角形接法的电流为

$$\dot{I}_u = \dot{I}_U - \dot{I}_V$$
$$\dot{I}_v = \dot{I}_V - \dot{I}_W$$
$$\dot{I}_w = \dot{I}_W - \dot{I}_U$$

由于只有一相电流的极性与另两相不同，所以仅考虑某一相的极性反的情况。从电流的幅值分析：$\dot{I}_v$ 的幅值为 $\dot{I}_u$、$\dot{I}_w$ 的 $\sqrt{3}$ 倍，而 $\dot{I}_v$ 是由 $\dot{I}_V$ 与 $\dot{I}_W$ 产生的，因此可初步判断 V、W 两相的极性相同，而 U 相的极性可能相反。

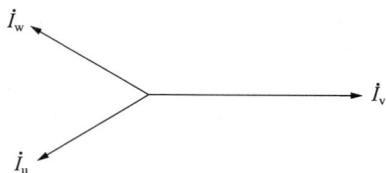

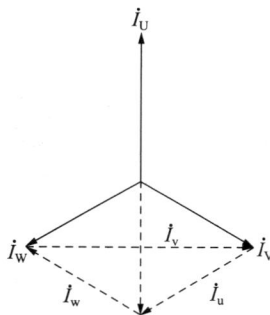

图 5-3   图 5-4

从图 5-3 和图 5-4 的向量图分析可知，U 相极性接反时电流的相位关系和大小与测量情况相吻合，因此可以断定 U 相 TA 的极性接反，应将 U 相 TA 两端的引出线对换。

3. 某变电站的联络变压器采用了三个单相式的自耦变压器，其高压侧、中压侧及公共绕组均装有 TA，工作人员在做 TA 的"点极性"试验时，为节约时间，欲将中压侧 TA 以外的接地刀闸合上，以便当由变压器的高压侧对地之间通入或断开直流电压时，可同时检查高压侧、中压侧及公共绕组的 TA 极性。请问此种方法是否可行？如认为可行，请说明试验的方法及如何判断 TA 极性；如认为不行，请说明理由（不考虑点极性所用电池的容量问题）。

答：（1）方法可行，但必须注意如果中压侧接地，当从自耦变压器的高压侧对地加正向直流电压时，公共绕组中的电流不是由线圈流向大地，而是由大地流向线圈；在断开直流电源瞬间，公共绕组中的电流由线圈流向大地。

（2）此点极性应注意：如果 TA 接线继试验接线正确，公共绕组 TA 的极性与高压侧相同，与中压侧 TA 的极性相反。

（3）此方法为非传统做法，分析较复杂，容易给试验人员的判断造成混乱，并且要求点极性时使用的电池容量较大、电压较高，不利于安全，因此不宜推广使用。

4. 有一台 $110\pm2\times2.5\%/10kV$ 的 31.5MVA 降压变压器，试计算其复合电压闭锁过电流保护的整定值（电流互感器的变比为 300/5，星形接线；K_{rel} 可靠系数，过电流元件取 1.2，低电压元件取 1.15；K_r 继电器返回系数，对低电压继电器取 1.2，电磁型过电流继电器取 0.85）。

答： 变压器高压侧的额定电流为

$$I_e = \frac{31.5\times10^6}{\sqrt{3}\times110\times10^3} = 165(A)$$

电流元件按变压器额定电流整定，即

$$I_{op} = \frac{K_{rel}K_cI_e}{K_r n_{TA}} = \frac{1.2\times1\times165}{0.85\times60} = 3.88(A)（取 3.9A）$$

电压元件取 10kV 母线电压互感器的电压，即

（1）正序电压 $U = \frac{U_{min}}{K_{rel}K_r n_{TV}} = \frac{0.9\times10000}{1.15\times1.2\times100} = 65.2（V）（取 65V）$

式中：U_{min} 为系统最低运行电压。

（2）负序电压按避越系统正常运行不平衡电压整定，即

$$U_{op.n} = 5\sim7(V)（取 6V）$$

因此复合电压闭锁过电流保护定值：动作电流为 3.9A，接于线电压的低电压继电器动作电压为 65V，负序电压继电器的动作电压为 6V。

5. 微机变压器保护的比例制动特性如图 5-5 所示。

动作值　$I_{cd}=2A$（单相）　　　　制动拐点　$I_G=5A$（单相）

比例制动系数　$K=0.5$　　　　差流　$I_{cd}=BL_1\times I_1+BL_2\times I_2+BL_3\times I_3$

制动电流　$I_{zd}=\max(BL_1\times I_1, BL_2\times I_2, BL_3\times I_3)$，

$BL_1=BL_2=BL_3=1$，

计算当在高中压侧 U 相分别通入反相电流作制动特性时，$I_1=10A$，I_2 通入多大电流正好是保护动作边缘（I_1 高压侧电流，I_2 中压侧电流，I_3 低压侧电流，BL 为平衡系数）。

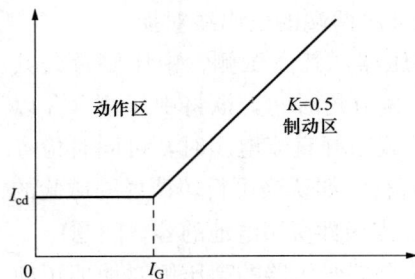

图 5-5

答： 根据比例制动特性。

设高压侧电流 I_1 大于中压侧电流 I_2，即 I_1 作为制动电流。

$$K = \frac{I_1-I_2-I_{cd}}{I_1-I_G} = 0.5$$

$$\frac{10-I2-2}{10-5} = 0.5$$

可求出 $I_2=5.5A$

设高压侧电流 I_1 小于中压侧电流 I_2，即 I_2 作为

制动电流。

$$K = \frac{I_2 - I_1 - I_{cd}}{I_2 - I_G} = 0.5$$

$$\frac{I_2 - 10 - 2}{I_2 - 5} = 0.5$$

可求出 $I_2 = 19A$

6. 一台自耦变压器的高中压侧额定电压、零序参数及 110kV 侧系统零序阻抗（皆为纯电抗）如图 5-6 所示。设变压器 220kV 侧发生单相接地故障，故障点总零序电流为 300A，则流过变压器中性点的零序电流应为多少？

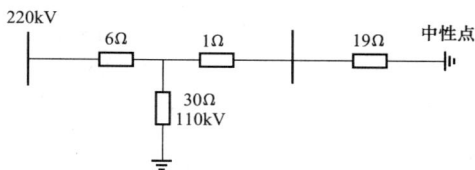

图 5-6

注：图 5-6 中阻抗为归算至 220kV 的阻抗。

答：110kV 侧提供的零序电流

$$300 \times (1 + 19)/(1 + 19 + 30) = 120(A)$$

折算至 110kV 下的电流值

$$120 \times 230/115 = 240(A)$$

中性点提供的零序电流

$$300 - 240 = 60(A)$$

7. 如图 5-7 所示，有一台自耦调压器接入一负载，当二次电压调到 11V 时，负载电流为 20A，试计算 I_1 及 I_2 的大小。

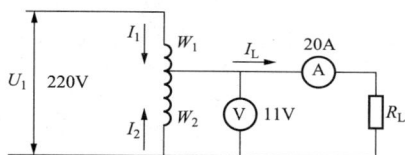

图 5-7

答：忽略调压器的损耗，根据功率平衡的原理有

$$P_1 = P_L$$

而 $\qquad P_1 = U_1 I_1 \qquad P_L = U_L I_L$

所以 $\qquad P_1 = U_1 I_1 = U_L I_L = 11 \times 20 = 220(W)$

所以 $\qquad I_1 = P_2/U_1 = 220/220 = 1(A)$

$$I_2 = I_L - I_1 = 20 - 1 = 19(A)$$

8. 如图 5-8 所示，发电机经 YNd11 变压器及断路器 B1 接入高压母线，在准备用断路器 B2 并网前，高压母线发生 U 相接地短路，短路电流为 I_{UK}。变压器配置有其两侧 TA 接线为星-角的分相差动保护，并设变压器零序阻抗小于正序阻抗。

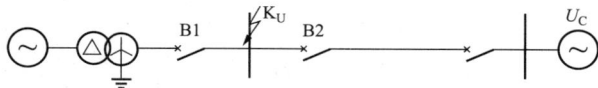

图 5-8

(1) 画出差动保护两侧 TA 二次原理接线图（标出相对极性及差动继电器差流线圈）。

(2) 画出故障时变压器两侧的电流、电压相量图及序分量图。

(3) 计算差动保护各侧每相的电流及差流（折算到一次）。

(4) 写出故障时各序功率的流向。

答：(1) 画出的差动保护 TA 二次原理图如图 5-9 所示。

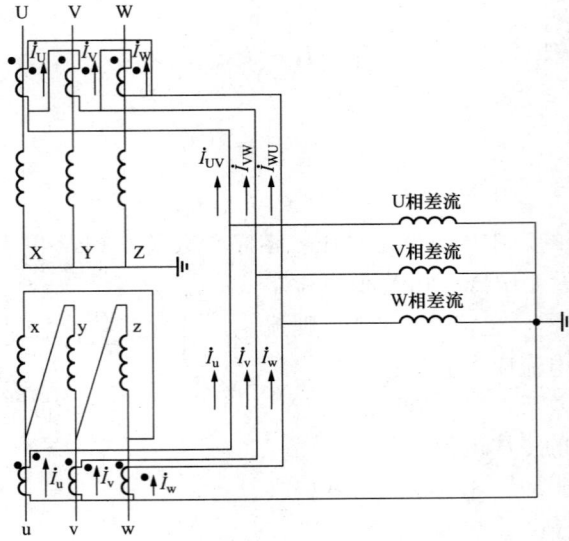

图 5-9

（2）变压器高压侧接地故障时，设 U 相短路电流为 $\dot{I}_{UK}$，高压侧电流、电压及序量向量图如图 5-10 和图 5-11 所示。

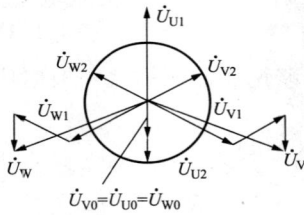

图 5-10

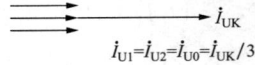

$$\dot{I}_{U1}=\dot{I}_{U2}=\dot{I}_{U0}=\dot{I}_{UK}/3$$

图 5-11

变压器低压侧电流、电压向量图如图 5-12 和图 5-13 所示，$\dot{I}_v=0$。

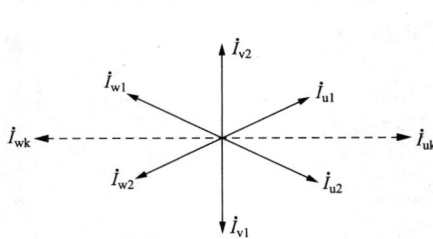

图 5-12

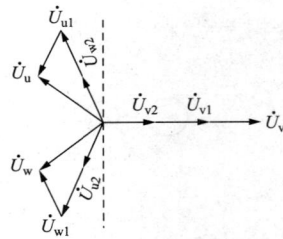

图 5-13

（3）变压器低压侧各相短路电流。

$$\dot{I}_{UK}=2\frac{\dot{I}_{UK}}{3}\cos30°=2\frac{\dot{I}_{UK}}{3}\times\frac{\sqrt{3}}{2}=\frac{\dot{I}_{UK}}{\sqrt{3}}$$

$$\dot{I}_{VK} = 0$$

由变压器高压侧流入各相差动继电器的电流。

U 相

$$\dot{I}_{WK} = -\frac{\dot{I}_{UK}}{\sqrt{3}}$$

V 相

$$\left(\dot{I}_{VK} - \dot{I}_{UK}\right)\big/\sqrt{3} = -\frac{\dot{I}_{UK}}{\sqrt{3}}$$

W 相

$$\left(\dot{I}_{UK} - \dot{I}_{WK}\right)\big/\sqrt{3} = \frac{\dot{I}_{U}}{\sqrt{3}}$$

U 相差动保护差流

$$I_{Ud} = \frac{\dot{I}_{UK}}{\sqrt{3}} - \frac{\dot{I}_{UK}}{\sqrt{3}} = 0$$

W 相差动保护差流

$$I_{Wd} = -\frac{\dot{I}_{UK}}{\sqrt{3}} + \frac{\dot{I}_{UK}}{\sqrt{3}} = 0$$

（4）零序功率及负序功率由故障点流向变压器，而正序功率则由变压器流向故障点。

9. 一台容量为 31.5/20/31.5MVA 的三卷变压器，电额定变比 110/38.5/11kV，接线为 YNyd11，三侧 TA 的变比分别为 300/5，1000/5 和 2000/5，求变压器差动保护三侧的二次额定电流。

答：高压侧一次额定电流为

$$I_{SH} = \frac{S_B}{\sqrt{3}U_B} = \frac{31.5 \times 1000}{\sqrt{3} \times 110} = 165.3(A)$$

中压侧一次额定电流为

$$I_{BM} = \frac{S_B}{\sqrt{3}U_B} = \frac{31.5 \times 1000}{\sqrt{3} \times 38.5} = 472.4(A)$$

低压侧一次额定电流为

$$I_{BL} = \frac{S_B}{\sqrt{3}U_B} = \frac{31.5 \times 1000}{\sqrt{3} \times 11} = 1653.4(A)$$

变压器差动保护三侧的二次额定电流为

高压侧二次额定电流为

$$I_{BH2} = \frac{I_{BH}}{n_{CTH}} = \frac{165.3}{300/5} = 2.75(A)$$

中压侧二次额定电流为

$$I_{BM2} = \frac{I_{BM}}{n_{CTM}} = \frac{472.4}{1000/5} = 2.36(A)$$

低压侧二次额定电流为

$$I_{BL2} = \frac{I_{BL}}{n_{CTL}} = \frac{1653.4}{2000/5} = 4.13(A)$$

10. 有一台 Yd11 接线、容量为 31.5MVA、变比为 115/10.5（kV）的变压器，一次侧电流为 158A，二次侧电流为 1730A。一次侧电流互感器的变比 K_{TAY}=300/5，二次侧电流互感器的变比 $K_{TA\triangle}$=2000/5，在该变压器上装设差动保护，试计算差动回路中各侧电流及流入差动继电器的不平衡电流分别是多少？

答：由于变压器为 Yd11 接线，为校正一次线电流的相位差，要进行相位补偿。

变压器 115kV 侧二次回路电流为

$$I_{2Y} = \frac{I_Y}{K_{TAY}} \times \sqrt{3} = \frac{158}{60} \times \sqrt{3} = 4.56(A)$$

变压器 10.5kV 侧二次回路电流为

$$I_{2\triangle} = \frac{I_\triangle}{K_{TA\triangle}} = \frac{1730}{400} = 4.32(A)$$

流入差动继电器的不平衡电流为

$$I_{BPH} = I_{2Y} - I_{2\triangle} = 4.56 - 4.32 = 0.24(A)$$

11. 一台变压器：180/180/90MVA，220±8×1.25%/121/10.5kV，UK_{1-2}=13.5%，UK_{1-3}=23.6%，UK_{2-3}=7.7%，YNyn0d11 接线，高压加压中压开路阻抗值为 64.8Ω，高压开路中压加压阻抗值为 6.5Ω，高压加压中压短路阻抗值为 36.7Ω，高压短路中压加压阻抗值为 3.5Ω。计算短路计算用主变压器正序、零序阻抗参数（标幺值）。

基准容量 S_j=1000MVA，基准电压 230、121、10.5kV。

答：（1）主变压器正序阻抗参数。

高压侧

$$UK_1\% = \frac{1}{2}(UK_{1-2}\% + UK_{1-3}\% - UK_{2-3}\%)$$

$$= \frac{1}{2}(0.135 + 0.236 - 0.077) = 14.7\%$$

中压侧

$$UK_2\% = \frac{1}{2}(UK_{1-2}\% + UK_{2-3}\% - UK_{1-3}\%)$$

$$= \frac{1}{2}(0.135 + 0.077 - 0.236) = -1.2\%$$

低压侧

$$UK_3\% = \frac{1}{2}(UK_{1-3}\% + UK_{2-3}\% - UK_{1-2}\%)$$

$$= \frac{1}{2}(0.236 + 0.077 - 0.135) = 8.9\%$$

高压侧正序阻抗

$$X_{I*} = \frac{UK_1\%}{100} \times \frac{S_j}{S_e} \times \frac{U_e^2}{U_j^2} = 0.147 \times \frac{1000}{180} = 0.817$$

中压侧正序阻抗

$$X_{\mathrm{II}*} = \frac{UK_2\%}{100} \times \frac{S_\mathrm{j}}{S_\mathrm{e}} \times \frac{U_\mathrm{e}^2}{U_\mathrm{j}^2} = -0.012 \times \frac{1000}{180} = -0.067$$

低压侧正序阻抗

$$X_{\mathrm{III}*} = \frac{UK_3\%}{100} \times \frac{S_\mathrm{j}}{S_\mathrm{e}} \times \frac{U_\mathrm{e}^2}{U_\mathrm{j}^2} = 0.089 \times \frac{1000}{180} = 0.494$$

（2）主变压器正序阻抗参数。

高压加压中压开路阻抗 $Z_\mathrm{a} = 64.8$（Ω）

$$Z_\mathrm{a}\% = \frac{Z_\mathrm{a}}{Z_\mathrm{j}} \times 100\% = \frac{64.8}{230^2/180} \times 100\% = 22\%$$

高压加压中压短路阻抗 $Z_\mathrm{d} = 36.7$（Ω）

$$Z_\mathrm{d}\% = \frac{Z_\mathrm{d}}{Z_\mathrm{j}} \times 100\% = \frac{36.7}{230^2/180} \times 100\% = 12.5\%$$

中压加压高压开路阻抗 $Z_\mathrm{b} = 6.5$（Ω）

$$Z_\mathrm{b}\% = \frac{Z_\mathrm{b}}{Z_\mathrm{j}} \times 100\% = \frac{6.5}{121^2/180} \times 100\% = 8\%$$

中压加压高压短路阻抗 $Z_\mathrm{c} = 3.5$（Ω）

$$Z_\mathrm{c}\% = \frac{Z_\mathrm{d}}{Z_\mathrm{j}} \times 100\% = \frac{3.5}{121^2/180} \times 100\% = 4.3\%$$

低压侧零序阻抗

$$Z_\mathrm{D} = \sqrt{Z_\mathrm{b} \times (Z_\mathrm{a} - Z_\mathrm{d})} = 8.71\%$$

高压侧零序阻抗

$$Z_\mathrm{G} = Z_\mathrm{a} - Z_\mathrm{D} = 13.3\%$$

中压侧零序阻抗

$$Z_\mathrm{Z} = Z_\mathrm{b} - Z_\mathrm{D} = -0.71\%$$

高压侧正序阻抗

$$X_{\mathrm{I0}*} = \frac{Z_G}{100} \times \frac{S_\mathrm{j}}{S_\mathrm{e}} \times \frac{U_\mathrm{e}^2}{U_\mathrm{j}^2} = 0.133 \times \frac{1000}{180} = 0.739$$

中压侧正序阻抗

$$X_{\mathrm{II0}*} = \frac{Z_z}{100} \times \frac{S_\mathrm{j}}{S_\mathrm{e}} \times \frac{U_\mathrm{e}^2}{U_\mathrm{j}^2} = -0.0071 \times \frac{1000}{180} = -0.039$$

低压侧正序阻抗

$$X_{\mathrm{III0}*} = \frac{Z_\mathrm{D}}{100} \times \frac{S_\mathrm{j}}{S_\mathrm{e}} \times \frac{U_\mathrm{e}^2}{U_\mathrm{j}^2} = 0.0871 \times \frac{1000}{180} = 0.484$$

12. 对发电厂 Yd11 升压变压器，Y 侧区外 V、W 两相短路时，请分别画出高、低压侧电流相量图。

答：变压器高压侧（即 Y 侧）V、W 两相短路电流相量如图 5-14 所示。

对于 Yd11 接线组别，正序电流应向导前方向转 30°，负序电流应向滞后方向转 30°即可得到低压侧（即 d 侧）电流相量如图 5-15 所示。

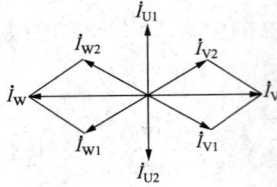

图 5-14

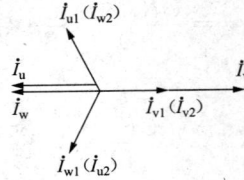

图 5-15

两侧电流数量关系可求得：设变比 $n=1$，高压侧正序电流标幺值为 1，则有

高压侧

$$I_V = I_W = \sqrt{3} \quad I_U = 0$$

低压侧

$$I_u = I_w = 1 \quad I_v = 2$$

13. 试根据下面的波形图分析变压器区内、区外发生了何种故障，此时变压器差动保护的动作行为？I_H 为 220kV 主变压器高压侧的 UVW 三相电流，I_M 为 110kV 中压侧的 UVW 三相电流，变压器绕组的接线方式为 YNyn，220kV 直接接地，110kV 经中阻接地，TA 的接线方式均为 Y 形。

答：（1）从图 5-16 中看出高压侧 U 有很大的故障电流，而中压侧 U 相无很大的故障电流，判断出并非区外故障，而是 U 相区内故障，并且 110kV 侧为无电源。

（2）从图 5-16 中分析，220kV 与 110kV 的 W 相电流同时增大并且相位为反向，可以判断 110kV 侧区外 W 相接地。

（3）变压器差动保护为分相差动原理，U 相差动保护能够正确动作。

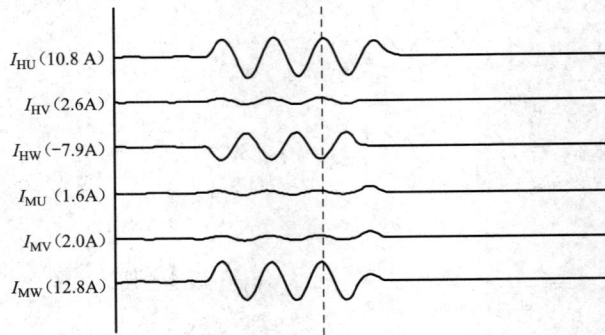

图 5-16

14. 某降压变容量 $S_N=40MVA$，YNd11 接线，电压变比为 115/6.3kV，YN 侧 TA 变比为 300/5，低压侧 TA 变比 3000/5，微机差动保护采用 d 侧移相方式，差动保护接线如图 5-17 所示，当在 "X" 处断开，将 U 相高、低压侧 TA 一次侧串联，如图 5-17 所示通入 900A 正弦电流，取 YN 侧为基本侧，求 U 相差动回路电流。

答：（1）计算电流平衡系数。

1）一次额定电流。

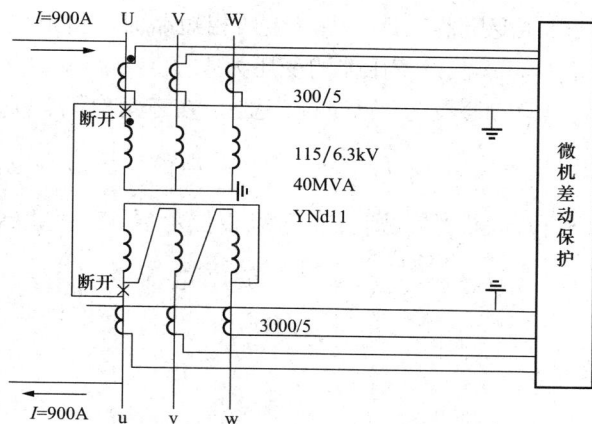

图 5-17

110kV 侧

$$I_{1N} = \frac{40 \times 10^3}{\sqrt{3} \times 115} = 200.8 (A)$$

6.3kV 侧

$$I_{2N} = \frac{40 \times 10^3}{\sqrt{3} \times 6.3} = 3665.7 (A)$$

2）进入差动回路电流。

110kV 侧

$$I'_{1N} = \frac{200.8}{300/5} = 3.35 (A)$$

6.3kV 侧

$$I'_{2N} = \frac{3665.7}{3000/5} = 6.11 (A)$$

3）电流平衡系数。

110kV 侧

$$K_{b1} = 1$$

6.3kV 侧

$$K_{b2} = \frac{3.35}{6.11} = 0.55$$

（2）高压侧进入差动回路电流。

$$I_u = \frac{900}{300/5} - \frac{1}{3} \times \frac{900}{300/5} = 10 (A)$$

（3）低压侧进入差动回路电流。

$$I_u = \frac{1}{\sqrt{3}} \left(-\frac{900}{3000/5} - 0 \right) = -0.866 (A)$$

（4）计算差动回路电流。

$$I_{dU} = I_u + k_{v2} + I_u = 10 - 0.55 \times 0.866 = 9.52 (A)$$

15. 求在 Yd11 接线降压变压器三角形侧发生两相短路时，星形侧的三相电流。用同一点发生三相短路的电流表示，并假设变压器的变比为 1。

答： 方法一（见图 5-18）：假设为 VW 两相短路，在三角形侧有 $I_u = 0$，$I_v + I_w = 0$，序分量电流有 $I_{u1} + I_{u2} = 0$，$I_{u1} = \frac{1}{2} I_u^{(3)}$，$I_u^{(3)}$ 为三相短路电流，星形侧电流与三角形侧电流有相位差。如果正序电流相位越前 30°，则负序电流相位落后 30°。星形侧正序电流为 $I_{U1} = \frac{1}{2} I_u^{(3)} e^{j30°}$，$I_{V1} = \frac{1}{2} I_u^{(3)} e^{-j90°}$，$I_{W1} = \frac{1}{2} I_u^{(3)} e^{j150°}$；负序电流为 $I_{U2} = -\frac{1}{2} I_u^{(3)} e^{-j30°}$，$I_{V2} = -\frac{1}{2} I_u^{(3)} e^{j90°}$，$I_{2w} = -\frac{1}{2} I_u^{(3)} e^{-j150°}$

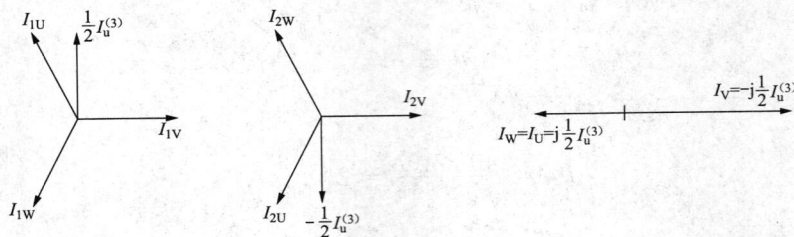

图 5-18

于是得星形侧三相电流为 U

$$I_U = I_{U1} + I_{U2} = j\frac{1}{2} I_u^{(3)}$$

$$I_V = I_{V1} + I_{V2} = -j I_u^{(3)}$$

$$I_W = I_{W1} + I_{W2} = j\frac{1}{2} I_u^{(3)}$$

方法二（见图 5-19）：变比为 1，则 $W_\Delta = \sqrt{3} W_Y$，根据变压器两侧绕组安匝数平衡有 $I_U = \sqrt{3} I_u$，$I_v = \sqrt{3} I_\beta$，$I_w = \sqrt{3} I_\gamma$；在三角形侧有 $I^{(2)} = \frac{\sqrt{3}}{2} I^{(3)}$，$I^{(2)}$、$I^{(3)}$ 分别为两相和三相短路电流，还有 $I_v = I_\gamma$，$I_u + I_v = I^{(2)}$

在星形侧有 $I_v + I_w = I_U$，以上关系可得 $I_V = I_W = \frac{1}{2} I_U$，$I_u = 2 I_v = 2 I_\gamma$

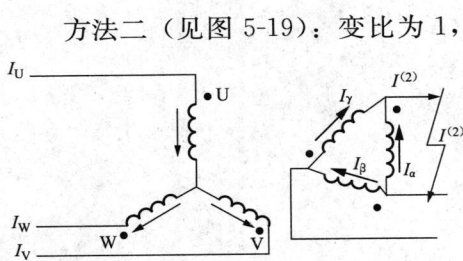

图 5-19

$$I_U = \sqrt{3} I_u = \sqrt{3} \frac{2}{3} I^{(2)} = \sqrt{3} \frac{2}{3} \cdot \frac{\sqrt{3}}{2} I^{(3)} = I^{(3)}$$

16. 某 220kV 变电两台主变压器并联运行，1 号变压器 220kV、110kV 中性点接地，110kV 某线路发生了故障，线路保护正确动作，开关跳闸，当开关重合时，线路保护又动作，同时 1 号主变压器差动速段保护动作，试分析原因？如何采取防范措施？

答：（1）差动速动的原因为主变压器用的电流互感器在两次故障情况下，由于铁芯具有剩磁的影响，过度饱和，造成主变压器差流过大，达到差流速断定值，造成保护动作。

（2）采取措施：提高主变压器用的电流互感器差动组级别，采用暂态型电流互感器，延长重合闸的时间，提高主变压器差动速断的定值，保护装置软件改进，增强保护抗 TA 饱和能力。

17. 330kV 及以上变压器主保护的配置基本要求是什么？

答：330kV 及以上变压器主保护的配置基本要求是：

（1）配置纵差保护或分相差动保护；若仅配置分相差动保护，在低压侧有外附 TA 时，需配置不需整定的低压侧小区差动保护。

（2）为提高切除自耦变压器内部单相接地短路故障的可靠性，可配置由高中压和公共绕组 TA 构成的分侧差动保护。

（3）可配置不需整定的零序分量、负序分量或变化量等反映轻微故障的故障分量差动保护。

18. 330kV 及以上变压器中压侧的阻抗后备保护的要求是什么？为什么要设四段时限？

答：带偏移特性的阻抗保护，指向变压器的阻抗不伸出高压侧母线，作为变压器部分绕组故障的后备保护，指向母线的阻抗作为本侧母线故障的后备保护。设置一段四时限，第一时限跳开分段，第二时限跳开母联，第三时限跳开本侧断路器，第四时限跳开变压器各侧断路器。

主要是考虑对于变压器中压侧的双母双分段接线方式，母联和分段断路器不能同时跳闸，如果母联和分段同时跳闸，则将双母双分段接线分为 4 段，其中，只有负荷而无电源的母线段会损失负荷。

19. 330kV 变压器保护配置接地阻抗保护，其零序补偿系数 K 值只在指向母线时有效，如果用户定值为：指向母线的阻抗值 $Z_1 = a$，指向变压器的阻抗值 $Z_2 = b$，试写出比相式的动作圆方程。

答：如果以 $Z_K = U_{\phi K}/(I_{\phi K} + K \times 3I_0)$ 的方法计算，则动作圆方程为

$$90° \leqslant \arg(Z_K - a)/[Z_K - |I_{\phi K}/(I_{\phi K} + K \times 3I_0)| \times b] \leqslant 270°$$

20. 一台三相变压器，其额定容量为 $S_N = 40.5MVA$，变比为 10.5/121kV，高压侧为星形接线，低压侧为三角形连接。为了判别该变压器的接线组别，将三角形侧三相短路并接入电流表，在高压侧 UV 相接入单相电源，使高压侧电流达到额定值，如图 5-20 所示，问：

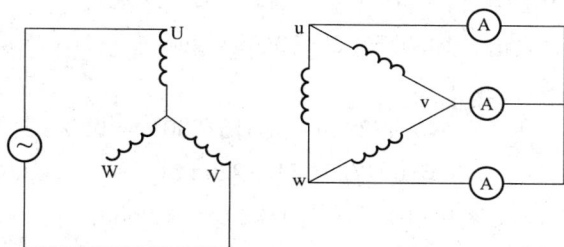

图 5-20

（1）如何根据电流表的读数 I_U、I_V、I_W 来判断该变压器的接线组别是 YNd11 还是 YNd1？

（2）电流表的读数 I_U、I_V、I_W 应该是多少？

答：（1）若电流表读数 $I_v=I_w=\frac{1}{2}I_u$，则为 YNd11 接线，若电流表读数 $I_u=I_w=\frac{1}{2}I_v$，则为 YNd1 接线。

（2）YNd11 接线，$I_v=I_w=1.286\text{kA}$；$I_u=2.572\text{kA}$；YNd1 接线，$I_u=I_w=1.286\text{kA}$，$I_v=2.572\text{kA}$。

21. 和应涌流对变压器差动保护的影响有哪些？

答：（1）当串联和应涌流发生时，其电源侧波形完全对称，无二次谐波，无法由一次侧电流来识别涌流。变压器二次侧电流有明显的涌流特征，但有较大的非周期分量，易导致 TA 饱和，该侧 TA 饱和对差流起助增作用，易引起差动保护误动。

（2）和应涌流是逐渐增大后衰减的，而合闸涌流是第一周波就达到最大。在和应涌流逐渐增大的过程中，二次谐波比率是增大的，变化过程中存在一个阶段和应涌流较小、二次谐波比率更小的情况，导致一相中的二次谐波不能对该相的差动电流进行有效的闭锁而导致误动。

（3）和应涌流出现后，涌流衰减时间变长，如果此时发生匝间短路，导致谐波闭锁的保护延时动作。

22. 三相自耦变压器组 YNynd（见图 5-21），容量 750MVA，515/230/36kV，短路阻抗 $U_{12}\%=12.97$；$U_{13}\%=42.37$；$U_{23}\%=25.74$。中性点加装小电抗 13Ω。系统阻抗（标幺值，基于 100MVA）高压侧：0.0026（正负序）、0.0038（零序）；中压侧 0.0118（正负序）、0.01（零序）。请问高压侧母线单相金属性接地故障时，主变压器高中压侧零序电流为多少（有名值）？主变压器中性点电流、电压为多少？（$S_B=100\text{MVA}$，电压基准 525kV、230kV）。

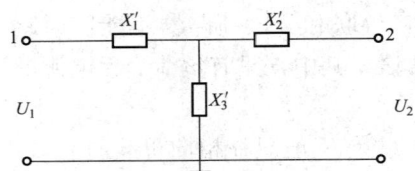

图 5-21

答：

$$X'_{10}=X_1+3\cdot X_n(1-k)$$
$$X'_{20}=X_2-3\cdot X_n\cdot k\cdot(1-k)$$
$$X'_{30}=X_3+3\cdot X_n\cdot k$$

求出主变压器高中压侧正序阻抗：0.0197；$-$0.0024；0.0368。

中性点阻抗折算为标幺值：$13/2756.25=0.00472$。

（1）零序阻抗。

$\qquad X_{10}=0.0197+3\times0.00472\times(1-515/230)=0.0022$

$\qquad X_{20}=-0.0024-3\times0.00472\times515/230\times(1-515/230)=0.0369$

$\qquad X_{30}=0.0368+3\times0.00472\times515/230=0.0685$

（2）主变压器侧综合阻抗。

正序：$(-0.0024+0.0118+0.0197)=0.0291$

零序：$(0.0369+0.01)//0.0685+0.0022=0.03$

（3）500kV 母线故障综合阻抗。

正序：$0.0291//0.0026=0.00239$

零序：0.03//0.0038＝0.00337

零序电流：$3I_0＝3×1/(0.00239×2＋0.00337)＝368$

高压侧零序电流：

$$368×0.00337/0.03×110＝4547（A）$$

中压侧零序电流：

$$368×0.00337/0.03×[(0.0369＋0.01)//0.0685]/(0.0369＋0.01)×251＝6159（A）$$

中性点电流：

$$6159A－4547A＝1612（A）$$

中性点电压：

$$1612A×13Ω＝21（kV）$$

23. 试分析 YNd11 变压器 YN 侧断路器一相断开时两侧线电流的相量关系（见图 5-22），并绘图。

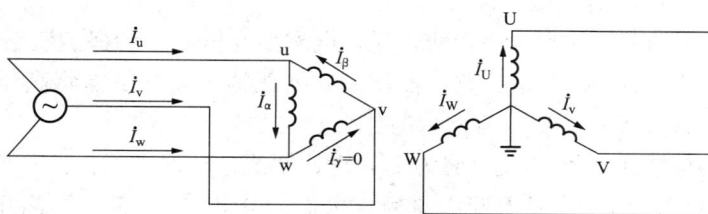

图 5-22

答：当 YN 侧 U、V 两相未断开作两相运行时，则变压器 YN 侧有 $\dot{I}_{w1}＋\dot{I}_{w2}＋\dot{I}_{w0}＝0$ 且 $\dot{I}_{w2}$、$\dot{I}_{w}$ 对 $\dot{I}_{w1}$ 的相位为 180°，YN 侧各序电流如图 5-23 所示。

有 d 侧电流与 YN 侧电流之间的关系为

$$\dot{I}_{u}＝\dot{I}_{\alpha}－\dot{I}_{\beta}＝(\dot{I}_{U}－\dot{I}_{V})/\sqrt{3}$$

对于序分量，易得以下关系

$$\dot{I}_{u1}＝\dot{I}_{U1}∠30°,\quad \dot{I}_{u2}＝\dot{I}_{U2}∠-30°。$$

可得 d 侧相量关系如图 5-24 所示。

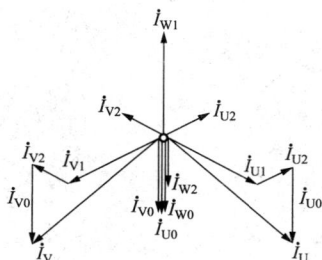

图 5-23

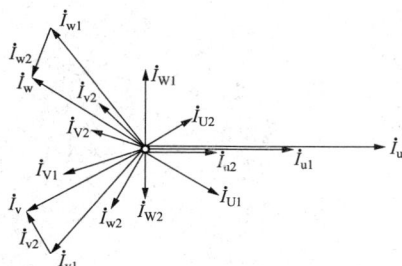

图 5-24

24. 某 220kV 变压器 110kV Ⅰ 段母线由运行转检修操作，110kV Ⅰ 段母线处于空载状态，当运行人员断开 1 号主变压器 110kV 侧开关，此时 1 号主变压器 RCS 978 中压侧零序过压第一时限保护动作，1 号主变压器三侧开关跳闸。试分析该变压器跳闸原因和防范措施（其中该 110kV 侧开关为 LW6A-110IIW 型 SF$_6$ 开关，其断口带均压电容；110kVⅠ段母线 TV 为 JCC6-110 型电磁式电压互感器）。

答：跳闸原因分析：经查，在 110kV 母线处于空载状态，当断开 110kV 开关时，断路器断口电容和电磁式母线电压互感器非线性电感构成串联谐振而引发谐振过电压（母线 TV 开口三角电压 3U_0 有效值达 223.88V，时间达 617ms），故引起 1 号主变压器间隙过压动作，1 号主变压器三侧开关跳闸。

采取的防范措施：对采用带有均压电容器的断路器开断连接电磁式电压互感器的空载母线进行验算，对有可能产生铁磁谐振过电压的，统一制定将电磁式电压互感器制定更换为带容性电磁式电压互感器或电容电压互感器的整改计划，整改实施前，在互感器的辅助二次回路上安装多功能消谐装置，以消除谐振。制定带有均压电容器的断路器开断连接电磁式电压互感器的空载母线倒闸操作防范措施，明确停电时先停母线 TV 后停母线，送电先送母线后送母线 TV 的办法，以回避谐振条件。

25. 变电站高压侧度接线为内桥接线。通常电磁型变压器差动保护装置是将高压侧进线 TA 与桥开关 TA 并联后接入差动回路，而比率式变压器差动保护需将高压侧进线开关 TA 与桥开关 TA 分别接入保护装置变流器，为什么？

答：设进线电流为 I_1，桥开关电流为 I_2，对比率式差动保护而言：

（1）启动电流值很小，一般为变压器额定电流的 0.3～0.5 倍，当高压侧母线故障时，短路电流很大，流进差动保护装置的不平衡电流（TA 的 10％误差）足以达到启动值。

（2）把桥开关 TA 与进线 TA 并联后接入差动保护装置，高压侧母线故障时，动作电流与制动电流为同一个值，比率系数理论上为 1，保护装置很可能误动。

综合以上论述，采用比率制动的变压器保护，桥开关 TA 与进线 TA 应分别接入保护装置。

第六章
发 变 组 保 护

一、选择题

1. 与电力系统并列运行的 1MW 及以下容量发电机，如灵敏系数符合要求，应该在发电机（ A ）保护。

    A. 机端装设电流速断   B. 中性点装设电流速断

    C. 装设纵联差动   D. 匝间保护

2. 发电机解列的含义是（ B ）。

    A. 断开发电机断路器、灭磁、甩负荷

    B. 断开发电机断路器、甩负荷

    C. 断开发电机断路器、灭磁

    D. 断开发电机断路器

3. 汽轮发电机解列灭磁的含义是（ A ）。

    A. 断开发电机断路器、灭磁、甩负荷

    B. 断开发电机断路器、甩负荷

    C. 断开发电机断路器、灭磁

    D. 断开发电机断路器

4. 发电机自同期并列的最大特点是（ C ）。

    A. 不会给系统带来大的冲击   B. 不会给发电机带来大的冲击

    C. 操作简单、过程短   D. 对系统及发电机均无冲击

5. 发电机出口发生三相短路时的输出功率为（ C ）。

    A. 额定功率   B. 功率极限   C. 零   D. 取决于负荷大小

6. 大机组造价昂贵，结构复杂，故障造成的损失巨大。大机组在系统中很重要，因此考虑保护总体配置时，要求（ A ）。

    A. 内部故障缩小保护死区，最大限度缩小故障破坏范围

    B. 故障发生应尽可能的快速停机处理

    C. 对所有的异常运行工况不能采用自动处理的方式

    D. 所有故障及异常运行时均停机

7. 正常运行的发电机，在调整有功负荷时，对发电机无功负荷（ B ）。

    A. 没有影响   B. 有一定影响   C. 影响很大   D. 不确定

8. 运行中汽轮机突然关闭主汽门,发电机将变成（ A ）运行。

    A. 同步电动机   B. 异步电动机   C. 异步发电机   D. 不确定

9. 运行中汽轮机突然失去励磁,发电机将变成（ C ）运行。

    A. 同步电动机   B. 异步电动机   C. 异步发电机   D. 不确定

10. 运行中的发电机失磁时,定子电流（ A ）。

    A. 升高   B. 不变   C. 降低   D. 至零

11. 下列对发电机中性点不同接地方式产生的影响描述不正确的是（ D ）。

    A. 中性点经消弧线圈接地,可以补偿接地故障电容电流

    B. 中性点经高电阻接地（配电变）使接地电流比自然电容电流大

    C. 中性点经高电阻接地（配电变）有利于降低电力系统的操作过电压

    D. 中性点不接地发电机在发生单相接地时不会产生故障电流

12. 发电机变为同步电动机运行时,最主要是对（ C ）造成危害。

    A. 发电机本身   B. 电力系统

    C. 汽轮机尾部的叶片   D. 发电机定子绕组

13. 励磁调节器自动运行方式和手动运行方式进行切换操作时,发电机无功（ C ）。

    A. 无扰动   B. 扰动大   C. 扰动不大   D. 不一定扰动

14. 发电机开机试验过程中主变压器高压侧短路试验,如果发电机机端 PT 投入,则此时对发电机无功功率描述正确的是（ C ）。

    A. 无功功率为负   B. 无功功率为零

    C. 无功功率为正   D. 无无功功率

15. 下列关于发电机内部故障保护的描述正确的是（ A ）。

    A. 发电机纵差可保护发电机内部全部相间故障

    B. 发电机裂相横差、不完全差动可保护发电机内部全部相间、匝间故障

    C. 发电机单元件横差可保护发电机内部全部相间、匝间故障

    D. 以上均正确

16. 发电机装设纵联差动保护,它作为（ C ）保护。

    A. 定子绕组的匝间短路   B. 定子绕组的相间短路

    C. 定子绕组及其引出线的相间短路   D. 定子绕组单相接地

17. 发电机比率制动的差动继电器,设置比率制动原因是（ B ）。

    A. 提高内部故障时保护动作的可靠性

    B. 使继电器动作电流随外部不平衡电流增加而提高

    C. 使继电器动作电流不随外部不平衡电流增加而提高

    D. 提高保护动作速度

18. 发电机比率制动差动保护动作定值、制动系数合理取值范围分别为（ A ）。

    A. $(0.15 \sim 0.25)I_N$,$0.25 \sim 0.35$

    B. $(0.25 \sim 0.35)I_N$,$0.35 \sim 0.45$

    C. $(0.25 \sim 0.35)I_N$,$0.25 \sim 0.35$

    D. $(0.35 \sim 0.5)I_N$,$0.25 \sim 0.35$

19. 发电机定子绕组相间短路、匝间短路，分支开焊等不对称故障时，故障分量负序功率方向是（B）。

  A. 从系统流入发电机   B. 从发电机流出

  C. 视故障严重程度而定   D. 无负序功率产生

20. 单元件横差保护是利用装在双 Y 型定子绕组的两个中性点联线的一个电流互感器向一个横差电流继电器供电而构成。其作用是（B）。

  A. 定子绕组引出线上发生两相短路其动作

  B. 当定子绕组分支开断和匝间发生短路时其动作

  C. 在机端出口发生三相短路时其动作

  D. 定子绕组单相接地时其动作

21. 对于定子绕组采用双星型接线的发电机，如能测量到双星形中性点之间的电流，便可采用单元件横差保护，该保护（C）。

  A. 既能反应发电机定子绕组的相间短路，又能反应定子绕组的匝间短路

  B. 既能反应发电机定子绕组的匝间短路，又能反应定子绕组的开焊故障

  C. 上述几种故障均能反应

  D. 以上故障均不能反应

22. 利用纵向零序电压构成的发电机匝间保护，为了提高其动作的可靠性，则应在保护的交流输入回路上（C）。

  A. 加装 2 次谐波滤过器   B. 加装 5 次谐波滤过器

  C. 加装 3 次谐波滤过器   D. 加装高次谐波滤过器

23. 零序电压的发电机匝间保护，要加装方向元件是为保护在（C）时保护不误动作。

  A. 定子绕组接地故障时   B. 定子绕组相间故障时

  C. 外部不对称故障时   D. 外部对称故障时

24. 发电机匝间零序电压的接入，用两根线，（D）利用两端接地线来代替其中一根线。

  A. 应   B. 可   C. 宜   D. 不能

25. 发电机纵向零序电压式匝间保护用 TV，其一次中性点应（C）。

  A. 可靠接地

  B. 通过控制电缆与发电机中性点连接起来

  C. 不接地，并通过高压电缆与发电机中性点连接起来

  D. 不接地

26. 用纵向零序构成的发电机匝间保护，为了提高其动作的可靠性，则要求在保护的交流输入回路上（C）。

  A. 加装 2 次谐波滤过器，基波对 2 次谐波的滤过比大于 50

  B. 加装 5 次谐波滤过器，基波对 5 次谐波的滤过比大于 10

  C. 加装 3 次谐波滤过器，基波对 3 次谐波的滤过比大于 50

  D. 加装 3 次谐波滤过器，基波对 3 次谐波的滤过比小于 50

27. 机端电压为 20kV 的 600MW 汽轮发电机的允许接地电流最大为（A）。

  A. 1A   B. 2A   C. 3A   D. 4A

28. 定子绕组中性点不接地的发电机，当发电机出口侧 U 相接地时，发电机中性点的电压为（ A ）。

    A. 相电压   B. $\sqrt{3}$ 相电压   C. $\frac{1}{3}$ 相电压   D. 零

29. 定子绕组中性点不接地的发电机，当靠近中性点侧 U 相接地时，发电机中性点的电压为（ C ）。

    A. $\sqrt{3}$ 相电压   B. 相电压   C. 小于相电压   D. 线电压

30. 发电机机端电压互感器 TV 的变比为 $\frac{10.5}{\sqrt{3}} \Big/ \frac{0.1}{\sqrt{3}} \Big/ \frac{0.1}{3}$ 在距中性点 10% 的地方发生定子单相接地，其机端的 TV 开口三角形零序电压为（ C ）。

    A. 90V   B. 10/3V   C. 10V   D. 5V

31. 发电机正常运行时，在 TV 变比相差不是太大的情况下，其（ B ）。

    A. 机端三次谐波电压大于中性点三次谐波电压

    B. 机端三次谐波电压小于中性点三次谐波电压

    C. 机端三次谐波电压与中性点三次谐波电压相同

    D. 以上说法均不正确

32. 由反应基波零序电压和利用三次谐波电压构成的 100% 定子接地保护，其基波零序电压元件的保护范围是（ B ）。

    A. 由中性点向机端的定子绕组的 85%～90%

    B. 由机端向中性点的定子绕组的 85%～90%

    C. 100% 的定子绕组

    D. 由中性点向机端的定子绕组的 50% 线匝

33. 利用基波零序电压的发电机定子单相接地保护（ C ）。

    A. 不灵敏   B. 无死区   C. 有死区   D. 灵敏

34. 当在距离发电机中性点 70% 处发生定子单相接地时，发电机端电压互感器开口三角形侧的零序电压为（ B ）。

    A. 100V   B. 70V   C. 30V   D. 0V

35. 发电机定子绕组过电流保护的作用是（ C ）。

    A. 反应发电机内部故障

    B. 反应发电机外部故障

    C. 反应发电机内部及外部故障，并作为发电机纵差保护的后备

    D. 反应发电机内部及外部故障，并作为发电机的主保护

36. 低频率保护主要用于保护（ C ）。

    A. 发电机铁芯   B. 发电机大轴

    C. 汽轮机末级叶片   D. 电力系统

37. 当发电机转速还未达到 3000 转时，误给发电机加上励磁，下列什么保护会动作？（ B ）

    A. 低频保护   B. 发电机过激磁保护

    C. 励磁回路过负荷   D. 发电机定子过电压

38. 形成发电机过励磁的原因可能是（ C ）。

    A. 发电机出口短路，强行励磁动作，励磁电流增加

    B. 汽轮发电机在启动低速预热过程中，由于转速过低产生过励磁

    C. 发电机甩负荷但因自动励磁调节器退出或失灵时，误加励磁等

    D. 以上均不正确

39. 发电机过激磁保护主要是（ B ）。

    A. 防止发电机定子绕组不致过热

    B. 防止发电机铁芯磁密过大，铁损严重增加而过热

    C. 防止发电机转子绕组不致过热

    D. 防止汽轮机叶片过热

40. 发电机复合电压起动的过电流保护在（ B ）低电压起动过电流保护。

    A. 反应对称短路及不对称短路时灵敏度均高于

    B. 反应对称短路灵敏度相同但反应不对称短路时灵敏度高于

    C. 反应对称短路及不对称短路时灵敏度相同只是接线简单于

    D. 反应不对称短路灵敏度相同但反应对称短路时灵敏度均高于

41. 某发变组装有经负序增量元件开放的阻抗后备保护，在交流电压回路一相断线，且伴随系统操作时误动作，其主要原因是（ C ）。

    A. 动作阻抗整定不正确，没有躲过负荷电流

    B. 负序增量元件整定过于灵敏，未能躲过操作时的不平衡电流

    C. 没有设置电压回路断线闭锁或断线闭锁不正确

    D. 动作时间整定不正确

42. 发变组后备保护中电流元件用电流互感器，设置在一次侧（ C ）位置符合要求。

    A. 发变组高压侧   B. 发电机出口

    C. 发电机中性点   D. 发电机出口断路器处

43. 发电机及变压器采用"复合电压起动的过电流保护"作为后备保护是为了（ C ）。

    A. 防止电流或电压互感器二次回路断线

    B. 防止系统振荡时保护误动

    C. 提高电流元件的灵敏度

    D. 提高保护动作快速性

44. 发电机复合电压闭锁过电流保护的输入电流，应为（ A ）。

    A. 发电机中性点 TA 二次三相电流   B. 机端 TA 二次三相电流

    C. 主变压器高压侧电流   D. 以上均可

45. 发电机、变压器的阻抗保护，（ A ）有电压回路断线闭锁。

    A. 应   B. 可   C. 宜   D. 不能

46. 发电机在电力系统发生不对称短路时，在转子中就会感应出（ B ）电流。

    A. 50Hz   B. 100Hz   C. 150Hz   D. 200Hz

47. 发电机反时限负序电流保护的动作时限是（ C ）。

    A. 无论负序电流大或小，以较长的时限跳闸

B. 无论负序电流大或小，以较短的时限跳闸

C. 当负序电流大时以较短的时限跳闸；当负序电流小时以较长的时限跳闸

D. 以上说法均错误

48. 发电机的负序过流保护主要是为了防止（ B ）。

　　A. 损坏发电机的定子线圈　　　　　　B. 损坏发电机的转子

　　C. 损坏发电机的励磁系统　　　　　　D. 以上说法全对

49. 定子绕组中出现负序电流对发电机的主要危害是（ A ）。

　　A. 由负序电流产生的负序磁场以 2 倍的同步转速切割转子，在转子上感应出流经转子本体、槽楔和阻尼条的 100Hz 电流，使转子端部、护环内表面等部位过热而烧伤

　　B. 由负序电流产生的负序磁场以 2 倍的同步转速切割定子铁芯，产生涡流烧坏定子铁芯

　　C. 负序电流的存在使定子绕组过电流，长期作用烧坏定子线棒

　　D. 以上说法全对

50. 发电机定时限励磁回路过负荷保护，作用对象（ B ）。

　　A. 全停　　　　　　B. 发信号　　　　　　C. 解列灭磁　　　　　D. 解列

51. 发电机转子绕组两点接地对发电机的主要危害之一是（ A ）。

　　A. 破坏了发电机气隙磁场的对称性，将引起发电机剧烈振动，同时无功功率降低

　　B. 无功功率出力增加

　　C. 转子电流被地分流，使流过转子绕组的电流减少

　　D. 转子电流增加，致使转子绕组过电流

52. 汽轮发电机励磁回路一点接地保护动作后，作用于（ C ）。

　　A. 全停　　　　　　B. 解列、灭磁　　　　　C. 发信号　　　　　　D. 程序跳闸

53. 发电机励磁回路两点接地时，下列现象正确的是（ A ）。

　　A. 励磁电流指示零或增大，励磁电压降低，无功指示降低

　　B. 励磁电流指示零，励磁电压降低，无功指示升高

　　C. 励磁电流指示增大，励磁电压升高，无功指示降低

　　D. 励磁电流指示零或增大，励磁电压降低，无功指示升高

54. 发电机励磁回路发生一点接地后，如不及时安排检修，允许短时运行，若投入两点接地保护装置，此时应把横差保护（ A ）。

　　A. 投入延时　　　　B. 投入瞬时　　　　C. 退出　　　　　　D. 投入运行

55. 按直流电桥原理构成的励磁绕组两点接地保护，当（ B ）接地后，投入跳闸。

　　A. 转子滑环附近　　　　　　　　　　B. 励磁绕组一点

　　C. 励磁机正极或负极　　　　　　　　D. 定子绕组单相

56. 按直流电桥原理构成的励磁绕组两点接地保护，构成简单。其主要缺点是（ C ）。

　　A. 在转子一点突然接地时，容易误动切机

　　B. 励磁绕组中高次谐波电流容易使其拒动

　　C. 有死区，特别是当第一接地点出现在转子滑环附近，或出现在直流励磁机的励

磁回路上时，该保护无法投入使用

D. 以上说法全对

57. 发电机运行中测得发电机转子正负极间电压 $U=320\text{V}$，正对地电压 $U_+=100\text{V}$，负对地电压 $U_-=220\text{V}$，则说明（D）。

A. 绝缘良好

B. 发电机励磁正接地

C. 发电机励磁负接地

D. 转子不完全接地

58. 发电机失磁会对电力系统产生下列影响（A）。

A. 造成系统电压下降，可能造成系统中其他发电机过电流

B. 在系统中产生很大的负序电流

C. 可能造成系统振荡

D. 以上说法全对

59. 无论是低励失磁还是完全失磁，发电机机端测量阻抗最终都会落入（B）内。

A. 临界失步阻抗圆

B. 异步运行阻抗圆

C. 临界电压阻抗圆

D. 等有功阻抗圆

60. 汽轮发电机完全失磁后，将出现（A）。

A. 发电机有功功率基本不变，吸收无功功率，定子电流增大

B. 发电机无功功率基本不变，有功功率减少，定子电流减小

C. 发电机有功功率基本不变，定子电压升高，但定子电流减小

D. 发电机有功功率减小，吸收无功功率，定子电流增大

61. 发电机失磁过程的特点，有如下说法，其中不正确的说法是（B）。

A. 发电机失磁后将从系统吸取大量的无功功率，使机端电压下降

B. 由于电压降低导致发电机电流减少

C. 随着失磁的发展，机端测量阻抗的端点落在静稳极限阻抗圆内，转入异步运行状态

D. 引起电力系统电压下降

62. 发电机失磁后，需从系统中吸取（C）功率，将造成系统电压下降。

A. 有功和无功   B. 有功   C. 无功   D. 视在

63. 为防止失磁保护误动，应在外部短路，系统振荡、电压回路断线等情况下闭锁。闭锁元件采用（C）。

A. 定子电压   B. 定子电流   C. 转子电压   D. 转子电流

64. 失磁保护装置中，转子电压闭锁元件一般整定为空载励磁电压的（B）。

A. 75%   B. 80%   C. 85%   D. 90%

65. 失磁保护中采用的 U_e—P（励磁电压—有功功率）元件，其性能是（B）。

A. 励磁低电压元件与有功功率元件同时动作后才允许保护出口

B. 励磁电压元件的动作电压 U_e 与发电机的有功功率 P 有关，有功功率越大，其励磁电压元件动作值提高越多

C. 励磁低电压元件闭锁有功功率元件，只有低电压元件动作后，才允许有功元件动作

217

D. 以上说法均错误

66. 汽轮发电机完全失磁之后，在失步以前，将出现（ A ）的情况。

    A. 发电机有功功率基本不变，从系统吸收无功功率，使机端电压下降，定子电流增大。失磁前送有功功率越多，失磁后电流增大越多

    B. 发电机无功功率维持不变，有功减少，定子电流减少

    C. 发电机有功功率基本不变，定子电压升高，定子电流减少

    D. 以上说法均错误

67. 发电机振荡或失步时，一般采取增加发电机的励磁，其目的是（ C ）。

    A. 提高发电机电压   B. 多向系统输出无功

    C. 增加定转子磁极间的拉力   D. 以上说法均错误

68. 大型汽轮发电机要配置逆功率保护，目的是（ B ）。

    A. 防止主汽门关闭后，汽轮机反转

    B. 防止主汽门关闭后，长期电动机运行造成汽轮机尾部叶片过热

    C. 防止主汽门关闭后，发电机失步

    D. 防止主汽门关闭后，发电机转子过热

69. 发电机逆功率保护的主要作用是（ C ）。

    A. 防止发电机在逆功率状态下损坏

    B. 防止系统发电机在逆功率状态下产生振荡

    C. 防止汽轮机在逆功率状态下损坏

    D. 防止汽轮机及发电机在逆功率状态下损坏

70. 发电机逆功率运行是由于（ B ）。

    A. 发电机与系统开关断开造成   B. 发电机主汽门关闭造成

    C. 发电机失去励磁造成   D. 发电机解列造成

71. 一般规定发电机逆功率运行的时间不得大于（ A ）。

    A. 3min   B. 5min   C. 10min   D. 15min

72. 大型发变组非全相保护，主要由（ A ）。

    A. 灵敏负序或零序电流元件与非全相判别回路构成

    B. 灵敏负序或零序电压元件与非全相判别回路构成

    C. 灵敏相电流元件与非全相判别回路构成

    D. 灵敏相电压元件与非全相判别回路构成

73. 发电机变压器的非电量保护，应该（ C ）。

    A. 设置独立的电源回路（包括直流空气小开关及直流电源监视回路），出口回路与电气量保护公用

    B. 设置独立的电源回路及出口跳闸回路，可与电气量保护安装在同一机箱内

    C. 设置独立的电源回路和出口跳闸回路，且在保护柜上的安装位置也应相对独立

    D. 与电气量保护共用电源回路和出口跳闸回路，在保护柜上的安装位置相对独立

74. 下列非电量保护中，不启动失灵的保护是（ D ）。

    A. 发电机断水   B. 励磁系统故障

C. 热工   D. 主变压器冷却器故障

75. 发-变组高压侧母线发生接地故障时（ B ）。

    A. 机端不会有零序电压

    B. 会通过磁场感应出零序电压

    C. 会通过电场感应一定的零序电压

    D. 是否有零序电压与发电机中性点接地方式有关

76. 发电机失磁与失步的关系（ B ）。

    A. 机端阻抗都是周期性变化的   B. 失磁会导致失步

    C. 失步运行失磁保护要动作   D. 失步一定伴随着失磁

77. 发-变组高压开关发生非全相运行时，发电机下列什么保护可能动作？（ C ）

    A. 失步   B. 对称过负荷

    C. 不对称过负荷   D. 复合电压闭锁过流

78. 水轮发电机过电压保护的整定值一般为（ A ）。

    A. 动作电压为 1.5 倍额定电压，动作延时取 0.5s

    B. 动作电压为 1.8 倍额定电压，动作延时取 3s

    C. 动作电压为 1.8 倍额定电压，动作延时取 0.3s

    D. 动作电压为 1.3 倍额定电压，动作延时取 0.5s

79. 100MW 以下的机组装设过电压保护的是（ A ）。

    A. 水轮机组   B. 汽轮机组   C. 燃气轮机组   D. 均应装设

80. 100MW 及以上容量的发电机变压器组保护应按双重化配置（非电气量保护除外）保护，下列描述错误的是（ C ）。

    A. 每套保护均含完整的差动和后备保护，能反应被保护设备的各种故障及异常状态

    B. 非电量保护设置独立的电源回路和出口跳闸回路

    C. 两套完整的电气量保护和非电量保护的跳闸回路应分别作用于断路器的一个跳闸线圈

    D. 双重化配置的电气量保护可以共用电源回路

81. 汽轮发电机解列灭磁的含义是（ ABC ）。

    A. 断开发电机断路器   B. 灭磁

    C. 汽轮机甩负荷   D. 汽轮机停机

82. 发电机的励磁方式有下列哪几种？（ ABCD ）

    A. 直流励磁机的励磁系统

    B. 交流励磁机静止整流励磁系统

    C. 交流励磁机旋转整流器励磁系统（无刷励磁）

    D. 机端自并励静止励磁系统

83. 运行中发电机频率允许变化范围 ± 0.2Hz，过低的危害主要是（ ACD ）。

    A. 使转子两端的鼓风量减少，温度升高

    B. 使发电机易发生振动失步

    C. 可能引起汽轮机叶片共振而断叶片

D. 厂用电动机转速降低，电能质量受到影响

84. 下列保护能有效保护发电机内部故障的是（ ABC ）。

A. 发电机纵联差动保护

B. 发电机裂相横差、不完全差动保护

C. 发电机单元件横差保护

D. 过激磁保护

85. 下列能作为发电机定子接地保护的方案是（ ABC ）。

A. 基波零序电压判据　　　　　　　　B. 三次谐波电压判据

C. 定子注入式保护　　　　　　　　　D. 纵联差动保护

86. 发电机纵差保护与变压器纵差保护的主要技术差别是（ BCD ）。

A. 变压器差动保护电流互感器同型，而发电机差动保护电流互感器不同型

B. 变压器差动保护有由分接头改变引起的不平衡电流，而发电机差动保护没有

C. 变压器差动保护最小动作电流和制动系数比发电机差动保护的大

D. 变压器差动保护能反应变压器绕组匝间短路，而发电机差动保护不能

87. 下列关于发电机完全纵差和不完全纵差的描述正确的是（ ABD ）。

A. 两者所用的电流互感器安装位置不同

B. 完全纵差电流互感器变比相等，在正常运行或外部短路时不平衡电流很小

C. 两者的保护范围相同

D. 完全纵差对匝间和分支焊故障不能动作

88. 大型汽轮发电机要配置逆功率保护，目的是（ BD ）。

A. 防止系统在发电机逆功率状态下产生振荡

B. 防止主汽门关闭后，长期电动机运行造成汽轮机尾部叶片过热

C. 防止主汽门关闭后，发电机失步

D. 防止汽轮机在逆功率状态下损坏

89. 下列保护能实现发电机定子匝间保护的是（ BC ）。

A. 发电机纵联差动保护实现

B. 列相横差和单元件横差保护实现

C. 纵向零序电压保护实现

D. 定子过负荷保护实现

90. 下列哪些情况会造成发电机误上电（ ABC ）。

A. 发电机盘车过程中，未加励磁，出口断路器误合

B. 发电机启动、停机过程中，已加励磁，频率低于定值，出口断路器误合

C. 发电机启动、停机过程中，已加励磁，频率接近额定，出口断路器误合

D. 转子达到额定转速且已合励磁开关时发生非同期合闸

91. 异常运行保护是反应各种可能给机组造成危害的异常工况，这些工况不会很快造成机组的直接破坏，下列保护属于异常运行保护的是（ ACD ）。

A. 定子过负荷保护　　　　　　　　　B. 定子接地保护

C. 过电压保护　　　　　　　　　　　D. 低频保护

92. 发电机变压器组保护整定时应注意（ABC）。

A. 过频、低频、过压、欠压应分别根据发电机运行工况和发电机特性曲线整定

B. 过励磁保护应全面考虑发电机、变压器的过励磁能力

C. 定子接地保护须根据发电机在不同负荷的运行工况下实测零序基波电压和零序三次谐波电压的有效数据整定

D. 200MW及以上的发电机定子接地保护应投入跳闸，三次谐波段投跳闸，基波零序电压投信号

93. 下列关于发电机负序电流的描述正确的是（ABCD）。

A. 电力系统发生不对称短路或者三相不对称运行时，发电机定子绕组中就有负序电流

B. 负序电流在发电机气隙中产生反向旋转磁场，相对于转子为两倍同步转速

C. 负序电流使得转子上电流密度很大的某些部位局部灼伤

D. 会引起转子大轴频率为100Hz的振动

94. 发电机失磁过程的特点，有以下说法，请指出其中不正确的是（BC）。

A. 失磁后将从系统吸取大量的无功功率，使机端电压下降

B. 由于电压降低以致于发电机电流将减少

C. 发电机有功功率大小不变，继续向系统送有功功率

D. 随着失磁的发展，发电机转入异步运行状态

95. 除了失磁以外，下列（ABCD）运行情况下转子低电压元件可能动作？

A. 甩无功负荷时，机端电压升高，励磁调节器反相输出

B. 励磁升压变分接头位置不当

C. 在短路故障前，励磁电压较低，故障切除引起振荡

D. 自并励发电机，发变组近端三相故障，短路持续期间，转子电压接近零

96. 发电机失磁对系统和发电机自身都会产生很大的影响，下列属于失磁保护判据特征的是（BCD）。

A. 有功功率方向改变　　　　　　　B. 无功功率方向改变

C. 超越静稳边界　　　　　　　　　D. 进入异步边界

97. 大型发电机定子接地保护应满足哪几个基本要求？（ABD）

A. 故障点电流不应超过安全电流

B. 有100％的保护区

C. 能有效地防止由一点接地发展为两点接地

D. 保护区内任一点发生接地故障时，保护应有足够高的灵敏度

98. 下列关于发电机装设定子单相接地保护原因的描述正确的是（ABCD）。

A. 定子绕组发生单相接地后接地电流可能会烧伤定子铁芯

B. 定子绕组发生单相接地后，另外两个健全相对地电压上升

C. 故障点将产生间歇性弧光过电压

D. 单相接地故障扩展为相间或匝间短路

99. 发电机中性点接地方式主要有哪几种？（ABD）

A. 中性点经消弧线圈接地方式　　　B. 中性点经电阻接地方式

C. 中性点直接接地方式　　　　　　D. 中性点绝缘方式

100. 水轮发电保护种类大多与汽轮发电机保护相同，不同的是（ ABCD ）。

A. 不装设转子两点接地保护

B. 一般应装设过电压保护

C. 一般不考虑水轮发电机失磁后的异步运行，而直接作用于跳闸

D. 不装设定子负序过流保护

二、判断题

1. 发电机定子绕组的故障主要是指定子绕组的相间短路、匝间短路和接地短路。（ √ ）

2. 发电机常见故障有定子绕组相间短路、定子绕组单相匝间短路、定子绕组单相接地、励磁回路一点接地或两点接地。　　　　　　　　　　　　　　　　　　　　（ √ ）

3. 外部短路或系统振荡引起的发电机定子绕组过电流为发电机内部故障。　　（ × ）

4. 根据部颁 GB/T 14285—2006《继电保护和安全自动装置技术规程》，电压在 6kV 及以上，容量在 600MW 级及以下的发电机对故障及异常运行方式应装设相应的保护装置。（ × ）

5. 停机为断开发电机断路器，灭磁，关闭汽轮机主汽门或水轮机导水翼。　（ √ ）

6. 解列灭磁为断开发电机断路器，灭磁。　　　　　　　　　　　　　　　（ × ）

7. 程序跳闸对汽轮发电机来说应首先关闭主汽门，再跳发电机断路器并灭磁。（ × ）

8. 发电机完全差动保护能保护发电机定子单相绕组的匝间短路。　　　　　（ × ）

9. 发电机装设纵联差动保护，它是作为定子绕组及其引出线的相间短路保护。（ √ ）

10. 发变组纵差保护中的差动电流速断保护，动作电流一般可取 6～8 倍额定电流，目的是避越空载合闸时误动。　　　　　　　　　　　　　　　　　　　　　　　　（ × ）

11. 纵差保护对机端两相短路的灵敏系数 $K_{sen} \geqslant 2$ 表示纵差保护在定子绕组相间短路时一定能动作。　　　　　　　　　　　　　　　　　　　　　　　　　　　　　（ × ）

12. 纵差保护只能对发电机定子绕组和变压器绕组的相间短路起作用，不反应匝间短路。　　　　　　　　　　　　　　　　　　　　　　　　　　　　　　　　　　（ × ）

13. 发电机不完全差动保护只对定子绕组相间短路有保护作用，而对绕组匝间短路不起作用。　　　　　　　　　　　　　　　　　　　　　　　　　　　　　　　　　　（ × ）

14. 零序电流型横差保护能反应定子绕组的相间．匝间短路。　　　　　　（ √ ）

15. 由于发电机电压系统的中性点一般为不接地或经大阻抗接地，单相接地时的短路电流很小，纵差保护不能动作，故必须设置独立的定子单相接地保护。　　　　　　（ √ ）

16. 在穿越性短路、穿越性励磁涌流及自同步或非同步合闸过程中，纵联差动保护应采取措施，减轻电流互感器饱和及剩磁的影响，提高保护动作可靠性。　　　　　　（ √ ）

17. 纵联差动保护，应装设电流回路断线监视装置，断线后动作于信号。电流回路断线后不允许差动保护跳闸。　　　　　　　　　　　　　　　　　　　　　　　　　（ × ）

18. 10MW 以上的发电机，应装设纵联差动保护。　　　　　　　　　　　（ × ）

19. 对 125MW 及以上发电机变压器组，应装设双重主保护，每一套主保护宜具有发电机纵联差动保护和变压器纵联差动保护功能。　　　　　　　　　　　　　　　　（ × ）

20. 对 100MW 以下的发电机变压器组，即使发电机与变压器之间有断路器，发电机与变压器也不宜分别装设单独的纵联差动保护功能。　　　　　　　　　　　　　　（×）

21. 定子绕组匝间绝缘强度高于对地绝缘的强度，因此绝缘破坏引起的故障首先应该是定子单相接地，随后再发展为匝间或相间短路，现在已有无死区的定子接地保护，因此可以不装匝间短路保护。　　　　　　　　　　　　　　　　　　　　　　　　　　（×）

22. 大型机组的定子，同槽上下层线棒同属一相的很少，因此即使上下层绝缘破坏也主要是相间短路，可不再装设匝间短路。　　　　　　　　　　　　　　　　　　　（×）

23. 在发电机定子绕组一相匝间短路时，在短路电流中有正序、负序和零序分量，且各序电流相等，同时短路初瞬也出现非周期分量。　　　　　　　　　　　　　　（√）

24. 一相匝间短路时负序功率的方向与发电机其他内部及外部不对称相间短路时的负序功率方向相同。　　　　　　　　　　　　　　　　　　　　　　　　　　　（×）

25. 发电机匝间保护零序电压的接入，应用两根线，不得利用两端接地的方法代替其中一根线，以免两接地点之间存在着电位差，致使零序电压继电器误动。　　　　（√）

26. 反应发电机定子匝间短路的零序电压保护装置，其零序电压可从机端电压互感器原边中性点与发电机中性直接连接 TV 的副边开口三角形绕组获得。　　　　　（√）

27. 在构成零序电压匝间短路保护时，为了提高灵敏度须设置二次谐波滤过器。　（×）

28. 零序电压匝间短路保护专用的电压互感器必须是全绝缘的，且不能被利用来测量相对地的电压。　　　　　　　　　　　　　　　　　　　　　　　　　　　　（√）

29. 在正常工况下，发电机中性点无电压。因此，为防止强磁场通过大地对保护的干扰，可取消发电机中性点电压互感器二次（或消弧线圈、配电变压器二次）的接地点。　（×）

30. 横差保护不能反应定子绕组上可能出现的分子开焊事故。　　　　　　　　　（×）

31. 100MW 及以上发电机定子绕组单相接地后，只要接地电流不超过 5A，可以继续运行。　　　　　　　　　　　　　　　　　　　　　　　　　　　　　　　　　（×）

32. 发电机中性点处发生单相接地时，机端零序电压为 E_ϕ（相电动势）；机端发生单相接地时，零序电压为零。　　　　　　　　　　　　　　　　　　　　　　　（×）

33. 因为发电机运行时中性点对地电压接近为零，所以发电机中性点附近不可能发生绝缘击穿。　　　　　　　　　　　　　　　　　　　　　　　　　　　　　　　　（×）

34. 发电机中性点处发生单相接地时，机端的零序电压为 0V。　　　　　　　　（√）

35. 发电机内部或外部发生单相接地故障时，一次系统出现对地零序电压 $3U_0$，此时发电机中性点电位也会升高至 $3U_0$。　　　　　　　　　　　　　　　　　　　　（√）

36. 发电机定子接地保护中的基波零序电压取自机端电压互感器，使该保护区分辨不了接地点（含绝缘降低）到底是在发电机内部还是外部；但它能区分接地点是在发电机电压网络还是非发电机电压网络。　　　　　　　　　　　　　　　　　　　　　　（×）

37. 基波零序电压定子单相接地保护的动作值整定为 5V（二次值）时，经过渡电阻发生单相接地，将有 5% 的保护死区。　　　　　　　　　　　　　　　　　　　（×）

38. 发电机定子单相绕组在中性点附近接地时，机端 3 次谐波电压大于中性点的 3 次谐波电压。　　　　　　　　　　　　　　　　　　　　　　　　　　　　　　（√）

39. 发电机正常运行时，其机端 3 次谐波电压大于中性点的 3 次谐波电压。　（×）

40. 对于由基波零序电压元件及 3 次谐波电压元件共同构成的 100% 定子接地保护，为防止机端电压互感器断线引起基波零序电压元件误动，或中性点电压互感器二次开路引起三次谐波电压元件误动，应将零序基波电压元件与三次谐波电压元件组成与门去启动信号或出口继电器。 （×）

41. 发电机过电流保护的电流继电器，应接在发电机中性点侧三相星形连接的电流互感器上。 （√）

42. 在现有的定子单相接地保护中，发电机直接连在发电机电压母线上时，通常采用零序电流保护；发电机和变压器组成单元接线时，往往采用零序电压保护。 （√）

43. 对 100MW 及以上的发电机，应装设保护区不小于 90% 的定子接地保护，对 100MW 及以上的发电机，应装设保护区为 100% 的定子接地保护。 （×）

44. 发电机低压过流保护的低电压元件是区别故障电流和正常过负荷电流，提高整套保护灵敏度的措施。 （√）

45. 发电机低压过流保护与复压过流保护的动作电流整定原则相同。 （√）

46. 发电机定时限负序电流保护的作用是为了提高不对称短路时电流元件的灵敏度。 （√）

47. 发电机反时限负序电流保护用于防止定子中的负序电流过大造成定子过热被灼伤。 （×）

48. 转子表层过负荷反时限电流保护动作特性按发电机承受短时负序电流的能力确定，应能反应电流变化时发电机转子的热积累过程，并考虑在灵敏系数和时限方面与其他相间短路保护相配合。 （×）

49. 转子表层过负荷定时限电流保护动作电流按发电机长期允许的负序电流值和躲过最大负荷下负序电流滤过器的不平衡电流值整定，带时限动作于跳闸。 （×）

50. 500MW 及以上 A 值（转子表层承受负序电流能力的常数）小于 10 的发电机，应装设由定时限和反时限两部分组成的转子表层过负荷保护。 （×）

51. 500MW 及以上 A 值（转子表层承受负序电流能力的常数）大于 10 的发电机，应装设定时限负序过负荷保护。 （×）

52. 定子绕组非直接冷却的发电机，应装设定时限过负荷保护，保护接一相电流，带时限动作于信号。 （√）

53. 定子绕组为直接冷却且过负荷能力较低（例如低于 1.5 倍、60s），过负荷保护由定时限和反时限两部分组成。 （√）

54. 定子绕组过负荷定时限部分的动作电流按在发电机长期允许的负荷电流下能可靠返回的条件整定，带时限动作于信号。 （√）

55. 定子绕组过负荷反时限部分的动作特性按发电机定子绕组的过负荷能力确定，动作于停机。保护反应电流变化时定子绕组的热积累过程。需考虑在灵敏系数和时限方面与其他相间短路保护相配合。 （×）

56. 对水轮发电机，应装设过电压保护，其整定值根据定子绕组绝缘状况决定。过电压保护宜动作于解列灭磁。 （√）

57. 对于 100MW 及以上的汽轮发电机，应装设过电压保护，其整定值根据定子绕组绝缘状况决定。 （×）

58. 对于100MW及以上的汽轮发电机，过电压保护宜动作于解列灭磁或程序跳闸。 （ √ ）

59. 对励磁系统故障或强励时间过长的励磁绕组过负荷，125MW及以上采用半导体励磁的发电机，应装设励磁绕组过负荷保护。 （ × ）

60. 300MW以下采用半导体励磁的发电机，可装设定时限励磁绕组过负荷保护。 （ √ ）

61. 300MW及以上的发电机其励磁绕组过负荷保护可由定时限和反时限两部分组成。（ √ ）

62. 发电机励磁回路一点接地保护动作后，一般作用于全停。 （ × ）

63. 发电机励磁回路发生一点接地故障时，将会使发电机转子磁通产生较大的偏移，从而烧毁发电机转子。 （ × ）

64. 叠加直流电压式保护没有死区，能监视停止运行的发电机励磁回路的绝缘情况。 （ √ ）

65. 按导纳原理构成的励磁回路一点接地保护，可以反应励磁回路中任何一点接地的故障，且动作阻抗整定值可远大于10kΩ。 （ × ）

66. 1MW及以上的发电机应装设专用的转子一点接地保护装置延时动作于信号，宜减负荷平稳停机，有条件时可动作于程序跳闸。 （ √ ）

67. 600MW及以上发电机，应装设过励磁保护。 （ × ）

68. 过励磁反时限的保护特性曲线应与发电机的允许过励磁能力相配合。 （ √ ）

69. 汽轮发电机装设了过励磁保护可不再装设过电压保护。 （ √ ）

70. 300MW及以上发电机，可装设由低定值和高定值两部分组成的定时限过励磁保护或反时限过励磁保护，有条件时应优先装设反时限过励磁保护。 （ √ ）

71. 在失磁后的一段时间里（几秒到几十秒），电磁功率基本上不变化，而定子电流则随着功角δ的增大而增大。 （ √ ）

72. 失磁后，发电机无功功率将随着功角δ的增大而缓慢减小。 （ √ ）

73. 低励或失磁的发电机，从电力系统中吸取无功功率，引起电力系统的电压下降。 （ √ ）

74. 低励或失磁运行时，转子端部励磁漏磁增强，将使端部的部件和边段铁芯过热。 （ × ）

75. 发电机额定容量越大，在低励或失磁时，引起的无功功率缺额越大。 （ × ）

76. 失磁之后到失步之前，电流缓慢增加，电压也有所下降，但对机组和系统并不造成危害，在失步之后，对机组和系统的危害才显示出来。 （ √ ）

77. 发电机失磁后将从系统吸收大量无功，机端电压下降，有功功率和电流基本保持不变。 （ × ）

78. 高压侧三相同时低电压是发电机低励失磁保护中的主判据，异步边界阻抗判据是其辅助判据。 （ × ）

79. 对于100MW及以上容量的发电机变压器组装设数字式保护时，除非电量保护外，应双重化配置。当断路器具有两组跳闸线圈时，两套保护宜分别动作于断路器的一组跳闸线圈。 （ √ ）

80. 高压侧三相同时低电压是发电机低励失磁保护中系统侧的主判据，而异步边界阻抗判据是其发电机侧的主判据。 （ √ ）

81. 发生失磁故障时，三相定子回路仍然是对称的，不会出现负序分量。因此可用负序分量作为辅助判据，以鉴别失磁故障与短路或伴随短路的振荡过程。 （ √ ）

82. 300MW及以上发电机宜装设失步保护。在短路故障、系统同步振荡、电压回路断

线等情况下，保护不应误动作。 （ ✓ ）

83. 当振荡中心在发电机变压器组外部，失步运行时间超过整定值或电流振荡数超过规定值时，保护应动作于解列。 （ ✗ ）

84. 失步保护动作于解列时应保证断路器断开时的电流不超过断路器允许开断电流。 （ ✓ ）

85. 对于大型机组和超高压电力系统，失步时的振荡中心通常不会落在发电机机端或升压变压器的范围内。 （ ✗ ）

86. 利用两个阻抗元件可以检测出非稳定振荡过程，用以鉴别非稳定振荡、短路故障和稳定振荡。 （ ✓ ）

87. 发电机失步保护动作后一般作用于全停。 （ ✗ ）

88. 对 300MW 及以上汽轮发电机，发电机励磁回路一点接地、发电机运行频率异常、励磁电流异常下降或消失等异常运行方式，保护动作于停机，宜采用程序跳闸方式。 （ ✓ ）

89. 发电机启动和停机保护，在正常工频运行时应退出。 （ ✓ ）

90. 对发电机变压器组，热工保护可以启动也可以不启动失灵保护。 （ ✗ ）

91. 对发电机变电动机运行的异常运行方式，300MW 及以上的汽轮发电机，宜装设逆功率保护。 （ ✗ ）

92. 对燃气轮发电机，不需要装设逆功率保护。 （ ✗ ）

93. 水轮发电机需要装设逆功率保护。 （ ✗ ）

94. 发电机低频保护主要用于保护汽轮机，防止汽轮机叶片断裂事故。 （ ✓ ）

95. 一般来说，水轮发电机组没有低频或过频的限制问题。 （ ✓ ）

96. 对低于额定频率带负载运行的 300MW 及以上汽轮发电机，应装设低频率保护并动作于解列。 （ ✗ ）

97. 对高于额定频率带负载运行的 100MW 及以上汽轮发电机或水轮发电机，应装设高频率保护。保护动作于解列灭磁或程序跳闸。 （ ✓ ）

98. 对 300MW 及以上机组宜装设突然加电压保护。 （ ✓ ）

99. 调相机在不同的运行方式下，既能发出无功功率，也能吸收无功功率。 （ ✓ ）

三、简答题

1. 解释"停机"的含义。

答：断开发电机断路器、灭磁，对汽轮发电机，还要关闭主汽门；对水轮发电机还要关闭导水翼。

2. 解释"程序跳闸"的含义。

答：对汽轮发电机首先关闭主汽门，待逆功率继电器动作后，再跳发电机断路器并灭磁。对水轮发电机，首先将导水翼关到空载位置，再跳开发电机断路器并灭磁。

3. 发电机常见的内部故障有哪几种？

答：（1）定子绕组相间短路。

（2）定子绕组匝间短路。

（3）定子绕组单相接地。

（4）励磁回路一点接地或两点接地。

4. 为什么发电机纵差保护不能反映匝间短路?

答:发电机纵差保护在原理上只反映绕组中性点与机端电流之差,而匝间短路主要发生在发电机的同一相绕组上,从该相绕组中性点与机端电流互感器上测得的电流幅值相等,相位相差 180°,故纵差保护不反应匝间短路。

5. 什么是发电机的不完全纵差保护?它有哪些保护功能?

答:利用发电机中性点侧的电流互感器仅接在每相的部分分支中与发电机机端每相电流互感器构成的纵差保护称之为不完全纵差保护。

不完全纵差保护对定子绕组相间短路和匝间短路有保护作用,并能兼管分支开焊故障。

6. 大机组与小机组比较,有哪些差别?

答:(1) 大机组单位造价和发电成本低。

(2) 短路比减小,电抗增大,短路水平低,对保护不利;平均异步转矩降低,失磁后滑差增大,从系统中吸取更多的无功,对系统不利。

(3) 时间常数增大,非周期分量电流衰减慢。断路器断开条件恶化,持续的非周期分量电流易使 TA 饱和。

(4) 惯性时间常数降低,机组易于发生振荡。

(5) 热容量降低。600MW 机组 A 值为 4,中小机组为 30。

7. 水轮发电机与汽轮发电机相比,保护方案有何区别?

答:(1) 水轮发电机,只配转子一点接地保护,无两点接地保护。

(2) 失磁保护:水轮发电机动作于解列灭磁,汽轮发电机可先减出力,后动作于解列灭磁。

(3) 水轮机组,一般不装设转子两点接地保护、低频保护、反时限负序电流保护。

(4) 三次谐波匝电势分布不同于汽轮发电机,三次谐波电压定子接地保护灵敏度较低。

8. 目前对发电机相间短路和匝间短路有哪几种保护。

答:(1) 发电机纵差:可保护发电机内部全部相间故障。

(2) 发电机裂相横差、不完全差动:可保护发电机内部大部分相间、匝间故障。

(3) 发电机单元件横差:可保护发电机内部大部分相间、匝间故障。

(4) 纵向零序电压匝间保护:可保护发电机内部匝间故障、部分相间故障。

9. 发电机的负序电流会在转子中感应出多少频率的交流电流?此电流对转子有何危害?

答:在转子中会感应出 100Hz 左右的交流,即所谓的倍频电流,该电流可能会造成转子端部、转子护环表面等部位因过热形成灼伤。

10. 简述定子匝间短路的特点。

答:(1) 发电机定子绕组一相匝间短路时,在短路电流中有正序、负序和零序分量,且各序电流相等,同时短路瞬间也出现非周期分量。

(2) 发电机定子绕组匝间短路时,破坏了发电机 U、V、W 三相对中性点之间的平衡电动势,将产生零序电压。

(3) 一相匝间短路时负序功率的方向与发电机其他内部及外部不对称相间短路时的负序功率方向相反。

(4) 发生匝间短路时,定子和转子回路中将产生一系列的谐波分量。

11. 发电机匝间保护若采用测量机端 $3\dot{U}_0$，为什么要选择机端侧电压互感器中性点接于发电机中性点的专用电压互感器？

答： 当发电机内部或外部发生单相接地故障时，一次系统出现零序电压 $3\dot{U}_0$，发电机中性点电位升高 $3\dot{U}_0$，因专用电压互感器一次侧中性点是接在发电机中性点上的，则其付边开口三角输出电压为零，保护才不会误动。而发电机定子绕组发生匝间短路时，其三相绕组的对称性遭到破坏，机端三相对发电机中性点出现基波零序电压 $3\dot{U}_0$，保护能正确动作。

12. 发电机定子接地保护和匝间短路保护所用电压互感器有什么不同？当机端发生 A 相金属性接地故障时，定子接地保护和匝简短路保护痦受到的电压分别为多少？这两种保护动作情况如何？

答： 发电机定子接地保护所用电压互感器的一次绕组的中性点直接接地。发电机匝间保护所用电压互感器的一次绕组的中性点接变压器中性点。

机端 U 相接地时，定子接地保护感受到的电压为 100V，保护动作。匝间保护感受到的电压为 0V，保护不动作。

13. 怎样利用基波零序电压和 3 次谐波电压构成发电机 100% 定子接地保护？

答： （1）第一部分是基波零序电压元件，其保护范围不少于定子绕组的 85%（从发电机端开始）。

（2）第二部分是利用 3 次谐波电压构成定子接地保护，用以消除基波零序电压元件保护不到的死区，其保护范围不小于定子绕组的 20%（从发电机中性点开始）。

14. 简述横差保护的特点。

答： 横差保护接线简单，能快速切除任一并联分支上的匝间短路，对于定子绕组上可能出现的分支开焊事故也能反应。但其对匝间短路的灵敏度较低，死区大；且只能在每相有并联分支的定子绕组才能应用。

15. 中性点定子接地如何发生？

答： （1）中性点附近水渗漏引起绝缘老化，虽未击穿，如其他靠近机端处一点接地，导致中性点电压升高，绝缘击穿，造成定子中性点接地故障。

（2）定子绕组的机械振动也会导致绝缘的逐步损坏。

16. 转子发生两点接地，对发电机有哪些危害？

答： （1）故障点流过电流，烧伤转子本体。

（2）励磁绕组过流，导致过热而烧伤。

（3）气隙磁通失去平衡，引起振动。

（4）两点接地，使轴系和汽机磁化。

17. 失步保护为何需要选择跳闸时刻？

答： 当失步保护动作于跳闸时，若在电势角 $\delta = 180^0$ 时使断路器断开，则将在最大电压下切断最大电流，对断路器的工作条件最为不利，有可能超过断路器的遮断容量。因此，失步保护应避免这一时刻动作于跳闸。

18. 发电机复压过流保护中的复压元件的作用是什么？

答： 发电机过电流保护整定动作电流时，要考虑电动机自启动的影响，使过流元件整定值提高，降低了灵敏性。采用复合电压元件，躲开电动机自启动方式下的最低电压，用以区外故障的故障电流、正常过负荷电流和区内故障电流，这样整定时就不再考虑电动机自启动的影响，而是按发电机额定电流整定，提高了保护灵敏性。

19. 解释发电机实现并列的方法。

答：（1）准同期并列：发电机在并列合闸前已经投入励磁，当发电机电压的频率、相位、大小分别和并列点处系统侧电压的频率、相位、大小接近相同时，将发电机断路器合闸完成并列操作。大中型发电机均采用准同期并列方法。

（2）自同期并列：先将未励磁、接近同步转速的发电机投入系统，然后在发电机加上励磁，利用原动机转矩、同步转矩把发电机拖入同步。一般在小容量发电机及同步电抗较大的水轮发电机上采用。

20. 解释发电机非同期合闸及其危害性。

答： 采用准同期并列方式的发电机，由于同期装置工作不正常、二次回路接线错误等原因，导致发电机在并列点两侧的幅值、相位、大小未满足要求时即进行并列操作的情况称为发电机非同期合闸。发电机非同期合闸可能会引起系统的功率振荡，对电厂的设备及保护影响较大；同时可能产生很大的冲击电流，对发电机大轴产生影响；较大的冲击电流也可能使TA饱和、保护误动。

21. 当双重化配置乒乓原理的转子一点接地保护时，为何只能单套运行？

答： 转子一点接地保护采用切换采样原理（乒乓式）反应转子一点接地情况，为了测量转子对地的绝缘情况，保护测量回路有一个内阻（电阻网络），因此如投入两套转子一点接地保护，因相互测量出对方的内阻导致误动。

22. 发电机频率异常有何危害？

答：（1）低频或高频，将使汽轮机叶片发生谐振，使材料疲劳，造成汽轮机叶片即其拉金的断裂事故。

（2）低频，威胁厂用电的安全。

23. 过激磁保护在起停机时是否应退出运行？

答： 过激磁保护在并网前后均应该投入，对于机组保护，起机时由于低频误加励磁、励磁调节输出过高等情况，过激磁可能性更高，而此时过激磁仍会对发电机、变压器造成损坏，因此，过激磁保护在并网前不能退出。

24. 简述发电机断口闪络保护的判据及投退方式。

答： 断口闪络保护采用负序电流判据与断路器位置跳位接点（三相位置串接）构成，整定小延时（0.1～0.2s）躲过断路器操作的暂态过程，断路器合上，保护自动退出，由于保护设有投退压板，也可经压板人工投退。

25. 发电机在何种情况下会发生逆功率运行及危害？

答：（1）原动机能量供给停止，发电机变为电动机运行，从系统吸收能量。

（2）汽轮机：主汽门关闭，逆功率运行易使汽轮机叶片过热受损。

（3）水轮机：低水流量使转子叶片表面产生疲劳。

（4）燃气轮机：逆功率运行可能有齿轮损坏的问题。

26. 为什么在水轮发电机上要装设过电压保护？

答：因为水轮发电机的调速系统惯性大，动作缓慢，所以在突然甩负荷时，转速将超过额定值，这时机端电压有可能达到额定值的 1.8～2 倍。为了防止水轮发电机定子绕组绝缘遭受破坏，在水轮发电机上应装设过电压保护。

27. 为何主变压器差动 TA 饱和最短允许 5ms，发电机差动 TA 饱和最短允许 10ms。

答：(1) 主变压器差动（发变组差动），各侧 TA 选型不一致，主变压器高压侧 TA 电缆很长（有时选用 1A 的 TA），区外故障时 TA 传变差别很大，TA 饱和现象严重，因此装置允许 TA 饱和最小时间为 5ms。

(2) 对于发电机差动，两侧电流完全一样，TA 型号相同，而区外故障时，最大短路电流为 3～5 倍额定电流，考虑最严重非周期分量影响，TA 饱和时间不会小于 10ms，因此装置允许 TA 饱和最小时间为 10ms。

28. 发电机的同步电抗 X_d、暂态电抗 X_d' 和次暂态电抗 X_d'' 有哪些区别和用途？

答：(1) 同步电抗 X_d 为发电机稳态运行时的电抗；由电绕组的漏抗和电枢反应组成。一般用来计算系统潮流和静态稳定条件。

(2) 暂态电抗 X_d' 是发电机对突然发生的短路电流所形成的电抗，因为电枢中的磁通量不能突变，所以由短路电流产生的电枢反应最初不存在，故 X_d' 小于 X_d，一般用来计算短路电流和暂态稳定。

(3) 次暂态电抗 X_d'' 是对有阻尼绕组或有阻尼效应的发电机的暂态电抗，其值比 X_d' 更小，用途同暂态电抗 X_d'。

29. 何谓同步发电机的励磁系统？其作用是什么？

答：供给同步发电机励磁电流的电源及其附属设备，称为同步发电机的励磁系统。发电机励磁系统的作用是。

(1) 当发电机正常运行时，供给发电机维持一定电压及一定无功输出所需的励磁电流。

(2) 当电力系统突然短路或负荷突然增、减时，对发电机进行强行励磁或强行减磁，以提高电力系统运行的稳定性和可靠性。

(3) 发电机内部出现短路时，对发电机进行灭磁，以避免事故扩大。

30. 100MW 及以上 $A < 10$ 的发电机，应装设由定时限和反时限两部分组成的转子表层过负荷保护，请简述其整定原则。

答：(1) 转子表层负序过负荷保护是由定时限和反时限两部分组成。

(2) 定时限定值要考虑：动作电流躲过发电机长期允许的负序电流值，并躲过最大负荷电流下负序电流滤过器的不平衡电流。上述两者中取较大者，带时限动作于信号。

(3) 反时限动作特性应按发电机承受负序电流的能力确定。反时限部分应能反映电流变化时发电机转子的热积累过程动作于解列或程序跳闸，不考虑在灵敏系数和时限方面与其他相间短路保护相配合。

四、分析题

1. 发电机保护双重化配置的原则有哪些？

答：(1) 两套主保护的电流回路应分别取自电流互感器互相独立的绕组，并合理分配电流互感器二次绕组，避免可能出现的保护死区。

（2）两套主保护的电压回路宜分别接入电压互感器的不同二次绕组。

（3）两套完整、独立的电气量保护和一套非电量保护应使用各自独立的电源回路（包括直流空气小开关及其直流电源监视回路），在保护柜上的安装位置应相对独立。

（4）两套电气量保护的跳闸回路应与断路器的两个跳圈分别一一对应。

（5）非电量保护应同时作用于断路器的两个跳闸线圈。

2. 请列举发电机纵差保护与变压器纵差保护的主要技术差别。

答：（1）发电机差动保护电流互感器同型；而变压器差动保护电流互感器不同型。

（2）变压器差动保护有由分接头改变引起的不平衡电流，模拟式变压器差动保护还有电流互感器变比不匹配引起的不平衡；而发电机差动保护没有。

（3）变压器差动保护范围包含各独立电路和联系它们的磁路，因而要防止空载合闸或过激磁时的误动。

（4）变压器差动保护有各侧电流互感器不同型的问题，不平衡电流大。

（5）变压器差动保护最小动作电流和制动系数比发电机差动保护的大。

（6）对于比例制动的差动保护，变压器差动保护宜用三段式制动特性；发电机差动保护只需二段。

（7）变压器差动保护能反应变压器绕组匝间短路；而发电机差动保护不能保护定子绕组匝间短路。

3. 发电机差动保护的最小动作电流 I_{actmin} 整定范围为 $(0.1 \sim 0.3) I_{\text{GN}}/n_{\text{TA}}$，通常整定为 $(0.1 \sim 0.2) I_{\text{GN}}/n_{\text{TA}}$，而其制动特性的拐点 B 的横坐标一般整定为

$$I_{\text{brk0}} = (0.8 \sim 1.0) I_{\text{GN}}/n_{\text{TA}}$$

式中：n_{TA} 为电流互感器变比；I_{GN} 为发电机额定电流。

有人认为为防止误动应将 I_{actmin} 提高或将 I_{brk0} 减小，你认为是否合理，为什么？

答：不合理。

（1）I_{actmin} 整定在 $(0.1 \sim 0.2) I_{\text{GN}}/n_{\text{TA}}$，此动作值是在 $I_{\text{brk}} = 0 \sim (0.8 \sim 1.0) I_{\text{GN}}/n_{\text{TA}}$ 的范围内的动作值，此时电流互感器流过的电流小于或等于发电机的额定电流，此电流下电流互感器不会饱和，不平衡电流很小，整定为 $(0.1 \sim 0.2) I_{\text{GN}}/n_{\text{TA}}$ 已考虑了正常运行时足够的可靠性，不能认为再整定大一些更安全可靠；因为发生区外故障时，此时防止误动是依靠制动作用，而不是 I_{actmin}。

（2）如果将 I_{brk0} 减小，如整定为 $(0.5 \sim 0.6) I_{\text{GN}}/n_{\text{TA}}$，即将差动保护整定值开始有制动的点提前了，这无必要。其原因是在额定电流附近，I_{actmin} 已大于不平衡电流了，不会误动；如此整定使得短路电流在 $I_{\text{GN}}/n_{\text{TA}}$ 附近时，定值变大了。

（3）当发电机内部发生短路时，特别是靠近中性点附近发生经过渡电阻短路时，机端和中性点侧的三相电流都可能不大，而以上改变整定值都使灵敏度降低了，扩大了保护的死区。

综合以上观点，将 I_{actmin} 提高或将 I_{brk0} 减小都不合理。

4. 试分析发电机纵差保护和横差保护的性能，两者的保护范围如何？能否相互代替？

答：发电机纵差保护是相间短路的主保护，它反映发电机中性点至出口同一相电流的差值，保护范围即中性点电流互感器与出口电流互感器之间部分。因为反应同一相电流差值，

不能反映同相绕组匝间短路，所以不能替代匝间保护。

发电机横差保护是定子绕组匝间短路的主保护，兼做定子绕组开焊保护。它反应定子双星形绕组中性点连线电流的大小。当某一绕组发生匝间短路时，在同一相并联支路中产生环流使保护动作。对于相间短路故障，横差保护虽可能动作，但死区可达绕组的 15%～20%，且不能切除引出线上的相间短路，所以它不能代替纵差保护。

5. 反应定子匝间短路故障的判据有哪些？

答：（1）故障分量负序方向保护：发电机内部不对称故障时必有负序功率输出，而外部故障时负序功率由外部系统流入发电机，因此用负序功率的流向作为判据。

（2）不完全纵差保护：由机端电流与中性点部分分支电流构成差动保护。装设电流互感器的发电机分支发生匝间短路时会产生差流，不完全纵差可动作。而未装设电流互感器的发电机分支发生匝间短路时，可通过互感磁通使装设电流互感器的非故障分支绕组感受到故障的发生。

（3）横差保护：将定子绕组分为几个部分，比较不同部分绕组的电流，所以可以反映匝间短路。应用较多的是单元件横差保护。

（4）纵向零序过电压保护：电压取自专用电压互感器开口三角，专用电压互感器一次中性点与发电机中性点直接相连。在发电机发生匝间短路时，三相对中性点电压不平衡，会出现纵向零序电压。由于外部不对称故障也会产生纵向零序电压，该保护需负序功率方向闭锁及电压互感器断线闭锁。

（5）转子二次谐波电流保护：利用发电机内部故障时产生负序电流，气隙中有反向旋转磁场，会在转子中感应出二次谐波电流。该保护需负序功率方向闭锁。

6. 定子绕组匝间绝缘强度高于对地绝缘强度，因此绝缘破坏引起的故障首先应该是钉子单相接地，随后再发展成匝间或相间短路，现在已装设无 100% 定子接地保护的发电机为何还要装设匝间短路保护？

答：定子线棒变形或受振动而发生机械磨损，以及污染腐蚀、长期的受热和电老化都会使匝间绝缘逐步劣化，这就是匝间短路的内因，因此没有理由说匝间绝缘的劣化一定晚于对地绝缘。更重要的是，外来冲击电压的袭击给定子匝间绝缘造成极大威胁，因为冲击电压波沿着定子绕组的分布是不均匀，波头欲陡，分布越不均匀，因此由机端进入的冲击波，完全可能首先在定子绕组的始端发生匝间短路。有鉴于此，大型机组往往在机端装设三相对地的镇定电容器和磁吹避雷器，即使如此，也不能认为再也没有发生匝间短路的可能和完全不必再装设匝间短路保护。

7. 分析发电机失磁后对电力系统的影响。

答：（1）低励或失磁后的发电机，从电力系统中吸取无功功率，影响电力系统的电压下降，如果系统中无功功率储备不足，将会使电力系统因电压崩溃而瓦解。

（2）一台发电机低励或失磁后，由于电压下降，电力系统中的其他发电机，在自动调整励磁装置的作用下，将增加无功输出，从而使某些发电机、变压器或线路过流，其后备保护可能因过电流而动作，使故障的波及范围扩大。

（3）一台发电机低励或失磁后，由于该发电机有功功率的摆动以及系统电压的下降，将可能导致相邻的正常运行发电机与系统之间或电力系统各部分之间发生失步，使系统产生振荡，甩掉大量负荷。

8. 分析发电机失磁后对发电机本身的影响。

答：（1）由于出现转差而在发电机转子回路中出现差频电流，差频电流在转子回路中产生损耗，如果超出允许值，将使转子过热。

（2）低励或失磁的发电机在进入异步运行之后，发电机的等效电抗降低，从电力系统中吸收的无功功率增加。低励或失磁前带的有功功率越大，转差就越大，等效电抗就越小，所吸收的有功功率就越大。在重负荷失磁后，过电流将使发电机定子过热。

（3）对于直接冷却高利用率的大型汽轮发电机，其平均异步转矩的最大值较小，惯性常数也相对降低，转子在纵轴和横轴方面也呈现明显的不对称。因此，在重负荷下失磁后，这种发电机的转矩、有功功率将发生剧烈的周期性摆动。对于水轮发电机，由于平均异步转矩最大值小，以及转子在纵轴和横轴方面不对称，在重负荷下失磁运行时，也将出现类似情况。在这种情况下，将有很大甚至超过额定值的电池转矩周期性地作用到发电机的轴系上，并通过定子传递到机座上。此时，转差也作周期性变化，发电机周期性的严重超速。这些情况都将直接威胁着机组的安全。

（4）低励或失磁运行时，定子端部漏磁增强，将使端部的部件和边段铁芯过热。

9. 试述装设失步保护的必要性。

答：（1）发电机与系统发生失步时，将出现发电机的机械量和电气量与系统之间的振荡，这种持续的振荡将对发电机组和电力系统产生有破坏力的影响。

（2）单元接线的大型发变组较大，而系统规模的增大使系统等有效电抗减小，因此振荡中心往往落在发电机端或升压变压器范围内，使振荡过程对机组的影响大为加重。由于机端电压周期性的严重下降，使厂用辅机工作稳定性遭到破坏，甚至导致全厂停机、停炉、停电的重大事故。

（3）失步运行时，当发电机电势与系统等效电势的相位差为180°的瞬间，振荡电流的幅值接近机端三相短路时流经发电机的电流。对于三相短路故障均有快速保护切除，而振荡电路则要在较长时间内反复出现，若无相应保护会使定子绕组遭受热损伤或端部遭受机械损伤。

（4）振荡过程中产生对轴系的周期性扭力，可能造成大轴严重机械损伤。

（5）振荡过程中，周期性转差变化在转子绕组中引起感应电流，引起转子绕组发热。

（6）大型机组与系统失步，还可能导致电力系统解列甚至崩溃事故。

因此，大型发电机组需装设失步保护，以保障机组和电力系统的安全。

10. 试述双遮挡器失步保护的原理。

答：如图 6-1 所示。

透镜1：把阻抗平面分为 A、B 内外两部分，用来区分振荡的动作电势角。

阻挡器2：把阻抗平面分为 L、R 两部分，这实际上是发电机电势与系统等值电势相差180°的线，当 $\delta=180°$ 时，则系统已发生失步。

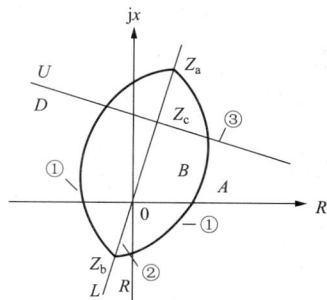

图 6-1

电抗线 3：把阻抗平面分为 U、D，即上、下两部分。它用来判别机端离振荡中心的位置，以此线作为选取允许滑极次数的分界线。当机端测量阻抗位于 U 区时，振荡中心位于发变组系统以外，在预定的滑极次数之后才允许跳闸；而极端测量阻抗位于 D 区时，振荡中心位于发变组系统内，一般要求一次滑极后即将机组跳闸解列。

当发电机的测量阻抗自右往左整个地穿过透镜，并且整个穿越过程的时间大于 50ms，则认为是一次滑极（失步），否则不判为滑极。

11. 分析中性点不接地的发电机定子绕组发生单相接地时的零序电压和零序电流。

答：对于中性点不接地运行的发电机，在定子绕组内 α（由接地点到中性点的绕组匝数占全部定子绕组匝数的百分数）处 U 相接地时，如图 6-2 所示，各相对地电压分别为

$$\dot{U}_{dU} = (1-\alpha)\dot{E}_U$$
$$\dot{U}_{dV} = \dot{E}_B - \alpha\dot{E}_U$$
$$\dot{U}_{dW} = \dot{E}_C - \alpha\dot{E}_U$$

接地点零序电压为

$$\dot{U}_{d0} = \frac{1}{3}(\dot{U}_{dU} + \dot{U}_{dV} + \dot{U}_{dW}) = -\alpha\dot{E}_A$$

上式表明 $\dot{U}_{d0}$ 随 α 不同而改变，当 $\alpha=1$ 时，$\dot{U}_{d0} = -\dot{E}_A$，当 $\alpha=0$ 时，$\dot{U}_{d0}=0$。

故障点接地电流 $3\dot{I}_{d0}$ 为通过发电机每相对地电容 C_{0F} 及发电机电压系统中出发电机之外的其他电气元件每相对地电容 C_{0W} 形成回路，其计算式为

$$3\dot{I}_{d0} = -j3\alpha\dot{E}_U\omega(C_{0F} + C_{0W})$$

由上式可见，接地点电容电流 $3\dot{I}_{d0}$ 与 α 及 C_{0W} 成比例。当 $\alpha=1$ 时，接地电流最大；C_{0W} 越大，接地电流就越大。当接地电流大于允许值时，应采用消弧线圈进行补偿。

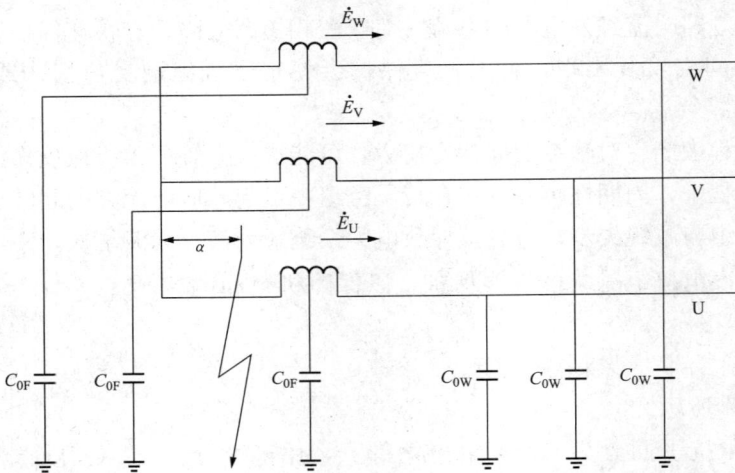

图 6-2

12. 试述发电机复压过流保护的整定方法。

答：（1）电流元件的动作电流 I_{op1} 按发电机额定负荷下可靠返回的条件整定，即

$$I_{op1} = K_{rel}I_{gn}/K_r n_a$$

式中：K_{rel}为可靠系数，取 1.3~1.5；K_r为返回系数，取 0.85~0.95；I_{gn}为发电机额定电流；n_a为电流互感器变比。

灵敏系数按主变压器高压侧母线两相短路的条件校验，即

$$K_{sen} = \frac{I_{kmin}^{(2)}}{n_a I_{op}}$$

$I_{kmin}^{(2)}$为主变压器高压侧母线金属性两相短路时，流过保护的最小短路电流。

要求 $K_{sen} \geqslant 1.2$。

（2）低电压元件接线电压，动作电压 U_{op}可按下式整定，即

对于汽轮发电机

$$U_{op} = 0.6U_{gn}/n_v$$

式中：U_{gn}为发电机额定电压；n_v为电压互感器变比。

对于水轮发电机

$$U_{op} = 0.7U_{gn}/n_v$$

（3）负序过电压元件的动作电压按躲过正常运行时的不平衡电压整定，一般取

$$U_{op2} = (0.06 \sim 0.08)U_{gn}/n_v$$

（4）复合过电流保护的动作时限，按大于升压变压器后备保护的动作时限整定，动作于解列或停机。

13. 何谓同步发电机的运行特性？

答：同步发电机的运行特性是指发电机的空载特性、短路特性、负载特性、外特性和调整特性等五种。从运行角度看，外特性和调整特性是主要的运行特性，根据这些特性可以判断发电机的运行状态是否正常，以便及时调整，保证高质量安全发电。空载特性、短路特性和负载特性则是检验发电机基本性能的特性，用于测量、计算发电机的各项基本参数。

空载特性曲线是发电机空载时端电压与励磁电流的关系曲线，用它可求发电机的电压变化率、未饱和的同步电抗等参数。

短路特性是指定子三相绕组短路时，定子稳态短路电流与励磁电流的关系曲线。

负载特性是当转速、定子电流为额定值，功率因素为常数时，发电机电压与励磁电流的关系曲线，从不同的功率因数得到不同负荷的负载特性曲线。

外特性是党励磁电流、转速、功率因数为常数的条件下，变更负荷（定子电流）时端电压的变化曲线。外特性可以分析发电机运行中的电压波动情况，提出自动励磁装置调节范围的要求。

调整特性是党电压、转速、功率因数为常数的条件下，变更负荷时励磁电流的变化曲线。利用调整特性曲线，可使电力系统无功功率分配更为合理。

14. 简述利用三次谐波 100％定子接地保护的工作原理。

答：（1）当发电机中性点绝缘时，发电机在正常运行情况下，机端 S 和中性点 N 处三次谐波电压之比为小于 1。

（2）当发电机中性点经消弧线圈接地时，若基波电容电流被完全补偿，发电机在正常运

行情况下，机端 S 和中性点 N 处三次谐波电压之比为小于 1。

（3）不论发电机中性点是否接有消弧线圈，当在距发电机中性点（中性点到故障点的匝数占每相一分支总匝数的百分比）处发生定子绕组金属性单相接地时，中性点 N 和机端 S 处的三次谐波电压分别恒为

$$U_{N3} = aE_3$$
$$U_{s3} = (1-a)E_3$$

当发电机中性点接地时，$a=0$，$U_{N3}=0$，$U_{s3}=E_3$；当机端接地时，$a=1$，$U_{N3}=E_3$，$U_{s3}=0$；当 $a<0.5$ 时，恒有 $U_{s3}>U_{N3}$；当 $a>0.5$ 时，恒有 $U_{N3}>U_{s3}$。

综上所述，用 U_{s3} 作为动作量，U_{N3} 作为制动量构成发电机定子绕组单相接地保护，且当 U_{s3} 大于 U_{N3} 保护动作，则在发电机正常运行时保护不会误动作，而在中性点附近发生接地时，保护具有很高的灵敏度。用这种原理构成的发电机定子绕组单相接地保护，可以保护定子绕组中性点及其附近范围内的接地故障，对其余范围则可用反映基波零序电压的保护，从而构成了 100% 发电机定子绕组接地保护。

15. 针对发电机不同的接地方式，分析定子接地保护的构成及差异。

答：发电机中性点接地方式主要有三种。

（1）中性点经消弧线圈接地方式。可由基波零序电压型（$3U_0$）与三次谐波电压型（3ω）构成 100% 定子接地保护。$3U_0$ 保护可从中性点消弧线圈二次取得电压，无需 TV 断线闭锁。3ω 保护对这种接地方式的灵敏度较高。另外，可由外加交流电源（20Hz）构成定子接地保护。外加直流电源型定子接地保护用于这种接地方式，需要在发电机中性点及机端 TV 一次中性点对地之间加装电容。

（2）中性点经电阻接地方式。可分为直接电阻接地和经配电变压器接地。直接电阻接地方式的定子接地保护可由 $3U_0$ 保护构成，因为电压只能从机端 TV 开口三角取得，所以需 TV 断线闭锁。$3U_0$ 保护存在死区。可由外加交流电源构成定子接地保护，实现无死区定子接地保护。

经配电变压器接地方式定子接地保护可由 $3U_0+3\omega$ 构成 100% 定子接地保护。$3U_0$ 保护可从配电变压器二次线圈取得电压，无需 TV 断线闭锁。因为正常运行时中性点相当于经过电阻接地，所以 3ω 保护对这种接地方式的灵敏度不高。

（3）中性点绝缘方式。包括中性点不接地和中性点经单相电压互感器接地。中性点不接地的定子接地保护可由 $3U_0$ 保护构成，由于电压只能从机端 TV 开口三角取得，故需 TV 断线闭锁。

中性点经单相电压互感器接地的定子接地保护可由 $3U_0+3\omega$ 构成 100% 定子接地保护。$3U_0$ 保护可从单相 TV 二次取得电压，无需 TV 断线闭锁。3ω 保护对这种接地方式的灵敏度较高。

这两种方式均可由外加交流电源构成定子接地保护。

16. 分析等有功阻抗圆。

答：对于如图 6-3 所示系统：

由于失磁发电机在失步前的一段时间里有功功率基本不变，系统电压的变化也不明显，在讨论阻抗变化轨迹时，可以假设它们恒定不变。发电机机端测量阻抗为：

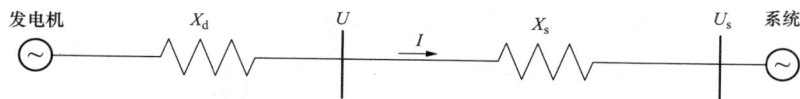

图 6-3

$$Z_\mathrm{m} = \dot{U}/\dot{I} = \frac{\dot{U}+\mathrm{j}\dot{I}X_\mathrm{s}}{\dot{I}} = \frac{\dot{U}_\mathrm{s}}{\dot{I}} + \mathrm{j}X_\mathrm{s} = \frac{U_\mathrm{s}^2}{P-\mathrm{j}Q} + \mathrm{j}X_\mathrm{s}$$

$$= \frac{U_\mathrm{s}^2}{2P} \times \frac{2P}{P-\mathrm{j}Q} + \mathrm{j}X_\mathrm{s}$$

$$= \frac{U_\mathrm{s}^2}{2P} \times \left(\frac{P+\mathrm{j}Q}{P-\mathrm{j}Q} + \frac{P-\mathrm{j}Q}{P-\mathrm{j}Q}\right) + \mathrm{j}X_\mathrm{s}$$

$$= \frac{U_\mathrm{s}^2}{2P} + \mathrm{j}X_\mathrm{s} + \frac{U_\mathrm{s}^2}{2P}\mathrm{e}^{\mathrm{j}\varphi}$$

$$\varphi = 2\arctan\frac{Q}{P}$$

式中：P 为失磁机组送至系统的有功功率；Q 为失磁机组送至系统的无功功率（感性），失磁时其值有正变负。

上式中，U_s、X_s、P 为常数，φ 为变量，故它是一个圆的方程，其圆心为 $\left(\frac{U_\mathrm{s}^2}{2P}, X_\mathrm{s}\right)$，半径为 $\frac{U_\mathrm{s}^2}{2P}$，如图 6-4 所示。此圆是 P 为常数时的机端阻抗的变化轨迹，故称为等有功阻抗圆。

分析上式可得出以下结论：

（1）机端阻抗的轨迹与送至系统的有功功率有密切关系，有功功率 P 与等有功阻抗圆的直径成反比。

（2）发电机正常向系统送有功功率和无功功率时，φ 为正，测量阻抗在第一象限；发电机失磁后，无功功率由正变负，φ 逐渐向负值变化，测量阻抗也逐渐向第四象限过渡，失磁前发电机送出的有功功率越大，进入第四象限的时间越短。

（3）等有功阻抗圆的圆心坐标与联系阻抗 X_s 有关，在同一功率下，X_s 越大，测量阻抗进入第四象限越慢。

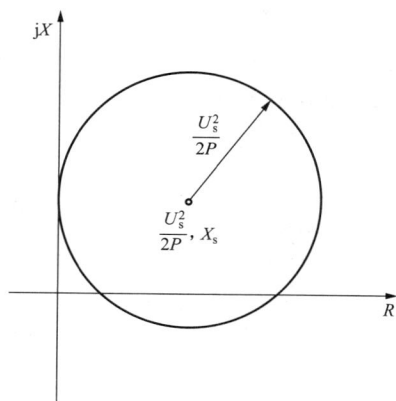

图 6-4

17. 怎样利用工作电压通过假同期的方法检查发电机同期回路接线的正确性？

答：假同期，顾名思义就是手动或自动准同期装置发出的合闸脉冲，将待并发电机断路器合闸时，这台发电机并非真的并入了系统，而是一种用模拟的方法进行的一种假的并列操作。为此，试验时应将发电机母线隔离开关断开，人为地将其辅助接点放在其合闸后的状态（辅助触点接通），这时，系统电压就通过这对辅助接点进入同期回路。另外，待并发电机的电压也进入同期回路中。这两个电压经过同期并列条件的比较，若采用手动准同期并列方式，运行人员可通过对发电机电压、频率的调整，待满足同期并列的条件时，手动将待并发电机出口断路器合上，完成假同期并列操作。若采用自动准同期并列方式，则自动准同期装置就自动地对发电机进行调速、调压待满足同期并列的条件后，自动发出合闸脉冲，将其出口断路器合上。若同期回路的接线有错误，其表计将指示异常，无论手动准同期或者是自动准同期都无法捕捉到同期点，而不能将待并发电机出口断路器合上。

18. 为什么大型发电机变压器组保护应装设非全相运行保护，而且该保护须启动断路器失灵保护？

答：发变组高压侧的断路器多为分相操作的断路器，常由于误操作或机械方面的原因是三相不能同时合闸或跳闸，或在正常运行中突然一相跳闸。在这种异常工况下，将在发电机中流过负序电流，如果单靠反应负序电流的反时限保护动作（对于联络变压器，要靠反应短路故障的后备保护动作），则会由于动作时间较长，而导致相邻线路对侧的保护动作，使故障范围扩大，甚至造成系统瓦解事故。因此，对于大型发变组，在 220kV 及以上电压侧为分相操作的断路器时，要求装设非全相运行保护。

非全相运行保护一般由灵敏的负序电流元件或零序电流元件和非全相判别回路组成，保护动作后跳开健全相。但如果由于操作机构故障或其他原因仍不能跳开开关，则对侧线路可能误动，同时负序电流对发电机也产生危害，因此，应启动断路器失灵保护，切断与本间隔相关的母线上其他间隔。

19. 汽轮机逆功率保护如何进行整定计算？

答：200MW 及以上发电机逆功率运行时，在 P-Q 平面上，如图 6-5 所示，设反向有功功率的最小值为 $P_{\min}=OA$。逆功率继电器的动作特性用一条平行于横轴的直线 1 表示。其动作判据为

$$P \leqslant -P_{op}$$

式中：P 为发电机有功功率，输出有功功率为正，输入有功功率为负；P_{op} 为逆功率继电器的动作功率。

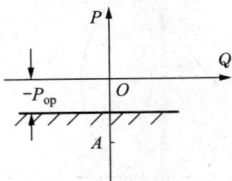

（1）动作功率 P_{op} 的计算公式为

$$P_{op} = K_{rel}(P_1 + P_2)$$

式中：K_{rel} 为可靠系数，取 $0.5 \sim 0.8$；P_1 为汽轮机在逆功率运行时的最小损耗，一般取额定功率的 $2\% \sim 4\%$；P_2 为发电机在逆功率运行时的最小损耗。

其中，一般取

$$P_2 \approx (1-\eta)P_{gn}$$

图 6-5

式中：η 为发电机效率；一般取 $98.6\% \sim 98.7\%$（分别对应 300MW 及 600MW 机）；P_{gn} 为发电机额定功率。

（2）动作时限。经主汽门触点时，延时 $1.0 \sim 1.5s$ 动作于解列。不经主汽门触点时，延时 15s 动作于信号。

根据汽轮机允许的逆功率运行时间，可动作于解列，一般取 $1 \sim 3min$。

在过负荷、过励磁、失磁等异常运行方式下，用于程序跳闸的逆功率继电器作为闭锁元件，其定值一般整定为 $(1 \sim 3)\%P_{gn}$。

20. 某发电机装有纵联差动保护、纵向基波零序电压（来自专用 TV）匝间短路保护、

基波零序电压和三次谐波电压定子一点接地等保护。运行中首先三次谐波电压定子一点接地保护发出动作信号，在发电机继续运行排查事故中又发生了发电机纵联差动保护和纵向基波零序电压匝间短路保护动作跳闸。后检查发现 U 相绕组有单相接地短路，分析事故和保护动作的原因。

答：因为发电机是小电流接地系统，所以单纯的定子绕组一点接地不会造成纵差保护和纵向基波零序电压保护动作。造成这两种保护动作原因可能有两个：

（1）定子绕组不同相出现了两点接地故障。

（2）专用 TV 与发电机中性点连线接地，同时又有定子绕组一点接地故障。

运行中首先三次谐波电压定子一点接地保护发出信号，说明发电机中性点附近可能出现了接地故障，这实际上是专用 TV 中性点与发电机中性点连线出现了接地，这样发电机就变成了大电流接地系统。因此再出现定子绕组一点接地故障时，纵差保护和纵向基波零序电压保护都会动作。

21. 一次风机电动机额定容量 $P_N=1800\text{kW}$，额定电压 $U_N=6\text{kV}$，额定功率因数为 0.8，电动机起动电流倍数 $K_{st}=7$，6kV 母线短路时电动机反馈 $K_{fb}=6$ 倍额定电流，电流互感器 TA 变比为 300/5A。高压厂变额定容量 $S_N=28\text{MVA}$，变比：$20\pm2\times2.5\%/6.3\text{kV}$，短路电压：10.5%，接线：Dyn1，高压厂变接无穷大系统，试计算电动机综合保护电流速断（有高低值）整定值并核算灵敏度。

答：（1）一次风机电动机额定二次电流计算。

$$I_{min}=\frac{P_N}{\eta\cos\varphi\sqrt{3}U_N K_{TA}}=\frac{1800}{0.8\times\sqrt{3}\times6\times60}=3.6(\text{A})$$

（2）电流速断高定值按躲过电动机启动电流计算。

$$I_{hop}=K_{rel}\times K_{st}\times I_{mn}=1.5\times7\times3.6=37.8(\text{A})$$

（3）电流速断低定值按躲过电动机自启动和相邻设备三相短路时的反馈电流计算。

$$I_{lop}=K_{rel}\times K_{fb}\times I_{mn}=1.3\times6\times3.6=28(\text{A})$$

（4）动作时间取 $t_{op}=0\text{s}$。

（5）电动机出口三相短路电流二次值计算。

$$I_k^{(3)}=\frac{28000}{\sqrt{3}\times6.3\times0.105\times60}=407(\text{A})$$

（6）电动机出口两相短路灵敏度计算。

$$K_{sen}^{(2)}=0.866\times\frac{407}{37.8}=9.4$$

22. 发电机额定容量 $P_N=300\text{MW}$，功率因数 $\cos\varphi=0.85$，额定电压 $U_N=20\text{kV}$，X_d''（饱和值）=16%；主变压器 $S_N=360\text{MVA}$，联接组别：YNd11，短路电压 $u_k=15\%$，变比：$236\pm2\times2.5\%/20\text{kV}$。发电机组装设单元件横差动保护，横差电流互感器 TA0 变比为 1000/5A，发电机变压器组变压器高压侧三相短路试验时在发电机额定电流时测得横差不平衡电流基波值为 0.52A，已知单元件横差动保护三次谐波滤过比大于 80，试计算发电机高灵敏单元件横差动保护整定值。

答：（1）主变压器高压侧三相短路时发电机电流计算。

以发电机额定容量为基准时变压器的阻抗 $X_t=0.15\times353/360=0.147$，主变压器高压侧三相短路时发电机电流为

$$I_K^{(3)}=\frac{I_{G.N}}{X_d''+X_d}=\frac{I_{G.N}}{0.16+0.147}=3.36I_{G.N}$$

（2）由线性外推法计算主变压器高压侧三相短路时最大横差不平衡电流基波值为

$$\Delta I_{max}=3.36\times0.52=1.75(A)$$

（3）高灵敏单元件横差动保护整定值按躲过主变压器高压侧三相短路时最大横差不平衡电流基波值计算 $I_{dop}=K_{rel}\times\Delta I_{max}=2\times1.75=3.5A$。

（4）动作时间整定值取 $0\sim0.2s$，一般取 $0s$。

23. 发电机额定容量 $P_N=600MW$，功率因数 $\cos\varphi=0.9$，额定电压 $U_N=20kV$，$X_d=215.5\%$，X_d'（饱和值）$=26.5\%$，发电机 TA：25000/5A，TV $\frac{20}{\sqrt{3}}\Big/\frac{0.1}{\sqrt{3}}\Big/\frac{0.1}{3}$。试计算发电机以机端低电压与异步边界阻抗圆为判据的失磁保护整定值。

答：（1）额定参数计算：发电机额定一次电流

$$I_{GH}=\frac{P_N}{\sqrt{3}\cos\varphi_n U_N}=\frac{600\times10^3}{\sqrt{3}\times0.9\times20}=19246(A)$$

发电机额定二次电流

$$I_{gn}=\frac{19246}{5000}=3.85(A),TV:\frac{20}{\sqrt{3}}\Big/\frac{0.1}{\sqrt{3}}\Big/\frac{0.1}{3}$$

发电机额定二次电压

$$U_{gn}=100(V)$$

发电机基准额定二次阻抗

$$Z_{gn}=\frac{U_{gn}}{\sqrt{3}I_{gn}}=\frac{100}{\sqrt{3}\times3.85}=15(\Omega)$$

（2）机端低电压动作电压计算 $U_{op}=(0.85\sim0.9)U_{gn}=85\sim90$（V），一般取 85V。

（3）异步边界阻抗圆计算原则 1。

$$X_A=-0.5X_d'=0.5\times0.265\times15=-2\Omega,X_B=-(0.5X_d'+X_d)$$
$$=-2-2.155\times15=-34.25(\Omega)$$

圆心坐标 $\Big[0,j\frac{X_A+X_B}{2}=j0.5(X_d'+X_d)=-j18\Omega\Big]$即（0，$-j18\Omega$）

异步边界阻抗圆半径 $R=0.5X_d=0.5\times2.155\times15=16.16$（$\Omega$）

（4）异步边界阻抗圆计算原则 2。

$$X_A=-0.5X_d'=-0.5\times0.265\times15=-2(\Omega),\quad X_B=-X_d=-2.155\times15=-32.3(\Omega)$$

圆心坐标 $\Big[0,j\frac{X_A+X_B}{2}=j0.5(X_d'+X_d)=-j17.15\Omega\Big]$即（0，$-j17.15\Omega$）

24. 发电机额定容量 $P_N=600MW$，功率因数 $\cos\varphi=0.9$，额定电压 $U_N=20kV$，X_d''（饱和值）$=20.5\%$，发电机 TA：25000/5A，制造厂给定发电机过负荷能力为当定子电流过载16%时允许时间为120s，主变压器 $S_N=720MVA$，联接组别：YNd11，短路电压 $u_k=17.96\%$，变比：525±2×2.5%/20kV，试计算发电机定子电流反时限过负荷保护的全部整定值。

答:（1）额定参数计算。

发电机额定一次电流

$$I_{GN} = \frac{P_N}{\sqrt{3}\cos\varphi_n U_N} = \frac{600 \times 10^3}{\sqrt{3} \times 0.9 \times 20} = 19246(A)$$

发电机额定二次电流

$$I_{gn} = \frac{19246}{5000} = 3.85(A)$$

（2）反时限报警动作电流整定值计算。

$$I_{op} = \frac{K_{rel}}{K_{re}} \times I_{gn} = \frac{1.05}{0.95} \times 3.85 = 4.25(A)$$

动作时间取 5s，动作于信号。

（3）反时限下限动作电流（反时限起动电流）整定值计算。

$$I_{op \cdot dow} = K_{rel} \times I_{op} = 1.05 \times 4.25 = 4.46(A)$$

因为发电机过负荷能力为当定子电流过载16%时允许时间为120s，则定子发热时间常数整定值为

$$K_2 = K_{rel} \times (I^{*2} - 1) \times t_{al} = (0.9 \sim 1) \times (1.16^2 - 1) \times 120$$
$$= (0.9 \sim 1) \times 41.5 = 37.5 \sim 41.5s$$

一般取 $K_2 = 37.5s$，定子散热时间常数整定值 $K_1 = 1$，动作方程 $(I^{*2} - 1)t_{op} = K_2$

（4）反时限下限动作时间。$t_{op \cdot dow} = \dfrac{37.5}{(4.46/3.85)^2 - 1} = 109$（s）

（5）反时限上限动作电流整定值计算。

阻抗归算 $X''_d = 0.205 \times 1000/667 = 0.307$

$$X_t = 0.1796 \times 1000/720 = 0.25$$

主变压器高压侧三相短路电流计算式为

$$I_K^{(3)} = \frac{1000 \times 10^3}{\sqrt{3} \times 20 \times (0.307 + 0.25)} = 51828(A)$$

$$I_K^{(3)} = \frac{51828}{5000} = 10.37(A)$$

反时限上限动作电流按躲过主变压器高压侧三相短路电流计算式为

$$I_{op \cdot up} = 1.3 \times 10.37 = 13.5(A)$$

（6）反时限上限动作时间，按和出线快速保护配合计算 $t_{op \cdot up} = 0.3 \sim 0.5s$，取 $t_{op \cdot up} = 0.4s$。

异步边界阻抗圆半径 $R = 0.5\left|\dfrac{X_B - X_A}{2}\right| = 0.5 \times 30.3 = 15.15$（Ω）

（7）动作时间整定值 $t_{op} = 0.5s$。

25. 工作低压厂变额定容量 $S_N = 1600kVA$，额定电压变比：$6.3 \pm 2 \times 2.5\%/0.4kV$，$u_k = 6\%$电流互感器 TA 变比为 300/5A，高压厂变额定容量 $S_N = 28MVA$，变比：$20 \pm 2 \times 2.5\%/6.3kV$，短路电压 $u_k = 10.5\%$，接线：Dyn1，高压厂变接无穷大系统，试计算低压厂变综合保护电流速断整定值并核算灵敏度。

答:（1）工作低压厂变低压母线三相短路电流计算。

高压厂变归算阻抗

$$X_T = 0.105 \times 100/28 = 0.375$$

低压厂变归算阻抗

$$X_t = 0.06 \times 100/1.6 = 3.75$$

基准电流

$$I_{bs} = \frac{100}{\sqrt{3} \times 6.3} = 9160(A)$$

低压母线三相短路电流二次值为

$$I_k^{(3)} = \frac{9160}{(0.375 + 3.75) \times 60} = 37(A)$$

（2）电流速断整定值按躲过低压母线三相短路电流计算式为

$$I_{op} = 1.3 \times 37 = 48(A)$$

（3）动作时间取 $t_{op} = 0s$。

（4）工作低压厂变高压出口三相短路电流计算式为

$$I_k^{(3)} = \frac{28000}{\sqrt{3} \times 6.3 \times 0.105 \times 60} = 407(A)$$

（5）工作低压厂变高压出口两相短路灵敏度计算式为

$$K_{sen}^{(2)} = 0.866 \times \frac{407}{48} = 7.3$$

26. 发电机额定容量 $P_N = 600MW$，功率因数 $\cos\varphi = 0.9$，额定电压 $U_N = 20kV$，$X_d = 215.5\%$，X_d'（饱和值）$= 26.5\%$，X_d''（饱和值）$= 20.5\%$，发电机 TA：25000/5A，制造厂给定发电机长期允许的负序电流为 8%，负序电流发热时间常数 $A = 8s$ 主变压器 $S_N = 720MVA$，联接组别：YNd11，短路电压 $u_k = 17.96\%$，变比：$525 \pm 2 \times 2.5\%/20kV$ 试计算发电机转子表层负序电流反时限保护的全部整定值。

答：（1）额定参数计算：发电机额定一次电流 $I_{GN} = 19246$（A），发电机额定二次电流 $I_{gn} = 3.85$（A）。

（2）反时限报警，定时限动作电流 $I_{2op} = \frac{1.05}{0.95} \times 0.08 \times 3.85 = 0.34$（A），动作时间取 5s，动作信号。

（3）反时限下限动作电流（反时限起动电流）为

$$I_{2.op.dow} = 1.05 \times 0.34 = 0.36(A)$$

负序电流发热时间常数 $A = 8s$，负序电流发热时间常数整定值 $A = 8s$。

（4）反时限下限动作时间，动作方程为

$$(I_2^{*2} - 0.08^2) t_{2.op} = A = 8$$

$$t_{2.op.dow} = \frac{8}{(0.36/3.85)^2 - 0.0064} = 3410(s)$$

或动作方程为

$$I_2^{*2} t_{2op} = A = 8$$

$$t_{2.op.dow} = \frac{8}{(0.36/3.85)^2} = 915 \text{（s）} \left[\text{一般取 } t_{2.op.dow} = 1000 \text{（s）} \right]$$

（5）反时限上限动作电流，主变压器高压侧二相短路负序电流计算。

阻抗归算 $X''_d = 0.205 \times 1000/667 = 0.307$，$X_t = 0.1796 \times 1000/720 = 0.25$

$$I_K^{(2)} = \frac{\sqrt{3}}{2} \times \frac{1000 \times 10^3}{\sqrt{3} \times 20 \times (0.307 + 0.25)} = 44883(A)$$

$$I_{k2}^{(2)} = \frac{44883}{\sqrt{3} \times 5000} = 5.18(A)$$

反时限上限动作电流按躲过主变压器高压侧二相短路负序电流计算

$$I_{2.op.up} = 1.3 \times 5.18 = 6.73(A)$$

（6）反时限上限动作时间，按和出线快速保护配合计算

$$t_{2.op.up} = 0.3 \sim 0.5(s)$$

取 $t_{2.op.up} = 0.4s$。

27. 发电机额定容量 $P_N = 600MW$，功率因数 $\cos\varphi = 0.9$，额定电压 $U_N = 20kV$，$X_d = 215.5\%$，X'_d（饱和值）$=26.5\%$，X''_d（饱和值）$=20.5\%$，系统阻抗标幺值 $X_s = 0.05$（以 1000MVA 为基准），发电机 TA：25000/5A，TV：$\frac{20}{\sqrt{3}} \Big/ \frac{0.1}{\sqrt{3}} \Big/ \frac{0.1}{3}$，主变压器 $S_N = 720MVA$，连接组别：YNd11，短路电压 $u_k = 17.96\%$，变比：$525 \pm 2 \times 2.5\%/20kV$，试计算发电机三元件失步保护的全部整定值。

答：（1）额定参数计算：发电机额定一次电流 $I_{GN} = 19246A$，发电机额定二次电流 $I_{gn} = 3.85A$。

（2）阻抗归算

$$X''_d = 0.205 \times 1000/667 = 0.307, X'_d = 0.265 \times 1000/667 = 0.397$$

$$X_t = 0.1796 \times 1000/720 = 0.25, X_s = 0.05 \times 667/1000 = 0.0335$$

$$I_{bs} = \frac{1000 \times 10^3}{\sqrt{3} \times 20 \times 5000} = 5.7736(A)$$

$$Z_{bs} = \frac{100}{\sqrt{3} \times 5.7737} = 10(\Omega)$$

（3）透镜圆第 1 象限最远点计算

$$X_A = X_S + X_t = j(0.05 + 0.25) \times 10 = j3(\Omega)$$

或 $X_A = X_S + X_t = j(0.0335 + 0.16638) \times 15 = j3$（$\Omega$）

（4）透镜圆第 III 象限最远点计算

$$X_B = X'_d = -j0.265 \times 15 = -j4(\Omega)$$

（5）取遮挡线 Z_2 的倾斜角 $\varphi = \varphi_S = 90°$。

（6）阻抗线动作阻抗整定值 $Z_C = 0.9$，$X_t = 0.9 \times j0.25 \times 10 = j2.25$（$\Omega$）。

（7）透镜内角整定值为

$$\delta_{set} = 180° - 2\arctan\frac{2Z_r}{X_A - X_B} = 180° - 2\arctan\frac{1.54R_{L.min}}{X_S + X_t + X'_d}$$

$$= 180° - 2\arctan\frac{1.54 \times 0.9}{0.0335 + 0.16638 + 0.265} = 180° - 2 \times 71.46° = 37°$$

取 $\delta_{set} = 90°$，所以失步保护透镜实际是圆心在 j_X 轴上的圆。

（8）最小负荷阻抗有名值 $R_{\text{L min}} = \cos\varphi \times Z_{\text{gn}} = 0.9 \times 15 = 13.5$（Ω）

（9）透镜圆和 R 轴的交点电阻值为 $R_0 = \left| \dfrac{X_A - X_B}{2} \right| = \left| \dfrac{3 - (-4)}{2} \right| = 3.5$（Ω），

因为 $R_{\text{L min}} \gg R_0$，所以发电机正常运行时远离透镜圆。

（10）跳闸允许电流计算。按 500kV 断路器允许遮断电流 $I_{\text{brk}} = 50$kA 计算，并尽可能考虑有足够的余度，$I_{\text{off.al}} = 0.5 \times 50000 \times \dfrac{500}{20 \times 5000} = 125$A 或按主变高压侧三相短路电流值整定，$I_k^{(3)} = \dfrac{5.77}{0.397 + 0.25} = 8.9$A，取 $I_{\text{off.al}} = 8$A，失步保护自动选择振荡电流变小时作用于跳闸。

（11）滑极次数 N_0 的整定计算，取 $N_0 = 2$ 次。

28. 低压厂变额定容量 $S_N = 1600$kVA，额定电压变比：$6.3 \pm 2 \times 2.5\%/0.4$kV，短路电压 $u_k = 6\%$，电流互感器 TA 变比为 300/5A，高压厂变额定容量 $S_N = 28$MVA，变比：$(20 \pm 2 \times 2.5\%/6.3)$ kV，短路电压：$u_k = 10.5\%$，接线：Dyn1，高压厂变接无穷大系统，可能参与自启动的低压电动机的总容量为 1250kW。试计算低压厂变综合保护定时限过电流整定值并核算灵敏度。

答：（1）以高厂变高压侧为基准，其基准电流为

$$I_b = \frac{28000}{\sqrt{3} \times 20} = 808 \text{（A）}$$

低压电机自起动电流倍数按 4 倍考虑，电机自起动电流为

$$I_{st} = \frac{808}{0.105 + 0.06 \times \dfrac{28}{1.6} + \dfrac{28}{4 \times 1.25}} = 120 \text{（A）}$$

（2）定时限过电流动作电流按躲过电动机自起动电流计算。

$$I_{op} = \frac{1.15 \times 120}{60} = 2.3 \text{（A）}$$

（3）与低厂变的低压出线定时限过流保护最长动作时间相配合，设最长动作时间为 0.7s，则本保护动作时间为

$$t_{op} = 0.7 + 0.3 = 1.0 \text{（s）}$$

（4）低压厂变低压母线三相短路电流

$$I_{st} = \frac{808}{0.105 + 0.06 \times \dfrac{28}{1.6}} = 700 \text{（A）}$$

低压厂变低压母线短路时的灵敏度

$$K_{\text{sen}}^{(3)} = \frac{I_K^{(3)}}{I_{op}} = \frac{700}{2.3 \times 60} = 5.1$$

29. 大型发电机失磁保护，在什么情况下采用异步边界阻抗圆？又在什么情况下采用静稳极限阻抗圆？说明理由。

答：对于按异步边界整定的阻抗继电器，当失磁前发电机有功功率较大时，等有功阻抗圆有可能不与异步边界圆相交，只有在发电机进入异步运行，机端测量阻抗离开等有功阻抗圆后才表现为异步阻抗，异步边界阻抗继电器才会动作，因此保护动作较晚。有可能对侧系

统的后备保护因失磁引起过电流而先期误动作,造成系统的混乱。联系电抗与失磁前的有关负荷越大,等有功阻抗圆不与异步边界圆相交的可能性越大。因为异步边界圆呈容性,离第一、第二象限较远,所以对非失磁的异常工况误动可能性较小,使失磁保护比较简单,常常被用于位于负荷中心的、容量不大的电厂。

对于静稳极限圆,发电机失磁后总是先抵达静稳极限然后转入异步运行,所以静稳极限圆的动作区总是大于异步边界圆,静稳极限继电器总是先于异步边界继电器动作,但同时带来在非失磁情况下容易发生误动的弊病,为克服这一缺点去增加防误动的各种判据,增加了保护的复杂性,当远离负荷中心并且单机容量较大时一般采用静稳极限阻抗圆。

30. 高压厂变额定容量 $S_N = 28MVA$,变比:$20 \pm 2 \times 2.5\%/6.3kV$,短路电压 $u_k = 10.5\%$,接线:Yyn1,高压厂变系统阻抗标幺值 $X_S = 0.005$(以 100MW 为基准),6.3kV 母线接有可能参与自起动的高压电动机的总容量为 20MVA。参与自起动的低压电动机的总容量为 2500kVA。6.3kV 母线出线 FC 回路高压熔断器最大额定电流为 200A,出线 0 秒动作的快速保护最大动作电流为 4000A。试计算高压厂变 6.3kV 分支低电压闭锁过电流保护整定值并核算灵敏度。

答:(1)高低压电动机起动电流和电压计算,高压厂变标么阻抗为
$$X_T = 0.105 \times 100/28 = 0.375$$

高压电动机起动电流倍数平均按 5 倍计算,低压电动机起动电流倍数考虑低压厂变阻抗后平均按 3.5 倍计算,高低压电动机起动电流计算

$$I_{st\Sigma} = \frac{9160}{0.005 + 0.375 + \left(\frac{1}{5} \times \frac{100}{20} // \frac{1}{3.5} \times \frac{100}{2.5}\right)}$$

$$= \frac{9160}{0.38 + (1 // 11.43)} = \frac{9160}{0.38 + 0.92} = 7046(A)$$

高低压电动机起动母线残压计算

$$U_{rem} = \frac{0.92}{0.38 + 0.92} = 0.708$$

(2)6.3kV 分支低电压闭锁过电流保护低电压元件按躲过电动机起动母线残压计算,即

$$U_{op}^* = \frac{0.708}{1.15} = 0.615$$

$$U_{op} = 0.615 \times 105 = 64.3(V) \quad (取 63V)$$

(3)过电流元件按和 0s 保护配合计算
$$I_{oP} = 1.15 \times 4000 = 4300(A)$$

(4)过电流元件按和母线出线 FC 回路高压熔断器最大额定电流 200A 瞬时熔断电流 4000A 时熔断时间约 0.06s 配合计算 $I_{oP} = 1.15 \times 4000 = 4300A$。

(5)按电压元件末端故障有足够灵敏度计算,电压元件保护范围计算。

$$X_{K.u} = \frac{U_{op}^*(X_S + X_T)}{1 - U_{op}^*} = \frac{0.6(0.005 + 0.375)}{1 - 0.6} = 0.57$$

电压元件末端故障电流计算

$$I_K^{(3)} = \frac{9160}{0.38 + 0.57} = 9642(A)$$

动作电流

$$I_{oP} = 0.866 \times 9640/1.5 = 5560(A) \quad （取 6000A）$$

（6）电流元件动作电流和下级快速保护配合时，动作时间和下级快速时间配合计算
动作时间

$$t_{op} = 0.4 （s）$$

第七章
安全自动装置

一、选择题

1. 一变电站备用电源自投装置（BZT）在工作母线有电压且断路器未跳开的情况下将备用电源合上了，检查 BZT 装置一切正常，则外部设备和回路的主要问题是（ A ）。

    A. 工作母线电压回路故障和判断工作断路器位置的回路不正确

    B. 备用电源系统失去电压

    C. 工作母联断路器瞬时低电压

    D. 失去直流电源

2. 下列哪一项不是自动投入装置应符合的要求？（ B ）

    A. 在工作电源或设备断开后，才投入备用电源或设备

    B. 自动投入装置必须采用母线残压闭锁的切换方式

    C. 工作电源或设备上的电压，不论因什么原因消失，自投装置均应动作

    D. 自动投入装置应保证只动作一次

3. 下列哪一项是提高继电保护装置的可靠性所采用的措施？（ A ）

    A. 双重化   B. 自动重合

    C. 重合闸后加速   D. 备自投

4. 备自投装置在两段母线同时失压的情况下，放电时间不小于（ C ）。

    A. 3s   B. 5s   C. 15s   D. 10s

5. 低频减载装置定检应做（ A ）试验。

    A. 低压闭锁回路检查   B. 负荷特性检查

    C. 功角特性检查   D. 以上说法均不正确

6. 停用低频减载装置时应先停（ B ）。

    A. 电压回路   B. 直流回路   C. 信号回路   D. 保护回路

7. 电网低频率运行的原因是用电负荷大于发电能力，此时只能用（ A ）的方法才能恢复原来的频率。

    A. 拉闸限电   B. 系统停电   C. 继续供电   D. 线路检修

8. 对系统低频率事故处理的方法中，不正确的是（ D ）。

    A. 调出旋转备用   B. 迅速启动备用机组

    C. 联网系统的事故支援   D. 投入部分电容器或电抗器

9. 并列运行的发电机之间，在小干扰下发生的频率在（ A ）Hz 范围内的持续振荡现象叫低频振荡。

A. 0.2～2.5　　　　B. 2.5～5　　　　C. 0.2～0.5　　　　D. 1.5～2.5

10. 远距离、弱联系、重负荷线路易发生（ C ）现象。

A. 自励磁　　　　B. 次同步振荡　　　　C. 低频振荡　　　　D. 工频过电压

11. 自动低频减负荷的顺序，应按（ B ）进行安排。

A. 负荷的大小　　　　　　　　B. 负荷的重要性

C. 变电站各路负荷平均　　　　D. 负荷的性质

12. 切机、切负荷、振荡解列、低频低压解列等安全自动装置非计划停用时间超过（ A ）构成一般电网事故。

A. 240h　　　　B. 48h　　　　C. 480h　　　　D. 24h

13. 当系统有 n 台发电机时，有（ C ）个低频振荡模式。

A. n　　　　B. $n+1$　　　　C. $n-1$　　　　D. $n+2$

14. "分层、分区、就地平衡"原则，是（ B ）的原则。

A. 电网有功平衡　　　　　　　B. 电网无功补偿

C. 低频减载配置　　　　　　　D. 低压减载配置

15. 电力设备和电网的保护装置，除了预先规定的外，都不允许因（ B ）引起误动作。

A. 低电压　　　　B. 系统振荡　　　　C 低频率　　　　D. 备自投装置

16. 在系统频率恢复至（ D ）以上时，可经上级调度同意恢复对拉闸和自动低频减负荷装置动作跳闸线路的送电。

A. 48.8Hz　　　　B. 49.0Hz　　　　C. 49.1Hz　　　　D. 49.8Hz

17. 在自动低频减负荷装置切除负荷后，（ A ）使用备用电源自动投入装置将所切除的负荷送出。

A. 不允许　　　　B. 允许　　　　C. 可以分开　　　　D. 不必分开

18. 自动低频减负荷装置动作后，应使运行系统稳态频率恢复到不低于（ D ）Hz。

A. 48　　　　B. 48.5　　　　C. 49.0　　　　D. 49.5

19. 为了解决与系统联系薄弱地区的正常受电问题，在主要变电站安装（ A ），当小地区故障与主系统失去联系时，该装置动作切除部分负荷，以保证区域发供电的平衡，也可以保证当一回联络线掉闸时，其他联络线不过负荷。

A. 切负荷装置　　　　　　　　B. 大小电流联切装置

C. 自动低频减负荷装置　　　　D. 切机装置

20. 电力系统的自动低频减负荷方案，应由（ A ）负责制定并监督其执行。

A. 系统调度部门　　　　　　　B. 生产管理部门

C. 检修部门　　　　　　　　　D. 运行部门

21. 正常运行情况下，低频解列点应是平衡点或基本平衡点，以保证在解列后小电源侧的（ A ）能够基本平衡。

A. 有功功率　　　　　　　　　B. 无功功率

C. 有功功率和无功功率　　　　D. 电流

22. 220kV 线路过载联切装置的电流回路宜从（A）后级接入，与线路保护共用一组 TA 绕组次级。

  A. 线路保护 B. 母差保护 C. 故障录波器 D. 测控装置

23. 根据《继电保护和安全自动装置技术规程》，下列哪种情况不需要装设备用电源自动投入装置？（D）

  A. 装有备用电源的发电厂厂用电源和变电所所用电源

  B. 降压变电站内有备用变压器或有互为备用的母线段

  C. 有双电源供电，其中一个电源经常断开作为备用电源的变电站

  D. 以环网方式运行的配电网

24. 下列对备自投基本要求的描述，哪一条是不正确的？（D）

  A. 应保证在工作电源和设备断开后，才投入备用电源或备用设备

  B. 工作母线和设备上的电压不论何种原因消失时备自投装置均应启动

  C. 备自投应保证只动作一次

  D. 若工作电源和备用电源同事消失备自投要动作

25. 下列负荷消耗的有功功率和频率无关的有（A）。

  A. 整流器负荷 B. 碎煤机 C. 卷扬机 D. 水泵

26. 下列对自动按频率减负荷的描述，不正确的是（C）。

  A. 电力系统发生低频振荡时，不应误动

  B. 电力系统受谐波干扰时，不应误动

  C. 切除负荷应尽量少，以达到超调和悬停

  D. 切除负荷应依据系统合理选择

27. 某系统的负荷总功率 $P_L=5000MW$，系统最大功率缺额为 $\Delta P_{max}=1200MW$，负荷调节效应系数为 $K_L^*=2$，自动低频减载装置动作后，希望系统恢复频率为 $f_h=48Hz$，低频减载装置的功率总数 ΔP_{Lmax}（A）。

  A. 870MW B. 1200MW C. 1000MW D. 800MW

28. 低频减载第一级启动频率一般为（A）。

  A. 48.5～49Hz   B. 49～49.5Hz

  C. 48Hz   D. 45Hz

29. 低频减载末级启动频率一般为（A）。

  A. 不低于 46～46.5Hz 为宜   B. 低于 45Hz

  C. 不低于 47Hz   D. 不低于 48Hz

30. 数字式频率继电器系统中，低频减载频率级差一般为（A）。

  A. 0.3～0.2Hz B. 0.1～0.2Hz C. 0.5Hz 左右 D. 0.1Hz 左右

31. 电力系统的运行状态可以分成正常状态和异常状态，下列属于正常状态的有（C）。

  A. 紧急状态 B. 恢复状态 C. 警戒状态 D. 解列状态

32. 电力系统发生短路等事故时，首先应由（A）动作切除故障。

  A. 继电保护

  B. 电力系统紧急控制装置

    C. 依情况可由继电保护或紧急控制装置

    D. 电力系统自动装置

33. 故障动态过程记录的特点是（B）。

    A. 采样速度高，一般采样频率不小于 5kHz；全程记录时间短

    B. 采样速度允许较低，记录时间长

    C. 采样速度低（数秒一次），全过程时间长

    D. 采用速度高，全程记录时间长

34. 故障解列装置与（B）故障类型配合使用。

    A. 相间故障   B. 瞬时性故障   C. 永久性故障   D. 接地故障

35. 失压解列装置与（C）故障类型配合使用。

    A. 相间故障   B. 瞬时性故障   C. 永久性故障   D. 接地故障

36. 110kV 完整内桥变电站高、低压侧均装设备用电源自投装置，装设 10kV 母分备自投装置的目的是为了（B）。

    A. 110kV 进线电源侧保护后加速动作

    B. 主变压器内部故障时差动保护或非电量保护动作

    C. 110kV 进线电源侧保护距离Ⅱ段保护动作

    D. 主变压器低压侧后备保护动作

37. 110kV 完整内桥变电所高、低压侧均装设备用电源自投装置，装设高压侧备自投装置的目的是为了（A）。

    A. 110kV 进线电源侧保护后加速动作或重合不成功

    B. 110kV 进线电源侧保护距离Ⅲ段保护动作

    C. 110kV 进线电源侧保护距离Ⅱ段保护动作

    D. 110kV 进线电源侧保护零序过流保护动作

38. 某 110kV 终端变电站的低压侧接入比较多的小电源，总容量达到 23MVA，此时必须在该终端变电站的高压母线上安装什么装置？（B）

    A. 低频减载装置   B. 故障解列装置

    C. 过载解列装置   D. 高频解列装置

39. 备用电源自投装置延时放电的条件是（B）。

    A. 运行母线三相无压   B. 主供电源与备用电源同时失压

    C. 运行开关合闸位置   D. 热备用开关 TWJ 变 0

40. 有两个以上的电源供电，工作方式为一个为主供电源，另一个为备用电源，此种备用方式称为（A）。

    A. 明备用   B. 暗备用   C. 进线备用   D. 母线备用

41. 有两个以上的电源供电，两个电源各自带部分负荷，互为备用，此种备用方式称为（B）。

    A. 明备用   B. 暗备用   C. 进线备用   D. 母线备用

42. 下列哪种方法可以实现工作电源和设备断开后，才投入备用电源或备用设备？（A）

    A. 备用电源和设备的断路器合闸部分应由供电元件受电侧断路器的常闭辅助触点

起动

  B. 备自投装置应有独立的低电压起动部分

  C. 控制备用电源或设备断路器的合闸脉冲，使之只动作一次

  D. 备自投装置设有备用母线电压监视继电器

43. 下列哪种方法可以实现工作母线和设备上的电压不论何种原因消失时备自投装置均应起动？（B）

  A. 备用电源和设备的断路器合闸部分应由供电元件受电侧断路器的常闭辅助触点起动

  B. 备自投装置应有独立的低电压起动部分

  C. 控制备用电源或设备断路器的合闸脉冲，使之只动作一次

  D. 备自投装置设有备用母线电压监视继电器

44. 下列哪种方法可以实现备自投装置只会动作一次？（C）

  A. 备用电源和设备的断路器合闸部分应由供电元件受电侧断路器的常闭辅助触点起动

  B. 备自投装置应有独立的低电压起动部分

  C. 控制备用电源或设备断路器的合闸脉冲，使之只动作一次

  D. 备自投装置设有备用母线电压监视继电器

45. 下列哪种方法可以实现电力系统内部故障使工作电源和备用电源同时消失时，备自投装置不应动作？（D）

  A. 备用电源和设备的断路器合闸部分应由供电元件受电侧断路器的常闭辅助触点起动

  B. 备自投装置应有独立的低电压起动部分

  C. 控制备用电源或设备断路器的合闸脉冲，使之只动作一次

  D. 备自投装置设有备用母线电压监视继电器

46. 下列哪种表述是对备自投装置的动作时间以使负荷的停电时间尽可能短为原则的不正确理解？（A）

  A. 备自投不应延时动作

  B. 在有高压大电动机的情况下，备自投动作时间以 $1\sim1.5s$ 为宜

  C. 低压场合备自投动作时间可以为 $0.5s$

  D. 备自投动作应有一定延时

47. 下列哪种条件满足典型桥断路器备自投充电逻辑？（B）

  A. 逻辑"或"：线路一进线断路器合位，线路二进线断路器合位，桥断路器分位，Ⅰ母有压，Ⅱ母有压

  B. 逻辑"与"：线路一进线断路器合位，线路二进线断路器合位，桥断路器分位，Ⅰ母有压，Ⅱ母有压

  C. 逻辑"与"：线路一进线断路器合位，线路二进线断路器分位，桥断路器合位，Ⅰ母有压，Ⅱ母有压

  D. 逻辑"或"：线路一进线断路器合位，线路二进线断路器分位，桥断路器合位，

Ⅰ母有压，Ⅱ母有压

48. 下列哪种条件满足典型进线断路器备自投充电逻辑（"线路检有压"退出)？（ C ）

    A. 逻辑"或"：线路一进线断路器合位，线路二进线断路器合位，桥断路器分位，Ⅰ母有压，Ⅱ母有压

    B. 逻辑"与"：线路一进线断路器合位，线路二进线断路器合位，桥断路器分位，Ⅰ母有压，Ⅱ母有压

    C. 逻辑"与"：线路一进线断路器合位，线路二进线断路器分位，桥断路器合位，Ⅰ母有压，Ⅱ母有压

    D. 逻辑"或"：线路一进线断路器合位，线路二进线断路器分位，桥断路器合位，Ⅰ母有压，Ⅱ母有压

49. 下列表述正确的是（ A ）。

    A. 进线备自投是明备用方式   B. 进线备自投是暗备用方式

    C. 桥备自投是明备用方式   D. 以上均不正确

50. 下列哪种措施可以在系统有功功率严重不平衡时限制频率下降？（ C ）

    A. 动用系统中的旋转备用容量   B. 迅速启动备用机组

    C. 按频率自动减负荷   D. 以上均不正确

51. 下列描述不正确的是（ B ）。

    A. 频率下降会损坏汽轮机

    B. 频率下降电烙铁功率下降

    C. 频率下降异步电动机无功消耗增加

    D. 频率下降不影响白炽灯功率消耗

52. 下列哪种负荷的负荷调节效应系数为零？（ B ）

    A. 碎煤机   B. 照明   C. 通风泵   D. 异步电机

53. 利用电源断开后电压迅速下降来闭锁自动按频率减负荷装置称为（ B ）。

    A. 时限闭锁方式   B. 低电压带时限闭锁方式

    C. 低电流闭锁方式   D. 滑差闭锁方式

54. 电力系统已被解列成若干个局部系统，其中有些系统已经不能保证正常的向用户供电，但其他部分可以维持正常状态称为（ C ）。

    A. 安全状态   B. 警戒状态   C. 恢复状态   D. 稳定状态

55. 电力系统整体仍处于安全的范围内，但个别元件或地区的运行参数已临近安全范围的边缘，此时再有新的扰动将使系统进入紧急状态称为（ B ）。

    A. 安全状态   B. 警戒状态   C. 恢复状态   D. 稳定状态

56. 系统解列、再同步、频率和电压的紧急控制是电力系统安全稳定运行的（ C ）。

    A. 第一道防线   B. 第二道防线   C. 第三道防线   D. 第四道防线

57. 下列表述不正确的是（ A ）。

    A. 不同安全区的设备在接入到子站时，应用网络连接在一起

    B. 所有以 windows 为操作系统的设备自接入子站和数据网时要进行隔离，不可以直接接入

C. 采用嵌入式子站装置是比较好的抵抗计算机病毒攻击的方法

D. 以上均不正确

58. 目前 GPS 对时优先采用 （ C ）。

A. 脉冲对时方式

B. 串行口对时方式

C. IRIG-B 时钟码对时方式

D. 电缆对时

59. 系统大扰动开始前的状态数据，输出原始记录波形及有效值，记录时间应≥0.04s 是指故障录波 （ A ）。

A. A 时段

B. B 时段

C. C 时段

D. D 时段

60. 低频减负荷装置定检应做 （ AB ） 试验。

A. 低压闭锁回路检查

B. 滑差闭锁

C. 负荷特性检查

D. 功角特性检查

61. 电力系统低频运行的危害有 （ ABC ）。

A. 使系统内的发电机产生振动

B. 影响对用户的供电质量

C. 影响系统的经济运行

D. 增大线路上的损耗

62. 关于低频减载装置的叙述，正确的是 （ ABC ）。

A. 低频减载装置是防止系统频率崩溃的重要措施

B. 110kV 及以下电网低频减载装置属地调管辖，省调许可

C. 低频减载装置正常应投入，未经省调许可，不得擅自将装置停用

D. 低频减载装置所切负荷，无需征得所辖调度同意可恢复送电

63. 电力系统容易发生低频振荡的情况是 （ AC ）。

A. 弱联系、远距离、重负荷的输电线路上

B. 强联系、近距离的输电线路上

C. 在采用快速、高放大倍数的励磁系统上

D. 在采用慢速、低放大倍数的励磁系统上

64. 电力系统的动态稳定主要有 （ ABD ）。

A. 电力系统的低频振荡

B. 机电耦合的次同步振荡

C. 电力系统的频率调整

D. 同步电机的自激

65. 电网自动低频、低压减负荷方案中应指出 （ ABC ）。

A. 切负荷轮数

B. 每轮动作频率 （或电压）

C. 每轮各地区所切负荷数

D. 切除后的负荷总量

66. 低频、低压解列装置一般装设在系统中的地点有 （ ABCD ）。

A. 系统间的联络线

B. 地区系统中从主系统受电的终端变电站母线联络断路器

C. 地区电厂的高压侧母线联络断路器

D. 专门划作系统事故紧急启动电源、专带厂用电的发电机组母线联络断路器

67. 电网安全自动装置包括 （ AB ）。

A. 低频、低压解列装置

B. 振荡 （失步） 解列装置

C. 故障录波器装置

D. 线路纵差保护装置

68. 防止频率崩溃的措施有（ ABC ）。

    A. 保证足够的旋转备用   B. 水电机组低频自启动

    C. 采用低频率自动减负荷装置   D. 采用低压解列装置

69. 防止因恶性连锁反应或失去电源容量过多而引起受端系统崩溃的措施有（ BC ）。

    A. 受端系统无需备用电源容量

    B. 每一回送电线路的最大输送功率所占受端系统总负荷的比例不宜过大

    C. 送到不同方向的几回送电线路如在送端连在一起，必须具备事故时快速解列或切机等措施

    D. 受端系统不需安装低频减负荷装置

70. 电力系统实时动态监测系统主站应具备数据监测、分析基本功能应包括（ ABC ）。

    A. 监测电力系统的运行状态，并以数字、曲线或其他适当形式显示系统频率、节点电压、线路潮流和系统功角，应具有低频振荡的监测功能

    B. 对监测的数据进行统计、分析和输出

    C. 应有较为完善的电力系统分析软件，可利用动态数据进行离线或在线计算、分析（控制决策）。逐渐具备或完善电压稳定监测、频率特征分析、功率摇摆监测、动态扰动识别以及系统失稳预警等功能

71. 任何时候保持系统发供用电平衡是防止低频率事故的主要措施，因此在处理低频率事故时的主要方法有（ CD ）。

    A. 电容器就地进行无功补偿

    B. 投入电抗器运行

    C. 联网系统的事故支援

    D. 必要时切除负荷（按事先制定的事故拉电序位表执行）

72. 下列装置中属于安全自动装置的有（ CD ）。

    A. 失灵保护装置   B. 非全相保护装置

    C. 重合闸装置   D. 低频减载装置

73. 线路过负荷联切装置主要用于并联运行的两回、或多回线路中，其中一回或两回因事故跳闸引起其他运行线路过载，需要及时切除部分，常见的过载切负荷启动原理有（ AC ）。

    A. 功率突变量启动   B. 过负荷启动

    C. 过功率启动   D. 电流突变量

74. 安全自动装置的配置主要取决于（ ABC ）。

    A. 电力系统的电网结构   B. 设备承受能力

    C. 运行方式   D. 末端保护定值

75. 闭锁 110kV 降压变电站 10kV 母分开关备自投装置的保护有（ CD ）。

    A. 母差保护动作闭锁   B. 主变压器后备保护动作闭锁

    C. 主变压器差动保护动作闭锁   D. 主变压器非电量保护动作闭锁

76. 下列是录波器的基本功能的有（ ABC ）。

    A. 高速故障记录   B. 故障动态过程记录

    C. 长过程动态记录   D. 故障分析

77. 与传统录波器相比，微机故障录波器有什么优点？（ BCD ）

A. 完成时间、相角、瞬时值、有效值等测量

B. 谐波分析

C. 阻抗计算

D. 序分量计算

78. 备自投装置的充电条件有（ ABCD ）。

A. 运行母线三相有压　　　　　　　B. 备用母线或线路有压

C. 运行开关合闸位置　　　　　　　D. 热备用开关 TWJ 接点闭合

79. BZT 装置的瞬时放电条件有（ CD ）。

A. 运行母线三相有压　　　　　　　B. 备用母线或线路有压

C. 运行开关手分开入　　　　　　　D. 外部闭锁有开入

80. 备自投装置的发合闸脉冲的动作条件有（ ABC ）。

A. 运行母线三相无压　　　　　　　B. 主供电源线路或主变压器无流

C. 备用电源有压　　　　　　　　　D. 主供电源开关 TWJ 为 0

81. 故障解列装置的工作原理有（ BC ）。

A. 自产零序过电压解列　　　　　　B. 外加零序过电压解列

C. 母线相间电压低电压或门解列　　D. 母线相间电压低电压与门解列

82. 下列有关故障解列装置的描述正确的有（ ABC ）。

A. 线路发生 U 相瞬时性接地故障时动作

B. 线路发生 VW 相瞬时性相间故障时动作

C. 与线路电源侧开关的重合闸配合

D. 与备用电源自投装置配合

83. 故障解列装置接入外加零序电压的目的是（ ABD ）。

A. 零序过电压解列功能需要

B. 鉴别母线单相 TV 断线需要

C. 鉴别母线三相 TV 断线闭锁需要

D. 与自产零序电压进行比对

二、判断题

1. 为了使用户停电时间尽可能短，备用电源自动投入装置可以不带时限。　（×）

2. 当备自投装置动作时，如备用电源或设备投于故障，应有保护加速跳闸。　（√）

3. 备用电源自投装置应保证只动作一次。　（√）

4. 备用电源自投切除工作电源断路器必须经延时。　（√）

5. 当系统发生事故时，电压急剧下降期间低频减载装置可以动作。　（×）

6. 内桥接线母分热备用方式时，主变差动、非电量、高压侧后备（对应跳桥断路器时限）保护动作应闭锁桥备自投。　（√）

7. 对于线路（桥）开关备自投动作时间应小于母分备自投动作时间。　（√）

8. 对于单独备自投装置时间的整定要求：低压元件动作后延时跳开工作电源，其动作

时间宜大于本级线路负荷侧后备保护动作时间与线路重合闸时间之和。　　　　（ × ）

9. 主变压器保护中除差动保护动作外，其他保护动作均应闭锁备自投装置。　（ × ）

10. 对于终端站具有小水电或自备发电机的线路，当主供电源线路故障时，为保证主供电源能重合成功，应将其解列。　　　　　　　　　　　　　　　　（ √ ）

11. 解列点上的距离保护不应经振荡闭锁控制。　　　　　　　　　　　　　（ √ ）

12. 工频变化量阻抗继电器不反应系统振荡，但却可能在其他解列点在系统振荡解列时误动。　　　　　　　　　　　　　　　　　　　　　　　　　　　　（ × ）

13. 当电力系统发生严重的低频事故时，为迅速使电网恢复正常，低频减负荷装置在达到动作值后，可以不经时限立即动作，快速切除负荷。　　　　　　　　　（ × ）

14. 自动低频减载装置动作反应的是所接母线的频率瞬时值。　　　　　　（ × ）

15. 自动低频减负荷装置的数量需随系统电源投产容量的增加而相应地增加。（ √ ）

16. 按频率自动减负荷装置中电流闭锁元件的作用是防止电流反馈造成低频率误动。（ √ ）

17. 自动低频减载装置切除的负荷总数量应小于系统中实际可能发生的最大功率缺额。　　　　　　　　　　　　　　　　　　　　　　　　　　　　　　（ √ ）

18. 低频减载装置正常应投入运行，未经省调批准不得擅自将低频减载装置停用或变更所控开关。　　　　　　　　　　　　　　　　　　　　　　　　　　　（ √ ）

19. 低频减载装置是一种当系统出现有功功率缺额引起频率下降时，根据频率下降程度，自动断开一部分不重要的用户，阻止频率下降的装置。　　　　　　　（ √ ）

20. 自动低频减负荷装置动作所切除的负荷可以被自动重合闸再次投入。　（ × ）

21. 涉及电网安全自动装置（低频减载、负荷联切等）定值视同继电保护定值管理。（ √ ）

22. 根据自动低频减负荷装置的整定原则，自动低频减负荷装置所切除的负荷不应被自动重合闸再次投入，并应与其他安全自动装置合理配合使用。　　　　（ √ ）

23. 在自动低频减负荷装置切除负荷后，不允许使用备用电源自动投入装置将所切除的负荷送出。　　　　　　　　　　　　　　　　　　　　　　　　　　（ √ ）

24. 并列运行的发电机间在小干扰下发生的频率为 $0.2 \sim 2.5\,Hz$ 范围内的持续振荡现象叫低频振荡。　　　　　　　　　　　　　　　　　　　　　　　　　（ √ ）

25. 低频、低压减负荷装置出口动作后，应当启动重合闸回路，使线路重合。（ × ）

26. 自动低频减负荷装置动作，不应导致系统其他设备过载和联络线超过稳定极限。（ √ ）

27. 自动低频减负荷的先后顺序，应按负荷的重要性进行安排。　　　　　（ √ ）

28. 事故手动低频减负荷是自动减负荷的必要补充，当电源容量恢复后，应逐步地手动或自动地恢复被切负荷。　　　　　　　　　　　　　　　　　　　　　（ √ ）

29. 按照《电力系统安全稳定导则》的要求，电力系统必须合理安排自动低频减负荷的顺序及所切负荷的数量。　　　　　　　　　　　　　　　　　　　　　（ √ ）

30. 当电力系统发生严重的低频事故时，为迅速使电网恢复正常，低频减负荷装置在达到动作值后，可以不经时限立即动作，快速切除负荷。　　　　　　　（ × ）

31. 电网内大机组配置的高频率、低频率、过压、欠压保护及振荡解列装置的定值必须经电网调度机构审定。　　　　　　　　　　　　　　　　　　　　　（ √ ）

32. 自动低频率减负荷装置可以根据需要安装在电力用户内部；且用户应积极配合，不

得拒绝。 （ √ ）

33. 在新建、扩建变电工程及更改工程的设计中，必须设计安装自动低频减负荷装置。

（ × ）

34. 不论是电力系统内部还是电力用户未经电业局（供电局）调度部门的同意，不得擅自停掉自动低频减负荷装置、转移其控制负荷或改变装置的定值。 （ √ ）

35. 自动低频率减负荷装置是为了防止电力系统发生频率崩溃而采用的系统保护。 （ √ ）

36. 对系统发生失步振荡进自动低频减负荷装置动作行为只作统计、不予、评价。 （ √ ）

37. 运行中或准备投入运行的自动低频减负荷装置，应由继电保护人员按有关规程和规定进行检验。 （ √ ）

38. 《电力系统自动低频减负荷技术规定》推荐采用反应装设母线电压频率绝对值的继电器作为自动低频减负荷装置的启动元件。 （ √ ）

39. 当电力系统发生突然的有功功率缺额后，主要应当依靠自动低频减负荷装置的动作，使保留运行的负荷容量能与运行中的发电容量相适应。 （ √ ）

40. 预设低频减负荷装置的切负荷总量应较多的大于实际切负荷总量。 （ √ ）

41. 地区系统中由主系统受电的终端变电站母线联络断路器可考虑设置低频解列装置。 （ √ ）

42. "弱联系、长线路、重负荷和具有快速励磁调节"的系统更容易发生低频振荡。 （ √ ）

43. 在交、直流并联输电的情况下，利用交流有功功率调制，可以有效抑制与其并列的交流线路的功率振荡，包括区域性低频振荡，明显提高交流的暂态、动态稳定性能。 （ × ）

44. 备用电源自动投入装置时间元件的整定应使之大于本级线路电源侧后备保护动作时间与线路重合闸时间之和。 （ √ ）

45. 备用电源自动投入装置动作投于永久性故障设备上，应加速跳闸并只动作一次，以防备用电源多次投入到故障元件上，扩大事故，对系统造成二次冲击。 （ √ ）

46. 系统发生振荡时低频减载装置不能误动作。 （ √ ）

47. 单侧电源送电线路重合闸方式的选择原则是：

（1）在一般情况下，采用三相一次重合闸。

（2）当断路器遮断容量允许时，在下列情况下可采用二次重合闸：①由无经常值班人员的变电站引出的、无遥控的单回线路；②供电给重要负荷且无备用电源的单回线路。 （ √ ）

48. 当断路器断流容量允许时，给重要用户供电而无备用电源的单回线路可采用两次重合闸方式。 （ √ ）

49. 主变压器保护中除差动保护动作外，其他保护动作均应闭锁备自投装置。 （ × ）

50. 当备用电源无压时，备自投装置不应动作。 （ √ ）

51. 通常情况下，自动重合闸装置只能动作一次，而备自投装置无此限制。 （ × ）

52. 低周装置整定时间从故障开始计算。 （ × ）

53. 为了保持电力系统正常运行的稳定性和频率、电压的正常水平，系统应有足够的静态稳定储备和有功、无功备用容量，并有必要的调节手段。 （ √ ）

54. 电力系统运行状态正常状态可以分为安全状态和警戒状态。 （ √ ）

55. 电力系统安全状态是指系统的频率、各节点电压、各元件的负荷均处于规定的允许

值范围内，并且一般的小扰动不致使运行状态脱离正常运行状态。　　　　　　　　（ √ ）

56. 在某些条件下必须加速切除短路时，可使保护无选择性动作，但必须采取补救措施，如重合闸和备用自动投入装置来补救。　　　　　　　　　　　　　　　　　　　（ √ ）

57. 常规备自投装置都有实现手动跳闸闭锁及保护闭锁功能。　　　　　　　　　　（ √ ）

58. 备自投装置的低电压元件，为了在所接母线失压后，能可靠工作，其低电压定值整定较低，一般为 0.15～0.3 倍的额定电压。　　　　　　　　　　　　　　　　　　　（ √ ）

59. 电力系统紧急控制装置在电力系统发生短路等事故时首先动作并切除和隔离故障。
　　　　　　　　　　　　　　　　　　　　　　　　　　　　　　　　　　　（ × ）

60. 除了预定解列点外，不允许保护装置在系统振荡时误动作跳闸。如果没有本电网的具体数据，除大区系统间的弱联系联络线外，系统最长振荡周期按 1.5s 考虑。　　（ √ ）

61. 除了预定解列点外，不允许保护装置在系统振荡时误动作跳闸。任何情况下系统最长振荡周期按 1.5s 考虑。　　　　　　　　　　　　　　　　　　　　　　　　　（ × ）

62. 高压长距离输电线常常装设串联电容补偿和并联电抗补偿装置，其短路过程中低频分量是由于线路电感不允许电流突变而产生，高频分量是由于电容上的电压不能突变而产生。　　　　　　　　　　　　　　　　　　　　　　　　　　　　　　　　（ √ ）

63. 高压长距离输电线常常装设串联电容补偿和并联电抗补偿装置，其短路过程中低频分量是由于电容上的电压不能突变而产生，高频分量是由于线路电感不允许电流突变而产生。　　　　　　　　　　　　　　　　　　　　　　　　　　　　　　　（ × ）

64. 电网自动低频、低压减负荷装置动作后不允许使用备用电源自投装置将切除的负荷送电。　　　　　　　　　　　　　　　　　　　　　　　　　　　　　　　　　　（ √ ）

65. 电网自动低压减负荷装置动作后允许使用备用电源自投装置将切除的负荷送电。
　　　　　　　　　　　　　　　　　　　　　　　　　　　　　　　　　　　（ × ）

66. 防止系统稳定被破坏，应完善保证系统稳定运行的安全自动装置，保证低频减载装置能在事故时有效地切除负荷。　　　　　　　　　　　　　　　　　　　　　　（ √ ）

67. 要加强电网安全稳定性，就要从电网结构上完善振荡、低频、低压解列等装置的配置。　　　　　　　　　　　　　　　　　　　　　　　　　　　　　　　　　　（ √ ）

68. 备自投动作时间应大于供电线路后备保护最长动作时间、重合闸时间及后加速时间之和，并适当考虑裕度。　　　　　　　　　　　　　　　　　　　　　　　　　　（ √ ）

69. 系统正常运行和发生振荡时不动作（不录波），在系统故障时起动录波。　　（ × ）

70. 内桥接线的 110kV 变电站中的 10kV 母分开关备用电源自投装置在全所失压时，可瞬时放电。　　　　　　　　　　　　　　　　　　　　　　　　　　　　　　　（ × ）

71. 故障录波器在全过程记录中都必须采用相同的采样频率。　　　　　　　　　（ × ）

72. 开关重合闸的整定时间考虑的是发生瞬时性故障，备自投装置的整定时间是考虑发生永久性故障的情况。　　　　　　　　　　　　　　　　　　　　　　　　　（ √ ）

73. 失步解列作为保证电力系统安全运行的重要措施，是保证整个电网不致完全崩溃的最后一道防线之一。　　　　　　　　　　　　　　　　　　　　　　　　　　　（ √ ）

74. 发生 TV 断线时，故障解列装置不需闭锁，只需经延时时间发信告知运行人员。（ × ）

75. 安全自动装置的配置主要取决于电力系统的电网结构、设备承受能力、运行方式。
　　　　　　　　　　　　　　　　　　　　　　　　　　　　　　　　　　　（ √ ）

76. 安全自动装置和继电保护发挥作用的时间是有顺序要求的，需要密切配合。（ √ ）

77. 线路过载联切装置和主变过载联切装置，是提高线路、主变压器供电能力的自动装置。（ √ ）

78. 根据我国《电力工业技术管理法规》规定，正常运行时电力系统的频率应保持在 50 ± 0.2Hz 的范围内。（ √ ）

79. 故障解列装置必须具有 TV 断线判别及闭锁功能。（ √ ）

80. 故障解列装置的低电压解列逻辑可以选择三个线电压与门逻辑和或门逻辑两种方案，发生相间故障时与门逻辑比或门逻辑动作出口跳闸更快。（ × ）

81. 发生相间故障时，故障解列装置的低电压解列逻辑中三个线电压或门逻辑比与门逻辑动作出口跳闸更快。（ √ ）

82. 应保证在工作电源和设备断开后，才能投入备用电源或备用设备。（ √ ）

83. 工作电源和备用电源同时消失时，备自投装置不应动作。（ √ ）

84. 当一个备用电源作为几个工作电源备用时，如备用电源已代替一个动作电源后，另一个工作电源又断开，备自投应动作。（ √ ）

85. 应校验备用电源和备用设备自动投入时过负荷情况，以及电动机自起动的情况，如过负荷超过允许限度，或不能保证自起动时，应有自动投入装置动作于自动减负荷。（ √ ）

86. 进线备自投采用保护跳闸方式设计中必须考虑闭锁重合闸问题。（ √ ）

87. 系统中存在多级备自投，高电压等级备自投后动作。（ × ）

88. 金属切削机消耗的有功功率和系统频率成正比。（ √ ）

89. 负荷的静态平率特性一般为频率下降时，系统的总有功负荷消耗的有功功率随之减少。（ √ ）

90. 接于自动低频减载装置的总功率是按最严重事故的情况来考虑的。（ √ ）

91. 220kV 线路过载联切装置的电流回路宜从线路保护后级接入，与线路保护共用一组 TA 绕组次级。（ √ ）

三、简答题

1. 由于电压互感器一次侧断开，使得备用电源自投装置动作切断工作电源，工作电源被切断后，备用电源合闸成功或者备用电源拒合，按《评价规程》该如何评价备用电源这两种动作行为？

答：备用电源合闸成功评为正确动作 1 次，备用电源拒合评为不正确动作 1 次。

2. 备用电源自投的主要工作条件有哪些？

答：（1）工作母线电压低于定值并大于预定时间。

（2）备用电源的电压应运行于正常范围，或备用设备处于正常准备状态。

（3）断开原工作断路器后方允许自投，以避免可能非同期并列。

3. 电力系统中为什么采用低频低压解列装置？

答：功率缺额的受端小电源系统中，当大电源切除后，发、供功率严重不平衡，将造成频率或电压的降低，如用低频减载不能满足发供电安全运行时，须在发供平衡的地点装设低频低压解列装置。

4. 低频减载装置中，滑差闭锁功能的作用是什么？

答： 防止系统内大机组启动或短路故障引起的电压反馈而误动作。

5. 低频减载装置防误动的闭锁措施有哪些？

答： 有4种（或5种）闭锁措施，即时限闭锁、频率闭锁、滑差闭锁、电压闭锁（电流闭锁）。

6. 低频减载的作用是什么？

答： 低频减载的作用是，当电力系统有功不足时，低频减载装置自动按频减载，切除次要负荷，以保证系统稳定运行。

7. 什么叫自动低频减载装置？

答： 为了提高供电质量，保证重要用户供电的可靠性，当系统中出现有功功率缺额引起频率下降时，根据频率下降的程度，自动断开一部分不重要的用户，阻止频率下降，以使频率迅速恢复到正常值，这种装置叫自动低频减载装置。

8. 对系统低频率事故处理有哪些方法？

答： 任何时候保持系统发供用电平衡是防止低频率事故的主要措施，因此在处理低频率事故时的主要方法有：

（1）调出旋转备用。

（2）迅速启动备用机组。

（3）联网系统的事故支援。

（4）必要时切除负荷（按事先制定的事故拉电序位表执行）。

9. 自动低频减负荷装置整定计算时的计算依据是哪些？

答： （1）考虑有功功率缺额。

（2）系统电压保持不变。

（3）系统平均频率的变化。

10. 备用电源自投装置充电的基本条件是什么？

答： （1）工作电源和备用电源工作正常，均符合有压条件。

（2）工作断路器和备用断路器位置正常，即工作断路器合位，备用断路器跳位。

（3）无放电条件。

11. 何谓备用电源自投装置？

答： 所谓备用电源自动投入装置，就是当工作电源因故障失电后，能自动且迅速地将备用电源投入工作或将用户供电自动地切换到备用电源上去，使用户不至于因工作电源故障而停电，从而提高供电可靠性。

12. 备用电源自动投入装置有哪几种常用接线方式？

答： 备用电源自动投入装置备自投装置的一次接线方式按备用电源正常是否带负荷来分类，可分为两类，即暗备用接线方式和明备用接线方式。

13. 什么是低频振荡？产生的原因有哪些？

答： （1）低频振荡就是并列运行的发电机间在小扰动下发生的频率在 $0.2 \sim 0.5\,Hz$ 范围内持续振荡的现象。

（2）低频振荡产生的原因是由于电力系统的阻尼效应，常出现在弱联系、远距离、重负荷的输电线路上，在采用快速、高放大倍数励磁系统的条件下更容易发生。

14. 什么是低频低压减载装置？

答：低频低压解列装置就是在低频减载装置的基础上，增加低电压减负荷功能，当电网电压下降时，根据电压下降的不同程度，分别切除不同的不重要负荷，从而阻止电网电压继续下降，使电网尽快恢复到正常的允许电压值运行。

15. 低频、低压解列装置有哪些作用？

答：当大电源切除后发供电功率严重不平衡，将造成频率或电压降低，如用低频减负荷不能满足安全运行要求时，须在某些地点装设低频或低压解列装置，使解列后的局部电网保持安全、稳定运行，以确保对重要用户的可靠供电。

16. 备用电源自动投入装置的投入方式有几种？

答：备用电源自动投入装置投入的常用方式有变压器自动投入、线路自动投入、线路和变压器综合自动投入和母联断路器自动投入四种。

17. 失步解列装置的判别原理有哪两种？

答：有基于阻抗循序判别原理和 $u\cos\varphi$ 判别原理两种。

18. 故障解列装置有哪两种基本的工作原理？

答：故障解列装置通过系统电压判别故障情况，一般配置相间低电压、零序电压解列功能。零序电压解列保护反应系统不对称故障类型，当外接 $3U_0$ 和自产 $3U_0$ 电压同时大于整定值经整定延时出口跳闸并闭锁重合闸；低压解列保护反应三相对称短路或相间短路故障类型，三个线电压中任何一个线电压低于低电压定值时经整定延时出口跳闸并闭锁重合闸。

19. 故障解列装置通过什么原理判别 TV 断线？

答：故障解列装置通过比较外接 $3U_0$ 和自产 $3U_0$ 电压的大小关系，以及 $3U_0$、自产 $3U_0$ 电压的幅值来判断单相或两相 TV 断线；通过引入线路电压，母线三相电压都失去，但线路电压仍存在，判断为三相 TV 断线。

20. 电网中常用的安全自动装置包括哪些？

答：电网中常用的安全自动装置包括电源备自投、低频切负荷、低压切负荷、过负荷联切、振荡解列、故障解列等装置。

21. 主变压器过载联切装置的作用是什么？

答：在 N−1 的情况下要防止主变压器过载，每台主变压器的运行负载必须限制在主变压器最大允许负载的一半以下。为充分挖掘主变压器的负载能力，同时要防止 N−1 的情况下主变压器过载，需要装设主变压器过负载联切装置。正常运行时，两台主变压器都可以运行至最大允许负载，当一台主变压器故障跳闸后，过载联切装置切除部分负载，使另外一台继续运行的主变压器负载在最大允许范围内以内，是提高主变压器供电能力的一种重要手段。

22. 电力系统中有哪些必须同时满足的稳定性要求？

答：在电力系统中，有三种必须同时满足的稳定性要求，即同步运行稳定性、频率稳定性和电压稳定性。

23. 故障信息管理系统的定义是什么？

答：故障信息管理系统是由保护设备、故障录波器设备、子站主站、通信网络，以及接口设备和主站设备组成的一个综合系统。系统发生故障后，是调度员快速了解事故性质和保护动作行为的辅助决策工具；同时在保护动作不正确时，为继电保护人员分析保护动作行为提供技术手段。

24. 主变压器过载联切负荷装置的基本工作原理是什么？

答：（1）装置针对 2 台主变压器分别设计了 2 套独立的启动元件，每台主变压器的启动元件均有功率突变量和过电流启动两种方式，同时满足条件装置启动。

（2）装置启动后判断运行主变压器过载（大于设定的过负荷功率定值），另一台主变压器的功率低于低功率定值，经整定延时按设定的轮次依次切除负荷开关并闭锁重合闸。

25. 备用电源自投装置需接入哪些量？

答：备用电源自投装置需接入母线三相电压、进线线路电压、进线电流、相关开关 TWJ、KKJ 接点、外部闭锁量。

四、分析题

1. 备用电源自动投入装置的整定原则是什么？

答：（1）自动投入装置的电压鉴定元件按下述规定整定。

1）低电压元件应能在所接母线失压后可靠动作，在电网故障切除后可靠返回，为缩小低电压元件动作范围，低电压定值宜整定得较低，一般整定为（$0.15 \sim 0.3$）U_N。

2）有压检测元件应能在所接母线（或线路）电压正常时可靠动作，而在母线电压低到不允许自投装置动作时可靠返回，电压定值一般整定为 $0.6 \sim 0.7 U_N$。

3）电压鉴定元件动作后延时跳开工作电源，其动作时间宜大于本级线路电源侧后备保护动作时间与线路重合闸时间之和（U_N 为额定电压）。

（2）备用电源投入时间一般不带延时，如跳开工作电源时需联切部分负荷，则投入时间可整定为 $0.1 \sim 0.5s$。

（3）后加速过电流保护。

1）安装在变压器电源侧的自动投入装置，若投入在故障设备上，则后加速保护应快速切除故障，本级线路电源侧速动段保护的非选择性动作由重合闸来补救，电流定值应对故障设备有足够的灵敏系数，同时还应可靠躲过包括自启动电流在内的最大负荷电流。

2）安装在变压器负荷侧的自动投入装置，若投入在故障设备上，则为提高投入成功率，后加速保护宜带 $0.2 \sim 0.3s$ 的延时，电流整定值应对故障设备有足够的灵敏系数，同时还应可靠躲过包括自启动电流在内的最大负荷电流。

2. 低频率运行会给电力系统带来哪些危害？

答：频率的轻度下降将会给电力系统运行带来不良影响，当频率严重下降时，可造成更严重的后果。

（1）致使汽轮机叶片断裂。系统长期在 $49 \sim 49.5Hz$ 以下运行时，不仅使系统内各行各业生产率下降，且对某些汽机的叶片易造成损伤；当频率低于 $45Hz$ 时，汽轮机的一些叶片可能因共振而引起断裂。

（2）产生"频率崩溃"。频率下降至 $47 \sim 48Hz$ 时，由于火电厂厂用机械出力明显减小，风机、水泵及球磨机等的生产率显著下降。几分钟之内使发电厂出力减少，功率缺额更为严重，致使频率再下降，这一恶性循环将引起频率崩溃现象。

（3）产生"电压崩溃"。频率的下降会使发电机电压下降。经验表明，当频率下降到 45～46Hz 时，全系统发电机转子及励磁机的转速显著下降，使发电机电势下降，系统电压水平受严重影响，运行稳定性受破坏而出现电压崩溃，导致系统瓦解。这对电力系统将是灾难性的。

因此，即使系统发生事故，也不允许系统频率长期停留在 47Hz 以下，瞬时值绝对不能低于 45Hz。

3. 备用电源自动投入装置应满足哪几种基本要求？

答：（1）当工作母线上的电压低于预定数值，并且持续时间大于预定时间，备自投装置方可动作投入备用电源。

（2）备用电源的电压应运行于正常允许范围，或备用设备应处于正常的准备状态下，备自投装置方可动作投入备用电源。

（3）备用电源必须尽快投入，即要求装置动作时间尽量缩短。

（4）备用电源必须在断开工作电源断路器之后才能投入，否则有可能将备用电源投入到故障网络而引起故障的扩大。

（5）备用电源断路器上需装设相应的继电保护装置，并应与上、下相邻的断路器保护相配合。

（6）备自投装置动作投于永久性故障设备上，应加速跳闸并只动作一次。以防备用电源多次投入到故障元件上，扩大事故，对系统造成再次冲击。

（7）当电压互感器二次侧断线时，应闭锁备自投装置不使它动作。

（8）正常操作使工作母线停电时，应闭锁备自投装置不使它动作。

（9）备用电源容量不足时，在投入备用电源前应先切除预先规定的负荷容量，使备用电源不至于过负荷。如果母线有较大容量的并联电容时，在工作电源的断路器断开的同时也应连同断开所对应的电力电容器。

（10）根据需要备自投装置可以做成双方向互为备用方式。

4. 桥接线变电站的 110kV 进线备用电源自投的主要充电条件和动作过程是什么？

答：（1）充电条件：Ⅰ、Ⅱ段母线三相均有压，工作电源断路器运行，备用电源线路有压，桥断路器运行，备用电源断路器热备用，经延时 10～15s 完成充电。

（2）动作条件：母线Ⅰ、Ⅱ段三相均无压，工作电源无流，备用电源线路有压，经整定延时后跳开工作电源断路器，确认断路器跳开后，经短延时或程序固化的时间合上备用电源断路器。

5. 35kV 母分备用电源自投的主要充电条件和动作过程是什么？

答：（1）充电条件：Ⅰ、Ⅱ段母线三相均有压，母分断路器在分位，工作电源断路器 QF1、QF2 在合位，经延时 10～15s 完成充电。

（2）动作条件：Ⅰ（Ⅱ）段母线三相均无压，1 号（2 号）工作电源无流，经整定延时跳 1 号（2 号）工作电源断路器，确认断路器跳开后，经短延时或程序固化时间合上母分 QF3 断路器。

6. 在系统中什么地点可考虑设置低频率解列装置？

答：在系统中的如下地点，可考虑设置低频率解列装置：

（1）系统间联络线上的适当地点。

（2）地区系统中由主系统受电的终端变电站母线联络断路器。

（3）地区电厂的高压侧母线联络断路器。

（4）专门划作系统事故紧急启动电源专带厂用电的发电机组母线联络断路器。

7. 低频减载，当不采用滑差闭锁时，躲负荷反馈的时限怎么考虑？

答：由于负荷反馈电压衰减的时间常数与负荷的构成有关，最严重的情况是从额定电压下降到 0.5 倍额定电压的时间长达 1s 以上。在 1s 左右反馈电压的频率往往低于电磁式低频继电器的动作频率，为了防止误动作，其出口延时必须大于反馈电压从额定电压下降到 0.15 倍额定电压的时间，一般取 1.5s，才能防止最严重情况下的误动，采用数字低频继电器因其有 50～60V 的电压闭锁，该时间可以降到 0.5s。

8. 为什么能用带滑差闭锁的低频减载装置区别因系统功率缺额引起频率变化和由负荷反馈电压引起的频率变化？

答：通常系统功率缺额时，系统频率按系统动态特性下降，其下降速率（俗称滑差）一般较慢，而接有大容量电动机负载的母线一旦失去电源，由于其转子的惯性作用，电枢尚有电动势发生，使母线尚存电压反馈，但由于它是由转子动能发电的，故其频率下降速率很大，据统计下降速率大于 3Hz/s。因此，根据这种频率下降速率的不同，以整定下降速率 Hz/s 的方法来区别之，防止由负荷反馈电压引起的低频减载装置误动。

9. 自动低频减负荷装置的整定原则是什么？

答：（1）自动低频减负荷装置动作，应确保全网及解列后的局部网频率恢复到规定范围内。

（2）在各种运行方式下自动低频减负荷装置动作，不应导致系统其他设备过载和联络线超过稳定极限。

（3）自动低频减负荷装置动作，应使系统功率缺额造成频率下降应使大机组低频保护动作。

（4）自动低频减负荷顺序应次要负荷先切除，较重要的用户后切除。

（5）自动低频减负荷装置所切除的负荷不应被自动重合闸再次投入，并应与其他安全自动装置合理配合使用。

（6）全网自动低频减负荷装置整定的切除负荷数量应按年预测最大平均负荷计算，并对可能发生的电源事故进行校对。

10. 为什么说负荷调节效应对系统运行有积极作用？

答：系统中发生有功功率缺额而引起频率下降时，负荷调节效应的存在会使相应的负荷功率也跟着减小，从而对功率缺额起着自动补偿作用，系统才得以稳定在一个较低的频率上继续运行。否则，缺额得不到补偿，变成不再有新的有功功率平衡点，频率势必一直下降，系统必然瓦解。因此，负荷调节效应对系统起着积极作用。

11. 何谓备用电源的暗备用接线方式？

答：所谓暗备用接线方式就是在供电网络中，各变压器（或电源进线）均为工作变压器（或工作电源进线），它们之间通过母线分段断路器（或母联断路器）相互备用。正常运行时，电源进线或变压器均为工作状态，Ⅰ、Ⅱ段母线通过分段断路器互为备用。当任一电源因故障退出运行时，备自投装置立即动作，使分段断路器投入运行，失电母线由正常电源供电。暗备用接线平时每回路都投入运行，可以减少投资和设备损耗，而且设备始终处于工作状态，电气元件也较容易发现其隐患，从电网到用户均得到广泛的应用。

12. 请列举对备自投装置的基本要求。

答：（1）只有当工作电源断开以后，备用电源才能投入。

（2）备自投装置只允许将备用电源投入一次。

（3）备自投装置切除工作电源断路器必须经延时。

（4）手动拉开工作电源，备自投装置不应动作。

（5）备用电源不满足有压条件，备自投装置不应动作。

（6）应具有闭锁备用电源自动投入装置的功能。

（7）工作母线失压时还必须检查工作电源无流，才能启动备用电源自动投入装置。

13. 低频低压减载装置的运行注意事项有哪些？

答：（1）启用低频（低压）减载装置时，应先投入交流电源，后投入直流电源；停用时顺序与此相反。

（2）切换电压互感器时，应先停用低频（低压）减载装置，切换完毕再投入。

（3）低频（低压）减载装置在投入或退出某断路器跳闸连接片（压板）时，应同时投入或退出重合闸闭锁连接片（压板），也就是重合闸放电连接片（压板）。

（4）巡视检查时应检查二次电压回路是否完好，工作指示灯是否正常，应投入的连接片（压板）是否已投入。

14. 故障录波器应具备的基本功能有哪些？

答：故障录波器应具备的基本功能有高速故障记录、故障动态过程记录、长过程动态记录三个基本功能。

按照以上要求，故障录波器每次启动后的记录应包含 A、B、C、D、E 五个时段。

（1）A 时段：系统大扰动开始前的状态数据，输出原始记录波形及有效值，记录时间应≥0.04s。

（2）B 时段：系统大扰动后初期的状态数据，应直接输出原始记录数据，应观察到 5 次谐波，同时也应输出每一周波额工频有效值及直流分量值，记录时间≥0.1s。

（3）C 时段：系统大扰动后的中期状态数据，输出连续的工频有效值，记录时间≥20s。

（4）D 时段：系统动态过程数据，每 0.1s 输出一个工频有效值，记录时间≥20s。

（5）E 时段：系统长过程的动态数据，每 1s 输出一个工频有效值，记录时间≥10min。

15. 如图 7-1 和图 7-2 所示的桥接线变电站，110kV 母线上安装桥接线备自投装置，图7-1 为母分热备用方式、图 7-2 为进线热备用方式，请问主变压器主保护或高后备保护动作应闭锁什么备自投方式，为什么？

答：主变压器主保护或高后备保护动作应闭锁桥备自投的分段自投方式，不闭锁进线自投方式。

如上图所示的母分开关热备用方式，1 号主变压器内部故障引起差动保护、非电量保护或高后备保护动作，跳开 1 号主变压器两侧断路器（QF1、QF6），引起 110kVⅠ段母线失

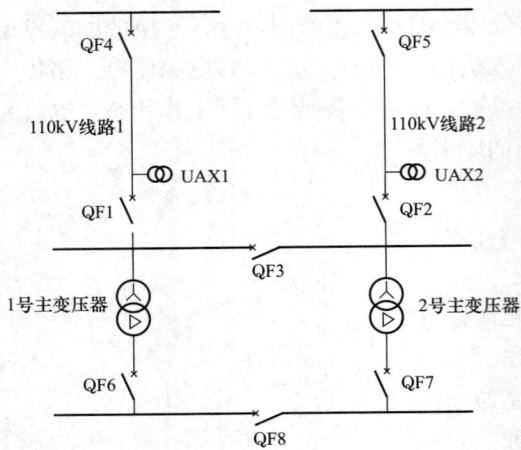

图 7-1

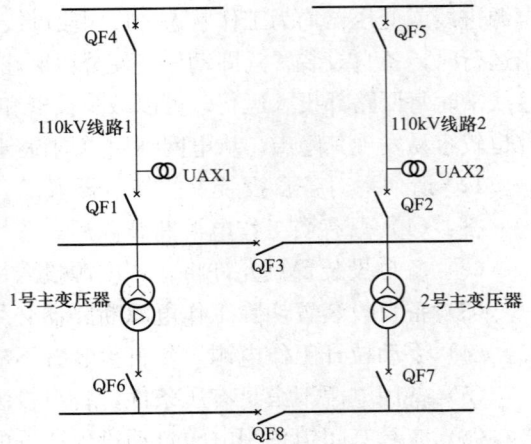

图 7-2

压，线路 1 无流，备自投装置动作跳 QF1 断路器，确认断路器跳开后，合上 110kV 母分断路器 QF3。变压器为变电站内的静止设备，一旦发生故障永久性故障的概率很高，为避免故障变压器本体不被短路电流二次冲击，主变压器保护动作跳闸后都不重合。110kV 母分断路器合闸后，将线路 2 合闸于故障点，对 1 号主变压器造成又一次冲击；2 号主变压器故障时情况相同。

如上图所示进线 2 断路器热备用时，在线路 1 作为主供电源（QF1 合位）、QF2 断路器热备用时，如 1 号主变压器内部故障跳 1 号主变压器两侧三断路器（QF1、QF3、QF6 断路器），造成 110kV 母线失压、线路 1 无流，备自投动作合上 QF2 断路器，可对 2 号主变压器继续供电。如 2 号主变压器故障跳开主变两侧断路器（QF3、QF7）时，造成 110kV Ⅱ 段母线失压，备自投装置瞬时放电不动作，线路 1 带 1 号主变压器继续运行。

因此，主变压器主保护或高后备保护动作应闭锁桥备自投的分段自投方式，不闭锁进线自投方式。

16. 如图 7-3 所示的内桥接线变电站，110kV 母线上安装桥接线备自投装置，母分热备用，当主备用电源同时失去，装置瞬时放电为什么要改成延时放电？

注：电源侧线路保护时间定值保护灵敏段时间定值为 0.3s、重合闸时间整定 1.5s、后加速时间定值 0.2s（忽略保护、开关固有跳闸时间）。

答： 如图 7-3 所示的 110kV 终端变电站主接线为内桥接线，母分开关热备用。110kV 线路 1、线路 2 从同一个 220kV 变电站出线或者线路 1、线路 2 两个电源点的电气距离很近，当线路 1 发生三相永久性故障时，如下图所示。

（1）从 0～0.3s，由于故障点未被隔离，220kV 变电站 110kV 母线电压、110kV 变电站 Ⅱ 段母线电压同时下降到 U_{cy}，110kV 变电站 Ⅰ 段母线电压为零。

（2）0.3～1.8s，QF4 断路器跳开，故障点被隔离，220kV 变电站 110kV 母线恢复为额定电压，110kV 变电站的 Ⅱ 段母线电压恢复为正常额定电压，Ⅰ 段母线电压为零，此状态一直持续到 1.8s。

（3）1.8～2.0s，重合闸动作合上 QF4 断路器，又将系统拖入了故障点，220kV 变电站

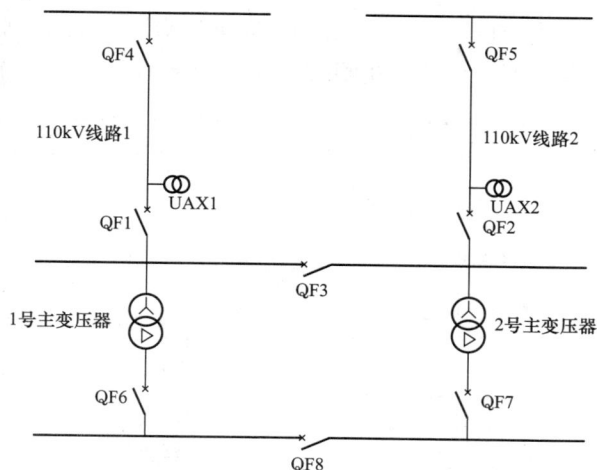

图 7-3

110kV 母线电压、110kV 变电站Ⅱ段母线电压同时下降到 U_{cy}，110kV 变电站Ⅰ段母线电压为零。

（4）2.0s 之后，开关 QF4 后加速保护动作，开关 QF4 跳开，220kV 变电站 110kV 母线恢复为额定电压，110kV 变电站的Ⅱ段母线电压恢复为正常额定电压，Ⅰ段母线电压为零。

从图 7-4 可知，0～0.3s 和 1.8～2.0s 两个区间内，主供电源和备用电源的母线三相电压均低于有压值 U_{yy}。如采用瞬时放电逻辑，此时装置就完成放电，等线路 1 后加速保护动作跳闸重新满足备自投动作条件时，装置就拒动；然而改成延时放电逻辑时，在整组复归时间内，一旦满足装置动作条件就能继续动作，保证该 110kV 变电站的供电。

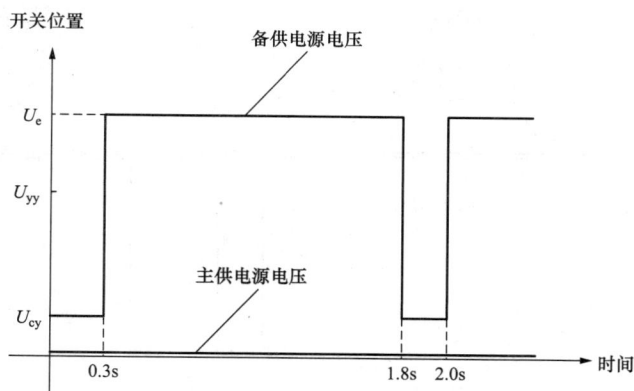

图 7-4

17. 部分桥接线变电站，正常方式作为终端变电站运行，投入备用电源自投装置实现互为保供；变化方式下会作为两个变电站之间的潮流交换的通道，为减少故障情况下的停电范围，往往会在一侧或两侧 110kV 进线开关上安装保护装置。因为配置了线路保护装置，在作为终端变电站运行时也投入其保护及重合闸功能。这种内桥接线变电站的 110kV 备自投

267

动作跳开开关后应闭锁其重合闸，为什么？并画出开关 QF1、QF2、QF3 位置变化的时序图，重合闸整定时间 1.5s，备自投装置跳闸时间 5s、合闸时间 0.5s。请结合图 7-5 说明。

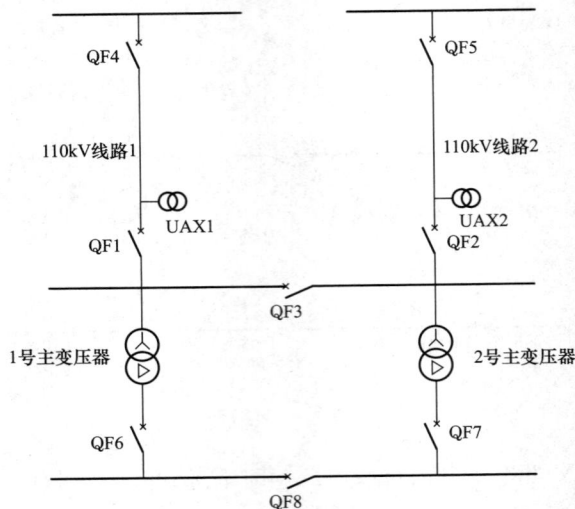

图 7-5

答：如图 7-5 所示，线路 1 运行送全站负荷，线路 2 热备用。当线路 1 发生故障时，本侧备自投装置动作跳开线路 1 开关，必须接入开关 QF1 操作箱的保护跳回路（如接入手跳回路装置瞬时放电），此时会启动开关 1 的位置不对应启动重合闸功能，经装置的重合闸延时时间合上开关 QF1。备自投装置确认开关 QF1 在分位后，经整定合闸延时合上备用开关 QF2，母分开关仍在合闸状态。这样，线路 2 通过开关 QF1、QF2、QF3 向线路 1 的故障点重新提供短路电流，引起再一次跳闸，导致事故范围扩大。因此，备自投装置动作应闭锁开关重合闸。

其位置变化时序图如图 7-6 所示。

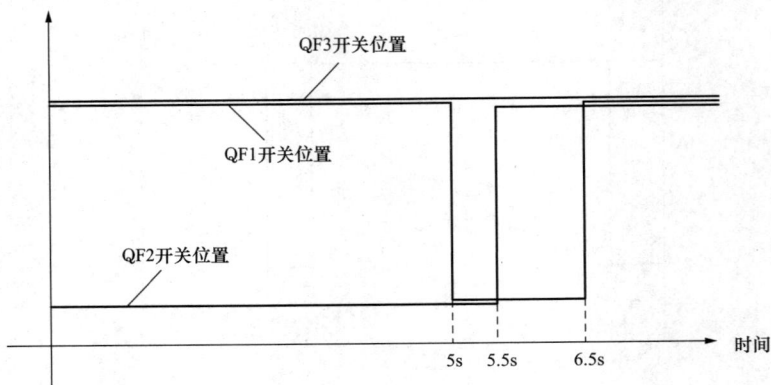

图 7-6

18. 存在合后、分后双位置 KKJ 继电器的开关操作箱，备自投动作跳合闸应该如何接入？
答：备自投动作跳闸应接入保护跳回路，合闸接入手合回路。
19. 如图 7-7 所示的变电站为什么要装设故障解列装置？

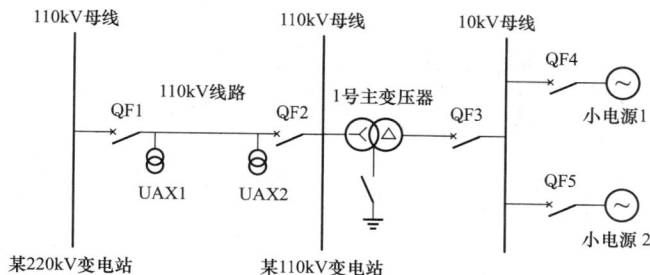

图 7-7

答：（1）避免变压器中性点绝缘损坏。

当 110kV 线路发生瞬时性单相接地故障时，QF1 灵敏段保护动作跳开本开关，系统与小电源 1、2 解列运行，某 110kV 变电站由中性点接地系统转化为中性点不接地系统，接地点为 110kV 线路上的故障点，中性点电压发生偏移。目前，系统中采用的多为分级绝缘的变压器，中性点绝缘水平较低，当中性点电压升高后往往容易将变压器中性点绝缘损坏，因此系统发生接地故障后必须尽快切除小电源 1、2。

（2）提高 QF1 开关重合闸的可靠性。

当 110kV 线路 V 或 W 相发生瞬时性单相接地故障，QF1 开关跳开后，110kV 变电站中性点电压发生偏移，U、W 相电压升高，使 220kV 变电站的 110kV 线路的 U 相线路电压抬高，若此电压高于 QF1 开关重合闸的检无压定值时，将使 QF1 开关的检无压重合失败。

当 110kV 线路发生 VW 相故障，QF1 开关跳开后，小电源 1、2 将在某 110kV 变电站的 110kV 母线 U 相上产生一个比较高的残压，接近于健全电压，往往会高于 QF1 开关重合闸的检无压定值，将使 QF1 开关的检无压重合失败。

为了防止上述情况的发生，非常有必要在 110kV 变电站的 110kV 母线上装设故障解列装置，当 110kV 线路发生瞬时性相间或单相接地故障时，故障解列装置动作跳开小电源 QF4、QF5 开关并闭锁重合闸，使 220kV 变电站 QF1 开关检无压重合能可靠动作。

20. 110kV 主变压器 10kV 后备保护动作要闭锁 10kV 母分备用电源自投装置吗？为什么？

答：主变压器 10kV 后备保护动作应闭锁 10kV 母分备用电源自投装置。

原因是 110kV 变电站没有配置 10kV 母线保护，主变压器 10kV 后备保护作为 10kV 母线的远后备保护。110kV 变电站的 10kV 母线一般都是分列运行，如 10kV Ⅰ 段母线故障，1 号主变压器的 10kV 后备保护动作跳开本变压器的 10kV 开关，满足了 10kV 母分备用电源自投装置的动作条件，Ⅰ 段母线无压、1 号主变压器 10kV 无流，Ⅱ 段母线有压，装置动作再跳一次 1 号主变压器 10kV 开关，确认开关跳开后合上 10kV 母分开关。

由于 10kV 母线为开关室内部设备，发生故障是往往是永久性故障，为避免运行的 2 号主变压器对 Ⅰ 段母线的故障点进行再一次冲击，造成事故范围扩大。因此，要求主变 10kV 后备保护动作应闭锁 10kV 母分备用电源自投装置。

21. 故障解列装置的 TV 二次负载为三角形接线，装置电压回路的三相负载平衡，阻抗相等。当其保护屏顶的一相空开跳开时，试分析各相电压及各线电压值的大小，此时低压解列是否动作？写出分析过程。

答：如图 7-8 所示，当其保护屏顶的一相空开跳开时，

$$U_{\mathrm{u}} = \frac{100}{\sqrt{3}}(\mathrm{V}); \quad U_{\mathrm{v}} = \frac{100}{\sqrt{3}}(\mathrm{V})$$

$$U_{\mathrm{uv}} = 100\mathrm{V}; U_{\mathrm{vw}} = Z_{\mathrm{vw}}/(Z_{\mathrm{uw}} + Z_{\mathrm{vw}}) \times U_{\mathrm{uv}} = \frac{1}{2} \times 100 = 50(\mathrm{V})$$

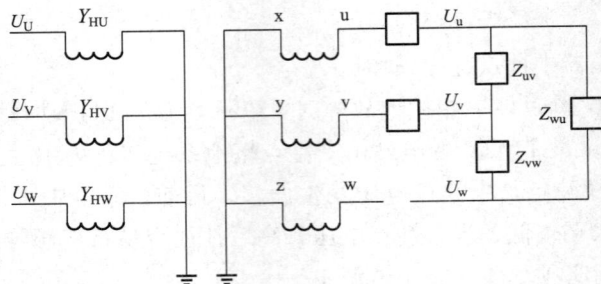

$$U_{\mathrm{wu}} = Z_{\mathrm{uw}}/(Z_{\mathrm{uw}} + Z_{\mathrm{vw}}) \times U_{\mathrm{uv}} = \frac{1}{2} \times 100 = 50(\mathrm{V})$$

图 7-8

图 7-9

如图 7-9 所示，U_{w} 点位于 U_{uv} 的中点，所以可求出 U_{w} 点的电压值。

$$U_{\mathrm{w}} = \sqrt{57.7^2 - 50^2} = 28.8(\mathrm{V})$$

按照整定计算规程要求，故障解列装置低电压定值整定 $65\% \sim 70\% U_{\mathrm{e}}$，即任一个线电压低于 $65 \sim 70\mathrm{V}$ 或相电压低于 $37 \sim 40\mathrm{V}$ 开放低电压解列。所以保护屏顶一相空开跳开时，满足了故障解列装置的低压解列动作条件，但不会出口，因为装置会判断 TV 断线，从而闭锁出口。

22. 如图 7-10 所示的区域电网，两回线路运行分别送一个变电站负荷，两变电站之间通过一回线路联络，联络线一侧开关热备用、另一侧开关运行，如何实现两变电站之间的相互备用，请谈谈设想。

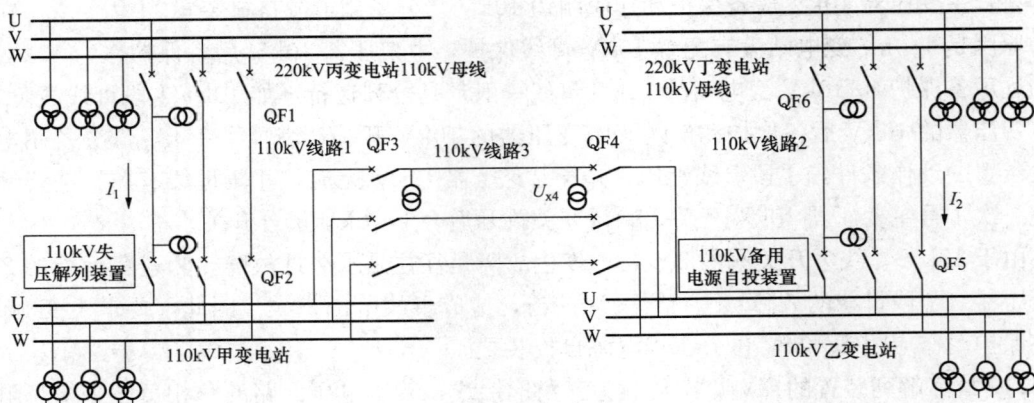

图 7-10

答：在联络线开关运行一侧变电站安装失压解列装置、开关热备用一侧变电站安装备用电源自投装置。两侧变电站的自动装置通过光缆利用专用通道或复用通道连接，传统两侧变电站的母线电压、线路电流及开关量信息。

开关热备用侧投入母线自投方式、线路自投方式，开关运行侧投入失压解列方式。

（1）方式一：母线备投。

充电条件：开关 QF2、QF5 合位，开关 QF4 热备用，甲变电站 110kV 母线三相有压、乙变电站 110kV 母线三相有压，装置经 15s 完成充电。

动作过程：乙变电站 110kV 母线三相无压，线路 2 电流 I_2 无流，装置启动经 T1 延时跳 QF5 开关，确认开关跳开，经 T3 延时合 QF4 开关。

放电条件：QF4 合上；手跳 QF2 或 QF5（KKJ2 或 KKJ5＝0）；其他外部闭锁信号；QF2，QF4 或 QF5 的 TWJ 异常；甲乙变电站 110kV 母线均三相无压，延时 15s 放电。

（2）方式二：线路自投。

充电条件：开关 QF2、QF5 合位，开关 QF4 热备用，甲变电站 110kV 母线三相有压、乙变电站 110kV 母线三相有压，装置经 15s 完成充电。

动作过程：甲变电站 110kV 母线三相无压，线路 1 电流 I_1 无流，装置启动经 T2 延时跳 QF2 开关，确认开关跳开，经 T3 延时合 QF4 开关。

放电条件：QF4 合上；手跳 QF2 或 QF5（KKJ2 或 KKJ5＝0）；其他外部闭锁信号；QF2，QF4 或 QF5 的 TWJ 异常；甲乙变电站 110kV 母线均三相无压，延时 15s 放电。

（3）方式三：失压解列方式。

充电条件：开关 QF2、QF3 合位，甲变电站 110kV 母线三相有压，装置经过 15s 完成充电。

动作过程：甲变电站 110kV 母线三相有压，线路无流，装置经过整定延时动作跳开 QF2 开关。

放电条件：手分开关 QF2、QF3，或 QF3 开关分位。

23. 故障解列装置的动作时间应如何整定？

答：故障解列装置的动作时间应能躲过主供电源相连线路发生故障时不误动作。

如图 7-11 所示，当 110kV 线路 2 或 3 发生故障时，在故障切除前会引起 220kV 变电站的 110kV 母线电压、110kV 变电站的母线电压同步降低，此时 110kV 变电站的故障解列装置不应动作出口，但由于已经满足故障解列装置的动作条件，只能通过延长动作时间来躲过

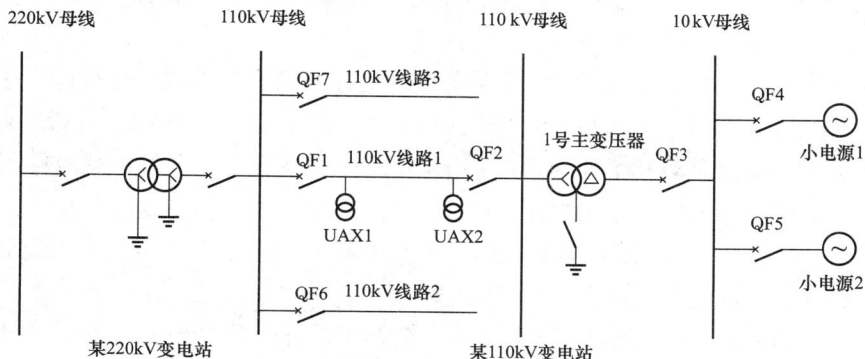

图 7-11

相连线路的故障。因此，故障解列装置的动作出口时间应比线路保护灵敏度时间多一个级差，并可适当考虑裕度。

24. 如图 7-12 所示系统，110kV 变电站 A 由 220kV 变电站甲供电，110kV 变电站 B、C 由 220kV 变电站乙供电，110kV 变电站 C 连接有小水电。110kV 变电站 AB 之间有联络线路 AB，W 相接有单相线路压变，线路 AB 在变电站 A 侧开关 2 热备用投入备用电源自投装置，B 侧开关 3 运行，投入失压解列装置。

备用电源自投装置具有两种自投方式，分别为母线自投方式、线路自投方式。其中线路自投方式仅判断线路 AB 单相线路电压消失，即合上热备用开关 2；失压解列装置判断本 B变电站母线三相无压，且线路 BC 在变电站 B 侧的 T 接线无流，动作跳开开关 4，两个功能配合使用。

备用电源自投装置线路自投方式的合闸整定延时时间为 6s；失压解列装置动作跳闸整定时间为 5s。

变电站 C 发生 110kV 母线压变至避雷器 W 相引线线夹断裂并接地，变电站 A 备用电源自投装置动作合闸，却导致变电站 B 全所失压，请分析动作过程并解释失压原因。

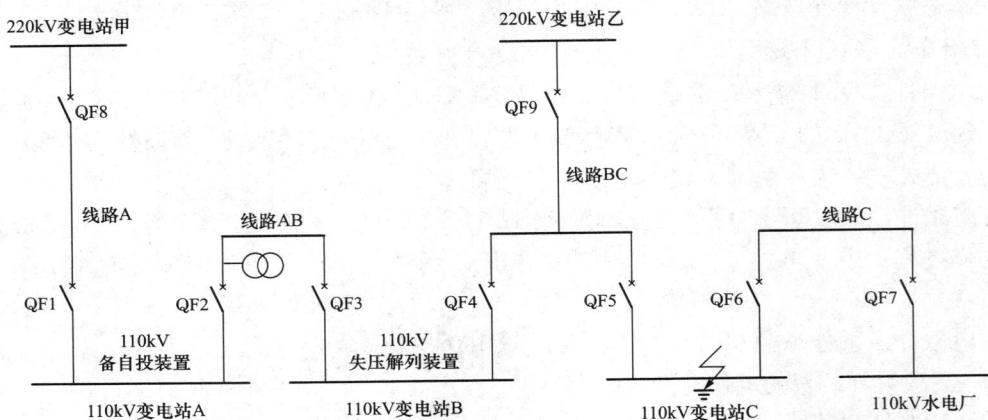

图 7-12

答：变电站 C 发生 110kV 母线压变至避雷器 C 相引线线夹断裂并接地，220kV 变电站乙线路 BC 保护动作跳闸、重合并后加速，开关 9 分位；110kV 小水电线路 C 保护动作跳闸、重合闸、后加速保护动作跳闸。

由于变电站 C 的故障位于开关 9、开关 7 保护的 Ⅱ 段保护范围内，从故障发生到后加速跳闸至少需耗时 0.3+1.5+0.2=2.0s。随后变电站 B 的 110kV 失压解列装置判断母线三相失压、进线无流，装置启动开始计时，等待 6s 延时出口跳开开关 4。由于从故障发生到失压解列装置动作至少需要 2+5=7s 时间。

由于线路 AB 的 W 相电压互感器失压，变电站 A 的 110kV 备用电源自投装置判断线路失压，装置启动开始计时，经过 6s 合上开关 2。

因此，失压解列装置未动作跳开开关 4，备用电源自投装置已经动作合上开关 2，导致开关 2 合闸于永久性故障，启动开关 2 的合闸加速保护跳开开关 2，引起变电站 B 全所失压。

25. 某变电站的 35kV 母分开关热备用（见图 7-13），投入母分开关备用电源自动装置，Ⅰ 段接线路 3687、线路 3697（对侧开口热备用），Ⅱ 段接线路 3690、线路 3686、2 号电容器。线路 3687 的负荷为 1.5MVA，该备自投装置的无流鉴定 0.13A。

运行过程中发生 35kV Ⅰ 段母线高压熔丝三相熔断，35kV 备用电源自投装置动作合上 35kV 母分开关，请分析动作原因。

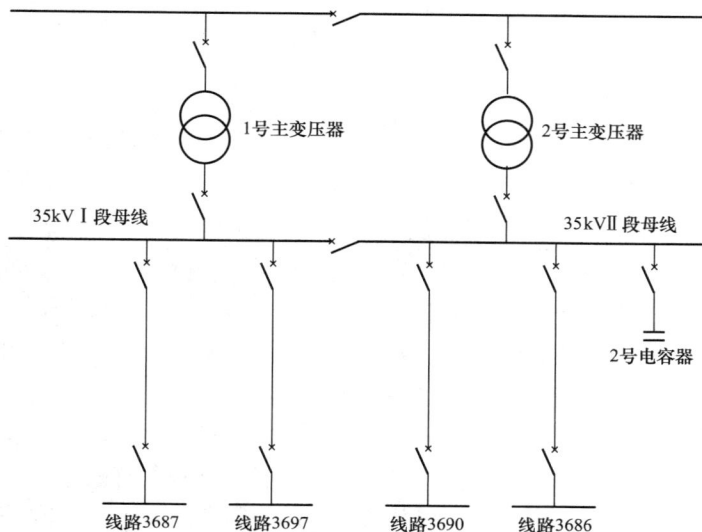

图 7-13

答： 35kV 母分备用电源自投装置 Ⅰ、Ⅱ 母互为热备用。Ⅰ 母三相失压、1 号主变压器 35kV 侧无流，Ⅱ 母三相有压，装置动作经整定的延时时间跳开 1 号主变压器 35kV 开关，确认断路器在分位后，经整定延时时间合上 35kV 母分断路器。

由于发生 35kV Ⅰ 段母线高压熔丝三相熔断时，1 号主变压器仅供线路 3687 运行，其负荷为 1.5MVA，折算至二次电流值为 1500/(1.732×35×200)＝0.12A，正好在装置的无流门槛值附近，满足了装置的动作条件，即动作合上 35kV 母分断路器。

第八章

二 次 回 路

一、选择题

1. 继电保护要求所用的电流互感器的（A）变比误差不应大于 10%。

    A. 稳态　　　　　　B. 暂态　　　　　　C. 正常负荷下　　　　D. 最大负荷下

2. 校核母差保护电流互感器的 10% 误差曲线时，计算电流倍数最大的情况是元件（A）。

    A. 对侧无电源　　　B. 对侧有电源　　　C. 都一样　　　　　D. 都不对

3. 电流互感器的不完全星形接线，在运行中（A）。

    A. 不能反映所有的接地　　　　　　　B. 对相间故障反映不灵敏

    C. 对反映单相接地故障灵敏　　　　　D. 能够反映所有的故障

4. 负序电流继电器往往用模拟单相短路来整定，即单相接地短路时的负序电流分量为短路的（C）。

    A. 3 倍　　　　　　B. $\sqrt{3}$ 倍　　　　　C. 1/3 倍　　　　　D. $1/\sqrt{3}$ 倍

5. 负序电流继电器往往用模拟两相短路来整定，若负序电流定值为 1A，则此时继电器的动作电流应为（B）A。

    A. 3　　　　　　　B. $\sqrt{3}$　　　　　　C. 1/3　　　　　　D. $1/\sqrt{3}$

6. 负序电压继电器往用模拟两相短路的方法往用模拟相间短路的单相电压方法整定，如果整定值为负序相电压 3V，则此时继电器的动作电压应为（C）V。

    A. $\sqrt{3}$　　　　　　B. 3　　　　　　　C. 9　　　　　　　D. $1/\sqrt{3}$

7. 现场可用模拟两相短路的方法（单相电压法）对负序电压继电器的动作电压进行调整试验，继电器整定电压为负序相电压 U_{op2}，如果在 A 和 BC 间施加单相电压 U_{op} 时继电器动作，则 $U_{op2}=U_{op}/$（D）。

    A. 1　　　　　　　B. $\sqrt{3}$　　　　　　C. 2　　　　　　　D. 3

8. 电动机过流保护电流互感器往往采用两相差接法接线，则电流的接线系数为（B）。

    A. 1　　　　　　　B. $\sqrt{3}$　　　　　　C. 2　　　　　　　D. $1/\sqrt{3}$

9. 某变电站电压互感器的开口三角形侧 V 相接反，则正常运行时，如一次侧运行电压为 110kV，开口三角形的输出为（C）。

    A. 0V　　　　　　B. 100V　　　　　C. 200V　　　　　D. 220V

10. 二次电缆相阻抗为 ZL，继电器阻抗忽略，为减小电流互感器二次负担，它的二次绕组应接成星形。因为在发生相间故障时，TA 二次绕组接成三角形是接成星形负担的（C）倍。

    A. 2   B. 1/2   C. 3   D. $\sqrt{3}$

11. YNynd 接线的三相五柱式电压互感器用于中性点非直接接地电网中，其变比为（A）。

    A. $\dfrac{U_N}{\sqrt{3}} \Big/ \dfrac{100}{\sqrt{3}} \Big/ \dfrac{100}{\sqrt{3}}\text{V}$ B. $\dfrac{U_N}{\sqrt{3}} \Big/ \dfrac{100}{\sqrt{3}} \Big/ 100\text{V}$

    C. $\dfrac{U_N}{\sqrt{3}} \Big/ 100 \Big/ \dfrac{100}{\sqrt{3}}\text{V}$ D. $\dfrac{U_N}{\sqrt{3}} \Big/ 100 \Big/ 100\text{V}$

12. 电流互感器本身造成的测量误差是由于有励磁电流存在，其角度误差是励磁支路呈现为（C）使电流有不同相位，造成角度误差。

    A. 电阻性   B. 电容性

    C. 电感性   D. 以上都可能

13. 下列对 DKB（电抗变换器）和 TA（电流互感器）的表述，哪项是正确的？（B）

    A. DKB 励磁电流大，二次负载大，为开路状态；TA 励磁电流大，二次负载大，为开路状态

    B. DKB 励磁电流大，二次负载大，为开路状态；TA 励磁电流小，二次负载小，为短路状态

    C. DKB 励磁电流小，二次负载小，为短路状态；TA 励磁电流大，二次负载大，为开路状态

    D. DKB 励磁电流小，二次负载小，为短路状态；TA 励磁电流大，二次负载大，为短路状态

14. 装于同一相且变比相同、容量相同的电流互感器，在二次绕组串联使用时（C）。

    A. 容量和变比都增加一倍   B. 变比增加一倍容量不变

    C. 变比不变容量增加一倍   D. 容量增加一倍变比不变

15. 按躲负荷电流整定的线路过流保护，在正常负荷电流下，由于电流互感器的极性接反而可能误动的接线方式为（C）。

    A. 三相三继电器式完全星形接线

    B. 两相两继电器式不完全星形接线

    C. 两相三继电器式不完全星形接线

    D. 以上均可能

16. 以下说法正确的是（B）。

    A. 电流互感器和电压互感器二次均可以开路

    B. 电流互感器二次可以短路但不得开路，电压互感器二次可以开路但不得短路

    C. 电流互感器和电压互感器二次均不可以短路

    D. 电流互感器和电压互感器二次均可以短路

17. 电抗变压器是（C）。

    A. 把输入电流转换成输出电流的中间转换装置

    B. 把输入电压转换成输出电压的中间转换装置

C. 把输入电流转换成输出电压的中间转换装置

D. 把输入电压转换成输出电流的中间转换装置

18. 暂态型电流互感器分为（ C ）。

A. A、B、C、D   B. 0.5、1.0、1.5、2.0

C. TPS、TPX、TPY、TPZU D. 以上均不对

19. 电流互感器二次回路接地点的正确设置方式是（ D ）。

A. 每只电流互感器二次回路必须有一个单独的接地点

B. 所有电流互感器二次回路接地点均设置在电流互感器端子箱内

C. 每只电流互感器二次回路可以有多个接地点

D. 电流互感器的二次侧只允许有一个接地点，对于多组电流互感器相互有联系的二次回路接地点应设在保护盘上

20. 如果将 TV 的 $3U_0$ 回路短接，则在系统发生单相接地故障时，（ A ）。

A. 会对 TV 二次的三个相电压都产生影响，其中故障相电压将高于实际的故障相电压

B. 不会对 TV 二次的相电压产生影响

C. 只会对 TV 二次的故障相电压都产生影响，使其高于实际的故障相电压

D. 以上均不对

21. 电流互感器装有小瓷套的一次端子应放在（ A ）侧。

A. 母线   B. 线路   C. 任意   D. 变压器

22. 当电流互感器二次绕组采用同相两只同型号电流互感器并联接线时，所允许的二次负载与采用一只电流互感器相比（ B ）。

A. 增大一倍   B. 减小一倍   C. 无变化   D. 以上均不对

23. 在中性点不接地系统中，电压互感器的变比为，$10.5kV/\sqrt{3}/100V/\sqrt{3}/100V/3$ 互感器一次端子发生单相金属性接地故障时，第三绕组（开口三角）的电压为（ A ）。

A. 100V   B. $100V/\sqrt{3}$ C. 300V   D. $100/\sqrt{3}V$

24. 为相量分析简便，电流互感器一、二次电流相量的正向定义应取（ B ）标注。

A. 加极性   B. 减极性   C. 均可   D. 均不可

25. 在继电保护中，通常用电抗变压器或中间小 TA 将电流转换成与之成正比的电压信号。两者的特点是（ A ）。

A. 电抗变压器具有隔直（即滤去直流）作用，对高次谐波有放大作用，小 TA 则不然

B. 小 TA 具有隔直作用，对高次谐波有放大作用，电抗变压器则不然

C. 小 TA 没有隔直作用，对高次谐波有放大作用，电抗变压器则不然

D. 以上均不对

26. 电流互感器是（ A ）。

A. 电流源，内阻视为无穷大   B. 电压源，内阻视为零

C. 电流源，内阻视为零   D. 电压源，内阻视为无穷大

27. 二次回路绝缘电阻测定，一般情况下用（ B ）V 绝缘电阻表进行。

A. 500　　　　　B. 1000　　　　　C. 2000　　　　　D. 2500

28. 在电压回路最大负荷时，保护和自动装置的电压降不得超过其额定电压的 （ B ）。

A. 2%　　　　　B. 3%　　　　　C. 5%　　　　　D. 10%

29. 双母线系统的两组电压互感器二次回路采用自动切换的接线，切换继电器的触点 （ C ）。

A. 应采用同步接通与断开的接点　　　B. 应采用先断开，后接通的接点

C. 应采用先接通，后断开的接点　　　D. 对接点的断开顺序不作要求

30. 在保护和测量仪表中，电流回路的导线截面不应小于 （ C ）。

A. 1.0mm²　　　B. 1.5mm²　　　C. 2.5mm²　　　D. 4.0mm²

31. 承受工频耐压试验 1000V 的回路有 （ C ）。

A. 交流电压回路对地

B. 110V 或 220V 直流回路对地

C. 110V 或 220V 直流回路各对触点对地

D. 交流电流回路对地

32. 高压开关控制回路中防跳继电器的动作电流应小于开关跳闸电流的 （ A ），线圈压降应小于 10% 额定电压。

A. 1/2　　　　　B. 1/3　　　　　C. 1/5　　　　　D. 1/10

33. 断路器在跳合闸时，跳合闸线圈要有足够的电压才能够保证可靠跳合闸，因此，跳合闸线圈的电压降均不小于电源电压的 （ C ） 才为合格。

A. 70%　　　　　B. 80%　　　　　C. 90%　　　　　D. 95%

34. 测量绝缘电阻时，应在绝缘电阻表 （ D ） 读取绝缘电阻的数值。

A. 转速上升时的某一时刻

B. 达到 50% 额定转速，待指针稳定后

C. 达到 75% 额定转速，待指针稳定后

D. 达到额定转速，待指针稳定后

35. 监视 220V 直流回路绝缘状态所用直流电压表计的内阻不小于 （ C ）。

A. 10kΩ　　　　B. 15kΩ　　　　C. 20kΩ　　　　D. 30kΩ

36. 在操作箱中，关于断路器位置继电器线圈正确的接法是 （ B ）。

A. TWJ 在跳闸回路中，HWJ 在合闸回路中

B. TWJ 在合闸回路中，HWJ 在跳闸回路中

C. TWJ、HWJ 均在跳闸回路中

D. TWJ、HWJ 均在合闸回路中

37. 二次回路铜芯控制电缆按机械强度要求，连接强电端子的芯线最小截面为 （ A ）。

A. 1.5mm²　　　B. 2.5mm²　　　C. 0.5mm²　　　D. 4mm²

38. 发电厂和变电站应采用铜芯控制电缆和导线，弱电控制回路的截面不应小于 （ C ）。

A. 1.5mm²　　　B. 2.5mm²　　　C. 0.5mm²　　　D. 4mm²

39. 电流起动的防跳继电器，其电流线圈额定电流的选择应与断路器跳闸线圈的额定电流相配合，并保证动作的灵敏系数不小于 （ C ）。

A. 1.5　　　　　B. 1.8　　　　　C. 2.0　　　　　D. 3.0

40. 为防止外部回路短路造成电压互感器的损坏，（B）中应装有熔断器或自动开关。

A. 电压互感器开口三角的 L 端   B. 电压互感器开口三角的试验线引出端

C. 电压互感器开口三角的 N 端   D. 以上均不对

41. 芯线截面为 $4mm^2$ 的控制电缆，其电缆芯数不宜超过 （A）芯。

A. 10   B. 14   C. 6   D. 4

42. 在运行的 TA 二次回路工作时，为了人身安全，应（C）。

A. 使用绝缘工具，戴手套

B. 使用绝缘工具，并站在绝缘垫上

C. 使用绝缘工具，站在绝缘垫上，必须有专人监护

D. 随意站立

43. 某 110kV 系统最大短路电流为 20kA，线路最大负荷为 800A，为保证保护正确动作的最佳 TA 选择为 （B）。

A. 600/5 10P20   B. 1000/5 10P20

C. 500/1 10P40   D. 1000/1 10P10

44. 由三只电流互感器组成的零序电流接线，在负荷电流对称的情况下有一组互感器二次侧断线，流过零序电流继电器的电流是（C）倍负荷电流。

A. 3   B. $\sqrt{3}$ C. 1   D. $1/\sqrt{3}$

45. 当直流母线电压为 85% 额定电压时，加于跳、合闸位置继电器的电压不应小于其额定电压的 （C）。

A. 0.5   B. 0.6   C. 0.7   D. 0.8

46. 保护用电抗变压器要求二次负载阻抗 （A）。

A. 大   B. 小   C. 无所谓   D. 以上均不对

47. 对负序电压元件进行试验时，采用单相电压做试验电源，短接 VW 相电压输入端子，在 U 相与 VW 相电压端子间通入 12V 电压，相当于对该元件通入 （A）的负序电压。

A. 4V/相   B. $4\sqrt{3}V/相$ C. $2\sqrt{3}V/相$ D. $\sqrt{3}V/相$

48. 如果运行中的电流互感器二次开路，互感器就成为一个带铁芯的电抗器。一次绕组中的电压降等于铁芯磁通在该绕组中引起的电动势，铁芯磁通由一次电流所决定，因而一次压降会增大。根据铁芯上绕组各匝感应电动势相等的原理，二次绕组 （B）。

A. 产生很高的工频高压   B. 产生很高的尖顶波高压

C. 不会产生工频高压   D. 不会产生尖顶波高压

49. 直流电源监视继电器应装设在该回路配线的 （C）。

A. 前端（靠近熔丝）   B. 中间

C. 尾端   D. 任意

50. 二次回路的工作电压不应超过 （C）。

A. 220V   B. 380V   C. 500V   D. 1000V

51. 保护装置绝缘测试过程中，任一被试回路施加试验电压时，（C）等电位互连地。

A. 被试回路   B. 直流回路   C. 其余回路   D. 交流回路

52. 为了减小两点间的地电位差，二次回路的接地点应当离一次接地点有不小于 （C）m

的距离。

      A. 1～3   B. 2～4   C. 3～5   D. 4～6

53. 一般规定在电容式电压互感器安装处发生短路故障一次电压降为零时，二次电压要求（B）ms 内下降到 10% 以下。

      A. 10   B. 20   C. 30   D. 50

54. 电流互感器及电压互感器的一、二次绕组都设置了屏蔽以降低绕组间的（C）。

      A. 杂散耦合   B. 传导耦合   C. 电容耦合   D. 间接耦合

55. 电流互感器在铁芯中引入大气隙后，可以（C）电流互感器到达饱和的时间。

      A. 瞬时到达   B. 缩短   C. 延长   D. 没有影响

56. 关于电压互感器和电流互感器二次接地正确的说法是（D）。

      A. 电压互感器二次接地属保护接地，电流互感器属工作接地

      B. 电压互感器二次接地属工作接地，电流互感器属保护接地

      C. 均属工作接地

      D. 均属保护接地

    说明：保护接地是防止一、二次绝缘损坏击穿，高电压窜到二次侧，对人身和设备造成危害。工作接地是指互感器工作原理的需要，保证正确传变。

57. 微机保护的整组试验是指（B）。

      A. 用专用的模拟试验装置进行试验

      B. 由端子排通入与故障情况相符的电流、电压模拟量进行试验

      C. 用卡接点和通入电流、电压模拟量进行试验

      D. 以上均不对

58. 整组试验允许用（C）的方法进行。

      A. 保护试验按钮、试验插件或启动微机保护

      B. 短接接点、手按继电器等

      C. 从端子排上通入电流、电压模拟各种故障，保护处于投入运行完全相同的状态

      D. 以上均不对

59. 在电流互感器二次回路进行短路接线时，应用短路片或导线联接，运行中的电流互感器短路后，应仍有可靠的接地点，对短路后失去接地点的接线应有临时接地线（A）。

      A. 但在一个回路中禁止有两个接地点

      B. 且可以有两个接地点

      C. 可以没有接地点

      D. 以上均不对

60. 按"继电保护检验条例"，对于超高压的电网保护，直接作用于断路器跳闸的中间继电器，其动作时间应小于（A）。

      A. 10ms   B. 15ms   C. 5ms   D. 20ms

61. 继电保护设备、控制屏端子排上所接导线的截面不宜超过（C）。

      A. 4mm^2 B. 8mm^2 C. 6mm^2 D. 1.5mm^2

62. 来自电压互感器二次侧的四根开关场引入线（U_U、U_V、U_W、U_N）和电压互感器三

次侧的两根开关场引入线（开口三角侧的 U_L、U_N）中的两个零相电缆线 U_N 应按方式（B）接至保护屏。

    A. 在开关场并接在一起后，合成一根后引至控制室，并在控制室接地后

    B. 必须分别引至控制室，并在控制室一点接地后

    C. 三次侧的 U_N 在开关场就地接地，仅将二次侧的 U_N 引至控制室，并在控制室接地后

    D. 以上均不对

63. 经控制室 N600 连通的几组电压互感器二次回路，应在控制室将 N600 接地，其中用于取得同期电压的线路电压抽取装置的二次（C）在开关场另行接地。

    A. 应   B. 宜   C. 不得   D. 可以

64. 在直流回路中，为了降低中间继电器在线圈断电时，对直流回路产生过电压的影响，可采取在中间继电器线圈两端（B）。

    A. 并联"一反向二极管"的方式

    B. 并联"一反向二极管串电阻"的方式

    C. 并联"一只容量适当的电容器"的方式

    D. 以上均不对

65. 一套独立保护装置在不同的保护屏上，其直流电源必须从（A）。

    A. 由同一专用端子对取得正、负直流电源

    B. 由出口继电器屏上的专用端子对取得正、负直流电源

    C. 在各自的安装保护屏上的专用端子对取得正、负直流电源

    D. 以上均不对

66. 为防止启动中间继电器的触点返回（断开）时，中间继电器线圈所产生的反电势，中间继电器线圈两端并联"二极管串电阻"。当直流电源电压为 110～220V 时，其中电阻值应选取为（C）。

    A. 10～30Ω   B. 1000～2000Ω

    C. 250～300Ω   D. 150～200Ω

67. 对采用单相重合闸的线路，当发生永久性单相接地故障时，保护及重合闸的动作顺序为（B）。

    A. 三相跳闸不重合

    B. 单相跳闸，重合单相，后加速跳三相

    C. 三相跳闸，重合三相，后加速跳三相

    D. 选跳故障相，瞬时重合单相，后加速跳三相

68. 单侧电源线路的自动重合闸必须在故障切除后，经一定时间间隔才允许发出合闸脉冲，这是因为（C）。

    A. 需与保护配合   B. 防止多次重合

    C. 故障点去游离需一定时间   D. 以上均不对

69. 保护动作至发出跳闸脉冲 40ms，断路器跳开时间 60ms，重合闸时间继电器整定 0.8s，开关合闸时间 100ms，从事故发生至故障相恢复电压的时间为（B）。

A. 0.94s　　　　　B. 1.0s　　　　　C. 0.96s　　　　　D. 1.06s

70. 电压互感器二次侧一相电压为零，另两相不变，线电压两个降低，另一个不变，说明（B）。

　　A. 二次侧两相熔断器断　　　　　　　B. 二次侧一相熔断器断

　　C. 一次侧一相熔断器断　　　　　　　D. 一次侧两相熔断器断

71. 电流保护采用不完全星形接线方式，当遇有 Yd11 接线变压器时，可在保护 TA 的公共线上再接一个继电器，其作用是为了提高保护的（C）。

　　A. 选择性　　　　　B. 速动性　　　　　C. 灵敏性　　　　　D. 可靠性

72. 在 20kV 中性点经消弧线圈接地的系统中，母线电压互感器变比为（C）。

　　A. $\dfrac{U_N}{\sqrt{3}}\Big/\dfrac{100}{\sqrt{3}}\Big/100V$　　　　　　　　　B. $\dfrac{U_N}{\sqrt{3}}\Big/\dfrac{100}{\sqrt{3}}\Big/\dfrac{100}{\sqrt{3}}V$

　　C. $\dfrac{U_N}{\sqrt{3}}\Big/\dfrac{100}{\sqrt{3}}\Big/\dfrac{100}{3}V$　　　　　　　　　D. $U_N/100\Big/\dfrac{100}{3}V$

73. 在 20kV 中性点经小电阻接地的系统中，母线电压互感器变比为（A）。

　　A. $\dfrac{U_N}{\sqrt{3}}\Big/\dfrac{100}{\sqrt{3}}\Big/100V$　　　　　　　　　B. $\dfrac{U_N}{\sqrt{3}}\Big/\dfrac{100}{\sqrt{3}}\Big/\dfrac{100}{\sqrt{3}}V$

　　C. $\dfrac{U_N}{\sqrt{3}}\Big/\dfrac{100}{\sqrt{3}}\Big/\dfrac{100}{3}V$　　　　　　　　　D. $U_N/100\Big/\dfrac{100}{3}V$

74. 某变电站电压互感器的开口三角形侧 V 相接反，则正常运行时，如一次侧运行电压为 10kV，开口三角形的输出为（D）。

　　A. 0V　　　　　B. 100V　　　　　C. 200V　　　　　D. 67V

75. 下列保护中，属于后备保护的是（D）。

　　A. 变压器差动保护　　　　　　　　　B. 瓦斯保护

　　C. 高频闭锁零序保护　　　　　　　　D. 断路器失灵保护

76. 电力系统的中性点直接接到接地装置上，这种接地叫做（D）。

　　A. 保护接地　　　　　B. 安全接地　　　　　C. 防雷接地　　　　　D. 工作接地

77. 电力系统运行时的电流互感器，同样大小电阻负载采用（B）接线方式时 TA 的负载较大。

　　A. 三角形　　　　　B. 星形　　　　　C. 一样　　　　　D. 不确定

78. 电力系统运行时的电压互感器，同样大小电阻采用（A）接线方式时 TV 的负载较大。

　　A. 三角形　　　　　B. 星形　　　　　C. 一样　　　　　D. 不确定

79. 电容式和电磁式电压互感器比较，其暂态特性是（C）。

　　A. 两者差不多　　　　　　　　　　　B. 电容式好

　　C. 电磁式好　　　　　　　　　　　　D. 不确定

80. 电压互感器的负载电阻越大，则电压互感器的负载（B）。

　　A. 越大　　　　　B. 越小　　　　　C. 不变　　　　　D. 不定

81. 容量为 30VA 的 10P20 电流互感器，二次额定电流为 5A，当二次负载小于 1.2Ω

时，允许的最大短路电流倍数为（ D ）。

    A. 小于 10 倍   B. 小于 20 倍   C. 等于 20 倍   D. 大于 20 倍

82. 一台二次额定电流为 5A 的电流互感器，其额定容量是 30VA，二次负载阻抗不超过（ A ）才能保证准确等级。

    A. 1.2Ω B. 1.5Ω C. 2Ω D. 6Ω

83. 三相并联电抗器可以装设纵差保护，但该保护不能保护电抗器的故障类型是（ B ）。

    A. 两相接地短路   B. 匝间短路

    C. 三相短路   D. 两相短路

84. 基于零序方向原理的小电流接地选线继电器的方向特性，对于无消弧线圈和有消弧线圈过补偿的系统，如方向继电器按正极性接入电压，电流按流向线路为正，对于故障线路零序电压超前零序电流的角度是（ D ）。

    A. 均为 $+90°$

    B. 均为 $-90°$

    C. 无消弧线圈为 $-90°$，有消弧线圈为 $+90°$

    D. 无消弧线圈为 $+90°$，有消弧线圈为 $-90°$

85. 加入三相对称正序电流检查某一负序电流保护的动作电流时，分别用断开一相电流、两相电流、交换两相电流的输入端子方法进行校验，得到的动作值之比是（ A ）。

    A. $1:1:1/3$ B. $1:1/2:1/3$

    C. $1/3:1/2:1$ D. $1:1:3$

86. 对 BP－2B 母差保护装置，关于差动保护出口回路和失灵保护跳闸出口回路，说法正确的是（ A ）。

    A. 每个单元的差动保护出口与失灵保护出口均合用一个出口回路

    B. 每个单元的差动保护出口与失灵保护出口各使用一个出口回路

    C. 母联（分段）单元的差动保护出口与失灵保护出口均合用一个出口回路，其他单元的差动保护出口与失灵保护出口各使用一个出口回路

    D. 母联（分段）单元的差动保护出口与失灵保护出口各使用一个出口回路，其他单元的差动保护出口与失灵保护出口均合用一个出口回路

87. 一次主接线方式为（ C ）时，母线电流差动保护无需电压闭锁元件。

    A. 双母单分段接线   B. 单母线分段接线

    C. 3/2 接线   D. 双母双分段接线

88. 如果保护设备与通信设备间采用电缆连接，应使用层间相互绝缘的双屏蔽电缆，正确的做法是（ A ）。

    A. 电缆的外屏蔽层在两端分别连接于继电保护安全接地网，内屏蔽层应单端接于继电保护安全接地网

    B. 电缆的内屏蔽层在两端分别连接于继电保护安全接地网，外屏蔽层应单端接于继电保护安全接地网

    C. 电缆的内屏蔽层在两端分别连接于继电保护安全接地网，外屏蔽层两端悬浮

    D. 电缆的外屏蔽层在两端分别连接于继电保护安全接地网，内屏蔽层两端悬浮

89. 保护屏上的专用接地铜排的截面不得小于（ A ）mm²。

    A. 100   B. 70   C. 25   D. 50

90. 双母线接线系统中，采用隔离开关辅助接点启动继电器实现电压自动切换的作用是（ D ）。

    A. 避免两组母线 TV 二次侧误并列

    B. 防止 TV 二次侧向一次系统反充电

    C. 避免电压二次回路短时停电

    D. 减少运行人员手动切换电压的工作量，并使保护装置的二次电压回路随主接线一起进行切换，避免电压回路一、二次不对应造成保护误动或拒动

91. 电力系统短路故障，由于一次电流过大，电流互感器发生饱和，从故障发生到出现电流互感器饱和，称 TA 饱和时间 t_{sat}，下列说法正确的是（ B ）。

    A. 减少 TA 二次负载阻抗使 t_{sat} 减小

    B. 减少 TA 二次负载阻抗使 t_{sat} 增大

    C. t_{sat} 与短路故障前的电压相角无关

    D. t_{sat} 与 TA 二次负载阻抗无关

92. 电流互感器装有小瓷套的一次端子应放在（ A ）侧。

    A. L_1（P_1）母线侧   B. L_2（P_2）母线侧

    C. L_1（P_1）线路侧   D. 以上均不对

93. 电流互感器的完全星形接线，在运行中（ D ）。

    A. 不能反映所有的接地   B. 对相间故障反映不灵敏

    C. 对反映单相接地故障灵敏   D. 能够反映所有的故障

94. 对于反映电流值动作的串联信号继电器，其压降不得超过工作电压的（ B ）。

    A. 5%   B. 10%   C. 15%   D. 20%

95. 用实测法测定线路的零序参数，假设试验时无零序干扰电压，电流表读数为20A，电压表读数为20V，瓦特表读数为137W，零序阻抗的计算值为（ B ）。

    A. （0.34＋j0.94）Ω   B. （1.03＋j2.82）Ω

    C. （2.06＋j5.64）Ω   D. （2.06＋j2.82）Ω

96. 在电流互感器二次回路的接地线上（ A ）安装有开断可能的设备。

    A. 不应   B. 应   C. 必要时可以   D. 以上均不对

97. 所谓继电器常开接点是指（ C ）。

    A. 正常时接点断开

    B. 继电器线圈带电时接点断开

    C. 继电器线圈不带电时接点断开

    D. 短路时接点断开

98. 检查微机型保护回路及整定值的正确性（ C ）。

    A. 可采用打印定值和键盘传动相结合的方法

    B. 可采用检查 VFC 模数变换系统和键盘传动相结合的方法

    C. 只能用由电流电压端子通入与故障情况相符的模拟量，保护装置处于与投入运

行完全相同状态的整组试验方法

    D. 以上均不对

99. 在正常负荷电流下，流入电流保护测量元件的电流，以下描述正确的是（ B ）。

    A. 电流互感器接成星型时为 $\sqrt{3}I_\phi$

    B. 电流互感器接成三角形接线时为 $\sqrt{3}I_\phi$

    C. 电流互感器接成两相差接时为 0

    D. 电流互感器接成星型时为 0

100. 在保护检验工作完毕后、投入出口压板之前，通常用万用表测量跳闸压板电位，当开关在合闸位置时，正确的状态应该是（ C ）（直流系统为 220V）。

    A. 压板下口对地为 +110V 左右，上口对地为 −110V 左右

    B. 压板下口对地为 +110V 左右，上口对地为 0V 左右

    C. 压板下口对地为 0V，上口对地为 −110V 左右

    D. 压板下口对地为 +220V 左右，上口对地为 0V

101. 对二次回路保安接地的要求是（ C ）。

    A. TV 二次只能有一个接地点，接地点位置宜在 TV 安装处

    B. 主设备差动保护各侧 TA 二次只能有一个公共接地点，接地点宜在 TA 端子箱

    C. 发电机中性点 TV 二次只能有一个接地点，接地点应在保护盘上

    D. 以上均不对

102. 以下说法不正确的是（ ACD ）。

    A. 电流互感器和电压互感器二次均可以开路

    B. 电流互感器二次可以短路但不得开路，电压互感器二次可以开路但不得短路

    C. 电流互感器和电压互感器二次均不可以短路

    D. 电流互感器二次可以开路但不得短路，电压互感器二次可以短路但不得开路

103. RCS901 采用母线 TV 时，保护装置交流二次电压断线的判据是（ BD ）。

    A. 保护起动，三相电压向量和大于 8V

    B. 保护不起动，三相电压向量和大于 8V

    C. 保护起动，正序电压小于 33V 时，TWJ 不动作

    D. 保护不起动，正序电压小于 33V 时，当任一相有流元件动作

104. 以下为 RCS 901 保护装置线路电压断线的判据是（ AC ）。

    A. TWJ 不动作时，检查输入的线路电压小于 40V

    B. HWJ 不动作时，检查输入的线路电压小于 40V

    C. 线路有流时，检查输入的线路电压小于 40V

    D. 线路无流时，检查输入的线路电压小于 40V

105. 以下为 RCS931 保护装置交流二次电流断线的判据是（ ABC ）。

    A. 自产零序电流小于 0.75 倍的外接零序电流，延时 200ms 发 TA 断线异常信号

    B. 外接零序电流小于 0.75 倍的自产零序电流，延时 200ms 发 TA 断线异常信号

    C. 有自产零序电流而无零序电压，则延时 10s 发 TA 断线异常信号

    D. 有自产零序电流而有零序电压，则延时 10s 发 TA 断线异常信号

106. 以下不属于微机保护装置的判断控制回路断线的判据为（ ABD ）。

    A. TWJ 不动作，经 500ms 延时报控制回路断线

    B. HWJ 不动作，经 500ms 延时报控制回路断线

    C. TWJ 和 HWJ 均不动作，经 500ms 延时报控制回路断线

    D. TWJ 和 HWJ 均动作，经 500ms 延时报控制回路断线

107. 发生直流两点接地时，以下可能的后果是（ ABCD ）。

    A. 可能造成断路器误跳闸   B. 可能造成熔丝熔断

    C. 可能造成断路器拒动   D. 可能造成保护装置拒动

108. 以下属于直流系统接地危害的是（ ABCD ）。

    A. 直流系统两点接地有可能造成保护装置及二次回路误动

    B. 直流系统两点接地有可能使得保护装置及二次回路在系统发生故障时拒动

    C. 直流系统正、负极间短路有可能使得直流保险熔断

    D. 直流系统一点接地时，如交流系统也发生接地故障，则可能对保护装置形成干扰，严重时会导致保护装置误动作

109. 某双母线接线形式的变电站，每一母线上配有一组电压互感器，母联开关在合入状态，该站某出线出口发生接地故障后，查阅录波图发现：无故障时两组 TV 对应相的二次电压相等，故障时两组 TV 对应相的二次电压很大不同，以下可能的原因是（ AB ）。

    A. TV 二次存在两个接地点   B. TV 三次回路被短接

    C. TV 损坏   D. TV 二、三次中性线未分开接地

110. 某变电站有两套相互独立的直流系统，同时出现了直流接地告警信号，其中，第一组直流电源为正极接地；第二组直流电源为负极接地。现场利用拉、合直流保险的方法检查直流接地情况时发现：在当断开某断路器（该断路器具有两组跳闸线圈）的任一控制电源时，两套直流电源系统的直流接地信号又同时消失，以下说法正确的是（ ABCD ）。

    A. 因为任意断开一组直流电源接地现象消失，所以直流系统可能没有接地

    B. 第一组直流系统的正极与第二组直流系统的负极短接或相反

    C. 两组直流短接后形成一个端电压为 440V 的电池组，中点对地电压为零

    D. 每一组直流系统的绝缘监察装置均有一个接地点，短接后直流系统中存在两个接地点；故一组直流系统的绝缘监察装置判断为正极接地；另一组直流系统的绝缘监察装置判断为负极接地

二、判断题

1. 断路器的"跳跃"现象一般是在跳闸、合闸回路同时接通时才发生，"防跳"回路设置是将断路器闭锁到跳闸位置。（ √ ）

2. 国产操作箱中跳跃闭锁继电器 TBJ 的电流起动线圈的额定电流，应根据合闸线圈的动作电流来选择，并要求其灵敏度高于合闸线圈的灵敏度。（ × ）

3. 开关液压机构在压力下降过程中，依次发压力降低闭锁重合闸、压力降低闭锁合闸、压力降低闭锁跳闸信号。（ √ ）

4. 电压互感器二次输出回路 U、V、W、N 相均应装设熔断器或自动小开关。（ × ）

5. 安装在电缆上的零序电流互感器，电缆的屏蔽引线应穿过零序电流互感器接地。（ √ ）

6. 在电压互感器二次回路中，均应装设熔断器或自动开关。（ × ）

7. 接线系数是继电保护整定计算中的重要参数，对各种电流保护测量元件动作值的计算都要考虑接线系数，它是通过继电器的电流与电流互感器的二次电流之比。（ √ ）

8. 二次回路标号一般采用数字或数字和文字的组合，表明了回路的性质和用途。（ √ ）

9. 二次回路标号的基本原则是：凡是各设备间要用控制电缆经端子排进行联系的，都要按回路原则进行标号。（ √ ）

10. 开关防跳回路如果出现问题，有可能会引起系统稳定破坏事故。（ √ ）

11. 继电保护装置的跳闸出口接点，必须在开关确实跳开后才能返回，否则，该接点会由于断弧而烧毁。（ × ）

12. 断路器的防跳回路的作用是：防止断路器在无故障的情况下误跳闸。（ × ）

13. 当保护装置出现异常，经调度允许将该保护装置退出运行时，必须将该保护装置的跳闸压板和启动失灵压板同时退出。（ √ ）

14. 操作箱面板的跳闸信号灯应在保护动作跳闸时点亮、在手动跳闸时不亮。（ √ ）

15. 母线差动及断路器失灵保护，允许用导通方法分别证实到每个断路器接线的正确性。（ √ ）

16. 定期检查时可用绝缘电阻表检验金属氧化物避雷器的工作状态是否正常。一般当用 1000V 绝缘电阻表时，金属氧化物避雷器不应击穿；而用 2500V 绝缘电阻表时，则应可靠击穿。（ √ ）

17. 二次回路中电缆芯线和导线截面的选择原则是：只需满足电气性能的要求；在电压和操作回路中，应按允许的压降选择电缆芯线或电缆芯线的截面。（ × ）

18. 在电压互感器二次回路通电试验时，为防止由二次侧向一次侧反充电，将二次回路断开即可。（ × ）

19. 双母线系统中电压切换的作用是为了保证二次电压与一次电压的对应。（ √ ）

20. 为满足保护装置灵敏性要求，必须同时满足灵敏度和动作时限相互配合的要求，即要满足双配合。（ × ）

21. 对于在接线图中不经过端子而在屏内直接连接的回路，可不进行二次回路标号。（ √ ）

22. 为防止寄生回路，电源回路在屏内配线应首尾成环。（ √ ）

23. 防跳继电器的保持接点应串在正电源与电流线圈之间。（ √ ）

24. 电流互感器二次接成三角形比接成完全星型的负载能力强。（ × ）

25. 电流互感器一次侧串联时变比比一次侧并联时大一倍（二次分接头相同）。（ × ）

26. 电流互感器变比越小，其励磁阻抗越大，运行的二次负载越小。（ × ）

27. 交流电流二次回路使用中间变流器时，采用降流方式互感器的二次负载小。（ √ ）

28. 传输远方跳闸信号的通道，在新安装或更换设备后应测试其通道传输时间。采用允许式信号的纵联保护，除了测试通道传输时间，还应测试"允许跳闸"信号的返回时间。（ √ ）

29. 电流互感器二次绕组采用不完全星形接线时接线系数为 1。（ √ ）

30. 在高压端与地短路情况下，电容式电压互感器二次电压峰值应在额定频率的 2 个周波内衰减到低于短路前电压峰值的 10%，称之为电容式电压互感器的"暂态响应"。（ × ）

31. 电流互感器饱和后线性变差，在一次故障电流波形过零点时，饱和电流互感器不能线性传递一次电流。　　　　　　　　　　　　　　　　　　　　　　　　　　（ × ）

32. 电磁型电流互感器电气性能主要缺点是大电流时容易饱和、暂态特性差。　（ √ ）

33. 电容式电压互感器稳态工作特性与电磁式电压互感器基本相同，但暂态特性差、有铁磁谐振问题。　　　　　　　　　　　　　　　　　　　　　　　　　　　（ × ）

34. 电抗互感器二次电压滞后一次电流 $90°$，其大小与一次电流成正比。　　　（ × ）

35. 断路器位置不对应时应发出事故报警信号。　　　　　　　　　　　　　　（ √ ）

36. 同型号、同变比的电流互感器，二次绕组接成三角形比接成星形所允许的二次负荷要小。　　　　　　　　　　　　　　　　　　　　　　　　　　　　　　　（ √ ）

37. 设 K 为电流互感器的变化，无论电流互感器是否饱和，其一次电流 I_1 与二次电流 I_2 始终保持 $I_2 = I_1/K$ 的关系。　　　　　　　　　　　　　　　　　　　　（ × ）

38. 电流互感器因二次负载大，误差超过 10% 时，可将两组同级别、同型号、同变比的电流互感器二次串联，以降低电流互感器的负载。　　　　　　　　　　　　（ √ ）

39. P 级电流互感器的暂态特性欠佳，在外部短路时会产生较大的差流。为此，特性呈分段式的比率制动式差动继电器抬高了制动系数的取值。同理，继电器的最小动作电流定值也该相应抬高。　　　　　　　　　　　　　　　　　　　　　　　　　（ × ）

40. 电流互感器的一次电流与二次侧负载无关，而变压器的一次电流随着二次侧的负载变化而变化。　　　　　　　　　　　　　　　　　　　　　　　　　　　（ √ ）

41. 电流互感器容量大表示其二次负载阻抗允许值大。　　　　　　　　　　　（ √ ）

42. P 级电流互感器 10% 误差是指额定负载情况下的最大允许误差。　　　　（ × ）

43. 在电压互感器开口三角绕组输出端不应装熔断器，而应装设自动开关，以便开关跳开时发信号。　　　　　　　　　　　　　　　　　　　　　　　　　　　（ × ）

44. 电流互感器变比越大，二次开路电压越大。　　　　　　　　　　　　　　（ √ ）

45. 电流互感器内阻很大，为电流源，严禁其二次开路。　　　　　　　　　　（ √ ）

46. 对于 TA 二次侧结成三角形接线的情况（如主变差动保护）因为没有 N 相，所以二次侧无法接地。　　　　　　　　　　　　　　　　　　　　　　　　　　（ × ）

47. 10kV 保护做传动试验时，有时出现烧毁继电器触点的现象，这是由于继电器触点断弧容量小造成的。　　　　　　　　　　　　　　　　　　　　　　　　　（ × ）

48. 微机保护电压互感器二次三次回路开关场至保护小室的接地相电缆芯应分开。（ √ ）

49. 继电保护要求所用的电流互感器的暂态变比误差不应大于 10%。　　　　（ × ）

50. 交流电流二次回路使用中间变流器时，采用降流方式互感器的二次负载小。（ √ ）

51. 断路器的跳闸时间，合闸时间大于规定值而又无法调整时，应及时通知继电保护整定计算部门。　　　　　　　　　　　　　　　　　　　　　　　　　　　（ √ ）

52. 减少电压互感器的负荷电流能减少电压互感器的误差。　　　　　　　　　（ √ ）

53. 为保证安全，母线差动保护装置中各元件的电流互感器二次侧应分别接地。（ × ）

54. 电流互感器二次侧标有的 5P10，表示的含义是在 5 倍额定电流下，二次误差在 10% 之内。　　　　　　　　　　　　　　　　　　　　　　　　　　　　　　　（ × ）

55. 对设有可靠稳压装置的厂站直流系统，经确认稳压性能可靠后，进行整组试验时，

应按额定电压进行。 (√)

56. 母差保护在电流互感器二次回路不正常或断线时可跳闸（注：发告警信号，不允许跳闸）。 (×)

57. 对于母线保护装置的备用间隔电流互感器二次回路应在母线保护柜端子排外侧断开，端子排内侧不应短路。 (√)

58. 对于配置了两套全线速动保护的 220kV 密集型电网的线路，带延时的线路后备保护第二段，如果需要，可与相邻线路全线速动保护相配合，按可靠躲过相邻线路出口短路故障整定。 (×)

59. 解列点上的距离保护不应经振荡闭锁控制。 (√)

60. 线路保护的双重化主要是指两套保护的交流电流、电压和直流电源彼此独立；有独立的选相功能；有两套独立的保护专（复）用通道；断路器有两个跳闸线圈时，每套主保护分别启动一组。 (√)

61. 在保护和测量仪表中，电流回路的导线截面不应小于 $4mm^2$。 (×)

62. 继电保护专业的所谓三误是指误碰、误整定、误接线。 (√)

63. 对分相操作断路器，应逐相传动防止断路器跳跃回路。 (√)

64. 当需将保护的电流输入回路从电流互感器二次侧断开时，必须有专人监护，使用绝缘工具，并站在绝缘垫上，断开电流互感器二次侧后，便用短路线妥善可靠地短接电流互感器二次绕组。 (×)

65. 在现场进行继电保护装置或继电器试验所需直流可以从保护屏上的端子上取得。 (×)

66. 两组电压互感器的并联，必须先是一次侧先并联，然后才允许二次侧并联。 (√)

67. 任何电力设备和线路在运行中，必须在任何时候由两套完全独立的继电保护装置分别控制两台完全独立的断路器实现保护。 (√)

68. 熔断器的熔丝必须保证在二次电压回路内发生短路时，其熔断的时间小于保护装置的动作时间。 (√)

69. 电力设备由一种运行方式转为另一种运行方式的操作过程中，被操作的有关设备应在保护范围内，且所有保护装置不允许失去选择性。 (×)

70. 运行中的电流互感器二次短接后，也不得去掉接地点。 (√)

71. 按照检验条例的规定，每年至少检查一次 TA 端子箱端子排的螺丝压接情况。 (×)

72. 为保证设备及人身安全、减少一次设备故障时 TA 二次回路的环流，所有电流互感器的中性线必须在开关场就地接地。 (×)

73. 电流互感器的二次侧只允许有一个接地点，对于公用电流互感器相互有联系的二次回路接地点应设在开关场。 (×)

74. 允许用卡继电器触点、短路触点或类似的人为手段做保护装置的整组试验。 (×)

75. 变比相同、型号相同的电流互感器，其二次接成星型的比接成三角型所允许的二次负荷要大。 (√)

76. 在电流互感器二次绕组接线方式不同的情况下，假定接入电流互感器二次导线电阻的阻抗均相同，而此计算负载以两相电流差接线最大。 (√)

77. 三相并联电抗器可以装设纵差保护，且能保护电抗器内部的所有故障。 (×)

78. 对于 63kV 及以下并联电抗器不装设纵差保护，一般只装设电流速断保护。　　（✓）

79. 电抗器的匝间短路是比较常见的内部故障形式，装设纵差保护不能反映匝间短路故障。　　（✓）

80. 并联电抗器的匝间短路（无补偿）时 U_0 领先 I_0，纯电抗系统为 $90°$。　　（✓）

81. 并联电抗器的内部单相接地（无补偿）时 U_0 领先 I_0。　　（✕）

82. 三相并联电抗器发生一相一匝短路时，故障阻抗变化不大于 10%，因此要求匝间短路保护要有较高的灵敏度。　　（✓）

83. 并联电抗器在 1.05 倍的额定电压即应退出运行。　　（✕）

84. 500kV 线路并联电抗器无专用断路器时，其动作于跳闸的保护应采取使对侧断路器跳闸的措施。　　（✓）

85. 电容器装置应装设母线失压保护，当母线失压时带时限动作于跳闸。　　（✓）

86. 电容器过电压保护的动作电压可取为 $U_{op}=120V$（二次值），延时可较长。　　（✓）

87. 当电流互感器饱和时，测量电流比实际电流小，有可能引起差动保护拒动，但不会引起差动保护误动。　　（✕）

88. 断路器失灵保护，是近后备保护中防止断路器拒动的一项有效措施，只有当远后备保护不满足灵敏度要求时，才考虑装设断路器失灵保护。　　（✓）

89. 电压互感器的误差表现在幅值误差和角度误差两个方面。电压互感器二次负载的大小和功率因数的大小，均对误差没有影响。　　（✕）

90. 两个同型号、同变比的 TA 串联使用时，会使 TA 的励磁电流减小。　　（✓）

91. 电流互感器本身造成的测量误差是由于有励磁电流的存在。　　（✓）

92. 电流互感器变比越小，其励磁阻抗越大，运行的二次负载越小。　　（✕）

93. 传导型电磁干扰是指干扰信号沿导体和电源进入保护设备。　　（✓）

94. 防跳继电器的动作时间，不应大于跳闸脉冲发出至断路器辅助触点切断跳闸回路的时间。　　（✓）

95. 由 $3U_0$ 构成的保护，不能以检查 $3U_0$ 回路是否有不平衡电压的方法来确认 $3U_0$ 回路良好，但可以单独依靠六角图测试方法来确证 $3U_0$ 构成方向保护的极性关系正确。　　（✕）

96. 微机母线保护装置不宜用辅助变流器。　　（✓）

97. 在一次干扰源上降低干扰水平可能采取的措施中，最重要的是一次设备的接地问题。　　（✓）

98. 电流互感器及电压互感器二次回路必须一点接地，其原因是为了人身和二次设备的安全。如果互感器得二次回路有了接地点，则二次回路对地电容将为零，从而达到了保证安全的目的。　　（✓）

99. 我国相应规程规定，110kV 及以上电压变电站的地网接地电阻值不得大于 0.5Ω，当故障电流通过地网注入大地时，在变电站地网与真实大地（远方大地）间将产生电位差，一般称为地电位升，其值为入地的故障电流部分与地网电阻的乘积。　　（✓）

100. 一般控制回路用电缆屏蔽层，专为屏蔽设置，必须在两端接地，而高频同轴电缆的屏蔽层则身兼二任，除起屏蔽作用外，同时又是高频通道的回程导线。　　（✓）

101. 为了提高微机保护装置的抗干扰措施，辅助变换器一般采用屏蔽层接地的变压器

隔离，其作用是消除电流互感器、电压互感器可能携带的浪涌干扰。　　　　　（ √ ）

102. 采用逆变稳压电源可以使保护装置和外部电源隔离起来，大大提高保护装置的抗干扰能力。　　　　　　　　　　　　　　　　　　　　　　　　　　　（ √ ）

103. 在向继电保护通入交流工频试验电源前，必须首先将继电保护装置交流回路中的接地点断开，除试验电源本身允许有一个接地点之外，在整个试验回路中不允许有第二个接地点。　　　　　　　　　　　　　　　　　　　　　　　　　　　　　（ √ ）

104. 电流互感器在铁芯中引入大气隙后，可以显著延长电流互感器到达饱和的时间，但对稳态电流的传变精度影响较大。　　　　　　　　　　　　　　　　　　　（ √ ）

105. 电流互感器的铁芯中引入小气隙，可基本消除电流互感器中的剩磁。　（ √ ）

106. 按照国网标准化设计，失灵保护的分相失灵启动回路采用线路保护单相跳闸出口触点启动，由断路器保护完成电流判别，电流元件由相电流和零（负）序电流或门构成。（ × ）

107. 按照国网标准化设计，失灵保护的三相失灵启动回路采用保护三相跳闸出口触点启动，由断路器保护完成电流判别，电流元件由相电流和零（负）序电流与门构成。（ × ）

108. 当在 TA 一次线圈和二次线圈的极性端分别通入同相位的电流时铁芯中产生的磁通相位相反。　　　　　　　　　　　　　　　　　　　　　　　　　　　（ × ）

109. 励磁电流是造成电流互感器误差的根本原因。　　　　　　　　　　（ √ ）

110. 按规定的变比误差计算方法，电流互感器的变比误差应是正值。　（ × ）

111. 对数字式母线保护装置，可在启动出口继电器的逻辑中设置电压闭锁回路，而不在跳闸出口触点回路上串接电压闭锁触点。　　　　　　　　　　　　　　　　（ √ ）

112. 对非数字式母线保护装置，电压闭锁触点应分别与跳闸出口触点串接，母联断路器或分段断路器的跳闸回路可不经电压闭锁触点控制。　　　　　　　　　　　（ √ ）

113. 发电机、变压器及高压电抗器断路器的失灵保护，为防止闭锁元件灵敏度不足应采取相应措施或不设闭锁回路。　　　　　　　　　　　　　　　　　　　　（ √ ）

114. 短引线保护应为互相独立的双重化配置。　　　　　　　　　　　（ √ ）

115. 电流互感器二次电流采用 5A 时，接入同样阻抗的电缆及二次设备时，二次负载将是 1A 额定电流时的 5 倍。　　　　　　　　　　　　　　　　　　　　　　（ × ）

116. 运行中某 P 级电流互感器二次开路未被发现，当线路发生短路故障该电流互感器一侧流过很大的正弦波形短路电流时，则二次绕组上将有很高的正弦波形电压。　（ × ）

117. 接线系数是继电保护整定计算中的重要参数，对各种电流保护测量元件动作值的计算都要考虑接线系数，它是通过继电器的电流与电流互感器的二次电流之比。（ √ ）

118. 电流互感器变比越大，二次开路电压越高。　　　　　　　　　　（ √ ）

119. 要求断路器失灵保护的相电流判别元件动作时间和返回时间均不应大于 10ms。（ × ）

120. 对双重化配置的直流电源、双套跳闸绕组的控制回路，不得有任何电的联系，但可合用一根多芯电缆。　　　　　　　　　　　　　　　　　　　　　　　　（ × ）

121. 母差保护与失灵保护共用出口回路时，闭锁元件的灵敏系数应按母线故障灵敏度整定。　　　　　　　　　　　　　　　　　　　　　　　　　　　　　（ × ）

122. 对动作功率大于 5W 的跳闸出口继电器，其起动电压可以小于直流额定电压的50%。　　　　　　　　　　　　　　　　　　　　　　　　　　　　　　　　（ × ）

123. 交流电流二次回路使用中间变流器时，采用升流方式互感器的二次负载比采用降流方式互感器的二次负载大 K 倍。　　　　　　　　　　　　　　　　（ × ）

三、简答题

1. 保护装置应承受工频试验电压 2000、1500、1000、500V 的回路有哪些？

答：（1）2000V：

1）装置的交流电压互感器一次对地回路。

2）装置的交流电流互感器一次对地回路。

3）装置（或屏）的背板线对地回路。

（2）1500V：

110V 或 220V 直流回路对地。

（3）1000V：

1）工作在 110V 或 220V 直流回路的各对触电对地回路。

2）各对触电相互之间。

3）触电的动、静两端之间。

（4）500V：

1）直流逻辑回路对地回路。

2）直流逻辑回路对高压回路。

3）额定电压为 18～24V 对地回路。

2. 在拆动二次线时，应采取哪些措施？

答：拆动二次线时，必须做好记录；恢复时，应在记录本上注销。二次线改动较多时，应在每个线头挂牌。拆动或敷设二次电缆时，还应在电缆的首末端及其沿线的转弯处和交叉处挂牌。

3. 简述站用直流系统接地的危害。

答：（1）直流系统两点接地有可能造成保护装置及二次回路误动。

（2）直流系统两点接地有可能使得保护装置及二次回路在系统发生故障时拒动。

（3）直流系统正、负极间短路有可能使得直流保险熔断。

（4）直流系统一点接地时，如交流系统也发生接地故障，则可能对保护装置形成干扰，严重时会导致保护装置误动作。

（5）对于某些动作电压较低的断路器，当其跳（合）闸线圈前一点接地时，有可能造成断路器误跳（合）闸。

4. 在发生直流两点接地时，请问对断路器和熔丝有可能会造成什么后果？

答：（1）可能造成断路器误跳闸或拒动。

（2）可能造成熔丝熔断。

5. 在双母线系统中电压切换的作用是什么？

答：对于双母线系统上所连接的电气元件，在两组母线分开运行时（例如母联断路器断开），为了保证其一次系统合二次系统的电压保持对应，以免发生保护或自动装置误动、拒动，要求保护及自动装置的二次电压回路随同主接线一起进行切换。用隔离开关两个辅助触点并联后去启动电压切换中间继电器，利用其触点实现电压回路的自动切换。

6. 互感器的作用是什么？

答：（1）把高电压和大电流按比例地变换成低电压和小电流，以便提供测量和继电保护所需参数。

（2）把电网处于高压的部分与处于低压的测量仪表和继电保护装置部分分隔开，以保证人员和设备安全。

7. 电流互感器饱和时其二次电流有什么特征？

答：（1）在故障发生瞬间，由于铁芯中的磁通不能跃变，TA 不能立即进入饱和区，而是存在一个时域为 3～5ms 的线性传递区。在线性传递区内，TA 二次电流与一次成正比。

（2）TA 饱和之后，在每个周期内一次电流过零点附近存在不饱和时段，在此时段内，TA 二次电流又与一次电流成正比。

（3）TA 饱和后其励磁阻抗大大减小，使其内阻大大降低，严重情况内阻等于零。

（4）TA 饱和后，其二次电流偏于时间轴一侧，致使电流的正、负半波不对称，电流中含有很大的二次和三次谐波电流分量。

8. 电压互感器的零序电压回路是否装设熔断器，为什么？

答：不能。因为正常运行时，电压互感器的零序电压回路无电压，不能监视熔断器是否断开，一旦熔丝熔断了，而系统发生接地故障，则保护拒动。

9. 电流互感器的二次负载的定义是什么？

答：电流互感器的二次负载等于电流互感二次绕组两端的电压除以该绕组内流过的电流。

10. 电流互感器二次额定电流为 1A 和 5A 有何区别？

答：采用 1A 的电流互感器比 5A 的匝数大 5 倍，二次绕组匝数大 5 倍，开路电压高，内阻大，励磁电流小。但采用 1A 的电流互感器可大幅度降低电缆中的有功损耗，在相同条件下，可增加电流回路电缆的长度。在相同的电缆长度和截面时，功耗减小 25 倍，因此电缆截面可以减小。

11. 为什么有些保护用的电流互感器的铁芯在磁回路中留有小气隙？

答：为了使在重合闸过程中，铁芯中的剩磁很快消失，以免重合于永久性故障时，有可能造成铁芯磁饱和。

12. 电流互感器伏安特性试验的目的是什么？

答：（1）了解电流互感器本身的磁化特性，判断是否符合要求。

（2）其是目前可以发现线匝层间短路唯一可靠的方法，特别是二次线圈短路圈数很少时。

13. 请问电抗变压器和电流互感器的区别是什么？

答：电抗变压器的励磁电流大，二次负载阻抗大，处于开路工作状态；电流互感器的励磁电流小，二次负载阻抗小，处于短路工作状态。

14. 造成电流互感器测量误差的原因是什么？

答：测量误差就是电流互感器的二次输出量 $\dot{I}_2$ 与其归算到二次侧的一次输入量 $\dot{I}_1$ 的大小不等、幅角不相同所造成的差值。因此测量误差分为数值（变比）误差和相位（角度）误差两种。

产生测量误差的原因一是电流互感器本身造成的，二是运行和使用条件造成的。

电流互感器本身造成的测量误差是由于电流互感器有励磁电流 i_e 存在，而 i_e 是输入电流的一部分它不传变到二次侧，故形成了变比误差。i_e 除在铁芯中产生磁通外，还产生铁芯损耗，包括涡流损失和磁滞损失。i_e 所流经的励磁支路是一个呈电感性的支路，i_e 与 i_2 不同相位，这是造成角度误差的主要原因。

运行和使用中造成的测量误差过大是电流互感器铁芯饱和、二次负载过大所致。

15. 电压互感器在运行中为什么要严防二次侧短路？

答：电压互感器是一个内阻极小的电压源，正常运行时负载阻抗很大，相当于开路状态，二次侧仅有很小的负载电流。当二次短路时，负载阻抗为零，将产生很大的短路电流，会将电压互感器烧坏。

16. 在带电的电压互感器二次回路上工作时应采取哪些安全措施？

答：在带电的电压互感器二次回路上工作时应采取下列安全措施：

（1）严格防止电压互感器二次侧短路或接地。工作时应使用绝缘工具，戴绝缘手套，必要时在工作前停用有关保护装置。

（2）在二次侧接临时负载，必须装有专门的刀闸和熔断器。

17. 电流互感器的二次负载阻抗如果超过了其允许的二次负载阻抗，为什么准确度就会下降？

答：电流互感器二次负载阻抗的大小对互感器的准确度有很大影响。这是因为，如果电流互感器二次负载阻抗增加得很多，超出了所允许的二次负载阻抗时，励磁电流的数值就会大大增加，而使铁芯进入饱和状态，在这种情况下，一次电流的很大一部分将用来提供励磁电流，从而使互感器的误差大为增加，其准确度就随之下降了。

18. 简述电压互感器和电流互感器在作用原理上的区别。

答：主要区别是正常运行时工作状态很不相同，表现为：

（1）电流互感器二次可以短路，但不得开路；电压互感器二次可以开路，但不得短路。

（2）相对于二次侧的负载来说，电压互感器的一次内阻抗较小以至可以忽略，可以认为电压互感器是一个电压源；而电流互感器的一次内阻很大，以至可以认为是一个内阻无穷大的电流源。

（3）电压互感器正常工作时的磁通密度接近饱和值，故障时磁通密度下降；电流互感器正常工作时磁通密度很低，而短路时由于一次侧短路电流变得很大，使磁通密度大大增加，有时甚至远远超过饱和值。

19. 某变电站有两套相互独立的直流系统，同时出现了直流接地告警信号，其中，第一组直流电源为正极接地；第二组直流电源为负极接地。现场利用拉、合直流保险的方法检查直流接地情况时发现：在当断开某断路器（该断路器具有两组跳闸线圈）的任一控制电源时，两套直流电源系统的直流接地信号又同时消失，请问如何判断故障的大致位置，为什么？

答：（1）因为任意断开一组直流电源接地现象消失，所以直流系统可能没有接地。

（2）故障原因为第一组直流系统的正极与第二组直流系统的负极短接或相反。

（3）两组直流短接后形成一个端电压为 440V 的电池组，中点对地电压为零。

（4）每一组直流系统的绝缘监察装置均有一个接地点，短接后直流系统中存在两个接地点；故一组直流系统的绝缘监察装置判断为正极接地；另一组直流系统的绝缘监察装置判断为负极接地。

20．直流正、负极接地对运行有哪些危害？

答：直流正极接地有造成保护误动的可能。因为一般跳闸线圈（如出口中间继电器线圈和跳合闸线圈等）均接负极电源，若这些回路再发生接地或绝缘不良就会引起保护误动作。直流负极接地与正极接地同一道理，如回路中再有一点接地就可能造成保护拒绝动作（越级扩大事故）。因为两点接地将跳闸或合闸回路短路，这时还可能烧坏继电器触点。

21．为什么交直流回路不可以共用一条电缆？

答：（1）交直流回路都是独立系统。直流回路是绝缘系统而交流回路是接地系统。若共用一条电缆，两者之间一旦发生短路就造成直流接地，同时影响了交、直流两个系统。

（2）平常也容易互相干扰，还有可能降低对直流回路的绝缘电阻。

因此，交直流回路不能共用一条电缆。

22．变电站二次回路干扰的种类，可以分为几种？

答：（1）50Hz干扰。

（2）高频干扰。

（3）雷电引起的干扰。

（4）控制回路产生的干扰。

（5）高能辐射设备引起的干扰。

23．为提高抗干扰能力，是否允许用电缆芯线两端接地的方式替代电缆屏蔽层的两端接地？为什么？

答：不允许。

电缆屏蔽层在开关场及控制室两端接地可以抵御空间电磁干扰的机理是：当电缆为干扰源电流产生的磁通所包围时，如屏蔽层两端接地，则可在电缆的屏蔽层中感应出电流，屏蔽层中感应电流所产生的磁通与干扰源电流产生的磁通方向相反，从而可以抵消干扰源磁通对电缆芯线上的影响。

由于发生接地故障时开关场各处地电位不等，则两端接地的备用电缆芯会流过电流，对对称排列的工作电缆芯会感应出不同的电势，从而对保护装置形成干扰。

24．保护操作箱一般由哪些继电器组成？

答：保护操作箱由下列继电器组成：

（1）监视断路器合闸回路的跳闸位置继电器及监视断路器跳闸回路的合闸位置继电器。

（2）防止断路器跳跃继电器。

（3）手动合闸继电器。

（4）压力监察或闭锁继电器。

（5）手动跳闸继电器及保护三相跳闸继电器。

（6）一次重合闸脉冲回路（重合闸继电器）。

（7）辅助中间继电器。

（8）跳闸信号继电器及备用信号继电器。

25. 如果在进行试验时将单相调压器的一个输入端接在交流 220V 电源的火线上，另一端（N 端）误接到变电站直流系统的负极上，请问会对哪些类型的保护装置造成影响？请说明如何造成影响。

答：（1）如果在进行试验时将单相调压器的一个输入端接在交流 220V 电源的火线上，另一端（N 端）误接到变电站直流系统的负极上，因交流 220V 是一个接地的电源系统，于是便会通过直流系统的对地电容，以及电缆与直流负极之间的元件构成回路，相当于交流信号窜入了直流系统。

（2）对线圈正端接有较大容量电容（或接入电缆较长，电缆分布电容较大）的继电器，如动作时间较快、动作功率较低，则当交流信号窜入时有可能误动。

在情况下容易误动的继电器有变压器、电抗器的瓦斯保护、油温过高保护等继电器至跳闸出口继电器距离较长的保护，以及远方跳闸保护的收信继电器等。继电器的动作频率为 50Hz 或 100Hz。

四、分析题

1. 电压互感器二次绕组和辅助绕组接线以及电流回路二次接线如图 8-1 和图 8-2 所示。

（1）电压互感器二次绕组和辅助绕组接线有何错误，为什么？

（2）试分析电流回路二次接线有何错误，为什么？

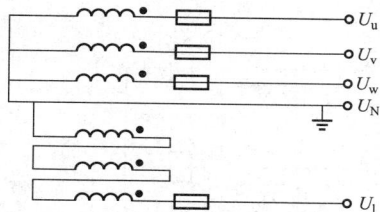

图 8-1

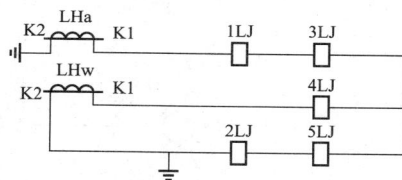

图 8-2

答：（1）图 8-1 中接线错误有两处，二次绕组零线和辅助绕组零线应分别独立从开关场引线至控制室后，在控制室将两根零线接在一块并可靠一点接地。

对于图 8-1 中接线，在一次系统发生接地故障时，开口三角 $3U_0$ 电压有部分压降落在中性线电阻上，致使微机保护的自产 $3U_0$ 因含有该部分压降而存在误差，零序方向保护可能发生误动或拒动；开口三角引出线不应装设熔断器，因为即便装了，在正常情况下，由于开口三角无压，两根引出线间发生短路也不会熔断起保护作用，相反若熔断器损坏而又不能及时发现，在发生接地故障时，$3U_0$ 又不能送到控制室供保护和测量使用。

（2）图 8-2 中有接线错误，应将两个互感器的 K2 在本体处短接后，用一跟导线引至保护盘经一点接地。图 8-2 中接线对 LHa 来说是通过两个接地点和接地网构成回路，若出现某一点接地不良，就会出现 LH 开路现象。同时也增加了 LHa 的二次负载阻抗。

2. 出口继电器作用于断路器跳（合）闸线圈时，其触点回路中串入的电流自保持线圈应满足哪些条件？

答：断路器跳（合）闸线圈的出口触点控制回路，必须设有串联自保持的继电器回路，应满足以下条件：

（1）跳（合）闸出口继电器的触点不断弧。

（2）断路器可靠跳、合。

只有单出口继电器的，可以在出口继电器跳（合）闸触点回路中串入电流自保持线圈，并满足如下条件：

（1）自保持电流不大于额定跳（合）闸电流的一半左右，线圈压降小于5%额定值。

（2）出口继电器的电压起动线圈与电流自保持线圈的相互极性关系正确。

（3）电流与电压线圈间的耐压水平不低于交流1000V、1min的试验标准（出厂试验应为交流2000V、1min）。

（4）电流自保持线圈接在出口触点与断路器控制回路之间。

当有多个出口继电器可能同时跳闸时，宜由防止跳跃继电器实现上述任务。防跳继电器应为快速动作的继电器，其动作电流小于跳闸电流的一半，线圈压降小于10%额定值，并满上述（2）～（4）项的相应要求。

3. 在如图8-3所示系统中，2T变压器的接线方式为YNd11，变压器的变比设为1。M侧线路上的电流保护采用两相三继电器接线，如图8-3所示，两个电流互感器的变比相同。在d侧发生VW两相短路，$I_V^d = -I_W^d = I_K$。请写出Y侧三相的电流值（无需推导）。设电流互感器TA二次电缆的阻抗为Z_L，电流继电器的阻抗为Z_K，请写出U相、W相电流互感器的二次负载阻抗值各是多少？并写出计算过程。

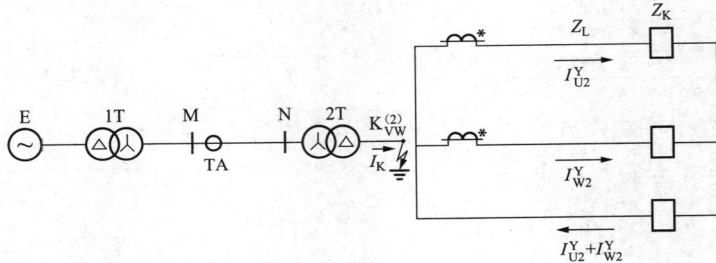

图8-3

答：（1）$I_W^Y = -2I_K/\sqrt{3}$ $I_U^Y = I_V^Y = I_K/\sqrt{3}$

（2）U相继电器的二次负载

$$Z_U = \frac{I_{U2}^Y(Z_L + Z_K) + (I_{U2}^Y + I_{W2}^Y)(Z_L + Z_K)}{I_{U2}^Y} = \frac{I_{U2}^Y(Z_L + Z_K) - I_{U2}^Y(Z_L + Z_K)}{I_{U2}^Y} = 0$$

（3）W相继电器的二次负载

$$Z_W = \frac{I_{W2}^Y(Z_L + Z_K) + (I_{W2}^Y + I_{U2}^Y)(Z_L + Z_K)}{I_{W2}^Y}$$

$$= \frac{I_{W2}^Y(Z_L + Z_K) + 0.5 I_{W2}^Y(Z_L + Z_K)}{I_{W2}^Y}$$

$$= 1.5(Z_L + Z_K)$$

4. 直流电源双重化的意义有哪些？新建变电站直流系统初次上电的步骤及注意事项是什么？

答：反措需要，保证在特殊情况下，失去一组直流时，保证一套保护和一个跳闸回路有工作电源。所以，两套直流系统之间不能有任何电的联系；两套保护和两个跳闸回路使用的电源要一一对应；两套直流系统相互之间不是互为备用的关系。所有直流失电切换回路应尽可能取消，包括 GPS 对时系统、通信系统（假如使用站内直流）。

上电步骤及注意事项：保证回路绝缘正常的情况下，按顺序先进行第一组直流分屏上电，测量电源极性，极间电压，单极对地电压，同时检查第二组直流回路中没有直流分量；然后是各支路上电，进行同样的工作；然后拉开第一组直流，进行第二组直流上电，进行同样的工作，主要是要保证两组直流之间没有任何电的联系。

5. CVT 二次电压异常的原因是什么？

答：（1）二次输出为零，可能是中压回路开路或短路，电容单元内部连接断开，或二次接线短路。

（2）二次输出电压高。可能是电容器 C_1 有元件损坏，或电容单元低压端未接地。

计算公式为 $U_1/U_2 = 1 + C_2/C_1$

（3）二次输出电压低。可能是电容器 C_2 有元件损坏，二次过负荷或连接接触不良或电磁单元故障。

（4）三相电压不平衡，开口三角有较高电压，设备有异常响声并发热，可能是阻尼回路不良引起自身谐振现象，应立即停止运行。

（5）二次电压波动，可能是二次连接松动，或分压器低压端子未接地或未接载波回路，如果是速饱和电抗型阻尼器，有可能是参数配合不当。

（6）N600 两点接地、击穿保险击穿、开口三角短路等。

6. 双母线接线的断路器失灵保护的复合电压闭锁元件为什么要有一定的延时返回时间？

答：双母线接线的每条母线上均有一组 TV，正常运行时其失灵保护的两套复合电压闭锁元件分别取在各自母线 TV。但当一条母线上的 TV 检修时两套复合电压闭锁元件将由同一个 TV 供电。

如 Ⅰ 母线上的 TV 检修，与 Ⅰ 母线连接的系统内出现短路故障，Ⅰ 母线所连的某一出线的断路器失灵，此时失灵保护动作，以短延时跳开母联。由于失灵保护的两套复合电压闭锁元件均由 Ⅱ 母线 TV 供电，而在母联开关跳开后 Ⅱ 母线电压恢复正常，复合电压元件不会动作，失灵保护将无法将连在 Ⅰ 母线上各元件的断路器跳开。

为了确保失灵保护能可靠切除故障，复合电压闭锁元件需要有一定的延时返回时间（如 1s）。

7. 保护范围与 TV、TA 的安装位置直接相关，线路保护区别正、反向短路及正、反向断线是由 TV 的安装位置，还是由 TA 的安装位置确定？

答：线路保护区别正、反向短路是由 TA 的安装位置确定；线路保护区别正、反向断线是由 TV 的安装位置确定。

8. 区外短路 TA 饱和会造成差动保护误动，利用差动电流和制动电流突变量出现的"时间差"判别 TA 饱和。请说明其道理。

答：TA 饱和必然需要历经一个过程，通常认为不小于 5ms。区外短路 5ms 前 TA 未饱和，不产生差动电流，但产生制动电流突变量，5ms 后再产生差动电流判 TA 饱和；区内短路 5ms 前，差动电流和制动电流突变量同时产生。

9. 有关二次电流回路如图 8-4 所示。

（1）如何用负荷电流检查二次电流回路中性线 MQ 之间是否完好？

（2）分析该方法理论上的正确性。

答：（1）在断路器端子箱处将任意一相电流线与中性线短接，测量并记录端子箱至保护装置的中性线上电流的大小，该电流应大于 1/2 的相电流，如图 8-5 所示。

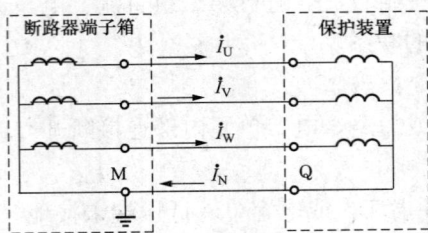

图 8-4

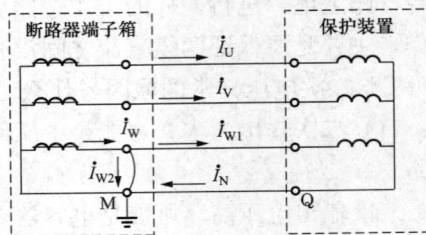

图 8-5

（2）分析如下：

因为 $\dot{I}_W = \dot{I}_{W1} + \dot{I}_{W2}$

$\dot{I}_{W1}$ 流经保护电流线圈，电阻较大，$\dot{I}_{W2}$ 流经短路线，电阻较小

所以 $\dot{I}_{W1} < \dot{I}_{W2}$ 即 $\dot{I}_{W1} < \dfrac{\dot{I}_W}{2}$

因为 $\dot{I}_N = \dot{I}_U + \dot{I}_V + \dot{I}_{W1}$

$|\dot{I}_N| = |\dot{I}_U + \dot{I}_V + \dot{I}_{W1}| = |-\dot{I}_W + \dot{I}_{W1}|$ 　　而 $\dot{I}_{W1} < \dfrac{\dot{I}_W}{2}$

所以 $|\dot{I}_N| > \left|-\dfrac{\dot{I}_W}{2}\right|$

即端子箱至保护装置的中性线上电流的大小，应大于 1/2 的相电流（负荷电流）。

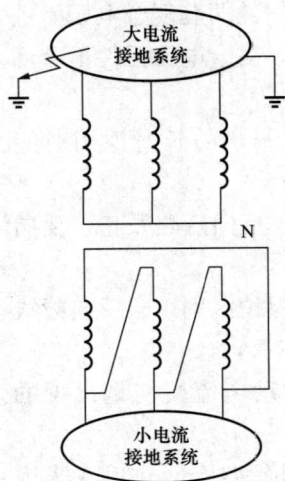

图 8-6

10. 如图 8-6 所示，变压器 Y 侧为大电流接地系统，d 侧为小电流接地系统。若变压器中性点不接地，当变压器 Y 侧母线发生单相接地短路时，Y 侧母线零序电压 $3U_0 = 220\text{kV}/\sqrt{3}$。

（1）请分析说明变压器中性点 N 的电压。

（2）若变压器 Y 侧中性点经间隙接地，Y 侧母线发生单相接地，母差保护拒动，接入该母线的线路及接地变压器由后备保护跳闸，Y 侧母线零序电压升至 $3U_0 = 220\text{kV} \times \sqrt{3}$，接入 Y 侧母线的 TV 变比为 $\dfrac{220}{\sqrt{3}}\Big/\dfrac{0.1}{\sqrt{3}}\Big/0.1$，试问间隙未击穿前：开口三角形电压为多少伏？TV 二次侧自产 $3U_0$ 为多少伏？

答：（1）由于变压器中性点不接地，所以变压器中无零序电流→无零序磁通→无零序电压降，因此变压器 N 点的零序电压等于 Y 侧母线的零序电压。又因为 N 点的正、负序电压为 0，因此 N 点的电压就是 Y 侧母线的零序电压：$U_N = U_0 = 220kV/(3\sqrt{3})$。

（2）开口三角形电压为 300V。

TV 二次侧自产 $3U_0 = 3 \times \dfrac{100}{\sqrt{3}} = 100\sqrt{3}V$。

11. 何谓双母线接线断路器失灵保护？失灵保护的动作时间应如何考虑？

答：当系统发生故障时，故障元件的保护动作，因其断路器拒动，通过故障元件的保护，作用于同一变电所相邻元件的断路器使之跳闸的保护方式，就称为断路器失灵保护。

为从时间上判别断路器失灵故障的存在，失灵保护的动作时间应大于故障元件断路器跳闸时间和继电保护返回时间之和并考虑适当时间裕度。

12. 某一电流互感器的变比为 600/5，其一次侧通过的最大三相短路电流 6600A，如测得该电流互感器某一点的伏安特性为 $I_1 = 3A$ 时，$U_2 = 150V$，当该电流互感器二次接入 $R = 4\Omega$（包括二次绕组电阻）时，在不计铁芯损失、二次绕组漏抗以及铁芯饱和的情况下，计算该电流互感器的变比误差和相角误差。

答：故障电流折算到二次侧，有 $I_1' = \dfrac{6600}{120} = 55$（A）

励磁电抗 $jx_\mu = j\dfrac{150}{3} = j50$（$\Omega$）

角误差 $\delta = \arctan\dfrac{R}{x_\mu} = \arctan\dfrac{4}{50} = 4.6°$

二次电流 $I_2 = I_1' \times \left| \dfrac{jx_\mu}{R + jx_\mu} \right| = 55 \times \left| \dfrac{j50}{4 + j50} \right| = 54.82$（A）

变比误差 $\varepsilon = \dfrac{54.82 - 55}{55} \times 100\% = -0.3\%$

13. 试画出运行中电流互感器二次侧开路时，其一次电流、铁芯磁通和二次电压的波形。
答：见图 8-7。

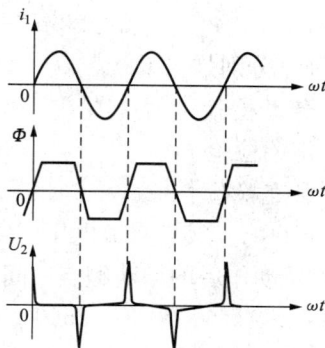

图 8-7

第九章

规　程　规　范

一、选择题

1. 在电气设备上工作，哪一项是属于保证安全的组织措施？（ A ）

A. 工作票制度　　　B. 工作安全制度　　　C. 工作安全责任制度

2. 现场工作过程中遇到异常情况或断路器跳闸时（ C ）。

A. 只要不是本身工作的设备异常或跳闸，就可以继续工作，由运行值班人员处理

B. 可继续工作，由运行值班人员处理异常或事故

C. 应立即停止工作，保持现状，待找出原因或确定与本工作无关后，方可继续工作

D. 可将人员分成两组，一组继续工作，一组协助运行值班人员查找原因

3. 安装保护装置在投入运行一年以内，未打开铅封和变动二次回路以前，保护装置出现由于调试和安装质量不良而引起的不正确动作，其责任归属为（ C ）。

A. 设计单位　　　B. 运行单位　　　C. 基建单位

4. 试运行的保护在投入跳闸试运行期间，因设计原理、制造质量等非人员责任原因而发生误动，并在事前经过（ B ）同意，可不予评价。

A. 部质检中心　　　B. 网、省局　　　C. 基层局、厂

5. 110kV设备不停电时的安全距离是（ C ）。

A. 1.2m　　　B. 0.7m　　　C. 1.5m　　　D. 2.0m

6. 继电保护装置检验分为三种，分别是（ C ）。

A. 验收检验、全部检验、传动检验

B. 部分检验、补充检验、定期检验

C. 验收检验、定期检验、补充检验

7. 干簧继电器（触点直接接于110、220V直流电压回路）应以（ A ）V绝缘电阻表测量触点（继电器未动作的动合触点及动作后的动断触点）间的绝缘电阻。

A. 1000　　　B. 500　　　C. 2500

8. 220kV设备不停电时的安全距离为（ B ）m。

A. 1.5　　　B. 3　　　C. 5　　　D. 4

9. 线路纵联保护仅一侧动作且不正确时，如原因未查明，而线路两侧保护归不同单位管辖，按照评价规程规定，应评价为（ C ）。

A. 保护动作侧不正确，未动作侧不评价

B. 保护动作侧不评价，未动作侧不正确

C. 两侧各不正确一次

D. 两侧均不评价

10. 220kV 变压器的中性点经间隙接地的零序过电压保护定值一般可整定（ B ）。

    A. 120V   B. 180V   C. 70V   D. 220V

11. 220kV 电网按近后备原则整定的零序方向保护，其方向继电器的灵敏度应满足（ A ）。

    A. 本线路末端接地短路时，零序功率灵敏度不小于 2

    B. 相邻线路末端接地短路时，零序功率灵敏度不小于 2

    C. 相邻线路末端接地短路时，零序功率灵敏度不小于 1.5

12. 在 220kV 电力系统中，校验变压器零序差动保护灵敏系数所采用的系统运行方式应为（ B ）。

    A. 最大运行方式   B. 正常运行方式   C. 最小运行方式

13. 检查二次回路绝缘电阻应使用（ C ）V 绝缘电阻表。

    A. 500   B. 2500   C. 1000

14. 微机继电保护装置校验，在使用交流电源的电子仪器时，仪器外壳与保护屏（ A ）。

    A. 同一点接地

    B. 分别接地

    C. 不相联且不接地

15. 发电厂、变电站蓄电池直流母线电压允许波动范围为额定电压的（ C ）。

    A. ±3%   B. ±5%   C. ±10%

16. 微机保护的整组试验是指（ B ）。

    A. 用专用的模拟试验装置进行试验

    B. 由端子排通入与故障情况相符的电流、电压模拟量进行试验

    C. 用卡接点和通入电流、电压模拟量进行试验

17. 整组试验允许用（ C ）的方法进行。

    A. 保护试验按钮、试验插件或启动微机保护

    B. 短接接点、手按继电器等

    C. 从端子排上通入电流、电压模拟各种故障，保护处于投入运行完全相同的状态

18. 省调继电保护科科长到现场进行事故调查分析工作，他可以担任的角色是（ C ）。

    A. 工作负责人   B. 工作票签发人

    C. 工作班人员   D. 工作许可人

19. 在电流互感器二次回路进行短路接线时，应用短路片或导线联接，运行中的电流互感器短路后，应仍有可靠的接地点，对短路后失去接地点的接线应有临时接地线，（ A ）。

    A. 但在一个回路中禁止有两个接地点

    B. 且可以有两个接地点

    C. 可以没有接地点

20. 配置单相重合闸的线路发生瞬时单相接地故障时，由于重合闸原因误跳三相，但又三相重合成功，重合闸应如何评价（ D ）。

A. 不评价   B. 正确动作 1 次，误动 1 次

C. 不正确动作 1 次   D. 不正确动作 2 次

21. 断路器最低跳闸电压及最低合闸电压不应低于 30%的额定电压，且不应大于（ C ）额定电压。

    A. 30%   B. 50%   C. 65%

22. 保护装置整组试验实测动作时间与整定时间误差最大值不得超过整定时间级差的（ B ）。

    A. 5%   B. 10%   C. 15%

23. 按"检验条例"，对辅助变流器定期检验时，可以只做（ B ）的变比试验。

    A. 实际负载下   B. 额定电流下   C. 最大计算负载下

24. 母线故障，母线差动保护动作，已跳开故障母线上六个断路器（包括母联），有一个断路器因本身原因而拒跳，则母差保护按（ C ）进行评价。

    A. 正确动作一次

    B. 拒动一次

    C. 不予评价

25. 按"检验条例"，对于超高压的电网保护，直接作用于断路器跳闸的中间继电器，其动作时间应小于（ A ）。

    A. 10ms   B. 15ms   C. 5ms

26. 微机保护投运前不要做带负荷试验项目的是（ A ）。

    A. 联动试验   B. 相序   C. 功率角度   D. $3I_0$ 极性

27. 测量交流电流回路的绝缘电阻使用（ B ）绝缘电阻表。

    A. 500V   B. 1000V   C. 2000V

28. 各级继电保护部门划分继电保护装置整定范围的原则是（ B ）。

    A. 按电压等级划分，分级管理

    B. 整定范围一般与调度操作范围相适应

    C. 由各级继电保护部门协商

29. 110kV 及以上的线路零序电流保护最末一段，为保证在高阻接地时，对接地故障有足够灵敏度，因此，其定值不应大于（ B ）。

    A. 200A   B. 300A   C. 360A

30. 新安装装置的第一次定期检验应由（ B ）完成。

    A. 基建部门   B. 运行部门   C. 基建与运行部门联合

31. 在没有实际测量值情况下，除大区间的弱联系联络线外，系统最长振荡周期一般可按（ C ）考虑。

    A. 1.0s   B. 1.3s   C. 1.5s

32. 微机保护应承受工频试验电压 1000V 的回路有（ C ）。

    A. 110V 或 220V 直流回路对地

    B. 直流逻辑回路对高压回路

    C. 触点的动静两端之间

33. 某线路两侧的纵联保护属同一供电局管辖，区外故障时发生了不正确动作，经多次

检查、分析未找到原因，经本单位总工同意且报主管调度部门认可后，事故原因定为原因不明，此时应评价（C）。

  A. 该单位两次不正确动作

  B. 暂不评价保护动作正确与否，等以后找出原因再评价

  C. 仅按该单位不正确动作一次评价

34. 对工作前的准备，现场工作的安全、质量、进度和工作结束后的交接负全部责任，是属于（B）。

  A. 工作票签发人

  B. 工作负责人

  C. 工作票许可人

35. 双母线接线变电站的母差保护按设计要求先动作于母联断路器，后动作于故障母线的其他断路器，正确动作后，母差保护按（A）进行评价。

  A. 正确动作一次

  B. 正确动作二次

  C. 跳开的断路器个数

36. 为保证接地后备最后一段保护可靠地有选择性地切除故障，500kV 线路接地电阻最大按 300Ω，220kV 线路接地电阻最大按（C）考虑。

  A. 150Ω   B. 180Ω   C. 100Ω

37. 跳闸出口继电器的起动电压不宜低于直流额定电压的 50％，也不应高于直流额定电压的（A）。

  A. 70％   B. 65％   C. 80％

38. 继电保护事故后校验属于（C）。

  A. 部分校验

  B. 运行中发现异常的校验

  C. 补充校验

39. 继电保护设备、控制屏端子排上所接导线的截面不宜超过（C）。

  A. 4mm²   B. 8mm²   C. 6mm²

40. 利用保护装置进行断路器跳合闸试验，一般（C）。

  A. 每年不少于两次

  B. 每两年进行一次

  C. 每年不宜少于一次

41. 继电保护装置的定期检验分为：全部检验，部分检验，（C）。

  A. 验收检验 B. 事故后检验 C. 用装置进行断路器跳合闸试验

42. 新安装或一、二次回路经过变动的变压器差动保护，当第一次充电时，应将差动保护（A）。

  A. 投入   B. 退出   C. 投入、退出均可

43. 选用弱电控制回路的电缆时，按机械强度要求，电缆芯线的最小截面应不小于（C）。

  A. 5mm²   B. 1mm²   C. 0.5mm²

44. 继电保护装置在进行整组试验时，其直流电源电压应为（ C ）。

    A. 额定直流电源电压的 85％

    B. 额定直流电源电压

    C. 额定直流电源电压的 80％

45. 断路器控制回路断线时，应通过（ B ）通知值班人员进行处理。

    A. 音响信号

    B. 音响信号和光字牌信号

    C. 光字牌信号

46. 220kV 系统故障录波器应按以下原则统计动作次数（ C ）。

    A. 计入 220kV 系统保护动作的总次数中

    B. 计入全部保护动作的总次数中

    C. 应单独对录波器进行统计

47. 微机型保护装置未按规定使用正确的软件版本，造成保护装置不正确动作，按照评价规程其责任应统计为（ C ）。

    A. 原理缺陷   B. 运行维护不良

    C. 调试质量不良   D. 制造质量不良

48. 在进行电流继电器冲击试验时，冲击电流值应为（ A ）。

    A. 保护安装处的最大短路电流

    B. 保护安装处的最小短路电流

    C. 线路的最大负荷电流

    D. 反方向故障时的最大短路电流

49. 《保安规定》要求，对一些主要设备，特别是复杂保护装置或有联跳回路的保护装置的现场校验工作，应编制和执行《安全措施票》，如（ A ）。

    A. 母线保护、断路器失灵保护和主变零序联跳回路等

    B. 母线保护、断路器失灵保护、主变压器零序联跳回路和用钳形伏安相位表测量等

    C. 母线保护、断路器失灵保护、主变压器零序联跳回路和用拉路法寻找直流接地等

50. 对二次回路保安接地的要求是（ C ）。

    A. TV 二次只能有一个接地点，接地点位置宜在 TV 安装处

    B. 主设备差动保护各侧 TA 二次只能有一个公共接地点，接地点宜在 TA 端子箱

    C. 发电机中性点 TV 二次只能有一个接地点，接地点应在保护盘上

51. 继电保护试验用仪器的精度及测量二次回路绝缘表计的电压等级应分别为（ B ）。

    A. 1 级及 1000V

    B. 0.5 级及 1000V

    C. 3 级及 500V

52. 在保护柜端子排上（外回路断开），用 1000V 摇表测量保护各回路对地的绝缘电阻值应（ A ）。

    A. 大于 10MΩ   B. 大于 5MΩ   C. 大于 0.5MΩ

53. 微机继电保护装置的使用年限一般为（ A ）。

A. 10～12 年　　　　B. 8～10 年　　　　C. 6～8 年

54. 继电保护和电网安全自动装置现场工作应遵守（ C ）。

    A. 状态检修

    B. 风险辨识

    C. 标准化作业和风险辨识的相关要求

    D. 标准化作业

55. 执行和恢复安全措施时，需要二人工作。一人负责操作，（ C ）担任监护人，并逐项记录执行和恢复内容。

    A. 有经验的职工　　B. 工作班成员　　　C. 工作负责人

56. 更换继电保护和电网安全自动装置屏或拆除旧屏前，应在相关回路（ A ）做好安全措施。

    A. 对侧屏　　　　　B. 本屏上　　　　　C. 两侧都可以

57. 被检验保护装置与其他保护装置有工作电流互感器绕组的特殊情况时，应核实电流互感器二次回路的（ C ）。

    A. 变比和极性　　　B. 有无开路　　　　C. 使用情况和连接顺序

58. 凡是现场接触到运行的继电保护、电网安全自动装置及其（ C ）的人员，均应遵守《继电保护和电网安全自动装置现场工作保安规定》，还应遵守《国家电网公司电力安全工作规程（变电站和发电厂电气部分）》。

    A. 高压设备　　　　B. 监控设备　　　　C. 二次回路

59. 运行中的继电保护和电网安全自动装置需要检验时，应先断开相关（ B ），再断开装置的工作电源。

    A. 保护压板

    B. 跳闸和合闸压板

    C. 交流电压

60. 整组传动试验前，应告知运行值班人员和相关人员本次试验的内容，以及可能涉及的一、二次设备，试验时，继电保护人员和运行值班人员应共同监视（ C ）动作行为。

    A. 保护装置　　　　B. 监控信号　　　　C. 断路器

61. 计算非全相运行最大零序电流时，应选择与被保护线路相并联的联络线为最（ A ）的运行方式。

    A. 少，系统联系最薄弱　　　　　　　B. 多，系统联系最强

    C. 多，系统联系较薄弱　　　　　　　D. 少，系统联系最强

62. 某 220kV 终端变电站 35kV 侧接有电源，其两台主变一台 220kV 中性点直接接地，另一台经放电间隙接地。当其 220kV 进线单相接地，该线路系统侧开关跳开后，一般（ A ）。

    A. 先切除中性点接地的变压器，根据故障情况再切除中性点不接地的变压器

    B. 先切除中性点不接地的变压器，根据故障情况再切除中性点接地的变压器

    C. 两台变压器同时切除

    D. 两台变压器跳闸的顺序不定

63. 电流起动的防跳继电器，其电流线圈额定电流的选择应与断路器跳闸线圈的额定电

流相配合，并保证动作的灵敏系数不小于（ A ）。

    A. 1.5   B. 1.8   C. 2.0

64. 能重复动作的事故信号装置，"重复动作"是指（ C ）。

    A. 当一台断路器事故跳闸后，在值班人员没来得及确认事故之前又发生了新的事故跳闸时，事故信号装置还能发出灯光信号

    B. 当一台断路器事故跳闸后，在值班人员确认事故后又发生了新的事故跳闸时，事故信号装置还能发出音响和灯光信号

    C. 当一台断路器事故跳闸后，在值班人员没来得及确认事故之前又发生了新的事故跳闸时，事故信号装置还能发出音响和灯光信号

65. 下列哪一项不是自动投入装置应符合的要求？（ B ）

    A. 在工作电源或设备断开后，才投入备用电源或设备

    B. 自动投入装置必须采用母线残压闭锁的切换方式

    C. 工作电源或设备上的电压，不论因什么原因消失，自投装置均应动作

    D. 自动投入装置应保证只动作一次

66. 保护装置双重化配置应充分考虑（ B ）的安全性。

    A. 检修和设备   B. 运行和检修

    C. 人员和设备   D. 系统稳定

67. 禁止将电流互感器二次侧开路，（ C ）除外。

    A. 计量用电流互感器   B. 测量用电流互感器

    C. 光电流互感器   D. 二次电流为 1A 的电流互感器

68. 远方更改微机继电保护装置定值或操作继电保护装置时，应根据现场有关运行管理规定，并有保密和监控手段，以防止（ A ）。

    A. 误整定和误操作   B. 误整定和误校验

    C. 误碰和误校验   D. 误整定和误碰

69. 按照部颁反措要点的要求，对于有两组跳闸线圈的断路器，（ A ）。

    A. 其每一跳闸回路应分别由专用的直流熔断器供电

    B. 两组跳闸回路可共用一组直流熔断器供电

    C. 其中一组由专用的直流熔断器供电，另一组可与一套主保护共用一组直流熔断器

70. 集成电路型、微机型保护装置的电流、电压引入线应采用屏蔽电缆，同时（ C ）。

    A. 电缆的屏蔽层应在开关场可靠接地

    B. 电缆的屏蔽层应在控制室可靠接地

    C. 电缆的屏蔽层应在开关场和控制室两端可靠接地

71. 直流电压为 220V 的直流继电器线圈的线径不宜小于（ A ）。

    A. 0.09mm   B. 0.10 mm   C. 0.11mm

72. 如果直流电源为 220V，而中间继电器的额定电压为 110V，则回路的连接可以采用中间继电器串联电阻的方式，串联电阻的一端应接于（ B ）。

    A. 正电源   B. 负电源   C. 远离正、负电源（不能直接接于电源端）

73. 线路装有两套纵联保护和一套后备保护，按照部颁反措要点的要求，其后备保护的

直流回路（C）。

　　A. 必须由专用的直流熔断器供电

　　B. 应在两套纵联保护所用的直流熔断器中选用负荷较轻的供电

　　C. 既可由另一组专用直流熔断器供电，也可适当地分配到两套纵联保护所用的直流供电回路中

74. 装于同一面屏上由不同端子对供电的两套保护装置的直流逻辑回路之间（B）。

　　A. 为防止相互干扰，绝对不允许有任何电磁联系

　　B. 不允许有任何电的联系，如有需要，必须经空接点输出

　　C. 一般不允许有电磁联系，如有需要，应加装抗干扰电容等措施

75. 电流互感器二次回路接地点的正确设置方式是（C）。

　　A. 每只电流互感器二次回路必须有一个单独的接地点

　　B. 所有电流互感器二次回路接地点均设置在电流互感器端子箱内

　　C. 电流互感器的二次侧只允许有一个接地点，对于多组电流互感器相互有联系的二次回路接地点应设在保护盘上

76. 来自电压互感器二次侧的四根开关场引入线（U_U、U_V、U_W、U_N）和电压互感器三次侧的两根开关场引入线（开口三角侧的 U_L、U_N）中的两个零相电缆线 U_N 应按方式（B）接至保护屏。

　　A. 在开关场并接在一起后，合成一根后引至控制室，并在控制室接地后

　　B. 必须分别引至控制室，并在控制室一点接地后

　　C. 三次侧的 U_N 在开关场就地接地，仅将二次侧的 U_N 引至控制室，并在控制室接地后

77. 经控制室 N600 连通的几组电压互感器二次回路，应在控制室将 N600 接地，其中用于取得同期电压的线路电压抽取装置的二次（C）在开关场另行接地。

　　A. 应　　　　　　　B. 宜　　　　　　　C. 不得

78. 在控制室经零相公共小母线 N600 连接的 220～500kV 的母线电压互感器二次回路，其接地点应（B）。

　　A. 各自在 220～500kV 保护室外一点接地

　　B. 只在室内接地

　　C. 各电压互感器分别接地

79. 在直流回路中，为了降低中间继电器在线圈断电时，对直流回路产生过电压的影响，可采取在中间继电器线圈两端（B）。

　　A. 并联"一反向二极管"的方式

　　B. 并联"一反向二极管串电阻"的方式

　　C. 并联"一只容量适当的电容器"的方式

80. 对于能否在正常运行时确认 $3U_0$ 回路是否完好，有下述三种意见，其中（C）是正确的。

　　A. 可以用电压表检测 $3U_0$ 回路是否有不平衡电压的方法判断 $3U_0$ 回路是否完好

　　B. 可以用电压表检测 $3U_0$ 回路是否有不平衡电压的方法判断 $3U_0$ 回路是否完好，

但必须使用高内阻的数字万用表，使用指针式万用表不能进行正确地判断

C. 不能以检测 $3U_0$ 回路是否有不平衡电压的方法判断 $3U_0$ 回路是否完好

81. 对于集成电路型、微机型保护，为增强其抗干扰能力应采取的方法是（C）。

 A. 交流电源来线必须经抗干扰处理，直流电源来线可不经抗干扰处理

 B. 直流电源来线必须经抗干扰处理，交流电源来线可不经抗干扰处理

 C. 交流及直流电源来线均必须经抗干扰处理

82. 与微机保护装置出口继电器触点连接的中间继电器线圈两端应（A）以消除过压回路。

 A. 并联电容且还需串联一个电阻

 B. 串联电容且还需串联一个电阻

 C. 串联电容且还需并联一个电阻

83. 直流中间继电器、跳（合）闸出口继电器的消弧回路应采取以下哪种方式？（C）

 A. 两支二极管串联后与继电器的线圈并联，要求每支二极管的反压不低于 500V

 B. 一支二极管与一适当感抗值的电感串联后与继电器的线圈并联，要求二极管与电感的反压均不低于 1000V

 C. 一支二极管与一适当阻值的电阻串联后与继电器的线圈并联，要求二极管的反压不低于 1000V

84. 一套独立保护装置在不同的保护屏上，其直流电源必须从（A）。

 A. 由同一专用端子对取得正、负直流电源

 B. 由出口继电器屏上的专用端子对取得正、负直流电源

 C. 在各自的安装保护屏上的专用端子对取得正、负直流电源

85. 某一套独立的保护装置由保护主机及出口继电器两部分组成，分装于两面保护屏上，其出口继电器部分（A）。

 A. 必须与保护主机部分由同一专用端子对取得正、负直流电源

 B. 应由出口继电器所在屏上的专用端子对取得正、负直流电源

 C. 为提高保护装置的抗干扰能力，应由另一直流熔断器提供电源

86. 为防止启动中间继电器的触点返回（断开）时，中间继电器线圈所产生的反电势，中间继电器线圈两端并联"二极管串电阻"。当直流电源电压为 110～220V 时，其中电阻值应选取为（C）。

 A. 10～30Ω B. 1000～2000Ω C. 250～300Ω

87. 按照部颁反措要点要求，防止跳跃继电器的电流线圈与电压线圈间耐压水平应（B）。

 A. 不低于 2500V、2min 的试验标准

 B. 不低于 1000V，1min 的试验标准

 C. 不低于 2500V，1min 的试验标准

88. 按照部颁《反措要点》的要求，220kV 变电站信号系统的直流回路应（C）。

 A. 尽量使用专用的直流熔断器，特殊情况下可与控制回路共用一组直流熔断器

 B. 尽量使用专用的直流熔断器，或与某一断路器操作回路的直流熔断器共用

 C. 由专用的直流熔断器供电，不得与其他回路混用

89. 在以下三种关于微机保护二次回路抗干扰措施的定义中，指出哪种是错误的？（B）

A. 强电和弱电回路不得合用同一根电缆

B. 尽量要求使用屏蔽电缆，如使用普通铠装电缆，则应使用电缆备用芯，在开关场及主控室同时接地的方法，作为抗干扰措施

C. 保护用电缆与电力电缆不应同层敷设

90. 按照部颁反措要点的要求，防止跳跃继电器的电流线圈应（ A ）。

A. 接在出口触点与断路器控制回路之间

B. 与断路器跳闸线圈并联

C. 与跳闸继电器出口触点并联

91. 按照《反措要点》的要求，防跳继电器的动作电流应小于跳闸电流的 50％，线圈压降小于额定值的（ A ）。

A. 10％   B. 15％   C. 20％

92. 在直流总输出回路及各直流分路输出回路装设直流熔断器或小空气开关时，上下级配合（ B ）。

A. 无选择性要求   B. 有选择性要求   C. 视具体情况而定

93. 中间继电器的电流保持线圈在实际回路中可能出现的最大压降应小于回路额定电压的（ A ）。

A. 5％   B. 10％   C. 15％

94. 对于集成电路型保护及微机型保护而言，（ A ）。

A. 弱信号线不得和强干扰（如中间继电器线圈回路）的导线相邻近

B. 因保护中已采取了抗干扰措施，弱信号线可以和强干扰（如中间继电器线圈回路）的导线相邻近

C. 在弱信号线回路并接抗干扰电容后，弱信号线可以和强干扰（如中间继电器线圈回路）的导线相邻近

95. （ B ）的绝缘胶布只能作为执行继电保护安全措施票的标识。

A. 黄色   B. 红色   C. 黄绿红都可以

96. 装置校验前应做好安全措施，在工作屏正面和后面设置（ B ）标志。

A. 红布幔   B. 在此工作   C. 检修设备

97. 电力系统继电保护的选择性，除了决定于继电保护装置本身的性能外，还要求满足：由电源算起，越靠近故障点的继电保护的故障起动值（ A ）。

A. 相对越小，动作时间越短

B. 相对越大，动作时间越短

C. 相对越大，动作时间越长

98. 下列哪一项对线路距离保护振荡闭锁控制原则的描述是错误的？（ B ）

A. 单侧电源线路的距离保护不应经振荡闭锁

B. 双侧电源线路的距离保护必须经振荡闭锁

C. 35KV 及以下的线路距离保护不考虑系统振荡误动问题

99. 新版继电保护整定技术规程中提出了保护不完全配合的概念，不完全配合指的是（ C ）。

A. 动作时间配合，保护范围不配合

B. 保护范围配合，动作时间不配合

C. 保护动作时间配合，保护范围不配合

D. 保护范围不配合或动作时间不配合

100. 何种情况下保护装置与断路器操作回路可仅由一组直流熔断器或自动开关供电？（ B ）

    A. 保护装置与断路器跳闸线圈均双重化配置时

    B. 采用远后备原则配置保护时

    C. 任何情况下都不允许

101. 工作期间工作负责人因故暂时离开现场时应（ A ）。

    A. 指定能胜任的人员临时代替，离开前应将工作现场交待清楚，并告知工作班成员

    B. 应由原工作票签发人变更工作负责人，履行变更手续，并告知全体工作人员及工作许可人

    C. 由工作许可人临时代替，离开前应将工作现场交待清楚，并告知工作班成员

102. 数字保护装置失去直流电源时，其硬件时钟（ B ）。

    A. 不能正常工作   B. 还能正常工作

    C. 直流电源恢复后又能正常工作

103. "独立的保护装置或控制回路必须且只能由一对专用的直流熔断器或端子对取得直流电源"，主要目的是（ B ）。

    A. 保证直流回路短路时直流回路上下保护的选择性

    B. 防止直流回路产生寄生回路

    C. 减少直流系统接地的发生

104. 评价继电保护正确动作率时，若在事件过程中主保护应动而未动，由后备保护动作切除故障，则评价（ A ）。

    A. 主保护不正确动作1次，后备保护正确动作1次

    B. 主保护不正确动作1次

    C. 保护正确动作1次

    D. 均不评价

105. 关于继电保护动作评价，下述哪项说法是不正确的？（ D ）

    A. 双母线接线母线故障，母差保护动作，利用线路纵联保护促使其对侧断路器跳闸，消除故障，母差保护和线路两侧纵联保护应分别评价为"正确动作"

    B. 双母线接线母线故障，母差保护动作，由于母联断路器拒跳，由母联失灵保护消除母线故障，母差保护和母联失灵保护应分别评价为"正确动作"

    C. 双母线接线母线故障，母差保护动作，断路器拒跳，利用变压器保护跳各侧，消除故障，母差保护和变压器保护应分别评价为"正确动作"

    D. 继电保护正确动作，断路器拒跳，继电保护应评价为"不正确动作"

106. 国网标准化设计中，（ A ）跳母联（分段）时不应启动失灵保护。

    A. 变压器后备保护

    B. 变压器差动保护

    C. 母线差动保护

107. 国网标准化设计的双母线接线断路器失灵保护，宜采用（C）中的失灵电流判别功能。

  A. 变压器保护 B. 线路保护   C. 母线保护

108. 用于串补线路及其相邻线路的距离保护应有防止（A）拒动和误动的措施。

  A. 距离保护Ⅰ段

  B. 距离保护Ⅱ段

  C. 距离保护各段

109. 国网标准化设计中，运行中基本不变的、保护分项功能，如"距离Ⅰ段"采用（C）投/退。

  A. 软压板   B. 硬压板   C. "控制字"

110. 国网标准化设计的双母线接线的母线保护，通过隔离刀闸辅助接点自动识别母线运行方式时，应对刀闸辅助接点进行自检。当与实际位置不符时，发"刀闸位置异常"告警信号，应能通过保护模拟盘校正刀闸位置。当仅有一个支路隔离刀闸辅助接点异常，且该支路有电流时，保护装置仍应具有（A）的功能。

  A. 选择故障母线

  B. 选择区内区外故障

  C. 正常运行不误动

111. 国网标准化设计的双母双分段接线母差保护应提供启动（A）失灵保护的出口接点。

  A. 分段   B. 母联   C. 分段和母联

112. 国网标准化设计的母线保护应能自动识别母联（分段）的充电状态，合闸于死区故障时，为不误切除运行母线，应（C）。

  A. 瞬时跳母联（分段）和运行母线

  B. 只瞬时跳母联（分段）

  C. 瞬时跳母联（分段）和延时 300ms 跳运行母线

113. 国网标准化设计的双母线接线的母线保护，在母线并列运行，发生死区故障时，会（B）。

  A. 先跳母联，再跳故障母线

  B. 不能保证选择性，两段母线都跳闸

  C. 有选择性地切除故障母线

114. 国网标准化设计的母线保护设置了母联、分段分列运行压板，在母联、分段分列运行时，投入了分列运行压板，在进行母联或分段断路器由断开到合上的操作时，应在（A）退出分列运行压板。

  A. 操作前 B. 操作后   C. 操作前或操作后

115. 电抗器配置过电流保护作为后备保护，应采用（A）电流，反映电抗器内部相间故障。

  A. 首端   B. 尾端   C. 首端或尾端

116. 大电流接地系统的输电线路发生接地故障时，对相邻线路零序互感影响的大小与（A）无关。

A. 电压等级

B. 零序电流的大小

C. 相邻线路的地理位置

117. 国网标准化设计的变压器保护装置为提高切除自耦变压器内部单相接地短路故障的可靠性，可配置由高中压和公共绕组 TA 构成的分侧差动保护，如在分侧差动保护范围内发生匝间短路故障，分侧差动保护的动作行为是（ B ）。

A. 短路匝数较多时，差动保护会动作

B. 差动保护不会动作

C. 差动保护会动作

118. 在"强磁弱电"的条件下，在有互感影响的线路发生接地故障，非故障线路有可能误动，但在这种情况下（ A ），所以可以采用电流电压有一定的负序分量来开放零序方向纵联保护的方式，来防止非故障线路零序方向保护误动作。

A. 负序电压、电流与零序电压、电流的比值均很小

B. 无负序电压和负序电流

C. 负序电流不一定小于零序电流

119. 国网标准化设计的光纤差动保护控制字中有"TA 断线闭锁差动"，如该控制字置"1"，表示闭锁差动保护，如该控制字置"0"，表示（ A ）。

A. 差动电流只要超过用户正常运行值就会动作

B. 差动电流超过用户正常运行值，且两侧启动元件动作则也会动作

C. 差动电流超过用户 TA 断线定值，两侧启动元件动作才会动作

120. 国网标准化设计的 3/2 接线的断路器保护中设有分相和三相瞬时跟跳逻辑，可以通过控制字"跟跳本断路器"来控制，如控制字"跟跳本断路器"置"0"，则（ B ）。

A. 断路器的"失灵重跳本断路器时间"段退出

B. 分相和三相瞬时跟跳逻辑退出

C. 断路器的"失灵重跳本断路器时间"段和瞬时跟跳逻辑均退出

121. 确保 220kV 及 500kV 线路单相接地时线路保护能可靠动作，允许的最大过渡电阻值分别是（ A ）。

A. 100Ω，300Ω

B. 100Ω，150Ω

C. 150Ω，300Ω

D. 300Ω，100Ω

122. 母线故障，母差保护动作已跳开故障母线上的主变间隔和母联，但线路间隔由于断路器本身原因拒跳，则母差保护按（ B ）进行评价。

A. 正确动作一次

B. 不予评价

C. 不正确动作一次

D. 母差保护动作正确，对侧纵联不正确

123. 选用的消弧回路的所用反向二极管，其反向击穿电压绝不允许低于（ B ）。

A. 1000V

B. 600V

C. 400V

124. 《电力系统故障动态记录技术准则》中规定电力故障动态过程记录设备的最低要求的采样速率为每个工频周波采样点不小于（ A ）。

A. 20 点

B. 18 点

C. 16 点

125. 针对 500kV 3/2 接线，开关三相不一致保护时间整定有什么要求？（ A ）

    A. 母线侧 2s，中间（远离线路）侧 3.5s

    B. 母线侧 3.5s，中间（远离线路）侧 2s

    C. 母线侧 2s，中间（远离线路）侧 2s

126. 当采用单个屏（屏台）时，控制屏（屏台）和继电器屏宜采用宽为 （ A ）、600mm，厚为 600mm，高为 （ C ）mm 的屏。继电器屏宜选用屏前后设门的结构，控制屏（屏台）选用屏后设门的结构。

    A. 800   B. 750   C. 2200   D. 2100

127. 控制电缆的绝缘水平可采用 500V 级，500kV 级用的控制电缆的绝缘水平宜采用（ D ）V。

    A. 500   B. 1000   C. 1500   D. 2000

128. 高频抗干扰试验时，考核电流、电压差动过量继电器误动及拒动的条件为 （ B ）。

    A. 误动的条件为动作值的 80%，拒动的条件为动作值的 110%

    B. 误动的条件为动作值的 90%，拒动的条件为动作值的 110%

    C. 误动的条件为动作值的 90%，拒动的条件为动作值的 120%

129. 负序电流分量起动元件在本线路末端发生金属性两相短路时，灵敏系数大于 （ C ）。

    A. 2   B. 3   C. 4

130. 微机保护装置的正常工作时的直流电源功耗为 （ A ）。

    A. 不大于 50W

    B. 不大于 60W

    C. 不大于 70W

131. 保护装置绝缘测试过程中，任一被试回路施加试验电压时，（ C ）等电位互连地。

    A. 被试回路   B. 直流回路   C. 其余回路

132. 微机保护装置直流电源纹波系数应不大于 （ B ）。

    A. ±1%   B. ±2%   C. ±3%   D. ±5%

133. 微机保护装置工作环境温度 （ A ）。

    A. −5～+40℃

    B. −10～+50℃

    C. −5～+30℃

134. 保护装置应承受工频试验电压 1500V 的回路有 （ A ）。

    A. 110V 或 220V 直流回路对地

    B. 110V 或 220V 交流回路对地

    C. 110V 或 220V 直流回路的各触点对地回路

135. 继电器电压回路连续承受电压允许的倍数：交流电压回路为 （ A ）额定电压，直流电压回路为 （ A ）额定电压。

    A. 1.2 倍，1.1 倍

    B. 1.1 倍，1.2 倍

    C. 1.1 倍，1.15 倍

136. 记录设备的内存容量，应满足在（C）时能不中断地存入全部故障数据的要求。

　　A. 规定时间内的故障

　　B. 规定时间内连续发生的故障

　　C. 规定时间内连续发生规定次数的故障

137. 继电保护装置误动跳闸，且经远方跳闸装置使对侧断路器跳闸，则对（B）进行评价。

　　A. 远方跳闸装置

　　B. 误动保护装置

　　C. 两者均

138. 试运行的保护装置，在投入跳闸试运行期间［不超过（B）］，因设计原理、制造质量等非运行部门责任原因而发生的误动，事前经过主管部门的同意，可不予评价。

　　A. 三个月　　　　B. 六个月　　　　C. 一年

139. 直流继电器的动作电压不应超过额定电压的（C）。

　　A. 65%　　　B. 50%　　　C. 70%　　　D. 90%

140. 在统计周期中保护装置新投产不足（C）个月的按照 0.5 台计算。

　　A. 一个月　　　B. 三个月　　　C. 六个月

141. 63kV 及以下并联电抗器，一般只装设电流速断保护，其动作电流灵敏度按电抗器引出端二相内部短路最小电流校验，要求其灵敏系数不小于（C）。

　　A. 1.5　　　　B. 1.8　　　　C. 2.0

142. 根据 330～550kV 并联电抗器的技术规范，1.2 倍额定电压下，电抗器允许运行时间为（B）。

　　A. 1min　　　　B. 3min　　　　C. 5min

143. 发电厂接于 110kV 及以上双母线上有三台及以上变压器，则应有（B）。

　　A. 一台变压器中性点直接接地

　　B. 每条母线有一台变压器中性点直接接地

　　C. 三台及以上变压器均直接接地

144. 按照部颁反措要点的要求，保护跳闸连接片（A）。

　　A. 开口端应装在上方，接到断路器的跳闸线圈回路

　　B. 开口端应装在下方，接到断路器的跳闸线圈回路

　　C. 开口端应装在上方，接到保护的跳闸出口回路

145. 在新保护投入时，（A）。

　　A. 不能单独以"六角图"测试方法确证 $3U_0$ 构成的零序方向保护的极性关系正确

　　B. 利用"六角图"测试方法便可确证 $3U_0$ 构成的零序方向保护的极性关系正确

　　C. 利用"六角图"测试与功率因数角测试相结合的方法可确证 $3U_0$ 构成的零序方向保护的极性关系正确

146. 微机保护装置增强抗干扰能力应采取的方法是（C）。

　　A. 交流来线经抗干扰处理，直流不经抗干扰处理

　　B. 交流来线可不经抗干扰处理，直流经抗干扰处理

C. 交流、直流电源来线必须经抗干扰处理

147. 按照双重化原则配置的两套线路保护均有重合闸，当其中一套重合闸停用时（A）。

　　A. 对应保护装置的勾通三跳功能不应投入

　　B. 对应保护装置的勾通三跳功能需投入

　　C. 上述两种状态均可

148. 发电厂和变电站应采用铜芯控制电缆和导线，弱电控制回路的截面不应小于（C）。

　　A. 1.5mm^2　　　　B. 2.5mm^2　　　　C. 0.5mm^2

149. 继电保护是以常见运行方式为主来进行整定计算和灵敏度校核的。所谓常见运行方式是指（B）。

　　A. 正常运行方式下，任意一回线路检修

　　B. 正常运行方式下，与被保护设备相邻近的一回线路或一个元件检修

　　C. 正常运行方式下，与被保护设备相邻近的一回线路检修并有另一回线路故障被切除

150. 直流系统保护在不能兼顾防止保护误动和拒动时，保护配置应以防止（B）为主。

　　A. 误动　　　　　　B. 拒动　　　　　　C. 均衡考虑

151. 独立的继电保护信息管理系统应工作在第（B）安全区。

　　A. Ⅰ区　　　　　　B. Ⅱ区　　　　　　C. Ⅲ区

152. 十八项反措规定装设静态型、微机型继电保护装置和收发信机的厂、站接地电阻应按规定不大于（C）。

　　A. 0.1Ω　　　　B. 0.2Ω　　　　C. 0.5Ω　　　　D. 1Ω

153. 按照整定规程的要求，解列点上的距离保护（A）。

　　A. 不应经振荡闭锁控制　　　　　　B. 不宜经振荡闭锁控制

　　C. 须经振荡闭锁控制　　　　　　　D. 可经振荡闭锁控制

154. 新的"六统一"原则为（A）。

　　A. 功能配置统一的原则、端子排布置统一的原则、屏柜压板统一的原则、回路设计统一的原则、接口标准统一的原则、保护定值和报告格式统一的原则

　　B. 功能配置统一的原则、端子排布置统一的原则、屏柜压板统一的原则、回路设计统一的原则、开关量逻辑统一的原则、保护定值和报告格式统一的原则

　　C. 技术标准统一的原则、功能配置统一的原则、端子排布置统一的原则、屏柜压板统一的原则、回路设计统一的原则、接口标准统一的原则

　　D. 原理统一的原则、技术标准统一的原则、功能配置统一的原则、端子排布置统一的原则、屏柜压板统一的原则、回路设计统一的原则

155. 在主控室、保护室柜屏下层的电缆室内，按柜屏布置的方向敷设（A）mm^2 的专用铜排（缆），将该专用铜排（缆）首末端连接，形成保护室内的等电位接地网。保护室内的等电位接地网必须用至少（B）根以上、截面不小于（C）mm^2 的铜排（缆）与厂、站的主接地网在电缆竖井处可靠连接。屏柜上装置的接地端子应用截面不小于（B）mm^2 的多股铜线和接地铜排相连。

　　A. 100　　　　　　B. 4　　　　　　C. 50　　　　　　D. 10

156. 变电站直流系统处于正常状态，某 220kV 线路断路器处于断开位置，控制回路正常带电，利用万用表直流电压档测量该线路纵联方向保护跳闸出口压板下端口的对地电位，正确的状态应该是（ B ）。

    A. 压板下口对地电压为＋110V 左右

    B. 压板下口对地电压为 0V 左右

    C. 压板下口对地电压为－110V 左右

157. 110kV 及以上电压线路的保护装置，应具有测量故障点距离的功能，对金属性短路故障测距误差不大于线路全长的（ A ）。

    A. ±3%   B. ±5%   C. ±10%

158. 断路器失灵保护判别元件的动作时间和返回时间均不应大于（ A ）。

    A. 20ms   B. 25ms   C. 30ms

159. 试验部件、连接片、切换片，安装中心线离地面不宜低于（ C ）。

    A. 400mm   B. 350mm   C. 300mm

160. 进行新安装装置验收试验时，从保护屏柜的端子排处将所有外部引入的回路及电缆全部断开，分别将电流、电压、直流控制、信号回路的所有端子各自连接在一起，用 1000V 兆欧表测量绝缘电阻，其阻值均应大于（ A ）。

    A. 10MΩ   B. 5MΩ   C. 1MΩ

161. 对于操作箱中的出口继电器，应进行动作电压范围的检验，其值应在（ C ）额定电压之间。

    A. 30%～65%   B. 50%～70%   C. 55%～70%

162. 在确定继电保护和安全自动装置的配置方案时，应优先选用具有（ B ）的数字式装置。

    A. 智能   B. 成熟运行经验

    C. 通信功能   D. 完善

163. 如果保护设备与通信设备间采用电缆连接，当使用双绞—双屏蔽电缆时，正确的做法是（ A ）。

    A. 每对双绞线的屏蔽层，内层发端接地，收端悬浮；外屏蔽层两端接地

    B. 每对双绞线的屏蔽层，内层收端接地，发端悬浮；外屏蔽层两端接地

    C. 整个电缆的外屏蔽层，发端接地，收端悬浮；内屏蔽层两端接地

    D. 每对双绞线的屏蔽层及整个电缆的外屏蔽层在两端接地

164. 直流继电器的动作电压不应超过额定电压的（ C ）。

    A. 65%   B. 50%   C. 70%   D. 90%

165. 在进行线路保护试验时，除试验仪器容量外，试验电流及电压的谐波分量不宜超过基波分量的（ C ）。

    A. 2.5%   B. 10%   C. 5%   D. 2%

166. 保护屏必须有接地端子，并用截面不低于（ B ）mm² 的多股铜线和接地网直接连通。

    A. 2.5   B. 4   C. 5   D. 6

167. 非电量保护接入跳闸回路的继电器，其动作电压应不小于（A）的额定电压，动作速度不宜小于（A），并有较大的启动功率。

　　A. 50%，10ms　　B. 60%，15ms　　C. 60%，20ms

168. 光纤保护接口装置用的通讯电源为 48V，下列说法正确的是（B）。

　　A. 48V 直流电源与保护用直流电源一样，要求正负极对地绝缘

　　B. 48V 直流系统正极接地，负极对地绝缘

　　C. 48V 直流系统负极接地，正极对地绝缘

169. 下列不属于补充检验内容的是（C）。

　　A. 检修或更换一次设备后的检验

　　B. 事故后检验

　　C. 利用装置进行断路器跳、合闸试验

170. 在微机装置的检验过程中，如必须使用电烙铁，应使用专用电烙铁，并将电烙铁与保护屏（柜）（A）。

　　A. 在同一点接地

　　B. 分别接地

　　C. 只需保护屏（柜）接地

171. 设备停电时，应先停一次设备，后停保护；送电时，应在（A）投入保护。

　　A. 合刀闸前　　　B. 合开关前　　　C. 合开关后　　　D. 无所谓

172. 继电保护的"三误"是（C）。

　　A. 误整定，误试验，误碰

　　B. 误整定，误接线，误试验

　　C. 误接线，误碰，误整定

173. 双母线系统的两组电压互感器二次回路采用自动切换的接线，切换继电器的触点（C）。

　　A. 应采用同步接通与断开的触点

　　B. 应采用先断开、后接通的触点

　　C. 应采用先接通、后断开的触点

174. 查找 220V 直流系统接地使用表计的内阻应（A）。

　　A. 不小于 2000Ω/V

　　B. 不小于 5000Ω

　　C. 不小于 2000Ω

175. 发电机或变压器过激磁保护的起动元件、定时限元件和反时限元件应能分别整定，并要求其返回系数（C）。

　　A. 不低于 0.85

　　B. 不低于 0.90

　　C. 不低于 0.96

176. 在保证可靠动作的前提下，对于联系不强的 220kV 电网，重点应防止保护无选择性动作；对于联系紧密的 220kV 电网，重点应保证保护动作的（B）。

A. 选择性　　　　B. 可靠性　　　　C. 灵敏性

177. 微机保护定检周期和时间原则规定如下：新安装的保护 1 年内进行一次全部检验，以后每 6 年进行一次全部检验，每（B）进行一次部分检验。

　　A. 1 年　　　　　　B. 1~2 年　　　　　C. 3 年

178. 110V 直流回路绝缘监测表计内阻应大于（B）。

　　A. 20kΩ　　　　　B. 10kΩ　　　　　C. 5kΩ

179. 50km 以下的 220~500kV 线路，相间距离保护应有对本线路末端故障灵敏度不小于（A）的延时段。

　　A. 1.5　　　　　　B. 1.4　　　　　　C. 1.3

180. 在用拉路法查找直流接地时，要求断开各专用直流回路的时间（B）。

　　A. 不得超过 3min

　　B. 不得超过 3s

　　C. 根据被查回路中是否有接地点而定

181. 220~500kV 线路分相操作断路器使用单相重合闸，要求断路器三相合闸不同期时间不大于（B）。

　　A. 1ms　　　　　B. 5ms　　　　　C. 10ms

182. 110kV 变电站故障解列装置动作时间应躲过相邻线路保护灵敏段时间，并与上级线路重合闸时间配合，一般（A）。

　　A. ≤1.5s　　　　B. <1s　　　　C. ≤2.5s　　　　D. >1s

183. 20kV 小电阻接地系统接地变压器零序电流保护宜采用（B）。

　　A. 电源侧三相电流互感器自产零序电流

　　B. 外接接地电阻侧零序电流

　　C. 无所谓

184. 新的电力行业标准《继电保护和电网安全自动装置检验规程》何时正式实施？（B）

　　A. 2006 年 12 月 1 日　　　　　　　B. 2006 年 10 月 1 日

　　C. 2007 年 1 月 1 日　　　　　　　D. 2008 年 1 月 1 日

185. 每台新建变压器设备在投产前，应提供正序和零序阻抗，各侧故障的动、热稳定时限曲线和变压器（B）作为继电保护整定计算的依据。

　　A. 过负荷能力　　　B. 过励磁曲线　　　C. 过负荷曲线

186. 进入 SF_6 配电装置低位区或电缆沟进行工作应先检测含氧量（A）和 SF_6 气体含量是否合格。

　　A. 不低于 18%　　B. 不低于 15%　　C. 不低于 12%

187. 电力系统继电保护和安全自动装置的功能是在合理的（B）前提下，保证电力系统和电力设备的安全运行。

　　A. 配置　　　　　B. 电网结构　　　　C. 设计

188. 传输线路纵联保护信息的数字式通道传输时间应不大于（C），点对点的数字式通道传输时间应不大于（C）。

　　A. 15ms，8ms　　　　　　　　　B. 12ms，8ms

C. 12ms，5ms　　　　　　　　　　　D. 8ms，3ms

189. 线路断路器失灵保护相电流判别元件的定值整定原则是（ B ）。

A. 躲开线路最大负荷电流

B. 保证本线路末端故障有灵敏度

C. 躲开本线路末端最大短路电流

190. 高频电缆屏蔽层应（ A ）。

A. 在接入收发信机前直接接地，收发信机内的"通道地"另行接地

B. 在接入收发信机前不直接接地，由收发信机内的"通道地"起接地作用，避免重复接地

C. 在接入收发信机前直接接地，收发信机内的"通道地"不再接地

D. 在接入收发信机前不直接接地，收发信机内的"通道地"亦不直接接地

191. 零序电流保护逐级配合是指（ C ）。

A. 零序定值要配合，不出现交错点

B. 时间必须首先配合，不出现交错点

C. 电流定值灵敏度和时间都要相互配合

192. 在下列那些情况下应该停用整套微机继电保护装置？（ ABC ）

A. 微机继电保护装置使用的交流电压、交流电流、开关量输入（输出）回路作业

B. 装置内部作业

C. 继电保护人员输入定值

D. 高频保护交换信号

193. 微机保护做全检的项目有（ ABCD ）。

A. 绝缘检验　　　　　　　　　　　B. 告警回路检验

C. 整组试验　　　　　　　　　　　D. 打印机检验

194. 继电保护现场工作中的习惯性违章主要表现为（ ABDE ）。

A. 不履行工作票手续即行工作

B. 不认真履行现场继电保护工作安全措施票

C. 使用未经检验的仪器、仪表

D. 监护人不到位或失去监护

E. 现场标示牌不全，走错屏位（间隔）

195. 线路重合成功次数评价计算方法，下述哪项说法是不正确的（ BC ）。

A. 单侧投重合闸的线路，若单侧重合成功，则线路重合成功次数为1次

B. 两侧投重合闸线路，若两侧均重合成功，则线路重合成功次数为2次

C. 两侧投重合闸线路，若一侧拒合（或重合不成功），则线路重合成功次数为1次

D. 重合闸停用以及因为系统要求或继电保护设计要求不允许重合的均不列入线路重合成功率统计

196. 继电保护动作评价时，属于维护检修部门责任的不正确动作原因包括（ AC ）。

A. 调试质量不良　　　　　　　　　B. 回路接线设计不合理

  C. 整定值设置错误   D. 没有实测参数或实测参数不准

197. 在使用工作票时，下列填用工作票正确的是（ AD ）。

  A. 线路双微机保护轮流退其中一套微机保护改定值，填用第二种工作票

  B. 线路保护装置异常，倒旁路检查本开关保护，填用第二种工作票

  C. 更换端子箱保护需带开关做传动试验，填用第二种工作票

  D. 停主变检查主变保护，填用第一种工作票

198. 按照《电力系统继电保护技术监督规定》，属于监督范围的阶段是（ ABCD ）。

  A. 工程设计   B. 运行维护

  C. 安装调试   D. 规划阶段

199. 根据静态继电保护及安全自动装置通用技术条件的规定，静态型保护装置的绝缘试验项目有（ ACD ）。

  A. 工频耐压试验   B. 绝缘老化试验

  C. 绝缘电阻试验   D. 冲击电压试验

200. 根据安全工作规程的规定，以下（ BC ）属于工作负责人的安全责任。

  A. 工作的必要性   B. 正确安全地组织工作

  C. 结合实际进行安全教育   D. 布置工作现场的安全措施

201. 电力系统继电保护运行统计评价范围里有（ ABC ）。

  A. 发电机、变压器的保护装置

  B. 安全自动装置

  C. 故障录波器

  D. 直流系统

202. 在什么情况下需要将运行中的变压器差动保护停用？（ ABCD ）

  A. 差动二次回路及电流互感器回路有变动或进行校验时

  B. 继保人员测定差动保护相量图及差压时

  C. 差动电流互感器一相断线或回路开路时

  D. 差动误动跳闸后或回路出现明显异常时

203. 保护装置调试定值时，必须根据最新定值通知单规定，（ ABC ）。

  A. 先核对通知单和实际设备是否相符（含互感器接线、变比）

  B. 检查有无审核人签字

  C. 对所有交流继电器最后定值试验在保护屏的端子排上通电进行

204. 由开关场至控制室的二次电缆采用屏蔽电缆而且要求屏蔽层两端接地是为了降低（ ABC ）。

  A. 开关场的空间电磁场在电缆芯上产生感应，对静态型保护装置造成干扰

  B. 相邻电缆中信号产生的电磁场在电缆芯线上产生感应，对静态型保护装置产生干扰

  C. 本电缆中信号产生的电磁场在相邻电缆芯线上产生感应，对静态型保护装置产生干扰

  D. 由于开关场与控制室的地电位不同，在电缆中产生干扰

205. 为增强继电保护的可靠性，重要变电站宜配置两套直流系统，同时要求 （ BD ）。

    A. 任何时刻两套直流系统均不得有电的联系

    B. 两套直流系统同时运行互为备用

    C. 两套直流系统正常时并列运行

    D. 两套直流系统正常时分列运行

206. 220kV 标准化设计保护软、硬压板一般采用"与门"关系，但以下却为"或门"关系 （ AC ）。

    A. 线路"停用重合闸"压板

    B. 线路"主保护"压板

    C. 母线"互联"压板

    D. 主变"高后备保护"压板

207. 双侧电源的 110kV 线路保护，主系统侧重合闸检线路无压，弱电源侧重合闸可停用，也可 （ AB ）。

    A. 检同期   B. 检线路有压、母线无压

    C. 检线路无压、母线有压   D. 不检定

208. 闭锁 35kV 母分备自投的保护有 （ BC ）。

    A. 主变压器差动保护   B. 主变压器低压侧后备保护

    C. 35kV 母差保护   D. 母分过流保护

二、判断题

1. 220V 直流回路对地应承受工频试验电压 2000V。   （ × ）

2. 不重要的电力设备可以在短时间内无保护状态下运行。   （ × ）

3. 高频保护的通道设备本身每 3～5 年应进行一次全部检验。   （ √ ）

4. 继电保护自动装置盘及其电气设备的背面接线应由继电人员清扫。 （ √ ）

5. 电网继电保护的整定应满足速动性、选择性和灵敏性要求。   （ √ ）

6. 对于配置了两套全线速动保护的 220kV 密集型电网的线路，带延时的线路后备保护第二段，如果需要，可与相邻线路全线速动保护相配合，按可靠躲过相邻线路出口短路故障整定。   （ × ）

7. 解列点上的距离保护不应经振荡闭锁控制。   （ √ ）

8. 线路保护的双重化主要是指两套保护的交流电流、电压和直流电源彼此独立；有独立的选相功能；有两套独立的保护专（复）用通道；断路器有两个跳闸线圈时，每套主保护分别启动一组。   （ √ ）

9. 继电保护装置是保证电力元件安全运行的基本装备，任何电力元件不得在无保护的状态下运行。   （ √ ）

10. 如果差动保护作六角图测相量正确，则无需测量各中性线的不平衡电流。 （ × ）

11. 继电保护装置检验分为验收检验、定期检验和事故检验三种。   （ × ）

12. 电力系统继电保护有四项基本性能要求，分别是可靠性、选择性、速动性、灵敏性。   （ √ ）

13. 继电保护装置试验所用仪表的精确度应为 0.5 级。 （ √ ）

14. 在一次设备运行而停用部分保护进行工作时，应特别注意断开不经连接片的跳合闸线及与运行设备安全有关的连线。 （ √ ）

15. 500kV 系统主保护的双重化是指两套主保护的交流电流、电压和直流电源均彼此独立；同时要求具有两套独立的保护专（复）用通道，断路器有两个跳闸线圈，断路器控制电源可分别接自两套主保护的直流电源。 （ × ）

16. 带电的电压互感器和电流互感器回路均不允许开路。 （ × ）

17. 在保护和测量仪表中，电流回路的导线截面不应小于 $4mm^2$。 （ × ）

18. 需要变更工作成员时，必须经过工作票签发人同意。 （ × ）

19. 保护装置的二次接线变动时或改动时，应严防寄生回路的存在。没用的线必须拆除。变动直流二次回路后，应进行相应传动试验，还必须模拟各种故障进行整组试验。 （ × ）

20. 专责监护人不得兼做其他工作。 （ √ ）

21. 对于双重化保护的电流回路，电压回路，直流电源回路，双套跳闸线圈的控制回路等，不宜合用同一根多芯电缆。 （ √ ）

22. 所谓选择性是指应该由故障设备的保护动作切除故障。 （ √ ）

23. 继电保护专业的所谓三误是指误碰、误整定、误接线。 （ √ ）

24. 跳闸出口继电器的动作电压一般应为额定电压的 50%～70%。 （ √ ）

25. 220～500kV 系统主保护的双重化是主要指交流电流、电压和直流电源彼此独立；有独立的选相功能和断路器有两个跳闸线圈；有两套独立的保护专（复）用通道。 （ √ ）

26. 工作票签发人可以兼任该项工作的工作负责人。 （ × ）

27. 变动交流电压、电流二次回路后，要用负荷电流、工作电压检查变动后回路的正确性。 （ √ ）

28. 对保护装置或继电器的直流和交流回路必须用 1000 伏摇表进行绝缘电阻测量。 （ × ）

29. 电力系统对继电保护的基本性能要求为可信赖性、安全性、选择性和快速性。 （ × ）

30. 为了使用户停电时间尽可能短，备用电源自动投入装置可以不带时限。 （ × ）

31. 在全部停电或部分停电的电气设备上工作，经值班员执行停电和验电后，可以不再装设接地线，悬挂标示牌和装设遮栏。 （ × ）

32. 当需将保护的电流输入回路从电流互感器二次侧断开时，必须有专人监护，使用绝缘工具，并站在绝缘垫上，断开电流互感器二次侧后，便用短路线妥善可靠地短接电流互感器二次绕组。 （ × ）

33. 在现场进行继电保护装置或继电器试验所需直流可以从保护屏上的端子上取得。 （ × ）

34. 对于传送大功率的输电线路保护，一般宜于强调可信赖性；而对于其他线路保护，则往往宜于强调安全性。 （ × ）

35. 凡接触现场运行的继电保护装置、安全自动装置及二次回路的所有人员，不论其所属专业，都必须遵守《继电保护和电网安全自动装置现场工作保安规定》。 （ √ ）

36. 为防止电流互感器二次绕组开路，在带电的电流互感器二次回路上工作前，用导线将其二次缠绕短路方可工作。 （ × ）

37. 接到厂家通知及软件芯片后，各单位即可进行保护装置软件更换。 （×）

38. 一条线路两端的同一型号微机高频保护程序版本可采用不同的程序版本。 （×）

39. 近后备保护是当主保护或断路器拒动时，由相邻电力设备或线路的保护来实现的后备保护。 （×）

40. 新安装的继电保护装置经过运行单位第一次定检后，发生由于安装调试不良造成的不正确动作，但是在投入运行尚在一年以内，根据规程规定，责任属基建单位。 （×）

41. 对只有两回线和一台变压器的变电所，当该变压器退出运行时，可以不更改两侧线路保护定值，此时，不要求两回线相互之间的整定配合有选择性。 （√）

42. 对于终端站具有小水电或自备发电机的线路，当主供电源线路故障时，为保证主供电源能重合成功，应将其解列。 （√）

43. 任何电力设备和线路在运行中，必须在任何时候由两套完全独立的继电保护装置分别控制两台完全独立的断路器实现保护。 （√）

44. 一般来说，高低压电磁环网运行可以给变电站提供多路电源，提高对用户供电的可靠性，因此应尽可能采用这种运行方式。 （×）

45. 电压互感器和电流互感器二次回路只能且必须是一点接地。 （√）

46. 熔断器的熔丝必须保证在二次电压回路内发生短路时，其熔断的时间小于保护装置的动作时间。 （√）

47. 不履行现场继电保护工作安全措施票，是现场继电保护工作的习惯性违章的表现。 （√）

48. 纵联保护需要在线路带电运行情况下检验载波通道的衰减及通道裕量，以测定载波通道运行的可靠性。 （√）

49. 为保证设备及人身安全、减少一次设备故障时对继电保护及安全自动装置的干扰，所有电压互感器的中性线必须在开关场就地接地。 （×）

50. 电力设备由一种运行方式转为另一种运行方式的操作过程中，被操作的有关设备应在保护范围内，且所有保护装置不允许失去选择性。 （×）

51. 继电保护动作速度越快越好，灵敏度越高越好。 （×）

52. 220kV 线路保护宜采用远后备方式，110kV 线路保护宜采用近后备方式。 （×）

53. 动作时间大于振荡周期的距离保护也应经振荡闭锁控制。 （×）

54. 测量继电器的绝缘电阻，额定电压为 100V 及以上者用 1000V 绝缘电阻表，额定电压在 100V 以下者用 500V 绝缘电阻表。 （×）

55. 500kV 设备不停电时的安全距离是 4.0m。 （×）

56. 外单位参加工作的人员在特殊情况下可担任工作负责人。 （×）

57. 运行中的电流互感器二次短接后，也不得去掉接地点。 （√）

58. 按照检验条例的规定，每年至少检查一次 TA 端子箱端子排的螺丝压接情况。 （×）

59. 为保证设备及人身安全、减少一次设备故障时 TA 二次回路的环流，所有电流互感器的中性线必须在开关场就地接地。 （×）

60. "在此工作！"标示牌的标准样式为绿底、白圆圈且圈内有黑字。 （√）

61. 工作负责人可以填写工作票；工作许可人不得签发工作票。 （√）

62. 带负荷调压的油浸式变压器的调压装置，也应装设瓦斯保护。　　　（　√　）

63. 保护整定计算以常见的运行方式为依据。所谓常见的运行方式一般是指正常运行方式加上被保护设备相邻的一回线（同杆双回线仍作为二回线）或一个元件检修的正常检修方式。　　　（　×　）

64. 从保护原理上就依赖相继动作的保护，允许其对不利故障类型和不利故障点的灵敏系数在对侧开关跳开后才满足规定的要求。　　　（　√　）

65. 出口继电器电流保持线圈的自保持电流应不大于断路器跳闸线圈的额定电流，该线圈上的压降应小于5％的额定电压。　　　（　×　）

66. 对工作前的准备，现场工作的安全，质量，进度和工作结束后的交接负全部责任者是工作票负责人。　　　（　√　）

67. 继电保护要求电流互感器在最大短路电流（包括非周期分量电流）下，其变比误差不大于10％。　　　（　×　）

68. 监视220V直流回路绝缘状态所用直流电压表计的内阻不小于10kΩ。　　　（　×　）

69. 所有电流互感器和电压互感器的二次绕组应有永久性的、可靠的保护接地。（　√　）

70. 电流互感器的二次侧只允许有一个接地点，对于多组电流互感器相互有联系的二次回路接地点应设在开关场。　　　（　×　）

71. 试验用直流电源应由专用熔断器供电，也可以从运行设备上直接取得实验电源。（　×　）

72. 20～35kV电压等级的电气设备不停电的安全距离为1m。　　　（　√　）

73. 保护装置的动作符合其动作原理，就应评价为正确动作。　　　（　×　）

74. 母线接地时母差保护动作，但断路器拒动，母差保护评价为正确动作。　　　（　×　）

75. 对不能明确提供保护动作情况的微机保护装置，不论动作多少次都只按动作1次统计。　　　（　√　）

76. 在电力系统故障时，某保护装置本身定值正确、装置完好、回路正确，但由于装置原理缺陷造成越级动作，但未造成负荷损失，该保护装置可不予评价。　　　（　×　）

77. 断路器跳闸，但无任何信号，经过检验证实保护装置良好，应予评价。　　　（　×　）

78. 按时限分段的保护装置应以段为单位进行统计动作次数。　　　（　√　）

79. 当线路一侧的纵联保护无故障掉闸时，则评价该侧保护误动一次。　　　（　×　）

80. 一台直接连接于容量为300MW发变组的高压厂用变压器差动保护动作跳开发变组220kV侧断路器，该差动保护应统计在220kV及以上系统保护装置内。　　　（　×　）

81. 当由于从保护端子排至开关端子箱间电缆接地而造成开关无故障跳闸时，无论该电缆由谁维护，均评价保护装置误动。　　　（　√　）

82. 如果一套独立保护的继电器及回路分装在不同的保护屏上，那么在不同保护屏上的回路可以由不同的专用端子对取得直流正、负电源。　　　（　×　）

83. 可以用电缆备用芯两端接地的方法作为抗干扰措施。　　　（　×　）

84. 高频保护用的高频同轴电缆屏蔽层应在两端分别接地，并紧靠高频同轴电缆敷设截面不小于100平方毫米两端接地的铜导线。　　　（　√　）

85. 根据反措要求，不允许在强电源侧投入"弱电源回答"回路。　　　（　√　）

86. 采用单相重合闸的线路，宜增设由断路器位置继电器触点两两串联解除重合闸的附

加回路。　　　　　　　　　　　　　　　　　　　　　　　　　　　　　　（ √ ）

87. 直流系统接地时，采用拉路寻找、分段处理办法：先拉信号，后拉操作，先拉室外、后拉室内原则。在切断各专用直流回路时，切断时间不得超过 3s，一旦拉路寻找到就不再合上，立即处理。　　　　　　　　　　　　　　　　　　　　　　　　（ × ）

88. 允许用卡继电器触点、短路触点或类似的人为手段做保护装置的整组试验。　（ × ）

89. 保证 220kV 及以上电网微机保护不因干扰引起不正确动作，主要是选用抗干扰能力强的微机保护装置，现场不必采取相应的抗干扰措施。　　　　　　　　　　　　（ × ）

90. 下面压板的接线示意图（见图 9-1）是合理的。　　　　　　　　　　　　（ × ）

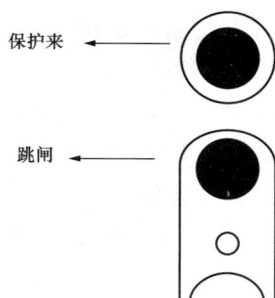

图 9-1

91. 直流回路是绝缘系统而交流回路是接地系统，因此二者不能共用一条电缆。　（ √ ）

92. 为提高抗干扰能力，微机型保护的电流引入线，应采用屏蔽电缆，屏蔽层和备用芯应在开关场和控制室同时接地。　　　　　　　　　　　　　　　　　　　　　　（ × ）

93. 塑胶无屏蔽层的电缆，允许将备用芯两端接地来减小外界电磁场的干扰。　（ × ）

94. 整组试验时，如果由电流或电压端子通入模拟故障量有困难时可采用卡继电器触点、短路触点等方法来代替。　　　　　　　　　　　　　　　　　　　　　　　（ × ）

95. 高频通道反措中，采用高频变量器直接耦合的高频通道，要求在高频电缆芯回路中串接一个电容的目的是为了高频通道的参数匹配。　　　　　　　　　　　　　　　（ × ）

96. 按照反措要点的要求，防止跳跃继电器的电流线圈与电压线圈间耐压水平应不低于1000V、1min 的试验标准。　　　　　　　　　　　　　　　　　　　　　　　（ √ ）

97. 高频同轴电缆屏蔽层的接地方式为：应在两端分别可靠接地。　　　　　　（ √ ）

98. 交直流回路可共用一条电缆，因为交直流回路都是独立系统。　　　　　　（ × ）

99. 三相三柱式变压器的零序电抗必须使用实测值。　　　　　　　　　　　　（ √ ）

100. 查找直流接地若无专用仪表，可用灯泡寻找的方法。　　　　　　　　　（ × ）

101. 为保证弱电源端能可靠快速切除故障，线路两侧微机保护均投入"弱电源回答"回路。　　　　　　　　　　　　　　　　　　　　　　　　　　　　　　　　（ × ）

102. 远方直接跳闸必须有相应的就地判据控制。　　　　　　　　　　　　　（ √ ）

103. 不能以检查 $3U_0$ 回路是否有不平衡电压的方法来确认 $3U_0$ 回路良好。　（ √ ）

104. 保护屏必须有接地端子，并用截面不小于 5mm² 的多股铜线和接地网直接连通，装设静态保护的保护屏间应用截面不小于 90mm² 的专用接地铜排直接连通。　　　　（ × ）

105. 按照部颁反措要点要求，保护跳闸连接片的安装方法是：连接片的开口端应该装在上方，保护装置的出口跳闸接点回路应接至连接片的下方。 （√）

106. 在开关场至控制室的电缆主沟内敷设一至两根 $100mm^2$ 的铜电缆，除了可以降低在开关场至控制室之间的地电位差，减少电缆屏蔽层所流过的电流之外，还可以对开关场内空间电磁场产生的干扰起到一定的屏蔽作用。 （√）

107. 在结合滤波器与高频电缆之间串入电容，主要是为了防止工频地电流的穿越使变量器饱和、发信中断，从而在区外故障时正方向侧纵联保护的误动。 （√）

108. 在电压互感器开口三角绕组输出端不应装熔断器，而应装设自动开关，以便开关跳开时发信号。 （×）

109. 直流熔断器的配置原则要求信号回路由专用熔断器供电，不得与其他回路混用。 （√）

110. 电力系统中，各电力设备和线路的原有继电保护和安全自动装置，凡能满足可靠性、选择性、灵敏性和速动性要求的，均应予以保留。凡是不能满足要求的，应逐步进行改造。 （√）

111. 电流互感器二次回路中可以装设熔断器。 （×）

112. 直流电压在 110V 以上的中间继电器，消弧回路应采用反向二极管并接在继电器接点上。 （×）

113. 控制屏、保护屏上的端子排，正、负电源之间及电源与跳（合）闸引出端子之间应适当隔开。 （√）

114. 按照"反措"规定，用于集成电路型、微机型保护的电流、电压和信号接点的引入线应采用屏蔽电缆，同时电缆的屏蔽层应在控制室可靠接地。 （×）

115. 采用"近后备"原则，只有一套纵联保护和一套后备保护的线路，纵联保护和后备保护的直流回路应分别由专用的直流熔断器供电。 （√）

116. 电力系统故障动态过程记录功能的采样速率允许较低，一般不超过 1.0kHz，但记录时间长。 （√）

117. 按照 220～500kV 电力系统故障动态记录准则的规定，故障录波器每次启动后的记录时间至少应大于 3s。 （√）

118. 微机故障录波器启动后，为避免对运行人员造成干扰，不宜给出声光启动信号。 （√）

119. 相间距离保护的Ⅲ段定值，按可靠躲过本线路的最大事故过负荷电流对应的最大阻抗整定。 （×）

120. 重瓦斯继电器的流速一般整定在 1.1～1.4m/s。 （×）

121. 单相重合闸时间的整定，主要是以保证第Ⅱ段保护能可靠动作来考虑的。 （×）

122. 母差保护与失灵保护共用出口回路时，闭锁元件的灵敏系数应按失灵保护的要求整定。 （√）

123. 中性点经放电间隙接地的半绝缘 110kV 变压器的间隙零序电压保护，$3U_0$ 定值一般整定为 150～180V。 （√）

124. 对只有两回线和一台主变压器的变电站，当该变压器退出运行时，可不更改两侧的线路保护定值，此时，不要求两回线路相互间的整定配合有选择性。 （√）

125. 零序电流分支系数的选择，要通过各种运行方式和线路对侧断路器跳闸前或跳闸

后等各种情况进行比较，选取最小值。 （×）

126. 录波器的完好标准：故障录波记录时间与故障时间吻合，数据准确，波形清晰完整，标记正确，开关量清楚，与故障过程相符，上报及时，可作为故障分析的依据。 （√）

127. 对新安装或设备回路经较大变动的装置，在投入运行前，必须用一次电流和工作电压加以检验。 （√）

128. 保护装置抗干扰试验项目分为抗高频干扰试验和抗辐射电磁干扰试验。 （√）

129. 保护装置的动作评价分为"正确"、"不正确"和"不确定"。 （×）

130. 母线差动保护动作使纵联保护停讯造成对侧跳闸，则按母线所属"对侧纵联"评为"正确动作一次"。 （√）

131. 在一次电流继电器有特殊装置，可以在运行中改变定值的应填用第一种工作票。 （×）

132. 零序电流保护逐级配合是指时间必须首先配合，不出现交叉点。 （×）

133. 在 220kV 电力系统中，校验变压器零序差动保护灵敏系数所采用系统运行方式应为正常运行方式。 （√）

134. 配置单相重合闸的线路发生瞬时性单相接地故障时，由于重合闸原因误跳三相，但又三相重合成功，重合闸应评价为不正确动作 2 次。 （√）

135. 220kV 系统故障录波器应按单独对录波器进行统计。 （√）

136. 在进行冲击电流试验时，冲击电流值应为线路的最大负荷电流。 （×）

137. 芯线截面为 4mm^2 的控制电缆，其电缆芯数不宜超过 10 芯。 （√）

138. 没有带电的电气设备就不是运行设备。 （×）

139. 专职监护人在设备全部停电时也可以参加工作班工作。 （×）

140. 继电保护属于二次工种，它的所有工作填写第二种工作票即可。 （×）

141. 对于微机保护装置，当失去 TV 电压时，只要装置不启动，不进入故障处理程序就不会误动。若失压不及时处理，遇有区外故障或系统操作使其启动，则只要有一定的负荷电流保护有可能误动。 （√）

142. 微机保护装置在运行中需要改变已固化好的成套定值时，有现场运行人员按规定的方法改变定值，此时不必停用微机保护装置，但应打印出新定值清单，并与主管调度核对定值。 （√）

143. 装设有重合闸的线路发生永久性故障，断路器动作 2 次，保护装置应按 2 次统计，重合闸按 1 次统计。 （√）

144. 新启动变电站一年内保护装置误动，查明原因是保护装置插件接触不良，此次误动的责任部门应评价为基建部门，误动原因为调试质量不良。 （√）

145. 在微机型保护装置上进行工作时，要有防止静电感应的措施，以免损坏设备。 （√）

146. 运行中的设备，如断路器、隔离开关的操作，音响、光字牌的复归，均应由运行值班员进行。但"跳闸连片"（即投退保护装置）应由继电保护人员负责操作，运行值班员监护。 （×）

147. 在变动直流二次回路后，应进行相应的传动试验。必要时还应模拟各种故障进行整组试验。 （√）

148. 自动低频减负荷装置的数量需随系统电源投产容量的增加而相应地增加。 （√）

149. 任何运行中的星形接线设备的中性点，应视为带电设备。　　　　　　　（ ✓ ）

150. 电流互感器二次回路采用多点接地，易造成保护拒绝动作。　　　　　　（ ✓ ）

151. 断路器最低跳闸电压及最低合闸电压，其值分别为不低于 $30\%U_e$ 和不大于 $70\%U_e$。
　　　　　　　　　　　　　　　　　　　　　　　　　　　　　　　　（ ✕ ）

152. 继电保护人员输入定值应停用整套微机保护装置。　　　　　　　　　　（ ✓ ）

153. 在微机保护装置使用的交流电压、交流电流、开关量输入、开关量输出回路作业时，应停整套微机继电保护装置。　　　　　　　　　　　　　　　　　　　（ ✓ ）

154. 新安装的微机保护装置 1 年内进行一次全部检验，以后每 6 年进行 1 次全部检验，每 1～2 年进行 1 次部分检验。　　　　　　　　　　　　　　　　　　　　　（ ✓ ）

155. 微机保护装置应设有硬件闭锁回路，只有在电力系统发生故障，保护装置起动时，才允许开放跳闸回路。　　　　　　　　　　　　　　　　　　　　　　　（ ✓ ）

156. 微机保护装置应具有在线自动检测功能。装置中出口元件损坏时，不应造成保护误动作，且能发出装置异常信号。　　　　　　　　　　　　　　　　　　　（ ✕ ）

157. 微机保护装置的实时时钟信号及其他主要动作信号在失去直流电源的情况下不能丢失，在电源恢复正常后应能重新正确显示并输出。　　　　　　　　　　　（ ✓ ）

158. 为了防护，装在 10kV 开关柜上的微机保护装置应当具有不小于 60dB 的屏蔽能力。　　　　　　　　　　　　　　　　　　　　　　　　　　　　　　　（ ✓ ）

159. 为了提高微机保护装置的抗干扰措施，辅助变换器一般采用屏蔽层接地的变压器隔离，其作用是消除电流互感器、电压互感器可能携带的浪涌干扰。　　　　　（ ✓ ）

160. 现场工作过程中遇到异常情况或断路器跳闸时可将人员分成两组，一组继续工作，一组协助运行值班人员查找原因。　　　　　　　　　　　　　　　　　　（ ✕ ）

161. 除保护安装侧外，对侧无变压器中性点接地，则零序电流保护不需要经方向元件控制。　　　　　　　　　　　　　　　　　　　　　　　　　　　　　　　（ ✓ ）

162. 校验保护灵敏度应选择可能出现的最不利运行方式，增量型保护取最小运行方式，欠量型保护取最大运行方式。　　　　　　　　　　　　　　　　　　　　（ ✓ ）

163. 整定计算工作中，在一些特殊点上的保护配合上，为了能可靠切除故障，同时动作时间又要求较短（否则导致保护系统整体性能下降甚至无法配合），此时允许失去选择性。　　　　　　　　　　　　　　　　　　　　　　　　　　　　　　　　（ ✓ ）

164. 即使在系统振荡过程中发生短路故障，也不得降低对继电保护装置速动性的要求。　　　　　　　　　　　　　　　　　　　　　　　　　　　　　　　（ ✕ ）

165. 按频率降低自动减负荷装置的具体整定时，其最高一轮的低频整定值，一般选为 49.1～49.2Hz。　　　　　　　　　　　　　　　　　　　　　　　　　　　（ ✓ ）

166. 按频率降低自动减负荷装置的具体整定时，其最高一轮的低频整定值，一般选为 49.5Hz。　　　　　　　　　　　　　　　　　　　　　　　　　　　　　　（ ✕ ）

167. 按频率降低自动减负荷装置的具体整定时，考虑因上一轮未跳开负荷前，系统频率仍在下降中，故下一轮除频率起动值应较低外，还必须带 0.2～0.3s 延时，以保证选择性。　　　　　　　　　　　　　　　　　　　　　　　　　　　　　　（ ✓ ）

168. 按频率降低自动减负荷装置的具体整定时，考虑因上一轮未跳开负荷前，系统频率

仍在下降中，故下一轮除频率起动值应较低外，还必须带 0.5s 延时，以保证选择性。　（×）

169. 保护装置与外部联系的出口跳闸回路、信号回路必须经过中间继电器或光电耦合器转换。　（√）

170. 保护装置的零点漂移检验，应在保护装置上电后立即进行，不允许通电时间过长后才进行。　（×）

171. 检验方向继电器电流及电压的潜动，不允许出现动作方向的潜动，但允许存在不大的非动作方向的潜动。　（√）

172. 当有多个出口继电器可能同时跳闸时，宜由防止跳跃继电器实现断路器跳（合）闸自保持任务。　（√）

173. 当两种不同动作原理保护配合整定或有互感影响时，应选取较大的可靠系数。（√）

174. 正常运行时，线路纵联保护（如高频距离保护、方向高频保护、光纤电流差动保护、光纤距离保护等）一般应两侧状态对应，同时投跳或停用。　（√）

175. 高频保护距离动作元件定值灵敏度应大于 2（对 20km 以下的同杆线路灵敏度应大于 3），同时要求距离动作元件一次值不小于 10Ω；高频零序方向元件定值应整定有较高灵敏度，灵敏度应大于 2.5。　（√）

176. 220kV 线路或变压器保护按双重化配置后，保护可逐套停用进行定值更改工作；对微机保护无特殊要求时可不做交流通流试验定值校核，但必须打印出装置定值清单进行核对确认。　（√）

177. 母联失灵出口延时定值应大于开关最大跳闸灭弧时间，一般整定为 0.2s。　（√）

178. 运行中的高频保护，两侧交换高频信号试验时，保护装置需要断开跳闸压板。　（×）

179. 110kV 及以下电力设备的保护一般采用远后备保护。　（√）

180. 由电源算起，越靠近故障点的继电保护动作越灵敏，动作时间越长，并在上下级之间留有适当的裕度。　（×）

181. 3～35kV 电网的中性点接地方式一般采用中性点直接接地方式和中性点经消弧线圈接地方式。　（×）

182. 3/2 断路器主接线方式的变电所中的重合闸应按线路配置。　（×）

183. 查找直流接地时，所用仪表内阻不应低于 2000Ω/V。　（√）

184. 对动作功率小于 5W 的跳闸出口继电器，其起动电压应大于直流额定电压的 50%。　（√）

185. 为保护高阻接地故障，220kV 线路零序 IV 段或反时限零序启动电流任何情况下均不应大于 300A。　（×）

186. 对使用触点输出的信号回路，用 1000V 绝缘电阻表测量电缆每芯对地及对其他各芯间的绝缘电阻，其绝缘电阻应不小于 1MΩ。定期检验只测量芯线对地的绝缘电阻。　（√）

187. 检验中尽量不使用烙铁，如元件损坏等必须在现场进行焊接时，必须要用内热式带接地线烙铁焊接。所替换的元件必须使用制造厂确认的合格产品。　（×）

188. 断路器操作回路检验时，可三相同时传动"防跳"回路。　（×）

189. 对设有可靠稳压装置的厂站直流系统，经确认稳压性能可靠后，进行整组试验时，应按额定电压进行。　（√）

190. 纵联保护需要在线路带电运行情况下检验载波通道的衰减及通道裕量，以测定载波通道运行的可靠性。　　　　　　　　　　　　　　　　　　　　　　（ √ ）

191. 母差保护在电流互感器二次回路不正常或断线时可跳闸。　　　　　（ × ）

192. 为提高远方跳闸的安全性，防止误动作，对采用非数字通道的，执行端应设置故障判别元件。对采用数字通道的，执行端可不设置故障判别元件。　　　（ √ ）

193. 对数字式母线保护装置，允许在起动出口继电器的逻辑中设置电压闭锁回路，而不在跳闸出口接点回路上串接电压闭锁触点。　　　　　　　　　　　　　（ √ ）

194. 红色绝缘胶布只作为执行继电保护安全措施票安全措施的标识，未征得工作负责人同意前不得拆除。　　　　　　　　　　　　　　　　　　　　　　　　（ √ ）

195. 在带电的电流互感器二次回路上工作时应使用带绝缘把手的工具，并站在绝缘垫上，以保证人身安全。　　　　　　　　　　　　　　　　　　　　　　　　（ √ ）

196. 用继电保护和电网安全自动装置传动断路器前，应告知运行值班人员和相关人员本次试验的内容，以及可能涉及的一、二次设备。派专人到相应地点确认一、二次设备正常后，方可开始试验。试验时，由继电保护试验人员监视断路器动作行为。　　（ × ）

197. 安装在电缆上的零序电流互感器，电缆的屏蔽引线应穿过零序电流互感器接地。　　　　　　　　　　　　　　　　　　　　　　　　　　　　　　　　　（ √ ）

198. 二次回路中电缆芯线和导线截面的选择原则是：只需满足电气性能的要求；在电压和操作回路中，应按允许的压降选择电缆芯线或电缆芯线的截面。　　　（ × ）

199. 一般操作回路按正常最大负荷下至各设备的电压降不得超过20%的条件校验控制电缆截面。　　　　　　　　　　　　　　　　　　　　　　　　　　　　　（ × ）

200. 当屏、柜搬迁使原有电缆长度不够时，可用焊接法连接电缆（通过大电流的应紧固连接，在连接处应设连接盒）。　　　　　　　　　　　　　　　　　　（ √ ）

201. 根据反措要求，防止直接远方跳闸回路因通道干扰引起误动作，本侧在收到对侧远方直接跳闸信号时本侧在经就地判别是否动作确认后再去进行跳闸，以提高安全性。　（ √ ）

202. 在确定继电保护和安全自动装置的配置方案时，应优先选用具有成熟运行经验的数字式装置。　　　　　　　　　　　　　　　　　　　　　　　　　　　　（ √ ）

203. 远后备是当主保护拒动时，由该电力设备或线路的另一套保护实现后备的保护；当断路器拒动时，由断路器失灵保护来实现的后备保护。　　　　　　　（ × ）

204. 技术上无特殊要求及无特殊情况时，保护装置中的零序电流方向元件应采用电压互感器的开口三角电压。　　　　　　　　　　　　　　　　　　　　　（ × ）

205. 保护装置在电流互感器二次回路不正常或断线时，应发告警信号，除主变保护外，允许跳闸。　　　　　　　　　　　　　　　　　　　　　　　　　　　（ × ）

206. 对仅配置一套数字式主保护的110kV及以上设备，应采用主保护与后备保护相互独立的装置。　　　　　　　　　　　　　　　　　　　　　　　　　　　（ √ ）

207. 数字式保护装置应具有在线自动检测功能，包括保护硬件损坏、功能失效异常运行状态的自动检测但不包括二次回路的自动检测。　　　　　　　　　　　（ × ）

208. 数字式保护装置内的任一元件损坏时，装置不应误动作跳闸，自动检测回路应能发出告警或装置异常信号。　　　　　　　　　　　　　　　　　　　　　（ × ）

209. 数字式保护装置用于旁路保护或其他定值经常需要改变时，宜设置多套（一般不少于 5 套）可切换的定值。 （×）

210. 保护装置必须具有故障记录功能，以记录保护的动作过程，为分析保护动作行为提供详细、全面的数据信息，可以代替专用的故障录波器。 （×）

211. 保护装置应设硬件时钟电路，装置失去直流电源时，硬件时钟应能正常工作。 （√）

212. 保护装置的软件应设有安全防护措施，防止程序出现不符合要求的更改。 （√）

213. 保护装置不应要求其交、直流输入回路外接抗干扰元件来满足有关电磁兼容标准的要求。 （√）

214. 继电器和保护装置的直流工作电压，应保证在外部电源为 80%～110% 额定电压条件下可靠工作。 （×）

215. 对于 300MW 级及以上发电机组应装设双重化的电气量保护。 （×）

216. 电压为 220kV 及以上的变压器装设数字式保护时，除非电量保护外，应采用双重化保护配置。当断路器具有两组跳闸线圈时，两套保护宜分别动作于断路器的一组跳闸线圈。 （√）

217. 对自耦变压器，为增加切除单相接地短路的可靠性，可在变压器中性点回路增设零序过电流保护。 （√）

218. 220kV 线路保护应按加强主保护完善后备保护的基本原则配置和整定。 （×）

219. 具有全线速动保护的 220kV 线路，其主保护的整组动作时间应为：对近端故障：≤20ms；对远端故障：≤35ms（不包括通道时间）。 （×）

220. 对一个半断路器接线，每组母线应装设两套母线保护。 （√）

221. 对数字式母线保护装置，可在起动出口继电器的逻辑中设置电压闭锁回路，而不在跳闸出口接点回路上串接电压闭锁触点。 （√）

222. 与母差保护共用跳闸出口回路的断路器失灵保护不装设独立的闭锁元件，应共用母差保护的闭锁元件，闭锁元件的灵敏度应按失灵保护的要求整定。 （√）

223. 为提高远方跳闸的安全性，防止误动作，对采用非数字通道的，执行端应设置故障判别元件。对采用数字通道的，执行端可不设置故障判别元件。 （√）

224. 当电容器组中的故障电容器被切除到一定数量后，引起剩余电容器端电压超过 115% 额定电压时，保护应将整组电容器断开。 （×）

225. 330～500kV 线路并联电抗器的保护在无专用断路器时，其动作除断开线路的本侧断路器外还应起动远方跳闸装置，断开线路对侧断路器。 （√）

226. 直流保护的设计应使单极停运率减至最小。 （×）

227. 直流保护系统宜配置相对独立的数字通道至对站，两极之间的保护应共用一个通信通道。 （×）

228. 电力系统安全自动装置，是指在电力网中发生故障时，为确保电网安全与稳定运行，起控制作用的自动装置。 （×）

229. 单机容量为 200MW 及以上的发电机或发电机变压器组应装设专用故障记录装置。 （√）

230. 故障记录装置应能接收外部同步时钟信号进行同步的功能，全网故障录波系统的

时钟误差应不大于 1ms，装置内部时钟 24 小时误差应不大于±1s。 （ √ ）

231. 二次回路的工作电压不宜超过 250V，最高不应超过 380V。 （ × ）

232. 按机械强度要求，控制电缆或绝缘导线的芯线最小截面，强电控制回路，不应小于 1.5mm²，屏、柜内导线的芯线截面应不小于 1.0mm²；弱电控制回路，不应小于 0.5mm²。 （ √ ）

233. 在电压互感器二次回路中，除开口三角线圈外，应装设自动开关或熔断器。 （ × ）

234. 继电保护和安全自动装置的直流电源，电压纹波系数应不大于 2%，最低电压不低于额定电压的 85%，最高电压不高于额定电压的 110%。 （ √ ）

235. 采用远后备原则配置保护时，其所有保护装置，以及断路器操作回路等，可仅由一组直流熔断器或自动开关供电。 （ √ ）

236. 由不同熔断器或自动开关供电的两套保护装置的直流逻辑回路间不允许有任何电的联系。 （ √ ）

237. 传送数字信号的保护与通信设备间的距离大于 100m 时，应采用光缆。 （ × ）

238. 断路器辅助触点与主触头的动作时间差不大于 10ms。 （ √ ）

239. 继电保护和电网安全自动装置现场工作应遵循现场标准化作业和风险辨识相关要求。 （ √ ）

240. 红色绝缘胶布只作为执行继电保护安全措施票安全措施的标识，未征得工作负责人同意前不应拆除。 （ √ ）

241. 更换继电保护和电网安全自动装置柜（屏）或拆除旧柜（屏）前，应在有关回路对侧柜（屏）做好安全措施。 （ √ ）

242. 带方向性的保护和差动保护新投入运行时，一次设备或交流二次回路改变后，应用负荷电流和工作电压检验其电流、电压回路接线的正确性。 （ √ ）

243. 对于母线保护装置的备用间隔电流互感器二次回路应在母线保护柜（屏）端子排外侧断开，端子排内侧应该短路。 （ × ）

244. 110kV 电压等级的微机型保护装置宜每 2～4 年进行一次部分检验，每 5 年进行一次全部检验。 （ × ）

245. 继电保护检验现场可以从运行设备上接取试验电源。 （ × ）

246. 测量电压回路自互感器引出端子到配电屏电压母线在额定容量下的压降，其值不应超过额定电压的 3%。 （ √ ）

247. 部分检验时，可以简单地以测量接收电平的方法代替载波通道传输衰耗测定。 （ √ ）

248. 采用允许式信号的纵联保护，除了测试通道传输时间，还应测试"允许跳闸"信号的返回时间。 （ √ ）

249. 对设有可靠稳压装置的厂站直流系统，经确认稳压性能可靠后，进行整组试验时，应按额定电压的 80% 进行。 （ × ）

250. 对变压器差动保护，需要用在全电压下投入变压器的方法检验保护能否躲开励磁涌流的影响。 （ √ ）

三、简答题

1. 现场工作结束后，全部设备及回路应恢复到工作前状态。清理完现场后，工作负责人应做哪些工作？

答：工作负责人应向运行人员详细进行现场交代，并将其记入继电保护工作记录簿，主要内容有：整定值变更情况、二次接线更改情况，已经解决及未解决的问题和缺陷，运行注意事项和设备能否投运等，经运行人员检查无误后，双方应在继电保护工作记录簿上签字。

2. 《"防止电力生产重大事故的二十五项重点要求"继电保护实施细则》的制定原则是什么？

答：进一步加强电网继电保护运行管理工作，合理安排电网运行方式，充分发挥继电保护效能，提高电网安全稳定运行水平，防止由于保护拒动、误动引起系统稳定破坏和电网瓦解、大面积停电事故的发生。

3. 简述微机型保护装置对运行环境的要求。

答：（1）继电保护装置室内最大湿度不应超过 75%。

（2）应防止灰尘和不良气体侵入。

（3）微机继电保护装置室内环境温度应在 5～30℃ 范围内，若超过此范围应装设空调。

4. 确定继电保护和安全自动装置的配置和构成方案时，应综合考虑哪几个方面？

答：（1）电力设备和电力网的结构特点和运行特点；

（2）故障出现的频率和可能造成的后果；

（3）电力系统的近期发展情况；

（4）经济上的合理性；

（5）国内和国外的经验。

5. 对于被检验保护装置与其他保护装置共用电流互感器绕组的特殊情况，应采取何种措施防止保护装置误启动？

答：（1）核实电流互感器二次回路的使用情况和连接顺序。

（2）若在被检验装置电流回路后串接有其他运行的保护装置，原则上应停用其他保护装置。如确无法停运，在短接被检验保护装置电流回路前、后，应监测运行的保护装置电流与实际相符。若在被检验保护电流前串接其他运行保护装置，短接被检验保护装置电流后，监测到被检验保护装置电流接近于零时，方可断开被检验保护装置电流回路。

6. 在全部停电或部分停电的电气设备上工作时，保证安全的技术措施有哪些？

答：（1）停电；（2）验电；（3）装设接地线；（4）悬挂标示牌和装设遮栏。

7. 现场在进行试验接线前应注意什么？

答：在进行试验接线前，应了解试验电源的容量和接线方式；配备适当的熔断器，特别要防止总电源熔断器越级熔断；试验用刀闸必须带罩，禁止从运行设备上直接取得试验电源。在试验工作完毕后，必须经第二人检查，方可通电。

8. 什么是继电保护状态检修？

答：基于继电保护设备状态监测技术和设备自诊断技术，结合继电保护装置及其二次回路的运行和检修历史资料，通过继电保护设备状态评价、风险评估、检修决策，达到设备运行安全可靠，检修成本合理的一种检修策略。

9. 什么是家族性缺陷？

答： 家族性缺陷是指经确认由设计、和/或材质、和/或工艺共性因素导致的设备缺陷。

具有家族性缺陷设备检修原则：

(1) 发现某一类设备有家族性缺陷时，该家族其他设备应安排普查或者进行诊断性试验。

(2) 对于未消除家族性缺陷设备，应根据其评价结果重新修正检修周期。

10. 对保护二次电压切换有些什么反措要求？

答： (1) 用隔离开关辅助接点控制的电压切换继电器，应有一副电压切换继电器触点作监视用；不得在运行中维修隔离开关辅助接点。

(2) 检查并保证在切换过程中，不会产生电压互感器二次反充电。

(3) 手动进行电压切换的，应有专用的运行规程，并由运行人员执行。

(4) 用隔离开关辅助接点控制的切换继电器，应同时控制可能误动作的保护的正电源，有处理切换继电器同时动作与同时不动作等异常情况的专用运行规程。

11. 在对微机继电保护装置进行哪些工作时应停用整套保护？

答： (1) 微机继电保护装置使用的交流电流、电压，开关量输入、输出回路上工作。

(2) 微机继电保护装置内部作业。

(3) 输入保护定值。

12. 《继电保护和电网安全自动装置现场工作保安规定》中在运行的电压互感器二次回路上工作时，应采取哪些安全措施？

答： (1) 不应将电压互感器二次回路短路、接地和断线。必要时，工作前申请停用有关继电保护或电网安全自动装置。

(2) 接临时负载，应装有专用的隔离开关（刀闸）和熔断器。

(3) 不应将回路的永久接地点断开。

13. 按照 220kV 继电保护标准化设计的保护装置分别设置"允许远方操作"和"允许远方修改定值"软压板，它们分别有什么功能？

答： 保护装置分别设置"允许远方操作"和"允许远方修改定值"软压板。"允许远方操作"投入时，只允许切换定值区和投退软压板，定值不允许远方修改。"允许远方修改定值"软压板投入时，允许切换定值区、投退软压板、修改定值。两块软压板功能独立，不相互影响，并且只能在就地修改。

14. 光纤差动保护为什么要设置"专用光纤"或"发送时钟"控制字？

答： "专用光纤"或"发送时钟"这两个控制字是描述保护装置光纤通信口的发送码流所用的时钟是用保护装置内部时钟还是从接收码提取的时钟。（或解决保护装置采用外时钟还是采用内时钟的问题，控制字"专用光纤"或"发送时钟"置1，装置自动采用内时钟方式；反之，自动采用外时钟方式）。

15. 在标准化规范中，软压板、硬压板使用的方式有几种？每一种方式举一例子？

答： 软压板、硬压板使用的方式有 4 种：

(1) 软压板、硬压板之间为"与门"关系，例如：线路纵联距离（方向）保护中软压板："纵联保护"置1与屏上"投纵联保护"硬压板为"与门"关系。

（2）软压板、硬压板之间为"或门"关系，例如：线路纵联距离（方向）保护中软压板："退出重合闸"置1与屏上"退出重合闸"硬压板为"或门"关系。

（3）只有软压板，无硬压板对应，如"允许远方修改定值"软压板无硬压板对应。

（4）只有硬压板，无软压板对应，如变压器保护装置高压侧电压投/退的硬压板、母线保护的"互联"硬压板无软压板对应。

16. 继电保护故障责任分析时，"整定计算错误"包括哪些方面？

答：（1）未按电力系统运行方式的要求变更整定值。

（2）整定值计算错误（包括定值及微机软件管理通知单错误）。

（3）使用参数错误。

（4）保护装置运行规定错误。

17. 新建工程需利用操作箱对断路器进行哪些传动试验？（至少6点）

答：（1）断路器就地分闸、合闸传动。

（2）断路器远方分闸、合闸传动。

（3）防止断路器跳跃回路传动。

（4）断路器三相不一致回路传动。

（5）断路器操作闭锁功能检查。

（6）断路器操作油压或空气压力继电器、SF_6密度继电器及弹簧压力等触点的检查。检查各级压力继电器触点输出是否正确。检查压力低闭锁合闸、闭锁重合闸、闭锁跳闸等功能是否正确。

（7）断路器辅助触点检查，远方、就地方式功能检查。

（8）在使用操作箱的防止断路器跳跃回路时，应检验串联接入跳合闸回路的自保持线圈，其动作电流不应大于额定跳合闸电流的50%，线圈压降小于额定值的5%。

（9）所有断路器信号检查。

18. 电缆及导线的布线应符合哪些要求？

答：（1）交流和直流回路不应合用同一根电缆。

（2）强电和弱电回路不应合用一根电缆。

（3）保护用电缆与电力电缆不应同层敷设。

（4）交流电流和交流电压回路不应合用同一根电缆。双重化配置的保护设备不应合用同一根电缆。

（5）保护用电缆敷设路径，尽可能避开高压母线及高频暂态电流的入地点，如避雷器和避雷针的接地点、并联电容器、电容式电压互感器、结合电容及电容式套管等设备。

（6）与保护连接的同一回路应在同一根电缆中走线。

19. 电力系统运行方式是经常变化的，在整定计算上如何保证继电保护装置的选择性和灵敏度？

答：一般采用系统最大运行方式来整定选择性，用最小运行方式来校核灵敏度，以保证在各种系统运行方式下满足选择性和灵敏度的要求。

20. 为保证电网保护的选择性，上、下级电网保护之间逐级配合应满足什么要求？

答：上、下级（包括同级和上一级及下一级电网）继电保护之间的整定，应遵循逐级配合的原则，满足选择性的要求，即当下一级线路或元件故障时，故障线路或元件的继电保护整定值必须在灵敏度和时间上均与上一级线路或元件的继电保护整定值相互配合，以保证电网发生故障时有选择性地切除故障。

21. 在 110～220kV 中性点直接接地电网中，后备保护的装设应遵循哪些原则？

答：后备保护应按下列原则配置：

（1）110kV 线路保护宜采用远后备方式。

（2）220kV 线路保护宜采用近后备方式。但某些线路如能实现远后备，则宜采用远后备方式，或同时采用远、近结合的后备方式。

22. 保护装置调试的定值依据是什么？要注意些什么？

答：保护装置调试的定值，必须依据最新整定值通知单的规定。

调试保护装置定值时，先核对通知单与实际设备是否相符（包括互感器的接线、变比）及有无审核人签字。根据电话通知整定时，应在正式的运行记录簿上作电话记录并在收到定值通知单后，将试验报告与通知单逐条核对。

所有交流继电器的最后定值试验，必须在保护屏的端子排上通电进行。开始试验时应先做好原定值试验，如发现与上次试验结果相差较大或与预期结果不符等任何细小问题时应慎重对待，查找原因。在未得出结论前，不得草率处理。

23. 在电气设备上工作时，保证安全的组织措施有哪些？

答：（1）工作票制度。

（2）工作许可制度。

（3）工作监护制度。

（4）工作间断、转移和终结制度。

24. 工作负责人（监护人）在什么情况下可以参加工作班工作？

答：工作监护制度规定：工作负责人（监护人）在全部停电时，可以参加工作班工作；在部分停电时，只有在安全措施可靠，人员集中在一个工作地点，不致误碰导电部分的情况下，方能工作。

25. 电业安全工作规程中是如何定义电气设备是高压设备还是低压设备的？

答：高压设备：设备对地电压在 1000V 以上者。

低压设备：设备对地电压在 1000V 及以下者。

26. 微机线路保护装置对直流电源的基本要求是什么？

答：（1）额定电压 220V 或 110V。

（2）允许偏差 $-20\%～+10\%$。

（3）波纹系数不大于 5%。

27. 继电保护现场工作中的习惯性违章的主要表现有哪些？

答：（1）不履行工作票手续即开始工作。

（2）不认真履行现场继电保护工作安全措施票。

（3）监护人不到位或失去监护。

（4）现场标示牌不全，走错间隔（屏位）。

28. 清扫运行中的设备和二次回路时应遵守哪些规定？

答：清扫运行中的设备和二次回路时，应认真仔细，并使用绝缘工具（毛刷、吹风设备等），特别注意防止振动，防止误碰。

29. 现场工作过程中遇到异常情况或断路器跳闸时，应如何处理？

答：在现场工作过程中，凡遇到异常（如直流系统接地）或断路器跳闸时，不论与本身工作是否有关，应立即停止工作，保持现状，待找出原因或确定与本工作无关后，方可继续工作。上述异常若为从事现场继电保护工作的人员造成，应立即通知运行人员，以便有效处理。

30. 电力设备由一种运行方式转为另一种运行方式的操作过程中，对保护有什么要求？

答：电力设备由一种运行方式转为另一种运行方式的操作过程中，被操作的有关设备均应在保护范围内，部分保护装置可短时失去选择性。

31. 在带电的电流互感器二次回路上工作时应采取哪些安全措施？

答：（1）严禁将电流互感器二次侧开路。

（2）短路电流互感器二次绕组，必须使用短路片或短路线，短路应妥善可靠，严禁用导线缠绕。

（3）严禁在电流互感器与短路端子之间的回路上和导线上进行任何工作。

（4）工作必须认真，谨慎，不得将回路的永久接地点断开。

（5）工作时，必须有专人监护，使用绝缘工具，并站在绝缘垫上。

32. 运行中继电保护装置的补充检验分哪几种？

答：（1）装置改造后的检验。

（2）检修或更换一次设备后的检验。

（3）运行中发现异常情况后的检验。

（4）事故后检验。

33. 线路纵联保护是由线路两侧的设备共同构成的一整套保护，如果保护装置的不正确动作是因为一侧设备的不正确状态引起的，在统计动作次数时，请问应如何统计评价？

答：如果保护装置的不正确动作是因为一侧设备的不正确状态引起的，则应由引起不正确动作的一侧统计，另一侧不统计。

34. 对辅助变流器应进行那些检验项目？

答：对辅助变流器的检验项目有以下几项：

（1）测定绕组间及绕组对铁芯的绝缘。

（2）测定绕组的极性。

（3）录制工作抽头下的励磁特性曲线及短路阻抗，并验算所接入的负载在最大短路电流下是否能保证比值误差不超过5%。

（4）检验工作抽头在实际负载下的变比，所通入的电流值应不小于整定计算所选取的数值。

35. 什么是主保护、后备保护、辅助保护和异常运行保护？

答：（1）主保护是满足系统稳定和设备安全要求，能以最快速度有选择地切除被保护设备和线路故障的保护。

（2）后备保护是主保护或断路器拒动时，用来切除故障的保护。后备保护可分为远后备保护和近后备保护两种。

1）远后备保护是当主保护或断路器拒动时，由相邻电力设备或线路的保护来实现的后备保护。

2）近后备保护是当主保护拒动时，由本电力设备或线路的另一套保护来实现后备的保护；当断路器拒动时，由断路器失灵保护来实现后备保护。

3）辅助保护是为补充主保护和后备保护的性能或当主保护和后备保护退出运行而增设的简单保护。

4）异常运行保护是反应被保护电力设备或线路异常运行状态的保护。

36. 保护装置应具有哪些抗干扰措施？

答：保护装置应具有的抗干扰措施有：

（1）交流输入回路与电子回路的隔离应采用带有屏蔽层的输入变压器（或变流器、电抗变压器等变换器），屏蔽层要直接接地。

（2）跳闸、信号等外引电路要经过触点过渡或光电耦合器隔离。

（3）发电厂、变电站的直流电源不宜直接与电子回路相连（例如经过逆变换器）。

（4）消除电子回路内部干扰源，例如在小型辅助继电器的线圈两端并联二极管或电阻、电容，以消除线圈断电时所产生的反电动势。

（5）保护装置强弱电平回路的配线要隔离。

（6）装置与外部设备相连，应具有一定的屏蔽措施。

37. 试验工作结束前应做哪些工作？

答：现场试验工作结束前应做下述工作：

（1）工作负责人应会同工作人员检查试验记录有无漏试项目，整定值是否与定值通知单相符，试验结论、数据是否完整正确。经检查无误后，才能拆除试验接线。

（2）复查临时接线是否全部拆除，拆下的线头是否全部接好，图纸是否与实际接线相符，标志是否正确完备等。

38. 国家电网公司的标准化设计规范简称"六统一"设计，"六统一"设计是指那"六统一"？

答："六统一"是指微机保护的功能配置、回路设计、端子排布置、接口规范、报告输出、定值格式6个方面。

39. 按照"国网十八项反措中继电保护专业重点实施要求"中，强调应重视继电保护二次回路的接地问题，并定期检查这些接地点的可靠性和有效性。继电保护二次回路接地，应满足几点要求？请简述。

答：（1）公用 TV 的二次回路只允许在控制室内有一点接地，为保证接地可靠，各电压互感器的中性线不得接有可断开的开关或熔断器等。

（2）公用 TV 二次绕组二次回路只允许，且必须在相关保护屏内一点接地。独立的、与其他电流互感器的二次绕组没有电气联系的二次回路应在开关场一点接地。

（3）微机型继电保护装置屏内的交流供电电源（照明、打印）的中性线（零线）不应接入等电位接地网。

40. 使用于 220～500kV 电网的线路保护，其振荡闭锁应满足什么要求？

答：（1）系统发生全相或非全相振荡，保护装置不应误动作跳闸；

（2）系统在全相或非全相振荡过程中，被保护线路如发生各种类型的不对称故障，保护装置应有选择性地动作跳闸，纵联保护仍应快速动作；

（3）系统在全相振荡过程中发生三相故障，故障线路的保护装置应可靠动作跳闸，并允许带短延时。

41. 对适用于 220kV 及以上电压线路的保护装置，应满足哪些基本要求？

答：（1）除具有全线速动的纵联保护功能外，还应至少具有三段式相间、接地距离保护，反时限和/或定时限零序方向电流保护的后备保护功能。

（2）对有监视的保护通道，在系统正常情况下，通道发生故障或出现异常情况时，应发出告警信号。

（3）能适用于弱电源情况。

（4）在交流失压情况下，应具有在失压情况下自动投入后备保护的功能，并允许不保证选择性。

42. 《继电保护和安全自动装置技术规程》要求 220kV 线路保护应加强主保护，所谓加强主保护是指什么？

答：（1）全线速动保护的双重化配置。

（2）每套主保护功能完善，线路内发生的各种类型故障均能快速切除。

（3）对要求实现单相重合闸的线路，应具有选相功能。

（4）当线路正常运行时，发生不大于 100Ω 电阻的单相接地故障，应有尽可能强的选相能力，并能正确跳闸。

43. 一般情况下，对于 220～500kV 线路，试写出四种保护，其动作时应传输远方跳闸命令。

答：（1）1 个半断路器接线的断路器失灵保护动作。

（2）高压侧无断路器的线路并联电抗器保护动作。

（3）线路过电压保护动作。

（4）线路变压器组的变压器保护动作。

（5）线路串补保护动作且电容器旁路断路器拒动或电容器平台故障。

44. "25 项反措"中多处提到"保护双重化配置"的问题，其根本目的是什么？

答：继电保护双重化配置是防止因保护装置拒动而导致系统事故的有效措施，同时又可大大减少由于保护装置异常、检修等原因造成的一次设备停运现象。

45. 标准规定继电器的电压回路连续承受电压的倍数是多少？

答：交流电压回路为 1.2 倍额定电压。直流电压回路为 1.1 倍额定电压。

46. 对微机继电保护装置运行程序的管理有什么规定？

答：（1）各网（省）调应统一管理直接管辖范围内微机继电保护装置的程序。

（2）一条线路两端的同一型号微机高频保护程序版本应相同。

（3）微机继电保护装置的程序变更应按主管调度继电保护专业部门签发的通知单执行。

四、分析题

1. 继电保护设备改造现场施工，在拆除二次回路旧电缆工作中有哪些作业危险点？结合不同类别回路的特点应采取哪些防范措施？

答：危险点如下：

（1）误拆线。

（2）交直流短路或接地。

（3）误跳运行开关运行。

（4）在运行屏拆除电缆造成误动运行设备。

（5）振动造成运行设备不正确的动作。

防范措施如下：

（1）拆除电缆，首先按图纸核对实际电缆编号、走向及回路编号，进行确认。

（2）拆除时应从两端验明确无电压后方可拆除。

（3）跳闸、TV 等回路带电电缆应先拆带电侧，防止误跳运行开关或造成 TV 二次回路短路或接地。TV 回路核对电缆编号和回路编号以及端子排位置，用钳形相位表测无电流后，两端同时拆线并核对电缆芯。

（4）防止误动运行设备，在运行屏工作应用措施布将运行部分与施工部分完全隔离。

（5）在运行设备周围工作时要减轻振动，必要时停运相关保护。

2. 继电保护系统的配置应当满足哪两点最基本的要求？220kV 及以上系统继电保护配置如何实现两套快速保护的完全独立？

答：保护配置的两点基本要求是：

（1）任何电力设备和线路，不得在任何时候处于无继电保护的状态下运行。

（2）任何电力设备和线路在运行中，必须在任何时候由两套完全独立的继电保护装置分别控制两台完全独立的断路器实现保护。

完全独立的实现方法是：

（1）交流回路完全独立。

（2）直流回路完全独立。

（3）两套主保护分别使用独立的远方信号和传输设备。

（4）断路器具有两个跳闸线圈。

（5）每套主保护应有独立的选相功能，实现分相跳闸和三相跳闸功能。

3. 继电保护设备的试验可分为回路试验和装置调试两部分，请简述其中的回路试验部分的特点和要求。（请至少列出 5 点要求）

答：（1）检查 TV 二次、三次中性线分别引入保护室，并在保护室 N600 小母线处一点接地。

（2）检查 TA 二次中性线一点接地。

（3）控制电缆屏蔽层两端在保护室和升压站接地。

（4）高频同轴电缆在保护室和升压站两端接地，且并联敷设 100mm² 铜排。

（5）检查两套主保护直流回路相互独立，没有直接电的联系，直流电源分别来自不同的直流电源分路。

（6）断路器操作电源同断路器失灵保护装置的电源相互独立。

（7）必须在保护屏端子排通入交流电压、电流模拟故障量进行整组联动试验，不得采用手动人工短触点方式进行试验。

（8）模拟通入 $80\%U_N$ 直流电压进行直流回路整组联动试验，包括保护装置及断路器跳合闸。

4. 综合自动化站中的微机型继电保护装置，通常不是安装在控制室内，而是安装在开关场的保护小室内。保护屏除设有跳闸、合闸、启动失灵等出口压板外，装置的保护功能投入压板（如"主保护投入"等）可利用保护装置的数据通讯接口通过监控网络由值班员在远方直接进行投入或退出，可称为"软压板"。除此之外，保护屏通常还保留保护功能投入的"硬压板"。你认为"软压板"和"硬压板"应该采用何种逻辑关系？请说明你的理由。

答：（1）"软压板"和"硬压板"应采用"与"的逻辑。

保护需要部分功能退出、但监控系统又不能操作"软压板"时，值班员能到保护屏前退"硬压板"。

（2）当保护需要投入、但"软压板"投不上时，可请专业人员处理后再投入，不宜带故障投入保护。

5. 什么是保证电网稳定运行的三道防线？

答：三道防线是指在电力系统受到不同扰动时对电网保证稳定可靠供电方面提出的要求。

（1）当电网发生常见的概率高的单一故障时，电力系统应当保持稳定运行，同时保持对用户的正常供电。

（2）当电网发生了性质较严重但概率较低的单一故障时要求电力系统保持稳定运行，但允许损失部分负荷（或直接切除某些负荷，或因系统频率下降，负荷自然降低）。

（3）当电网发生了罕见的多重故障（包括单一故障同时继电保护动作不正确等），电力系统可能不能保持稳定运行，但必须有约定的措施以尽可能缩小故障影响范围和缩短影响时间。

6. 为什么屏蔽电缆的屏蔽层使用导电性能好的铜网？

答：图 9-2 表示电磁干扰的原理。

在图 9-2（a）中，干扰源导线中电流产生的磁通以虚线同心圆表示，这些磁通的一部分包围控制电缆芯和其屏蔽层（可近似认为包围这两者的磁通相等），称为干扰磁通。它在电缆心和屏蔽层中，产生一电势 E_S，产生屏蔽层电流 I_S。如图（b）所示。电势 E_S 为

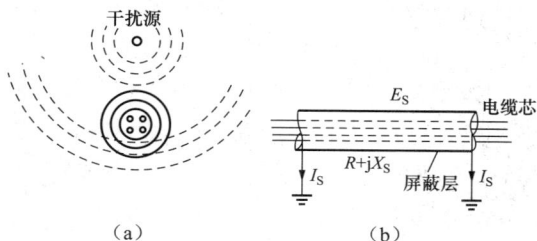

图 9-2

$$E_S = -L(\mathrm{d}I/\mathrm{d}t) = I_S \cdot R_S + \mathrm{j}I_S \cdot X_S$$

屏蔽层电流所产生的磁通包围着屏蔽层，也全部包围着电缆心，这些磁通和外导线产生

的干扰磁通方向相反，故称为反向磁通，在图中以实线同心圆表示。设屏蔽层对电缆心的互感抗为 X_M 则

$$E = -jIs \cdot X_M$$

因屏蔽层将电缆芯完全包围在内，故 $X_M = X_S$ 这样从上两式可看出，如果屏蔽层电阻 $R_S = 0$，则 $E_S = -E$，但是屏蔽层不可能没有电阻，故干扰磁通在电缆中感应的电势不能被"抵消"的部分则等于 $E_S + E = I_S \cdot R_S$，即与屏蔽层的电阻成正比。因此，要有效地消除电磁耦合的干扰，必须采用电阻系数小的材料如铜、铝等作成屏蔽层。

7. 对于 220kV 及以上的电力系统，为保证继电保护系统的可靠性，要求"所有运行设备都必须由两套交、直流输入和输出回路相互独立，并分别控制不同断路器的继电保护装置进行保护"。请解释在实际系统中是如何实现的？

答：如此要求的目的在于当任意一套继电保护装置或任意一组断路器拒绝动作时，能由另一套继电保护装置操作另一组断路器切除故障。在所有情况下，要求这两套继电保护装置和断路器所取的直流电源都由不同的熔断器供电。

对于 220kV 及以上电力系统的线路保护，一般采用近后备方式，即当故障元件的一套继电保护装置拒动时，由相互独立的另一套继电保护装置动作切除故障；而当断路器拒动时，起动断路器失灵保护，断开与故障元件母线相连的所有其他连接电源的断路器。有条件时可采用远后备保护方式，即故障元件所对应的继电保护装置断路器拒绝动作时，由电源侧最临近故障元件的上一级继电保护装置动作切除故障。

对配置两套全线速动保护的线路，在线路保护装置检修、校验或旁路开关代路等情况下，至少应保证有一套全线速动保护运行。

对于 220kV 及以上电力系统的母线，母差保护是主保护，线路及变压器的保护是其后备保护。如没有母差保护，必须由对母线故障有灵敏度的线路或/及变压器的后备保护充任母线的主保护或后备保护。

8. 关于原部颁"反措要求"中高频同轴电缆敷设铜导线的补充说明：铜导线延伸至保护用结合滤波器的高频电缆引出端口，距耦合电容器接地点约 3～5m 处与地网连通，怎样理解？

答：连接耦合电容器到变电站地网的接地线，当通过高频电流时，呈现高阻抗，因而产生很高的高频电压，接地线每米的自感值 L 约为 $1.0\mu H$，若长度为 3m，当通过 1.0kA、1MHz 的高频电流时，$E_{NG} = \omega LI = 2 \times 3.14 \times 1 \times 10^6 \times 3 \times 1.0 \times 10^{-6} \times 1.0 \times 10^3 = 20kV$。

如果在电容器底座上借用一次接地线将二次电缆接地，则 E_{NG} 将直接沿电缆窜入二次设备，这种做法显然不合适。高频电流经电容器接地点入地时，将在接地点处产生极高的地电位，因地网对高频为高阻抗，这个高频地电位将沿四周较快地衰减。为了减小两点间的地电位差，二次回路的接地点应当离一次接地线的接地点有一定距离，例如 3～5m。这样，可以显著地减小二次回路接地点与控制室中所接二次设备间的地电位差，也可以减小控制电缆屏蔽层中通过的高频电流，从而减小对芯线产生的干扰。

9. 怎样理解在 220kV 及以上电压等级变电站中，所有用于联接由开关场引入控制室继电保护设备的电流、电压和直流跳闸等可能由开关场引入干扰电压到基于微电子器件的继电保护设备的二次回路，都应当采用带屏蔽层的控制电缆，且屏蔽层在开关场和控制室

两端同时接地。

答：（1）当控制电缆为母线暂态电流产生的磁通所包围时，在电缆的屏蔽层中将感应出屏蔽电流，由屏蔽电流产生的磁通，将抵消母线暂态电流产生的磁通对电缆芯线的影响，因此控制电缆要进行屏蔽。

（2）为保证设备和人身的安全，避免一次电压的串入，同时减少干扰在二次电缆上的电压降，屏蔽层必须保证有接地点。

（3）屏蔽层两端接地，可以降低由于地电位升产生的暂态感应电压。

当雷电经避雷器注入地网，使变电站地网中的冲击电流增大时，将产生暂态的电位波动，同时地网的视在接地电阻也将暂时升高。

当控制电缆在上述地电位升的附近敷设时，电缆电位将随地电位的波动。当屏蔽层只有一点接地时，在非接地端的导线对地将可能出现很高的暂态电压。实验证明：采用两端接地的屏蔽电缆，可以将暂态感应电压抑制为原值的10%以下，是降低干扰电压的一种有效措施。

10. 某双母线接线形式的变电站，每一母线上配有一组电压互感器，同时出线上装有线路电压抽取设备。请问：电压抽取设备的二次回路接地点应根据什么原则设置？

答：如果电压抽取设备的二次回路与其他电压互感器二次回路，经控制室零相小母线（N600）联通，只应在控制室将N600一点接地。可以在开关场将二次线圈中性点经放电间隙或氧化锌阀片接地，其击穿电压峰值应大于$30I_{max}$，I_{max}为电网接地故障时通过变电所的可能最大接地电流有效值，单位为千安。如果电压抽取设备的二次回路与其他互感器二次回路没有电的联系，可以在控制室内也可以在开关场实现一点接地。

11. 什么情况下，直流一点接地就可能造成保护误动或开关跳闸？交流220V串入直流220V回路可能会带来什么危害？

答：直流系统所接电缆正、负极对地存在电容，直流系统所供静态保护装置的直流电源的抗干扰电容，两者之和构成了直流系统两极对地的综合电容。对于大型变电站、发电厂直流系统的电容量是不可忽视的。在直流系统某些部位发生一点接地，保护出口中间继电器线圈、断路器跳闸线圈与上述电容通过大地即可形成回路，如果保护出口中间继电器的动作电压低于"反措"所要求的$55\%U_e$，或电容放电电流大于断路器跳闸电流就会造成保护误动作或断路器跳闸。

交流220V系统是接地系统，直流220V是不接地系统。一旦交流系统串入直流系统，一方面将造成直流系统接地，可导致上述的保护误动作或断路器误跳闸。另一方面，交流系统的电源还将通过长电缆的分布电容启动相应的中间继电器，该继电器即使动作电压满足"反措"所规定的不低于$55\%U_e$的要求，仍会以50Hz或100Hz的频率抖动，误出口跳闸。其中第二种现象常见于主变压器非电气量保护、发电厂热工系统保护等经长电缆引入、启动中间继电器的情况。如果该中间继电器的动作时间长于10ms，则可有效地防止在交流侵入直流系统时的误动作。

12. 根据继电保护十八项反措要求，画出继电保护等电位接地网简单示意图，附简要说明。

答：如图9-3～图9-8所示。

变电站保护室二次接地网敷设图

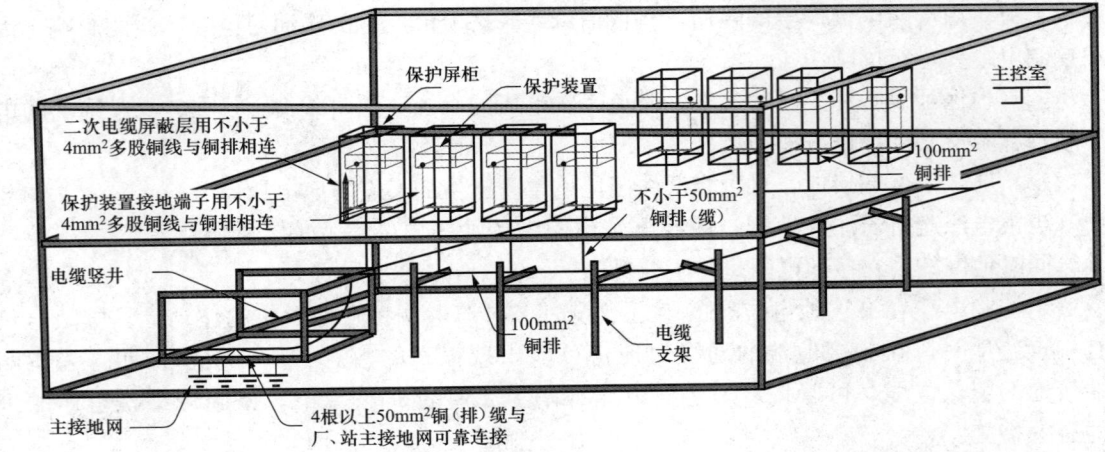

保护屏柜　保护装置　　　　　　　　　　　　　　　　　主控室

二次电缆屏蔽层用不小于
4mm²多股铜线与铜排相连

100mm²
铜排

保护装置接地端子用不小于
4mm²多股铜线与铜排相连

不小于50mm²
铜排（缆）

电缆竖井

100mm²
铜排

电缆
支架

主接地网

4根以上50mm²铜（排）缆与
厂、站主接地网可靠连接

图 9-3

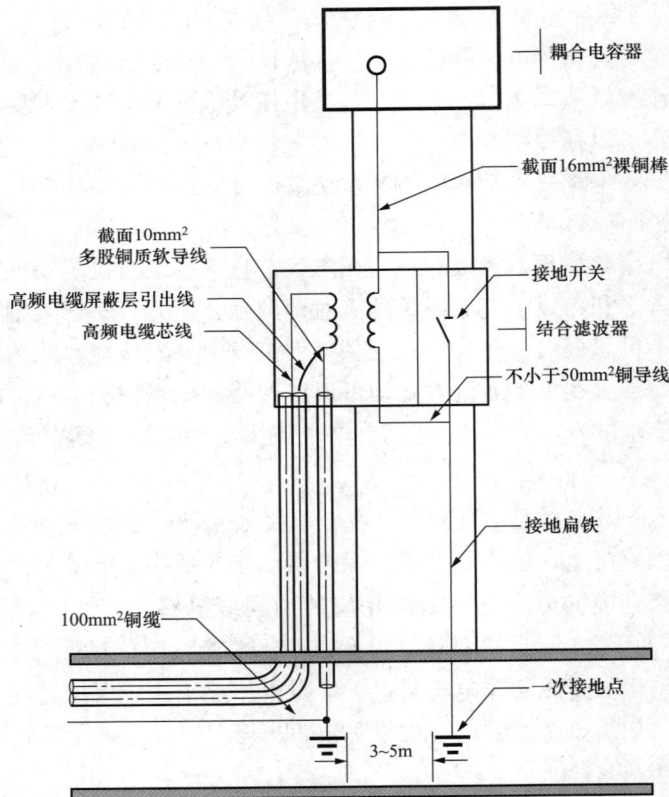

耦合电容器

截面16mm²裸铜棒

截面10mm²
多股铜质软导线

接地开关

高频电缆屏蔽层引出线

结合滤波器

高频电缆芯线

不小于50mm²铜导线

接地扁铁

100mm²铜缆

一次接地点

3～5m

图 9-4

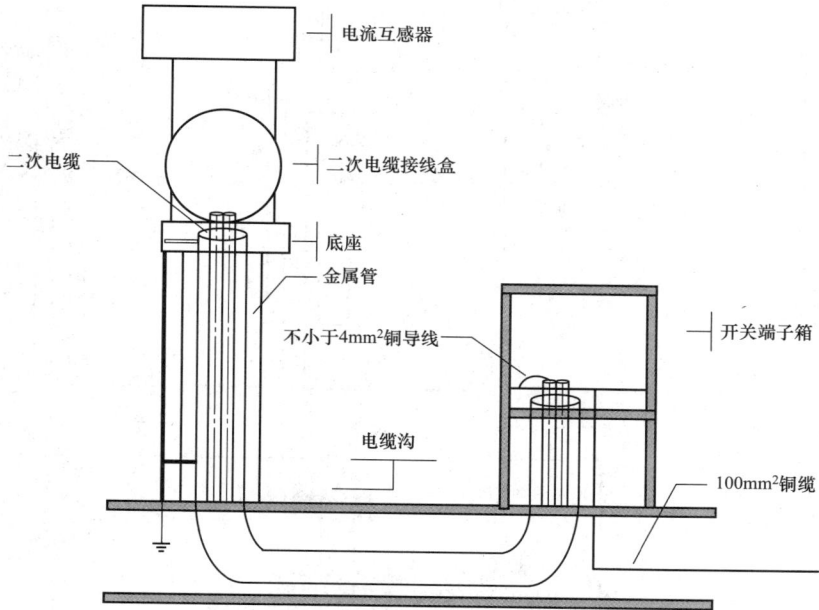

图 9-5

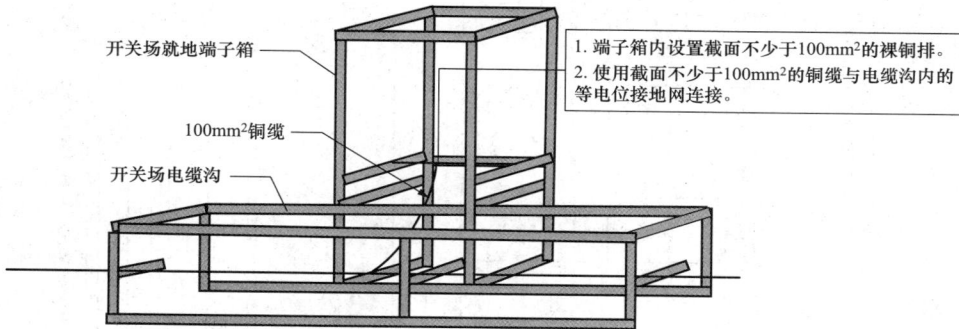

图 9-6

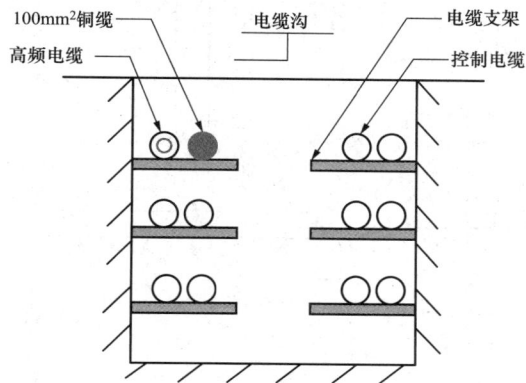

图 9-7

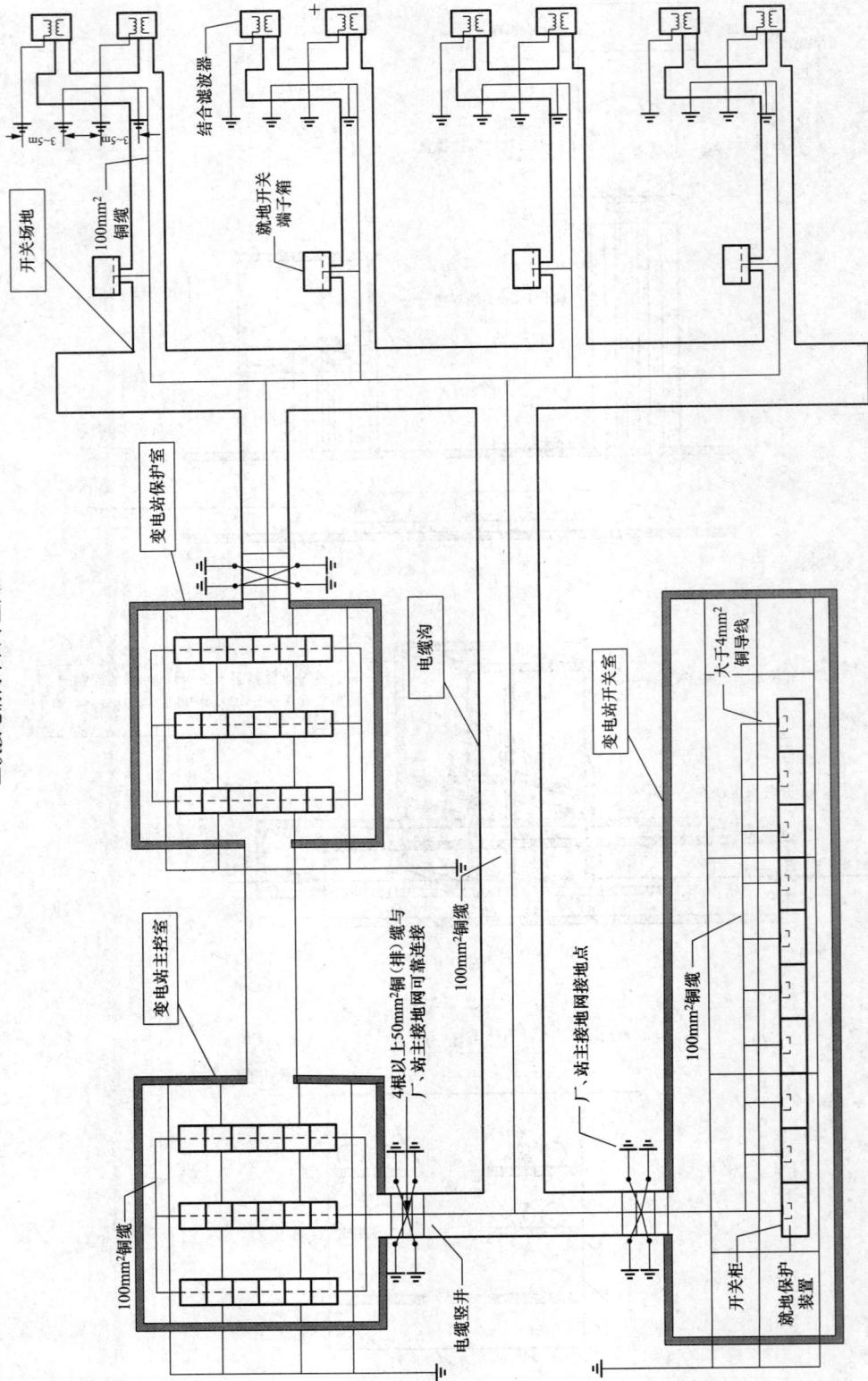

二次接地铜网平面布置图

图 9-8

13. 为提高抗干扰能力，是否允许用电缆芯线两端接地的方式替代电缆屏蔽层的两端接地？为什么？

答：不允许。

电缆屏蔽层在开关场及控制室两端接地可以抵御空间电磁干扰的机理是：当电缆为干扰源电流产生的磁通所包围时，如屏蔽层两端接地，则可在电缆的屏蔽层中感应出电流，屏蔽层中感应电流所产生的磁通与干扰源电流产生的磁通方向相反，从而可以抵消干扰源磁通对电缆芯线上的影响。

由于发生接地故障时开关场各处地电位不等，则两端接地的备用电缆芯会流过电流，对对称排列的工作电缆芯会感应出不同的电势，从而对保护装置形成干扰。

14. 出口继电器作用于断路器跳（合）闸线圈时，其触点回路中串入的电流自保持线圈应满足哪些条件？

答：断路器跳（合）闸线圈的出口触点控制回路，必须设有串联自保持的继电器回路，应满足以下条件：（1）跳（合）闸出口继电器的触点不断弧；（2）断路器可靠跳、合。只有单出口继电器的，可以在出口继电器跳（合）闸触点回路中串入电流自保持线圈，并满足如下条件：

（1）自保持电流不大于额定跳（合）闸电流的一半左右，线圈压降小于5%额定值。

（2）出口继电器的电压启动线圈与电流自保持线圈的相互极性关系正确。

（3）电流与电压线圈间的耐压水平不低于交流1000V、1min的试验标准（出厂试验为交流2000V、1min）。

（4）电流自保持线圈接在出口触点与断路器控制回路之间。当有多个出口继电器可能同时跳闸时，宜由防止跳跃继电器实现上述任务。防跳继电器应为快速动作的继电器，其动作电流小于跳闸电流的一半，线圈压降小于10%额定值，并满足上述（2）～（4）项的相应要求。

15. 简述集成电路型保护或微机型保护的交流及直流电源来线的抗干扰措施。

答：集成电路型保护或微机型保护的交流及直流电源来线，应先经过抗干扰电容（最好接在保护装置箱体的接线端子上），然后才进入保护屏内，此时：

（1）引入的回路导线应直接焊在抗干扰电容的一端；抗干扰电容的另一端并接后接到屏的接地端子上。

（2）经抗干扰电容后，引入装置的走线，应远离直流操作回路的导线及高频输入（出）回路的导线，更不得与这些导线捆绑在一起。

（3）引入保护装置逆变电源的直流电源应经抗干扰处理。

（4）弱信号线不得和有强干扰（如中间继电器线圈回路）的导线相邻近。

16. 对集成电路型及微机型保护的现场测试应注意些什么？

答：（1）不得在现场试验过程中进行检修。

（2）在现场试验过程中不允许拔出插板测试，只允许用厂家提供的测试孔或测试板进行测试工作。

（3）插拔插件必须有专门措施，防止因人身静电损坏集成芯片，厂家应随装置提供相应的物件。

（4）必须在室内有可能使用对讲机的场所，用无线电对讲机发出的无线电信号对保护作干扰试验。如果保护屏是带有铁门封闭的，试验应分别在铁门关闭与打开的情况下进行，试验过程中保护不允许出现任何异常现象。

17. 为什么要测量跳合闸回路电压降，怎样测量及其合格标准？

答：测量跳合闸回路电压降是为了使断路器在跳合闸时，跳、合闸线圈有足够的电压，保证可靠跳、合闸。

跳合闸回路电压降测量方法如下：

（1）测量前先将合闸熔断器取下。断路器在合闸位置时测量合闸线圈电压降，先将合闸回路接通（如有重合闸时应先将重合闸继电器中间元件按住），用高内阻直流电压表与合闸线圈两端并接，然后短接断路器的合闸辅助触点，合闸继电器动作，即可读出合闸辅助线圈的动作电压降。

（2）断路器在跳闸位置时测量跳闸线圈电压降，将保护跳闸回路接通，用高内阻直流电压表（万能表即可）并接在跳闸线圈两端，短接断路器的跳闸辅助触点使跳闸线圈动作，即可读出跳闸线圈电压降。

跳闸、合闸线圈的电压降均不小于电源电压的90％才算合格。

18. 论述电压互感器二次回路中熔断器的配置原则。

答：（1）在电压互感器二次回路的出口，应装设总熔断器或自动开关，用以切除二次回路的短路故障。自动调节励滋装置及强行励磁用的电压互感器的二次侧不得装设熔断器。因为熔断器熔断会使它们拒动或误动。

（2）若电压互感器二次回路发生故障，延迟切断二次回路故障时间可能使保护装置和自动装置发生误动作或拒动，因此应装设监视电压回路完好的装置。此时宜采用自动开关作为短路保护，并利用其辅助接点发出信号。

（3）在正常运行时、电压互感器一次开口三角辅助绕组两端无电压，不能监视熔断器是否断开；且熔丝熔断时，若系统发生接地，保护会拒绝动作，因此开口三角绕组输出不应装设熔断器。

（4）接至仪表及变送器的电压互感器二次电压分支回路应装设熔断器。

（5）电压互感器中性点引出线上，一般不装设熔断器或自动动开关。采用 V 相接地时熔断器或自动开关应装设在电压互感器 V 相的。

19. 线路距离保护振荡闭锁的控制原则是什么？

答：线路距离保护振荡闭锁的控制原则一般如下：

（1）单侧电源线路和无振荡可能的双侧电源线路的距离保护不应经振荡闭锁。

（2）35kV 及以下线路距离保护不考虑系统振荡误动问题。

（3）预定作为解列点上的距离保护不应经振荡闭锁控制。

（4）躲过振荡中心的距离保护瞬时段不宜经振荡闭锁控制。

（5）动作时间大于振荡周期的距离保护段不应经振荡闭锁控制。

（6）当系统最大振荡周期为 1.5s 时，动作时间不小于 0.5s 的距离保护 I 段、不小于 1.0s 的距离保护 II 段和不小于 1.5s 的距离保护 III 段不应经振荡闭锁控制。

20. 断路器和隔离开关经新安装装置检验及检修后，继电保护试验人员需要了解那些调整试验结果？

答：（1）与保护回路有关的辅助触点的开、闭情况或这些触点的切换时间。

（2）与保护回路相连接的回路绝缘电阻。

（3）断路器跳闸及辅助合闸线圈的电阻值及在额定电压下的跳、合闸电流。

（4）断路器最低跳闸电压及最低合闸电压。其值不低于30％额定电压，且不大于65％额定电压。

（5）断路器的跳闸时间、合闸时间以及合闸时三相触头不同时闭合的最大时间差，如大于规定值而又无法调整时，应及时通知继电保护整定计算部门。

（6）电压为35kV及以下的断路器，如没有装设自动重合闸或不作同期并列用时，则可不了解有关合闸数据。

21. 在装设接地铜排时是否必须将保护屏对地绝缘？

答：没有必要将保护屏对地绝缘。虽然保护屏骑在槽钢上，槽钢上又置有联通的铜网，但铜网与槽钢等的接触只不过是点接触。即使接触的地网两点间有由外部传来的地电位差，但因这个电位差只能通过两个接触电源和两点间的铜排电才能形成回路，因铜排电阻值远小于接触电阻值，因而在钢排两点间不可能产生有影响的电位差。

22. 应怎样设置继电保护装置试验回路的接地点？

答：在向装置通入交流工频试验电源前，必须首先将装置交流回路的接地点断开，除试验电源本身允许有一个接地点之外，在整个试验回路中不允许有第二个接地点，当测试仪表的测试端子必须有接地点时，这些接地点应接于同一接地点上。规定有接地端的测试仪表，在现场进行检验时，不允许直接接到直流电源回路中，以防止直流电源接地的现象。

23. 微机保护如何统计评价？

答：微机保护的统计评价方法为：

（1）微机保护装置的每次动作（包括拒动），按其功能进行；分段的保护以每段为单位来统计评价。保护装置的每次动作（包括拒动）均应进行统计评价。

（2）每一套微机保护的动作次数，必须按照记录信息统计保护装置的动作次数。对不能明确提供保护动作情况的微机保护装置，则不论动作多少次只作1次统计；若重合闸不成功，保护再次动作跳闸，则评价保护动作2次，重合闸动作1次。至于属于哪一类保护动作，则以故障录波分析故障类型和跳闸时间来确定。

24. 瓦斯保护的反事故措施要求是什么？

答：（1）将瓦斯继电器的下浮筒改为挡板式，触点改为立式，以提高重瓦斯继电器的可靠性。

（2）为防止瓦斯继电器因漏水短路，应在其端子和电缆引线端子箱上采用防雨措施。

（3）瓦斯继电器引出线应采用防油线。

（4）瓦斯继电器的引出线和电缆线应分别连接在电缆引线端子箱内的端子上。

25. 用于保护交流电压自动切换的中间继电器应满足哪些要求？

答：（1）在断电时应保证可靠失磁复归，触点容量应保证在电压回路故障通过短路电流时不粘连。

（2）分别控制两组母线电压的切换继电器同时动作，应发出信号。

（3）应保证控制正电源的触点较控制交流电压回路的触点迟闭合、早断开，并保证有足够压力。

（4）在不停相应保护的情况下，不得对运行中的隔离开关辅助触点进行维修工作。

（5）电压回路零相应接地，且不应通过切换继电器触点切换。

26. 用试停方法查找直流接地有时找不到接地点在哪个系统，请论述可能有哪些原因？

答：当直流接地发生在充电设备、蓄电池本身和直流母线上时，用拉路方法是找不到接地点的。当直流采取环路供电方式时也是不能找到接地点的。除上述情况外，还有直流串电（寄生回路）、同极两点接地、直流系统绝缘不良，多处出现虚接地点，形成很高的接地电压，在表计上出现接地指示。所以在拉路查找时，往往不能一下全部拉掉接地点，因而仍然有接地现象的存在。

27. 某变电站有两套相互独立的直流系统，当第一组直流的正极与第二组直流的负极之间发生短路时，站内的直流接地监视系统会出现什么现象？

答：会出现两组直流系统同时发出接地告警信号。断开任意一组直流电源接地现象就会消失。第一组直流系统的正极与第二组直流系统的负极短接后，两组直流短接后形成一个端电压为 440V 的电池组，中点对地电压为零；每一组直流系统的绝缘监察装置均有一个接地点，短接后直流系统中存在两个接地点；故一组直流系统的绝缘监察装置判断为正极接地；另一组直流系统的绝缘监察装置判断为负极接地。

28. 现场工作中，具备了什么条件才能确认保护装置已经停用？

答：有明显的断开点（打开了连接片或接线端子片等才能确认），也只能确认在断开点以前的保护停用了。

如果连接片只控制本保护出口跳闸继电器的线圈回路，则必须断开跳闸触点回路才能确认该保护确已停用。

对于采用单相重合闸，由连接片控制正电源的三相分相跳闸回路，停用时除断开连接片外，尚需断开各分相跳闸回路的输出端子，才能认为该保护已停用。

29. 简述用于集成电路型、微机型保护的电流、电压和信号触点引入线，应采用屏蔽电缆且屏蔽层两端接地的原因及机理。

答：（1）采用屏蔽电缆，且屏蔽层两端接地的目的在于抑制外界电磁干扰。

（2）变电站电缆处在强电磁场干扰的环境。

（3）电磁干扰源为外部的带电导线。

（4）带电导线所产生的磁通包围着电缆芯线及屏蔽层，并在其上产生感应电势。

（5）如果屏蔽层两端接地，则将在屏蔽层产生感应电流。

（6）电流的大小与屏蔽层的阻抗及感应电势有关。

（7）该电流所产生的磁通包围着电缆芯线。

（8）该电流所产生的磁通与外部磁通的方向相反。

因此能抵消一部分外部磁通，从而起到了抗干扰的作用。

30. 简述 330～500kV 线路对继电保护的配置有哪些影响？（只需答五条）

答（1）线路输送功率大，稳定问题严重，要求保护动作快，可靠性高及选择性好。

（2）线路采用大截面分裂导线、不完全换位及紧凑型线路所带来的影响。

（3）长线路、重负荷，电流互感器变比大，二次电流小对保护装置的影响。

（4）同杆并架双回线路发生跨线故障对两回线跳闸和重合闸的不同要求。

（5）采用大容量发电机、变压器所带来的影响。

（6）线路分布电容电流明显增大所带来的影响。

（7）系统装设串联电容补偿和并联电抗器等设备所带来的影响。

（8）交直流混合电网所带来的影响。

（9）采用带气隙的电流互感器和电容式电压互感器，对电流、电压传变过程所带来的影响。

（10）高频信号在长线路上传输时，衰耗较大及通道干扰电平较高所带来的影响以及采用光缆、微波迂回通道时所带来的影响。

31. 对于双屏蔽层的二次电缆，从抗干扰角度考虑，内、外屏蔽层应如何接地？为什么？

答：（1）对于双屏蔽层的二次电缆，由于外屏蔽层本身为导体，外界干扰一般在该层感应，应两端接地；可为感应电流形成电流回路，从而产生反向磁通，抵消外界磁干扰的影响。

（2）对于内屏蔽层，经外屏蔽层屏蔽后，可能因为地电位的不平衡产生差模干扰，为求对电的屏蔽效果，宜在户内端一点接地。

第十章

相关专业知识

一、选择题

1. 变压器净油器中硅胶重量是变压器油质量的（ A ）。

    A. 1％   B. 0.5％   C. 10％   D. 5％

2. 断路器之所以具有灭弧能力，主要是因为它具有（ A ）。

    A. 灭弧室   B. 绝缘油   C. 快速机构   D. 并联电容器

3. 电磁式操作机构，主合闸熔断器的熔丝规格应为合闸线圈额定电流值的（ A ）倍。

    A. 1/4～1/3   B. 1/2   C. 1/5   D. 1.5

4. 电缆线路相当于一个电容器，停电后的线路上还存在有剩余电荷，对地仍有（ A ），因此必须经过充分放电后，才可以用手接触。

    A. 电位差   B. 等电位   C. 很小电位   D. 电流

5. 隔离开关因没有专门的（ B ）装置，故不能用来接通负荷电流和切断短路电流。

    A. 快速机构   B. 灭弧   C. 封闭   D. 绝缘

6. 对 SF_6 断路器、组合电器进行充气时，其容器及管道必须干燥，工作人员必须（ C ）。

    A. 戴手套和口罩   B. 戴手套

    C. 戴防毒面具和手套   D. 什么都不用

7. 真空断路器的触点常常采用（ C ）触头。

    A. 桥式   B. 指形   C. 对接式   D. 插入

8. 操作断路器时，控制母线电压的变动范围不允许超过其额定电压的 5％，独立主合闸母线电压应保持额定电压的（ A ）。

    A. 105％～110％   B. 110％以上

    C. 100％   D. 120％以内

9. 绝缘油做气体分析试验的目的是检查其是否出现（ A ）现象。

    A. 过热、放电   B. 酸价增高   C. 绝缘受潮   D. 机械损坏

10. 熔断器熔体应具有（ D ）。

    A. 熔点低，导电性能不良   B. 导电性能好，熔点高

    C. 易氧化，熔点低   D. 熔点低，导电性能好，不易氧化

11. 避雷器的作用在于它能防止（ B ）对设备的侵害。

    A. 直击雷   B. 进行波   C. 感应雷   D. 三次谐波

12. 变压器经真空注油后，其补油应（ B ）。

    A. 从变压器下部阀门注入

    B. 经储油柜注入

    C. 通过真空滤油机从变压器下部注入

    D. 随时注入

13. 在变压器中性点装入消弧线圈的目的是（ D ）。

    A. 提高电网电压水平　　　　　　　　B. 限制变压器故障电流

    C. 提高变压器绝缘水平　　　　　　　D. 补偿接地及故障时的电容电流

14. 当温度升高时，变压器的直流电阻（ A ）。

    A. 随着增大　　　B. 随着减少　　　C. 不变　　　　　D. 不一定

15. 由于被保护设备上感受到的雷电入侵电压要比母线避雷器的残压高，因此要校检避雷器至主变压器等设备的（ B ）距离是否符合规程要求。

    A. 几何平均　　　B. 最大电气　　　C. 直线　　　　D. 算术平均距离

16. 一台 SF_6 断路器需解体大修时，回收完 SF_6 气器体后应（ B ）。

    A. 可进行分解工作

    B. 用高纯度 N_2 气体冲洗内部两遍并抽真空后方可分解

    C. 抽真空后分解

    D. 用 N_2 气体冲洗不抽真空

17. 工频耐压试验能考核变压器（ D ）缺陷。

    A. 绕组匝间绝缘损伤

    B. 外绕组相间绝缘距离过小

    C. 高压绕组与高压分接引线之间绝缘薄弱

    D. 高压绕组与低压绕组引线之间的绝缘薄弱

18. 断路器的同期不合格，非全相分、合闸操作可能使中性点不接地的变压器中性点上产生（ A ）。

    A. 过电压　　　　B. 电流　　　　　C. 电压降低　　　D. 零电位

19. 在配制氢氧化钾或氢氧化钠电解液时，为了避免溶液溅到身上，烧伤皮肤或损坏衣服，应备有（ B ）。

    A. 5％苏打水　　　　　　　　　　　B. 3％硼酸水溶液供洗涤之用

    C. 自来水　　　　　　　　　　　　D. 碱水

20. 高压断路器的额定开断电流是指在规定条件下开断（ C ）。

    A. 最大短路电流最大值　　　　　　B. 最大冲击短路电流

    C. 最大短路电流有效值　　　　　　D. 最大负荷电流的 2 倍

21. 变压器并列运行的基本条件是（ D ）。

    A. 连接组标号相同　　　　　　　　B. 电压变比相等

    C. 短路阻抗相等　　　　　　　　　D. 以上所列均正确

22. 电流互感器一次安匝数（ D ）二次安匝数。

    A. 大于　　　　　B. 等于　　　　　C. 小于　　　　　D. 约等于

23. 下面哪个不属于变电站计算机监控系统站控层？（ B ）

    A. 主计算机　　　　B. 测控装置　　　　C. 终端服务器　　　　D. 数据通信网关

24. 变电站计算机监控系统的结构模式主要有集中式，（ C ）两种类型。

    A. 主控式　　　　B. 被拉式　　　　C. 分层分布式　　　　D. 集控式

25. 变电站计算机监控系统以一个变电站的（ D ）作为其监控对象。

    A. 电流、电压、有功量、无功量　　　　B. 主变压器

    C. 控制室内运行设备　　　　D. 全部运行设备

26. 将配电线路的保护测控装置分散安装在开关柜内，而高压线路和主变压器的保护及测控装置等采用集中组屏安装在控制室内的系统结构，称为（ C ）的结构。

    A. 集中组屏　　　　　　　　　　B. 分层组屏

    C. 分散与集中相结合　　　　　　D. 全分散

27. 变电站计算机监控系统中，（ D ）指按设定步骤顺序进行操作，即将旁路代、倒母线等成组的操作在操作员工作站（或调度通信中心）上预先选择、组合，经校验正确后，按要求发令自动执行。

    A. 自动控制　　　　B. 手动控制　　　　C. 调节控制　　　　D. 顺序控制

28. 变电站计算机监控系统具有手动控制和自动控制两种控制方式，手动控制包括调度通信中心控制、站内主控室控制、就地手动控制，控制级别由高到低顺序为（ C ），三种控制级别间应相互闭锁，同一时刻只允许一级控制。

    A. 远程调度中心、站内主控室、就地

    B. 就地、远程调度中心、站内主控室

    C. 就地、站内主控室、远程调度中心

    D. 站内主控室、就地、远程调度中心

29. 交流采样与直流采样的主要区别是（ C ）。

    A. 不用互感器　　　B. 不用变压器　　　C. 不用变送器　　　D. 都不用

30. 根据采样原理，采样频率必须大于等于（ B ）倍的被采样信号中所含的最高频率。

    A. 1　　　　　　　B. 2　　　　　　　C. 3　　　　　　　D. 4

31. 实现 A/D 转换的方式有计数器式、积分式、逐步逼近式和并行比较式、电压-频率式这几种，其中（ C ）常用于计算机监控系统测控装置。

    A. 计数器式　　　　B. 积分式　　　　C. 逐步逼近式　　　　D. 并行比较式

32. A/D 转换芯片质量的优劣，影响（ C ）数据的准确性或精度。

    A. 遥控　　　　　　B. 遥信　　　　　　C. 遥测　　　　　　D. 遥调

33. 双位置遥信采用双触点输入方式，通过逻辑判断分辨开关的状态，比如某断路器双位置遥信值"11"表示（ D ）信号。

    A. 合位　　　　　　B. 分位　　　　　　C. 合令　　　　　　D. 无效

34. 变电站监控系统应采用下面（ C ）定义，这样能较真实完整地发出事故报警信号。

    A. 事故 $= \sum$（开关分闸位置）and（与此开关相关的保护跳闸信号）

    B. 事故 $= \sum$（开关合闸位置）and（此开关对应重合闸动作信号）

C. 事故＝$\left[\sum（开关分闸位置）and（与此开关相关的保护跳闸信号）\right]or\left[\sum（开关合闸位置）and（此开关对应重合闸动作信号）\right]$

D. 事故＝$\left[\sum（开关分闸位置）or（与此开关相关的保护跳闸信号）\right]and\left[\sum（开关合闸位置）or（此开关对应重合闸动作信号）\right]$

35. 变电站监控系统使整个系统性能指标的最优化具体表现在简化变电站二次设备的硬件配置，简化变电站各二次设备之间的互联线，（ B ）相对独立，网络及监测系统的故障不应影响保护功能的正常工作，减少安装施工和维护的工作量，提高运行的可靠性和经济性等方面。

    A. 通信连接   B. 保护模块   C. 开关操作   D. 测量模块

36. 110kV 变电站无功电压监控系统的控制目标是什么？（ C ）

    A. 控制开关分合

    B. 控制主变分头升降

    C. 控制变电站主变供电侧母线电压在合格范围

    D. 控制电容器组投切

37. 倒闸操作可以通过什么方式完成？（ B ）

    A. 就地操作和遥控操作   B. 就地操作，遥控操作和程序操作

    C. 就地操作和程序操作   D. 遥控操作和程序操作

38. 断路器遥控分合操作时，按先后顺序分为（ A ）几个步骤完成。

    A. 遥控选择、返校和执行   B. 遥控返校、选择和执行

    C. 遥控执行、返校和选择   D. 遥控选择和执行

39. SOE 事件顺序记录的时间以（ B ）的 GPS 标准时间为基准。

    A. 主站端   B. 厂站端   C. 集控站   D. 以上均可以

40. 遥信输入回路最常用的隔离有（ C ）。

    A. 变送器隔离   B. 继电器隔离

    C. 光电耦合隔离   D. 变送器隔离结合光电耦合隔离

41. 某变电站 RTU 主通道中断，该变电站有主备两个通道，主站值班人员应首先（ C ）。

    A. 通知通信人员检查

    B. 通知远动检修人员检查 RTU

    C. 切换到备用通道检查，进行分析后，通知有关专业人员

    D. 通知调度人员

42. 变电站计算机监控系统的同期功能只能由（ C ）来实现。

    A. 远方调度   B. 站控层   C. 间隔层   D. 过程层

43. 变电站自动化系统主要由电子设备构成，但同时又引入各类交直流信号源，因此它具有以下几种接地方式：信号接地，功率接地，（ A ），防静电接地。

    A. 保护接地   B. 中性点接地   C. 消弧接地   D. 工作接地

44. 根据 IEC TC57 提出的变电站控制系统的基本结构。一个现代的分层分布式变电站控制系统是一个 3 层结构，即站控层（2 层）、间隔层（1 层）和过程层（0 层）。每一层由不同的

设备或不同的子系统组成，完成不同的功能。变电站计算机监控系统主要位于（ B ）层。

    A. 0 和 1   B. 1 和 2   C. 0 和 2   D. 都不是

45. SCADA 的含义是什么？（ A ）

    A. 监视控制，数据采集   B. 能量管理

    C. 调度员模仿真   D. 安全管理

46. 调度中心发出调整变压器分接头位置操作命令属于（ D ）。

    A. 遥测信息   B. 遥信信息   C. 遥控信息   D. 遥调信息

二、判断题

1. 母线的相序排列一般规定为：上下布置的母线应该由下向上，水平布置的母线应由外向里。（ × ）

2. 为了限制电力系统的高次谐波对电力电容器的影响，常在电力电容器前串联一定比例的电抗器。（ √ ）

3. SF_6 气体湿度是 SF_6 设备的主要测试项目。（ √ ）

4. 在电气设备绝缘子上喷涂 RTV 防污涂料，能有效地防止污闪事故的发生。（ √ ）

5. 软母线与电气设备端子连接时，不应使电气设备的端子受到超过允许的外加机械应力。（ √ ）

6. 串级式电压互感器与电容式电压互感器的电气原理是一样的，都是把高电压转换为低电压。（ × ）

7. 断路器的控制回路主要由三部分组成：控制开关、操动机构、控制电缆。（ √ ）

8. 单相变压器连接成三相变压器组时，其接线组应取决于一、二次侧绕组的绕向和首尾的标记。（ √ ）

9. 在不影响设备正常运行的条件下，对设备状态连续或定时自动地进行监测，称为在线监测。（ √ ）

10. 断路器操动机构的储压器是液压机构的能源，属于充气活塞式结构。（ √ ）

11. 呼吸器油盅里装油是为了防止空气直接进入设备内部。（ √ ）

12. 检修断路器的停电操作，可以不取下断路器的主合闸熔断管和控制熔断管。（ × ）

13. 压力式滤油机是利用滤油纸的毛细管吸收和黏附油中的水分和杂质，从而使油得到干燥和净化。（ √ ）

14. 断路器导电杆的铜钨合金触头烧伤面积达 1/3 以上，静触头接触面有 1/2 以上烧损或烧伤深度达 2mm 时，应更换。（ √ ）

15. 接地装置的接地电阻值越小越好。（ √ ）

16. 液压机构中的预充压力决定了机构的实际工作能力。（ √ ）

17. 单元式无功补偿电容器的熔断器装置，安装时必须保证正确的角度和紧度，且户内、户外可以通用。（ × ）

18. 采用超声波探伤是发现隔离开关支柱绝缘子裂纹的一种有效手段。（ √ ）

19. 并接在电路中的熔断器，可以防止过载电流和短路电流的危害。（ × ）

20. SF_6 气体的缺点是电气性能受电场均匀程度及水分、杂质影响特别大。（ √ ）

21. 母线用的金属元件要求尺寸符合标准，不能有伤痕、砂眼和裂纹等缺陷。 （ √ ）

22. 金属氧化物避雷器具有保护特性优良，通流容量大，使用寿命长，可靠性高，结构简单的优点。 （ √ ）

23. 为了防止雷电反击事故，除独立设置的避雷针外，应将变电站内全部室内外的接地装置连成一个整体，做成环状接地网，不出现开口，使接地装置充分发挥作用。 （ √ ）

24. 开关柜带电消缺维护时，如果机械五防装置影响工作，可以临时采取办法解决其闭锁。 （ × ）

25. 断路器的液压操动机构液压管路检修前，必须先对液压回路释压至零压力，才可开始其他作业。 （ √ ）

26. 用红外设备检查电力设备过热，是一种科学有效的手段，能准确发现外部电接触过热缺陷，但不能发现设备内部过热缺陷。 （ × ）

27. 充氮运输的变压器，将氮气排尽后，才能进入检查以防窒息。 （ √ ）

28. 一双绕组变压器工作时，电压较高的绕组通过的电流较小，而电压较低的绕组通过的电流较大。 （ √ ）

29. SF_6 气体具有优良的灭弧性能和导电性能。 （ × ）

30. 断路器的触头组装不良会引起运动速度失常和损坏部件，对接触电阻无影响。 （ × ）

31. 接触器是用来实现低压电路的接通和断开的，并能迅速切除短路电流。 （ × ）

32. 干粉灭火器综合了四氯化碳、二氧化碳和泡沫灭火器的长处，适用于扑救电气火灾，灭火速度快。 （ √ ）

33. 空气断路器是以压缩空气作为灭弧、绝缘和传动介质的断路器。 （ √ ）

34. 运行变压器轻瓦斯保护动作，收集到黄色不易燃的气体，可判断此变压器有木质故障。 （ √ ）

35. 低温对断路器的操动机构有一定影响，会使断路器的机械特性发生变化，还会使瓷套和金属法兰的粘接部分产生应力。 （ √ ）

36. 母线常见故障有：接头接触不良，母线对地绝缘电阻降低和大的故障电流通过时母线会弯曲折断或烧伤等。 （ √ ）

37. 对 SF_6 断路器补气，可用 SF_6 气瓶及管道对断路器直接补入气体。 （ × ）

38. 只重视断路器的灭弧及绝缘等电气性能是不够的，在运行中断路器的机械性能也很重要。 （ √ ）

39. 变压器吊芯检查时，测量湿度的目的是为了控制芯部暴露在空气中的时间及判断能否进行吊芯检查。 （ √ ）

40. 变压器负载运行时，铁芯中的主磁通大小取决于外加电压的大小。 （ √ ）

41. 与其他电机一样，同步电机也是可逆的，既可作发电机运行，也可作电动机运行。 （ √ ）

42. 电流铁芯磁化曲线表示的是电流越大磁通越大，成正比。 （ × ）

43. 变压器 Yd11 接线，表示一次侧线电压超前二次侧线电压 30°。 （ × ）

44. 异步电机是一种交流电机，其负载时的转速与所接电网的频率之比不是恒定关系。 （ √ ）

45. 采样保持电路可使模拟信号在 A/D 转换期间输入 A/D 芯片电压不变。 （ √ ）

46. 监控系统是以一个变电所的一次设备作为其监控对象的。 （ × ）

47. 半双工通信与全双工通信方式下，系统中的每个通信设备都由一个发送器和一个接收器组成，数据可以同时在两个方向上传送。 （ × ）

48. 为考虑精度，A/D 结果不能表征被测量实际值，为此对不同遥测量乘一个各自适当的系数，这个乘系数的过程是标度变换。 （ √ ）

49. 根据 IEC TC57 提出的变电站控制系统的基本结构、一个现代的分层分布式变电站控制系统是一个 3 层结构，即站控层（2 层）、间隔层（1 层）和过程层（0 层）。变电站计算机监控系统主要位于 0 层和 1 层。 （ × ）

50. 线路保护设备或间隔单元控制设备属于站控层（2 层）。 （ × ）

51. 一个远动通信设备只能与一个相关调度通信中心进行数据通信。 （ × ）

52. 远动通信设备应直接从间隔层测控装置获取调度所需的数据，实现远动信息的直采直送。 （ √ ）

53. 主变压器分接头位置信号属于遥测信号。 （ × ）

54. 当测控装置设置成就地工作方式时远方的控制应被闭锁，当测控装置设置成远方工作方式时就地的控制应被闭锁。 （ √ ）

55. 目前，在变电站中采用的分层分布式计算机监控系统，有集中组屏结构、分散与集中相结合（局部分散）结构及全分散结构三种布置类型。 （ √ ）

56. 当断路器上的"就地/远方"转换开关处于"就地"状态时，监控系统就无法完成该断路器的遥控操作。 （ √ ）

57. 适当调节消弧线圈的电感值，可使接地处的电流变得很小或等于零，在实践中一般采取欠补偿的方式。 （ × ）

58. 测控单元同期功能，同期电压输入分别来自断路器两侧 TV 的电压，当两侧有压，满足同期条件时，允许合闸。 （ √ ）

59. 调度中心发往变电站远动终端的遥控命令有三种，即遥控选择命令、遥控执行命令和遥控返校命令。 （ × ）

60. 遥控选择命令包括两个部分、一个是选项择对象，用对象码指定对哪一个对象进行操作；另一个是遥控操作的性质，用操作性质码指示是否合闸还是分闸。 （ √ ）

61. 通过在遥测输入端加一标准电压的方式，检查遥测回路是否有问题。 （ √ ）

62. 在遥控回路编号中，1、3 表示对断路器跳闸操作。 （ × ）

63. 调度中心发往变电站远动终端的命令有三种，即遥控选择命令、遥控执行命令和遥控撤销命令。 （ × ）

64. 同期合闸的充分条件是满足电压差、频率差在一定范围内。 （ × ）

65. 交流采样是相对直流采样而言，即指对交流电流和交流电压采集时，输入至 A/D 转换器的是与电力系统的一次电流和一次电压同频率、大小成比例的交流电流信号。 （ × ）

66. 为了防止干扰进入远动装置，遥信采集回路一般采取光电耦合隔离措施。 （ √ ）

67. 除检同期合闸和准同期合闸功能外，监控系统测控装置还设置了无压合闸和强制合闸功能。 （ √ ）

68. 遥信的信号主要有断路器、隔离开关的位置信号，继电保护信号等。遥测数据主要有电流、电压、有功功率、无功功率、频率、温度等。　　　　　　　　　　（√）

69. 如果遥控返校正确，调度端发出遥控执行命令后还可以再撤销这个命令。　（×）

70. 串行通信是应用得最为广泛的一种通信方式，它将数据一位一位顺序地传送，即每个时钟脉冲只发送一个比特。　　　　　　　　　　　　　　　　　　　　（√）

71. 预告信号是在变电站的电气一次设备或电力系统发生事故时发出的音响信号和灯光信号。　　　　　　　　　　　　　　　　　　　　　　　　　　　　　　（×）

72. 电力系统中实时采集的开关量信息主要包括状态信号、刀闸信号、保护信号及事故总信号。　　　　　　　　　　　　　　　　　　　　　　　　　　　　　　（√）

73. 变电站所有的断路器、刀闸、变压器、交直流站用电、站内辅助设备、继电保护系统和各相关装置状态信号都归入计算机监控系统的监视和控制范围。　　　　（√）

74. 变电站计算机监控系统允许与变电站常规的监控手段，如模拟屏、控制台、光字牌系统、远动系统、事件顺序记录仪等并存。　　　　　　　　　　　　　　　（×）

75. 监控系统运行正常的情况下，无论设备处在站控层还是间隔层操作控制，设备的运行状态和选择切换开关的状态都应处于计算机监控系统的监视中。　　　　（√）

76. 远动功能应独立于站控层的其他设备；即站控层的其他设备退出运行不影响远动功能的正常运行。　　　　　　　　　　　　　　　　　　　　　　　　　　（√）

77. 远动设备故障不能影响站控层对变电站的正常监控。　　　　　　　　　（√）

78. 对不满足联闭锁条件的操作，监控系统应闭锁操作，给出报警提示。　（√）

三、简答题

1. 断路器的辅助接点有哪些用途？

答：断路器靠本身所带常开、常闭接点的变换开合位置，来接通断路器机构合、跳闸控制回路和音响信号回路，达到断路器断开或闭合电路的目的，并能正确发出音响信号，启动自动装置和保护闭锁回路等。当断路器的辅助接点用在合、跳闸回路时，均应带延时。

2. 有载调压操动机构必须具备哪些基本功能？

答：（1）能有 $1 \rightarrow n$ 和 $n \rightarrow 1$ 的往复操作功能。

（2）有终点限位功能。

（3）有一次调整一个挡位功能。

（4）有手动和电动两种操作功能。

（5）有位置信号指示功能。

3. 引起隔离开关触头发热的原因是什么？

答：（1）隔离开关过载或者接触面不严密使电流通路的截面减小，接触电阻增加。

（2）运行中接触面产生氧化，使接触电阻增加。因此，当电流通过时触头温度就会超过允许值，甚至有烧红熔化以至熔接的可能。在正常情况下触头的最高允许温度为 75℃，因此应调整接触电阻使其值不大于规定值。

4. 对操动机构的自由脱扣功能有何技术要求？

答：要求是：当断路器在合闸过程中，机构又接到分闸命令时，不管合闸过程是否终了，应立即分闸，保证及时切断故障。

5. 绝缘子发生闪络放电现象的原因是什么？如何处理？

答：原因是：

（1）绝缘子表面和瓷裙内落有污秽，受潮以后耐压强度降低，绝缘子表面形成放电回路，使泄漏电流增大，当达到一定值时，造成表面击穿放电。

（2）绝缘子表面落有污秽虽然很小，但由于电力系统中发生某种过电压，在过电压的作用下使绝缘子表面闪络放电。

处理方法是：绝缘子发生闪络放电后，绝缘子表面绝缘性能下降很大，应立即更换，并对未闪络放电绝缘子进行防污处理。

6. 硬母线常见故障有哪些？

答：（1）接头因接触不良，电阻增大，造成发热严重使接头烧红。

（2）支持绝缘子绝缘不良，使母线对地的绝缘电阻降低。

（3）当大的故障电流通过母线时，在电动力和弧光作用下，使母线发生弯曲、折断或烧伤。

7. 引起隔离开关触指发生弯曲的原因是什么？

答：引起隔离开关触指发生弯曲的原因是由于触指间的电动力方向交替变化或调整部位发生松动，触指偏离原来位置而强行合闸使触指变形。处理时，检查接触面中心线应在同一直线上，调整刀片或瓷柱位置，并紧固松动的部件。

8. 给运行中的变压器补充油时应注意什么？

答：（1）注入的油应是合格油，防止混油。

（2）补充油之前把重瓦斯保护改至信号位置，防止误动跳闸。

（3）补充油之后检查气体继电器，并及时放气，然后恢复。

9. 现场工作人员应经过紧急救护法培训，要学会什么？

答：应该学会：（1）现场工作人员都应定期进行培训学会紧急救护法。

（2）会正确解脱电源。

（3）会心肺复苏法。

（4）会止血、会包扎、会转移搬运伤员。

（5）会处理急外伤或中毒等。

10. 在什么情况下用心肺复苏法及三项基本措施是什么？

答：具体要求是：（1）触电伤员呼吸和心跳均停止时，应立即按心肺复苏法支持生命的三项基本措施，正确时行就地抢救。

（2）心肺复苏法的三项基本措施是：通畅气道；口对口人工呼吸；胸外按压。

11. 简述变电站计算机监控系统的系统功能有哪些。

答：变电站计算机监控系统的系统功能主要有：数据采集与处理，控制操作，报警及处理，事件顺序记录及事故追忆，远动功能，时钟同步，人机联系与运行管理、与其他设备接口。

12. 简述计算机监控系统联闭锁的特点及应注意的方面。

答：计算机监控系统联闭锁除判别本电气回路的联闭锁条件外，还必须对其他相关回路的刀闸位置、线路电压以及逻辑量等进行判别。逻辑联闭锁包括站控层的逻辑联闭锁和间隔层的逻辑联闭锁。应注意以下几个方面：

（1）联闭锁功能应能在间隔层设备选择投入或退出。

（2）对不满足联闭锁条件的操作，监控系统应闭锁操作，并给出报警提示。

（3）应考虑虚拟检修挂牌操作时的联闭锁，并把虚拟检修挂牌作为相关刀闸操作的联闭锁条件。

13. 如何提高跳闸出口中间继电器抗干扰的能力？

答：（1）提高继电器的动作电压，超过 $50\%U_N$。

（2）继电器并联电阻，提高动作功率。

（3）继电器动作加适当的延时。

14. 简述断路器遥控的操作过程。

答：调度端先向执行端发出遥控对象和遥控性质的命令、执行端收到以后，经 CPU 处理以后向调度端发出校核信号。调度端收到执行端发来的校核信号后，与下发的命令进行比较，在校核无误的条件下，再发出执行命令，执行端收到命令后，完成遥控操作，经过一定的延时之后，自动发出清除命令，为接收下一个遥控命令做好准备。

15. 简述目前综自站中几种通信方式？并写出 IEC 60870-5-101、103、104 规约的适用的范畴。

答：综自站中系统数据通信，包括两方面内容：一是综自系统内部各子系统或各种功能模块间的信息交换，通过通信接口的串并行通信方式、计算机局域网方式和现场总线方式；另一是变电站与控制中心的通信，有载波通信方式、网络通信线路方式、音频电缆方式等。IEC 60870-5-101 是符合调度端要求的基本远动通信规约；IEC 60870-5-104 是用网络方式传输的远动规约，它们都属于与控制中心的通信。IEC 60870-5-103 是为继电保护和间隔层（IED）设备与站控层设备间的数据通信传输的规约，属于站内通信。

四、分析题

1. 简述高压断路器检修前的准备工作。

答：（1）根据运行、试验发现的缺陷及上次检修后的情况，确定重点检修项目，编制检修计划。

（2）讨论检修项目、进度、需消除缺陷的内容以及有关安全注意事项。

（3）制订技术措施，准备有关检修资料及记录表格和检修报告等。

（4）准备检修时必需的工具、材料、测试仪器和备品备件及施工电源。

（5）按部颁《电业安全工作规程》规定，办理工作票许可手续，做好现场检修安全措施，完成检修开工手续。

2. 引起隔离开关接触部分发热的原因有哪些？如何处理？

答：引起隔离开关接触部分发热的原因有：

（1）压紧弹簧或螺丝松劲。

（2）接触面氧化，使接触电阻增大。

（3）刀片与静触头接触面积太小，或过负荷运行。

（4）在拉合过程中，电弧烧伤触头或用力不当，使接触位置不正，引起压力降低。

处理方法有：

（1）检查、调整弹簧压力或更换弹簧。

（2）用 00 号砂纸清除触头表面氧化层，打磨接触面，增大接触面，并涂上中性凡士林。

（3）降负荷使用，或更换容量较大的隔离开关。

（4）操作时，用力适当，操作后应仔细检查触头接触情况。

3. 真空断路器常见故障有哪些？如何处理？

答：常见故障有如下几项：

（1）分闸不可靠。此时应调整扣板和半轴的扣接深度。

（2）无法合闸且出现跳跃。可能是支架存在卡滞现象或滚轮和支架之间的间隙不符合 (2 ± 0.5)mm 的要求；这时应卸下底座，取出铁芯，调整铁芯拉杆长度；另外，也可能是辅助开关动作时间调整不当，应调整辅助开关拉杆长度，使其在断路器动静触头闭合后再断开。

（3）真空灭弧室漏气。使用中应定期检查真空灭弧室的真空度。

4. SF_6 断路器本体严重漏气处理前应做哪些工作？

答：具体工作如下：

（1）应立即断开该开关的操作电源，在手动操作把手上挂禁止操作的标示牌。

（2）汇报调度，根据命令，采取措施将故障开关隔离。

（3）在接近设备时要谨慎，尽量选择从"上风"接近设备，必要时要戴防毒面具、穿防护服。

（4）室内 SF_6 气体开关泄漏时，除应采取紧急措施处理，还应开启风机通风 15min 后方可进入室内。

5. 断路器在没有开断故障电流的情况下，为什么要定期进行小修和大修？

答：断路器要定期进行小修和大修，因为存在以下情况：

（1）断路器在正常的运行中，存在着断路器机构轴销的磨损。

（2）润滑条件变坏。

（3）密封部位及承压部件的劣化。

（4）导电部件损耗。

（5）灭弧室的脏污。

（6）瓷绝缘的污秽等情况。

所以要进行定期检修，以保证断路器的主要电气性能及机械性能符合规定值的要求。

6. 电气设备中常用的绝缘油有哪些特点？

答：（1）绝缘油具有较空气大得多的绝缘强度。

（2）绝缘油还有良好的冷却特性。

（3）绝缘油是良好的灭弧介质。

（4）绝缘油对绝缘材料起保养、防腐作用。

7. 安装手车式高压断路器柜时应注意哪些问题？

答：（1）地面高低合适，便于手车顺利地由地面过渡到柜体。

（2）每个手车的动触头应调整一致，动静触头应在同一中心线上二，触头插入后接触紧密，插入深度符合要求。

（3）二次线连接正确可靠，接触良好。

（4）电气或机械闭锁装置应调整到正确可靠。

（5）门上的继电器应有防振圈。

（6）柜内的控制电缆应固定牢固，并不妨碍手车的进出。

（7）手车接地触头应接触良好，电压互感器、手车底部接地点必须接地可靠。

8. 影响载流体接头接触电阻的主要因素是什么？

答： 影响接触电阻的主要因素有以下几个方面：

（1）施工时接头的结构是否合理。

（2）使用材料的导电性能是否良好；接触性能是否良好（严格按工艺制作）。

（3）所用材料与接触压力是否合适，接触面的氧化程度如何等，都是影响接触电阻的因素。为防止接头发热，在设计和施工中应尽量减少以上几方面的影响。

9. 变电站计算机监控系统中测控装置的断路器自动同期检测应具备哪些功能？

答：（1）能检测和比较断路器两侧 TV 二次电压的幅值、相角和频率，自动捕捉同期点，发出合闸命令。

（2）能对同期检测装置同期电压的幅值差、相角差和频差的设定值进行修改。

（3）同期检测装置应能对断路器合闸回路本身具有的时滞进行补偿。

（4）同期检测装置应具有解除/投入同期的功能。

（5）运行中的同期检测装置故障应闭锁该断路器的控制操作。

10. 简述模拟量输入通道的五个基本组成部分及各部分功能。

答：（1）电压形成回路：电量变换、将一次设备 TA、TV 的二次回路与微机 A/D 转换系统隔离，提高抗干扰能力。

（2）模拟低通滤波：阻止高频进入 A/D 转换系统，防止信号混跌。

（3）采样保持器：在 A/D 进行采样期间，在一个极短时间内测量模拟信号在该时刻的瞬时值，并在 A/D 转换器转换为数字量的过程内保持不变，以保证转换精度。

（4）多路转换开关：使多个模拟信号共用一个采样保持器和 A/D 转换器进行采样和转换。

（5）A/D 转换器：将模拟输入量转换成数字量。

11. 简述计算机监控系统与其他系统和设备的接口。

答：（1）与继电保护设备的接口。

继电保护的信息同时以两种方式接入计算机监控系统、硬接点输入方式、各种保护的跳闸信号、保护的重要告警信息及保护装置的主要故障信号以硬接点的方式输入相关电气单元测控装置。

通信接口输入方式、各微机保护通过 RS 232C 接口串行通信直接与计算机监控系统提供的公用信息工作站接入站控层网络。

（2）与其他子系统的接口。

计算机监控系统的公用信息工作站可经 RS 485 接口与直流系统、直流绝缘检测装置、直流电池巡检装置、电能量采集装置、微机消谐装置、小电流接地选线装置及消弧线圈自动调谐装置等通信。

电度表经电能量采集装置（ERTU）后接入计算机监控系统的公用信息工作站。

12. 简述监控系统提高抗干扰措施的几个方面。

答：（1）外部抗干扰措施。

1）电源抗干扰措施：在机箱电源线入口处安装滤波器或 UPS。

2）隔离措施、交流量均经小型中间电压、电流互感器隔离；模拟量、开关量的输入采用光电隔离。

3）机体屏蔽：各设备机壳用铁质材料，必要时采用双层屏蔽。

4）通道干扰处理：采用抗干扰能力强的传输通道及介质。

5）合理分配和布置插件。

（2）内部抗干扰措施。

1）对输入采样值抗干扰纠错。

2）对软件运算过程上量的核对。

3）软件程序出轨的自恢复功能。

13. 简述遥信采集中的开关信号误采集的主要原因及防误采集的主要措施。

答：原因如下：

（1）电磁干扰。

（2）装置本身的影响。

（3）继电器的接点抖动。

（4）装置工作电源不稳定。

（5）传输通道的影响。

（6）接地效果不好。

（7）装置软件有问题。

措施如下：

（1）硬件上采用平滑滤波措施或在软件上采用延时消抖措施。在软件上采取的措施既能有效地消除抖动，又可准确地记录下事件发生的确切时间。

（2）用光耦作为隔离手段。

（3）通过适当提高遥信电源、引入电缆屏蔽、调整信号防抖时间。

（4）对遥信对象的辅助接点进行清洁处理。

14. 请分析交流采样的特点，并比较监控系统中以保护和监控为目的的交流采样算法。

答：交流采样是直接对所测交流电流和电压的波型进行采样，然后通过一定算法计算出其有效值。

特点：（1）实时性好。它能避免直流采样中整流、滤波环节的时间常数大的影响。特别是在微机保护中必须采用。

（2）能反映原来电流、电压的实际波形，便于对所测量的结果进行波形分析。在需要谐波分析或故障录波场合，必须采用交流采样。

（3）有功、无功功率通过采样得到的 u、i 计算出来的，因此可以省去有无功变送器，节约投资投资并减少量测设备占地。

（4）对 A/D 转换器的转换速率和采样保持器要求较高。为了保证测量的精度，一个周期须有足够的采样点数。

（5）测量准确性不仅取决于模拟量输入通道的硬件，而且还取决于软件算法，因此采样和计算程序相对复杂。

比较：以监测为目的的交流采样是为了获得高精度的有效值和有功无功功率等，一般采用均方根算法；以保护为目的的交流采样是为了获得与基波有关的信息，对灵敏度要求高而精度要求不高，一般采用全波或半波傅氏算法。

15. 简述计算机监控系统优越性。

答：可体现在以下几个方面：

（1）提高供电质量，提高电压合格率。

（2）提高变电站的安全、可靠运行水平。由于采用综合自动化，使站内一、二次设备的可靠性大大提高。

（3）提高电力系统的运行、管理水平。由于采用综合自动化，使站内各运行管理智能化、微机化。

（4）缩小变电站占地面积，降低造价，减少总投资。

（5）减少维护工作量，减少值班员劳动，实现减人增效。

（6）提升新技术新工艺在变电站中的应用。

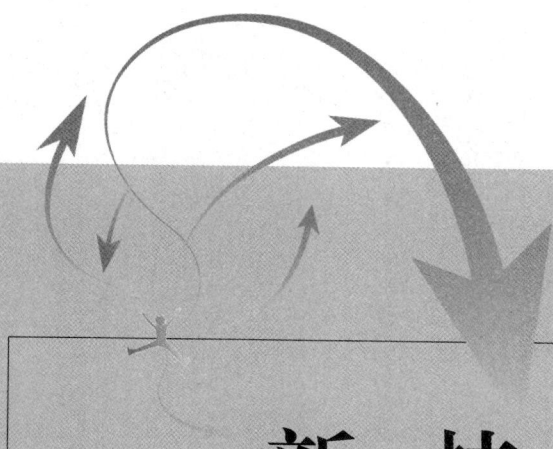

第二篇

新技术篇

第十一章
智 能 变 电 站

一、选择题

1. 我国智能变电站标准采用的电力行业标准是（ D ）。

　　A. IEC 60870　　　　B. IEC 61850　　　　C. IEC 61970　　　　D. DL／T 860

2. 智能变电站自动化系统可以划分为（ A ）三层。

　　A. 站控层、间隔层、过程层　　　　　　B. 控制层、隔离层、保护层

　　C. 控制层、间隔层、过程层　　　　　　D. 站控层、隔离层、保护层

3. 智能变电站必须有以下哪种网络？（ A ）

　　A. 站控层网络　　　B. 过程层网络　　　C. 间隔层网络　　　D. 以上均不是

4. 智能变电站中的 IED 是指（ D ）。

　　A. 计算机监控系统　　　　　　　　　　B. 保护装置

　　C. 测控单元　　　　　　　　　　　　　D. 智能电子设备

5. 站控层设备包含有（ D ）。

　　A. 自动化站级监视控制系统　　　　　　B. 站域控制、通信系统

　　C. 对时系统　　　　　　　　　　　　　D. 以上都是

6. 不属于间隔层设备的是（ B ）。

　　A. 继电保护装置　　　B. 通信系统　　　C. 测控装置　　　D. 自动装置

7. 保护装置在智能变电站中属于（ B ）。

　　A. 变电站层　　　　　B. 间隔层　　　　C. 链路层　　　　D. 过程层

8. 安全自动装置在智能变电站中属于（ B ）。

　　A. 变电站层　　　　　B. 间隔层　　　　C. 链路层　　　　D. 过程层

9. 光电式电子互感器在智能变电站中属于（ D ）。

　　A. 变电站层　　　　　B. 间隔层　　　　C. 链路层　　　　D. 过程层

10. 智能终端在智能变电站中属于（ D ）。

　　A. 变电站层　　　　　B. 间隔层　　　　C. 链路层　　　　D. 过程层

11. 合并单元在智能变电站中属于（ D ）。

　　A. 变电站层　　　　　B. 间隔层　　　　C. 链路层　　　　D. 过程层

12. 保护信息子站在智能变电站中属于（ A ）。

　　A. 变电站层　　　　　B. 间隔层　　　　C. 链路层　　　　D. 过程层

13. 故障录波子站在智能变电站中属于（ A ）。

    A. 变电站层   B. 间隔层   C. 链路层   D. 过程层

14. 过程层典型设备不包括（ B ）。

    A. 电子式互感器   B. 测控装置   C. 智能传感器   D. 智能执行器

15. 合并单元是（ C ）设备。

    A. 站控层   B. 间隔层   C. 过程层   D. 以上都不对

16. 智能变电站的站控层典型设备包括（ C ）。

    A. 智能传感器   B. 智能执行器   C. 远动装置   D. 电子式互感器

17. 有源电子式电流互感器采用的是什么技术？（ A ）

    A. 空心线圈、低功率线圈（LPCT）、分流器

    B. 电容分压、电感分压、电阻分压

    C. Faraday 磁光效应

    D. Pockels 电光效应

18. 有源电子式电压互感器采用的是什么技术？（ B ）

    A. 空心线圈、低功率线圈（LPCT）、分流器

    B. 电容分压、电感分压、电阻分压

    C. Faraday 磁光效应

    D. Pockels 电光效应

19. 无源电子式电流互感器采用的是什么技术？（ C ）

    A. 空心线圈、低功率线圈（LPCT）、分流器

    B. 电容分压、电感分压、电阻分压

    C. Faraday 磁光效应

    D. Pockels 电光效应

20. 无源电子式电压互感器采用的是什么技术？（ D ）

    A. 空心线圈、低功率线圈（LPCT）、分流器

    B. 电容分压、电感分压、电阻分压

    C. Faraday 磁光效应

    D. Pockels 电光效应

21. GOOSE 是一种面向（ A ）对象的变电站事件。

    A. 通用   B. 特定   C. 智能   D. 单一

22. 电子式互感器是由（ C ）构成。

    A. 一次部分和二次部分   B. 二次部分和传输系统

    C. 一次部分、二次部分和传输系统   D. 铁芯、绕组、二次部分和传输系统

23. LD 指的是（ A ）。

    A. 逻辑设备   B. 逻辑节点   C. 数据对象   D. 数据属性

24. LN 指的是（ B ）。

    A. 逻辑设备   B. 逻辑节点   C. 数据对象   D. 数据属性

25. DO 指的是（ C ）。

    A. 逻辑设备　　　　B. 逻辑节点　　　　C. 数据对象　　　　D. 数据属性

26. DA 指的是（ D ）。

    A. 逻辑设备　　　　B. 逻辑节点　　　　C. 数据对象　　　　D. 数据属性

27. GOOSE 报文采用（ C ）方式传输。

    A. 单播　　　　　　B. 广播　　　　　　C. 组播　　　　　　D. 应答

28. GOOSE 报文的重发传输采用以下哪种方式？（ B ）

    A. 连续传输 GOOSE 报文，StNum＋1

    B. 连续传输 GOOSE 报文，StNum 保持不变，SqNum＋1

    C. 连续传输 GOOSE 报文，StNum＋1 和 SqNum＋1

    D. 连续传输 GOOSE 报文，StNum 和 SqNum 保持不变

29. IEC 61850 规定 GOOSE 初始化传输采用以下哪种方式？（ B ）

    A. 连续传输 GOOSE 报文，StNum＝1，SqNum＝0

    B. 连续传输 GOOSE 报文，StNum＝1，SqNum＝1

    C. 连续传输 GOOSE 报文，StNum＝0，SqNum＝0

    D. 连续传输 GOOSE 报文，StNum＝0，SqNum＝1

30. GOOSE 报文可用于传输（ D ）。

    A. 单位置信号　　　　　　　　B. 双位置信号

    C. 模拟量浮点信息　　　　　　D. 以上均可以

31. 智能变电站的站控层网络里用于四遥量传输的是什么类型的报文？（ A ）

    A. MMS　　　　B. GOOSE　　　　C. SV　　　　D. 以上都是

32. 智能变电站的过程层网络里传输的是什么类型的报文？（ C ）

    A. GOOSE　　　B. MMS＋SV　　　C. GOOSE＋SV　　　D. MMS＋GOOSE

33. 智能变电站中应用的数据服务可按 3 个层次建模，其中第 1 层采用（ B ）。

    A. 兼容逻辑节点和数据类　　　　B. 抽象通信服务接口

    C. 公用数据类　　　　　　　　　D. 以上都不正确

34. 智能变电站中应用的数据服务可按 3 个层次建模，其中第 2 层采用（ C ）。

    A. 兼容逻辑节点和数据类　　　　B. 抽象通信服务接口

    C. 公用数据类　　　　　　　　　D. 以上都不正确

35. 智能变电站中应用的数据服务可按 3 个层次建模，其中第 3 层采用（ A ）。

    A. 兼容逻辑节点和数据类　　　　B. 抽象通信服务接口

    C. 公用数据类　　　　　　　　　D. 以上都不正确

36. 智能变电站中保护跳闸信号通常采用（ A ）传输。

    A. GOOSE　　　B. MMS　　　　C. SV　　　　D. SNTP

37. 智能变电站中保护装置与监控系统的通信采用（ B ）传输。

    A. GOOSE　　　B. MMS　　　　C. SV　　　　D. SNTP

38. 智能变电站中测控装置之间的联动闭锁信息采用（ A ）报文。

    A. GOOSE　　　B. MMS　　　　C. SV　　　　D. SNTP

39. 智能变电站中保护装置的采样值输入接收的是（ C ）报文。

A. GOOSE　　　　B. MMS　　　　C. SV　　　　D. SNTP

40. 以下哪种报文在我国的数字化、智能化变电站中已不采用（ C ）。

A. GOOSE　　　　B. SV　　　　C. GSSE　　　　D. MMS

41. 以下哪种报文可以传输模拟量值？（ D ）

A. GOOSE　　　　B. SV　　　　C. MMS　　　　D. 以上都是

42. 智能变电站中变电站配置描述文件简称是（ C ）。

A. ICD　　　　B. CID　　　　C. SCD　　　　D. SSD

43. 智能变电站中 IED 能力描述文件简称是（ A ）。

A. ICD　　　　B. CID　　　　C. SCD　　　　D. SSD

44. 智能变电站中系统规范文件简称是（ D ）。

A. ICD　　　　B. CID　　　　C. SCD　　　　D. SSD

45. 智能变电站中 IED 实例配置文件简称是（ B ）。

A. ICD　　　　B. CID　　　　C. SCD　　　　D. SSD

46. 以下哪种文件应随保护出厂提供给用户？（ A ）

A. ICD　　　　B. CID　　　　C. SCD　　　　D. SSD

47. 以下哪种文件必须由 SCD 导出生成？（ B ）

A. ICD　　　　B. CID　　　　C. SSD　　　　D. CONFIG

48. GOCB 表示（ D ）。

A. 带缓存的报告控制块　　　　B. 不带缓存的报告控制块

C. GSSE 控制块　　　　D. GOOSE 控制块

49. BRCB 表示（ A ）。

A. 带缓存的报告控制块　　　　B. 不带缓存的报告控制块

C. GSSE 控制块　　　　D. GOOSE 控制块

50. 特定通信服务映射（SCSM）映射到 MMS 属于 IEC 61850 的（ D ）部分。

A. 第 9-1 部分　　B. 第 7-2 部分　　C. 第 7-4 部分　　D. 第 8-1 部分

51. 智能变电站的一致性测试的标准技术在 IEC61850 的（ D ）部分做了要求。

A. 第 5 部分　　B. 第 6 部分　　C. 第 4 部分　　D. 第 10 部分

52. 下列属于 DL/T 860 规定类型 1 的通信协议是（ A ）。

A. GOOSE　　　　B. MMS　　　　C. SV　　　　D. SNTP

53. 在 IEC 61850 标准中逻辑节点 XCBR 的含义是（ C ）。

A. 刀闸（隔离开关）　　　　B. 压板

C. 断路器　　　　D. 地刀（接地刀闸）

54. 在 IEC 61850 标准中逻辑节点 PDIS 的含义是（ B ）。

A. 过电流保护　　B. 距离保护　　C. 差动保护　　D. 零序电流保护

55. IEC 61850 标准在定义逻辑节点中，凡是以 P 开头的逻辑节点的含义是（ C ）。

A. 测量计量　　B. 保护相关　　C. 保护功能　　D. 通用功能

56. IEC 61850 标准在定义逻辑节点中，凡是以 R 开头的逻辑节点的含义是（ B ）。

A. 测量计量　　B. 保护相关　　C. 保护功能　　D. 通用功能

57. IEC 61850 标准在定义逻辑节点中，凡是以 G 开头的逻辑节点的含义是（ D ）。

　　A. 测量计量　　　B. 保护相关　　　C. 保护功能　　　D. 通用功能

58. IEC 61850 标准在定义逻辑节点中，凡是以 M 开头的逻辑节点的含义是（ A ）。

　　A. 测量计量　　　B. 保护相关　　　C. 保护功能　　　D. 通用功能

59. IEEE 802.1Q 允许带有优先级的实现，GOOSE 的优先级缺省值为（ C ）。

　　A. 1　　　　　　B. 3　　　　　　C. 4　　　　　　D. 6

60. IEEE 802.1Q 允许带有优先级的实现，SV 的优先级缺省值为（ C ）。

　　A. 1　　　　　　B. 3　　　　　　C. 4　　　　　　D. 6

61. GOOSE 通信的通信协议栈不包括的是（ D ）。

　　A. 应用层　　　B. 表示层　　　C. 数据链路层　　　D. 网络层

62. IEC 61850 标准中对 GOOSE 报文多播 MAC 地址的建议分配区段为（ A ）。

　　A. 01-0C-CD-01-00-00～01-0C-CD-01-01-FF

　　B. 01-0C-CD-02-00-00～01-0C-CD-02-01-FF

　　C. 01-0C-CD-03-00-00～01-0C-CD-03-01-FF

　　D. 01-0C-CD-04-00-00～01-0C-CD-04-01-FF

63. IEC 61850 标准中对 SV 报文多播 MAC 地址的建议分配区段为（ D ）。

　　A. 01-0C-CD-01-00-00～01-0C-CD-01-01-FF

　　B. 01-0C-CD-02-00-00～01-0C-CD-02-01-FF

　　C. 01-0C-CD-03-00-00～01-0C-CD-03-01-FF

　　D. 01-0C-CD-04-00-00～01-0C-CD-04-01-FF

64. GOOSE 报文属于 IEC 61850-5 中定义的类型（ C ）报文。

　　A. 1　　　　　　B. 1A　　　　　C. 以上都是　　　D. 以上都不是

65. SV 报文属于 IEC 61850-5 中定义的类型（ D ）报文。

　　A. 1　　　　　　B. 2　　　　　　C. 3　　　　　　D. 4

66. MMS 报文属于 IEC 61850-5 中定义的类型（ D ）报文。

　　A. 2　　　　　　B. 3　　　　　　C. 5　　　　　　D. 以上都是

67. 目前智能变电站过程层采样值采用的传输协议是（ D ）。

　　A. 60044-8　　　B. 61850-9-1　　　C. 61850-9-2　　　D. 以上均可采用

68. 刀闸（隔离开关）、地刀（接地开关）的控制类型通常选择为（ D ）。

　　A. 常规安全的直接控制　　　　　　B. 常规安全的操作前选择（SBO）控制

　　C. 增强安全的直接控制　　　　　　D. 增强安全的操作前选择（SBO）控制

69. 下列哪个内容没有包含在 DL/T 860 标准内容中？（ B ）

　　A. 一致性测试要求　　　　　　　　B. 通信冗余配置要求

　　C. 变电站配置描述语言　　　　　　D. 面向对象的建模要求

70. （ B ）及以上电压等级的继电保护及与之相关的设备、网络等应按照双重化原则进行配置。

　　A. 110kV　　　B. 220kV　　　C. 330kV　　　D. 500kV

71. 智能变电站的发展目标是（ D ）。

A. 实现电网运行数据的全面采集和实时共享，支撑电网实时控制、智能调节和各类高级应用

B. 实现变电设备信息和运行维护策略与电力调度全面互动

C. 实现全站信息数字化、通信平台网络化、信息共享标准化、高级应用互动化

D. 以上都是

72. 选项中属于智能变电站涉及的技术领域有（ D ）。

A. 变电站信息采集技术
B. 状态诊断技术
C. 协调控制技术
D. 以上都是

73. 站控层设备通常采用（ A ）对时方式。

A. SNTP
B. IRIG-B（DC）
C. IPPS
D. IEEE-1588

74. （ D ）是指发出整批指令，由系统根据设备状态信息变化情况判断每步操作是否到位，确认到位后自动执行下一指令，直至执行完所有指令。

A. 自动控制
B. 智能控制
C. 站域控制
D. 顺序控制

75. 当交换机用于传输 SV 或 GOOSE 等可靠性要求较高的信息时，应采用（ B ）接口。

A. 电
B. 光
C. 无线通信
D. 以上均可

76. 220kV 及以上电压等级的继电保护及与之相关的设备、网络等应按照双重化原则进行配置，双重化配置的继电保护的跳闸回路应与两个（ D ）分别一一对应。

A. 合并单元
B. 网络设备
C. 电子式互感器
D. 智能终端

77. 智能组件是由若干智能电子设备集合组成，安装于宿主设备旁，承担与宿主设备相关的（ D ）等基本功能。

A. 测量
B. 控制
C. 监测
D. 以上都是

78. 智能电网的先进性主要体现在以下哪些方面？（ D ）

A. 信息技术、传感器技术、自动控制技术与电网基础设施有机融合，可获取电网的全景信息，及时发现、预见可能发生的故障

B. 通信、信息和现代管理技术的综合运用，将大大提高电力设备使用效率，降低电能耗损，使电网运行更加经济和高效

C. 实现实时和非实时信息的高度集成、共享与利用，为运行管理展示全面、完整和精细的电网运营状态图，同时能够提供相应的辅助决策支持、控制实施方案和应对预案

D. 以上都是

79. 建设智能电网对我国电网发展有哪些重要意义？（ D ）

A. 智能电网具备强大的资源优化配置能力，具备更高的安全稳定运行水平，适应并促进清洁能源发展

B. 智能电网能实现高度智能化的电网调度，能满足电动汽车等新型电力用户的服务要求，能实现电网资产高效利用和全寿命周期管理和电力用户与电网之间的便捷互动

C. 智能电网能实现电网管理信息化和精益化，在发挥电网基础设施增值服务潜力

的同时促进电网相关产业的快速发展

　　D. 以上都是

80. 坚强智能电网是以（C）为骨干网架、（C）协调发展的坚强网架为基础，以（C）为支撑，具有信息化、自动化、互动化特征，包含电力系统的发电、输电、变电、配电、用电和调度各个环节，覆盖所有电压等级，实现"（C）"的高度一体化融合的现代电网。

　　A. 特高压电网；各级电网；通信平台；电力流、信息流、技术流

　　B. 超高压电网；各级电网；通信信息平台；电力流、信息流、业务流

　　C. 特高压电网；各级电网；通信信息平台；电力流、信息流、业务流

　　D. 超高压电网；各级电网；通信平台；电力流、信息流、技术流

81. 坚强智能电网的体系架构包括（D）、（D）、（D）和（D）四个部分。

　　A. 电网基础体系；技术支撑体系；发电侧业务体系；标准规范体系

　　B. 电网基础体系；技术支撑体系；智能应用体系；标准评估体系

　　C. 电网基础体系；复合通信支撑体系；智能应用体系；实验认证体系

　　D. 电网基础体系；技术支撑体系；智能应用体系；标准规范体系

82. 建设坚强智能电网的战略框架可以简要概括为（A）。

　　A. 一个目标、两条主线、三个阶段、四个体系、五个内涵和六个环节

　　B. 一条主线、两个目标、三个阶段、四个体系、五个环节和六个内涵

　　C. 一个目标、两条主线、三个阶段、四个体系、五个环节和六个内涵

　　D. 一条主线、两个目标、三个阶段、四个体系、五个内涵和六个环节

83. 支持可再生能源的有序、合理接入，适应分布式电源和微电网的接入，能够实现与用户的交互和高效互动，满足用户多样化的电力需求并提供对用户的增值服务，是指智能电网的（B）特征。

　　A. 自愈　　　　　　B. 兼容　　　　　　C. 优化　　　　　　D. 集成

84. 智能电网是将先进的传感量测技术、信息通信技术、（A）和自动控制技术与能源电力技术以及电网基础设施高度集成而形成的新型现代化电网。

　　A. 分析决策技术　　　　　　　　　　B. 信息安全技术

　　C. 优化组合技术　　　　　　　　　　D. 信息集成技术

85. 坚强智能电网是以特高压电网为骨干网架、各级电网协调发展的坚强网架为基础，以通信信息平台为支撑，具有（C）特征。

　　A. 信息化、规模化、互动化　　　　　B. 信息化、自动化、集约化

　　C. 信息化、自动化、互动化　　　　　D. 业务化、自动化、互动化

86. 智能电网强大的"自愈"功能对电力系统有（C）作用。

　　A. 降低系统发电燃料费用　　　　　　B. 降低线损

　　C. 提高系统安全性和供电可靠性　　　D. 降低峰谷差，提高电网设备利用效率

87. 坚强智能电网建设遵循的基本原则是（D）。

　　A. 统一思想、统一规划、统一标准

　　B. 统一思想、统一标准、统一建设

　　C. 统一思想、统一规划、统一建设

D. 统一规划、统一标准、统一建设

88. 从技术的角度看，（ B ）是坚强智能电网的实施基础。

A. 自动化 　　　　B. 信息化 　　　　C. 互动化 　　　　D. 标准化

89. 下述不属于 GOOSE 报警功能的是（ D ）。

A. GOOSE 配置不一致报警 　　　　B. 断链报警

C. 网络风暴报警 　　　　D. 采样值中断

90. ICD 文件中描述了装置的数据模型和能力，但是不包括（ C ）。

A. 装置包含哪些逻辑装置、逻辑节点

B. 逻辑节点类型、数据类型的定义

C. GOOSE 连接关系

D. 装置通信能力和参数的描述

91. SCL 句法元素不包含下述（ C ）。

A. 信息头、通信系统、数据类型模板

B. 变电站描述（电压等级、间隔层、电力设备、结点等）

C. 导引码

D. 智能电子设备描述（访问点、服务器、逻辑设备、逻辑节点、实例化数据 DOI 等）

92. GOOSE 报文帧中应用标识符（APPID）的标准范围是（ A ）。

A. 0000-3FFF 　　　B. 4000-7FFF 　　　C. 8000-BFFF 　　　D. 0000-FFFF

93. SV 报文帧中应用标识符（APPID）的标准范围是（ B ）。

A. 0000-3FFF 　　　B. 4000-7FFF 　　　C. 8000-BFFF 　　　D. 0000-FFFF

94. GOOSE 报文帧中以太网类型（Ethertype）值是（ B ）。

A. 88B7 　　　　B. 88B8 　　　　C. 88B9 　　　　D. 88BA

95. SV 报文帧中以太网类型（Ethertype）值是（ D ）。

A. 88B7 　　　　B. 88B8 　　　　C. 88B9 　　　　D. 88BA

96. 根据《IEC 61850 继电保护工程应用模型》规定，GOOSE 数据集成员应按（ A ）配置。

A. DA 　　　　B. DO 　　　　C. LN 　　　　D. LD

97. 根据《IEC 61850 继电保护工程应用模型》规定，SV 数据集成员应按（ B ）配置。

A. DA 　　　　B. DO 　　　　C. LN 　　　　D. LD

98. 根据《IEC 61850 继电保护工程应用模型》规定，GOOSE 输入定义采用虚端子的概念，在以（ C ）为前缀的 GGIO 逻辑节点实例中定义 DO 信号。

A. SVIN 　　　　B. MMSIN 　　　　C. GOIN 　　　　D. GSIN

99. 根据《IEC 61850 继电保护工程应用模型》规定，电压采样值最小分辨率是（ C ），电流采样值最小分辨率是（ C ）。

A. 10mV，10mA 　　　　　　　　B. 1mV，10mA

C. 10mV，1mA 　　　　　　　　D. 1mV，1mA

100. IEC 61850 规约参考了以下哪些规范？（ ABCD ）

A. IEC 60870-5-101
B. IEC 60870-5-103
C. UCA2.0
D. ISO/IEC 9506 制造商信息规范 MMS

101. 智能变电站的层次有 （ ABCD ）。

A. 站控层　　　　B. 间隔层　　　　C. 网络层　　　　D. 过程层

102. 智能变电站中，站控层设备包括 （ CD ）。

A. 母线保护
B. 故障录波器
C. 保护信息子站
D. 远动装置

103. 智能变电站中，间隔层设备包括 （ BC ）。

A. 故障录波子站
B. 自动装置
C. 测控装置
D. 合并单元

104. 智能变电站中，过程层设备包括 （ ABCD ）。

A. 合并单元　　B. 智能终端　　C. 智能开关　　D. 光 CT/PT

105. 智能变电站中，GOOSE 技术的应用解决了传统变电站中 （ AD ） 的问题。

A. 电缆二次接线复杂、抗干扰能力差

B. 采样值精度不准确

C. 保护拒动、误动

D. 二次回路无法在线监测

106. 有源式电子互感器的特点有 （ ABD ）。

A. 利用电磁感应等原理感应被测信号

B. 传感头部分具有需用电源的电子电路

C. 传感头部分不需电子电路及其电源

D. 利用光纤传输数字信号

107. 无源式电子互感器的特点有 （ ACD ）。

A. 利用光学原理感应被测信号

B. 传感头部分具有需用电源的电子电路

C. 传感头部分不需电子电路及其电源

D. 利用光纤传输数字信号

108. MMS 协议可以完成下述哪些功能？（ BCD ）

A. 保护跳闸　　B. 定值管理　　C. 控制　　　　D. 故障报告上送

109. CID 文件中也有和 ICD 文件不同的特有信息，包含 SCD 文件中针对该装置的配置信息，配置信息包括 （ ABC ） 等。

A. MMS 和 GOOSE 通信地址
B. IED 名称
C. GOOSE 输入
D. 数据结构和类型

110. ICD 文件里描述装置的数据模型和能力，包含 （ ABCD ）。

A. 装置包含哪些逻辑装置、逻辑节点

B. 逻辑节点类型、数据类型的定义

C. 数据集定义、控制块定义

D. 装置通信能力和参数的描述

111. SSD 文件包含的信息包括（ABC）。

    A. 一次系统的单线图   B. 一次设备的节点

    C. 节点的类型定义   D. 二次设备的节点

112. SCD 文件信息包含（BCD）。

    A. 与调度通信参数

    B. 二次设备配置（包含信号描述配置、GOOSE 信号连接配置）

    C. 通信网络及参数的配置

    D. 变电站一次系统配置（含一、二次关联信息配置）

113. 按被测参量类型分，电子式互感器分为（AB）。

    A. 电子式电流互感器（ECT）   B. 电子式电压互感器（EVT）

    C. 无源式电子式互感器   D. 有源式电子式互感器

114. 按照高压侧是否需要供能，电子式互感器分为（CD）。

    A. 电子式电流互感器（ECT）   B. 电子式电压互感器（EVT）

    C. 无源式电子式互感器   D. 有源式电子式互感器

115. 在智能变电站的网络系统中，站控层网络可采用（ABCD）网络结构。

    A. 总线型   B. 星型   C. 环型   D. 双星型

116. 智能变电站的网络通信结构设计需要充分考虑到网络的（ABCD）。

    A. 实时性   B. 可靠性   C. 经济性   D. 可扩展性

117. 下列哪些文件属于 SCL 语言文件？（ABCD）

    A. ICD   B. SSD   C. SCD   D. CID

118. GOOSE 报文可以传输（ACD）数据。

    A. 跳、合闸信号   B. 电流、电压采样值

    C. 一次设备位置状态   D. 户外设备温、湿度

119. "直采直跳"指的是（AD）信息通过点对点光纤进行传输。

    A. 跳、合闸信号   B. 启动失灵保护信号

    C. 保护远跳信号   D. 电流、电压数据

120. 以下哪些 MAC 地址为属于 GOOSE 报文？（AB）

    A. 01-0C-CD-01-00-01   B. 01-0C-CD-01-FF-01

    C. 01-0C-CD-02-00-01   D. 01-CD-0C-01-00-01

121. 以下哪些 MAC 地址为属于 SV 报文？（AC）

    A. 01-0C-CD-04-00-01   B. 01-0C-CD-01-04-01

    C. 01-0C-CD-04-10-01   D. 01-CD-0C-04-04-01

122. 逻辑节点 LLN0 里可包含（ABCD）。

    A. 数据集（Data Set）   B. 报告控制块（Report Control）

    C. GOOSE 控制块（GSE Control）   D. SMV 控制块（SMV Control）

123. IEC 61850 定义的变电站配置语言（SCL）用以描述（ABCD）等内容。

    A. 一次接线图   B. 通信关系

    C. IED 能力   D. 将 IED 与一次设备联系起来

124. GOOSE 报文的传输需要经过 OSI 中的 （ AD ） 等四层。

　　A. 应用层　　　　　B. 会话层　　　　　C. 网络层　　　　　D. 物理层

125. 目前智能变电站过程层采样值采用的传输协议有 （ ACD ）。

　　A. 60044-8　　　　B. 61850-8-1　　　　C. 61850-9-1　　　　D. 61850-9-2

126. 一个完整的 LN 路径描述应包含对应的 （ ABC ）。

　　A. lnClass　　　　B. prefix　　　　　C. lnInst　　　　　D. desc

127. 以下哪些 LN 是 LD 中必须包含的？（ CD ）

　　A. GGIO　　　　　B. PTRC　　　　　C. LLN0　　　　　D. LPHD

128. 首字母为 R 的逻辑节点中包含描述 （ ABCD ）。

　　A. 失灵保护　　　B. 故障录波　　　C. 故障定位　　　D. 重合闸

二、判断题

1. IEC 61850 系列标准是由国际电工委员会第 57 技术委员会（IEC TC57）组织制定的。　　　　　　　　　　　　　　　　　　　　　　　　　　　　（ √ ）

2. 我国智能变电站标准采用的电力行业标准是 IEC 61850 系列标准。　（ × ）

3. DL/T 860《变电站通信网络和系统》是新一代的变电站网络通信体系，适用于智能变电站自动化系统的分层结构。　　　　　　　　　　　　　　　　　　（ √ ）

4. IEC 61850 标准没有对电子式互感器进行规范。　　　　　　　　　（ √ ）

5. IEC 61850 标准制定的目标是：互操作性、自由配置、长期稳定性。　（ √ ）

6. 配置描述语言 SCL 基于可扩展标记语言 XML 定义。　　　　　　　（ √ ）

7. 220kV 及以上电压等级的智能变电站中，继电保护及与之相关的设备、网络等应按照双重化原则进行配置，双重化配置的继电保护之间不应有任何电气联系，当一套保护异常或退出时不应影响另一套保护的运行。　　　　　　　　　　　　　　（ √ ）

8. 220kV 及以上电压等级的智能变电站中，继电保护及与之相关的设备、网络等应按照双重化原则进行配置，双重化配置的继电保护之间可以有电气联系。　（ × ）

9. MMS 报文在以太网中通过 TCP/IP 协议进行传输。　　　　　　　（ √ ）

10. GOOSE 报文在以太网中通过 TCP/IP 协议进行传输。　　　　　　（ × ）

11. 智能变电站的自动化设备可物理地安装在不同功能层（变电站、间隔、过程）。（ √ ）

12. 站控层包含自动化站级监视控制系统、站域控制、远动系统等子系统。　（ √ ）

13. 间隔层设备一般指继电保护装置、系统测控装置的主智能电子设备（IED）等二次设备。　　　　　　　　　　　　　　　　　　　　　　　　　　　　　（ √ ）

14. 过程层包括变压器、断路器、隔离开关、电流/电压互感器等一次设备及其所属的智能组件以及独立的智能电子设备。　　　　　　　　　　　　　　　　　（ √ ）

15. 过程层包含自动化站级监视控制系统、站域控制、通信系统、对时系统等子系统。　　　　　　　　　　　　　　　　　　　　　　　　　　　　　　（ × ）

16. 站控层设备一般指继电保护装置、系统测控装置、监测功能组的主智能电子设备（IED）等二次设备。　　　　　　　　　　　　　　　　　　　　　　　（ × ）

17. 间隔层包括变压器、断路器、隔离开关、电流/电压互感器等一次设备及其所属的

智能组件以及独立的智能电子设备。 （×）

18. 电子式互感器由一次部分、二次部分和传输系统构成。 （√）

19. 与传统电磁感应式互感器相比，电子式互感器不含铁芯，消除了磁饱和及铁磁谐振等问题。 （√）

20. 与传统电磁感应式互感器相比，电子式互感器动态范围大，频率范围宽。 （√）

21. 传统电磁感应式互感器比电子式互感器抗电磁干扰性能好。 （×）

22. 与传统电磁感应式互感器相比，电子式互感器体积小，重量轻。 （√）

23. 无源式 ECT 主要是利用法拉第（Faraday）磁光感应原理，可分为全光纤式和磁光玻璃式。 （√）

24. 无源式 EVT 主要应用泡克耳斯（Pockels）效应和逆压电效应两种原理。 （√）

25. 有源式 ECT 主要利用电磁感应原理，可分为罗氏（Rogowski）线圈式和"罗氏线圈＋小功率线圈"组合两种形式。 （√）

26. 有源式 EVT 则主要采用电阻、电容分压和阻容分压等原理。 （√）

27. 有源式 ECT 主要是利用法拉第（Faraday）磁光感应原理，可分为全光纤式和磁光玻璃式。 （×）

28. 有源式 EVT 主要应用泡克耳斯（Pockels）效应和逆压电效应两种原理。 （×）

29. 无源式 ECT 主要利用电磁感应原理，可分为罗氏（Rogowski）线圈式和"罗氏线圈＋小功率线圈"组合两种形式。 （×）

30. 无源式 EVT 则主要采用电阻、电容分压和阻容分压等原理。 （×）

31. 电子式电流互感器和电压互感器在技术上无法实现一体化。 （×）

32. 电子式互感器是一种装置，由连接到传输系统和二次转换器的一个或多个电流（或电压）传感器组成，用于传输正比于被测量的量，以供给测量仪器、仪表和继电保护或控制装置。 （√）

33. 当交换机用于传输 SV 或 GOOSE 等可靠性要求较高的信息时应采用光接口。 （√）

34. 直接采样是指智能电子设备（IED）间不经过以太网交换机而以点对点连接方式直接进行采样值传输。 （√）

35. 直接跳闸是指智能电子设备（IED）间不经过以太网交换机而以点对点连接方式直接进行跳合闸信号的传输。 （√）

36. 直接采样是指智能电子设备（IED）间经过以太网交换机，以点对点连接方式直接进行采样值传输。 （×）

37. 直接跳闸是指 IED 间经过以太网交换机，以点对点连接方式直接进行跳合闸信号的传输。 （×）

38. 故障录波在 IEC61850 里对应的逻辑节点首字母为 R。 （√）

39. 首字母为 L 的逻辑节点为系统逻辑节点，它包括 LLN0 公用逻辑结点和 LPHD 装置物理信息两种。 （√）

40. 首字母为 P 的逻辑节点用来描述保护相关功能。 （×）

41. 首字母为 R 的逻辑节点用来描述保护相关功能。 （√）

42. 失灵保护的逻辑节点首字母为 P。 （×）

43. 逻辑节点 XCBR 可用以描述开关控制功能。 （×）

44. 逻辑节点 CSWI 可用以描述开关控制功能。 （√）

45. IEC 61850-7-3 中将数据对象按功能分为信号类、控制类、测量类、定值类和参数类一共五类。 （×）

46. 数据对象类型为 SPC 的数据功能是单位置遥信。 （×）

47. 数据对象类型为 DPS 的数据功能是双位置遥信。 （√）

48. 功能约束（FC）为 ST 的数据属性（DA）表示该数据属性为状态值描述。 （√）

49. 功能约束（FC）为 CO 的数据属性（DA）表示该数据属性为控制功能描述。 （√）

50. URCB 表示有缓冲报告控制块。 （×）

51. GOCB 表示 GOOSE 控制块。 （√）

52. 智能变电站中，每一个 IED 只能作为服务器或是客户端。 （×）

53. 智能变电站中，每一个 IED 可同时作为服务器或是客户端。 （√）

54. IEC 61850 系列标准的全称是《变电站通信网络》。 （×）

55. 报告服务主要用于传输遥信和遥测量。 （√）

56. 站控层的后台需要接收 GOOSE 报文。 （×）

57. GOOSE 报文采用的是发布/订阅的传输机制。 （√）

58. MMS 报文采用的是发布/订阅的传输机制。 （×）

59. GOOSE 报文采用 IP 地址识别传输的接收方。 （×）

60. GOOSE 报文中可以同时传输单位置遥信、双位置遥信及测量值等信息。 （√）

61. SV 报文中可以同时传输单位置遥信、双位置遥信及测量值等信息。 （√）

62. GOOSE 报文只用于传输开关跳闸、开关位置等单位置遥信或双位置遥信。 （×）

63. GOOSE 报文可传输模拟量。 （√）

64. 为提升多播信息接收的总体性能，较好的办法是由媒体访问控制器（MAC）硬件实现过滤。 （√）

65. IEEE 为 IEC 61850 报文分配的组播地址前三位为 01-CD-0C。 （×）

66. MMS 报文需在 SCD 中定义其组播 MAC 地址。 （×）

67. GOOSE 报文需在 SCD 中定义其组播 MAC 地址。 （√）

68. GOOSE 报文需在 SCD 中定义其发送设备的 IP 地址。 （×）

69. SV 报文需在 SCD 中定义其组播 MAC 地址。 （√）

70. IEC 61850 规约中 GOOSE 报文的推荐组播 MAC 地址区段为 01-0C-CD-01-00-00 至 01-0C-CD-01-FF-FF。 （×）

71. IEC 61850 规约中 SV 报文的推荐组播 MAC 地址区段为 01-0C-CD-04-00-00 至 01-0C-CD-04-01-FF。 （√）

72. 某组播 MAC 地址为 01-0C-CD-01-01-0C 的报文是一帧 GOOSE 报文。 （√）

73. 某组播 MAC 地址为 01-CD-01-01-01-0C 的报文是一帧 GOOSE 报文。 （×）

74. 某组播 MAC 地址为 01-0C-CD-01-10-11 的报文不可能为 GOOSE 报文。 （×）

75. 某组播 MAC 地址为 01-0C-CD-04-01-CF 的报文是一帧 SV 报文。 （√）

76. 某组播 MAC 地址为 01-0C-CD-01-04-CF 的报文是一帧 SV 报文。 （×）

77. ACSI 定义的服务、对象和参数通过特殊通信服务映射（SCSM）映射到下层应用程序。　　　　　　　　　　　　　　　　　　　　　　　　　　　　　（√）

78. 智能变电站标准中定义的发送 GOOSE 报文服务不允许客户以未经请求和未确认方式发送变量信息。　　　　　　　　　　　　　　　　　　　　　　　　　　（×）

79. IEC 61850 规范中采样值传输只规定了通过串行单方向多点共线点对点链路传输模式。　　　　　　　　　　　　　　　　　　　　　　　　　　　　　　（×）

80. 智能变电站中，一个服务器可以拥有一个或者多个逻辑设备。　　　　（√）

81. 智能变电站中，一个逻辑设备可以拥有一个或者多个数据对象。　　　（√）

82. 在 IEC 61850 中使用的抽象服务接口 ACSI 被表述为："一种虚拟接口，它为智能电子设备提供了抽象通信服务，例如连接、变量访问、非请求数据传输报告、设备控制以及文件传输服务，和所采用的实际通信栈和协议集独立"。　　　　　　　　　　（√）

83. GOOSE 通信的重传序列中，每个报文都带有允许生存时间常数，用于通知接收方等待下一次重传的最大时间。如果在该时间间隔中没有收到新报文，接收方将认为关联丢失。　　　　　　　　　　　　　　　　　　　　　　　　　　　　　（√）

84. 在 IEC 61850 中互操作性被表述为："一个制造厂或不同制造厂提供的两个或多个 IED 交换信息和使用这些信息正确执行特定功能的能力"。　　　　　　　（√）

85. 当 GOOSE 服务器产生一个发送 GOOSE 报文请求时，当前的数据集所有值会被编码进 GOOSE 报文中并被发送。　　　　　　　　　　　　　　　　　　　（√）

86. 引起服务器触发一个发送 MMS 报文服务的事件在被发送时，该事件所在的数据集其他事件信息将不会被发送。　　　　　　　　　　　　　　　　　　　　（√）

87. 在 IEC 61850 中使用数据自描述被表述为："设备包含它的配置方面的信息。这些信息的表述必须标准化，并且（在这个标准系列范围内）通过信息可以访问"。（√）

88. GOOSE 通信是通过重发相同数据来获得额外的可靠性。　　　　　　　（√）

89. 在 IEC 61850-9-2 规范中定义了 SV 采样值的网络传输方式。　　　　（√）

90. GOOSE 通信属于 DL/T 860 规定的类型 1（快速报文）、类型 1A（跳闸）。（√）

91. 保护动作等信号通过 GOOSE 报文上传给自动化监控系统。　　　　　（×）

92. 保护动作等信号通过 GOOSE 报文上传给保护信息子站。　　　　　　（×）

93. 保护动作等信号通过 GOOSE 报文上传给故障录波器。　　　　　　　（√）

94. 同一 DATA 或 DataAttribute 可以被多个 DATASET 引用。　　　　　（√）

95. 多路广播应用关联类是单向无确认服务，用于 GOOSE 报文和传输采样值。（√）

96. 双边应用关联类传送服务用于客户和服务器之间的请求和响应（确认和无确认）服务。　　　　　　　　　　　　　　　　　　　　　　　　　　　　　（√）

97. 保护装置 GOOSE 中断后，保护装置将闭锁不动作。　　　　　　　　（×）

98. 智能变电站能够完成比常规变电站范围更宽、层次更深、结构更复杂的信息采集和信息处理，变电站内、站与调度、站与站之间、站与大用户和分布式能源的互动能力更强，信息的交换和融合更方便快捷，控制手段更灵活可靠。　　　　　　　　　（√）

99. 智能变电站设备具有信息数字化、功能集成化、结构紧凑化、状态可视化等主要技术特征，符合易扩展、易升级、易改造、易维护的工业化应用要求。　　　　（√）

100. 传统电磁感应式互感器比电子式互感器体积小，重量轻。 （×）

101. 变电站内配置一套全站公用的时间同步系统，高精度时钟源按双重化配置，优先采用 GPS 系统标准授时信号进行时钟校正。 （×）

102. 站控层设备宜采用 SNTP 对时方式。间隔层、过程层设备采用 IRIG-B. 1PPS 对时方式，条件具备时也可以采用 IEC 61588 网络对时。 （√）

103. 智能化高压设备是一次设备和智能组件的有机结合体。 （√）

104. 智能化高压设备是二次设备和智能组件的有机结合体。 （×）

105. 在智能变电站的设计中，还应对网络内的信息流量进行计算和控制，设立最大节点数和最大信息流量，并必须保持系统冗余。 （√）

106. 智能电网是将先进的传感量测技术、信息通信技术、分析决策技术和自动控制技术与能源电力技术相结合，并与电网基础设施高度集成而形成的新型现代化电网。 （√）

107. 与现有电网相比，智能电网体现出电力流、信息流和业务流高度融合的显著特点。 （√）

108. 信息化、自动化、互动化是智能电网的基本技术特征。 （√）

109. GOOSE 报文中"TEST"位的改变会触发新的报文。 （×）

110. IEEE 为 IEC 61850 报文分配的组播地址前三位为 01-0C-CD。 （√）

111. BRCB 表示有缓冲报告控制块。 （√）

112. MMS 服务的种类多达 93 种。 （√）

113. IEC 61850 规约第 6 章提供了变电站 IED 形式配置描述以及和其他 IED. 电力过程关系的描述（单线图），即如何配置。 （√）

114. IEC 61850 规约第 7-2 章提供了为各种不同功能进行交换信息的服务（例如控制、报告、读、写等），即如何交换信息。 （√）

115. IEC 61850 规约第 7-3 章提供了公共采用的信息表（例如双点控制、三相测量值等），即公共基本信息。 （√）

116. IEC 61850 规约第 7-4 章提供变电站自动功能（例如带断路器位置状态的断路器，保护功能定值等）的特定信息模型。 （√）

117. IEC 61850 规约第 8-1 章定义在 IED 之间传送信息的具体方法（例如应用层，编码等），即在交换时如何串行发送信息。 （√）

118. IEC 61850-9-2 采样值传输采用映射到 MMS 的特殊通信服务映射。 （×）

119. 在与 MMS 的映射中，一个 VMD 代表了网络上一个 IEC 61850-7-2 定义的服务器所提供的能力。 （√）

120. 一个物理设备应有一个域代表 MMS 虚拟制造设备（MMS VMD）的物理资源。这个域应至少包含二个 LLN0 和 LPHD 逻辑节点。 （×）

121. IEC 61850-7-2 逻辑设备类的实例映射到 MMS 域对象，在向 MMS 的映射中，域代表构成一个逻辑设备对象和服务的集合。除了域名（即逻辑设备名）在服务器范围内要求唯一外，域的命名是任意的。 （√）

122. 智能变电站中，保护装置可依赖于外部对时系统实现其保护功能。 （×）

123. DL/T 860 中给出了网络拓扑结构的建议。 （×）

124. 为保证准确度和工作效率，建议智能变电站的模型由工具自动生成和手动配置。
(✓)

125. GOOSE 报文的传输要经过 OSI 中的全部 7 层。 (✗)

126. GOOSE 报文的传输要经过 OSI 中的网络层。 (✗)

127. GOOSE 报文的传输要经过 OSI 中的表示层。 (✓)

128. MMS 报文的传输要经过 OSI 中的全部 7 层。 (✓)

129. 智能变电站中，不同厂家不同原理的设备，建模的规范也不尽相同。 (✗)

130. 开入量虚端子建模一般采用的 LN 类型为 GGIO。 (✓)

131. 任何不可控制的信号点其 ctlModel 值都为空。 (✗)

132. 任何不可控制的信号点其 ctlModel 值都为 0。 (✓)

133. 在 GOOSE 报文正在正常发送的过程中又有新事件产生，则上一个内容的 GOOSE 传输终止。
(✓)

134. 智能变电站中，保护与监控系统的通过 MMS 报文进行通信。 (✓)

135. 智能变电站中，录波文件通过 GOOSE 报文上送后台。 (✗)

136. ICD 模型文件分为四个部分：Header、Communication、IED 和 DataTypeTemplates。
(✓)

137. 依照 IEC 61850 的建模要求，每个 IED 模型中至少包含一个 LD，每个 LD 中至少包含三个 LN。
(✓)

138. IEC 61850 规范中，GOOSE 报文的 APPID 范围应在 0000～3FFF。 (✓)

139. IEC 61850 规范中，SV 报文的 APPID 范围应在 4000～7FFF。 (✓)

140. IEC 61850 工程继电保护应用模型中规定，GOOSE 数据集成员应按 DA 配置。(✓)

141. IEC 61850 工程继电保护应用模型中规定，SV 数据集成员应按 DA 配置。 (✗)

142. IEC 61850 工程继电保护应用模型中规定，GOOSE 数据集成员应按 DO 配置。(✗)

143. IEC 61850 工程继电保护应用模型规范中规定，SV 数据集成员应按 DO 配置。(✓)

144. 当外部同步信号失去时，采样值报文中的同步标识位"SmpSynch"应为 FALSE。
(✗)

145. 合并单元失去同步时，采样值报文中的样本计数可超过采样率范围。 (✗)

146. 根据 IEC 61850 标准，激活定值区从 0 开始。 (✗)

147. 根据 IEC 61850 工程继电保护应用模型规范中规定，每个保护装置应支持同时与不少于 12 个客户端建立连接。
(✓)

148. 根据 IEC 61850 工程继电保护应用模型规范中规定，保护装置应具备"远方修改定值"、"远方切换定值区"和"远方控制压板"三块软压板，且只能在装置本地修改。(✓)

149. 根据 IEC 61850 工程继电保护应用模型规范中规定，保护装置报告服务应支持客户端在线设置 OptFlds 和 Trgopt。
(✓)

150. 根据 IEC 61850 工程继电保护应用模型规范中规定，GOOSE 双网冗余机制中两个网络发送的 GOOSE 报文的多播地址、APPID 不应一致。
(✗)

三、简答题

1. 请列举 IEC 61850 标准主要参考的其他标准和规约。

答：（1）IEC 60870-5-101 远动通信协议标准。

（2）IEC 60870-5-103 继电保护信息接口标准。

（3）UCA2.0（Utility Communication Architecture2.0）（由美国电科院制定的变电站和馈线设备通信协议体系）。

（4）ISO/IEC 9506 制造商信息规范 MMS（Manufacturing Message Specification）。

2. 请列出智能变电站的建模的层次关系。

答：服务器包含逻辑设备，逻辑设备包含逻辑节点，逻辑节点包含数据对象，数据对象包含数据属性。

3. 电子式电流/电压互感器因为采样环节原理的不同可被分为哪两类？他们采用的采样原理分别是什么？

答：（1）分为有源式和无源式。

（2）有源式 ECT 主要利用电磁感应原理；有源式 EVT 则主要采用电阻、电容分压和阻容分压等原理；无源式 ECT 主要是利用法拉第（Faraday）磁光感应原理；无源式 EVT 主要应用泡克耳斯（Pockels）效应和逆压电效应两种原理。

4. IEC 61850 定义的变电站配置语言（SCL）用以描述哪些内容？

答：（1）一次接线图。

（2）通信关系。

（3）IED 能力。

（4）将 IED 与一次设备联系起来。

5. IEC 61850-7-4 兼容逻辑节点类和数据类中，将逻辑节点按首字母分为 13 大类，请列举至少 6 类并说出它们的首字母。

答：见表 11-1。

表 11-1

名称	描述	名称	描述
Axxx	自动控制	Rxxx	保护相关
Cxxx	监控	Sxxx	传感器、监视
Gxxx	通用功能	Txxx	互感器
Ixxx	接口/归档	Xxxx	开关设备
Lxxx	系统逻辑节点	Yxxx	电力变压器
Mxxx	计量/测量	Zxxx	其他设备
Pxxx	保护功能		

6. 逻辑节点 LLN0 里可以包含哪些内容？（列举至少四种）

答：数据集（Data Set）；报告控制块（Report Control）；GOOSE 控制块（GSE Control）；SMV 控制块（SMV Control）；定值控制块（Setting Control）。

7. IEC 61850-7-3 公用数据类规范中将数据对象按照其应用分为哪几大类，分别包括什么？

答：（1）信号类，包括遥信，保护开入，硬压板，保护动作，保护自检，装置告警，通信状态，故障录波。

（2）测量类，包括遥测和保护测量。

（3）定值和参数类，包括定值和参数。

（4）控制类，包括遥控和遥调、软压板和直控。

8. IEC 61850-7-3 公用数据类规范中信号类数据对象包括什么？其数据对象类型主要有哪些？

答：包括遥信、保护开入、硬压板、保护动作、保护自检、装置告警、通信状态、故障录波，其 DO 类型主要为 SPS、DPS、ACT、ACD 四类。

9. IEC 61850-7-3 公用数据类规范中测量类数据对象包括什么？其数据对象类型主要有哪些？

答：包括遥测和保护测量，其 DO 类型主要为 MV、CMV、WYE。

10. IEC 61850-7-3 公用数据类规范中定值和参数类数据对象包括什么？其数据对象类型主要有哪些？

答：包括定值和参数，其 DO 类型主要为 SPG、ING、ASG。

11. IEC 61850-7-3 公用数据类规范中控制类数据对象包括什么？其数据对象类型主要有哪些？

答：包括遥控、遥调、软压板、直控，其 DO 类型主要为 APC、SPC、DPC。

12. IEC 61850-7-2 定义了哪九大类抽象通信服务接口（ACSI）？

答：（1）关联服务。

（2）信息模型服务。

（3）定值组服务。

（4）主动上送的报告服务。

（5）日志服务。

（6）快速报文服务。

（7）采样值服务。

（8）对时。

（9）文件服务。

13. 请写出 IEC 61850 中对 GOOSE，GSSE，SV 三类报文的组播 MAC 地址区间的建议范围。

答：　GOOSE：　01-0C-CD-01-00-00～01-0C-CD-01-01-FF。

　　　　GSSE：　01-0C-CD-02-00-00～01-0C-CD-02-01-FF。

　　　　SV：　　01-0C-CD-04-00-00～01-0C-CD-04-01-FF。

14. 按照 IEC 61850 标准，变电站的功能有哪几层？各层包括哪些设备？（每层设备至少列出一种）

答：（1）变电站的功能分成 3 层，即变电站层、间隔层、过程层。

（2）过程层设备典型的为远方 I/O、智能传感器和执行器，间隔层设备由每个间隔的控制、保护或监视单元组成，变电站层设备由带数据库的计算机、操作员工作台、远动装置等组成。

15. 列举电子式互感器的主要优势。

答：电子式互感器的主要优势：

（1）高低压完全隔离，绝缘简单，安全性高；没有因漏油而潜在的易燃、易爆等危险。

（2）不存在磁饱和、铁磁谐振等问题。

（3）频率响应宽，动态范围大。

（4）体积小，重量轻，节约占地面积；无污染，无噪声，具有优越的环保性能。

（5）TA 二次输出不存在开路问题，TV 二次输出不存在短路问题。

（6）成本与电压等级的关系不大，因此电压等级越高，经济性越明显。

（7）适应电力系统数字化、智能化和网络化的需要。

16. 分别写出 GOOSE 和 SV 报文属于 IEC 61850-5 中定义的什么类型的报文，并写出该类型报文的含义。

答：GOOSE：类型 1（快速报文）和类型 1A（"跳闸"）。

SV：类型 4（原始数据报文）。

17. IEC 61850 标准第六部分中，变电站配置描述语言（SCL）定义了四种配置文档类型，请分别简述这四种文档的后缀名和含义。

答：（1）ICD 文件，IED 能力描述文件，描述智能电子设备的能力。

（2）SSD 文件，系统规范文件，描述变电站电气主接线和所要求的逻辑节点。

（3）SCD 文件，变电站配置描述文件，描述全部实例化智能电子设备、通信配置和变电站信息。

（4）CID 文件，IED 实例配置文件，描述项目（工程）中一个实例化的智能电子设备。

18. IEC 61850 标准中，互操作性的定义是什么？

答：一个制造厂或不同制造厂提供的两个或多个 IED 交换信息和使用这些信息正确执行特定功能的能力。

19. 数字化、智能化变电站中各装置要实现互操作需满足哪些要求？

答：获得互操作性的途径：

（1）统一的数据模型。

（2）统一的服务模型。

（3）统一的通信协议。

（4）统一的物理网络。

（5）统一的工程数据交换格式。

（6）统一的一致性测试标准。

20. 数字化、智能化变电站中的"三层两网"指的是什么？

答：（1）三层：站控层，间隔层，过程层。

（2）两网：站控层网络，过程层网络。

21. 按照《DL/T 860 工程模型规范》对逻辑设备的建模的规范要求，逻辑设备宜按功能划分逻辑设备分为哪些类型？并写出对应的 inst（实例）名称。

答：（1）公用 LD，inst 名为 "LD0"。

（2）测量 LD，inst 名为 "MEAS"。

（3）保护 LD，inst 名为 "PROT"。

（4）控制及开入 LD，inst 名为"CTRL"。

（5）录波 LD，inst 名为"RCD"。

22. 请说明 IEC 61850 标准的建模思想。

答：建模的标准方法是将应用功能分解为可与之交换信息的最小实体，合理的分配这些实体到专用智能设备（IED），这些实体称为逻辑节点 LN（例如断路器类的虚拟表示，标准化名为 XCBR），几个逻辑节点可以构建为逻辑设备 LD（例如间隔单元），一个逻辑设备 LD 一般在一台 IED 中实现的（不是多个 IED 来实现一个 LD，一个 IED 可以包含多个 LD），因此逻辑设备是非分布式的，即一个逻辑设备不会分布于多个不同的 IED。

23. 请论述 IEC 61850 MMS 站控层的遥控类型。

答：遥控的类型主要有加强型控制和普通控制两大类，其中加强型控制需要对控制的结果进行校验，以判断执行过程是否成功；普通控制不需要校验执行结果，控制过程随着执行的结束而结束。

加强型控制又分为带预置和不带预置两种类型，即加强型选择控制、加强型直控；普通控制也分为带预置和不带预置两种类型，即选择型控制、直控。上述四种控制方式中，以加强型选择控制用得最多，多用于对执行过程要求较高的场合，例如断路器及刀闸遥控、保护软压板遥控等；另外在一些要求快速执行，不要进行任何校验的场合会选用直控，直接对控制对象进行控制，一步执行完毕即控制结束，例如保护装置及智能终端的远程复归遥控、挡位升降、急停遥控等。

24. GOOSE 报文在智能变电站中主要用以传输哪些实时数据？

答：（1）保护装置的跳、合闸命令。

（2）测控装置的遥控命令。

（3）保护装置间信息（启动失灵、闭锁重合闸、远跳等）。

（4）一次设备的遥信信号（开关刀闸位置、压力等）。

（5）间隔层的联锁信息。

25. 什么是 ICD 模型文件？

答：智能变电站自动化系统中，存在着功能各异、数量不一的智能设备，为了能较好的了解各智能设备的行为、互操作性，工程实施采用了面向对象的方法，创建一个可全面描述 IED 功能的文件，这个文件称为智能设备的配置描述（IED Configuration Description），简称 ICD。

ICD 文件仅经过 IED 配置工具的配置，未经过变电站系统配置工具的配置，只是对现实智能设备的功能的一个描述。

26. 什么是 CID 模型文件？

答：一个置于变电站通信网中的智能设备，除了本身可独立运行外，还需要与其他智能设备进行数据交换，以完成自身的某些功能，或者输出数据供其他智能设备使用，那智能设备如何才能知道与其他智能设备交换需要的数据？我们可以通过变电站配置描述语言工具对装置 ICD 模型文件予以配置，主要包括 GOOSE、SV 部分，告知智能设备需要与外界交换哪些信息，那么这个经过 SCL 工具配置过的文件称之为经过配置的智能设备描述（Configured IED Description）文件，简称 CID 文件，它是对 ICD 文件的一个扩充，不仅包含

IED 的功能描述，同时还包含了数据交换信息、报文控制信息。

27. 请论述 MMS 中的各类触发条件。

答：MMS 中的各类触发条件如表 11-2 所示。

表 11-2

Attribute name（属性名称）	TriggerOption for use in DataAttributes（用在数据属性中的触发条件）	Explanation（解释）
Reserve（保留）		预留
data-change（数据变化）	dchg	数据属性值变化引起的报告上送
quality-change（品质变化）	qchg	品质属性值变化引起的报告上送
data-update（数据刷新）	dupd	数据属性值刷新引起的报告上送
Integrity（完整性）		数据完整性周期上送标识
general-interrogation（总召唤）		总召唤标识

28. 请论述 IEC 61850 基本状态类信息模板。

答：基本状态类信息模板包括 7-3 7.3 中定义的如下几种：

（1）单点状态信息（SPS）：主要用于单点遥信信息建模，如普通开入。

（2）双点状态信息（DPS）：主要用于双点遥信信息建模，如开关刀闸位置。

（3）整数状态信息（INS）：主要用于整数状态信息建模，如挡位。

（4）保护激活信息（ACT）：主要用于不带方向的保护信息建模，如零序保护。

（5）带方向的保护激活信息（ACD）：主要用于带方向的保护信息建模，如距离保护。

（6）安全违例计数信息（SEC）。

（7）二进制计数器信息（BCR）：主要用于电度量建模。

29. 请论述 IEC 61850 基本测量类信息模板。

答：基本测量类信息模板包括 7-3 7.4 中定义的如下几种：

（1）测量值（MV）：主要用于测量值建模，如频率。

（2）复数测量值（CMV）：主要用于带方向测量值建模，如电压、电流。

（3）采样值（SAV）：主要用于采样值建模，如合并单元到测控的采样数据。

（4）单相测量值（WYE）：主要用于单相测量值建模，如 U_U、I_v。

（5）相间测量值（DEL）：主要用于相间测量值建模，如 U_{uv}。

30. 请论述 IEC 61850 基本可控状态类信息模板。

答：基本可控状态类信息模板包括 7-3 7.5 中定义的如下几种：

（1）可控单点（SPC）：主要用于可控单点信息建模，如保护复归。

（2）可控双点（DPC）：主要用于可控双点信息建模，如断路器、隔离开关。

（3）可控整数（INC）：主要用于可控整数建模。

（4）可控二进制步位置（BSC）：主要用于可控的二进制步位置建模，如挡位。

（5）可控整数步位置（ISC）：主要用于可控整数步位置建模。

四、分析题

1. 图 11-1 是用 Altova XMLSpy 工具打开的某设备 CID 文件，请写出数据集 ds-

GOOSE0 引用的两个数据的路径名称。

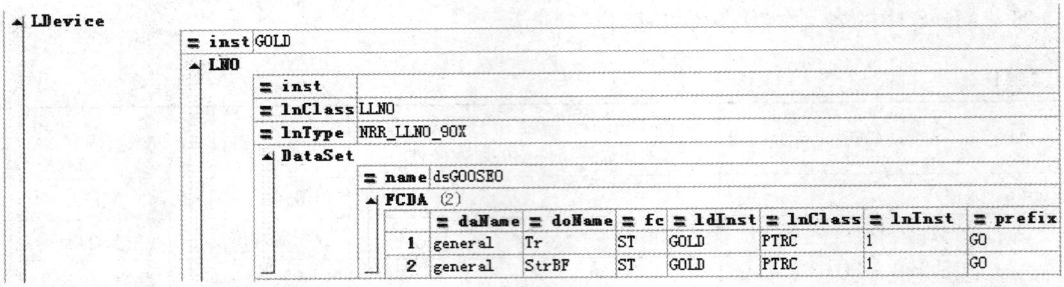

图 11-1

答：（1）GOLD/GOPTRC1＄ST＄Tr＄general。

（2）GOLD/GOPTRC1＄ST＄StrBF＄general。

2. 已知某保护 A 相保护跳闸出口的 GOOSE 信号路径名称如下 "GOLD/GOPTRC1＄ST＄Tr＄phsA"，请写出此 GOOSE 信号的 LD inst、lnClass、DOI name 及 DA name。

答：LD inst＝GOLD

lnClass＝PTRC

DOI name＝Tr

DA name＝phsA

3. 请分析图 11-2 所示的 dsGOOSE0 数据集中的两个数据分别是什么含义？

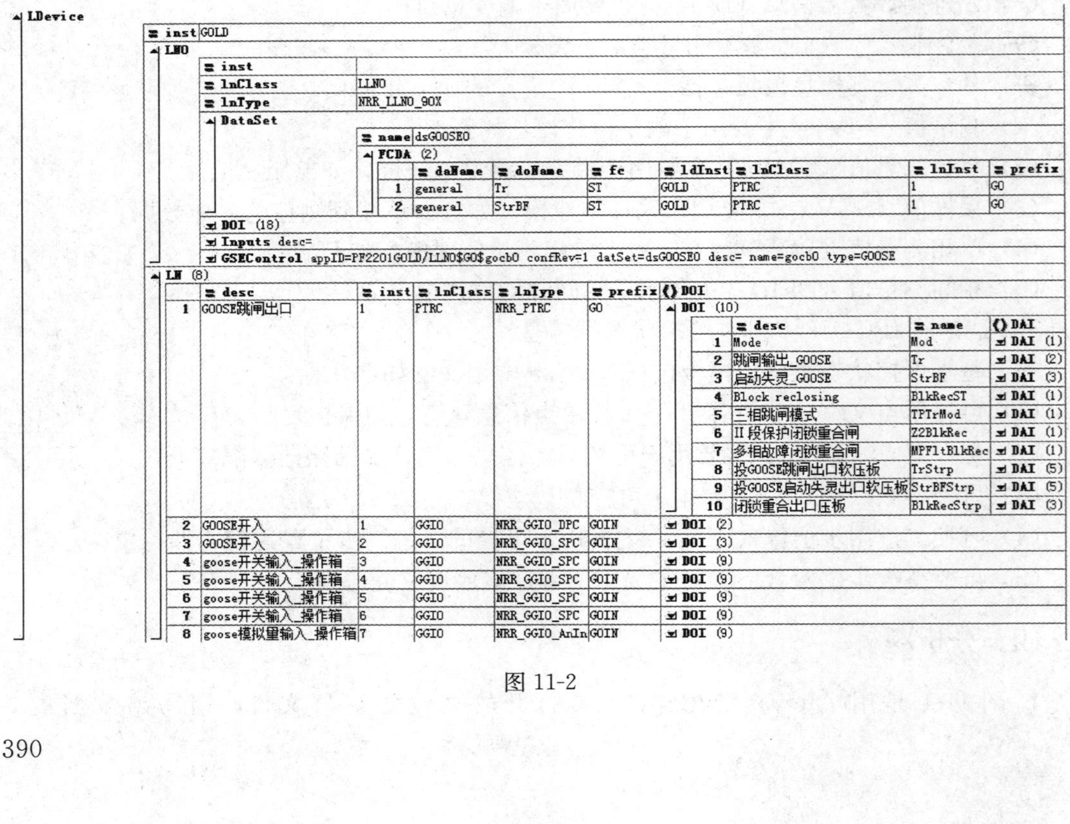

图 11-2

答：第一个表示该装置跳闸输出，第二个表示该装置启动失灵输出。

4. 某线路保护（含重合闸功能）在故障后保护瞬时出口动作，1.5s 后重合闸动作，动作前一帧 GOOSE 报文 StNum 为 1，SqNum 为 10，试列出保护动作后 7s 内的该装置发出 GOOSE 报文的 StNum 和 SqNum 及其对应的时间，并说明该报文内容为保护动作、重合闸动作还是整组复归（时间以保护动作为零点，该保护 $T_0=5s$，$T_1=2ms$，动作后突发报文五帧后进入"心跳报文"时间，整组复归时间为 20ms）。

答：

T＝0ms	StNum＝2	SqNum＝0	保护动作
T＝2ms	StNum＝2	SqNum＝1	保护动作
T＝4ms	StNum＝2	SqNum＝2	保护动作
T＝8ms	StNum＝2	SqNum＝3	保护动作
T＝16ms	StNum＝2	SqNum＝4	保护动作
T＝20ms	StNum＝3	SqNum＝0	整组复归
T＝22ms	StNum＝3	SqNum＝1	整组复归
T＝24ms	StNum＝3	SqNum＝2	整组复归
T＝28ms	StNum＝3	SqNum＝3	整组复归
T＝36ms	StNum＝3	SqNum＝4	整组复归
T＝1500ms	StNum＝4	SqNum＝0	重合闸动作
T＝1502ms	StNum＝4	SqNum＝1	重合闸动作
T＝1504ms	StNum＝4	SqNum＝2	重合闸动作
T＝1508ms	StNum＝4	SqNum＝3	重合闸动作
T＝1516ms	StNum＝4	SqNum＝4	重合闸动作
T＝1520ms	StNum＝5	SqNum＝0	整组复归
T＝1522ms	StNum＝5	SqNum＝1	整组复归
T＝1524ms	StNum＝5	SqNum＝2	整组复归
T＝1528ms	StNum＝5	SqNum＝3	整组复归
T＝1536ms	StNum＝5	SqNum＝4	整组复归
T＝6536ms	StNum＝5	SqNum＝5	整组复归

5. 图 11-3 是某数字化保护的一帧 GOOSE "心跳报文"，请说出该装置 GOOSE 报文的组播 MAC 地址、GOOSE 数据集路径，并说出正常情况下的稳定重传周期 T0 为多少，下一帧报文的 StNum 及 SqNum 值是多少？

答：MAC＝01：0c：cd：01：04：21

GOOSE 数据集路径＝PL2208BGOLD/LLN0＄dsGOOSE0

T0＝5s

下一帧报文 StNum＝23，SqNum＝21073

```
⊞ Frame 23 (165 bytes on wire, 165 bytes captured)
⊞ Ethernet II, Src: 00:10:00:00:04:21 (00:10:00:00:04:21), Dst: 01:0c:cd:01:04:21 (01:0c:cd:01:04:21)
⊟ IEC 61850 GOOSE
      AppID*: 1057
      PDU Length*: 151
      Reserved1*: 0x0000
      Reserved2*: 0x0000
   ⊟ PDU
      IEC GOOSE
      {
        Control Block Reference*:    PL2208BGOLD/LLN0$GO$gocb0
        Time Allowed to Live (msec):  10000
        DataSetReference*:    PL2208BGOLD/LLN0$dsGOOSE0
        GOOSEID*:    PL2208BGOLD/LLN0$GO$gocb0
        Event Timestamp:  2009-02-10 13:53.8.043999  Timequality: 0a
        StateNumber*:    23
        SequenceNumber*:    Sequence Number: 21072
        Test*:    FALSE
        Config Revision*:    1
        Needs Commissioning*:    FALSE
        Number Dataset Entries:  8
        Data
        {
          BOOLEAN:  FALSE
          BOOLEAN:  FALSE
          BOOLEAN:  FALSE
          BOOLEAN:  FALSE
          BOOLEAN:  FALSE
          BOOLEAN:  FALSE
          BOOLEAN:  FALSE
          BOOLEAN:  FALSE
        }
      }
```

图 11-3

6. 图 11-4 为某 220kV 线路保护装置的一帧 GOOSE 报文，其 GOOSE 数据集发送的数据内容如图 11-5 所示。在下一帧心跳报文到来之前，将装置的检修压板投入后做 W 相瞬时性故障试验，请写出保护动作后的第一帧报文的内容（从 StateNumber 行开始）。

```
⊟ PDU
    IEC GOOSE
    {
      Control Block Reference*:    PL2204BGOLD/LLN0$GO$gocb0
      Time Allowed to Live (msec):  10000
      DataSetReference*:    PL2204BGOLD/LLN0$dsGOOSE0
      GOOSEID*:    PL2204BGOLD/LLN0$GO$gocb0
      Event Timestamp:  2009-10-30 14:13.16.027000  Timequality: 0a
      StateNumber*:    47
      SequenceNumber*:    Sequence Number:  60
      Test*:    FALSE
      Config Revision*:    1
      Needs Commissioning*:    FALSE
      Number Dataset Entries:  8
      Data
      {
        BOOLEAN:  FALSE
        BOOLEAN:  FALSE
        BOOLEAN:  FALSE
        BOOLEAN:  FALSE
        BOOLEAN:  FALSE
        BOOLEAN:  FALSE
        BOOLEAN:  FALSE
        BOOLEAN:  FALSE
      }
    }
```

图 11-4

No.	Data Reference	DA Name	FC	DOI Description	dU Attribute
1	GOLD/GOPTRC1.Tr	phsA	ST	跳闸输出_GOOSE	跳闸输出_GOOSE
2	GOLD/GOPTRC1.Tr	phsB	ST	跳闸输出_GOOSE	跳闸输出_GOOSE
3	GOLD/GOPTRC1.Tr	phsC	ST	跳闸输出_GOOSE	跳闸输出_GOOSE
4	GOLD/GOPTRC1.StrBF	phsA	ST	启动失灵_GOOSE	启动失灵_GOOSE
5	GOLD/GOPTRC1.StrBF	phsB	ST	启动失灵_GOOSE	启动失灵_GOOSE
6	GOLD/GOPTRC1.StrBF	phsC	ST	启动失灵_GOOSE	启动失灵_GOOSE
7	GOLD/GOPTRC1.BlkRecST	stVal	ST	闭锁重合闸_GOOSE	闭锁重合闸_GOOSE
8	GOLD/GORREC1.Op	general	ST	重合闸_GOOSE	重合闸_GOOSE

图 11-5

答：StateNumber* :　　48

SequenceNumber* :　Sequence Number:　0

Test* :　　TRUE

Config Revision* :　　1

Needs Commissioning* :　　FALSE

Number Dataset Entries:　8

Data

{

    BOOLEAN:　FALSE

    BOOLEAN:　FALSE

    BOOLEAN:　TRUE

    BOOLEAN:　FALSE

    BOOLEAN:　FALSE

    BOOLEAN:　TRUE

    BOOLEAN:　FALSE

    BOOLEAN:　FALSE

}

7. 请在图 11-6 "?" 处正确填入 SCD，SSD，ICD，CID 四种文件类型，并写出这四类文件的中文含义。

答：左上角为 ICD 文件，即 IED 能力描述文件；

左下角为 SSD 文件，即系统规范文件；

右上角为 SCD 文件，即变电站配置描述文件；

右下角为 CID 文件，即 IED 实例配置文件。

8. 简述 SCL 模型包含内容。

答：SCL 文件用于在（可能是不同制造商的）不同工具间交换配置数据，在工具间交换数据至少有两种类型的不同的配置文件，ICD 与 SCD。不过每个文件的内容必需遵守配置语言 SCL 的规定。每个文件包含版本号和修订版本号，以区分同一文件的不同版本。这意味着每个工具必需保留上次产生后的版本号和修订版本号的信息。SCL 根据标准分为以下四种类型：

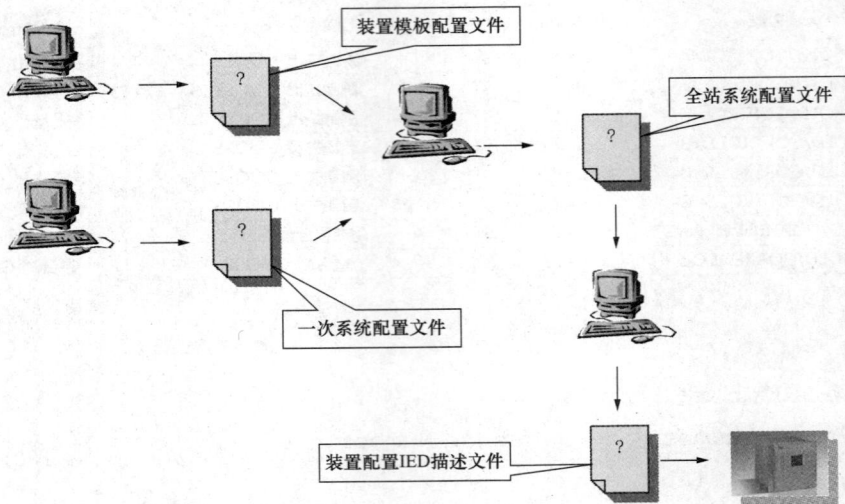

图 11-6

（1）扩展名为 . ICD（IED Capability Description）的 IED 配置描述文件，从 IED 配置器工具到系统配置器工具的数据交换。这个文件描述了 IED 的能力。它必需仅包含一个 IED 段，用以描述 IED 的能力。它包含所需的逻辑节点类型定义并可以包含可选的变电站段。

（2）扩展名为 . SSD（System Specification Description）的变电站系统规范描述文件，从系统规范工具到系统配置器工具的数据交换。这个文件描述了变电站单线图及所需要的逻辑节点。它必须包含一个变电站描述段和所需要的数据类型模板即逻辑节点类型模板段。这些逻辑节点应该从属于某个 IED，而当 IED 名称无法预知时，则所引用的 IED 名称允许为空。

（3）扩展名为 . SCD（Substation Configuration Description）的 IED 变电站配置描述文件，从系统配置器工具到 IED 配置器工具的数据交换。这个文件包含了所有的 IED，以及一个通信配置段、一个变电站描述段。此文件完整的以规范的形式描述了整个变电站，是个实例化的文件，包含了 SCL 描述的所有内容。

（4）扩展名为 . CID（Configured IED Description）的配置过的 IED 描述文件，从 IED 配置器到 IED 的数据交换。这个文件描述了在一个工程中经过实例化的 IED 信息。这里通信段里至少包含该 IED 在工程中分配的地址信息，变电站段内的引用的 IED 名称也根据工程进行定义，IED 名称根据工程需要全站统一分配。

9. 简述数字化变电站典型模式。

答：由于数字化变电站是基于过程层信息和站控层信息在以太网上的完全共享，又由于数字化变电站采用了一系列不断发展的新技术。因此，从实用化层面分析，目前的数字化变电站大致可分为以下 3 种模式，如表 11-3 所示。

表 11-3

	站控层采用 IEC 61850 标准	过程层采用 IEC 61850 标准	采用数字式互感器
模式 1	√		
模式 2	√	√	
模式 3	√	√	√

下面分别介绍这 3 种模式：

（1）模式 1：基于站控层 IEC 61850 的数字化变电站。

该系统与传统的变电站自动化系统基本类似。间隔层智能电子设备 IED（保护及自动化装置）仍然可被安装在间隔层设备上或集中组屏。

这种模式的推广是为了解决传统变电站中智能设备的互联互通及信息互操作问题。变电站的智能设备的通信及功能被约束在 IEC 61850 标准范围内，因此，整个系统中的每一个节点的信息传输被标准化，从而使得整个系统的可维护、可扩充性能大为提高。

联闭锁的 GOOSE 信号及保护间的配合信号也可以在这里实现。

（2）模式 2：基于传统互感器及过程层 GOOSE 信息交换的数字化变电站。

区别于模式 1，该模式增加了过程层 GOOSE 网络。

这种模式不仅在站控层信息交换采用了 IEC 61850，而且增加了过程层网络进行过程层信息交换。对于每一个间隔，配置了过程层智能操作箱，首先将设备的信息及操作数字化，与之相关的间隔层智能电子设备 IED（保护及自动化装置）则通过光纤以太网与对应间隔智能操作箱相连接。IED 与合并单元、智能操作箱之间既可以点对点的方式互联，以网络总线方式相连。

IED 可以根据需要安装在变电站的任何地方。由此可见，原来一次设备与 IED 之间的传统的大量铜芯电缆被少量的通信光缆代替了。同时，由于建立了过程层网络，过程层的高速采样数据可以被不同类型的装置共享，从而大大简化了现场的一次接线。

（3）模式 3：基于站控层及过程层全信息交换的数字化变电站。

区别于模式 2，该模式采用电子式互感器代替了传统互感器。

电子式互感器的发展在数字化变电站领域有着绝对的优势。无论是有源式、无源式、还是内置 GIS 式的电子式互感器，由于采样直接在一次进行，转换为光信号后经过光缆传给二次，使得互感器对绝缘的要求大大降低，并大大减小了模拟量信号在传输过程中受到的干扰。目前，国内已有多个已投运的 220kV 及 110kV 使用电子式互感器的全数字化变电站。

10. 请论述目前采用的三种采样值协议。

答：目前采样值传输有三种标准（60044-8，9-1，9-2），其中 60044-8 标准最简单，点对点通信，报文传输采用固定通道模式，报文传输延时确定，技术成熟可靠，但需要铺设大量点对点光纤；9-1 标准，技术先进，通道数可配置，报文传输延时确定，需外部时钟进行同步，但仍为点对点通信，且软硬件实现较复杂，属于中间过度标准；9-2 标准，技术先进，通道数可灵活配置，组网通信，需外部时钟进行同步，但报文传输延时不确定，对交换机的依赖度很高，且软、硬件实现较复杂，技术尚未普及。

三种标准中，9-2 是未来的方向。

11. 请简述 GOOSE 的心跳报文及报警机制。

答：为了保证 GOOSE 服务的实时性和可靠性，GOOSE 报文采用与基本编码规则（BER）相关的 ASN.1 语法编码后，不经过 TCP/IP 协议，直接在以太网链路层上传输，并采用特殊的收发机制。

GOOSE 报文发送采用心跳报文和变位报文快速重发相结合的机制。在 GOOSE 数据集中的数据没有变化的情况下，发送时间间隔为 T0 的心跳报文，报文中的状态号（stnum）

不变，顺序号（sqnum）递增。当 GOOSE 数据集中的数据发生变化情况下，发送一帧变位报文后，以时间间隔 T1、T1、T2、T3 进行变位报文快速重发。数据变位后的报文中状态号（stnum）增加，顺序号（sqnum）从零开始。

GOOSE 接收可以根据 GOOSE 报文中的允许生存时间（Time Allow to Live）来检测链路中断。GOOSE 数据接收机制可以分为单帧接收和双帧接收两种。智能操作箱使用双帧接收机制，收到两帧 GOOSE 数据相同的报文后更新数据。其他保护和测控装置使用单帧接收机制，接收到变位报文（stnum 变化）以后，立刻更新数据。当接收报文中状态号（stnum）不变的情况下，使用双帧报文确认来更新数据。

12. 请简述 GOOSE 检修功能。

答：当装置的检修状态置 1 时，装置发送的 GOOSE 报文中带有测试（test）标志，接收端就可以通过报文的 test 标志获得发送端的置检修状态。当发送端和接收端置检修状态一致时，装置对接收到的 GOOSE 数据进行正常处理。当发送端和接收端置检修状态不一致时，装置可以对接收到的 GOOSE 数据做相应处理，以保证检修的装置不会影响到正常运行状态的装置，提高了 GOOSE 检修的灵活性和可靠性。

13. 请论述 GOOSE 报文传输机制。

答：IEC 61850-7-2 定义的 GOOSE 服务模型使系统范围内快速、可靠地传输输入、输出数据值成为可能。在稳态情况下，GOOSE 服务器将稳定的以 T0 时间间隔循环发送 GOOSE 报文，当有事件变化时，GOOSE 服务器将立即发送事件变化报文，此时 T0 时间间隔将被缩短；在变化事件发送完成一次后，GOOSE 服务器将以最短时间间隔 T1，快速重传两次变化报文；在三次快速传输完成后，GOOSE 服务器将以 T2、T3 时间间隔各传输一次变位报文；最后 GOOSE 服务器又将进入稳态传输过程，以 T0 时间间隔循环发送 GOOSE 报文，如图 11-7 所示。

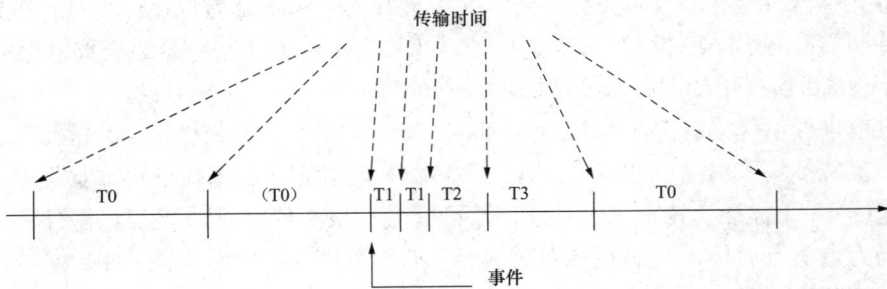

图 11-7

T0—稳定条件（长时间无事件）下重传；（T0）—稳定条件下的重传可能被事件缩短；
T1—事件发生后，最短的传输时间；T2、T3—直到获得稳定条件的重传时间

在 GOOSE 传输机制中，有两个重要参数 StateNumber 和 SequenceNumber，StateNumber 反映出 GOOSE 报文中数据值与上一帧报文数据值是否有变化，SequenceNumber 反映出在无变化事件情况下，GOOSE 报文发送的次数。

当 GOOSE 服务器产生一次变化事件时，StateNumber 值将自动加 1（到最大值后，将归 0 重新开始计数），同时 SequenceNumber 归 0；当 GOOSE 服务器无变化事件时，

StateNumber 值将保持不变，在每发送一次 GOOSE 报文后，SequenceNumber 值将加 1（到最大值后，将归 0 重新开始计数）。

GOOSE 服务器通过重发相同数据来获得额外的可靠性，比如通过增加 SqNum 和不同传输时间。

14. 简述智能变电站中如何隔离一台保护装置与站内其余装置的 GOOSE 报文有效通信。

答：（1）投入待隔离保护装置的"检修状态"硬压板。

（2）退出待隔离保护装置所有的"GOOSE 出口"软压板。

（3）退出所有与待隔离保护装置相关装置的"GOOSE 接收"软压板。

（4）接触待隔离保护装置背后的 GOOSE 光纤。

15. 请简述双母线接线单重化保护配置模式下某线路间隔电流合并单元故障时运行人员的操作流程。若陪停故障间隔一次设备，则运行人员重新投入母差保护的操作流程。

答：合并单元故障情况下运行人员停役相关二次设备的操作：

（1）投入故障间隔合并单元的"检修状态"硬压板。

（2）投入故障间隔线路保护的"检修状态"硬压板。

（3）投入母差保护的"检修状态"硬压板。

一次设备陪停时情况下，重新投入母差保护的操作：

（1）停下合并单元故障间隔一次设备。

（2）退出母差保护对应间隔的 SV 接收压板及 GOOSE 接收发送压板。

（3）待母差无差流情况时，取下母差保护的"检修状态"硬压板。

第十二章
特高压电网控制与保护

一、选择题

1. 直流输电系统中的整流桥臂在反向电压下发生反向导通时故障阀的电流波形在一个周期内有（ B ）个下降沿。

    A. 1　　　　　　　　B. 2　　　　　　　　C. 3　　　　　　　　D. 4

2. 直流输电系统中的逆变器最常见的故障是（ C ）。

    A. 桥臂短路　　　　B. 过电压　　　　C. 换相失败　　　　D. 误开通

3. 逆变器发生一次换相失败后，流经逆变器的直流电流将（ B ）。

    A. 减小　　　　　　B. 增加　　　　　C. 不变　　　　　　D. 有时增加有时减小

4. 换流器发生误开通时，误开通故障发生在预定的阀（ A ）电压阻断期间。

    A. 正向　　　　　　B. 反向　　　　　C. 双向　　　　　　D. 以上都不对

5. 功率反向保护的目的？（ D ）

    A. 检测直流线路上的接地故障

    B. 防止造成换流设备，特别是晶闸管阀过电流损坏

    C. 检测直流滤波器范围内的接地故障

    D. 检测控制系统故障所造成的功率反向

6. 在直流控制保护系统的设计中应该遵循（ D ）原则。

    A. 冗余原则　　　　　　　　　　　B. 分层原则

    C. 分区和独立原则　　　　　　　　D. 以上都是

7. 直流谐波保护的目的是（ B ）。

    A. 检测直流线路上的接地故障

    B. 检测交直流线路碰线、阀故障、交流系统故障和控制设备缺陷等

    C. 检测直流线路上的行波和微分欠压保护不能检测到的高阻接地故障

    D. 检测直流滤波器范围内的接地故障

8. 直流滤波器差动保护的目的是（ D ）。

    A. 检测直流线路上的接地故障

    B. 检测交直流线路碰线、阀故障、交流系统故障和控制设备缺陷等

    C. 检测直流线路上的行波和微分欠压保护不能检测到的高阻接地故障

    D. 检测直流滤波器范围内的接地故障

9. 直流中性母线故障主要指接在 （ C ）的直流场设备发生的对地短路。

    A. 交流母线上   B. 直流线路上   C. 中性线上   D. 整流侧

10. 下列哪项保护不属于换流器电流差动保护组？（ D ）

    A. 阀短路保护   B. 换相失败保护

    C. 换流器差动保护   D. 阀触发异常保护

11. 换流器的故障可分成主回路故障和 （ C ）两种类型。

    A. 线路故障   B. 接地故障

    C. 控制系统故障   D. 冗余系统故障

12. （ D ）是在交流线路发生单相对地闪络故障时所采取的清除故障、恢复线路运行的措施。

    A. 潮流翻转   B. 封脉冲停机   C. 移相停机   D. 单相重合闸

13. 下列哪个选项不是直流保护动作策略？（ D ）

    A. 紧急移相   B. 投旁通对

    C. 闭锁触发脉冲   D. 闭锁线路保护

14. 直流过电流保护的目的是 （ B ）。

    A. 检测直流线路上的接地故障

    B. 防止造成换流设备，特别是晶闸管阀过电流损坏

    C. 检测直流滤波器范围内的接地故障

    D. 检测控制系统故障所造成的功率反向

15. 换流器差动保护的目的是 （ A ）。

    A. 检测换流器保护范围内的接地故障，并将故障换流器退出运行

    B. 防止造成换流设备，特别是晶闸管阀过电流损坏

    C. 检测交直流线路碰线、阀故障、交流系统故障和控制设备缺陷等

    D. 检测控制系统故障所造成的功率反向

16. 直流过电压保护的目的是 （ D ）。

    A. 检测直流线路上的接地故障

    B. 检测交直流线路碰线、阀故障、交流系统故障和控制设备缺陷等

    C. 检测直流滤波器范围内的接地故障

    D. 防止所有由于分接开关不正常运行或不正常的换流器开路运行

17. 直流线路行波保护的目的是 （ A ）。

    A. 检测直流线路上的接地故障

    B. 检测交直流线路碰线、阀故障、交流系统故障和控制设备缺陷等

    C. 检测直流滤波器范围内的接地故障

    D. 防止所有由于分接开关不正常运行或不正常的换流器开路运行

18. 直流线路纵差保护的目的是 （ C ）。

    A. 检测直流线路上的接地故障

    B. 检测交直流线路碰线、阀故障、交流系统故障和控制设备缺陷等

    C. 检测直流线路上的行波和微分欠压保护不能检测到的高阻接地故障

D. 检测直流滤波器范围内的接地故障

19. 线路开路试验监测的保护目的是（ D ）。

A. 检测直流线路上的接地故障

B. 防止造成换流设备，特别是晶闸管阀过电流损坏

C. 检测直流滤波器范围内的接地故障

D. 检测在线路开路试验期间本站直流场和直流线路的接地故障

20. 直流输电工程的系统可分为两端直流输电系统和（ C ）两大类。

A. 三端直流输电系统   B. 五端直流输电系统

C. 多端直流输电系统   D. 背靠背直流输电系统

21. 目前世界上已运行的直流输电工程大多为（ A ）直流输电系统。

A. 两端直流输电系统   B. 三端直流输电系统

C. 多端直流输电系统   D. 背靠背直流输电系统

22. 目前工程上所采用的基本换流单元有 6 脉动换流单元和（ B ）脉动换流单元两种。

A. 3   B. 12   C. 16   D. 8

23. 12 脉动换流器由两个交流侧电压相位差（ A ）的 6 脉动换流器所组成。

A. 30°   B. 60°   C. 90°   D. 120°

24. 中国第一项直流输电工程是（ B ）直流输电工程。

A. 嵊泗   B. 舟山   C. 葛沪   D. 灵宝

25. 整流器 α 角正常的工作范围是（ A ）。

A. $5°<\alpha<90°$ B. $5°<\alpha<120°$ C. $90°<\alpha<120°$ D. $90°<\alpha<150°$

26. α 角的最小值为（ C ）。

A. 0°   B. 1°   C. 5°   D. 12°

27. 现代直流输电控制系统的六个等级是（ B ）、单独控制级、换流器控制级、极控制级、双极控制级和系统控制级。

A. 触发角控制级   B. 换流阀控制级

C. 定电流控制级   D. 定电压控制级

28. 6 脉动换流器触发脉冲之间的间隔为（ B ）。

A. 30°   B. 60°   C. 90°   D. 120°

29. 12 脉动换流器触发脉冲之间的间隔为（ A ）。

A. 30°   B. 60°   C. 90°   D. 120°

30. 直流输电系统的控制调节，主要是通过改变线路两端换流器的（ D ）来实现的。

A. 相位   B. 结构   C. 容量   D. 触发角

31. 绝大多数高压直流工程所采用的电流裕度都是（ A ）。

A. 0.1p.u.   B. 0.3p.u.   C. 0.5p.u.   D. 1p.u.

32. 绝大多数直流工程的关断角定值在（ B ）的范围内。

A. 5°～15°   B. 15°～18°   C. 30°～60°   D. 0°～90°

33. 定电流模式下，需要保持（ C ）为整定值。

A. 输送功率   B. 直流电压   C. 直流极线电流   D. 换流器触发角

34. 在额定负荷运行时，换流器消耗的无功功率可以达到额定输送功率的 （ C ）。

    A. 0～15%   B. 15%～30%   C. 40%～60%   D. 50%～100%

35. 当整流器使用直流电流控制时，通过调整换流变压器分接头位置，把换流器 （ D ）维持在指定的范围内。

    A. 相位   B. 结构   C. 容量   D. 触发角

36. 换相失败是 （ B ） 常见的故障。

    A. 整流器   B. 逆变器   C. 换流变   D. 直流线路

37. 为了防止晶闸管元件因结温高而损坏，换流器需要 （ A ）。

    A. 冷却系统   B. 经常检修   C. 增大电流   D. 加装接地

38. 交直流线路碰线，在直流线路电流中会出现 （ D ）。

    A. 直流分量   B. 高频交流分量

    C. 低频交流分量   D. 工频交流分量

39. 不管换流站处于整流运行状态还是逆变运行状态，直流系统都需要从交流系统 （ A ）。

    A. 吸收容性无功   B. 吸收感性无功

    C. 提供容性无功   D. 不一定

40. 额定直流功率是指在所规定的系统条件和环境条件的范围内，在不投入备用设备的情况下，直流输电工程 （ C ）的有功功率。

    A. 最大可输送   B. 最小可输送   C. 连续输送   D. 间接输送

41. 通常规定额定直流功率的测量点在整流站的 （ A ）。

    A. 直流母线处   B. 交流母线处

    C. 换流变压器低压套管处   D. 换流变压器高压套管处

42. 6 脉动换流器的直流电压，在一个工频周期内有 6 段正弦波电压，每段 （ D ）。

    A. 10°   B. 20°   C. 30°   D. 60°

43. 通常直流输电工程的最小直流电流选择为其额定电流的 （ B ）。

    A. 0～5%   B. 5%～10%   C. 10%～15%   D. 15%～20%

44. 直流系统降压运行方式的直流电压通常为额定电压的 （ D ）。

    A. 40%～50%   B. 50%～60%   C. 60%～70%   D. 70%～80%

45. 在直流电压一定的情况下，潮流反转的时间主要取决于直流线路的 （ C ），即线路电容上的放电时间和充电时间。

    A. 直流电流   B. 直流电压   C. 等值电容   D. 等值电感

46. 单极金属回线运行时，线路损耗约为双极运行时一个极损耗的 （ A ）。

    A. 2 倍   B. 3 倍   C. 4 倍   D. 5 倍

47. 通常换流站的损耗约为换流站额定功率的 （ B ）。

    A. 0～0.5%   B. 0.5%～1%   C. 1%～1.5%   D. 1.5%～2%

48. 旁通对是三相换流器中连接到同一交流相的一对换流阀，投旁通对的操作是 （ A ）触发 （ A ）的一对换流阀。

    A. 同时，同相   B. 不同时，同相

    C. 同时，不同相   D. 不同时，不同相

49. 紧急移相是迅速将整流器触发角移相到（D），使直流线路两端换流器都处于逆变状态，将直流系统内所储存的能量迅速送回到两端交流系统。

      A. $0°\sim15°$ B. $0°\sim90°$ C. $60°\sim90°$ D. $120°\sim150°$

50. 正常启动时，直流输电系统在触发角 α 等于或大于多少度时，先解锁逆变侧，再解锁整流测（C）。

      A. $45°$ B. $60°$ C. $90°$ D. $180°$

51. 对于整流器运行，通常希望运行在（C）的触发角状态，以提高功率因数。

      A. 固定   B. 较大   C. 较小   D. 变化

52. 为了防止关断角太小引起换相失败，逆变器最大触发角应限制在哪个范围之间？（B）

      A. $120°\sim150°$ B. $150°\sim160°$ C. $150°\sim170°$ D. $150°\sim180°$

53. 在双极全压大地回线运行时，自动再启动经过（C）次全压（C）次降压再启动。

      A. 1，1   B. 1，2   C. 2，1   D. 2，2

54. 交流输电电压一般分（A）。

      A. 高压、超高压和特高压   B. 低压、中压和高压

      C. 中压、高压和超高压   D. 低压、中压和特高压

55. 国际上，交流特高压（UHV）定义为（A）及以上电压。

      A. 1000kV   B. 800kV   C. 500kV   D. 330kV

56. 在估算线路的送电能力时，可以认为电压升高一倍，功率输送能力提高（C）。

      A. 二倍   B. 三倍   C. 四倍   D. 八倍

57. 当线路输送自然功率时，单位长度线路串联电抗消耗的无功与并联电容发出无功相同，沿线电压（B）U_n。

      A. 大于   B. 恒定为   C. 小于   D. 不一定

58. 目前，我国的电网网架，（B）国民经济快速发展所需要的电力供应。

      A. 基本满足   B. 很难满足   C. 超过   D. 大大超过

59. 电力缺乏可以通过就地建设电厂解决，为什么需要特高压远距离、大容量特高压输电？（A）

      A. 这是由我国能源资源和负荷分布特点决定的

      B. 这是由国家宏观调控决定的

      C. 这是根据区域经济发展程度决定的

      D. 这是由电力技术发展决定的

60. 发展特高压电网的主要目标是什么？（D）

      A. 大容量、远距离从发电中心向负荷中心输送电能

      B. 超高压电网之间的强互联，形成坚强的互联电网，目的是更有效地利用整个电网内各种可以利用的发电资源，提高互联的各个电网的可靠性和稳定性

      C. 在已有的、强大的超高压电网之上覆盖一个特高压输电网，目的是把送端和受端之间大容量输电的主要任务从原来超高压输电转到特高压输电上来，以减少超高压输电的网损，提高电网的安全性，使整个电力系统能继续扩大覆盖范围并更经济、更可靠运行

D. 以上都是

61. （ B ），世界上第一条1150kV线路埃基巴斯图兹—科克契塔夫在额定工作电压下带负荷运行。

    A. 1980年10月   B. 1985年8月   C. 1986年3月   D. 2009年1月

62. 除美国、前苏联和日本外，世界上还有哪些国家已经开展了特高压技术的研究？（ B ）

    A. 伊朗、古巴和阿根廷等国家   B. 中国、意大利、巴西和加拿大等国家

    C. 南非、法国和芬兰等国家   D. 德国、法国和澳大利亚等国家

63. 在总结国内外研究成果基础上，国家电网公司刘振亚总经理担任主编，组织编写了国际上第一本关于特高压电网的技术专著（ A ）。

    A.《特高压电网》   B.《特高压技术》

    C.《特高压研究》   D.《特高压输电》

64. 为什么选择晋东南—南阳—荆门作为交流特高压试验示范工程？（ D ）

    A. 该工程满足全面考核系统和设备的要求。该工程系统条件合理

    B. 该工程抗风险能力强，有利于推动设备国产化

    C. 该工程符合远距离大容量输电的发展目标

    D. 以上都是

65. 金沙江一期水电工程的发电容量为1860万kW，送电距离在1200～2300km之间。在输电方式的选择上，首先确定采用（ B ）输电方式。

    A. 特高压交流   B. 特高压直流   C. 常规直流   D. 柔性直流

66. 交流特高压试验基地将在（ D ）等方面开展研究工作。

    A. 外绝缘特性、环境和生态影响   B. 设备研制

    C. 工程建设和运行维护   D. 以上都是

67. 直流特高压试验基地将面向±800kV级直流输电技术和运行技术开展如下几方面的试验研究工作？（ D ）

    A. 电磁环境研究   B. 外绝缘特性研究

    C. 换流阀及设备国产化研究   D. 以上都是

68. 1000kV交流线路的电压是500kV线路的一倍，波阻抗一般也较低，因此输电能力大幅度提高，自然功率约为500kV线路的5倍，接近（ A)kW。

    A. 500万   B. 600万   C. 400万   D. 300万

69. 对于1000kV交流特高压输电，考虑电磁环境影响后，典型的同塔双回和猫头塔单回线路的走廊缓冲区宽度分别为75m和81m，单位走廊输送能力分别为13.3万kW/m和6.2万kW/m，约为同类型500kV线路的（ B ）。

    A. 五倍   B. 三倍   C. 二倍   C. 一倍

70. 对于100km的特高压线路，在额定电压为1000kV以及最高运行电压为1100kV的条件下，发出的无功功率可以达到（ B ）Mvar，约为超高压线路的5倍。

    A. 200～300   B. 400～500   C. 500～600   D. 600～800

71. 为了保持输电线路的无功平衡，特别是为了限制轻载时的电压升高和线路开断时的工频过电压，通常需要在线路送端和受端装设固定（ C ）来进行无功补偿。

A. 高压并联电容器　　　　　　　　　B. 高压串联电容器

C. 高压并联电抗器　　　　　　　　　C. 高压串联电抗器

72. 内部过电压分为（ C ）两大类。

A. 工频过电压和谐振过电压　　　　　B. 操作过电压和雷电过电压

C. 操作过电压和暂态过电压　　　　　D. 工频过电压和暂态过电压

73. 限制工频过电压应采取什么措施？（ D ）

A. 使用高压并联电抗器补偿特高压线路充电电容。考虑使用可调节或可控高抗。使用良导体地线

B. 使用线路两端联动跳闸或过电压继电保护。使用金属氧化物避雷器限制短时高幅值工频过电压

C. 选择合理的系统结构和运行方式，以降低工频过电压

D. 以上都是

74. 交流特高压系统限制潜供电流主要采取的措施是（ A ）。

A. 在高压并联电抗器中性点加装小电抗，对相间电容和相对地电容进行补偿，减小潜供电流和恢复电压

B. 更换大截面导线

C. 使用快速接地开关

D. 加装串补电容

75. 可能在变电站设备上产生的雷电过电压主要分为（ C ）。

A. 雷电反击过电压；雷电绕击过电压

B. 雷电感应过电压；雷电绕击过电压

C. 雷电侵入波过电压；直击雷过电压

D. 雷电反击过电压；直击雷过电压

76. 降低交流特高压线路绕击跳闸率的主要措施是（ B ）。

A. 减小避雷线的间距，加大避雷线的保护角

B. 加大避雷线的间距，减小避雷线的保护角

C. 加大避雷线的间距，加大避雷线的保护角

D. 减小避雷线的间距，减小避雷线的保护角

77. 为减少外部环境条件的影响，提高可靠性，缩小设备尺寸与占地母线、断路器、隔离开关、电流电压测量器件、避雷器等设备也可全部或部分放在用 SF_6 气体绝缘的金属筒内，通过套管与输电线路和变压器连接，称为气体绝缘金属封闭组合电器，简称（ A ）。

A. GIS　　　　　B. HGIS　　　　　C. AIS　　　　　D. 以上都不是

78. 在选择架空输电线路杆塔塔型时需要考虑哪些因素？（ D ）

A. 要考虑杆塔的受力因素，保证杆塔能承受正常运行时的各种受力工况

B. 要考虑环境和谐、经济合理

C. 要考虑加工和安装的方便性

D. 以上都是

79. 采用 4000A 晶闸管换流阀，±800kV 特高压直流输电能力可达到 640 万 kW，是

±500kV、300 万 kW 高压直流输电方案的 （ A ）倍，是±620kV、380 万 kW 高压直流方案的 （ A ）倍，能够充分发挥规模输电优势。

    A. 2.1；1.7   B. 2；1.5   C. 2.5；1.5   C. 5；3

80. 在导线总截面、输送容量均相同的情况下，±800kV 直流线路的电阻损耗是±500kV 直流线路的 （ C ），是±600kV 级直流线路的 （ C ），提高输电效率，节省运行费用。

    A. 30％；70％   B. 50％；75％   C. 39％；60％   D. 45％；75％

81. 特高压直流输电每个极采用（400＋400）kV 双 12 脉动换流器串联的接线方案，运行方式灵活，系统可靠性大大提高。任何一个换流器发生故障，系统仍能够保证 （ B ）额定功率的送出。

    A. 50％   B. 75％   C. 60％   D. 80％

82. 从输电能力和稳定性能看，采用±800kV 特高压直流输电，输电稳定性取决于 （ A ）。

    A. 受端电网有效短路比（ESCR）和有效惯性常数（Hdc）以及送端电网结构

    B. 线路各支撑点的短路容量

    C. 输电线路距离（相邻两个变电站落点之间的距离）

    D. 以上都是

83. 高压直流输电系统的损耗主要包括换流站的损耗和直流线路的损耗。大容量换流站的损耗很小，约占其输送容量的 （ C ）。

    A. 10％   B. 15％   C. 1％   D. 5％

84. 为保证特高压直流输电的高可靠性要求，无功补偿设备目前主要采用 （ B ）。

    A. 调相机、静止无功补偿器

    B. 交流滤波器和并联电容器

    C. 交流滤波器和 STATCOM （静止同步补偿器）

    D. 调相机和 STATCOM （静止同步补偿器）

85. 当采用 12 脉动换流器时，交流侧和直流侧分别含有 （ B ）的特征谐波。谐波次数越高，其有效值越小。

    A. 3k±1 次和 3k 次   B. 12k±1 次和 12k 次

    C. 13k±1 次和 13k 次   D. 6k±1 次和 6k 次

86. 特高压直流输电最终选择了 （ C ）的主接线方案。

    A. 每极单换流器   B. 每极两个换流器并联

    C. 每极两个换流器串联   D. 以上都不是

87. 特高压直流工程整流站和逆变站都采用（400＋400)kV 的换流器接线方案。其主要优点有 （ D ）。

    A. 运行灵活，供电可靠性高

    B. 有利于采用模块化设计

    C. 换流变阀侧绕组、换流阀、旁路断路器等对地电压均衡合理，有利于设备制造和绝缘配合，设备造价低

    D. 以上都是

88. 如何提高特高压直流的可靠性？（D）

A. 降低元部件故障率；采取合理的结构设计，如模块化、开放式等

B. 广泛采用冗余的概念，如控制保护系统、水冷系统的并行冗余和晶闸管的串行冗余等

C. 加强设备状态监视和设备自检功能等

D. 以上都是

89. 对于交流输电线路，雨天时的电晕放电强度比晴天时的（B）得多，无线电干扰、可听噪声和电晕损失也（B）得多。直流输电线路在雨天时的电晕放电强度及由此产生的无线电干扰和可听噪声反而比晴天时（B）。

A. 小、小、大 　　 B. 大、大、小 　　 C. 大、大、大 　　 D. 小、大、大

90. 在设计特高压线路时，适当（B）导线分裂数和子导线截面可以（B）导线表面电场强度，降低线路的电晕损失。

A. 减少、增大 　　 B. 增大、减小 　　 C. 减少、减小 　　 D. 增大、增大

91. 目前 500kV 输电线路工频磁场限值为（B）毫特斯拉，实际水平则远低于此标准；1000kV 输电线路工频磁场计算值约（B）毫特斯拉，也大大低于 500kV 输电线路工频磁场限值标准。

A. 0.01，0.003 　　 B. 0.1，0.03 　　 C. 0.2，0.03 　　 D. 0.5，0.3

92. 合成场强的大小主要取决于导线电晕放电的严重程度，以风力强度为代表的气象条件影响空间电荷分布，也对合成场产生影响，最大合成电场约为标称电场的（B）倍。

A. 2～2.5 　　 B. 3～3.5 　　 C. 4～4.5 　　 D. 5～5.5

93. 研究和开发（A）英寸晶闸管对 ±800kV、600 万 kW 等级的直流输电的技术经济性能影响重大。

A. 6 　　 B. 8 　　 C. 5 　　 D. 3

94. 特高压线路保护后备距离保护 I 段的暂态超越应小于（A）。

A. 5% 　　 B. 8% 　　 C. 10% 　　 D. 15%

95. 特高压线路中用于消除潜供电流的设备为（C）。

A. 110kV 母线侧电抗器 　　　　　 B. 线路并联电抗器

C. 线路并联电抗器中性点电抗器 　　 D. 串联补偿电容器

96. 特高压线路保护要求经（C）过渡电阻接地时，零序电流保护能可靠动作。

A. 100Ω 　　 B. 300Ω 　　 C. 600Ω 　　 D. 800Ω

97. 特高压线路保护增设保护直跳的目的是为了抑制（A）。

A. 工频过电压 　　 B. 操作过电压 　　 C. 谐振过电压 　　 D. 雷击过电压

98. 1000kV 荆门—南阳—长治特高压交流示范工程线路采用（C）分裂导线。

A. 4 　　 B. 6 　　 C. 8 　　 D. 10

99. 1000kV 荆门—南阳—长治特高压交流示范工程于（C）正式投入商业运行。

A. 2007 年 1 月 　　 B. 2008 年 1 月 　　 C. 2009 年 1 月 　　 D. 2010 年 1 月

100. 特高压线路光纤差动保护需要特别注意（B）的补偿问题。

A. 稳态电容电流 　　　　　 B. 暂态电容电流

C. 潜供电流　　　　　　　　　　　　D. 暂态电压

101. 1000kV 荆门—南阳—长治特高压交流示范工程的主变压器的分接头共有（C）挡。

A. 6　　　　　　　B. 8　　　　　　　C. 9　　　　　　　D. 10

102. 防止特高压变压器空冲时差动保护误动的有效措施是（C）。

A. 提高差动启动门槛　　　　　　　　B. 降低二次谐波制动系数

C. 直阻测试后消磁　　　　　　　　　D. 以上都不是

103. 直流输电换相失败的恢复策略是（A）。

A. 降低直流电流　　　　　　　　　　B. 降低直流电压

C. 闭锁触发脉冲　　　　　　　　　　D. 降低交流电压

104. 高压直流换流器可能出现哪些故障？（D）

A. 主回路故障　　　　　　　　　　　B. 控制系统故障

C. 辅助设备故障　　　　　　　　　　D. 以上全部

105. 高压直流换流阀采用的主要元件是（A）。

A. 晶闸管　　　　B. IGBT　　　　C. GTO　　　　D. IGCT

106. 发展多端直流的主要受制于以下哪个设备？（A）

A. 直流断路器　　　　　　　　　　　B. 晶闸管阀

C. 换流变压器　　　　　　　　　　　D. 电抗器

107. 在额定工况时整流装置所需的无功功率约为有功功率的（C）。

A. 2%～3%　　　　　　　　　　　　B. 10%～20%

C. 30%～50%　　　　　　　　　　　D. 60%～70%

108. 在额定工况时逆变装置所需的无功功率约为有功功率的（C）。

A. 2%～3%　　　　　　　　　　　　B. 10%～20%

C. 40%～60%　　　　　　　　　　　D. 60%～70%

109. 在换流站中根据换流器的无功功率特性装设合适的（D）装置，是保证高压直流系统安全稳定运行的重要条件之一。

A. 有功补偿　　　B. 电阻　　　　C. 电感　　　　D. 无功补偿

110. 直流输电的运行控制从根本上讲，是通过对晶闸管阀触发脉冲的（A）来改变换流器的直流电压实现的。

A. 相位控制　　　B. 电压控制　　　C. 电流控制　　　D. 功率控制

111. 高压直流输电系统的整体起动一般采用软起动方式。首先，全部换流器的旁通对得到起动信号，形成电流通路，然后将 α、β 调整到大约（B）时？按一般触发顺序加入起动信号，直流电压大约为 0，系统开始运行。

A. 0°　　　　　　B. 90°　　　　　　C. 45°　　　　　　D. 120°

112. 直流输电系统的整体停止时，先慢慢将逆变器的 β 增大到（C）。同时，直流电流设定值到最小值后，全部换流器的旁通对得到触发信号，通过一段时延，停止所有触发信号。

A. 0°　　　　　　B. 45°　　　　　　C. 90　　　　　　D. 120°

113. 对电流波形进行傅立叶级数分析可以确定交流线电流的基频分量。交流线电流的基频峰值为（ A ）。

    A. $1.11I_d$ B. $0.45I_d$ C. $0.9I_d$ D. $1.35I_d$

114. 高通滤波器：在一个（ D ）的频带范围内是一个很低的阻抗。

    A. 很窄   B. 低频   C. 某一点   D. 高于某一频率

115. 滤波器品质因数 Q 值越大，则谐振频率阻抗越小，滤波效果（ B ）。

    A. 不好   B. 越好   C. 不稳定   D. 超前

116. 直流输电中交流滤波器电容器的额定参数是根据总的（ D ）来确定。

    A. 额定功率   B. 视在功率   C. 有功功率   D. 无功功率

117. 特高压直流输电系统中换流装置常见的桥臂短路故障又称（ A ）。

    A. 逆弧   B. 通弧   C. 失弧   D. 断弧

118. 特高压直流输电系统中换流装置的桥臂短路故障是指（ ABC ）的故障。

    A. 换流器桥臂内部   B. 换流器桥臂外部

    C. 换流器桥臂短接   D. 以上都不对

119. 直流输电系统中换流装置的桥臂短路故障可能发生在桥臂的（ AB ）电压阻断期间。

    A. 正向   B. 反向   C. 单相   D. 以上都不对

120. 造成换相失败故障的原因有（ ABCD ）。

    A. 交流电压下降   B. 直流电流增大

    C. 触发角过小   D. 整定的越前关断角过小

121. 换流桥差动保护实现的方法通常有（ AB ）。

    A. 电比较法   B. 磁比较法

    C. 电变化率比较法   D. 磁变化率比较法

122. 逆变器差动保护动作的条件是（ AB ）。

    A. 直流电流不等于0   B. 交流电流等于0

    C. 直流电流等于0   D. 交流电流不等于0

123. 桥阀发生故障时主要的保护是（ AD ）。

    A. 差动保护   B. 过流保护   C. 过压保护   D. 逻辑保护

124. 两端直流输电系统的构成主要有（ ABC ）三部分。

    A. 整流站   B. 逆变站

    C. 直流输电线路   D. 接地极

125. 两端直流输电系统可分为（ ABD ）三种类型。

    A. 单极系统   B. 双极系统

    C. 多端直流输电系统   D. 背靠背直流输电系统

126. 双极系统的接线方式可分为（ BCD ）三种类型。

    A. 双极不平衡接线方式   B. 双极两端中性点接地接线方式

    C. 双极金属中线接线方式   D. 双极一端中性点接地接线方式

127. 6脉动换流器在交流侧和直流侧分别产生（ AC ）次特征谐波。

    A. 6k   B. 12k   C. 6k±1   D. 12k±1

128. 12 脉动换流器在交流侧和直流侧分别产生 （ BD ）次特征谐波。

    A. 6k   B. 12k   C. 6k±1   D. 12k±1

129. 下列哪几项说法是正确的？（ ABC ）

    A. $\alpha<90°$时，直流输出电压为正值，换流器工作在整流工况

    B. $\alpha=90°$时，直流输出电压为零，称为零功率工况

    C. $\alpha>90°$时，直流输出电压为负值，换流器则工作在逆变工况

    D. $\alpha>90°$时，直流输出电压为正值，换流器工作在整流工况

130. 换流器触发相位控制有 （ AB ）两种控制方式。

    A. 等相位间隔控制   B. 等触发角控制

    C. 定电流控制   D. 定电压控制

131. 直流输电系统的起停包括 （ ABCD ）等。

    A. 正常起动   B. 正常停运

    C. 故障紧急停运   D. 自动再启动

132. 换流变压器分接头控制的控制策略需要与换流器控制方式相配合，通常可分为（ CD ）两大类。

    A. 等相位间隔控制   B. 等触发角控制

    C. 角度控制   D. 电压控制

133. 以下哪几种情况会引起换相失败？（ ABC ）

    A. 逆变器换流阀短路   B. 逆变器丢失触发脉冲

    C. 逆变侧交流系统故障   D. 冷却系统故障

134. 触发脉冲不正常主要有 （ AB ）两种。

    A. 误开通故障   B. 不开通故障

    C. 换相失败故障   D. 过电压故障

135. 直流线路断线将造成 （ ABC ）。

    A. 直流系统开路

    B. 直流电流下降到零

    C. 整流器电压上升到最大限值

    D. 逆变器电流上升到最大限值

136. 采用微处理器技术的直流保护具有 （ ABCD ）特点。

    A. 集成度高   B. 判断准确   C. 便于修改   D. 经济性好

137. 由于直流系统的控制是通过改变换流器的触发角来实现的，直流保护动作的主要措施也是通过 （ AC ）来完成的。

    A. 触发角变化   B. 调整换流变压器分接头位置

    C. 闭锁触发脉冲   D. 断开直流断路器

138. 换流器在交流侧产生的谐波有 （ ABD ）这几种主要类型。

    A. 特征谐波   B. 非特征谐波

    C. 间谐波   D. 通过穿透作用产生的谐波

139. 换流阀的损耗有 85%～95% 是产生在 （ BC ）上。

A. 接头端子　　　　B. 晶闸管　　　　　C. 阻尼电阻　　　　D. 击穿二极管 BOD

140. 换流站的主要设备一般被分别布置在（ABCD）这几个区域。

A. 交流开关场区域　　　　　　　　B. 换流变压器区域

C. 阀厅控制楼区域　　　　　　　　D. 直流开关场区域

141. 直流开关设备分为（ABCD）。

A. NBS　　　　　B. MRTB　　　　　C. GRTS　　　　　D. NBGS

142. 换流变压器的结构型式有哪几种？（ABCD）

A. 三相三绕组式　　　　　　　　　B. 三相双绕组式

C. 单相双绕组式　　　　　　　　　D. 单相三绕组式

143. 整流站的基本控制方式有（ABCD）和直流功率控制这几种方式。

A. 最小触发角控制　　　　　　　　B. 定电流控制

C. 定电压控制　　　　　　　　　　D. 低压限流控制

144. 特高压线路高压并联电抗器的保护有（ABCD）。

A. 瓦斯保护　　　　B. 差动保护　　　　C. 过流保护　　　　D. 零序电流过流保护

145. 下列哪些情况特高压线路需要启动远方跳闸？（ABCD）

A. 线路高压并联电抗器故障　　　　B. 线路过电压

C. 3/2 接线方式下中间开关失灵　　　D. 线路串补装置故障

146. 特高压线路就地故障判别装置的判据有（ABCD）。

A. 电压　　　　B. 电流　　　　C. 零序电流　　　　D. 功率

147. 高压线路采用分裂的导线的目的是（ABD）。

A. 抑制电晕　　　　　　　　　　　B. 降低线路电抗

C. 增加线路电容　　　　　　　　　D. 提高输送能力

148. 1000kV 荆门—南阳—长治特高压交流示范工程的主变压器有（ABC）几部分组成。

A. 本体变　　　　B. 调压变　　　　C. 补偿变　　　　D. 换流变

149. 特高压线路保护向对侧发直跳命令的逻辑是（BC）。

A. 保护发单跳令，单相开关跳开

B. 保护发单跳令，两相以上开关跳开

C. 保护发三跳令

D. 以上都不是

150. 为解决特高压线路的过电压问题，设置了（ABC）等多道防线。

A. 线路保护直跳　　　　　　　　　B. 过电压保护及远跳

C. 稳态过电压控制系统　　　　　　D. 以上都不是

151. 1000kV 荆门—南阳—长治特高压交流示范工程联络线设置了解列装置，共设置了（ABC）解列方式。

A. 失步　　　　B. 低压　　　　C. 低频　　　　D. 以上都不是

152. 特高压变压器空冲时励磁涌流的特征是（ABD）。

A. 幅值大　　　　　　　　　　　　B. 衰减慢

C. 二次谐波含量高　　　　　　　　D. 二次谐波含量少

153. 高压直流输电的主要用途是 （ ABCD ）。

    A. 远距离大功率输电   B. 海底电缆送电

    C. 交流系统间的非同步互联   D. 高用电密度的城市供电

154. 直流输电中有功功率控制方式主要有哪几种？（ ABCD ）

    A. 定功率控制   B. 定电流控制

    C. 定电压控制   D. 定熄弧角控制

155. 逆变站有哪些控制功能？（ ABCD ）

    A. 定关断角控制   B. 定直流电流控制

    C. 定直流电压控制   D. 低压限流控制

156. 晶闸管元器件损耗主要有 （ ABC ）。

    A. 通态损耗   B. 断态损耗   C. 开关损耗   D. 电晕损耗

157. 背靠背直流工程的主要用途是 （ ABC ）。

    A. 系统的增容时限制短路电流容量，从而不致更换大量的电气设备

    B. 适用于不同额定频率的交流系统之间的互联

    C. 相同额定频率的两个电网的非同步运行联网

    D. 新能源并网工程

158. 柔性直流输电采用的 VSC 电压源换流器有什么技术特点？（ ABCD ）

    A. 快速控制有功功率和无功功率

    B. 提高电能质量

    C. 对环境的影响最小

    D. 可与弱交流网络甚至无源网络连接

159. 直流输电控制系统的主要层级结构有 （ ABCD ）。

    A. 换流阀控制级、单独控制级   B. 换流器控制级

    C. 极控制级、双极控制级   D. 系统控制级

160. 换流站交流侧非特征谐波产生的主要原因有 （ ABCD ）。

    A. 直流电流中存在纹波   B. 交流基波电压不对称

    C. 换流变压器阻抗相间差异   D. 触发脉冲不等距

161. 换流站直流侧非特征谐波产生的主要原因有 （ ABCD ）。

    A. 交流电压中存在谐波

    B. 换流变压器阻抗相间差异

    C. Y-△和 Y-Y 换流变压器的阻抗差异

    D. 双极的换流器运行参数不相等

162. 为了降低特高压断路器关合和开断时的操作过电压，往往需要采用分闸和合闸电阻，以下哪项是合闸、分闸电阻的动作特性？（ BC ）

    A. 分合闸时刻，分合闸电阻与主触头同时动作

    B. 在合闸时，与合闸电阻串联的辅助触头先关合，经过 10ms 左右，断路器的主触头才关合

    C. 分闸时，断路器的主触头先打开，分闸电阻接在回路中，经过 30ms 左右，与

分闸电阻串联的辅助触头再扫开

D. 以上都不是

163. 现有可控电抗器的技术主要有（ AB ）。

A. 直流偏磁连续控制方式　　　　B. 交流有级控制方式

C. 脉宽调制方式　　　　　　　　D. 以上都不是

164. 目前在选择绝缘子片数时主要有什么方法？（ AB ）

A. 按照绝缘子人工污秽试验，采用绝缘子污耐受法，测量不同盐密下绝缘子的污闪电压，从而确定绝缘子的片数

B. 按照运行经验采用爬电比距法，一般地区直流线路的爬电比距为交流线路的两倍

C. 根据线路输送电压自动确定绝缘子的片数

D. 以上都不是

二、判断题

1. 特高压直流输电系统换流装置的发生的逆弧故障是指桥臂短路故障。（ √ ）

2. 直流输电系统中换流装置的桥臂短路故障只可能发生在桥臂的反向电压阻断期间。（ × ）

3. 直流输电系统中的整流桥臂在反向电压下发生反向导通时故障阀的电流波形在一个周期内有 2 个下降沿。（ √ ）

4. 换流桥直流端母线短路是指换流桥出线至直流线路电抗器之间发生的短路故障。（ √ ）

5. 触发角过小可能造成换相失败。（ √ ）

6. 逆变器发生换相失败时直流电流等于 0，交流电流不等于 0。（ × ）

7. 就我国而言，交流特高压电网指的是 1000kV 电网；特高压直流指的是 ±800kV 直流系统。（ √ ）

8. 理论上，输电线路的输电能力与线路电压的平方成反比，与输电线路的波阻抗成正比。（ × ）

9. 自然功率是在输电线路首端连接幅值为标称电压 U_n 的电源、末端连接幅值与线路波阻抗相等的电阻负荷时所输送的功率。（ √ ）

10. 预计未来 15 年间，我国年均新增装机将超过 3300 万 kW，年均用电增长达到 1600 亿 kWh。（ √ ）

11. 建设特高压电网，可以大幅度提高电网自身的安全性、可靠胜、灵活性和经济性，并具有显著的社会综合效益。（ √ ）

12. 美国从 20 世纪 80 年代后半期就开展了特高压输电技术的研究。（ × ）

13. 日本是世界第一个建成交流特高压工程并投入工业化运行的国家。（ × ）

14. 试验观测结果表明，如果特高压线路采用合理的导线结构和布置方式，不会对人类生活及其所依赖的生态环境造成危害，各项环境影响的控制指标甚至可能低于已运行的 500、750kV 超高压线路。（ √ ）

15. 国家电网公司党组在已有工作成果基础上，根据经济发展和技术进步的新形势，经过广泛调研，慎重研究，于 2004 年底明确提出"加快建设以百万伏级交流和 ±800kV 级直

流系统特高压电网为核心的坚强国家电网"的战略目标。 （ √ ）

16. 通过大量研究比对和科学论证，确定了晋东南—荆门输电线路为交流特高压试验示范工程的优选方案。 （ √ ）

17. ±800kV 直流输电方案的单位输送容量投资约为 ±500kV 直流输电方案的 72%。 （ √ ）

18. 特高压输变电工程的建设一般要经过特高压输电技术试验研究、特高压输变电设备研制、特高压输变电设备运行考核等几个阶段。 （ √ ）

19. 在输送相同功率的情况下，1000kV 线路的最远送电距离可以达到 500kV 线路的 2 倍。 （ × ）

20. 国务院发展研究中心在《我国能源输送方式研究》报告中明确提出"输电与输煤并举，优先发展输电"的方针。 （ √ ）

21. 建设坚强的特高压交流同步电网，不仅能够解决西北大煤电和部分西南水电的电力送出问题，还能够形成坚强的特高压受端电网，为西南水电的大规模送入和东部大核电基地的开发提供坚强的电网支撑。 （ √ ）

22. 特高压输电线路的无功补偿仅依靠固定高压并联电抗器加低压无功补偿设备的模式不够灵活方便。如果用串联电容器补偿代替固定电抗补偿，则能兼顾限制工频过电压和调节无功的需求。 （ × ）

23. 电力系统内部过电压是指由于电力系统故障或者开关操作而引起电网中电磁能量的转化，从而造成瞬时或持续时间较长的高于电网额定工作电压并对电气装置造成威胁的电压升高。内部过电压是电力系统中的一种电磁暂态现象。 （ √ ）

24. 操作过电压具有幅值高、存在高频振荡、阻尼较强以及持续时间长等特点。操作过电压对电气设备绝缘和保护装置的影响主要取决于其幅值、波形和持续时间。 （ × ）

25. 我国超高压输电线路一般都采用三相重合闸，以提高系统运行的稳定水平。为了提高三相重合闸的成功率，应注意重合闸过程的潜供电流和恢复电压问题。 （ × ）

26. 谐振过电压是决定特高压输电系统绝缘水平的最重要依据。 （ × ）

27. 特高压系统主要考虑三种类型操作过电压：合闸（包括单相重合闸）、分闸和接地短路过电压。 （ √ ）

28. 特高压输电线路杆塔较高，绝缘水平高，能引起线路跳闸的雷电过电压主要是雷电感应过电压。 （ × ）

29. 对特高压变电站采取合理设置避雷器（包括数量、位置）是最重要的防雷保护手段。 （ √ ）

30. 特高压输电线路的高电压导体需要用绝缘子与不同电位的导体、杆塔、构架、大地等隔离开来，绝缘子的型式主要分电瓷、玻璃和有机绝缘三种类型。 （ √ ）

31. 交流特高压输电线路设计需要考虑以下几方面的关键技术：导线选型及分裂型式、电磁环境影响、绝缘配合、大跨越设计技术、绝缘子金具防电晕、杆塔方案及荷载、导线对地距离及交叉跨越等。 （ √ ）

32. 由于电压等级的提高，特高压输电线路金具除了具有超高压金具的基本特征外，还要满足在保护绝缘子、屏蔽电晕和无线电干扰方面的更高要求。在选择特高压金具时，首先

应注意机械及电气两方面的安全可靠性，其次要注意选用高强度材料金具，以缩小结构尺寸。 （ ✓ ）

33. 根据设计部门的计算，对于超长距离、超大容量输电，±800kV 直流输电方案的单位输送容量综合造价约为±500kV 直流输电方案的 75％，节省工程投资效益显著。 （ ✓ ）

34. ±800kV、640 万 kW 特高压直流输电方案的线路走廊为 76m，单位走廊宽度输送容量为 8.4 万 kW/m，由于单回线路输送容量大，显著节省山谷、江河跨越点的有限资源。 （ ✓ ）

35. 特高压直流输电具备点对点、超远距离、超大容量送电能力，主要定位于我国西南大水电基地和西北大煤电基地的超远距离、超大容量外送。 （ ✓ ）

36. 由于特高压直流输电系统采用对称双极结构，每站每极采用了（500＋500)kV 的换流器串联接线方案，这种多方面对称式的设计使特高压直流系统有更多接线方式，运行方便灵活，可靠性高。 （ ✗ ）

37. 换流站内的换流器在正常的运行状态下，需要对电压和电流在某些相对固定的位置进行截断和导通控制，因此，换流器交、直流两侧的电流和电压状态量中，除工频交流和直流主要分量外，还有众多的频率为工频及奇数倍的谐波分量。 （ ✗ ）

38. 在直流输电系统中，通常用在换流器两侧设置滤波器的方法来消除换流器运行中产生的各次谐波。滤波器通常调谐在换流器的特征谐波频率处，就近构成特征谐波回路，避免谐波电流进入交、直流线路对通信及其他设施产生影响。 （ ✓ ）

39. 对于特高压直流输电线路的建设，尤其需要重视电晕效应、绝缘配合、电磁环境影响方面的研究。 （ ✓ ）

40. 在直流电压下，空气中的带电微粒会受到旋转电场力的作用被吸附到绝缘子表面，这就是直流的"静电吸尘效应"。 （ ✗ ）

41. 直流输电线路的绝缘配合设计就是要解决线路杆塔和档距中央各种可能的间隙放电，包括导线对杆塔、导线对避雷线、导线对地，以及不同极导线之间的绝缘选择和相互配合。 （ ✓ ）

42. 绝缘配合的基本原则就是研究分析可能作用于设备的各种电压（包括正常工作电压和过电压），采用就地限制过电压的方式，在保证设备足够安全的基础上尽可能简化避雷器配置。 （ ✓ ）

43. 与平原地区相比，高海拔地区的输变电设备的外绝缘要选择较低的绝缘配置。 （ ✗ ）

44. 特高压直流换流站包括交流开关场、换流变压器场、换流阀厅、直流开关场、主控楼及辅助建筑六个部分。 （ ✓ ）

45. 交流输电线路电磁环境影响主要考虑工频电场、工频磁场、无线电干扰和可听噪声四个指标。直流输电线路的电磁环境指标主要考虑直流电场、离子流、直流磁场、可听噪声和无线电干扰。 （ ✓ ）

46. 新投入运行的线路的可听噪声和无线电干扰比运行一段时间后的小。 （ ✗ ）

47. 架空输电线路发生电晕放电时，会向空中辐射电磁波，可能对线路附近的无线电和电视接收产生干扰。从频谱特性看，输电线路的无线电干扰水平在低频段较低。 （ ✗ ）

48. 直流输电线路下的空间电场由两部分合成：一部分由导线所带电荷产生，这种场与导线排列的几何位置有关，与导线的电压成正比，通常称之为静电场或标称电场；另一部分由空间电荷产生。这两部分电场的向量迭加，称为合成电场。（　✓　）

49. 采用增加分裂导线数目和增大子导线截面等措施可以限制输电线路的无线电干扰和可听噪声。（　✓　）

50. 铁路运输具有安全、快捷、稳定等固有优势，现有的运输条件完全可以满足特高压变压器的运输要求。（　✕　）

51. 特高压配电装置主要可分为空气绝缘敞开式配电装置（AIS）和 SF_6 气体绝缘金属封闭配电装置（GIS）两种型式。（　✓　）

52. 我国开发特高压可控电抗器的总体思路是首先开发 1000kV 固定高抗和 500kV 可控高抗，在此基础上开发特高压可控电抗。（　✓　）

53. 直流工程中，送端进行整流变换的地方叫整流站，而受端进行逆变变换的地方叫逆变站。（　✓　）

54. 背靠背直流系统是输电线路长度为零的两端直流输电系统。（　✓　）

55. 单极系统的接线方式只有单极金属回线方式一种。（　✕　）

56. 直流输电不存在交流输电的稳定性问题，有利于远距离大容量送电。（　✓　）

57. 为了得到换流变压器阀侧绕组的电压相位差 30°，其阀侧绕组的接线方式必须一个为星形接线，另一个为三角形接线。（　✓　）

58. 可能发生谐波不稳定是等触发角控制方式的主要缺点。（　✓　）

59. 如果交流系统三相电压对称，在等相位间隔控制作用下，各阀的触发角是不相等的。（　✕　）

60. 在高压直流输电控制系统中，换流器控制是基础，它主要通过对换流器触发脉冲的控制和对触发角的控制，完成对直流传输功率的控制。（　✕　）

61. 高压直流输电工程的基本控制原则是电流裕度法。（　✓　）

62. 正常运行时，通常以逆变侧定直流电流运行，整流侧定关断角或直流电压运行。（　✕　）

63. 设置低压限流特性的目的是改善故障后直流系统的恢复特性。（　✓　）

64. 整流侧直流电压控制的主要目的是控制功率。（　✕　）

65. 直流输电起停控制主要包括直流输电系统从停运状态转变到运行状态以及输送功率从零增加到给定值或从运行状态转变到停运状态的控制功能。（　✓　）

66. 直流输电系统在运行中发生故障，保护装置动作后的停运称为保护停运。（　✕　）

67. 自动再起动用于在直流输电架空线路瞬时故障后，迅速恢复送电的措施。（　✓　）

68. 高压直流输电系统一般有定功率和定电压两种基本的输电控制模式。（　✕　）

69. 功率控制有手动控制和自动控制两种运行控制方式。（　✓　）

70. 换流站装设的无功功率补偿设备通常有交流滤波器、并联电容器、并联电抗器等。（　✓　）

71. 无功功率控制器通常具有手动和自动两种运行方式。（　✓　）

72. 换流变压器分接头控制是直流输电控制系统中用于自动调整换流变压器相位的一个环节，其目的是为了维持整流器的触发角（或逆变器的关断角）在指定范围内或者维持直流电压或换流变压器阀侧绕组空载电压在指定的范围内。（　✕　）

73. 直流输电运行人员控制是为运行人员进行直流输电运行而设的控制、操作及监视

415

功能。 （ √ ）

74．控制保护系统通常由蓄电池系统直接供电，蓄电池通过站用交流电源浮充电运行。（ √ ）

75．为了保证系统的可靠性，蓄电池及充电系统都应只有一套。 （ × ）

76．换相失败是换流阀内部或外部绝缘损坏或被短接造成的故障，这是换流器最为严重的一种故障。 （ × ）

77．直流侧出口短路是指换流器直流端子之间发生的短路故障。 （ √ ）

78．整流器直流侧出口短路与阀短路的最大不同是换流器的阀仍可保持双向导通的特性。 （ × ）

79．直流输电换流器由控制系统的触发脉冲控制，保证直流系统的正常运行。 （ √ ）

80．换流器控制系统的故障体现在触发脉冲不正常，从而使换流器工作不正常。 （ √ ）

81．直流极母线故障主要指接在母线上的无功补偿设备发生对地闪络故障。 （ × ）

82．直流极母线故障在整流站像是换流器直流出口对地短路，在逆变站像是直流线路末端对地短路。 （ √ ）

83．直流滤波器一般接在直流极母线和中性母线之间。 （ √ ）

84．交流系统故障对直流系统的影响是通过加在换流器上的直流电流的变化而起作用的。 （ × ）

85．直流线路故障，一般是以遭受雷击、污秽或树枝等环境因素所造成线路绝缘水平下降而产生的对地闪络为主。 （ √ ）

86．换流器的过电流保护是主保护，电流差动保护是其后备保护。 （ × ）

87．直流线路故障的主保护是直流线路行波保护。 （ √ ）

88．特征谐波是指在理想的条件下，单纯由于换流产生的谐波。 （ √ ）

89．最常用的直流滤波器为双调谐滤波器。 （ √ ）

90．直流输电工程的最小输送功率主要取决于工程的最小直流电流，而最小直流电流则是由最小触发角来决定的。 （ × ）

91．直流系统降压运行时换流器的触发角比额定电压运行时要小。 （ × ）

92．直流输电的潮流反转有正常潮流反转和非正常潮流反转。 （ × ）

93．双极两端中性点接地的直流系统，只允许在双极完全对称的运行方式下采用站内接地网。 （ √ ）

94．直流输电的潮流反转有手动潮流反转和自动潮流反转。 （ √ ）

95．换流变压器的损耗也和电力变压器一样有空载损耗和负荷损耗。 （ √ ）

96．在直流输电系统中，为实现换流所需的三相桥式换流器的桥臂，称为换流阀。 （ √ ）

97．换流变压器与换流阀一起实现交流电与直流电之间的相互转换。 （ √ ）

98．交流滤波器与直流滤波器一起构成换流站直流侧的直流谐波滤波回路。 （ × ）

99．换流器消耗的无功功率与直流输电的直流电压成正比。 （ × ）

100．晶闸管需要在阳极和阴极之间加有正向电压并且控制极上有足够强度的触发脉冲才能导通。 （ √ ）

101．紧急移相是将触发角迅速增加到 90°以上，将换流器从逆变状态变到整流状态，以减小故障电流，加快直流系统能量释放，便于换流器闭锁。 （ × ）

102. 电压应力保护的目的是通过连锁换流变压器分接开关，避免交流电压对所有换流设备产生过高的电气应力，避免阀避雷器过应力以及换流变压器过励磁。　　　　（√）

103. 直流保护配置原则是可靠性、灵敏性、选择性、快速性、可控性、安全性、可修性。　　　　（√）

104. 直流保护特点是微机化、与直流控制系统关系密切、多重冗余配置。　　　（√）

105. 直流输电系统的直流侧设备中流过谐波电流只会对对直流系统本身造成危害。（×）

106. 直流输电控制系统由换流阀控制级、单独控制级、换流器控制级、极控制级、双极控制级和系统控制级组成。　　　　（√）

107. 直流输电系统的优点包括输电线路造价低；实现两端交流系统的非同步联网，并可隔离两端交流系统干扰的相互影响；交直流并联可用于提高交流系统的稳定性；输送功率的快速调节、控制能力强。　　　　（√）

108. 两端直流输电系统由整流站和逆变站组成。　　　　（×）

109. 两端直流输电系统可分为单极系统、双极系统和背靠背直流输电系统三种类型。
　　　　（√）

110. 6 脉动换流器在交流侧和直流侧分别产生 $12K\pm1$ 次和 $12K$ 次特征谐波，12 脉动换流器在交流侧和直流侧分别产生 $6K\pm1$ 次和 $6K$ 次特征谐波。　　　　（×）

111. 换流器触发相位控制有等触发角控制和等相位间隔控制两种控制方式。　（√）

112. 直流输电系统的启停包括正常起动、正常停运、故障紧急停运这三种方式。（×）

113. 换流站装设的无功功率补偿设备通常有交流滤波器、并联电容器、并联电抗器等。
　　　　（√）

114. 换流器故障可分为主回路故障和控制系统故障两种类型。　　　　（√）

115. 直流线路断线将造成直流系统开路，直流电流下降到零，整流器电压上升到最大限值。　　　　（√）

116. 直流输电系统潮流翻转可分为手动潮流翻转和自动潮流翻转以及正常潮流翻转和紧急潮流翻转。　　　　（√）

117. 直流输电工程由于绝缘问题或检修状态下需要降低直流电压运行。　　　（×）

118. 直流输电工程不能运行在双极电压和电流均不对称方式。　　　　（×）

119. $\gamma-kick$ 功能，也即 γ 角跃变功能，在交流滤波器或并联电容器切除时，瞬时增加 γ 角整定值，以提高换流器无功功率的消耗，进而限制交流电压阶跃，此功能在整流侧和逆变侧都可以使用。　　　　（×）

120. 根据电流裕度控制原侧，逆变器也需装设电流调节器，不过逆变器定电流调节器的整定值比整流器小，因而在正常工况下，逆变器定电流调节器不参与工作。　　（√）

121. "误开通"的特征是：整流侧发生误开通时，因直流电压稍有上升，使直流电流也稍有上扬；逆变侧发生误开通时直流电压下降或发生换相失败，使直流电流增加。　（√）

122. 金属回线转换断路器（MRTB）保护的目的是当电流从大地回线向金属回线转移失败时，保护金属回线转换断路器。其工作原理是测量两条接地极引线的直流电流，当断路器断开并直流电流在一定时间后仍不为零，保护动作。　　　　（√）

123. 1000kV 荆门—南阳—长治特高压交流示范工程主变压器为自耦变。　　（√）

124. 2009 年 1 月 6 日荆门—南阳—长治特高压交流示范工程正式投入运行。（ √ ）

125. 1000kV 荆门—南阳—长治特高压交流示范工程首次实现华北和华中交流联网。（ × ）

126. 淮南—皖北—浙北—沪西特高压交流示范工程采用单回线路输电。（ × ）

127. 1000kV 荆门-南阳-长治特高压交流示范工程特主变压器采用有载调压方式。（ × ）

128. 当特高压线路上发生故障，导致一侧保护动作跳开三相时，保护装置向对侧发远方三相跳闸信号，对侧收到远跳信号后，直接跳三相。（ √ ）

129. 荆门-南阳-长治特高压交流示范工程的变压器由本体变和调压补偿变两部分组成。（ √ ）

130. 特高压变压器保护的主变压器保护对调压变和补充变内部故障具有灵敏度，因此不需要配置独立的调压补偿变保护。（ √ ）

131. 特高压线路光纤差动保护必须考虑暂态电容电流的影响。（ √ ）

132. 特高压输电线路输送潮流只和自然功率有关。（ × ）

133. 特高压输电线路加装串补电容的目的是提高线路输送能力。（ √ ）

134. 交直流混联电网的换流器与交流同步电网中的发电机不同，整流侧换流器不能提供短路电流，逆变侧换流器由于换相失败、控制系统的调节作用等，其故障时不具备交流发电机的故障特征。（ √ ）

135. 交直流混联电网交流系统故障时，对交流被保护元件而言，其背侧系统的正负序阻抗幅值和相角相等。（ × ）

136. 特高压线路串补电容的引入缩短了距离保护的保护范围。（ × ）

137. 直流输电采用单极大地回线运行方式时，容易引起电网中变压器的直流偏磁现象。（ √ ）

138. 直流输电换流变压器的短路阻抗在阀臂短路时起着限制故障电流的作用，一般取 $16\% \sim 19\%$。（ √ ）

139. 直流滤波器的主要作用是防止换流器换流所产生的谐波电流对通信系统的干扰，而背靠背换流站可以不装设直流滤波器。（ √ ）

140. 整流器和逆变器均需要吸收无功功率。（ √ ）

141. 换流阀阀塔安装结构主要有悬挂式和支撑式两种。（ √ ）

142. 直流输电保护应不依赖于两换流站之间的通信系统。（ √ ）

143. 直流输电控制系统故障有误触发、不触发两种。（ √ ）

144. 接地极的作用是钳制中性点电位和为直流电流提供返回通路。（ √ ）

145. 忽略换流器的损耗，交流功率一定等于直流功率。（ √ ）

146. 单调谐滤波器：由电阻 R、电感 L 和电容 C 等元件串联组成的滤波电路，它在某一低次谐波（或接近低次谐波）频率的阻抗最小，它是一种并联滤波器。可同时抑制两种谐波。（ × ）

147. 双调谐滤波器：对两种低次谐波同时具有很低的阻抗，可同时抑制两种特征谐波。（ √ ）

148. 双桥逆变器当熄弧角过小时，双桥逆变器会发生换相失败，导致逆变器直流侧短时间的短路，直流电流偏低。（ × ）

149. 双桥逆变器如果发生连续换相失败，则直流电流增加过多，直流控制与保护系统将动作，采取故障紧急移相的控制措施，使高压直流输电系统单极或双极停止运行。（　√　）

150. 双桥逆变器如果只是发生一次换相失败，直流电流增高较小，整流侧定直流电流控制动作，很快就能将直流电流调回到整定值。（　√　）

151. 采用普通晶闸管换流阀进行换流的高压直流输电换流站，一般均采用电网电源换相控制技术，其特点是换流器在运行中要从交流系统吸取大量的无功功率。（　√　）

152. 软起动方式可有效防止直流输电线路的对地电容和直流电抗器之间的谐振造成的过电压、直流电流的断续的发生和直流功率突变对交流系统的大扰动。（　√　）

153. 直流电流为恒定（平波电抗器 L_d 阻止了 I_d 的变化），由于每个阀导通 120°，交流线电流变成幅值为 I_d，宽度为 120°的方波，则交流线电流的波形与 α 无关，只有相位移随 α 而变化。（　√　）

154. 自然功率是在输电线路首端连接幅值为标称电压 U_n 的电源、末端连接幅值与线路波阻抗相等的电阻负荷时所输送的功率。（　√　）

155. 特高压系统主要考虑三种类型操作过电压：合闸（包括单相重合闸）、分闸和接地短路过电压。（　√　）

156. 对特高压变电站采取合理设置避雷器（包括数量、位置）是最重要的防雷保护手段。（　√　）

157. 换流站内的换流器在正常的运行状态下，需要对电压和电流在某些相对固定的位置进行截断和导通控制，因此，换流器交、直流两侧的电流和电压状态量中，除工频交流和直流主要分量外，还有众多的频率为工频及奇数倍的谐波分量。（　×　）

158. 在直流输电系统中，通常用在换流器两侧设置滤波器的方法来消除换流器运行中产生的各次谐波。滤波器通常调谐在换流器的特征谐波频率处，就近构成特征谐波回路，避免谐波电流进入交、直流线路对通信及其他设施产生影响。（　√　）

159. 在直流电压下，空气中的带电微粒会受到旋转电场力的作用被吸附到绝缘子表面，这就是直流的"静电吸尘效应"。（　×　）

160. 直流输电线路的绝缘配合设计就是要解决线路杆塔和档距中央各种可能的间隙放电，包括导线对杆塔、导线对避雷线、导线对地，以及不同极导线之间的绝缘选择和相互配合。（　√　）

161. 绝缘配合的基本原则就是研究分析可能作用于设备的各种电压（包括正常工作电压和过电压），采用就地限制过电压的方式，在保证设备足够安全的基础上尽可能简化避雷器配置。（　√　）

162. 特高压直流换流站包括交流开关场、换流变压器场、换流阀厅、直流开关场、主控楼及辅助建筑六个部分。（　√　）

163. 直流输电线路下的空间电场由两部分合成：一部分由导线所带电荷产生，这种场与导线排列的几何位置有关，与导线的电压成正比，通常称之为静电场或标称电场；另一部分由空间电荷产生。这两部分电场的向量迭加，称为合成电场。（　√　）

三、简答题

1. 直流输电架空线路相对于交流线路的优点是什么？

答：直流输电架空线路只需正负两极导线、杆塔结构简单、线路造价低、损耗小。

2. 晶闸管换流阀的特点有哪些？

答：单相导电性；换流阀的导通条件是阳极对阴极为正电压和控制极对加能量足够的正向触发脉冲两个条件必须同时具备，缺一不可；换流阀的控制极无关断能力，只有当经换流阀的电流为零时，它才能关断，是靠外回路的能力来进行关断的。

3. 柔性直流输电具有什么特点？

答：首先它可减少换流站的设备、简化换流站的结构；其次，由于采用了新型换流器，使输电工程具有良好的运行性能。

4. 换流变压器分接头的角度控制与电压控制相比，有什么优缺点？

答：角度控制与电压控制相比，其优点是换流器在各种运行工况下都能够保持较高的功率因数，即输送同样的直流功率，换流器吸收的无功功率较少；其缺点是分接头动作次数较频繁，因而检修周期较短，分接头调压范围也要求宽些。

5. 阀短路的特征有哪些？

答：交流侧交替地发生两相短路和三相短路；通过故障阀的电流反向，并剧烈增大；交流侧电流激增，使换流阀和换流变压器承受比正常运行大得多的电流；换流桥直流母线电压下降；换流桥直流侧电流下降。

6. 换相失败的特征有哪些？

答：关断角小于换流阀恢复阻断能力的时间；6脉动逆变器的直流电压在一定时间下降到零；直流电流短时增大；交流侧短时开路，电流减小；基波分量进入直流系统。

7. 阀触发异常保护的目的是什么？

答：阀触发异常保护的目的是检测发出控制脉冲后换流阀是否导通，检测意外的阀触发，防止被选为投旁通对的阀不能导通，检测投旁通对阀的意外导通。

8. 换流站中的主要设备有哪些？

答：换流阀、换流变、平波电抗器、交流开关设备、交流滤波器及交流无功补偿装置、直流开关设备、直流滤波器、控制与保护装置以及远程通信系统等。

9. 平波电抗器的作用是什么？

答：防止由直流线路或直流开关站所产生的陡波冲击波进入阀厅，从而使换流阀免受过电压应力而损坏；平滑直流电流中的纹波，能避免在低直流功率传输时电流的断续；抑制电流变化率以降低换相失败。

10. 为什么直流保护要进行系统切换？切换系统是如何进行的？

答：对于换流器保护、极保护和双极保护，为了防止由于测量控制系统故障而引起保护的误动作，提高保护动作的正确性，采用了由工作系统切换到备用系统的概念。当工作系统的保护发出跳闸命令前，在允许的时间内首先进行系统切换，如果冗余系统也发出跳闸指令，则跳闸命令出口，否则跳闸命令不出口。

11. 直流系统保护分为几个保护区？

答：换流阀保护区、换流变保护区、极保护区、双极保护区、交流滤波器保护区。

12. 按直流系统保护所针对的情况，配置的保护分为哪几类？

答：第一类：针对故障的保护，如阀短路保护；第二类：针对过应力的保护，如过电压保护；针对器件损坏的保护，如电容器不平衡保护；第四类：其他，如功率震荡等。

13. 有哪几种情况会引起换相失败？

答：逆变器换流阀短路、逆变器丢失触发脉冲、逆变侧交流系统故障等均会引起换相失败。

14. 晶闸管换流阀的运行触发角工作范围的优化选择应考虑哪些因素？

答：（1）满足额定负荷、最小负荷和直流降压等各种运行方式的要求。

（2）满足正常启停和事故启停的要求。

（3）满足交流母线电压控制和无功调节控制等要求。

15. 投旁通对的目的是什么？

答：由于旁通对投入后直流回路被旁通对短路，换流器的交流侧只有旁通对连接的交流相与直流回路相连，其他两相被闭锁阻断从而可以减小因故障而使换流变压器发生直流偏磁，从而也可以迅速断开交流侧断路器。

16. 特高压线路保护设置直跳保护的目的是什么？

答：根据 1000kV 特高压输电系统过电压及电磁暂态分析的专题研究，在发生单相接地故障三相甩负荷，在故障侧发生开关拒动时需要采取措施，使非故障相承受工频过电压的持续时间在 0.1s 内，以使过电压的幅值限制在 1.4P.U 内。显然发生上述情况时，如果通过失灵保护出口不能满足上述要求，因此需要在保护三跳时，向对侧传送信号，满足单相接地故障时一侧三相跳闸甩负荷另一侧断路器发生拒动时，在非故障相的工频过电压持续时间应小于 0.1s。

17. 1000kV 荆门—南阳—长治特高压交流示范工程启动调试期间，开展了哪些试验项目？

答：启动调试期间先后完成了主变零起升压、线路零起升压、空载变压器投切、空载线路投切、1000kV 线路并、解列、联络线功率控制、低压电抗器/电容器投切、南阳开关站拉环流，系统动态扰动，大负荷和人工短路接地等 15 大项试验。

18. 特高压变压器保护与常规变压器保护的区别？

答：由于主体变保护对调压补偿变没有灵敏度，变压器保护由主体变保护和调压补偿变保护组成；调压补偿变保护根据挡位设 9 组定值，根据不同的运行方式，手动切换定值区。

19. 特高压线路保护与常规线路保护需要注意哪些问题？

答：（1）由于特高压线路工频过电压问题比较突出，需要设置直跳功能，当一侧保护动作跳开二相以上，则传送信号给对侧保护进行联跳。

（2）考虑到暂态分布电容的影响，光纤差动保护需采取精确的补偿方案。

20. 1000kV 线路设置远方跳闸及过电压保护的目的是什么？

答：配置 1000kV 线路设置远方跳闸及过电压保护是在线路一侧出现过电压或发生某些类型故障时，通过传输远方跳闸信号给对侧，从而达到切除对侧开关隔离故障的目的。

21. 低压限流特性的主要作用有哪些？

答：避免逆变器长时间换相失败，保护换流阀；在交流系统出现干扰或干扰消失后使系统保持稳定，有利于交流系统电压的恢复；在交流系统故障切除后，为直流系统的快速恢复创造条件，在交流电压恢复期间，平稳增大直流电流来恢复直流系统。

22. 说明直流系统再起动的过程。

答：在直流系统发生闪络故障时，直流线路保护动作，启动再起动程序，将整流器控制角迅速增大到 120°～150°，变为逆变运行，使直流系统储存的能量很快向交流系统释放，直流电流迅速下降到零。等待一段时间，待短路弧道去游离后，再将整流器的触发角按一定速率逐渐减小，使直流系统恢复正常运行。

23. 换流变压器的功能作用是什么？

答：为换流阀提供换相电压；实现交、直流间的能量传输；实现交直流系统隔离；抑制网侧过电压进入阀本体。

24. 阀短路保护的目的和原理是什么？

答：保护目的是保护晶闸管换流阀免受故障造成的过应力。其工作原理是利用阀短路、换流器交流侧相间短路或阀厅直流端出线间短路时换流器交流侧电流大于直流侧电流的故障现象作为保护的判据。在正常运行时，这些电流是平衡的；当发生阀短路时，故障阀和正在换相的正常阀流过高幅值电流；如果同一个 6 脉动阀组内第三个阀被触发，这种大电流也将流过这个阀；为避免这种情况，在第三个阀触发前，快速地检测故障，并且不投旁通对，立即闭锁换流器。

25. 直流输电工程所采用的降压方法主要有哪些？

答：（1）加大整流器或逆变器的触发角。

（2）利用换流变分接头调节来降低换流器的交流侧电压，从而达到降低直流电压的目的。

（3）当特高压直流输电工程每极有两组基本换流单元串联连接时，可以利用闭锁一组换流单元的方法，使直流电压降低 50%。

（4）当直流输电工程由孤立的发电厂供电或整流站采用发电机—变压器—换流器的单元接线方式时，可以考虑利用发电机的励磁调节系统来降低换流器交流侧的电压从而达到降低直流电压的目的。

26. 直流输电工程所采用的降压方法主要有哪些？

答：（1）加大整流器或逆变器的触发角。

（2）利用换流变分接头调节来降低换流器的交流侧电压，从而达到降低直流电压的目的。

（3）当特高压直流输电工程每极有两组基本换流单元串联连接时，可以利用闭锁一组换流单元的方法，使直流电压降低 50%。

（4）当直流输电工程由孤立的发电厂供电或整流站采用发电机—变压器—换流器的单元接线方式时，可以考虑利用发电机的励磁调节系统来降低换流器交流侧的电压从而达到降低直流电压的目的。

27. 什么是交直流输电比较的经济等价距离？

答：输送相同功率时，直流输电线路所用线材仅为交流输电的 $1/2\sim2/3$，直流输电线路走廊占地面积也大幅减少。但是，直流输电系统中的换流站的造价和运行费用要比交流输电系统变电站的高，当输电距离增加到一定值后，直流输电线路所节省的费用刚好抵偿了换流站所增加的费用，此时这个输电距离即被称为交流输电与直流输电的等价距离。

28. 高压直流输电的主要技术缺点有哪些？

答：（1）直流换流站比交流变电站的设备多、结构复杂、造价高、损耗大、运行费用高。

（2）谐波较大。

（3）直流输电工程在单极大地回路方式下运行时，入地电流会对附近的地下金属体造成一定腐蚀，窜入交流变压器的直流电流会使变压器噪声增加。

（4）若要实现多端输电，技术比较复杂。

29. 什么是直流输电的换相重叠？它是如何产生的？

答：直流电流换相过程中，释放电流的相和接收电流的相同时承载电流，这叫做换相重叠。它的产生是由于换流变压器的漏磁电感只允许有限的电流变化陡度 di/dt，但换相过程不可能是瞬间完成的，而是需要一定的时间，在这个时间之内释放电流的相和接收电流的相将会同时承载电流，这个过程称为换相重叠。

30. 直流输电阀塔的均压电容器的作用是什么？

答：在每个阀组件中，在晶闸管级和阳极电抗器之间都连接有均压电容器，其作用可以线性化的分配阀的电压，使陡波冲击电压线性分布。

31. 直流平波电抗器有哪几种？其特点是什么？

答：干式平波电抗器：直流负荷一般不是很大时采用，对地绝缘简单，潮流反转时无临界介质场强，负荷电流和磁链成线性关系，暂态过电压较低。可听噪声低，重量轻，易于运输和处理，运行维护费用低，但对污秽比较敏感。

油浸式平波电抗器：与干式平波电抗器相比，油浸式的特点几乎和它相反。油浸式电抗器有铁芯容易增加单台电感量。油绝缘系统成熟，运行可靠，抗振性能好，采用干式套管取代水平穿墙套管，避免了水平穿墙套管的不均匀湿闪问题。

32. 高压直流线路运行时遭受雷击所采取的对策有哪些？

答：直流线路受雷击后，通常是使整流器的触发角移相使之变为逆变器运行，直流电压和电流很快降到零，经一定的去游离时间使故障点灭弧，再重新启动，直流系统恢复送电，类似于交流线路的重合闸。

33. 直流输电系统的潮流反转是如何实现的？

答：换流阀的单向导通性，直流回路中的电流方向是不能改变的。因此，直流输电的潮流反转不是改变电流方向，而是改变电压极性来实现。此时需要改变两端换流站的运行工况，将运行于整流状态的整流站变为逆变运行，而运行于逆变状态的逆变站变为整流运行。

34. 直流输电控制系统一般分为哪几个层次等级？

答：一般分为系统控制级、双极控制级、极控制级、换流器控制级、单独控制级和换流阀控制级。

35. 简述直流输电的低电压限流。

答：低电压限流就是在某些故障情况下，当发现直流电压低于某一定值时，自动降低直流电流调节器的整定值，待直流电压恢复后，又自动恢复整定值的控制功能。

36. 简述直流输电为什么要采用电流裕度控制。

答：整流侧特性由定直流电流和定最小触发角两段直线构成；逆变侧特性由定直流电流和定关断角或定直流电压两段特性构成。为了避免两端电流调节器同时工作，引起调节的不稳定，逆变侧电流调节器的定值比整流侧一般小 $0.1p\mu$。

37. 直流输电频率限制控制功能的主要作用是什么？

答： 频率限制控制功能是当两侧交流网受到干扰引起频率波动时，通过调节系统间传输的直流功率使频率趋于稳定。特别对于与直流系统连接的交流网为独立的弱小交流系统时，当交流系统的发电丢失或线路故障引起频率波动时，通过调节传输的直流功率来维持系统稳定；对于受端为岛屿的情况下，直流系统的启停也会给岛屿的交流系统造成频率波动。

38. 为什么极控系统中设置有最小触发角控制？

答： 一般直流工程中，一个阀由数十个或上百个晶闸管串联组成，如果晶闸管控制极上施加触发脉冲的时刻，晶闸管的正向电压太低，会导致阀内各晶闸管导通的同时性变差，对阀的均压不利，因此必须设置最小触发角，世界上绝大多数直流工程采用的最小触发角均为 $5°$。

39. 换流站内，影响母线电压和无功的因素有哪些？

答： 换流站内，影响母线电压和无功的因素有：

(1) 连接的交流滤波器（或可用的交流滤波器）及电容器小组。

(2) 换流器消耗的无功。

40. 直流站控通过什么方法来进行无功控制，其控制模式有哪些？

答： 直流站控通过投切交流滤波器和电容器小组来满足设定的无功范围。其无功控制主要有两种控制模式，即定无功功率控制和定交流母线电压控制。

41. 交流滤波器小组根据什么要求进行投切？

答： 交流滤波器小组根据下列要求进行投切：

(1) 无功功率要求。

(2) 谐波性能要求。

(3) 交流电压限制。

42. 何为高压直流保护系统的"三取二"配置？

答： 三取二配置方式是高压直流保护系统的三套硬件和电源独立的，功能完全相同的保护通道，输出采用"三选二"方式，即三套冗余的直流保护系统同时采集各点数据量，经逻辑判断后出口，只有三套中的两套以上同时出口，直流保护指令才发出到相应回路。在一套保护故障时，剩下的两个通道能自动变成"二取一"。保护输出逻辑电路在硬件上应与保护设备分开，也应采取冗余措施。

43. 高压直流轴电保护系统保护策略有哪些？

答： 在高压直流输电系统中，由于换流阀具有灵活的可控性，直流保护动作后，对故障的处理和交流有很大的区别，因为直流电流没有过零点，断路器无法开断故障电流，只有闭锁触发脉冲、极控系统限制电流等手段才能消除故障。高压直流输电保护系统保护策略主要有：

(1) 闭锁触发脉冲。

(2) 紧急停运。

(3) 直流线路故障再启动。

(4) 换相失败恢复。

(5) 降电流。

(6) 投旁通劝禁止投旁通对。

（7）切换极控系统。

（8）直流开关动作等。

44. 直流线路的雷击特点？

答： 因为直流输电线路的两个极线路电压极性是相反的。根据异性相吸、同性排斥的原理，带电云容易向不同的直流线路放电，所以两个极在同一地点同时受到雷击的几率几乎等于零。直流线路遭受雷击时，线路电压会瞬时升高，当绝缘不能承受该电压时，就发生直流线路对地闪络。

45. 直流输电的滤波器分为哪几类？

答： 按类型可以大致分为：无源滤波器、有源滤波器、混合滤波器。按使用场合可以分为：交流滤波器和直流滤波器。

46. 换流技术的发展经历了哪几个时期？

答： 换流技术的发展是随着换流元件的发展而发展的：总体来说换流技术的发展大致经历了以下 3 个时期：

（1）汞弧阀换流时期。

（2）晶闸管阀换流时期。

（3）新型半导体换流设备的应用时期。

47. 什么是高压直流线路绝缘子的"静电吸尘效应"？

答： 空气在直流电压建立的电磁场作用下，带电微粒会受到恒定方向电场力的作用被吸附到绝缘子表面，这就是高压直流线路绝缘子的"静电吸尘效应"。

48. 直流输电单极大地回线接线方式有什么特点？

答： 单极大地回线方式是利用一根导线和大地（或海水）构成直流侧的单极回路，两端换流站均需接地。这种方式的大地（或海水）相当于直流输电线路的一根导线。单极大地回线方式的线路结构简单，可利用大地这个良导体，省去一根导线，线路造价低，可其运行的可靠性和灵活性均较差，同时对接地极的要求较高，使得接地极的投资增加。

49. 整流器的出口侧短路有何特点？

答： 整流器出口侧短路是指高压直流母线和低压直流母线间的短路。如果出口短路出现在换流阀的正常工作期间，相当于发生了交流两相短路，当下一个阀开通时，形成了三相短路。如果出现在换相期间，在直接发生三相短路。但该故障出现的概率较小（因为两个母线间的空间距离较大）。整流器出口侧短路故障的特点是：

（1）直流母线电压下降很快，且残压较小，直流线路电流减小。

（2）从交流侧来看，是通过换流器形成交替两相短路和三相短路。

（3）流过导通阀和换流变的电流剧增，且要承受比正常值大得多的电流。

（4）最大的特点是换流器的阀能保持单向导通的特性，且能正常地触发。

50. 简述正常情况下直流输电系统的停运步骤。

答： 正常情况直流输电系统的停运步骤为：

（1）整流侧逐步减小直流电流至允许运行的最小值，同时交流滤波器根据系统无功功率的变化逐步切除。

（2）闭锁整流器触发脉冲，并退出整流侧其余交流滤波器小组。

（3）当直流电流降到零以后，闭锁逆变器的触发脉冲并退出逆变侧的交流滤波器小组。

（4）系统两端换流站分别操作直流场设备，使得直流线路隔离。

（5）系统两端换流站分别对交流滤波器进行停电操作。

51. 直流系统的紧急停运功能是怎样实现的？

答：当直流系统发生故障时，为了尽快消除故障点的直流电弧，保护直流输电设备，需要为直流系统设计紧急停运功能，其实现原理是将整流器的触发角 α 迅速的移相至 $120°\sim150°$ 之间，使得换流器转变为逆变器运行，让直流系统内的能量能够快速送回交流系统。当直流电流降至零时，将两端换流器的触发脉冲分别闭锁，接着跳开两侧换流变压器网侧交流开关，实现交直流系统的隔离。

52. 直流线路故障再启动功能的作用是什么？

答：直流系统设计自动再启动功能的作用在于直流输电架空线路发生瞬时故障后，能够快速地恢复送电。通常直流输电系统的自动再启动过程为：当直流保护系统检测到直流线路瞬时故障后，整流器的触发角立即移相至 $120°\sim150°$，使整流器转变为逆变器运行。当直流电流降到零后，再按照一定的速度减小整流器触发角，使其恢复整流运行，并快速调整直流电压和电流至故障前状态，相当于交流输电线路的重合闸功能。

53. 简述高压直流输电线路的类型及其特点。

答：直流输电线路是直流输电系统的重要组成部分，直流输电相对于交流输电系统，其架空线路的杆塔载荷较小，线路所需走廊也窄。在相同的输送功率下，直流输电可以节省大量有色金属、钢材、绝缘子等材料，线路造价较低。就其基本结构而言，直流线路可分为架空线路、电缆线路和架空—电缆混合线路三种类型。与使用电缆的系统相比，直流架空输电线路多被采用双极系统。

54. 高压直流输电线路配置哪些保护？

答：直流线路是连接两个换流站的重要设备。直流线路的故障受天气、所经的环境、线路绝缘水平的影响。针对直流线路可能发生的故障，不同的直流系统设计了不同的保护元件，目的是确保准确、快速、可靠的切除故障。高压直流线路保护一般配置有：

（1）行波保护。

（2）直流微分低电压保护。

（3）直流线路差动保护。

（4）交、直流线路碰线保护。

（5）谐波保护。

（6）直流线路突变量保护。

55. 换流变压器的功能作用是什么？

答：为换流阀提供换相电压；实现交、直流间的能量传输；实现交直流系统隔离；抑制网侧过电压进入阀本体。

56. 低压限流特性的主要作用有哪些？

答：避免逆变器长时间换相失败，保护换流阀；在交流系统出现干扰或干扰消失后使系统保持稳定，有利于交流系统电压的恢复；在交流系统故障切除后，为直流系统的快速恢复创造条件，在交流电压恢复期间，平稳增大直流电流来恢复直流系统。

四、分析题

1. 说明换相失败的过程。

答：当逆变器换流阀两个阀进行换相时，因换相过程未能进行完毕，或者预计关断的阀关断后，在反向电压期间未能恢复阻断能力，当加在该阀上的电压为正时，立即重新导通，则发生了倒换相，使预计开通的阀重新关闭，这种现象称之为换相失败。

2. 阀短路保护的目的和原理是什么？

答：保护目的是保护晶闸管换流阀免受故障造成的过应力。其工作原理是利用阀短路、换流器交流侧相间短路或阀厅直流端出线间短路时换流器交流侧电流大于直流侧电流的故障现象作为保护的判据。在正常运行时，这些电流是平衡的；当发生阀短路时，故障阀和正在换相的正常阀流过高幅值电流；如果同一个 6 脉动阀组内第三个阀被触发，这种大电流也将流过这个阀；为避免这种情况，在第三个阀触发前，快速地检测故障，并且不投旁通对，立即闭锁换流器。

3. 直流输电工程所采用的降压方法主要有哪些？

答：（1）加大整流器或逆变器的触发角。

（2）利用换流变分接头调节来降低换流器的交流侧电压，从而达到降低直流电压的目的。

（3）当特高压直流输电工程每极有两组基本换流单元串联连接时，可以利用闭锁一组换流单元的方法，使直流电压降低 50%。

（4）当直流输电工程由孤立的发电厂供电或整流站采用发电机—变压器—换流器的单元接线方式时，可以考虑利用发电机的励磁调节系统来降低换流器交流侧的电压从而达到降低直流电压的目的。

4. 请说明直流线路纵差保护的原理和特点。

答：纵差保护计算本站直流线路电流与对站直流线路电流的差值，然后与参考值比较，若超过了参考值，保护就动作。

纵差保护必须依赖站间的正常通信，还必须补偿对站直流线路电流传输到本站的时差。

在下列情况下闭锁直流线路纵差保护：

（1）极启停过程中。

（2）逆变侧换相失败时。

（3）整流侧和逆变侧发生交流系统故障时。

5. 画出 6 脉动换流单元原理图。

答：见图 12-1。

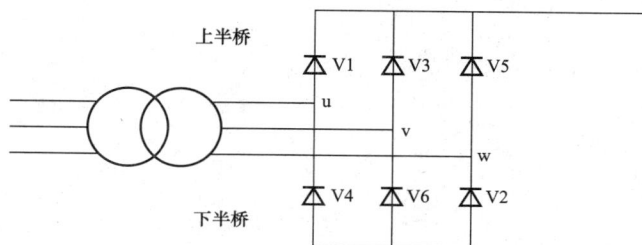

图 12-1

6. 计算 6 脉动整流器输出直流电压的平均值，已知交流侧线电压为 220kV，触发角 $\alpha=15°$，换相角 $\mu=20°$。

答：
$$U_{d0}=1.35E=1.35\times220=297\ (\text{kV})$$

$$Ud=U_{d0}\frac{\cos\alpha+\cos(\alpha+\mu)}{2}=297\frac{\cos15+\cos(15+20)}{2}$$

$$=297\frac{0.9659+0.8192}{2}=265(\text{kV})$$

第三篇

技 能 篇

第十三章

整 定 案 例

110kV 及以下继电保护整定计算案例

【题目】如图 13-1 所示，A 变电站、B 变电站分属不同大系统供电的 220kV 变电站。C 变电站为老变电站，C 变电站 1、2 号主变压器有且只有一台主变压器 110kV 中性点保持接地运行（正常方式下，1 号主变压器 110kV 中性点接地运行），35kV 母线上仅有一条 35kV 出线，其他 35kV 出线均已退出运行。在 E 变电站投运前，C 变电站 1、2 号主变压器 35kV、10kV 并列运行。

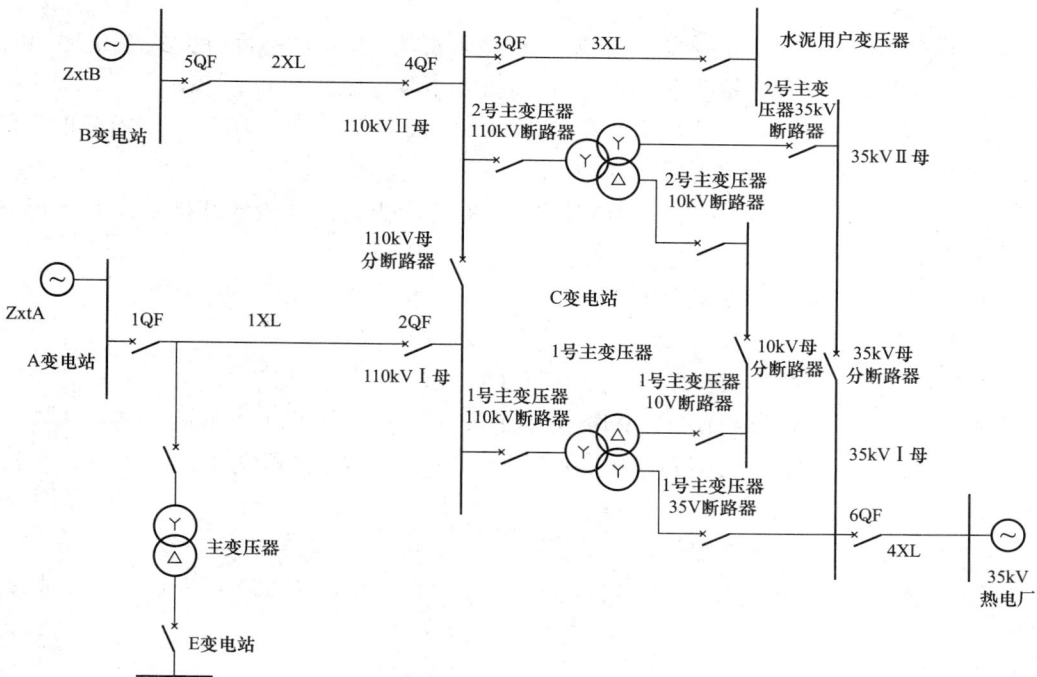

ZxtB　5QF　2XL　4QF　3QF　3XL　水泥用户变压器

B变电站　110kV Ⅱ母　2号主变压器110kV断路器　2号主变压器35kV断路器

2号主变压器10kV断路器　35kV Ⅱ母

110kV母分断路器　C变电站

ZxtA　1QF　1XL　2QF　1号主变压器　1号主变压器10V断路器　10kV母分断路器　35kV母分断路器

A变电站　110kV Ⅰ母　1号主变压器110kV断路器　1号主变压器35V断路器　35kV Ⅰ母

主变压器　6QF　4XL　35kV 热电厂

E变电站

图 13-1

E 变电站为准备投运变电站，进线 T 接至 1XL 线路上运行，新上 E 变电站主变压器 110kV 中性点不接地运行。

试根据以上 E 变电站接入后的下图所示的供电系统进行 1QF 线路保护、C 变电站 1 号主变压器保护及 110kV 母差保护进行整定计算，并对系统进行分析。

已知条件如下：

1. 线路、主变压器、系统参数

（1）线路参数。

1）1XL 线路参数：

A 站到 C 站参数：$Z_1 = 3\Omega \angle 77.2°$；$Z_o = 5.05\Omega \angle 64.8°$；线路长度 8.5km。

A 站到 E 站参数：$Z_1 = 13.2\Omega \angle 76°$；$Z_o = 36.4\Omega \angle 72°$；线路长度 32km。

T 点接在 A 变电站外 1XL 线路上。

2）4XL 线路参数（标幺值）：$Z_1 = 0.1 + j0.2$。

（2）主变压器参数。

1）C 站 1、2 号主变压器参数：型号 SSZ9-40000kVA/110，接线组别 YNYn0d11，额定电压：$110 \pm 8 \times 1.25\%/37 \pm 2 \times 2.5\%/10.5$；主变压器阻抗百分比：高—中为 10%，高—低为 18.0%，中—低为 6.5%；零序阻抗 48Ω。

2）E 站变压器。主变压器参数：型号 SZ10-50000kVA/110，接线组别 YNd11，额定电压：$110 \pm 8 \times 1.25\%/10.5$；正序阻抗 j37$\Omega$；零序阻抗 j31.74$\Omega$。

（3）、大系统阻抗。

A 变电站 Z_{xt}（标幺值）：大运行方式下正序阻抗为 j0.04，小运行方式下正序阻抗为 j0.09；大运行方式下零序阻抗为 j0.02，小运行方式下零序阻抗为 j0.035。

B 变电站 Z_{xt}（标幺值）（已归算至 C 站 110kV Ⅱ 段母线）：大、小运行方式下正序阻抗为 j0.12，大、小运行方式下零序阻抗为 j0.14。

（4）35kV 热电厂（已归算至 C 变电站 35kV Ⅰ 段母线，标幺值）开机时：大运行方式下正序阻抗为 j0.95；小运行方式正序阻抗为 j1.6。

2. E 站未接入前部分保护定值情况

（1）QF3 保护定值（一次定值）。

相间距离保护：Ⅰ段为 9Ω/0s；Ⅱ段为 18Ω/0.3s；Ⅲ段为 115Ω/2.0s

接地距离保护：Ⅰ段为 8Ω/0s；Ⅱ段为 19Ω/0.3s；Ⅲ段为 95Ω/2.0s

零序保护Ⅳ段：Ⅰ段为 3077A/0s；Ⅱ段为 980A/0.3s；Ⅲ段为 220A/0.6s；Ⅳ段为 220A/0.6s

（2）QF6 保护定值（一次定值）。

过电流保护：Ⅰ段为 3820A/0s，Ⅱ段为 900A/0.3s，Ⅲ段为 350A/1.4s；Ⅱ段带方向，Ⅲ段不带方向。

3. 做题说明

在编制整定计算书时，应写出应用功能保护定值取值过程，对控制字可直接写在定值清单上。TA 变比未提供的，按一次值填写。零序保护可靠系数 K_k 取 1.3，配合系数 K_K 取 1.2；接地距离可靠系数、配合系数 K_k 取 0.7；相间距离保护可靠系数取 0.8，配合系数

K_K 取 0.8、K_T 取 0.7；负荷阻抗角取 32°。电流保护可靠系数取 1.3，配合系数 1.2。

【答】

一、阻抗参数计算并画出系统阻抗图

1. 标幺值计算

（1）1XL 线路参数。

A 变电站到 C 变电站参数：$Z_1^* = 0.0227 \angle 77.2° = 0.005 + j0.022$；　　$Z_0^* = 0.038 \angle 64.8° = 0.016 + j0.035$

A 变电站到 E 变电站参数：$Z_1^* = 0.0998 \angle 76° = 0.024 + j0.097$；　　$Z_0^* = 0.275 \angle 72° = 0.08 + j0.262$

（2）C 站 1、2 号主变压器。

$X_高^* = (1/2) \times (18 + 10 - 6.5)/40 = 0.269$

$X_中^* = (1/2) \times (10 + 6.5 - 18)/40 = -0.0187 \approx 0$（短路计算时忽略）

$X_低^* = (1/2) \times (18 + 6.5 - 10)/40 = 0.18$

$X_0^* = 0.36$

（3）E 站主变压器。

$X_1^* = 0.28$　　$X_0^* = 0.24$

2. 系统阻抗图

正序阻抗图和零序阻抗图分别如图 13-2 和图 13-3 所示。

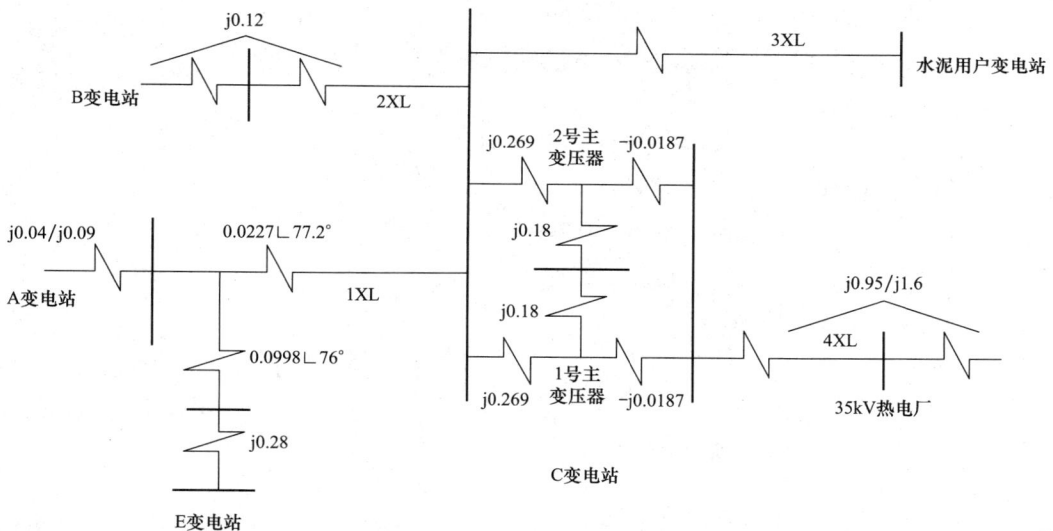

图 13-2

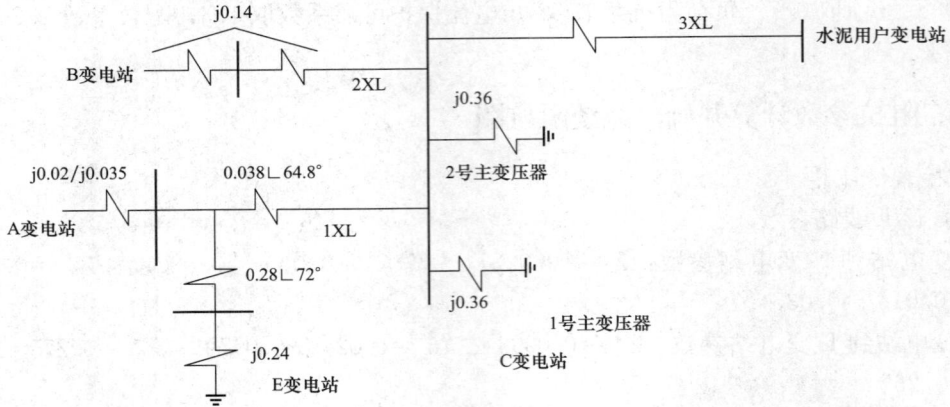

图 13-3

二、对 1XL 线路 QF1 线路保护进行整定计算，编制定值清单

（1）助增系数计算：C 站 1、2 号主变压器有且只有一台中性点接地运行（E 变电站主变压器中性点不接地）。

归算至 A 变电站母线：

$Z_{zz1max} = [(0.95 - 0.0187) + 0.269 + 0.0227] + 0.09/[(0.95 - 0.0187) + 0.269 + 0.0227]$
$= 1.055$

归算至 C 变电站母线：

$Z_{zz1max} = [(0.95 - 0.0187) + 0.269] + 0.09 + 0.0227/[(0.95 - 0.0187) + 0.269] = 1.09$

$Z_{zz1min} = 1$（热电厂停机）配合按 1；灵敏度校核按 Z_{zz1max}

归算至 A 变电站母线：

$$Z_{zz0max} = (0.36 + 0.038) + 0.035/(0.36 + 0.038) = 1.09$$

归算至 C 变电站母线：

$$Z_{zz0max} = (0.36 + 0.038) + 0.035/0.36 = 1.1$$

$Z_{zz1min} = 1$（C 站 1、2 号主变压器全停时）

（2）QF1 线路保护定值清单。

1）电流变化量启动值，按负荷电流波动最大值整定，一般 $0.2I_n$。

2）零序起动电流，$0.2I_n$。

3）负序起动电流，按躲过最大负序不平衡电流整定，取 $0.2I_n$。

4）零序补偿系数，0.23。

$K = (Z_{0L} - Z_{1L})/3Z_{1L} = (5.05 - 3)/(3 \times 3) = 0.227$ 考虑与下一级线路配合，按短线路零序补偿系数考虑。

5）振荡闭锁过电流。

躲过线路最大负荷电流；线路最大负荷限额取 800A，则 $1.3 \times 800 = 1040$（A）。

6）接地距离 I 段定值。

按躲短线路末端故障整定：

$$Z_{\mathrm{DZ\,I}} \leqslant K_{\mathrm{k}} Z_{\mathrm{1L}} = 0.7 \times 3 = 2.1(\Omega)$$

7）接地距离Ⅰ段时间，0s。

8）接地距离Ⅱ段定值。

与相邻线路 3XL 接地距离Ⅰ段保护配合整定：

a. $Z_{\mathrm{DZ\,II}} \leqslant K_{\mathrm{k}} \cdot Z_{\mathrm{L}} + K_{\mathrm{k}} \cdot K_{\mathrm{z}} \cdot Z' = 0.7 \times 3 + 0.7 \times 1.1 \times 8 = 8.26\,(\Omega)$

b. 按本线路末端接地故障有足够灵敏度整定。

$$Z_{\mathrm{DZ\,II}} = K_{\mathrm{lm}} \cdot Z_1 = 1.5 \times 3 = 4.5(\Omega)$$

c. 校核与变压器 35kV 侧母线故障的配合。

$$Z_{\mathrm{DZ\,II}} \leqslant K_{\mathrm{k}} \cdot Z_{\mathrm{L}} + K_{\mathrm{k}} \cdot K_{\mathrm{z}} \cdot Z'_T = 0.7 \times 3 + 0.7 \times 1 \times 16.5 = 13.65(\Omega)$$

取 $Z_{\mathrm{DZ\,II}} = 8.26\Omega$。

9）接地距离Ⅱ段时间。根据以上配合情况，与主变压器差动保护配合，取 0.3s；或 0.6s。

10）接地距离Ⅲ段定值。

a. 躲负荷阻抗整定。

$$Z_{\mathrm{fhmin}} = 0.9 \times 110000/(1.732 \times 800) = 71.4\,(\Omega)$$

$$Z_{\mathrm{DZ\,III}} \leqslant Z_{\mathrm{fhmin}}/[K_{\mathrm{k}} K_{\mathrm{F}} K_{\mathrm{zq}}\cos(\Phi_{\mathrm{xl}} - \Phi_{\mathrm{lm}})] = 71.4/[1.3 \times 1.15 \times 1.5 \times \cos(76-32)]$$
$$= 44.4(\Omega)$$

b. 与相邻线 3XL 接地距离Ⅱ段配合整定。

$$Z_{\mathrm{DZ\,III}} \leqslant K_{\mathrm{k}} \cdot Z_{\mathrm{L}} + K_{\mathrm{k}} \cdot K_{\mathrm{z}} \cdot Z'_{\mathrm{DZ\,II}} = 0.7 \times 3 + 0.7 \times 1.0 \times 19 = 15.4(\Omega)$$

取 46.7Ω。

11）接地Ⅲ段四边形。

作为对侧变压器后备保护：变压器阻抗 59Ω。

$1.2 \times 3 + 1.2 \times 1.1 \times 59 = 74.4\,(\Omega)$，根据 10，能与下一级保护配合。

12）接地距离Ⅲ段时间。

时间大于对侧主变压器后备保护 2.3s 及 3XL 线路保护Ⅲ段时间配合。

13）相间距离Ⅰ段定值。

按躲短线路末端故障整定：

$$Z_{\mathrm{PP\,I\,zd}} \leqslant K_{\mathrm{k}} \cdot Z_{\mathrm{1L}} = 0.8 \times 3 = 2.4(\Omega)$$

14）相间距离Ⅱ段定值。

① 长线路末端故障有灵敏度。

$$Z_{\mathrm{PPZ2}} \geqslant K_{\mathrm{lm}} Z_{\mathrm{1L}} = 1.5 \times 1.055 \times 13.2 = 20.9(\Omega)$$

② 与下一级 3XL 相邻保护配合Ⅱ段相间距离保护配合：18Ω/0.3s。

$$Z_{\mathrm{DZ2}} \leqslant K_{\mathrm{k}} Z_{\mathrm{L}} + K_{\mathrm{k}} K_{\mathrm{z}} Z'_{\mathrm{PP2}=} = 0.8 \times 3 + 0.8 \times 1 \times 18 = 16.8(\Omega) \qquad 时间 0.6s$$

③ 躲 C 变电站主变压器中压侧短路故障整定。C 站 35kV 并列运行时阻抗为 16.55Ω。

$$Z_{\mathrm{PPZ2}} \leqslant K_{\mathrm{k}} Z_{\mathrm{L}} + K_{\mathrm{kT}} K_{\mathrm{z}} Z'_{T=} = 0.8 \times 3 + 0.7 \times 1 \times 16.5 = 13.95(\Omega)$$

④ 3）与 1）有冲突；根据整定原则，要求 C 站 1、2 号主变压器 35kV 分列运行。3XL 相间距离Ⅱ段需更改定值，与本保护配合。

⑤ 若 C 站主变压器 10kV 并列运行，躲 C 站主变压器低压侧短路故障整定。C 站 10kV

并列运行时阻抗为 29.69Ω。

$$Z_{PPZ2} \leqslant K_k Z_L + K_{kT} \cdot K_z \cdot Z'_{T=} = 0.8 \times 3 + 0.7 \times 1 \times 29.6 = 23.185(\Omega)$$

1、2 号主变压器可并列运行。

取 20.9Ω；时间 0.6s。

15）相间距离Ⅱ段时间，0.6s。

16）相间距离Ⅲ段定值。

a. 躲负荷阻抗整定：

$$Z_{fhmin} = 0.95 \times 110000/(1.732 \times 800) = 75.4 \ (\Omega)$$

$$Z_{DZ3} \leqslant Z_{fhmin}/[K_k K_f K_{zq} \cos(\Phi_{xl} - \Phi_{lm})] = 75.4/[1.3 \times 1.15 \times 1.5 \times \cos(76 - 32)]$$
$$= 46.7(\Omega)$$

b. 下一级 3XL 相邻保护配合Ⅲ段接地距离保护配合：115Ω/2.0s。

$$Z_{PPZ3} \leqslant K_k \cdot Z_L + K_k \cdot K_z \cdot Z'_{PPZ3} = 0.8 \times 3 + 0.8 \times 1 \times 115 = 82.6(\Omega)$$

取 46.7Ω。

17）相间Ⅲ段四边形。

作为对侧变压器后备保护：变压器阻抗 59Ω。

$$1.2 \times 3 + 1.2 \times 1.055 \times 59 = 78.3(\Omega)$$

取 78.3Ω；时间 2.3s。

18）相间距离Ⅲ段时间，2.3s。

19）正序灵敏角，76°。

20）零序灵敏角，72°。

21）接地距离偏移角，0°，大于 20km，取 0°。

22）相间距离偏移角，0°。

23）零序过电流Ⅰ段定值。

躲短线路末端接地故障整定：

$$X_{1\Sigma 大} = 0.04 + 0.0227 = 0.0627; \quad X_{0\Sigma 大} = 0.02 + 0.038 = 0.058$$

$I_{01} \geqslant K_{k3} I_{omax}; 1506/(2 \times 0.058 + 0.0627) = 8427.5; \quad 1.3 \times 8427.5 = 10955.8(A)$

24）零序过电流Ⅰ段时间，0s。

25）零序过电流Ⅱ段定值。

与下一级 3XL 保护零序Ⅰ段或Ⅱ段配合：

$K_{0fmax} = 1/1.1 = 0.909$ 或可取 1 配合

$I_{02} \geqslant K_k K_F I'_{01} = 1.2 \times 0.909 \times 3077 = 3356.4$ （A），时间 0.3s

或 $I_{02} \geqslant K_k K_F I'_{01} = 1.2 \times 1 \times 3077 = 3692$ （A），时间 0.3s

或 $I_{02} \geqslant K_k K_F I'_{02} = 1.2 \times 0.909 \times 980 = 1068$ （A），时间 0.6s

或 $I_{02} \geqslant K_k K_F I'_{02} = 1.2 \times 1 \times 980 = 1176$ （A），时间 0.6s

26）零序过电流Ⅱ段时间。

27）零序Ⅲ段电流定值。

① 按本线路末端故障有足够灵敏度。

$$X_{1\Sigma} = 0.09 + 0.0998 = 0.164; \quad X_{0\Sigma 小} = 0.035 + 0.275 = 0.1666;$$

$$3I_{0min} = 1506/(2 \times 0.1666 + 0.164) = 1859.7(A)$$
$$I_{03} \leqslant 3I_0/K_{lm} = 1859.7/2 = 814(A)$$

② 与下一级 3XL 保护零序Ⅲ段配合：220A；0.6s。

$$I_{03} \geqslant K_k \cdot K_F \cdot I'_{01} = 1.2 \times 1 \times 220 = 264(A)，时间 0.9s$$

28）零序过电流Ⅲ段时间，0.9s。

29）零序过电流Ⅳ段定值。

① 一次电流一般不大于 300A（高阻抗接地故障有灵敏度，一般取值较小）。

② 躲变压器低压侧三相故障最大不平衡电流为

$$X_{1\Sigma大} = 0.04 + 0.0227 + 0.2245 = 0.287$$
$$I_{max} = 502/0.287 = 1749 \quad I_{bph} = 0.15 \times 1749 = 2162(A)（能躲过）$$

30）零序过电流Ⅳ段时间，1.2s。

31）零序过电流加速段。

零序加速Ⅲ段，814A。

32）相电流过负荷定值。

躲负荷电流 $1.2 \times 800 = 960$ （A）

33）相电流过负荷时间，6s，信号。

34）TV 断线过电流Ⅰ段定值。

线路末端故障有灵敏度整定。

$$X_{1\Sigma小} = 0.164 \quad I_{1min} = 0.866 \times 502/0.164 = 2650(A)$$
$$2650/1.5 = 1766(A)$$

35）TV 断线过电流Ⅰ段时间，0.6s。

36）TV 断线过电流Ⅱ段定值。

躲负荷电流最大负荷电流 $1.3 \times 800 = 1040$ （A）

37）TV 断线过电流Ⅱ段时间，2.3s 时间取相间距离Ⅲ段时间。

38）固定角度差定值，0°线路压变 U 相；0°。

39）重合闸时间，1.7s。

重合整定时间，主要考虑消弧去游离时间及保证瞬时故障可靠消除，提高重合闸成功率，一般不小于 1s；由于对侧有小电源，时间取 $1.4 + 0.3 = 1.7$ （s）。

40）同期重合闸 30°

41）线路正序电抗 12.8Ω。

42）线路正序电阻 3.19Ω。

43）线路零序电抗 34.62Ω。

44）线路零序电阻 11.248Ω。

三、对 C 变电站 1 号主变压器保护进行整定计算（注：10kV 后备保护装置定值不用整定）

C 站 110kV 侧未配置独立故障解列装置，主变压器保护具备跳 6QF 小电源开关功能。保护配置：差动保护 PST1260A；各侧后备保护 PST1261A。110kV 侧 TA 变比为 600/5；

35kV 侧 TA 变比为 1000/5；10kV 侧：4000/5；110kV 主变压器中性点 TA 变比 200/5。

保护配置：采用国电南自产品差动保护 PST1260A 型＋110kV 后备保护 PST1261A 型＋35kV 后备保护 PST1261A 型。

电流互感器变比（见表 13-1）：110kV 侧，600/5；35kV 侧，1000/5；10kV 侧，4000/5。

表 13-1

额定电压	110kV	37kV	10.5kV
一次侧电流	$40000/(\sqrt{3} \times 110) = 209.9A$	$40000/(\sqrt{3} \times 37) = 624A$	$40000/(\sqrt{3} \times 10.5) = 2199.5A$
TA 接线方式	Y	Y	Y
TA 变比	600/5	1000/5	4000/5
二次侧额定电流	1.75	3.12	

（一）差动保护整定

（1）控制字 KG 0C20，如表 13-2 所示。

表 13-2

位号	置 0 时含义	置 1 时含义	整定	
15	备用	备用	0	
14	备用	备用	0	0
13	备用	备用	0	
12	备用	备用	0	
11	Yd11 接线	Yd11 接线	1	
10	低压绕组星型接线	低压绕组角型接线	1	C
09	中压绕组星型接线	中压绕组角型接线	0	
08	高压绕组星型接线	高压绕组角型接线	0	
07	备用	备用	0	
06	备用	备用	0	
05	TA 断线开放差动	TA 断线闭锁差动	1	2
04	备用	备用	0	
03	备用	备用	0	
02	低压 TA 星型接线	低压 TA 角型接线	0	
01	中压 TA 星型接线	中压 TA 角型接线	0	0
00	高压 TA 星型接线	高压 TA 角型接线	0	

（2）差动动作电流 I_{CD}。

躲变压器额定负荷下最大不平衡电流：$I_{CD} = K_k \times (K_{ct} + K_b) \times I_N = 1.5 \times (0.2 + 0.1) \times 1.75 = 0.78$ （A）

灵敏度校核：主变压器低压侧两相故障有足够灵敏度 $\geqslant 1.5$，设 VW 相短路

10kV 侧短路电流：$i_b = -j(\sqrt{3}/2)I_d^{(3)}$；$i_c = j(\sqrt{3}/2)I_d^{(3)}$；$i_a = 0$

$$n = 110/10.5 = 10.5$$

110kV 侧短路电流：$X_{1min}=0.09+0.0227+0.269+0.18=0.5617$

$$i_U=[(1/\sqrt{3})(i_u-i_w)/n]=\{(1/\sqrt{3})[0-j(\sqrt{3}/2)I_d^{(3)}]/n\}$$
$$=-(1/2)\times i_d^{(3)}/10.5=-0.5\times(5500/0.5617)/10.5=-466(A)$$
$$i_V=[(1/\sqrt{3})(i_v-i_u)/n]=-(1/2)\times I_d^{(3)}/10.5$$
$$=-0.5\times(5500/0.5617)/10.5=-466(A)$$
$$i_W=[(1/\sqrt{3})(i_w-i_v)/n]=[(1/\sqrt{3})j(\sqrt{3}/2)I_d^{(3)}+j(\sqrt{3}/2)I_d^{(3)}/n]$$
$$=I_d^{(3)}/n=(5500/0.5617)/10.5=932(A)$$

经软件校正后高压侧各相电流：$i_U'=(i_u-i_v)/\sqrt{3}=0$ (A)；$i_V'=(i_v-i_w)/\sqrt{3}=807$ (A)；$i_W'=(i_w-i_U)/\sqrt{3}=807$ (A)；以 W 相为例：区内故障，流过 $i_w=0$ (A)：$i_{cd}=(i_W'-i_w)=807 i_{zzd}=(|i_W'|,|i_W'|)=807$ (A)。

全部归算至额定变压器额定电流：$807/209.9=3.84$。

差动启动值为 $0.78/1.75=0.45I_N$；拐点电流为 $1.0I_N$；第二拐点电流 $3.0I_N$；则 $I_{op}=0.45+0.5\times2+0.7\times(3.84-3)=2.04$ (A)；$K_{lm}=3.84/2.04=1.88\geqslant1.5$

（3）速断动作电流 I_{SD}。

躲励磁涌流：$(8\sim1.0)$ 倍 I_N，$8\times1.75=14$ (A)

110kV 侧两相短路故障：$X_{1min}=0.09+0.0227=0.1127$

$502\times0.866/0.1127=5143(A)$； $K_{lm}=(5143/120)/13.1=3.27$

（4）二次谐波制动系数，$X_{B2}=0.15$。

（5）高压侧额定电流，$I_N=1.75$ (A)。

（6）高压侧额定电压，$H_{DY}=110$ (kV)。

（7）高压侧 TA 变比，$H_{CT}=600$。

（8）中压侧额定电压，$M_{DY}=37$ (kV)。

（9）中压侧 TA 变比，$M_{CT}=1000$。

（10）低压侧额定电压，$L_{DY}=10.5$ (kV)。

（11）低压侧 TA 变比，$L_{CT}=4000$。

（12）高压侧过负荷定值，$H_{GF}=1.2I_h$。

（13）中压侧过负荷定值，$M_{GF}=1.2I_m$。

（14）低压侧过负荷，$L_{GF}=1.2I_l$。

（15）启动通风定值，$I_{TF}=2I$，不用，自冷。

（16）闭锁调压定值，$I_{TY}=1.2I_h$，规定值。

整定说明：差动保护动作跳本变压器两侧断路器。差动保护动作跳本变压器两侧断路器。

（二）110kV 后备保护整定（PST1261A 型保护）

TA 变比：110kV 侧为 600/5；TV 变比：110/0.1。

本保护仅用一段式复合序电压闭锁过电流保护，不需经方向闭锁，用本装置复压过电流功能及零序过电流功能。保护定值配置可根据实际情况整定。

（1）控制字 1：KG1＝9010，如表 13-3 所示。

表 13-3

位号	置"0"含义	置"1"含义	整定	
15	TV 断线自检退出	TV 断线自检投入	1	
14	备用	备用	0	9
13	备用	备用	0	
12	复压过电流复合电压元件不投入	复压过电流复合电压元件投入	1	
11	备用	备用	0	
10	复压方向过电流方向元件指向变压器	复压方向过电流方向元件指向系统	0	0
09	复压方向过电流保护方向不投入	复压方向过电流保护方向投入	0	
08	复压方向过电流复合电压元件不投入	复压方向过电流复合电压元件投入	0	
07	备用	备用	0	
06	备用	备用	0	1
05	备用	备用	0	
04	零序过电流电流取自产 $3I_0$	零序过电流电流取外加 $3I_0$	1	
03	备用	备用	0	
02	零序方向过电流方向元件指向变压器	零序方向过电流方向元件指向系统	0	0
01	零序方向过电流电流取自产 $3I_0$	零序方向过电流电流取外加 $3I_0$	0	
00	零序方向过电流方向元件不投入	零序方向过电流方向元件投入	0	

（2）复压低电压定值，$U_L＝70$（V）。

（3）复压负序电压定值，$U_E＝5$（V）。

（4）复压过电流保护电流定值。

1）按躲额定负荷整定。

$$I_{op} = (K_{rel}/K_r)I_e = (1.3/0.95) \times 1.75 = 2.4(A)$$

2）按 10kV 侧 VW 相短路故障有≥1.5 灵敏度整定：10kV 并列运行时最小。

灵敏度校核：主变压器低压侧两相故障有足够灵敏度≥1.5，设 VW 相短路。

10kV 侧短路电流：$i_v＝-j(\sqrt{3}/2)I_d^{(3)}$；$i_w＝j(\sqrt{3}/2)I_d^{(3)}$；$i_u＝0$

$$n = 110/10.5 = 10.5$$

110kV 侧短路电流：$X_{1min}＝0.09＋0.0227＋0.269＋0.09＝0.472$

$$i_U = [(1/\sqrt{3})(i_u - i_w)/n] = (1/\sqrt{3})[0 - j(\sqrt{3}/2)I_d^{(3)}]/n$$

$$=-(1/2) \times i_d^{(3)}/10.5 = -0.5 \times (5500/0.472)/10.5 = -555(A)$$

$$i_V = [(1/\sqrt{3})(i_v - i_u)/n] = -(1/2) \times I_d^{(3)}/10.5$$

$$=-0.5 \times (5500/0.472)/10.5 = -555(A)$$

$i_w＝[(1/\sqrt{3})(i_w - i_v)/n]＝(1/\sqrt{3})[j(\sqrt{3}/2)I_d^{(3)} + j(\sqrt{3}/2)I_d^{(3)}]/n = I_d^{(3)}/n = (5500/0.472)/10.5＝1110$（A）；流过 1 号主变压器分流：1110/2＝555（A）

$$K_{Lm} = (555/120)/2.4 = 1.92 \geq 1.5$$

低压侧故障时本侧复压灵敏度不足；本保护采用两侧复合序电压并联闭锁功能。

（5）复压过电流保护二时限延时，2s，与上一级 1XL 线路保护配合。

（6）复压过电流保护二时限出口密码，011F。

跳闸矩阵如表13-4所示。

表 13-4

断路器名称	对应跳闸控制位	对应出口继电器名称	整定
启动	00	CK1	1
保护动作	01	CK2	1
高压侧断路器	02	CK3	1
中压侧断路器	03	CK4	1
低压侧断路器	04	CK5	1
跳小电源 6QF 断路器	05	CK6	0
母联/分段断路器	06	CK7	0
闭锁备自投装置触点	07	CK8	0
TV 断线	08	CK9	1
备用	09~15	备用	0

（7）零序过电流保护电流定值。做小电源解列用中性点 TA 变比 200/5。

大系统跳开后的灵敏度有

$$X_{1min} = 1.6 - 0.0187 + 0.269 + 0.0227 + 0.0998 = 1.973$$

$$X_{0min} = 0.36 + 0.038 + 0.275 = 0.673$$

$$1506/(2 \times 1.973 + 0.673) = 326(A)$$

$$(326/1.5)/40 = 5.4(A)$$

（8）零序过电流保护二时限延时，1.0s，做解列小电源用，不大于 1.0s。

（9）零序过电流保护二时限出口密码，0023，跳 QF6 断路器。

跳闸矩阵如表13-5所示。

表 13-5

断路器名称	对应跳闸控制位	对应出口继电器名称	整定
启动	00	CK1	1
保护动作	01	CK2	1
高压侧断路器	02	CK3	0
中压侧断路器	03	CK4	0
低压侧断路器	04	CK5	0
跳小电源 6QF 断路器	05	CK6	1
母联/分段断路器	06	CK7	0
闭锁备自投装置触点	07	CK8	0
TV 断线	08	CK9	0
备用	09~15	备用	0

（10）本侧额定电流，1.75A。

（三）35kV 后备保护整定（PST1261A 型保护）

TA 变比 1000/5 TV 变比：35/0.1

本保护用一段式复压闭锁过电流保护。

（1）控制字 1，KG1＝9000，如表 13-6 所示。

表 13-6

位号	置"0"含义	置"1"含义	整定	
15	TV 断线自检退出	TV 断线自检投入	1	
14	备用	备用	0	9
13	备用	备用	0	
12	复压过电流复合电压元件不投入	复压过电流复合电压元件投入	1	
11	备用	备用	0	
10	复压方向过电流方向元件指向变压器	复压方向过电流方向元件指向系统	0	0
09	复压方向过电流保护方向不投入	复压方向过电流保护方向投入	0	
08	复压方向过电流复合电压元件不投入	复压方向过电流复合电压元件投入	0	
07	备用	备用	0	
06	备用	备用	0	0
05	备用	备用	0	
04	零序过电流取自产 $3I_0$	零序过电流取外加 $3I_0$	0	
03	备用	备用	0	
02	零序方向过电流方向元件指向变压器	零序方向过电流方向元件指向系统	0	0
01	零序方向过电流电流取自产 $3I_0$	零序方向过电流取外加 $3I_0$	0	
00	零序方向过电流方向元件不投入	零序方向过电流方向元件投入	0	

（2）复压低电压定值，$U_L＝70V$，躲正常运行最低电压，取 $0.65\sim0.7U_N$，线电压。

（3）复压负序电压定值，$U_E＝5V$。

（4）复压过电流保护电流定值。

1）躲负荷电流，时间与 110kV 后备保护时间配合。

按躲额定负荷电流整定

$$(K_{rel}/K_r)I_N = (1.3/0.95) \times 3.12 = 4.26(A)(时间 2.0s)$$

2）与 6QF 保护配合

$$1.2 \times 350/200 = 2.1(A)$$

3）与 4XL 线路末端故障有灵敏度 ≥ 1.2。

$$X_{1min} = 0.09 + 0.0227 + 0.269 - 0.0187 + 0.223 = 0.586$$
$$1560 \times 0.866/0.586 = 2305(A)$$
$$2305/(1.2 \times 200) = 9.6(A)$$

取 4.2A 或 2.1A，时间 1.7s

（5）复压过电流保护一时限延时，20s。

（6）复压过电流保护一时限出口密码，0000。

（7）复压过电流保护二时限延时，1.7s 跳本变压器 35kV 断路器。

（8）复压过电流保护二时限出口密码，010A。

跳闸矩阵如表 13-7 所示。

表 13-7

断路器名称	对应跳闸控制位	对应出口继电器名称	整定
启动	00	CK1	1
保护动作	01	CK2	1
高压侧断路器	02	CK3	0
中压侧断路器	03	CK4	1
低压侧断路器	04	CK5	0
跳小电源 6QF 断路器	05	CK6	0
母联/分段断路器	06	CK7	0
闭锁备自投装置触点	07	CK8	0
TV 断线	08	CK9	1
备用	09~15	备用	0

（9）本侧额定电流，$I_N = 3.12A$。

四、对 C 变电站 110kV 母差保护进行整定计算，编制定值清单，分析 110kV 母分断路器状态对比例差动动作元件灵敏度的影响

其中 1、2 号主变压器 110kV 断路器、3QF TA 变比为 600/5，2QF、4QF、110kV 母分断路器 TA 变比为 800/5。

（一）答案一：以 600/5 为基准电流

（1）差动启动电流高值 I_{hch}。

1）低值的 1.1 倍，即

$$1.1 \times 8.6 = 9.4(A)$$

2）大系统小运行方式下有灵敏度；要求母线上故障启动电流有灵敏度 $\geqslant 2.0$。

110kV 母线上两相短路电流最小，即

$$X_{1min} = 0.1127$$
$$0.866 \times 502/0.1127 = 3857(A)$$
$$3857/120 = 32(A)$$
$$K_{lm} = 32/2 = 16(A)$$

（2）差动启动电流低值 I_{lcd}。

躲负荷电流整定：$1.3 \times 800/120 = 8.67$（A）

实取 8.6A。

（3）比率制动系数高值 K_H，取 0.7，根据说明书经验值。

（4）比率制动系数低值 K_L，取 0.6，根据说明书经验值。

（5）TA 断线电流定值 I_{dx}，按负荷电流整定，轻负荷下断线能告警。

取 $10\% I_N$，0.5A。

（6）TA 异常报警电流定值 I_{dxbj}。

躲最大运行方式下不平衡电流，取 0.3A

（7）母差低电压闭锁 U_{bs}，一般整定 $60\% \sim 70\%$，$0.7 \times 57.75V = 40V$。

（8）母差零序电压闭锁 U_{obs}，4~8V。

（9）母差负序电压闭锁 U_{2bs}，3～4V。

（10）母联断路器失灵保护电流定值 I_{MSL}，母线上故障有灵敏度及躲负荷电流：取 8.6A。

（11）母联断路器失灵保护时间定值，T_{MSL}，0.2s。

（12）死区动作时间定值，0.15s。

系统参数：

（1）投中性点不接地系统，0，零序不起作用。

（2）投单母主接线，1就地操作，靠压板；与压板形成与门关系。

（3）投单母分段主接线，1。

（4）投母联兼旁母主接线，0。

（5）投外部启动母联断路器失灵保护，0。

隔离开关位置控制字根据实际接线情况整定：

Ⅰ母隔离开关控制字1：0003；Ⅰ母控制字2：0000。

Ⅰ母003C；Ⅱ母控制字2：0000。

（二）答案二：以 800/5 为基准电流

（1）差动启动电流高值 I_{hch}。

1）低值的1.1倍，即

$$1.1 \times 6.5 = 7.15(\text{A})$$

2）大系统小运行方式下有灵敏度；要求母线上故障启动电流有灵敏度≥2.0。

110kV母线上两相短路电流最小：$X_{1min}=0.1127$；$0.866 \times 50^2/0.1127 = 3857$（A）

$3857/160 = 24$（A）；$K_{lm} = 24/2 = 12$（A）

（2）差动启动电流低值 I_{lcd}，躲负荷电流整定：$1.3 \times 800/160 = 6.5$（A）

（3）比率制动系数高值 K_H，取 0.7，根据说明书经验值。

（4）比率制动系数低值 K_L，取 0.6，根据说明书经验值。

（5）TA 断线电流定值 I_{dx}，按负荷电流整定，轻负荷下断线能告警。

取 $10\% I_N$，0.5A。

（6）TA 异常报警电流定值 I_{dxbj}，躲最大运行方式下不平衡电流，取 0.3A。

（7）母差低电压闭锁 U_{bs}，一般整定 60%～70%，$0.7 \times 57.75V = 40$（V）。

（8）母差零序电压闭锁 U_{obs} 4～8V。

（9）母差负序电压闭锁 U_{2bs} 3～4V。

（10）母联失灵电流定值 I_{MSL}。

（11）母线上故障有灵敏度及躲负荷电流：取 8.6A。

（12）母联失灵时间定值 T_{MSL}，0.2s

（13）死区动作时间定值，0.15s。

系统参数：

（1）投中性点不接地系统，0，零序不起作用。

（2）投单母主接线，1就地操作，靠压板；与压板形成与门关系。

（3）投单母分段主接线，1。

（4）投母联兼旁母主接线，0。

（5）投外部启动母联失灵保护，0。

隔离开关位置控制字根据实际接线情况整定。

（三）分析110kV母分状态对比率差动的影响

如图13-4所示。

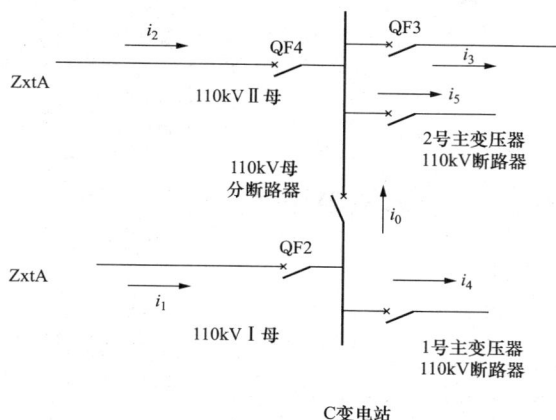

图13-4

Z_{xt}或Z_{xb}送C变电站。若110kV I 段母线内部故障。

大差比率差动动作：差动电流i_1；制动电流为$|i_1|$。

小差比率制动动作：差动电流i_1；制动电流为$|i_1|$。

Z_{xt}、Z_{xb}分送C变电站，110kV母分断开。若110kV I 段母线内部故障。

大差比率差动动作：差动电流i_1；$i_3+i_4+i_5=0$；制动电流为$|i_1|+|i_4|+|i_3|+|i_5|$。

小差比率制动动作：差动电流i_1；制动电流为$|i_1|$。

从以上可知，110kV母分断路器断开时，大差元件动作灵敏度降低，而小差动作灵敏度不受影响。

五、分析 E 变电站接入后对系统的影响，一次运行方式、二次保护整定可采取的措施

（1）运行方式调整：E变电站接入后，相间距离 II 段定值在C变电站中压侧并列运行时，保护范围伸出主变压器。要求C变电站35kV侧分列运行。

（2）保护定值配置调整。根据变电站35kV一次接线运行及实际情况，可在1号主变压器高压侧增加一套110kV过电流保护，定值与6QF过电流保护不做配合，时间0.3s与上一级1QF相间距离保护配合，动作跳1号主变压器35kV断路器。此时，6QF与1号主变压器跳35kV断路器保护同时跳闸。由于C变电站35kV仅一条出线，虽越级跳闸，但对供电可靠性来说并无影响。

第十四章
保　护　调　试

一、RCS 931 系列光纤差动线路保护

1. 工频变化量阻抗继电器的试验要注意一些什么？

答：试验所加故障量的计算方法。

接地故障计算式为

$$U_{\phi F} = (1+K)I_{\phi F}gZ_{ZD} + (1-1.05gm)U_{\phi|0|}$$

相间故障计算式为

$$U_{\phi\phi F} = I_{\phi\phi F}gZ_{ZD} + (1-1.05gm)U_{\phi\phi|0|}$$

（1）当整定的工频变化量阻抗较小时，如果计算出的电压值为负，则要适当增大电流，以保证计算出的所加故障相电压为正。反之，当整定的工频变化量阻抗较大时，所加故障相电流也要合适，以保证计算出的故障相电压不要大于额定电压，同时还要满足全阻抗继电器

$$U_{\phi F} < I_{\phi F} \cdot 8 \text{ 或 } U_{\phi\phi F} < I_{\phi\phi F} \cdot 8。$$

（2）模拟反方向故障时，故障相电流不要大于 U_n/Z_{zd}。

（3）在模拟不对称故障时，一定要保证非故障相的电压相量不要变，这样才能确保非故障相的工频变化量距离继电器不会动作。

2. 稳态的距离继电器的试验要注意什么？

答：试验所加故障量的计算方法。

接地故障计算式为

$$\dot{U}_{\phi F} = mg(1+k)\dot{I}_{\phi F}gZ_{ZD}$$

相间故障计算式为

$$\dot{U}_{\phi\phi F} = mg\dot{I}_{\phi\phi F}gZ_{ZD} \text{ 或 } \dot{U}_{\phi\phi F} = mg2\dot{I}_{\phi F}gZ_{ZD}$$

（1）除了第 1 题所述的注意事项以外，还要注意故障前和故障后的各相电压相位不要变，因为稳态的距离继电器的比相方程为

$$90° < \arg\frac{\dot{U}_{OP\Phi}}{\dot{U}_{1\Phi}} < 270°$$

所以要保证故障前后正序电压相位不变，这样校验定值动作和不动作才准确。

（2）距离保护所用灵敏角为定值单中的"正序灵敏角"（接地故障时是指的故障相电流滞后故障相电压的角度，相间故障时是指的相间电流滞后相间电压的角度）。

446

3. 如何模拟出 TA 断线异常报警？

答：模拟 TA 断线有三种方法，这三种方法中都要加额定正序电压。

（1）加一相幅值要大于 $0.1I_N$ 的电流，时间大于 10s，直到装置"报 TA 断线"；

（2）加一相电流大于差动启动值（但要保证该电流小于保护的零序启动值，即保证装置不启动，如果启动值被人为地减少，则要适当地改大启动定值），时间大于 10s，直到装置"长期有差流"；

（3）加上正常电压，再加对称的负荷电流，用短接线短接某一相电流，以保证自产零序电流与外接零序电流不相等，时间大于 200ms，直到装置"报 TA 断线"。

4. 如何模拟当本装置有其他保护动作，其后若零序Ⅲ段再动作时动作延时缩短 500ms 的试验？

答：（1）把定值中的"零Ⅲ跳闸后加速"置"1"。

（2）首先模拟一个保证不延时的保护先动作的故障（比如距离Ⅰ段），然后故障返回。

（3）其后再模拟一个保证零序Ⅲ段可以动作的接地故障，这时零序Ⅲ段的动作时间是原整定时间减去 500ms。

二、RCS 915 系列母线保护

1. RCS 915 系列母线保护大差有比例制动系数高值和比例制动系数低值，请问比例制动系数低值如何校验？

答：差动保护的大差继电器在母联或分段断路器分位时（母联 TWJ＝1）自动使用比率制动系数低值。因此若校验比率制动系数低值时，要短接母联跳位的开入（也可投入母联检修压板），把两个支路分别（可通过模拟盘）接在Ⅰ母和Ⅱ母上，分别在Ⅰ母和Ⅱ母上的支路加电流，具体方法如图 14-1 所示。

分别向元件 TA1 和元件 TA2 加入方向相反、大小可调的同一相电流。所加的较小电流 I_2 要大于差动启动电流高值 I_{Hcd}，相当于已知 I_2，按公式 $\frac{I_1-I_2}{I_1+I_2}>K_L$ 可算出 I_1 应加的电流大小，式中 K_L 为比率制动系数低值定值，同时要保证 I_1-I_2 大于差动启动高值 I_{Hcd}，并保证两母线电压开放，差动保护动作跳两条母线。

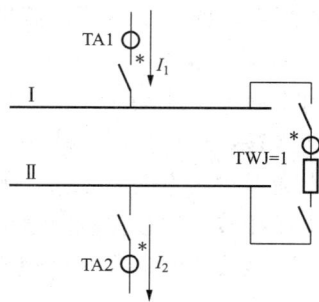

图 14-1

2. 校验母线差动经复压闭锁试验时，经常电压闭锁不住，这是为什么？

答：（1）用测试仪先加电压，再加电流，同时加电压电流有可能闭锁不住（测试仪的电压和电流输出不同步）。

（2）如果在撤量后母差保护跳闸，也和测试仪的电压和电流的不同步有关，因此，撤故障量时，一定要保证先撤电流，再撤电压，以保证负压可靠闭锁。

3. 模拟母联在分位死区故障时，为什么母差保护动作跳非故障母线？

答：这种情况应该是故障前两母线没有加正常电压，两母线均有电压是母联电流退出小差的必要条件，所以故障时再降低母线电压。母联电流已经退出小差计算，母线差动保护跳闸，只跳死区侧母线。具体实验如图 14-2 所示。

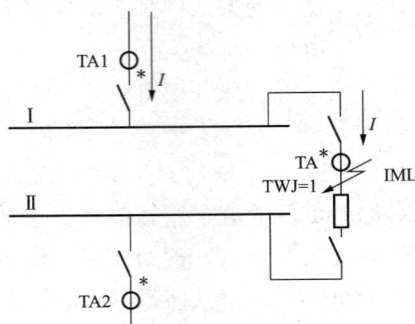

图 14-2

将元件 TA1、母联 TA 反极性串联通入大于差动启动高值 I_{Hcd} 的电流，母差保护只跳死区侧 I 母线。

三、RCS 978 系列主变压器保护

1. 校验涌流闭锁比例差动的二次谐波系数时，为什么加满足制动方程的三相电流时，闭锁不住比例差动？

答： 这种情况一般是相与相之间的谐波电流产生叠加，结果造成某相实际的谐波电流幅值不满足而闭锁不住。程序中为了保证变压器空投于变压器内部故障时，由比例差动尽可能地快速跳闸，采用按相闭锁方式，并未采取传统的任一相涌流满足条件闭锁三相比例差动。所以试验时，加单相电流来校验制动系数。

2. 校验负压闭锁的方向过电流保护的方向动作区时，为什么方向已经不在动作区了，过电流保护还动作？

答： 这种情况可能是一相已不再动作区了，另一相还在动作区。主变压器相间后备的过电流保护经方向闭锁时，方向元件按相设置的（即传统的零度接线），各自的电流与各自的电压比较，当校验相间过电流方向动作区时，要注意各相电流相对于各自的相电压要同时在动作区或不在动作区。理想的试验方法是各相电流相位差为 $120°$，电压为对称的三相电压，保持电压的相位不变，同时改变各相电流的相位角来校验方向或是方向的动作边界。

四、PSL603U 线路保护

1. 差动通道联调试验时，对侧无 TWJ，只在本侧加入电流后，差动保护不动作，为什么？

答： 纵联电流差动保护中，用于弱馈侧和高阻故障的辅助启动元件，其中增加电压突变量动作判据，是为了可靠地区分故障和 TA 断线。同时满足以下三个条件时动作：

（1）相差流或零序差流大于差流门槛 I_{mk}^l（定义同下）。

（2）相电压或相间电压小于 90％额定电压或零序电压突变量 $\Delta 3U_0 > 1V$。

（3）对侧保护装置启动。

PSL603U 线路保护版本为在 2.00～V2.2X 系列版本中的第（2）点"相电压或相间电

压小于 90％额定电压或零序电压突变量 $\Delta 3U_0 > 1V$"其实为任何一侧满足即可，但是为了防止 TV 断线时造成的误启动影响，在有 TV 断线时则闭锁本侧的低电压或电压突变的判断标志，所以在上述试验情况下，则由于两侧均有 TV 断线，则不开放条件（2）的判断，因此对侧保护装置无法启动，导致线路保护拒动。在做此试验时可以采取如下方法：本侧加入三相对称电压 40V＜52V，TV 断线返回，同时再加入 3 相故障电流，则对侧启动，差动保护动作；或本侧带电压回路做保护整组试验即可。

2. 快速距离保护为何总是做不出？

答：快速距离保护包括波形比较法距离保护和突变量距离保护，是反应长线路电源侧出口严重故障的快速保护。因此做实验时需要将"快速距离阻抗定值"整大、故障电流加大才可做出。

投入快速距离保护控制字。分别模拟 U 相、V 相、W 相单相接地瞬时故障和 UV、VW、WU 相间瞬时故障。模拟故障电流 I 尽量大（如可加入 $5I_N$，且应使模拟故障电压在 $0 \sim U_N$ 范围内），模拟故障前电压为额定电压、故障前电流为 0，模拟故障时间为 100ms，动作阻抗为：

模拟单相接地故障时

$$Z_F = Z_{ZD} - \frac{0.5U_N}{I \times (1+k)}$$

模拟相间短路故障时

$$Z_F = Z_{ZD} - \frac{0.8U_N \times \sqrt{3}}{2 \times I}$$

式中：Z_{ZD} 为快速距离保护定值；K_Z 为零序阻抗补偿系数。

快速距离保护在模拟故障阻抗大于 Z_F 时不动作，在小于 Z_F 时动作，动作时间小于 10ms。

例：快速距离阻抗定值整定为 10Ω，K_Z 系数为 0.67，若故障电流为 5A，则 Z_F 通过上述公式计算为 $Z_F = 6.58$，放 0.9 的可靠系数，故障阻抗为 6Ω，即可做出快速距离保护动作。

五、SGB750 母差保护

SGB750 母线保护装置差动保护制动系数校验，整定值为：差动门槛 2A。

试验方法，先施加电流 $I_1 = 1\angle 0°A$，$I_2 = 1\angle 180°A$，然后逐步增加 I_1 的幅值至 3A，差动保护动作，此时根据 $K_S = (I_1 - I_2)/(I_1 + I_2)$，计算制动系数为 0.5。请问该结果是否正确，为什么？应该如何做？

答：此结果不正确。

SGB750 母线保护的比率差动动作条件是 $|\sum I|/\sum|I| \geq 0.3$（条件 1）和 $|\sum I| \geq I_{set}$（条件 2），SGB750 母线保护的制动系数是 0.3。该实验中要求测试的是条件 1，应让条件 2 早满足，条件 1 后满足。

实际实验中应增加初始施加电流，比如 $I_1 = 3\angle 0°A$，$I_2 = 3\angle 180°A$，然后逐步增加 I_1 的幅值至 5.58A，差动保护动作，此时根据 $K_S = (I_1 - I_2)/(I_1 + I_2)$，计算制动系数为 0.3。

六、PST1200U 主变压器保护

1. 某变电站的参数定值如表 14-1 所示。

表 14-1

序号	参数名称	整定定值	备注
1	定值区号	1	
2	被保护设备	XX 站	
3	接线方式	1	0：Y/Y/Y_12_12 1：Y/Y/△_12_11
4	主变压器高中压侧额定容量	180.000MVA	
5	主变压器低压侧额定容量	80.000MVA	
6	高压侧额定电压	220.000kV	
7	中压侧额定电压	110.000kV	
8	低压侧额定电压	35.000kV	
9	各侧 TA 二次值	1.000A	
10	高压侧 TA 一次值	200.000A	
11	高压侧间隙 TA 一次值	100.000A	
12	中压侧 TA 一次值	250.000A	
13	中压侧间隙 TA 一次值	150.000A	
14	低压侧 TA 一次值	400.000A	
15	公共绕组 TA 一次值	250.000A	

同时已知：差动定值固定为 0.4 倍的高压侧额定电流二次值；拐点 1 固定为 1 倍的高压侧额定电流二次值；拐点 2 固定为 3 倍的高压侧额定电流二次值；比率制动的制动系数 $K_1=0.5$、$K_2=0.7$。请根据上述已知条件计算：

（1）差动保护各侧二次额定电流；

（2）差动保护各侧平衡系数；

（3）装置加入下列数据高压侧 u 相 6.818∠0°A，低压侧 u 相 6.80∠180°A，低压侧 w 相 12.372∠0°A，差动能否可靠动作。

答：（1）差动保护高压侧二次额定电流是 2.362A、中压侧二次额定电流是 3.779A、低压侧二次额定电流是 7.423A。

（2）差动保护高压侧平衡系数是 1、中压侧平衡系数是 0.625、低压侧平衡系数是 0.318。

（3）差动保护能够可靠动作。根据比率制动曲线图计算得到低压侧 u 相 6.928∠180°A 时比率制动刚好在动作边界，当减小到 6.80∠180°A，比率差动保护能够可靠动作。注意以高压侧 u 相电流为制动电流。

2. PST1200U 的 220kV 浙江版本：高压侧母差失灵保护动作触点开入后，经灵敏的、不需整定的电流元件并带 50ms 延时后挑变压器各侧断路器。具体的失灵保护联跳保护逻辑图如图 14-3 所示。

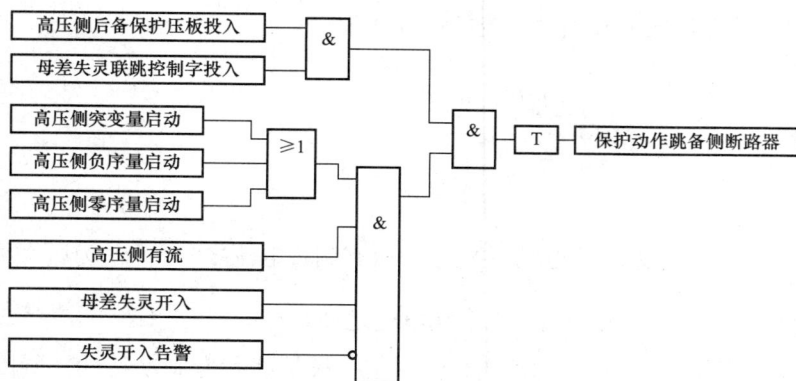

图 14-3

在下述条件都满足的情况下：高压侧后备保护压板有效投入、母差失灵联跳控制字投入、母差失灵开入正确、高压侧 U、V 两相各加入 0.4A（相差 120°）电流，请问为什么失灵联跳不动作？（注高压侧二次额定电流是 2.362A）。

答：因为此时电流元件没有开放，开放电流元件的条件为：

（1）相电流突变量元件：取高压侧电流，门槛默认为 0.2 倍额定电流。

（2）零序电流元件：取高压侧电流，门槛默认为 0.2 倍额定电流。

（3）负序电流元件：取高压侧电流，门槛默认为 0.2 倍额定电流。

三个电流元件为或门关系。

因为本侧的额定电流是 2.362A，则启动元件是 0.2×2.362A＝0.4724A＞0.4A，所以保护不能正常启动导致失灵联跳不动作。

七、CSC150A 母线保护

分列运行方式下的母联断路器死区实验，为何总是跳两段母线？

答：母联分列运行方式下，母联电流不计入小差，此时死区实验应当只跳开故障母线。

CSC150 针对分列方式的判别不仅仅是母联处于跳位，还需要同时满足以下条件：

（1）Ⅰ母和Ⅱ母均处于运行状态（运行的条件为母线有压或母线有流）。

（2）母联没有电流。

（3）母联分列运行压板投入。

建议实验方法：

采用测试仪的状态序列菜单，第一状态设为空载状态，同时将母联分列运行压板投入，母联跳位开入置 1；第二状态设为故障状态，在母联及Ⅰ母上（或者Ⅱ母上）加入大于差动电流定值的电流，状态持续时间小于 100ms，此时装置会报"Ⅰ母差动动作"（或者"Ⅱ母差动动作"）。

八、CSC326D 主变压器保护

1. 纵差差动启动电流定值为 2A，验证定值时，仅在高压侧加入 2A 电流，差动保护并不动作，当电流加到约 2.1A 时，差动保护才动作，是什么原因呢？

答：CSC326 的动作电流和制动电流的计算式为

$$
\left.
\begin{aligned}
I_{dz} &= \sum_{i=1}^{N} \dot{I}_i \\
I_{zd} &= \frac{1}{2} \left| \dot{I}_{max} - \sum \dot{I}_i \right|
\end{aligned}
\right\}
$$

式中：I_{dz} 为差动电流；I_{zd} 为制动电流；$\sum_{i=1}^{N} \dot{I}_i$ 为所有侧相电流之和；$\dot{I}_{max}$ 为所有侧中最大的相电流；$\sum \dot{I}_i$ 为其他侧（除最大相电流侧）相电流之和。

因为 CSC326D 采用三段折线的动作特性，第一段折线就有制动特性，所以要验证差动门槛值，必须使 $I_{zd}=0$。若只在一侧加电流，制动电流始终等于所加电流的 1/2，因此需要至少加入两侧电流，且这两侧电流要求相位一致（即模拟真正变压器故障，电流全部流入变压器），才能保证 $I_{zd}=0$。

2. 国网六统一版本，高压侧复压方向过电流实验，投入高压侧电压压板、中压侧电压压板及低压侧电压压板，在高压侧加入正常电压及故障电流，发现复压闭锁不住，过电流仍能动作，是什么原因？

答：国网六统一版本，高压侧保护固定取各侧电压或门逻辑开放过流保护。软件内按侧分别设定了电压压板，该压板可以理解为 TV 的运行状态，TV 投入运行，需要该侧电压压板投入；TV 检修退出运行，将该侧电压压板退出，表示该侧电压退出，不参与逻辑。

上述实验方法中，高、中、低各侧电压压板都投入，表示装置认为高、中、低各侧 TV 都处于运行状态，但仅在高压侧加正常电压，则中、低压侧低电压都满足条件，高压侧保护的复压逻辑开放。要实现闭锁的话，可以将中、低压侧也加上正常电压，或者将中压侧电压压板和低压侧电压压板退出。

第十五章

事 故 案 例 分 析

1. 根据波形分析故障类型（见图 15-1）并画出故障相量图，说明故障类型的波形特点。

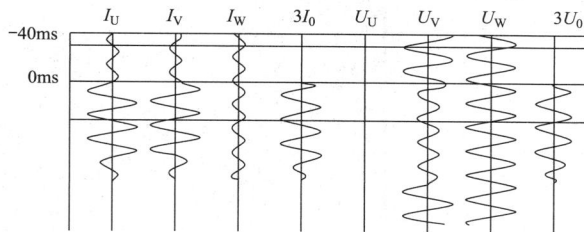

图 15-1

答：两相接地短路故障录波图要点：

（1）两相电流增大，两相电压降低；出现零序电流，零序电压。

（2）电流增大、电压降低为相同两个相别。

（3）零序电流相量为位于故障两相电流间。

（4）故障相间电压超前故障相间电流约 80°；零序电流超前零序电压约 110°。

UV 两相接地短路 K(1, 1) 典型相量图如图 15-2 所示。

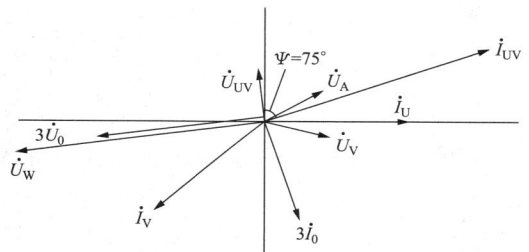

UV两相接地短路K(1.1)典型相量图

图 15-2

2. 一 220kV 主变压器高压侧 U 相流变的 $S_1 - S_2$，变比为 $600/5$，$S_1 - S_3$，变比为 $1200/5$，按整定流变变比为 $1200/5$，由于工作失误将 S_2 与 S_3 短接，其等效阻抗为 Z_1，$S_1 - S_2$ 接入差动保护装置，其等效阻抗为 Z_2，主变压器差动保护的其余接线均正确，请说明在不同的 Z_1、Z_2 下主变压器差动保护在区外故障时的动作行为。

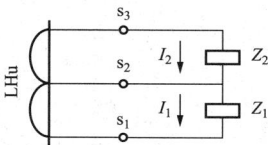

图 15-3

答：根据流变原理当 $Z_1 = Z_2$ 相量相等时，流入主变压器差动的变比按照 $1200/5$ 不会误动作。

角度有差异时由于暂态不一致，会误动作，Z_1 不等于 Z_2 时保护会误动作，电流分布按 $I_1 \cdot Z_1 = I_2 \cdot Z_2$ 进行分配，流入差动保护的电流变比不再是 $1200/5$ 保护在区外故障时会误动作。

3. 220kV 甲乙一线遭雷击，W 相接地短路。甲乙二线甲站侧高频闭锁式保护正向区外故障误动作。甲站侧录到高频信号（收信输出空触点），从图中看到收发信机在故障后启信，以后连续出现四次约 5ms 收信间断，且都在 $3I_0$ 电流正、负最大值附近出现，频率为 100Hz。保护装置软件设计的抗干扰停信后延时时间为 1ms。设高频电缆屏蔽层两接地点间电阻 $R_{ON}=0.1\Omega$，在故障时，流经两接地点间的电流 $I=20A$，结合滤波器的伏安特性接线如图 15-4 所示，其试验结果如表 15-1 所示。

（1）分析收信出现 100Hz 缺口的原因。

（2）试分析高频保护误动的原因。

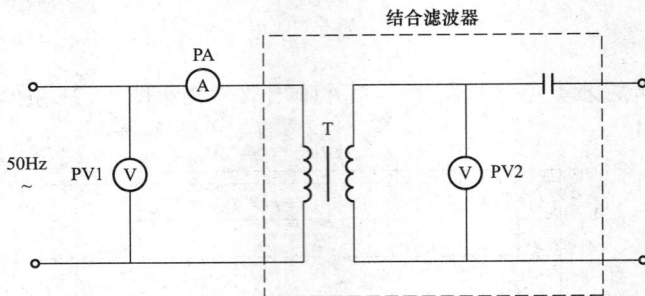

图 15-4

表 15-1

U_1（V）	0.2	0.25	0.5	1.0	1.3	1.9	2.4
I（mA）	60	80	150	300	500	960	3500
U_2（V）	0.45	0.64	1.3	2.8	4.5	4.8	5.0

答：（1）高频电缆屏蔽层在开关场和控制室两点接地，可以显著地降低干扰电压对收发信机的影响，保证收发信机的正常运行。但屏蔽层两点接地后，当有接地故障的故障电流流过变电站地网时，必然会在两接地点间产生工频电位差。由于高频电缆的屏蔽层也是高频信号的传输通道，则该电位差也将被引入包括结合滤波器在内的高频通道。由于结合滤波器的高频变量器是针对高频信号设计的，其在工频信号作用下极易饱和，从而对高频信号的传输产生影响，甚至造成高频信号波形出现间断。本次事故中高频电缆屏蔽层两接地点间电阻 $R_{ON}=0.1\Omega$。故障时，流经两接地点间的电流 $I=20A$，因此加在结合滤波器高频变量器上的工频电压约为 2V。在结合滤波器伏安特性试验数据可以发现，在 $U_1=2V$ 时变量器已经趋于饱和，足以引起高频信号波形的间断。考虑到 $3I_0$ 在正负半周都会出现峰值，因此高频信号波形也将会在 50Hz 工频量的作用下产生 100Hz 的间断。根据以上分析，基本可以断定收信信号产生 100Hz 缺口的原因就是工频量窜入高频通道引起的。为防止类似事件再次发生，必须执行相关反事故措施，即在变流器与高频电缆芯线间串入 1 个小容量电容（常用 $0.05\mu F$，耐压水平为交流 2000V、50Hz、1min）。

（2）甲乙一线故障时，甲乙二线甲站侧保护判为正向故障，因此在正方向元件动作后将停止发信。此时，甲乙二线两侧保护应由乙侧保护发闭锁信号闭锁动作。然而根据上面分析的原因，结合滤波器变量器的饱和，甲侧保护收到的高频闭锁信号存在 5ms 的间断。同时，由于保护装置软件设计的抗干扰停信后延时时间为 1ms，不能消除 5ms 间断带来的影响。因此，甲站侧保护正向元件动作，收到过闭锁信号，后闭锁信号又消失（5ms 间断），以上条件满足高频闭锁保护的动作条件，因此保护动作出口，造成误动。

4. 对双母线接线的 220kV 线路保护，L1、L3 线路采用闭锁式原理，线路保护输入有位置停信输入、其他保护三跳停信输入，重合闸采用单相重合闸方式。请问：

（1）其他保护的三跳停信输入是否可以接入另一套线路保护的三相跳闸输出接点？简述理由。

（2）通常三跳停信输入接入母线保护的出口跳闸触点，但对双母线接线的母线保护出口触点一般包含母差保护的动作出口与失灵保护的动作出口两层含义，请分别就 K1、K2 处发生 U 相永久性故障是如何跳断路器清除故障的？假定 K3 处发生 U 相永久故障 CB5 断路器拒动，是如何清除故障的？简述断路器的动作情况，并分别就三跳停信的触发含义加以说明（图 15-5 中 L1、L2、L3 均为双端电源线路，变压器为 500kV 向 220kV 供电的降压变压器，母差保护及其失灵保护出口跳闸经操作箱 TJR 继电器重动后实现最后的断路器跳闸）。

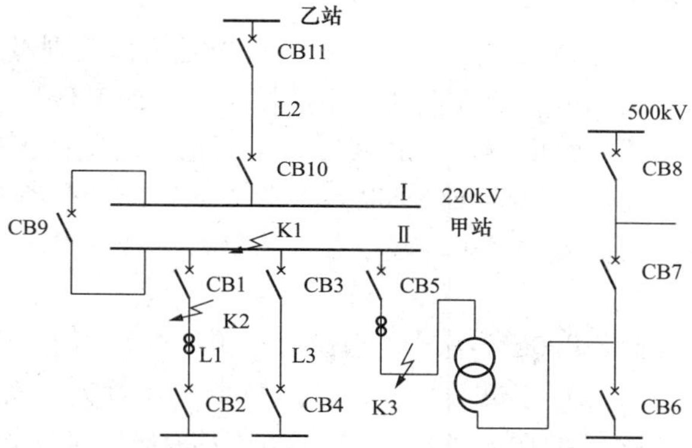

图 15-5

答：（1）不应接入另一套线路保护的三相跳闸输出触点，因为根据有关规定，双重化配置的保护之间不应有交叉，以保持相互之间的独立性。

（2）K1 故障，通过母差保护跳该母线段上的所有断路器，CB1、CB3、CB5、CB9，清除故障。同时因为母差保护动作，启动 L1、L3 保护的三跳停信，使对侧断路器 CB2、CB4 跳开；对侧感受的是单相故障，启动重合闸，经重合闸时间后，因为 CB1、CB3 已将故障隔离，所以 CB2、CB4 能成功重合。

K2 处故障，仍处于母差保护的范围内，通过母差保护跳该母线段上的所有断路器，CB1、CB3、CB5、CB9，但因处于死区范围内，故障并没有清除，于是借助母差保护动作，启动 L1、L3 保护的三跳停信，使对侧断路器 CB2、CB4 跳开，随着 CB2 断路器的跳开，故障被清除；因为对侧感受的是单相故障，启动重合闸，经重合闸时间后，CB3 已将故障隔离，故 CB4 能成功重合。而 CB2 将合于故障，再次跳闸，但为三相跳闸，不再重合。

K3 处发生故障，变压器保护动作，跳 CB6、CB7、CB5，CB5 断路器拒动，通过 CB5 断路器失灵电流的判别，变压器保护的失灵启动，经短延时，使母线保护的失灵保护动作，先跳母联 CB9，再经长延时，使 CB1、CB3、CB5 跳闸，因 CB1、CB3 跳闸故障得到清除，再经失灵保护启动三跳停信，使对侧断路器 CB2、CB4 跳开；因为对侧感受的是单相故障，启动重合闸，经重合闸时间后，由于 CB1、CB3 已将故障隔离，故 CB2、CB4 能成功重合。

5. 某 220kV 变电站 220kV 主接线为双母线结构，为配合 220kV 新扩间隔，停用 220kV 正母线进行 GIS 拼接。当拉开 220kV 母联断路器将 220kV 正母线由运行改热备用时，发生 220kV 副母压变二次小空开跳开。试问：

（1）试判断发生 220kV 副母压变二次小空开断开的可能原因？发生异常后如何进行检查？

（2）图 15-6 为 220kV 间隔电压回路切换及信号回路图，根据下图分析按下图设计时信号回路是否存在缺陷？目前 220kV 典型设计是否存在上述问题？

（3）当发生电压回路误并列时，若发生 220kV 正母线故障，试分析会造成什么后果？

答：（1）根据异常现象初步判断当拉开 220kV 母联时，220kV 正母线无电，220kV 副母压变小空开跳闸可能原因为副母电压向 220kV 正母线反充电。

检查站内 220kV 各间隔，电压二次回路并列（切换继电器同时动作）光子牌是否点亮，判断造成电压反充电是否由间隔隔离开关互跨造成。

测量 220kV 正母压变二次小空开下桩头电压，检查是否由正副母压变并列回路造成。

（2）根据图纸判断，间隔电压切换重动采用的是时双线圈磁保持 K1～K4，而信号回路告警采用的 K5～K8 是单线圈继电器，造成 K1～K4 的状态无法由 K5～K8 完全实时监视，当常闭触点（1YQJ2）切换不良或接线松动时，会造成 K1～K4 在动作状态，而 K5～K8 已返回，造成电压回路误并列而无法发现。建议相应告警及信号触点应采用与 K5～K8 状态相同的触点。

（3）当发生上述情况时，220kV 正母线动作后，第一时限跳开 220kV 母联，第二时限跳开正母线上所有间隔。220kV 正母线失电，220kV 电压误并列，造成 220kV 副母压变二次小空开跳开，220kV 线路保护在区外故障启动情况下，特性过原点的距离三段动作跳开接在 220kV 副母线上的所有线路，造成 220kV 全停。

6. 如图 15-7 所示，线路均为双端电源线路，所有保护配置均为常规配置，且没有异常，CB3 母联的充电保护与解列保护为单独配置，不包含在母线保护内，Ⅰ母、Ⅱ母的母差保护也正常投入。L1 为待投入的新线路，在成功投入之前要进行极性检查。现假设对侧 CB2 已充好电，且充电成功，并已通过其他手段将 TA 的极性校验正确。然后调度这样操作：

（1）先将 L1 线路两侧的纵联保护退出，L1 甲站的后备保护也退出，重合闸退出，仅投入合于故障保护，因为其对 TA 极性没有要求，然后让Ⅰ母空出，通过母联向Ⅰ母充电，再合 CB1 向 L1 线路充电。

（2）如前项合闸成功，线路即带上负载，可校验本侧的 TA11 极性，极性校验正确后，投 L1 线路本侧的后备保护。

（3）在前项基础上，加上通道与对侧保护进行联调，联调完成后再投入两侧的纵联保护。

（4）将重合闸投入，完成 L1 线路及其保护的投运。

试问：

（1）如在合 CB1 的过程中，线路上发生故障，甲站的保护如何切除故障？

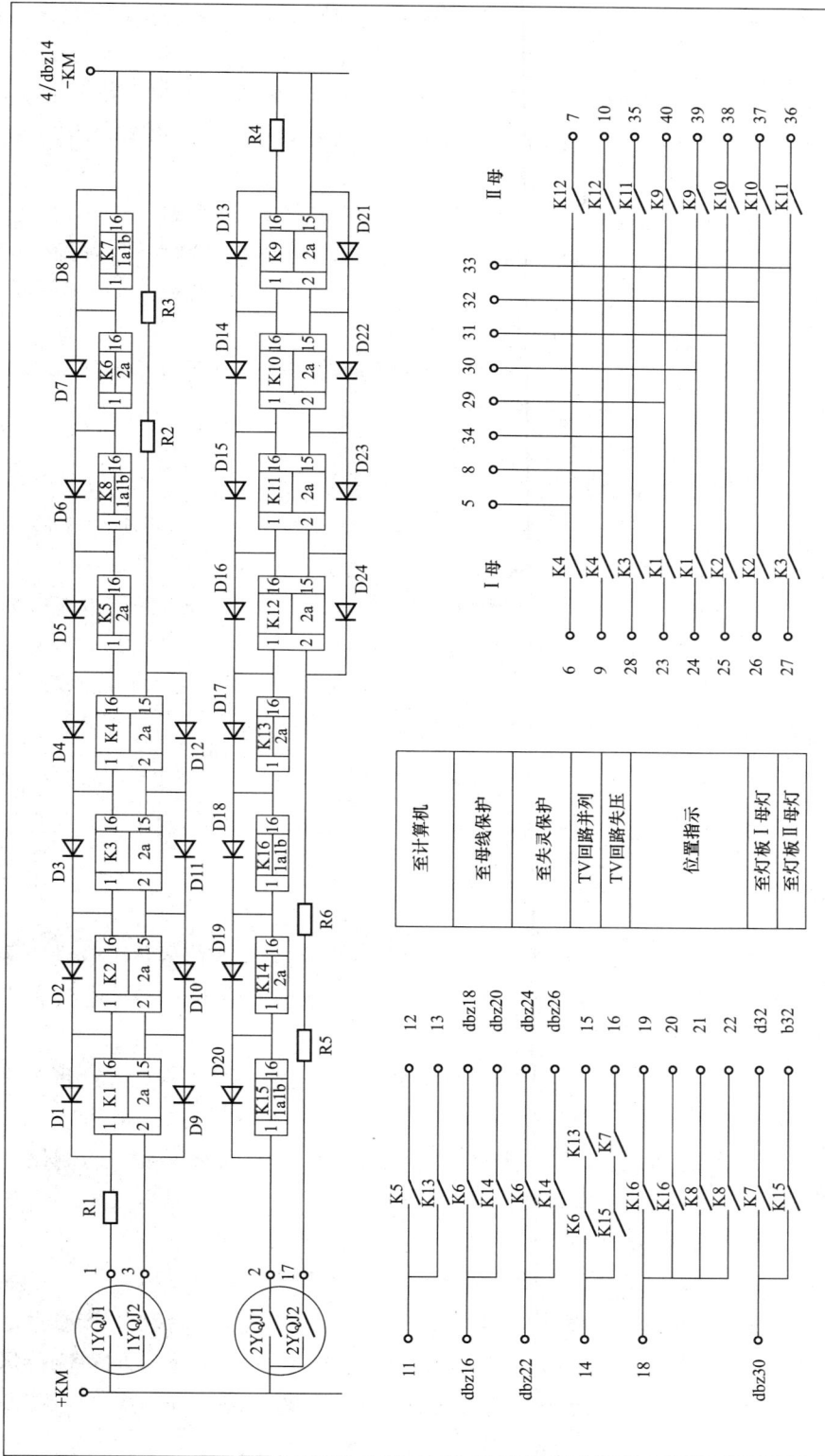

图 15-6

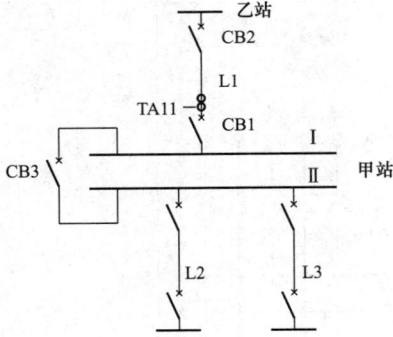

图 15-7

（2）CB1 合闸成功后，后备保护投入之前，线路上发生故障，甲站的保护如何切除故障？

（3）后备保护投入之后，纵联保护投入之前，在 L1 线路甲站出口附近发生 U 相故障，甲站保护如何清除故障？

（4）纵联保护投入且重合闸投入之后，线路上发生 U 相瞬时故障，甲站线路保护与断路器如何反应？

答：（1）由 L1 线路保护中的合于故障保护出口三跳 CB1，切除故障。

（2）由母联解列保护三跳 CB3，隔离故障。

（3）距离 1 段跳 CB1 的 U 相，由于重合闸停用，通过沟通三跳对 CB1 跳三相；如沟通三跳回路没有接，经三相不一致保护三跳 CB1。

（4）纵联保护动作跳 CB1 的 U 相，并启动 CB1 重合闸，重合闸成功重合。

7. 如图 15-8 所示，对 L1 线路两侧配有一套分相电流差动保护，根据厂家说明书及差动保护的逻辑图，假定简化考虑其他相关的闭锁，差动保护的出口跳闸必须同时满足下列条件：①保护从正常处理程序转到故障处理程序（任一相电流有突变或者零序电流有突变或者收到对侧保护传送过来的差动发信信号，仅须三者之一满足）。②差动判别式满足，即 $|I_1+I_1'|>0.75|I_1-I_1'|$（$I_1$、$I_1'$ 分别为同一相的本侧电流、对侧电流）。③收到对侧差动保护传送过来的差动发信信号。④任一相电流或者零序电流有突变。

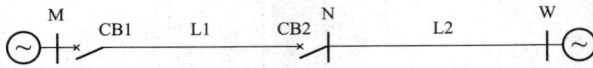

图 15-8

满足下列条件之一时，一侧的差动保护向另一侧传送差动发信信号：i. 收到对侧传送过来的发信信号且本侧断路器三相为断开状态。ii. 任一相电流有突变或零序电流有突变，且本侧差动判别式满足，试阐述：

（1）在 CB2 断路器打开时，先合 CB1，恰逢此时 L1 线路一相在某处对地形成短路，M 侧保护是否动作，简述理由。

（2）在 L1、L2 线路正常运行时，M 侧发生 U 相 TA 二次回路断线，两侧保护是否会动作，简述理由。

（3）在 M 侧发生 U 相 TA 断线时，运行人员没有及时申请处理，不久，在 L2 线路上发生 V 相故障，L1 线路两侧差动保护是否会动作，简述理由。

答：（1）M 侧保护动作。因为合 CB1，相电流有突变，保护启动，①④满足，因为 CB2 断路器没合闸，I_1' 为零，1>0.75，②满足；同时 M 侧保护 ii 满足，向对侧传送差动发信信号，N 侧的保护收到 M 侧传过来的差动发信信号，转入故障处理程序，N 侧 CB2 断路器为打开状态，i 满足，向 M 侧传送差动发信信号，使 M 侧保护③满足。

（2）两侧保护不会动作。因为 M 侧 TA 断线有电流突变，转入故障程序①④满足，因

I_1 为零，1＞0.75，②满足，同时 M 侧保护 ii 满足，向 N 侧传送差动发信信号，将 N 侧保护带入故障处理程序，因 N 侧保护没有电流突变，不满足 ii，也不满足 i，故不向 M 侧传送差动发信信号，③不满足，所以差动不动作。

（3）L1 线路两侧保护均会动作。在 M 侧发生 U 相 TA 断线，当 L2 线路上发生 V 相故障时，M 侧、N 侧的 V 相电流均有突变，由（2）可知，N 侧保护满足 ii，也就是 M 侧保护也满足③，故 M 侧 U 相差动动作跳 U 相；因为 N 侧 V 相电流有突变，N 侧保护①④满足，又因为 U 相发生 TA 断线，②满足，且 M 侧保护 ii 满足，N 侧保护会收到 M 侧传过来的差动发信信号，使 N 侧保护满足③，故 N 侧 U 相差动动作跳 U 相。

8. 一条 500kV 线路第一套保护配置 P546 光纤差动保护、第二套 LFZR111 高频距离保护（对侧弱馈回音投入），故障录波器电流回路串接在第二套保护装置后。某日，该站正在进行 500kV 母差保护及该故障录波器校验工作时，发生该线第二套保护高频零序动作，跳开线路开关，保护装置记录保护动作时间 150ms 左右，动作电流 600mA 左右，从保护录波记录可见开关跳开后零序电流仍持续较长时间。经查，该线路对侧保护未启动，一次系统未见明显扰动迹象。查故障录波文件，仅发现该线路所在故障录波器上有该线路及相邻线路的异常波形。请分析保护动作是否正确，并分析保护动作的原因。

图 15-9 和图 15-10 分别为故障录波记录的跳闸线路电压电流波形和故障录波器记录的相邻线路电压电流波形（模拟量排列顺序从上到下为 U_U、U_V、U_W、$3U_0$、I_U、I_V、I_W、$3I_0$）。

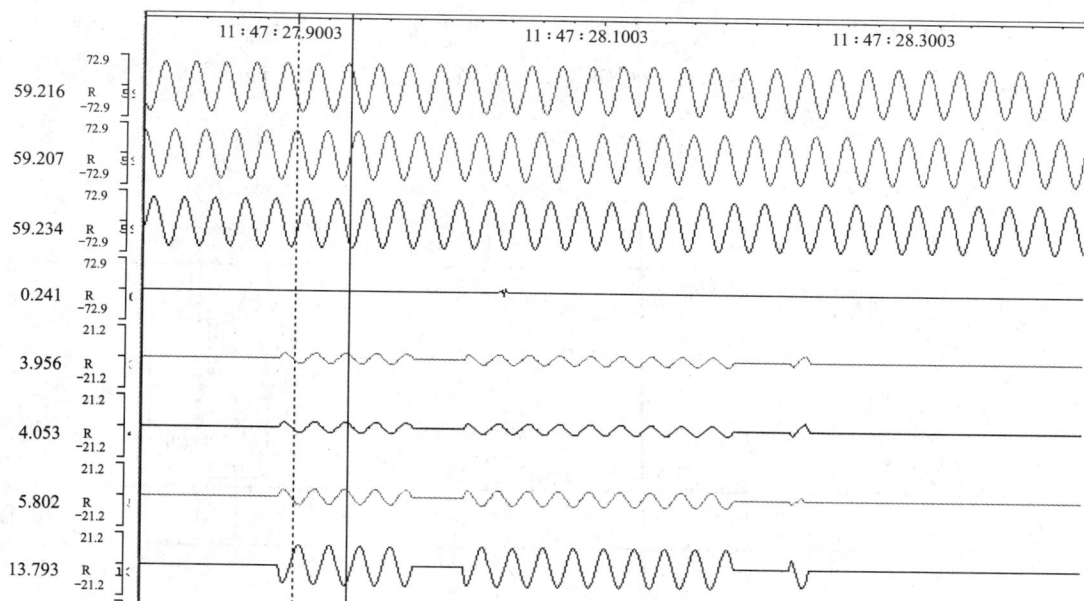

图 15-9

答：（1）电流回路有异常造成。

（2）LFZR111 保护高频零序保护投入，带弱馈功能。

（3）保护动作原因：在保护装置零序电流通道有异常电流输入，发允许信号到对侧，对侧弱馈功能起作用，回发允许信号，造成本侧跳闸。

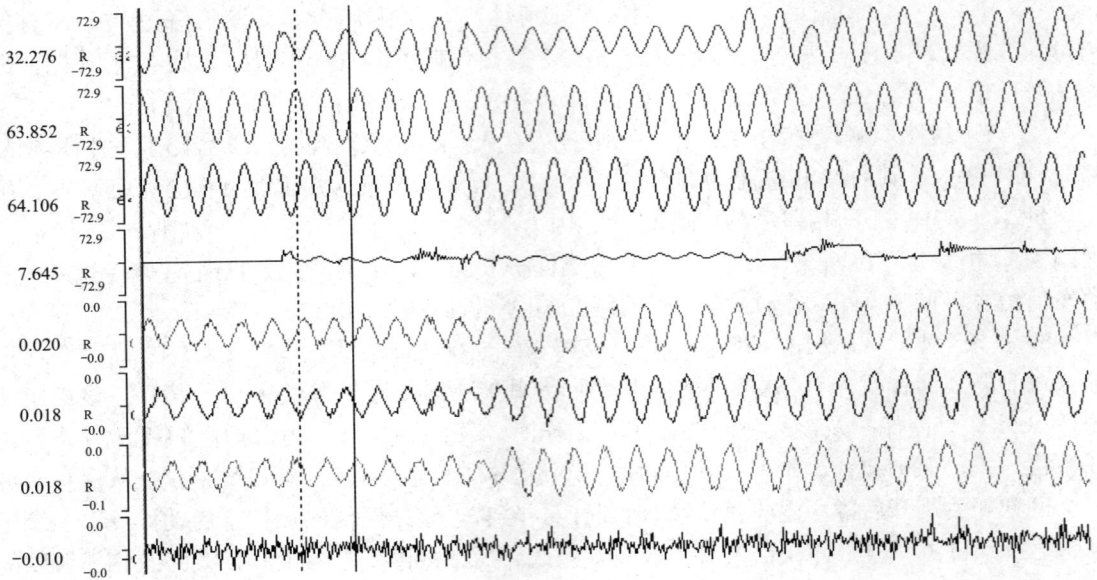

图 15-10

（4）异常电流引入点：500kV 故障录波器端子排排列顺序为线路 1 电压、线路 1 电流、线路 2 电压、线路 2 电流；在故障录波器电流回路做安措时，在录波器屏上短接该线路电流 I_U、I_V、I_W 后，短接线另一头因接于 I_N，但不小心碰到下一条线路的 U_U。

9. 某 220kV 变电站，某日 5 点 11 分，110kV I 线发生故障，变电站主接线图如图 15-11 所示，动作过程如图 15-12 所示（注：110kV I 线故障后，由于故障时间较长，阻波器烧毁，

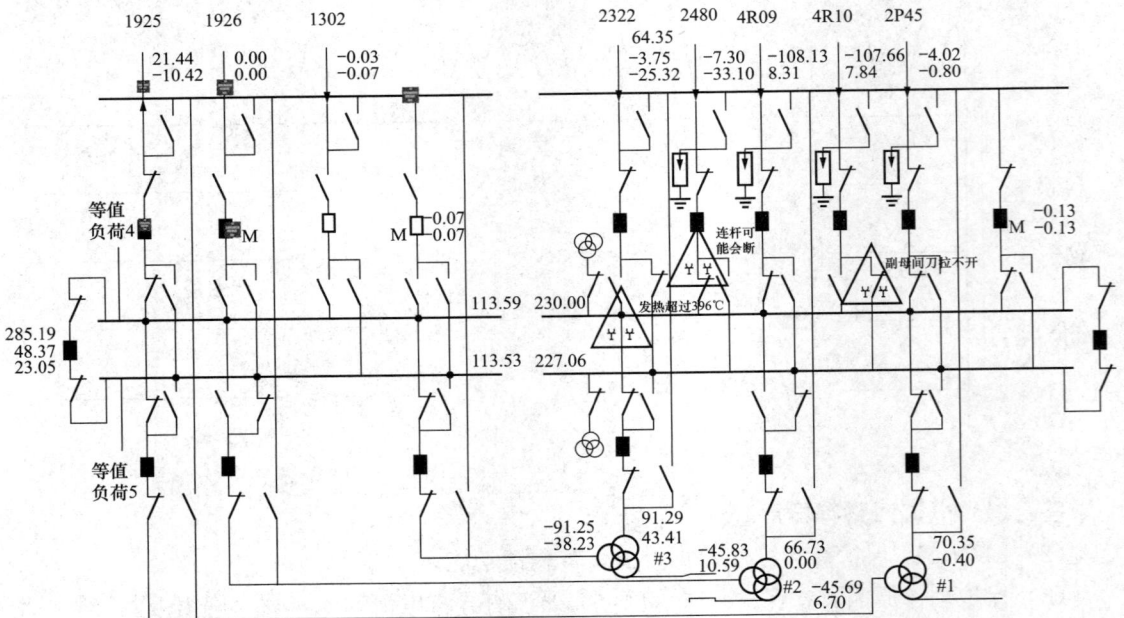

图 15-11

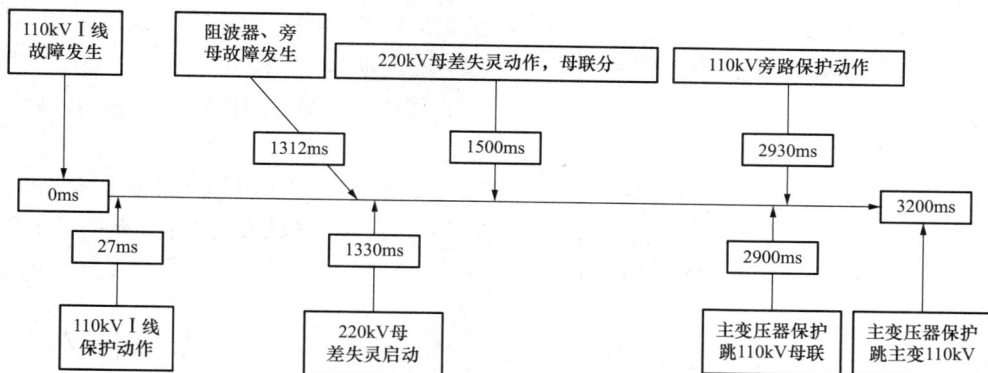

图 15-12

线路出现断股，断股的电弧引起下方 110kV 旁路母线出现短路）。

（1）试分析继电保护的整个动作过程。

答：110kV 副母运行 110kV Ⅰ线故障，保护动作但开关未跳开。

1.3s 后，Ⅰ线线阻波器处短路故障，由于小雨和大风，故障电弧引起 110kV Ⅰ线阻波器下方的 110kV 旁路母线故障，旁路保护动作但是开关未跳开。

1、2、3 号主变压器 110kV 过流保护第一时限 2.9s 跳开 110kV 母联开关后，由于正母运行的 110kV 旁母故障仍存在，1、3 号主变压器 110kV 过流保护第二时限 3.2s 跳开 1、3 号主变压器 110kV 开关，切除故障。同时由于副母运行的 110kVⅠ线故障仍存在，2 号主变压器 110kV 过流保护第二时限 3.2s 跳开 2 号主变压器 110kV 开关，切除故障。

110kV Ⅰ线发生故障同时，220kV 第二套母差有正母的某个间隔失灵开入，1.3s 后，110kV Ⅰ线阻波器处短路故障时，220kV 母差保护复压元件满足动作条件，延时 0.2s 后，跟跳 220kV 失灵开入间隔，并跳开 220kV 母联开关，同时远跳对侧远跳线路开关。

（2）事故后，对现有的 110kV 线路二次回路进行了核对和排查，发现二次回路存在疑点，如图 15-13 所示，请分析投产校验未发现事故隐患的原因和 110kV，Ⅰ、Ⅱ线开关拒动原因（注：改造时，110kV Ⅰ、Ⅱ线先期接入故录，Ⅲ线保护后期接入故录）。

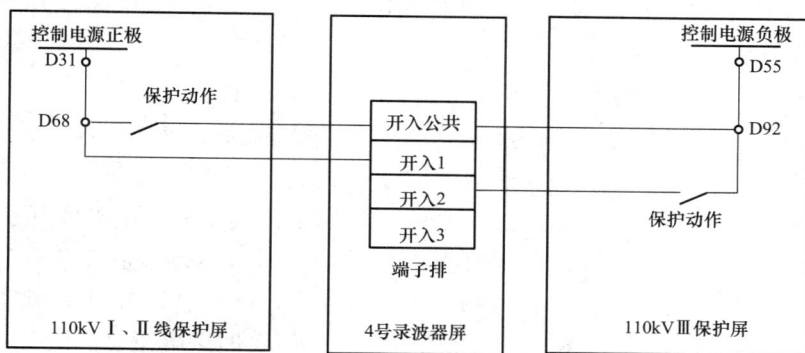

图 15-13

答：如图 15-13 所示，有寄生回路。由于该多余接线导致正电源接入，正常运行时不会

461

出现异常现象。在 110kV Ⅰ、Ⅱ线保护投产校验时，保护动作，也仅将控制回路正电送到录波器公共端，不会造成正、负极短路，保护仍能正常动作跳闸。110kV Ⅲ间隔投产校验也不会发生这个问题。但是几个间隔并存后，保护动作将导致控制电源短路，控制熔丝熔断，开关不能跳开。

10. 某变电站故障前的运行方式如图 15-14 所示。某日 6 时 13 分 46 秒，2341 线发生故障，引起了变电站全停的事故。经过事故后分析，整个过程，保护动作行为都是正确的。录波图和故障线路的动作报告如图 15-14 所示。

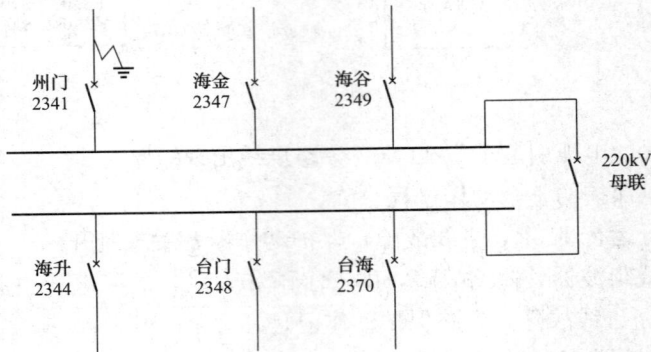

图 15-14　变电站 220kV 侧住接线图

（1）在正母母差动作后，母联开关后出现了偷合的现象，这是直接导致副母差动动作的直接原因。对母联开关控制回路进行分析，发现寄生回路，如图 15-15 所示，试分析母联误合闸过程，并提出改进措施（母差为 RADSS 型）。

答：根据图 15-14 所示，母差动作或母联开关分闸后，母差（失灵）动作接点或母联开关辅接点导通，经 230ms 延时后，时间继电器 D25.137：26-25 接点闭合，此时 1D110 端子（该端子与 1D112 合闸回路短接）带上正电源。由于 D25.125（母联 TA 断联双位置继电器）继电器动作时间约为 30ms，在该 30ms 时间内 D25.125：116-115 接点仍为闭合状态，导致短时接通合闸回路中间继电器（SHJ），造成开关合闸。

将原理接线图中 1D110 至 1D112 短接线拆除，增加 D25.137：27 至 1D112 连线。将消除误合闸的寄生回路。

（2）试根据录波图和动作报告分析继电保护的整个动作过程。

答：1）0～60ms：州门 2341 线 W 相故障，线路两侧高频保护将动作，约 60ms 左右时跳开开关 W 相。

2）145～620ms：本章附图一、二、三（1）（2）中均反映出州门 2341 线在 W 相开关跳开、重合闸前，约过 85ms 海门侧 W 相又有故障电流（可能雷击造成开关击穿、故障重燃），后加速保护 20ms 动作三跳。但故障电流持续存在，从而启动海门变 220kV 正母失灵保护动作，从附图一海谷 2349 线电流录波图中看出 425ms 时刻电流突然增大，说明此时海门变 220kV 母联开关跳开；从附图一看海谷 2349 线 620ms 切除故障电流，从附图二看海金 2347 线 610ms 切除故障电流，第二次故障到 620ms 时刻正母线上所有开关全部跳开。同时从金清变海金 2347 线、升谷变海谷 2349 线的保护动作报告中看出 610ms 时刻收到对侧母差远跳信号而开关三跳。州门2341线高频停信对侧仍 W 相跳闸,此时台州电厂州门2341线 U、V 两相运行。

3)700ms:对侧州门2341线 U、V 两相运行期间又发生 V 相故障,转换性故障保护动作三跳,80ms 切除故障。

4)770～850ms:从本章附图三(1)(2)本侧州门2341线 LFP-901A 保护动作报告看,770ms 时刻 W 相又出现对应的故障电流和正母电压,801msLFP-901A 后加速保护、790ms 突变量距离保护动作。

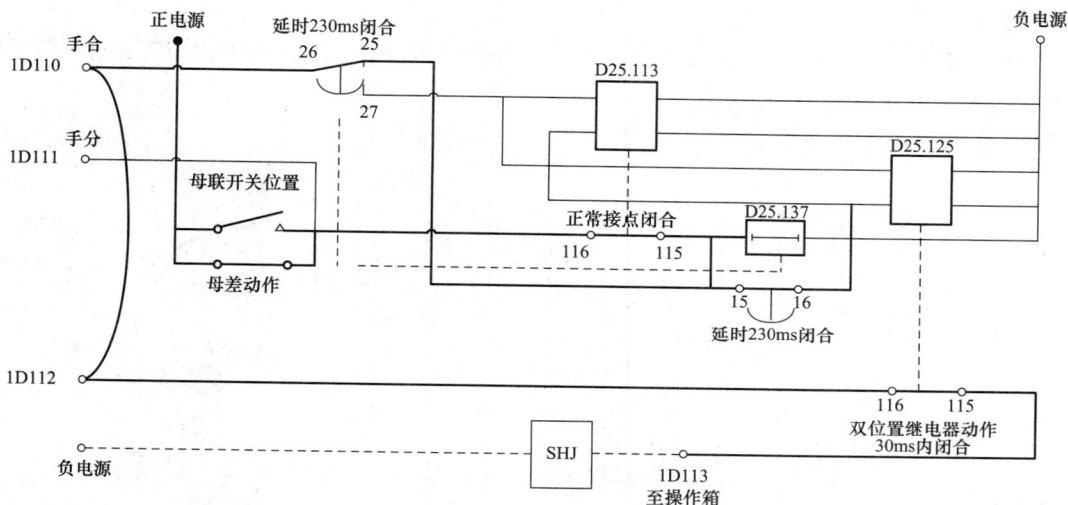

图 15-15

11. 某超高压输电线路发生短路故障时,录取的 i_U、i_V、i_W、$3i_0$、u_U、u_V、u_W、$3u_0$ 波形示意图如图 15-16 所示(不计各波形的相位关系,只计大小),试说明:(t_1 前、$t_1 - t_2$、$t_2 - t_3$、$t_3 - t_4$)各时间段波形变化规律,进而说明故障相别和性质。

答: t_1 前:$3u_0 = 0$,$3i_0 = 0$,三相电压电流正常,属正常运行

$t_1 \sim t_2$:$3u_0$,$3i_0$ 出现,判接地故障

V 相电压降低、V 相电流增大、判 V 相接地

U、W 相电流的有所增大,因非故障相中有故障分量电流

$t_2 \sim t_3$:V 相电流为 0、V 跳闸,三相电压恢复

线路处非全相运行,有 $3u_0$,$3i_0$。

U、W 相基本上保持负荷电流水平

$t_3 \sim t_4$:本侧 V 相重合于故障上,有 $3u_0$,

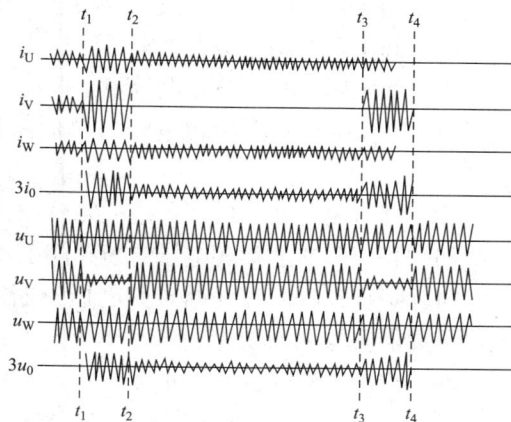

图 15-16

$3i_0$ 出现并增大

i_V 增大，u_V 降低

i_U，i_W 在 t_4 前消失，表示对侧重合故障上三跳，当然 U、W 相电流消失。

12. 某输电线路光纤分相电流差动保护，一侧 TA 变比为 1200/5，另一侧 TA 变比为 600/1，因不慎误将 1200/5 的二次额定电流错设为 1A，试分析正常运行、发生故障时有何问题发生？

答：(1) 正常运行时，因有差流存在，所以当线路负荷电流达到一定值时，差流会告警。

(2) 外部短路故障时，此时线路两侧测量到的差动回路电流均增大，制动电流减小，故两侧保护均有可能发生误动作。

(3) 内部短路故障时，两侧测量到的差动回路电流均减小，制动电流增大，故灵敏度降低，严重时可能发生拒动。

13. 变压器故障录波图如图 15-17 所示，试分析故障类型。

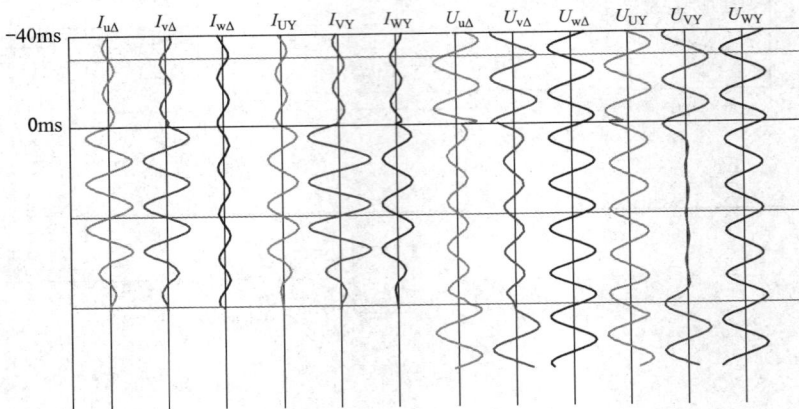

图 15-17

答：变压器低压侧两相短路故障。

录波图要点：

(1) 低压侧两相电流增大，两相电压降低；没有零序电流、零序电压。

(2) 低压侧电流流增大、电压降低为相同两个相别。

(3) 低压侧两个故障相电流基本反向。

(4) 高压侧短路滞后相电流与其他两相电流方向相反，且大小为其他两相电流的 2 倍左右。

(5) 高压侧短路滞后相母线故障残压非常小，接近为零。

(6) 高压侧非故障相电压与短路超前相电压大小相等，方向相反。

14. 对于 220kV 变压器，其高压侧断路器的失灵保护的回路特点？当高压侧断路器失灵，失灵保护将如何切除故障？

答：应由电流元件、保护动作接点、母线选择、电压闭锁组成。

对于 220kV 变压器的变压器高压侧断路器，按照《国家电网公司十八项电网反事故措施》2007 版，母差保护必须具备失灵功能，变压器高压侧开关的保护动作接点、解除复压闭锁环节直接由变压器保护开入给母差失灵保护电流元件、母线选择、电压闭锁则均由母差失灵保护完成。

对于变压器内部故障，失灵保护将通过母差保护的跳闸回路将变压器支路所在母线的所有连接元件切除。

而对于母线故障，则要由母差失灵保护给予一联跳接点给变压器的非电量保护，借助其跳闸回路跳开变压器三侧。

15. 如图 15-18 所示，四个变电站 220kV 母线间通过 L1～L5 线路连接，L1、L2、L3 配置 CSL 101A＋RCS 901A 保护，L4 配置 PSL 603GA＋RCS 931A 保护，L5 配置 CSC 101A＋RCS 931A 保护，重合闸均为单重方式，各站母线均配置 RADSS 母差保护，且甲站开关较老，分闸时间均比对侧慢 100ms。某日，系统全接线运行（图中所有元件均运行，所有保护均投入），线路 L1 W 相遭雷击发生永久性故障，A 开关因设备原因 W 相不能熄弧，请分析该系统中各处保护及开关的动作情况。

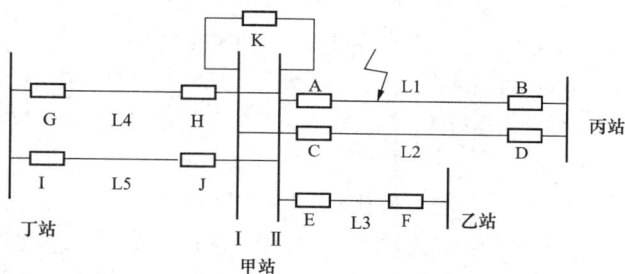

图 15-18

答：（1）A 侧保护动作，单跳 W 相，因开关不能熄弧，加跳三相，并启动失灵；B 侧保护动作，单跳 W 相。

（2）失灵保护动作，第一时限 200ms 跳开母联开关 K。

（3）失灵保护第二时限 400ms 出口跳 II 母线上所有开关（H、J、E），同时对 L3 双套及 L5 第一套保护停信（或发允许信号）、对 L4 双套及 L5 第二套保护发远跳信号；F 开关 W 相跳闸、G 开关和 I 开关三相跳闸。

（4）B 开关 W 相重合于故障加速跳开三相，F 开关 W 相重合成功。

16. 分析比率制动型微机母线保护动作行为。

如图 15-19 所示为某 110kV 变电站主接线图。正常运行方式为：I 母、II 母通过母联开关 110 并联运行。各间隔 TA 变比为 600/5，101 和 102 为电源联络线，103 和 104 为负荷馈线。该站母线了装设了微机母线保护装置。其中，比例制动系数整定 $K_r=2$，差动电流门槛 $I_{dset}=5A$。$K_r=\dfrac{I_d}{I_r-I_d}$，I_d 为差流，I_r 为和（绝对值和）电流。差动保护的动作条件为：$I_d>I_{dset}$ 且 $I_d>K_r(I_r-I_d)$。

运行过程中，母线保护装置发"母线分列运行"信号，运行值班人员到保护屏上确认并复归了该信号（事后查明，该信号是由于 110kV 开关位置开入光耦故障所引起。且当时 I、II 母负荷正好各自平衡，母联开关电流几乎为零）。

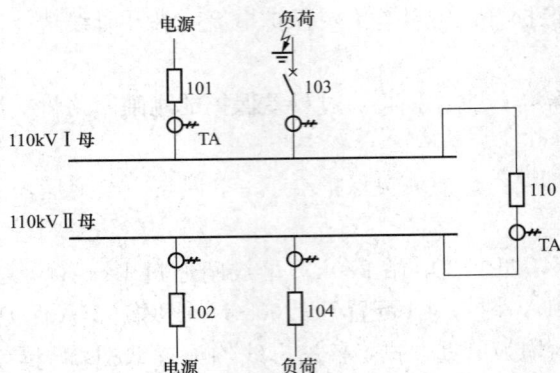

图 15-19

上述运行方式下，在 103 开关出口处发生 U 相接地短路故障（事故后录波显示 103、102 和 101 的故障电流分别为 1400A、700A 和 700A），在 103 开关线路保护跳闸的同时，微机母线保护动作跳Ⅱ母上所有开关，造成 110kV Ⅱ母线失压。

注：母差保护的动作逻辑为，母线并列运行时，大差作为总启动元件，闭锁整套保护，大、小差同时动作，才能出口；母线分列运行时，母联电流不参与差流计算，大差退出，小差自行判别故障并出口。

试对该微机母线保护动作行为进行分析。

答：（1）由于微机母线保护装置光耦发生故障，且运行人员未认真核对现场运行方式，使微机母差保护装置工作于与一次设备不对应的方式下，故在母线区外故障时，造成其中一段母线保护误动作，切除无故障母线，造成不了必要的损失。"母线分裂运行"为装置误发信号，且由于运行人员的确认和实际运行方式的巧合，使母线保护将双母线并列运行方式误判断为分裂运行方式。

（2）Ⅱ母小差动作行为：差流为流过 110 的短路电流（110TA 已退出比较），故符合小差动作条件，误将区外故障判为区内故障，出口跳Ⅱ母上所有开关（102、104、110），因 110 位置误判，故不跳。

简化计算法：设 101 和 103 向短路点均衡提供故障电流，则 $I_d = I_{101} = 700/5 = 140$（A），远大于整定值（5A），且 $I_d = 140/(140-140) = 140/0 = \infty$，远大于 K_r 整定值 2。满足整定动作条件。

（3）Ⅰ母小差由于是在 103 出口处短路，尽管 110TA 电流未参与比较引起差流，但由于比例制动和 103TA 饱和，故Ⅰ母小差仍能正确判断为区外故障，故不动作。

简化计算法：$I_d = I_{110} = I_{101} = 700/5 = 140A$，远大于整定值（5A），但

$K_r (I_r - I_d) = 2 \times (140+280) - 140 = 540$（A），即 I_d 小于 $K_r(I_r - I_d)$，不满足差动动作的条件。故Ⅰ母差动不动作。

17. 如图 15-20 所示，当 BC 线路发生距 C 端 10％处永久性 V 相接地故障时，试分析 QF3、QF4 所配保护的动作行为。若 QF2 由于所配纵联距离保护用收发信机原因未发闭锁信号，则分析 QF1、QF2 的保护动作行为（均只写出何种保护元件动作即可）。

注：QF1、QF2 所配保护，光纤纵联差动＋载波纵联距离。QF3、QF4 所配保护，光纤纵联差动＋光

纤纵联距离。

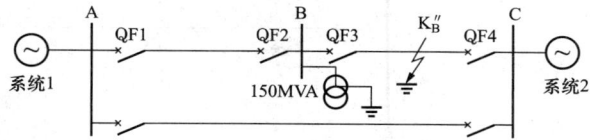

图 15-20

答：（1）BC 线路发生单相永久接地故障。

QF3 应有如下保护动作：纵联差动、纵联距离、重合闸动作，零序后加速、接地后加速动作。QF4 应有如下保护动作：纵联差动、纵联距离、接地距离Ⅰ段动作出口，重合闸动作，零序后加速、接地后加速动作（工频变化量阻抗）。

（2）若 QF2 侧收发信机未发闭锁信号，则 QF1 侧的纵联距离动作出口，选相元件灵敏度足时掉 V 相，重合闸动作（零序后加速、接地后加速动作）。选相元件灵敏度不足时掉三相，不重合。QF2 侧不应有保护动作。

附图一 220kV升谷变海升2344线、海谷2349线录波图

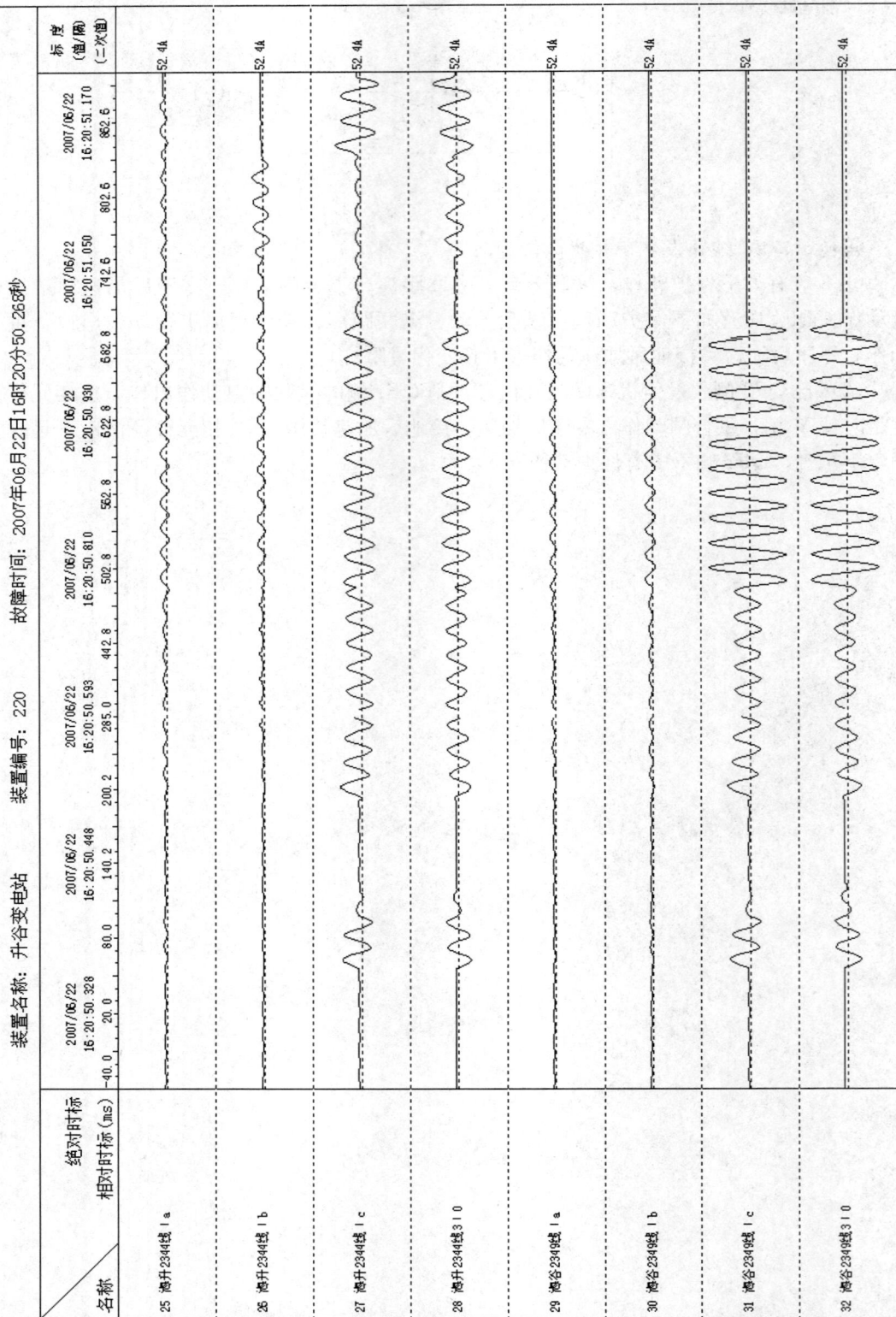

附图二 220kV金清变海金2347线录波图

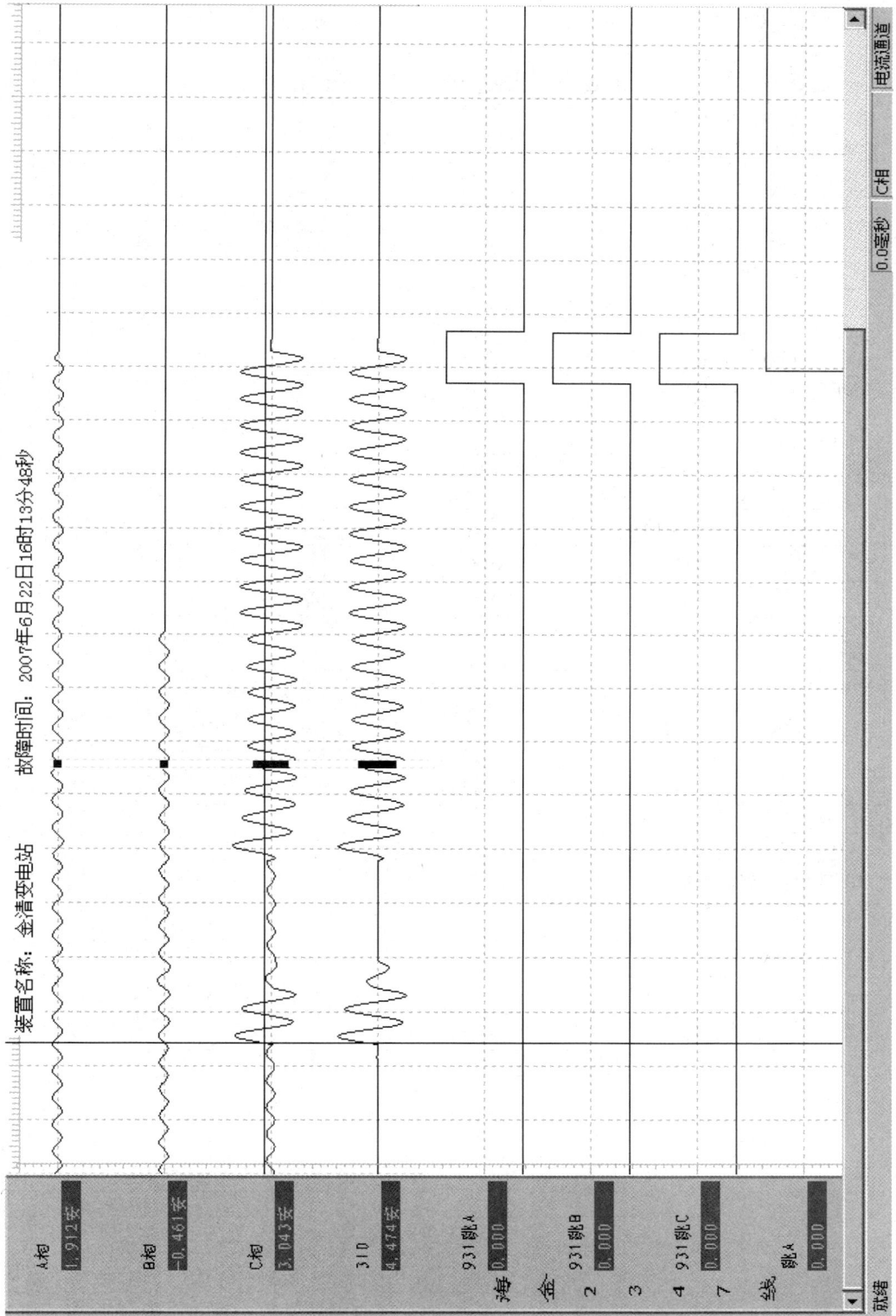

故障时间：2007年6月22日16时13分48秒

装置名称：金清变电站

A相	1.912安
B相	-0.461安
C相	3.043安
31D	4.474安
931跳A	0.000
931跳B	0.000
931跳C	0.000
跳A	0.000

电流通道　C相　0.0毫秒

就绪

附图三（1）：220kV 海门变州门 2341 线 LFP—901 保护报告

LFP-901A（V4.00）LINE FAST PROTECTIVE RELAY SWITCH REPORT

NO.19　　LINE　NO:002341

TIME 07-06-22　22:43:55

CPU1 RELAY:

SWITCH	STATUS	SWITCH	STATUS
F ++	1 —> 0		

LFP-901A（V4.00）LINE FAST PROTECTIVE RELAY TRIP REPORT

NO.25　　LINE　NO:002341

TIME 07-06-22　16:10:11

CPU1 RELAY:

No	Trip Time（ms）	TRIP PHASE	Trip Relay
1	00004	C	Dz　D++　O++
2	00200	ABC	CF1
3	00790	ABC	Dz

CPU2 RELAY:

No	Trip Time（ms）	TRIP PHASE	Trip Relay
1	00020	C	Z1
2	00193	ABC	CF2
3	00801	ABC	CF2

CH　TIME	

THE FOLLOWING DATA COME FROM FAULT LOCATION.

FAULT　PHASE	C
FAULT DISTANCE	2.8KM
Imax	52.69A
I_0	59.92 A

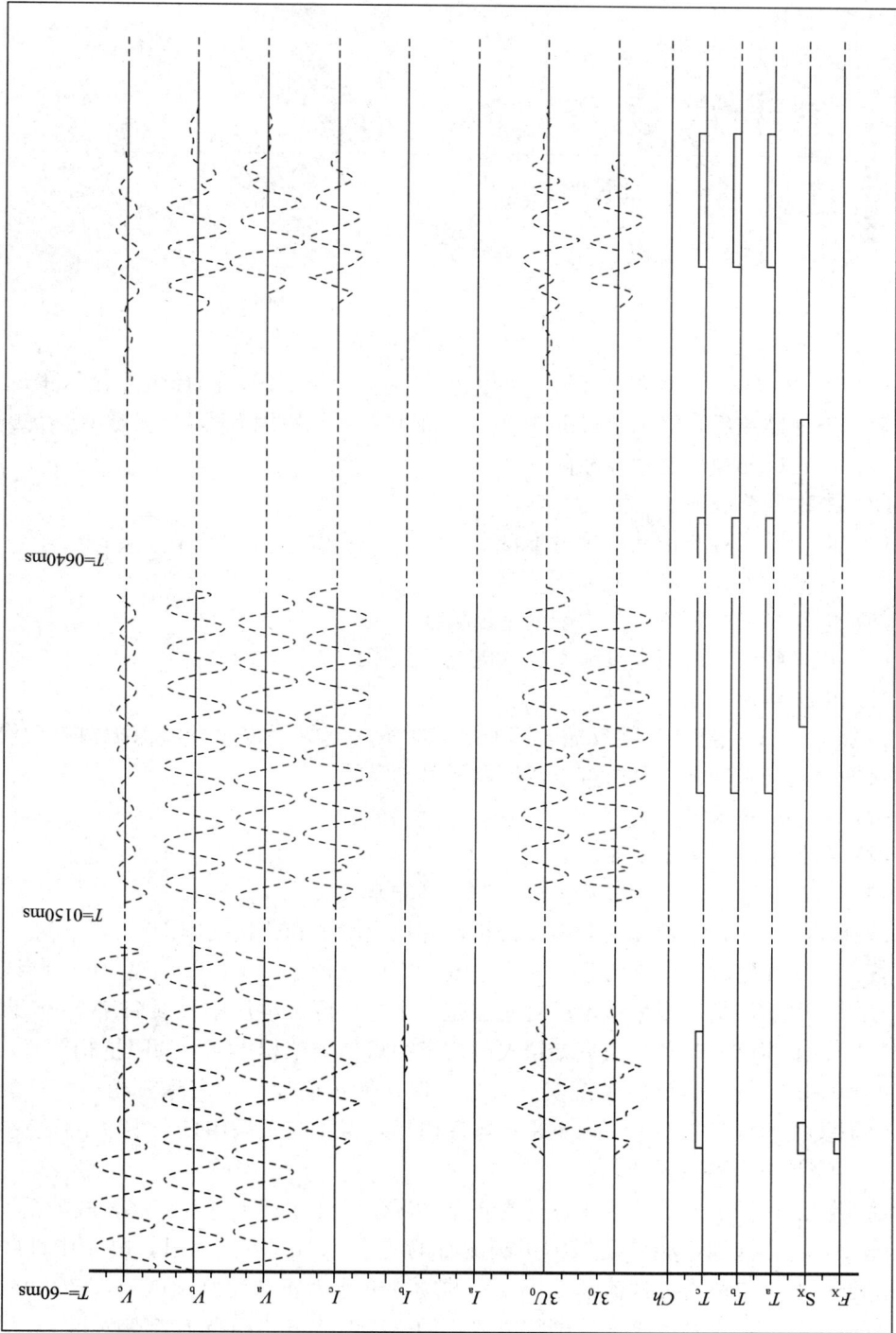

附图三（2）：220kV海门变州门2341线LFP-901保护报告

第十六章
应 急 处 理

1. 某变电站双母线接线正母运行的保护装置报电压断线，测控装置显示正母 U 相电压不正常，当地监控后台显示正母 U 相电压不正常，可能原因有哪些？（至少五点）

答：（1）U 相电压互感器故障。

（2）二次回路故障。

（3）电压回路接线松动或接触不良。

（4）空气开关、熔丝故障。

（5）电压小母线短路或二次配线绝缘破损。

（6）正母闸刀辅助接点接触不良（电压切换回路）。

（7）电压切换继电器故障。

2. 某 220kV 线路保护在反向较远处故障时第一套纵联零序方向保护两侧动作出口，第二套保护两侧均未动作，经检查电压回路故障现象为：

（1）开口三角采样值为零。

（2）某相电压比额定电压高。

（3）自产零序电压不为零且三次谐波含量非常大。

试判断二次回路故障原因并简要分析，并提出防范和改进措施。

答：二次回路故障原因为第一套纵联零序方向保护电压中性线回路 N600 断线。

分析：对于保护装置来说电压互感器是一个电压源。电压中性线回路 N600 断线时，若保护装置的小 TV 未饱和，由克希霍夫电流定律可得当三相小 TV 的阻抗相等时，保护装置的自产零序电压将正确反应系统实际电压，保护能正确动作，实际三相小 TV 的阻抗有差异，保护装置的自产零序电压未不平衡零序电压，保护装置采用自产零序电压突变量或浮动门槛技术后保护仍不会误动。

而实际上保护装置的小 TV 设计在正常情况下工作于接近饱和状态，故障情况下由于电压下降 TV 不会饱和，能满足保护正确测量的要求。小 TV 饱和时，电压中性线回路断线后，由于三次谐波电流无法流通，小 TV 的励磁电流为正弦波励磁电流，产生平顶波磁通，产生尖顶波电势，于是产生三次谐波电势，而三次谐波电势相当于产零序电压，由于其相位不确定性完全可能导致反向故障时零序方向元件误动。

防范和改进措施：

（1）保护装置增设零序方向元件三次谐波滤波措施。

（2）投产带负荷试验时应注意检查保护装置的电压电流波形以便及时发现异常情况。

（3）某些保护装置在中性线断线时能报 PTDX 信号，对于不能报 PTDX 信号的保护装置增设三次谐波过量报警元件。

（4）安装调试过程中应特别注意检查电压电流中性线回路的正确性。

3. 某运行 110kV 线路间隔报"控制回路断线"告警，监控后台"控制回路断线"光字牌常亮，开关红绿指示灯不亮。应如何处理（合闸断线、分闸断线）？

答：（1）首先检查是否为自动化系统误发信，保护装置若未发"控制回路断线"告警信号，为自动化系统误发信引起，则检查自动化相关回路、设备和相关设置。若保护装置发"控制回路断线"告警信号，进行一下检查。

（2）停用断路器，改为开关冷备用状态，不能改变设备状态则改为非自动状态；若能确认控制回路正常（仅为信号回路异常），则可以不改一次设备状态进行处理。

（3）断路器机构箱内元器件损坏［断路器分、合闸线圈烧坏、断线；断路器辅助接点接触不良；弹簧未储能（合闸回路）或其辅助接点接触不良］。

（4）可能为操作箱操作插件坏，二次回路故障（螺丝松动或接触不良等）。

（5）断路器本体异常闭锁分、合闸；远方/就地切换开关故障。

（6）采用分段排除法，将故障范围逐渐缩小，最终排除故障。

4. 简述直流接地的原因及处理原则。

答：处理原则：

（1）一般先根据直流接地选线装置的选线情况进行有针对性的检查。但当接地回路存在环路时，接地选线装置会报二条报以上支路接地，这时必须查清环路再检查。

（2）拉路查找时应根据先信号后保护、控制回路的原则进行，同时结合天气情况判断可能的位置，雨天时先室外、后室内。直流接地一般采用便携式直流接地检测仪查找为主，辅之于拉路的方法。

直流接地一般由以下情况引起：

（1）潮、锈蚀等物理化学原因引起的绝缘老化、破损，如电缆、绝缘座、端子排。

（2）户外隔离开关机构箱内辅助触点引起的直流接地。

（3）二次回路直流接地。

（4）屏顶小母线积灰引起的绝缘下降。

（5）滤波电容引起接地。

（6）直流系统本身引起的直流接地。

（7）直流串电引起的直流接地。

（8）电源插件瞬时性接地。

5. 备自投装置无法充电时如何处理？

答：（1）停用备自投装置。

（2）重启备自投装置检查是否能恢复，若能恢复则是装置运行不稳定引起，可通过咨询厂家并结合现场实际判断更换相应插件（纽扣电池）进行处理。若不能恢复，则可能是保护装置或外部回路故障引起，进行如下处理：

1）检查模拟量。

2）备自投装置有闭锁。

3）合后继不满足条件（仅适用 RCS965A 等型号）。

4）备自投保护装置外部输入开关量量不满足要求。

5）备自投装置定值逻辑不正确。

6）综合上述检查，经过判断更换相应插件或对二次回路进行处理。

6. 重合闸无法充电或告警灯亮，如何处理？

答：（1）停用重合闸装置。

（2）重启重合闸装置检查是否能恢复，若能恢复则是装置运行不稳定引起，可通过咨询厂家并结合现场实际判断更换相应插件（纽扣电池）进行处理。若不能恢复，则可能是保护装置或外部回路故障引起，进行如下处理。

1）装置电源故障。

2）检查模拟量。

① 重合闸检无压及同期方式：未启动情况下，检查开关处于合位且有电流，若同期条件不满足，则报电压出错告警，告警灯亮，闭锁重合闸。

② 手合开放未满 10s，有手合信号开入 15s，报手合开入出错，告警灯亮，闭锁重合闸。

③ 当 TWJ 动作，而线路有流，则告警灯亮，闭锁重合闸。

如上述情况均正常，装置告警且不能复归，则更换重合闸插件。

3）外部回路条件不满足。

① 开关位置不正确或合后继电器动作不正确。

② 电压断线。

③ 外部回路闭锁。

④ 外部回路接线错误。

4）监控软压板或保护压板不正确。

① 检查当地监控重合闸投入压板。

② 检查保护装置压板投退及整定单控制字。

③ 检查保护屏上重合闸切换开关是否投入。

7. 微机型母差保护发出"开入异常"告警，如何处理？

答：（1）停用母差保护装置。

（2）查看装置告警报文，重启母差保护装置检查是否能恢复，若能恢复则是装置运行不稳定引起，可通过咨询厂家并结合现场实际判断更换相应插件进行处理。若不能恢复，则可能是保护装置或外部回路故障引起，进行如下处理：

1）对母差保护画面与实际运行方式进行比对，压板状态是否正确。

2）检查模拟量。

3）对于 RCS 915，检查外部起动母联失灵开入异常，外部闭锁母差接点，隔离开关位置报警，母联 TWJ＝1 但任意相有电流，发"其他报警"信号。

4）对于 BP-2B，母联常开常闭接点不对应，隔离开关位置不对应，失灵误开入、主变压器解复压误开入、分列压板误开入。

5）开入光隔异常。

6）综合上述检查，经过判断更换相应插件或对二次回路进行处理。

8. 变压器差动保护差流越限，如何处理？

答：（1）停用主变压器差动保护装置。

（2）查看装置告警报文，重启主变压器差动保护装置检查是否能恢复，若能恢复则是装置运行不稳定引起，可通过咨询厂家并结合现场实际判断更换相应插件进行处理。若不能恢复，则可能是保护装置或外部回路故障引起，进行如下处理：

1）检查各侧模拟量采样值的大小和相位并进行计算。

2）装置电流插件故障。

3）定值设置错误。

4）运行状态引起（如主变压器分接头调整）。

5）电流二次回路有短路或接地。

6）电流互感器本身问题。

7）综合上述检查，经过判断更换相应插件或对二次回路进行处理。

9. LFX-912 高频保护收发信机 3dB 告警，如何处理？

答：（1）高频保护改信号状态。

（2）重启高频保护收发信机检查是否能恢复，若能恢复则是装置运行不稳定引起，可通过咨询厂家并结合现场实际判断更换相应插件进行处理。若不能恢复，则可能是收发信机或通道故障引起，需两侧同时进行。

1）收发信机故障。

通道交换时记录第一个 5s 的收信电平和第三个 5s 的发信电平。根据收发信电平的实测值，初步定故障部位，调节电位器或更换插件后进行试验。

2）通道故障。

确定收发信机正常后，进一步将检查通道设备。主要检查高频电缆、结合滤波器、阻波器、调度接线变更。判断方法是测量收发信回路各点电平，通过电平变化进行判断。

① 处理一：仅由本侧收发信机发信，用选频表测量结合滤波器二次侧及一次侧发信电平，根据电缆与输出线路阻抗匹配关系，此时二次侧正常为 29～30dB，一次侧约高 8dB 为正常。若二次侧正常，一次侧低落较多，则可能结合滤波器或耦合电容故障、结合滤波器上桩头连接线绝缘不良。由对侧发信，检查结合滤波器一次、二次侧电平。若一次侧正常，二次侧降低很多，则有可能是结合滤波器或高频电缆故障。此外，应检查高频通道的反措有否执行。一般情况下，结合滤波器故障情况较多。进一步可检查通道输入阻抗。

② 处理二：当线路有改接时应考虑不同频带在线路上的衰耗引起的 3dB 告警。此时关闭对侧收发信机，在对侧用高频振荡器施加不同频率信号，本侧检查不同频率时的收信电平，计算不同频率时的通道衰耗，若某些频率衰耗小，3dB 告警消失，说明是频率的问题，通道设备正常。此时，应联系厂家，更换线滤插件及发信插件。

③ 处理三：如果以上项目全部检查正确（两侧）就有可能是阻波器失谐，可采用两侧轮流跳开关及拉合线路地刀的方法来判断哪一侧的阻波器出故障。地刀在不同的位置时，收信电平的变化不应超 2dB（分流衰耗）。否则应安排阻波器吊检。

10. 线路高频收发信机通道交换失败，如何处理？

答：（1）二侧高频保护改为信号状态，工作时需二侧配合进行。

（2）通道交换失败可分为保护及按钮、收发信机、通道设备三个方面进行检查。

（3）保护及按钮：通道交换按钮坏或保护装置相应插件坏。

（4）收发信机：侧重装置电源、功放插件问题、远方起动误投。

（5）通道设备：高频通道各连接元件及部位接触情况。高频电缆、收发信回路接触不良或接地（结合滤波器、阻波器、高频电缆）。

11. 一台 Yd11 变压器，在差动保护带负荷检查时，测得 Y 侧电流互感器电流相位 I_u 与 U_u 同相位，I_u 超前 I_w 为 150°，I_v 超前 I_u 为 150°，I_u 超前 I_v 为 60°，且 $I_u=17.3A$、$I_v=I_w=10A$。问 Y 侧 TA 回路是否正确，若正确，请说明理由，如错误，则改正之（潮流为 $P=+8.66MW$，$Q=+5MVAR$）。

答：（1）W 相极性接反。

（2）电流互感器接线图，如图 16-1 所示。

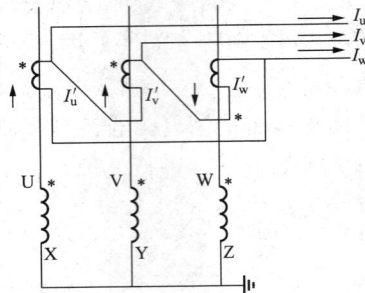

图 16-1

（3）向量图，如图 16-2 和图 16-3 所示。

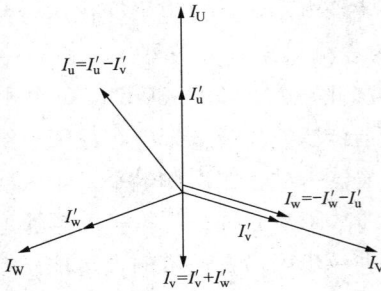

图 16-2

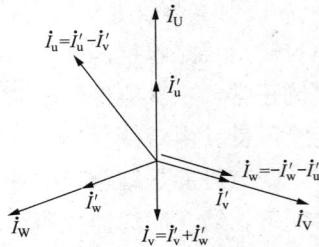

图 16-3

（4）电流互感器 W 相端子反接就可解决。

12. 微机型线路保护，高频零序方向采用自产 $3\dot{U}_0$，电流回路接线正确，电压回路接线如图 16-4 所示，存在如下问题：

（1）TV 二、三次没有分开，在开关场引入一根 N 线。

（2）在端子排上，$\dot{U}_N$ 错接在 L 线上。试分析该线路高频保护在反方向区外 U 相接地时的动作行为。

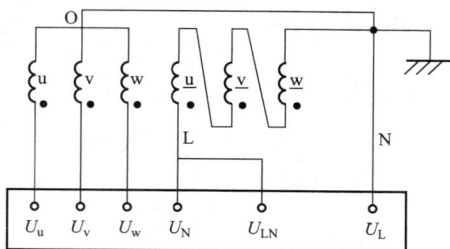

图 16-4

答：接线正确时，区外 U 相故障零序电压为

$$\dot{U}_{u} = \dot{U}_{u0}$$

$$\dot{U}_{v} = \dot{U}_{v0}$$

$$\dot{U}_{w} = \dot{U}_{w0}$$

$$\dot{U}_{u} + \dot{U}_{v} + \dot{U}_{w} = \dot{U}_{u0} + \dot{U}_{v0} + \dot{U}_{w0} = 3\dot{U}_{0}$$

接线错误时，区外 U 相故障零序电压为

$$\dot{U}_{u} = \dot{U}_{u}0 - \dot{U}_{LN}$$

$$\dot{U}_{v} = \dot{U}_{v}0 - \dot{U}_{LN}$$

$$\dot{U}_{w} = \dot{U}_{w}0 - \dot{U}_{LN}$$

$$3\dot{U}'_{0} = \dot{U}_{u} + \dot{U}_{v} + \dot{U}_{w} = \dot{U}_{u0} + \dot{U}_{v0} + \dot{U}_{w0} - 3\dot{U}_{LN} = 3\dot{U}_{0} - 3 \times 1.732 \times 3\dot{U}_{0}$$

$$= -4.2(3\dot{U}_{0}) \quad （考虑 TV 三次相电压为二次相电压的 1.732 倍）$$

该自产 $3\dot{U}_{0}$ 与接线正确时相反，因此在区外故障时保护将误判为区内故障，进而误动。

13. 在 YNd11 组别变压器 d 侧发生 UV 两相短路时，设变压器变比为 1。

（1）作出变压器正常运行时的电流相量图。

（2）求 d 侧故障电压及故障电流相量。

（3）用对称分量图解法分析对 Y 侧过电流、低电压保护的影响。

（4）反映 d 侧两相短路的 Y 侧过电流元件、低电压元件、阻抗元件应如何接法。

答：本题中会用到各序分量在变压器星角两侧变换时角度旋转的知识，这里作一些简要介绍。正序和负序分量经各种连接组别的变压器时，相位移动的角度 δ 与变压器的接线组别和各序分量从变压器哪侧向另一侧转换有关。正序和负序分量的相位移动角度 δ_1 和 δ_2 的一般计算公式为

$$\delta_1 = +(12 - N) \times 300$$

$$\delta_2 = -\delta_1$$

式中：N 为变压器接线组别中的钟点数。当序分量由接线组别中的 12 点侧绕组向 N 点侧绕组进行转换时，取"＋"号；当由 N 点侧绕组向 12 点侧绕组进行转换时，取"－"号。至于零序分量的转换，要看变压器的接线组别和外回路的接线是否有零序通路存在。

（1）YNd11 组别变压器正常运行时的电流相量图如图 16-5 所示。

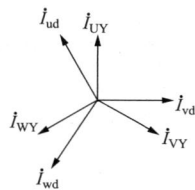

图 16-5

（2）d 侧 UV 故障，故障电流相量分析：

设短路电流为 I_k。

d 侧：

$$I_{w1} = - I_{w2} = I_k/1.732I_v$$

$$I_u = - I_v = I_k$$

Y 侧：

$$I_U = I_W = I_k/1.732 \quad I_V = -2I_k/1.732$$

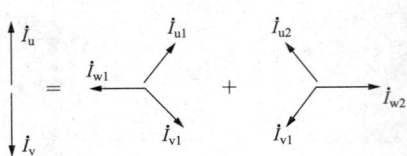

图 16-6

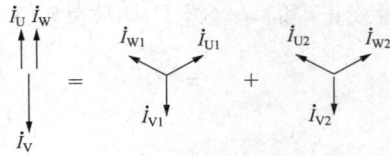

图 16-7

从图 16-6 和图 16-7 可以看出，Y 侧有两相电流为 $I_K/1.732$，有一相为 $2I_K/1.732$，如果只有两相电流继电器，则有 1/3 的两相短路机会短路电流减少一半。

（3）故障电压相量分析（d 侧电压相量图和 Y 侧电压相量图分别见图 16-8 和图 16-9）。

d 侧：

$$U_u = U_v = U_w/2$$

Y 侧：

$$U_U = U_W = 1.732U_W/2U_V = 0$$

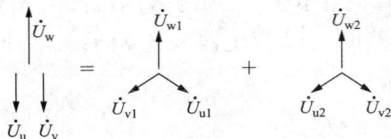

图 16-8

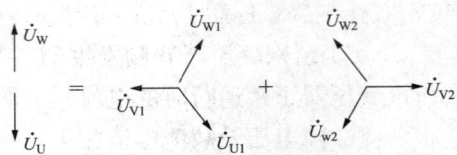

图 16-9

在 Y 侧的相电压，有一相为 0，另两相为大小相等、方向相反的电压。此时对于 d 侧相间故障 Y 侧的电压继电器无论接在相电压还是相间电压均不能正确反映故障测电压情况。

（4）反映 d 侧两相短路的 Y 侧过电流元件、低电压元件、阻抗元件，通过分析应采取如下接法：

1）电流元件：如果 Y 侧的 TA 为 Y 接线，则每侧均设电流元件；如果为两相式 TA，则 V 相电流元件接中性线电流（－V）相。

2）电压元件：三个电压元件接每相相电压。

3）阻抗元件：按相电压和相电流接法。

14. 如图 16-10 所示，开关处于运行状态。现发生 A 点直流正极接地，问

（1）在哪些回路再次发生直流接地，可能导致开关跳闸？

（2）在哪些回路再次发生直流接地，可能导致开关拒动？

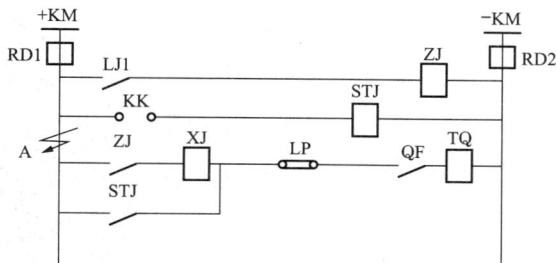

图 16-10

LJ1：电流继电器接点；LP：跳闸压板；ZJ：跳闸中间继电器；QF：开关辅助接点；XJ：信号继电器；TQ：开关跳闸线圈；STJ：手动跳闸继电器；RD1、RD2：直流保险。

答：LJ1-ZJ 间；ZJ 接点-TQ 间；STJ 接点-TQ 间；KK-STJ 间，可能造成开关跳闸。

STJ、ZJ、TQ 后面发生负电源接地，会造成 RD1 或 RD2 熔断，或是继电器线圈或跳闸线圈被短接，从而造成开关拒动。

15. 现场进行 220kV 及以上线路保护带断路器传动试验中，通常采用如下方法：将试验仪交流量接入保护装置，保护装置备用跳闸接点、合闸接点反馈至试验仪。在单重方式下，模拟单相瞬时性故障，断路器跳、合闸正常；模拟单相永久性故障时，最终结果故障相断路器在合闸状态、其余两相断路器在跳闸状态。请对此进行分析，并提出改进方案。

答：(1) 模拟单相瞬时性故障，断路器跳、合闸正常，说明保护装置有关逻辑正常，试验接线正确，至断路器的跳合闸回路正确。

(2) 模拟单相永久性故障时，非故障两相断路器在跳闸状态，说明保护装置在重合后已发三跳令。而故障相断路器在合闸状态，可以推断保护在后加速动作发三跳令期间，故障相断路器尚未合上，跳闸回路不通。

(3) 保护单跳令控制试验仪切除故障；而后重合闸动作，重合闸备用接点控制其再次输出故障量，此时故障相断路器尚未合上，但故障量已使保护加速跳闸，三相跳闸令又控制试验仪切除故障，于是当故障相断路器合好后，可能跳闸令已经收回了。因此出现了题目中所说的情况。根本原因是备用接点的动作快于断路器的实际跳合时间。

(4) 改进如下：

1) 在试验仪内模拟断路器合闸时间，保护重合令反馈后，经此延时再输出故障量。

2) 用断路器的跳闸位置接点来切除故障量。

3) 采用三相合闸位置继电器常开接点串联后，再与重合闸接点串接控制试验仪器再次输出故障量。

第四篇

实 战 篇

第十七章

模拟理论题

模 拟 卷 一

一、选择题【本题每题 1 分，共 25 分。请选择一个正确答案填入括号内】

1. 我省 220kV 线路高频保护使用收发信机通道测试逻辑的有 （ C ）。

　　A. RCS 901A　　　　B. PSL 602A　　　　C. CSL 101A　　　　D. CSC 101A

2. 由开关场至控制室的二次电缆采用屏蔽电缆且要求屏蔽层两端接地，则不能降低 （ D ）的影响。

　　A. 开关场的空间电磁场在电缆芯线上产生感应，对静态型保护装置造成干扰

　　B. 相邻电缆中信号产生的电磁场在电缆芯线上产生感应，对静态型保护装置造成干扰

　　C. 本电缆中信号产生的电磁场在相邻电缆的芯线上产生感应，对静态型保护装置造成干扰

　　D. 由于开关场与控制室的地电位不同，在电缆中产生干扰

3. RCS 901A 型微机保护装置在 PT 断线时，未退出的保护元件有 （ B ）。

　　A. 零序方向元件　　　　　　　　　　B. 工频变化量距离元件

　　C. 距离保护　　　　　　　　　　　　D. 零序 II 段方向过流保护元件

4. 当双母线接线的两条母线分列运行时，母差保护 （ B ）元件的动作灵敏度将降低，因此需自动将制动系数降低。

　　A. 小差　　　　　　　　B. 大差　　　　　　　　C. 大差和小差

5. 具有二次谐波制动的差动保护，为了可靠躲过励磁涌流，可 （ B ）。

　　A. 增大"差动速断"动作电流的整定值

　　B. 适当减小差动保护的二次谐波制动比

　　C. 适当增大差动保护的二次谐波制动比

6. 在同一小接地电流系统中，所有出线装设两相不完全星形接线的电流保护，电流互感器装在同名相上，这样发生不同线路两点接地短路时，切除两条线路的几率是 （ B ）

　　A. 1/2　　　　　　　B. 1/3　　　　　　　C. 2/3　　　　　　　D. 0

7. 故障时保护装置的 $\Delta I_{UV} = 0.76A$、$\Delta I_{VW} = 2.95A$、$\Delta I_{WU} = 2.25A$，最有可能发生故障的相别为 （ C ）。

　　A. U 相接地　　　　　B. V 相接地　　　　　C. W 相接地　　　　　D. UV 相间故障

8. 220kV 线路两套保护都拒动时，用来切除故障的保护是（ C ）。

  A. 开关失灵保护　　　　　　　　　　B. 母差保护

  C. 相邻线路保护　　　　　　　　　　D. 安全自动装置

9. 一般线路保护，当开关在分闸状态，控制电源投入时，用万用表测量主保护跳闸出口压板，其上端头对地为（ A ）V（直流系统为 220V）。

  A. +110　　　　　B. -110　　　　　C. 0　　　　　D. 无法确定

10. 请问以下哪项定义不是零序电流保护的优点？（ B ）

  A. 结构及工作原理简单、中间环节环节少、尤其是近处故障动作速度快

  B. 不受运行方式影响，能够具备稳定的速动段保护范围

  C. 保护反应零序电流的绝对值，受过渡电阻影响小，可作为经高阻接地故障的可靠的后备保护

11. 关于电压互感器，下面的说法正确的是（ C ）。

  A. 原方线圈与系统相并联，也可以相串联

  B. 原方线圈匝数多，导线细，因而阻抗小

  C. 副方线圈的标准电压为 100V 或 100/3V

  D. 副方线圈不得开路

12. 电流互感器饱和对母线差动保护影响结果哪一种说法是正确的？（ C ）

  A. 内部故障时，有发生拒动可能性，因为饱和电流互感器因二次阻抗大，要汲出差动回路电流

  B. 内部故障时，电流互感器即使饱和母差保护也能正确动作

  C. 外部故障时有误动可能，因为饱和电流互感器二次绕组呈电阻性而使电流减小而导致差动回路电流增大

  D. 外部故障时有可能不动作，因为饱和电流互感器电流的减小而使差动电流减小

13. 主变压器公共线圈过负荷保护是为了防止（ C ）供电时，公共线圈过负荷而设置的。

  A. 高压侧向中、低压侧　　　　　　　B. 低压侧向高、中压侧

  C. 中压侧向高、低压侧　　　　　　　D. 高压侧向中压侧

14. 电容器组末端的过流保护反映电容器的（ B ）故障。

  A. 内部　　　　　B. 外部短路　　　　　C. 接地

15. 综合自动化系统中，如果某线路的测控单元故障，则下列（ C ）情况是正确的。

  A. 后台不能接收到保护动作信号　　　B. 保护动作后断路器不能跳闸

  C. 后台不能进行遥控操作

16. 三相对称负荷电流为 5A，用钳形电流表测量电流，分别卡 U 相，UV 相，UVW 三相，电流指数结果为（ C ）。

  A. 5A，10A，0A　　　　　　　　　　B. 5A，5A，5A

  C. 5A，5A，0A　　　　　　　　　　D. 5A，10A，15A

17. 差动保护制动特性试验，选 A、B、C 三个单元，A、B 两单元反极性串联固定加 1A 电流，C 单元相位与 A 单元相同，当 C 单元电流增大到 3A 时，保护临界动作。根据该试验结果，计算其制动系数值为（ A ）。

A. 0.6   B. 0.7   C. 0.8

18. 接地故障时，零序电流的大小（ A ）。

A. 与零序等值网络的状况和正负序等值网络的变化有关

B. 只与零序等值网络的状况有关，与正负序等值网络的变化无关

C. 只与正负序等值网络的变化有关，与零序等值网络的状况无关

D. 不确定

19. 继电保护（ D ）要求在设计要求它动作的异常或故障状态下，能够准确地完成动作。

A. 选择性   B. 快速性   C. 安全性   D. 可信赖性

20. 表达式 $\frac{1}{3}(\dot{U}_{VW}+e^{-j60°}\dot{U}_{WU})$，代表的是（ B ）。

A. U 相负序电压   B. V 相负序电压

C. W 相负序电压   D. 以上都不对

21. 继电保护事故后校验属于（ C ）。

A. 部分校验   B. 运行中发现异常的校验

C. 补充校验   D. 事故校验

22. 在高频闭锁零序距离保护中，保护停信需带一短延时，这是为了（ C ）。

A. 防止外部故障时的暂态过程而误动

B. 防止外部故障时功率倒向而误动

C. 与远方启动相结合，等待对端闭锁信号的到来，防止区外故障时误动

D. 防止内部故障时高频保护拒动

23. 在所有圆特性的阻抗继电器中，当整定阻抗相同时，（ B ）躲负荷阻抗的能力最强。

A. 全阻抗继电器   B. 方向阻抗继电器

C. 偏移特性阻抗继电器

24. 分级绝缘的 220kV 变压器一般装有下列三种保护作为在高压侧失去接地中性点时发生接地故障的后备保护。此时，该高压侧中性点绝缘的主保护应为（ C ）。

A. 带延时的间隙零序电流保护   B. 带延时的零序过电压保护

C. 放电间隙

25. 断路器失灵保护动作的必要条件是（ C ）。

A. 失灵保护电压闭锁回路开放，本站有保护装置动作且超过失灵保护整定时间仍未返回

B. 失灵保护电压闭锁回路开放，故障元件的电流持续时间超过失灵保护整定时间仍未返回，且故障元件的保护装置曾动作

C. 失灵保护电压闭锁回路开放，本站有保护装置动作，且该保护装置和与之相对应的失灵电流判别元件持续动作时间超过失灵保护整定时间仍未返回

二、判断题【本题每题 1 分，共 25 分。将答案填入括号内，正确用"√"表示，错误用"×"表示】

1. 双母线接线的开关重合闸沟通三跳回路由线路保护实现。   （ √ ）

2. 电力系统故障动态记录的模拟量采集方式，A 时段记录系统大扰动开始的状态数据，

$t \geqslant 0.04\text{s}$，B 时段记录大扰动后全部状态数据，并只要能观察到 3 次谐波即可。（×）

3. TPY 型电流互感器铁芯中由于加入气隙使得互感器额定二次时间常数变大。（√）

4. 在小电流接地系统中若中性点经小电阻接地后，单相接地后的电容电流也会减小，起到补偿作用。（×）

5. 平行线路之间存在零序互感，当相邻平行线流过零序电流时，将在线路上产生感应零序电势，但不会改变零序电流与零序电压的相量关系。（×）

6. 断路器在跳合闸时，跳合闸线圈要有足够的电压才能够保证可靠跳合闸，因此，跳合闸线圈的电压降均不小于电源电压的 80% 才为合格。（×）

7. 当高频收发信机收信回路输入端同时存在两侧高频信号时，倘若两侧高频信号幅值相近，则在相位正好相反的那段时间，就可能出线频拍。（√）

8. 变压器采用比率制动式差动继电器主要是为了躲励磁涌流和提高灵敏度。（×）

9. 数字化变电站中应用的电子式电流互感器的优点是在大电流情况下不会发生饱和，保证故障状态下电流互感器的精度。（√）

10. 对微机保护来说，可采用检查模数变换系统、打印核对定值、进行开出量传动检查的方法，来检查回路及定值的正确性。（×）

11. 变压器的复合电压方向过流保护中，三侧的复合电压接点并联是为了提高该保护的动作可靠性。（×）

12. 如果线路送出有功与受进无功相等，则功率因数为 0.707。（√）

13. 在超高压长距离的线路上，除了要安装并联电抗器之外，在三相并联电抗器的中心点还要装设一个小电抗器，这是为了降低潜供电流的影响，以提高重合闸的成功率。（√）

14. 操作箱面板的跳闸信号灯应在保护动作跳闸时点亮，在手动跳闸时不亮。（√）

15. 由变压器、高压电抗器瓦斯保护启动的中间继电器应采用较大启动功率的中间继电器，可不要求快速动作，以防止直流负极接地时可能导致的误动作。（×）

16. 短路初始时，一次短路电流中存在的直流分量和高频分量分量易造成距离保护稳态超越；而短路点存在的过渡电阻易造成距离保护暂态超越。（×）

17. 正序电压是故障点数值最小，负序电压和零序电压是故障点数值最大。（√）

18. 输电线路光纤分相电流差动保护，线路中的负荷电流再大，一侧 TA 二次断线时保护不会误动。（√）

19. 220kV 线路保护应按加强主保护、简化后备保护的基本原则配置和整定。（√）

20. 系统发生接地故障时，流过自耦变压器中性点的零序电流是高、中两侧零序电流有名值之差。（√）

21. 功率方向继电器采用 90° 接线的优点在于相间短路时无死区。（×）

22. 若我省某微机保护装置的采样频率为 2500Hz，则每周波有 50 个采样点，采样间隔时间为 0.4ms。（√）

23. 在用 1000V 绝缘电阻表测量交流电流、电压及直流回路对地的绝缘电阻时，对绝缘电阻的要求是大于 $1.0\text{M}\Omega$。（√）

24. 电力系统振荡时，电流速断、零序电流速断保护有可能发生误动作。（×）

25. 虽然微机保护有完善的闭锁措施，但"弱馈功能"仍不允许在强电源侧投入。（√）

三、简答题【本题每题 5 分，共 30 分】

1. 什么是功率倒向？功率倒向时高频保护为什么有可能误动？目前保护采取了什么主要措施？

答：功率倒向即为双回线中的一条线路发生近处（出口）故障，当近故障侧开关先于远故障侧开关跳闸而引起非故障线路的功率（负荷）的方向发生倒向的情况。

功率倒向后，反向转正向侧保护因不能及时收到对侧闭锁信号有可能误动。

反向转正向时延时跳闸（反方向闭锁正方向）。

2. 在母线电流差动保护中，为什么要采用电压闭锁元件？怎样闭锁？

答：为了防止差动继电器误动作或误碰出口中间继电器造成母线保护误动作，故采用复合电压闭锁元件。它利用接在每组母线电压互感器二次侧上的低电压继电器和零序过电压继电器实现。三只低电压继电器反应各种相间短路故障，零序过电压继电器反应各种接地故障。利用电压元件对母线保护进行闭锁，接线简单。防止母线保护误动接线是将电压重动继电器的触点串接在各个跳闸回路中。这种方式如误碰出口中间继电器不会引起母线保护误动作，因此被广泛采用。

3. 简述三相变压器空载合闸时励磁涌流的大小及波形特征与哪些因素有关。

答：三相变压器空载合闸的励磁涌流大小和波形与下列因素有关：

（1）系统电压大小和合闸出相角。

（2）系统等值电抗大小。

（3）铁芯剩磁、铁芯结构。

（4）铁芯材质（饱和特性、磁滞环）。

（5）合闸在高压或低压侧。

4. 线路保护整组试验中应检查故障发生与切除的逻辑控制回路，一般应做哪些模拟故障检验？

答：为了防止差动继电器误动作或误碰出口中间继电器造成母线保护误动作，故采用复合电压闭锁元件。它利用接在每组母线电压互感器二次侧上的低电压继电器和零序过电压继电器实现。三只低电压继电器反应各种相间短路故障，零序过电压继电器反应各种接地故障。利用电压元件对母线保护进行闭锁，接线简单。防止母线保护误动接线是将电压重动继电器的触点串接在各个跳闸回路中。这种方式如误碰出口中间继电器不会引起母线保护误动作，因此被广泛采用。

5. 零序补偿系数 $K=$＿＿＿＿，并推导得出过程。当保护装置的定值中设定 K 值为 0.5，而测试装置的 K 值误设为为 0.6 时，在接地距离保护定值校验时会有什么影响？

答：对于接地距离保护：

假若当 U 相发生单相接地时

其中 $K=\dfrac{Z_0-Z_1}{3Z_1}$

$$U_{U1}=U_{K1}+I_{U1}\cdot Z_1$$
$$U_{U2}=U_{K2}+I_{U2}\cdot Z_1(Z_1=Z_2)$$

$$U_{U0} = U_{K0} + I_{U0} \cdot Z_0$$

$$U_U = 0 + I_{U1} \cdot Z_1 + I_{U2} \cdot Z_1 + I_{U0} \cdot Z_0$$

$$= Z_1 \left(I_{U1} + I_{U2} + \frac{Z_0}{Z_1} I_{U0} \right)$$

$$= Z_1 \left(I_U + \frac{Z_0 - Z_1}{3Z_1} 3I_U \right)$$

当测试装置 K 值偏大时，可能在 0.95 倍定值时也不会动作。

6. 3/2 接线方式下，为什么重合闸及断路器失灵保护须单独设置？

答：在重合线路实，由于两个断路器都要进行重合，且两个断路器的重合还有一个顺序问题，因此重合闸不应设置在线路保护装置内，而应按断路器单独设置。此外每个断路器的失灵保护跳闸对象也不一样，所以失灵保护也应按断路器单独设置。因此一般在 3/2 接线方式中，把重合闸和断路器失灵保护做在单独的一个装置内，每一个断路器配置一套该装置。

四、绘图题【本题共 6 分】

依据下图，推导并画出工频变化量阻抗继电器在正方向经过渡电阻短路时的动作特性。

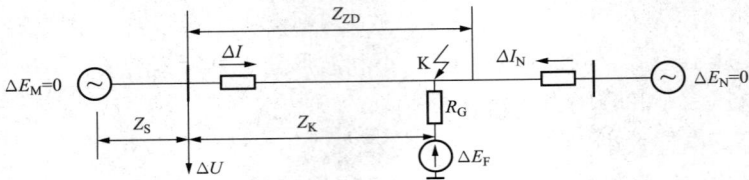

答：工频变化量阻抗继电器的动作方程为

区内短路：$Z_k < Z_{zd}$ 或 $|\Delta U_{op}| > |\Delta U_F|$

区外短路：$Z_k > Z_{zd}$ 或 $|\Delta U_{op}| < |\Delta U_F|$

阻抗继电器在正向短路故障时

$$\Delta U_{op} = \Delta U - \Delta I \cdot Z_{zd} = -\Delta I \cdot (Z_s + Z_{zd})$$

$$\Delta U_F = \Delta I \cdot (Z_s + Z_K)$$

代入动作方程得

$$|Z_s + Z_{zd}| > |Z_s + Z_K|$$

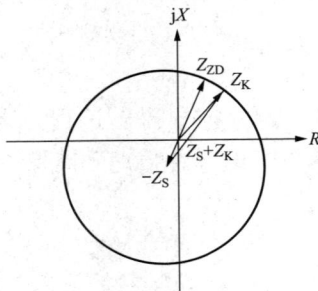

五、计算题【本题共 6 分】

如下图所示的电网中相邻 A、B 两线路，线路 A 长度为 100km。因通信故障使 A、B 的两套快速保护均退出运行。在距离 B 母线 65km 的 K 点发生三相金属性短路，流过 A、B 保护的相电流如图示。试计算分析 A 处相间距离保护与 B 处相间距离的动作情况。

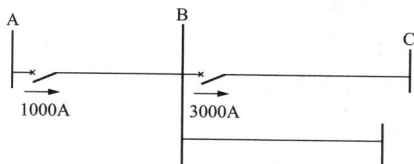

已知线路单位长度电抗：0.4Ω/km。

A 处距离保护定值分别为（二次值）TA：1200/5；$Z_I=3.5Ω$；$Z_{II}=12Ω$；t＝0.5s

B 处距离保护定值分别为（二次值）TA：750/5；$Z_I=1.5Ω$；$Z_{II}=5Ω$；t＝0.5s

线路 TV 变比：220/0.1kV

答：（1）计算 B 保护距离Ⅰ段一次值

$$1.5\times\frac{2200}{150}=22(\Omega)$$

（2）计算 B 保护距离Ⅱ段一次值

$$5\times\frac{2200}{150}=73.3(\Omega)$$

（3）计算 A 保护距离Ⅱ段一次值

$$12\times\frac{2200}{240}=110(\Omega)$$

（4）计算 B 保护测量到的 K 点电抗一次值

$$0.4\times65=26(\Omega)$$

（5）计算 A 保护与 B 保护之间的助增系数

$$\frac{3000}{1000}=3$$

（6）计算 A 保护测量到的 K 点电抗一次值

$$0.4\times100+3\times26=118(\Omega)>110(\Omega)$$

（7）K 点在 B 保护Ⅰ段以外Ⅱ段以内，同时也在 A 保护Ⅱ段的范围之外，所以 B 保护相间距离Ⅱ段以 0.5s 出口跳闸。A 保护不动作。

六、分析题【本题共 8 分】

在某 220kV 变电站中，220kV 采用双母线并列运行，保护配置为 BP-2B，在Ⅰ母上挂有两个线路间隔，其中线路 L1 保护配置为 PSL 602 和 RCS 901 双高频保护，线路 L2 保护配置为 PSL 603 和 RCS 931 双光差保护，重合闸方式均为单重方式。试回答以下问题：

（1）母差停信回路有何作用？

（2）说明当Ⅰ母线发生 U 相瞬时接地故障时，本变电站及对侧变电站各保护装置的动作情况。

（3）说明当 L1 线发生 UV 相永久故障时，本侧开关拒动后，本变电站及对侧变电站各保护装置的动作情况。

答：（1）当故障发生在开关和流变之间时，母差动作，而对线路保护来说则属于区外故障，本侧由反方向元件始终向对侧发闭锁信号，线路纵联保护不会动作，故障仍旧存在，只能由对侧后备保护延时动作。故设置母差停信，使本侧停发闭锁信号，由对侧高频保护动作跳开对侧开关。当在母线上发生故障而本侧开关拒动时，也等效于此种情况。

（2）当Ⅰ母线发生 U 相瞬时接地故障时，本站母线保护动作，跳母联开关和 L1、L2 本侧开关，并闭重；

对 L1 启动母差停信，对侧高频保护 U 跳 U 重；

对 L2 发"远跳"命令，对侧三跳闭重。

（3）当 L1 线发生 UV 相永久故障时，L1 两侧均三跳闭重，由于本侧开关拒动，启动本侧开关失灵保护，短延时跳母联，长延时跳 L2 本侧开关。并远跳对侧三跳不重。

模 拟 卷 二

一、选择题【本题每题1分，共25分。请选择一个正确答案填入括号内】

1. 需要考虑振荡闭锁的继电器有 （ A ）。

    A. 极化量带记忆的阻抗继电器   B. 工频变化量距离继电器

    C. 多相补偿距离继电器

2. 输电线路中某一侧的潮流是送有功，受无功，它的电压超前电流为 （ D ）。

    A. $0°\sim90°$ B. $90°\sim180°$ C. $180°\sim270°$ D. $270°\sim360°$

3. 数字化变电站中以下 （ C ）为全站唯一。

    A. ICD 文件   B. CID 文件   C. SCD 文件

4. 我省 RCS 901A 的零序保护中正常设有二段零序保护，下面叙述条件是正确的为 （ C ）。

    A. I_{02}、I_{04} 均为固定带方向

    B. I_{02}、I_{04} 均为可选是否带方向

    C. I_{02} 固定带方向，I_{04} 为可选是否带方向

    D. I_{04} 固定带方向，I_{02} 为可选是否带方向

5. 主变压器纵差保护一般取 （ C ）谐波电流元件作为过激磁闭锁元件，谐波制动比越（ C ），差动保护躲变压器过激磁的能力越强。

    A. 3 次、大   B. 2 次、大   C. 5 次、小   D. 2 次、小

6. 相间距离保护的阻抗继电器采用零度接线的原因是 （ A ）。

    A. 能正确反应三相短路、两相相间短路、两相接地短路

    B. 能正确反应三相短路、两相相间短路，但不能反应两相接地及单相接地短路

    C. 能反应各种故障

7. 我省 220kV 线路高频保护使用收发信机通道测试逻辑的有 （ C ）。

    A. RCS 901A   B. PSL 602A   C. CSL 101A   D. CSC 101A

8. 变压器中性点消弧线圈的作用是 （ C ）。

    A. 提高电网的电压水平   B. 限制变压器故障电流

    C. 补偿网络接地时的电容电流   D. 消除潜供电流

9. 小接地电流系统中发生单相接地时，（ C ）。

    A. 故障点离母线越近，母线 TV 开口三角电压越高

    B. 故障点离母线越远，母线 TV 开口三角电压越高

    C. 母线 TV 开口三角电压与故障点远近无关

10. 由 I_0/I_{2u} 相位和阻抗元件的动作情况进行选相，当 $-63.4°<\arg(I_0/I_{2u})<63.4°$ 时，如若 Z_u 和 Z_v 都动作，确定的故障类型为 （ B ）。

    A. U 相接地   B. UV 相接地故障

    C. UV 相间故障   D. V 相接地

11. 变压器保护在正常运行时，由于各方面的因素影响会产生差动不平衡电流，请问微机主变压器保护下列哪个因素的影响可以基本消除？（ C ）

A. 各侧 TA 特性不一致　　　　　　　B. 分接头位置调整

C. 互感器变比未完全匹配　　　　　　D. 励磁电流的存在

12. 某 220kV 线路断路器处于冷备用状态，运行人员对部分相关保护装置的跳闸连接片进行检查，如果站内直流系统及保护装置均正常，则（ A ）。（直流系统为 220V）

A. 母差保护对应该线路的跳闸压板上口对地为－110V 左右

B. 母差保护对应该线路的跳闸压板上口对地为 0V 左右

C. 母差保护对应该线路的跳闸压板上口对地为＋110V 左右

D. 母差保护对应该线路的跳闸压板下口对地为－110V 左右

13. 电压互感器一次绕组和二次绕组都接成星形，而且中性点都接地时，二次绕组中性点接地称为（ C ）接地。

A. 工作　　　　　　B. 接线需要　　　　　　C. 保护　　　　　　D. 没什么用

14. 下列哪一项是提高继电保护装置的可靠性所采用的措施？（ A ）

A. 双重化　　　　B. 自动重合　　　　C. 重合闸后加速　　　D. 备自投

15. 综自系统中变电站内部各部之间的信息传递，通常采用（ D ）或现场总线。

A. 微波　　　　　　B. 光缆　　　　　　C. WiFi　　　　　　D. 以太网

16. 母差保护某一出线 TA 单元零相断线后，保护的动作行为是（ B ）。

A. 区内故障不动作，区外故障动作

B. 区内故障动作，区外故障可能动作

C. 区内故障不动作，区外故障不动作

D. 区内故障动作，区外故障不动作

17. 变压器差动保护的灵敏度和（ D ）有关。

A. 比率制动系数

B. 拐点电流

C. 初始动作电流

D. 比率制动系数、拐点电流和初始动作电流三者

18. 若故障点零序综合阻抗大于正序综合阻抗，与单相接地短路故障时的零序电流相比，两相接地故障的零序电流（ B ）。

A. 较大　　　　　　B. 较小　　　　　　C. 不定

19. 大电流接地系统线路发生正方向接地短路时，保护安装处的 $3\dot{U}_0$ 和 $3\dot{I}_0$ 之间的相位角取决于（ A ）。

A. 该点背后到零序网络中性点之间的零序阻抗角

B. 该点正方向到零序网络中性点之间的零序阻抗角

C. 该点到故障点的线路零序阻抗角

D. 该元件适用于中性点不接地系统零序方向保护

20. 对称分量法中，$a\dot{U}_u$ 表示（ B ）。

A. 将 $\dot{U}_u$ 顺时针旋转 120°　　　　　　B. 将 $\dot{U}_u$ 逆时针旋转 120°

C. 将 $\dot{U}_u$ 逆时针旋转 240°

21. 微机保护投运前不须在带负荷情况下做的试验项目是（A）。

    A. 传动试验　　　　B. 相序　　　　C. 功率角度　　　　D. 差动电流

22. 按躲负荷电流整定的线路过流保护，在正常负荷电流下，由于电流互感器的极性接反而可能误动的接线方式为（C）。

    A. 三相三继电器式完全星形接线　　　　B. 两相两继电器式不完全星形接线

    C. 两相三继电器式不完全星形接线

23. 以下说法正确的是（C）。

    A. 电流互感器是电流源，内阻视为零

    B. 电流互感器是电压源，内阻视为零

    C. 电流互感器是电流源，内阻视为无穷大

    D. 电流互感器是电压源，内阻视为无穷大

24. 变压器差动继电器采用比率制动式的意图是（C）。

    A. 为了躲励磁涌流　　　　　　　　B. 为了提高保护内部故障的灵敏度

    C. 为了提高保护对于外部故障的安全性

25. 线路断路器失灵保护相电流判别元件的定值整定原则是（B）。

    A. 躲开线路最大负荷电流　　　　　　B. 保证本线路末端故障有灵敏度

    C. 躲开本线路末端最大短路电流

二、判断题【本题每题 1 分，共 25 分。将答案填入括号内，正确用"√"表示，错误用"×"表示】

1. 备用电源和设备的断路器合闸部分应由供电元件受电侧断路器的常闭辅助触点起动是为了防止将备用电源或备用设备投入到故障元件上，造成 AAT 装置投入失败，甚至扩大故障，加重损坏设备。　　（√）

2. 微机故障录波器启动后，为避免对运行人员造成干扰，不宜给出声光启动信号。（√）

3. 继电保护要求电流互感器在最大短路电流（包括非周期分量电流）下，其变比误差不大于 10%。　　（×）

4. 如果变压器中性点不接地，并忽略分布电容，在线路上发生接地短路，连于该侧的三相电流中不会出现零序电流。　　（√）

5. 在大电流接地系统中，当相邻平行线停运检修并在两侧接地时，电网接地故障线路通过零序电流，将在该检修线路上产生零序感应电流，此时在运行线路中的零序电流将会减少。　　（×）

6. 电力系统中静止元件施以负序电压产生的负序电流与施以正序电压产生的正序电流是相同的，故静止元件的正、负序阻抗相同。　　（√）

7. 高压开关控制回路中防跳继电器的动作电流应小于开关跳闸电流的 1/2，线圈压降应小于 10% 额定电压。　　（√）

8. 如果一套独立保护的继电器及回路分装在不同的保护屏上，那么在不同保护屏上的回路可以由不同的专用端子对取得直流正、负电源。　　（×）

9. 高频保护为了保证足够的通道裕量，只要发信端的功放元件允许，收信端的收信电

平越高越好。　　　　　　　　　　　　　　　　　　　　　　　　　　　　（×）

10. 保护装置在电压互感器二次回路一相、两相或三相同时断线、失压时，应发告警信号，并闭锁可能误动作的保护。　　　　　　　　　　　　　　　　　　　（√）

11. 某线路的正序阻抗为 $0.2\Omega/km$，零序阻抗为 $0.6\Omega/km$，它的接地距离保护的零序补偿系数为 0.5。　　　　　　　　　　　　　　　　　　　　　　　（×）

12. 电流互感器二次回路应有一个接地点，并在配电装置附近经端子排接地。但对于有几组电流互感器联接在一起的保护装置，则应在保护屏上经端子排接地。　　（√）

13. 变压器投产时，进行五次冲击合闸前，要投入瓦斯保护。先停用差动保护，待做过负荷试验，验明正确后，再将它投入运行。　　　　　　　　　　　　　　（×）

14. 标准化保护装置的对时接口：使用 RS-485 串行数据通信接口接收站内统一设置的 GPS 时钟对时系统发出的 IRIG-B（DC）时码。　　　　　　　　　　　（√）

15. 与励磁涌流无关的变压器差动保护有：高中压分侧差动保护、零序差动保护。（√）

16. 变压器的复合电压方向过流保护中，三侧的复合电压接点并联是为了提高该保护的动作可靠性。　　　　　　　　　　　　　　　　　　　　　　　　　　（×）

17. 对于配备完善的接地距离保护，零序电流保护用作接地距离保护的补充，仅用作切除高电阻接地故障。　　　　　　　　　　　　　　　　　　　　　　　　（√）

18. 对 220kV 及以上电网不宜选用全星形自耦变压器，以免恶化接地故障后备保护的运行整定。　　　　　　　　　　　　　　　　　　　　　　　　　　　　（√）

19. 短路初始时，一次短路电流中存在的直流分量和高频分量分量易造成距离保护稳态超越；而短路点存在的过渡电阻易造成距离保护暂态超越。　　　　　　　（×）

20. 某线路光纤分相电流差动保护、信号传送通过 PCM 设备采用数字复接方式（经 64Kbit/s 接口），此时时钟应设为外时钟主从方式。　　　　　　　　　　（√）

21. 微机保护中，光电耦合器常用于开关量信号的隔离，使其输入与输出之间电气上完全隔离，尤其使可以实现地电位的隔离，这样可以有效的抑制差模干扰。　　（×）

22. 查找直流接地时，所用仪表内阻不应低于 $1000\Omega/V$。　　　　　　　（×）

23. 空载长线路充电时，末端电压会升高。这是由于对地电容电流在线路自感电抗上产生了电压降。　　　　　　　　　　　　　　　　　　　　　　　　　　（√）

24. 断路器的"跳跃"现象一般是在跳闸、合闸回路同时接通时才发生，"防跳"回路设置是将断路器闭锁到跳闸位置。　　　　　　　　　　　　　　　　　　（√）

25. 线路允许式纵联保护较闭锁式纵联保护易拒动，但不易误动。　　　　　（√）

三、简答题【本题每题 5 分，共 30 分】

1. 高频闭锁式和允许式保护在发信控制方面有哪些区别（以正、反向故障情况为例说明）？

答：（1）发生正向故障时，闭锁式保护发信后，由于正方向元件动作而立即停发闭锁信号。

（2）发生正向故障时，允许式保护由正方向元件动作而向对侧发出允许跳闸信号。

（3）发生反方向故障时，闭锁式保护长发信闭锁对侧高频保护。

（4）发生反方向故障时，允许式保护不发允许跳闸信号。

2. 在带电的电流互感器二次回路上工作时应采取哪些安全措施？

答：（1）严禁将电流互感器二次侧开路。

（2）短路电流互感器二次绕组，必须使用短路片或短路线，短路应妥善可靠，严禁用导线缠绕。

（3）严禁在电流互感器与短路端子之间的回路上和导线上进行任何工作。

（4）工作必须认真、谨慎，不得将回路的永久接地点断开。

（5）工作时，必须有专人监护，使用绝缘工具，并站在绝缘垫上。

3. 保护操作箱一般由哪些继电器组成？

答：保护操作箱由下列继电器组成：

（1）监视断路器合闸回路的跳闸位置继电器及监视断路器跳闸回路的合闸位置继电器。

（2）防止断路器跳跃继电器。

（3）手动合闸继电器。

（4）压力监察或闭锁继电器。

（5）手动跳闸继电器及保护三相跳闸继电器。

（6）一次重合闸脉冲回路（重合闸继电器）。

（7）辅助中间继电器。

（8）跳闸信号继电器及备用信号继电器。

4. 为什么交直流回路不可以共用一条电缆？

答：（1）交直流回路都是独立系统。直流回路是绝缘系统而交流回路是接地系统。若共用一条电缆，两者之间一旦发生短路就造成直流接地，同时影响了交、直流两个系统。

（2）平常也容易互相干扰，还有可能降低对直流回路的绝缘电阻。

所以交直流回路不能共用一条电缆。

5. 自耦变压器过负荷保护比起非自耦变压器的来，更要注意什么？

答：自耦变压器高、中、低三个绕组的电流分布、过载情况与三侧之间传输功率的方向有关，因而自耦变压器的最大允许负载（最大通过容量）和过载情况除与各绕组的容量有关外，还与其运行方式直接相关。特别是高、低压侧同时向中压侧传输功率时，会在三侧均未过载的情况下，其公共绕组却已过载，因此，应装设公共绕组过负荷保护。

6. 如果 MN 线路两侧都装有 RCS 931 保护和母线保护，当在 M 侧的断路器和电流互感器之间（电流互感器在断路器的线路侧，如下图所示）短路时，请说明 M 侧断路器由什么保护跳闸？并说明 N 侧的 RCS 931 保护如何快速跳闸。

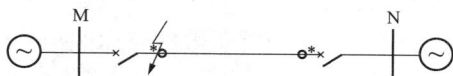

答：M 侧保护由母线保护动作跳闸。M 侧母线保护动作的接点作为开入量加到 M 侧的 RCS 931 保护的远跳端子，经通道向对侧发远跳信号。对侧的 RCS 931 保护收到远跳信号后经过或不经过（可整定）起动元件控制发跳闸命令。

四、绘图题【本题共 6 分】

如果阻抗继电器的动作方程为 $90° \leqslant \arg(Z_J - Z_{zd})/Z_J \leqslant 270°$，式中 Z_J 为测量阻抗，Z_{zd} 为整定阻抗。

（1）在阻抗复数平面上画出它的动作特性？

（2）写出继电器用以实现的电压形式的动作方程（即用加在继电器上的电压 U_J、电流 I_J 和整定阻抗 Z_{zd} 表达的动作方程）。

（3）说明该继电器在正方向出口短路可能会拒动（出现死区），在反方向出口短路可能会误动采取什么措施？采取措施后，请画出正向短路和反向短路时的暂态动作特性？（保护反方向的阻抗为 $Z_s \angle \Phi$，正方向的所有阻抗为 $Z_R \angle \Phi$，保护的整定阻抗为 $Z_{zd} \angle \Phi$）。

答：（1）

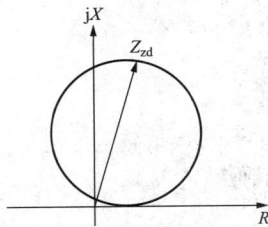

（2）$90° \leqslant \arg(U_J - I_J Z_{zd})/U_J \leqslant 270°$

应采取的措施为：对极化电压（U_J）进行记忆，即用短路前的电压作为极化电压。

继电器正方向和反方向短路的暂态特性如下图所示。

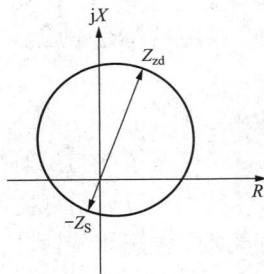

正向短路暂态动作特性　　　　反向短路暂态动作特性

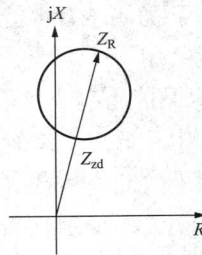

五、计算题【本题共 6 分】

某降压变容量 $S = 100\text{MVA}$，变比 230/38.5kV，高压侧 TA 变化为 1200/5A，低压侧 TA 变比为 2500/5A，接线为 YNd11，该变压器微机差动保护 TA 接线为星形，采用低压侧移相方式，请回答以下问题。

（1）以低压侧为基准，求高压侧电流平衡系数。

（2）额定运行情况下，高压侧保护区内发生单相接地故障，接地电流为 12.6kA，求 U、V、W 相差动回路电流（低压侧无电源），并画出电流的相量图。

答：（1）额定电流：

$$I_{1N} = \frac{100 \times 10^3}{\sqrt{3} \times 230} = 251.02(A)$$

$$I_{2N} = \frac{100 \times 10^3}{\sqrt{3} \times 38.5} = 1499.61(A)$$

进入差动回路电流：

$$I'_{1N} = \frac{251.02}{240} = 1.046(A)$$

$$I'_{2N} = \frac{1499.61}{500} = 2.999(A)$$

平衡系数：

$$K_{v1} = \frac{2.999}{1.046} = 2.867$$

$$K_{v2} = 1$$

如答：

$$K_{v1} = \frac{1}{1.046} = 0.956$$

$$K_{v2} = \frac{1}{2.999} = 0.333$$

同样得分。

（2）YN 侧保护区内单相接地时，有 $I_{KU1} = I_{KU2} = I_{KU0} = \frac{1}{3} \times 12.6 = 4.2$（kA）

因低压侧无电流，所以低压侧进入差动回路的电流为 0，只有 YN 侧正、负序电流进入差动回路。

画出 YN 侧进入差动回路的一次电流相量如下：

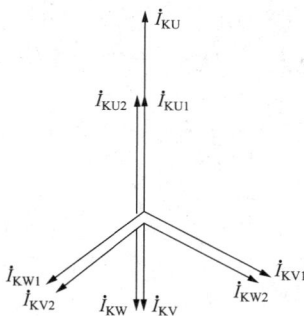

$$I_{KU}（进差动）= 2 \times 4.2 = 8.4(kA)$$
$$I_{KV}（进差动）= -4.2(kA)$$
$$I_{KW}（进差动）= -4.2(kA)$$
$$I_{dU} = \frac{8.4 \times 10^3}{240} \times 2.867 = 100.3(A)$$
$$I_{dV} = -\frac{4.2 \times 10^3}{240} \times 2.867 = -50.2(A)$$

$$I_{dW} = -\frac{4.2 \times 10^3}{240} \times 2.867 = -50.2(A)$$

六、分析题【本题共8分】

某 500kV 变电站 500kV 主接线及保护配置如图所示，请分别说明当 F1、F2、F3 点故障时保护如何动作。

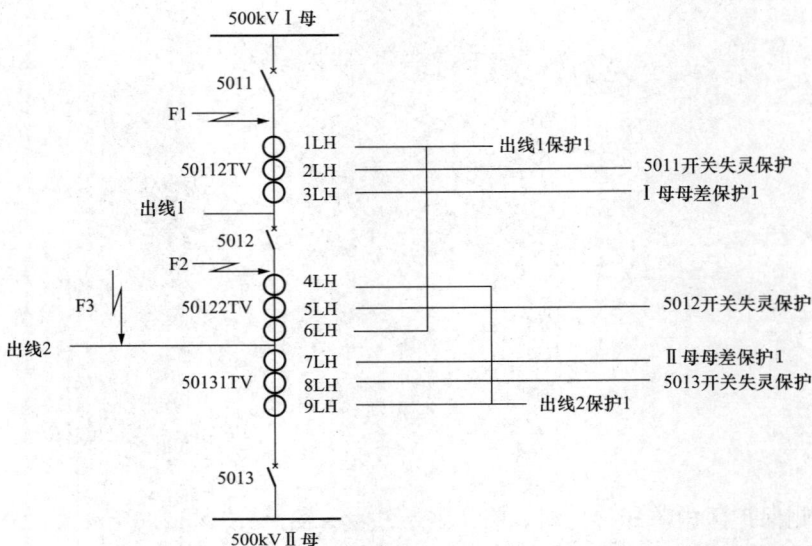

答：(1) F1 故障属于 500kV Ⅰ母保护范围，在Ⅰ母差动动作后，F1 故障仍未切除，靠 5011 开关失灵保护启动跳 5012 断路器来切除，同时并远跳出线 1 对侧开关。

(2) F2 故障属于出线 1 保护范围，出线 1 保护动作在跳开 5011、5012 开关后，故障并未完全隔离，再由 5012 线开关失灵保护动作跳开 5013 开关，同时远跳出线 2 对侧开关。

(3) F3 故障属于出线 2 保护范围，出线 2 保护动作跳开 5012、5013 开关及对侧开关。

模　拟　卷　三

一、选择题【本题每题 1 分，共 20 分。请选择一个正确答案填入括号内】

1. 在下面设备中，属于运行中的电气设备是指（ D ）。

    A. 全部带有电压和部分带有电压

    B. 全部带有电压和一经操作即带有电压

    C. 部分带有电压和一经操作即带有电压

    D. 全部带有电压、部分带有电压和一经操作即带有电压

2. 小接地电流系统中发生单相接地时，（ C ）。

    A. 故障点离母线越近，母线 TV 开口三角电压越高

    B. 故障点离母线越远，母线 TV 开口三角电压越高

    C. 母线 TV 开口三角电压与故障点远近无关

    D. 不确定，要看具体的故障点位置

3. 现场工作过程中遇到异常情况或断路器跳闸时（ C ）。

    A. 只要不是本身工作的设备异常或跳闸，就可以继续工作，由运行值班人员处理

    B. 可继续工作，由运行值班人员处理异常或事故

    C. 应立即停止工作，保持现状，待找出原因或确定与本工作无关后方可继续工作

    D. 可将人员分成两组，一组继续工作，一组协助运行值班人员查找原因

4. 用分路试停的方法查找直流接地有时查找不到，不可能是由于（ A ）。

    A. 分路正极接地或分路负极接地　　　　B. 环路供电方式合环运行

    C. 充电设备或蓄电池发生直流接地

5. 微机保护要保证各通道同步采样，如果不能做到同步采样，除对（ B ）以外，对其他元件都将产生影响。

    A. 负序电流元件　　　B. 相电流元件　　　C. 零序方向元件　　　D. 阻抗元件

6. 当直流母线电压为 85% 额定电压时，加于跳、合闸位置继电器的电压不应小于其额定电压的（ C ）。

    A. 50%　　　　　　　B. 60%　　　　　　　C. 70%　　　　　　　D. 85%

7. 断路器跳（合）闸线圈的出口接点控制回路，必须设有串联自保持的继电器回路，有多个出口继电器可能同时跳闸时，宜由防止跳跃继电器实现上述任务，防跳继电器应为快速动作的继电器，其动作电流小于跳闸电流的（ A ），线圈压降小于（ A ）额定值。

    A. 50%，10%　　　B. 40%，10%　　　C. 50%，5%　　　D. 45%，5%

8. 运行中的阻抗继电器，下列参数中（ C ）是确定不变的。

    A. 动作阻抗　　　B. 测量阻抗　　　C. 整定阻抗　　　D. 短路阻抗

9. 对于大型变压器本体、有载分接开关的重瓦斯保护应投跳闸。若需退出重瓦斯保护，应预先（ A ），并经（ A ）批准，限期恢复。下面哪个说法是正确的？

    A. 制定安全措施，总工程师　　　　　　B. 制定临时方案，主管领导

    C. 先将轻瓦斯代投跳闸，厂长　　　　　D. 制定反事故预案，负责人

10. 电流起动的防跳继电器，其电流线圈额定电流应与断路器跳闸线圈的额电电流相配合，并保证动作的灵敏系数不小于（ D ）。

    A. 1.3   B. 1.2   C. 2   D. 1.5

11. 干线上的熔断器熔件的额定电流应比支线上的大（ B ）。

    A. 1～2 级   B. 2～3 级   C. 3～4 级   D. 4～5 级

12. 高压设备发生接地时，室内不得靠近故障点 4m 以内，室外不得接近故障点（ C ）以内。进入上述范围人员必须穿绝缘靴，接触设备的外壳和构架时，应戴绝缘手套。

    A. 4m   B. 6m   C. 8m   D. 10m

13. 测量绝缘电阻时，应在兆欧表（ C ）读取绝缘电阻的数值。

    A. 转速上升时的某一时刻   B. 达到 50%额定转速，待指针稳定后

    C. 达到额定转速，待指针稳定后

14. 在保护屏的端子排处将所有外部引入的回路及电缆全部断开，分别将电流、电压、直流控制信号回路的所有端子各自连在一起，用 1000V 绝缘电阻表测量绝缘电阻，其阻值均应大于（ B ）。

    A. 1MΩ   B. 10MΩ   C. 20MΩ   D. 15MΩ

15. 如果采样频率 $f_s = 600\text{Hz}$，则相邻两采样点对应的工频电角度为（ A ）。

    A. 30°   B. 18°   C. 15°   D. 24°

16. YNynd 接线的三相五柱式电压互感器用于中性点非直接接地电网中，其变比为（ A ）。

    A. $\dfrac{U_N}{\sqrt{3}} \Big/ \dfrac{100}{\sqrt{3}} \Big/ \dfrac{100}{3} V$ B. $\dfrac{U_N}{\sqrt{3}} \Big/ \dfrac{100}{\sqrt{3}} \Big/ 100 V$

    C. $\dfrac{U_N}{\sqrt{3}} \Big/ 100 \Big/ \dfrac{100}{3} V$ D. $\dfrac{U_N}{\sqrt{3}} \Big/ 100 \Big/ 100 V$

17. 单侧电源线路的自动重合闸装置必须在故障切除后，经一定时间间隔才允许发出合闸脉冲，这是因为（ B ）。

    A. 需与保护配合

    B. 故障点要有足够的去游离时间以及断路器及传动机构的准备再次动作时间

    C. 防止多次重合

    D. 断路器消弧

18. 小电流配电系统的中性点经消弧线圈接地，普遍采用（ C ）。

    A. 全补偿   B. 欠补偿   C. 过补偿   D. 零补偿

19. 系统发生两相短路，短路点距母线远近与母线上负序电压值的关系是（ C ）。

    A. 与故障点的位置无关   B. 故障点越远负序电压越高

    C. 故障点越近负序电压越高   D. 不确定

20. 线路第 I 段保护范围最稳定的是（ A ）。

    A. 距离保护   B. 零序电流保护   C. 相电流保护

二、判断题【本题每题 1 分，共 20 分。将答案填入括号内，正确用"√"表示，错误用"×"表示】

1. 两个同型号、同变比的 TA 串联使用时，会使 TA 的误差减小。 （ √ ）

2. 为提高抗干扰能力，微机型保护的电流引入线，应采用屏蔽电缆，屏蔽层和备用芯应在开关场和控制室同时接地。 （ × ）

3. 重合闸前加速比重合闸后加速的重合成功率高。 （ √ ）

4. 试验用闸刀开关必须带罩，从运行设备上直接取试验电源时，熔丝配合要适当，要防止越级熔断总电源熔丝。试验接线要经第二人复查后，方可通电。 （ × ）

5. 开关液压机构在压力下降过程中，依次发压力降低闭锁重合闸、压力降低闭锁合闸、压力降低闭锁跳闸信号。 （ √ ）

6. 继电保护的"三误"是"误整定、误接线、误试验"。 （ × ）

7. 振荡时，系统任何一点电流与电压之间的相位角都随功角的变化而变化，而短路时，电流与电压的角度基本不变。 （ √ ）

8. 变压器的励磁涌流可能含有大量的谐波分量，其中三次谐波分量比较大。 （ × ）

9. 过流保护在系统运行方式变小时，保护范围也变小。 （ √ ）

10. 为了防止在电源中断时因负荷反送而引起低周减载装置误动作，可采用低压闭锁措施。 （ × ）

11. 人身与电压为 10kV 的带电体的安全距离为 1m。 （ × ）

12. 多电源系统或环网加功率方向元件，主要是为了保证保护的选择性。 （ √ ）

13. 备用电源自动投入装置时间元件的整定应使之大于本级线路电源侧后备保护动作时间与线路重合闸时间之和。 （ √ ）

14. 变压器本体的气体、压力释放、冷却器全停等非电量保护，需跳闸时宜采用就地跳闸方式。 （ √ ）

15. 反应变化量的保护只能作为快速动作的保护。 （ √ ）

16. 变压器的短路电压是指变压器短路电流等于额定电流时产生的相电压降。 （ × ）

17. 线路相间电流速断保护范围一般不能保护全长。 （ √ ）

18. 电压等级为 1kV 以上的线路，只要有断路器，均应投入重合闸功能。 （ × ）

19. 变压器差动保护（包括无制动的电流速断部分）应能躲过励磁涌流和外部故障的不平衡电流。 （ √ ）

20. 小接地系统的电流保护，既可以反映相间短路，也可反映单相接地短路。 （ × ）

三、填空题【本题每空格 1 分，共 10 分】

1. 继电保护的四性是指：<u>可靠性</u>、<u>选择性</u>、<u>速动性</u>、<u>灵敏性</u>。

2. 电气设备分为高压和低压两种，其中，高压指设备对地电压在<u>1000V</u>以上者。

3. 各级调度部门应定期发布调管范围内微机保护软件的有效版本，微机保护软件应包含软件版本号、校验码及<u>程序生成时间</u>，以上共同构成完整的软件版本信息。

4. 电流互感器二次回路不能<u>开路</u>，电压互感器二次回路不能<u>短路</u>。

5. 电网两相相间短路时的故障电流是三相短路的 $\dfrac{\sqrt{3}}{2}$ 倍。

6. 所有差动保护在投运前，除测相回路和差回路外，还必须测量各<u>中性线</u>的不平衡电流。

7. 保护屏的接地端子应该用截面不小于<u>4mm²</u>的多股铜线和接地网直接连通。

四、简答题【本题每题 5 分，共 30 分】

1. 产生变压器差动保护的不平衡电流有哪些因素？

答：（1）由于各侧 TA 特性和额定参数不同。

（2）各侧电流的幅值和相位补偿，零序电流消除。

（3）由于改变变压器的调压分接头。

2. 操作回路除了完成跳、合闸功能外，一般还由哪些继电器组成？

答：（1）监视断路器合闸回路的跳闸位置继电器及监视断路器跳闸回路的合闸位置继电器。

（2）防止断路器跳跃继电器。

（3）手动合闸继电器。

（4）压力监察或闭锁继电器。

（5）手动跳闸继电器及保护三相跳闸继电器。

（6）一次重合闸脉冲回路（重合闸继电器）。

（7）辅助中间继电器。

（8）跳闸信号继电器及备用信号继电器。

3. 二次回路中应采用哪些抗干扰措施？

答：二次回路中应采用以下抗干扰措施：

（1）在电缆敷设时，应充分利用自然屏蔽物的屏蔽作用。必要时，可与保护用电缆平行设置专用屏蔽线。

（2）采用铠装铅包电缆或屏蔽电缆，且屏蔽层在两端接地。

（3）强电和弱电回路不得共用一根电缆。

（4）保护用电缆与电力电缆不应同敷设。

4. 500kV 线路保护远跳就地判别装置为什么采用低功率判据？

答：500kV 远跳一般在过电压和断路器失灵的情况启动针对远跳的就地判别装置。

对于过电压情况下则必须采用低功率进行就地判别。

对于断路器失灵情况下，500kV 开关失灵只考虑单相失灵。因此在开关失灵情况下，则必有两相跳开，利用相低功率或门进行就地判别。

5. 我国电力系统中性点接地方式有哪几种？

答：中性点直接接地、中性点经消弧线圈接地、中性点不接地。

6. 试分析平行双回线各种运行方式零序电流变化？（至少三种）

答：（1）平行双回线外部线路接地，则平行双回线零序电流同向，产生助磁作用，使零序电抗增大，零序电流减小。

（2）平行双回线内部接地一侧三相跳闸后，由于两回线零序电流反向，产生去磁作用，使零序电抗减小，零序电流增大。

（3）平行双回线中一回线检修时，同（2），这时检修接地感应的电流更小，影响更小。

五、绘图题【本题共 2 小题，每题 5 分，共 10 分】

1. 对大接地电流系统，如果 TV 开口三角中 V 相线圈的极性接反，正常运行时 UL—UN 的电压为多少？请用相量图表示。

答：200V。

$2\dot{U}_{\mathrm{V}}$ $\dot{U}_{\mathrm{U}}$ $\dot{U}_{\mathrm{V}}$ $\dot{U}_{\mathrm{W}}$

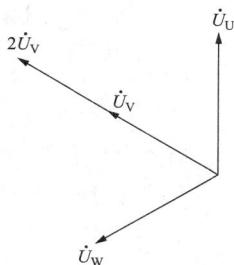

2. 某条线路的零序电流保护Ⅲ段，其定值为 4.6A，3.0s；其电流互感器 V 相极性接反，试问当负荷电流为 90A 时该保护会不会动作？并用相量分析。（电流互感器变比 150/5）

答：

$2\dot{I}_{\mathrm{V}}$ $\dot{I}_{\mathrm{U}}$ $\dot{I}_{\mathrm{V}}$ $\dot{I}_{\mathrm{W}}$

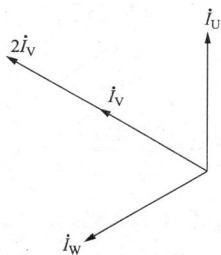

负荷电流二次值为 90/30＝3，零序电流为 2 倍负荷电流，二次 6A，保护动作。

六、分析题【本题 10 分】

1. 系统经一条 220kV 线路供一终端变电站，该变电站为一台 150MVA，220/110/35kV，YNynd 三卷变压器，变压器 220、110kV 侧中性点均直接接地，中、低压侧均无电源且负荷不大。系统、线路、变压器的正序、零序标幺阻抗分别为 X_{1S}/X_{0S}、X_{1L}/X_{0L}、X_{1T}/X_{0T}，当在变电站出口发生 220kV 线路 U 相接地故障时，请画出复合序网图，并说明变电站侧各相电流如何变化？有何特征？

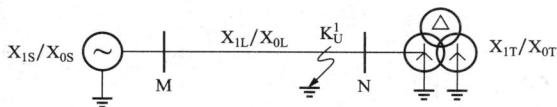

答：（1）复合序网。

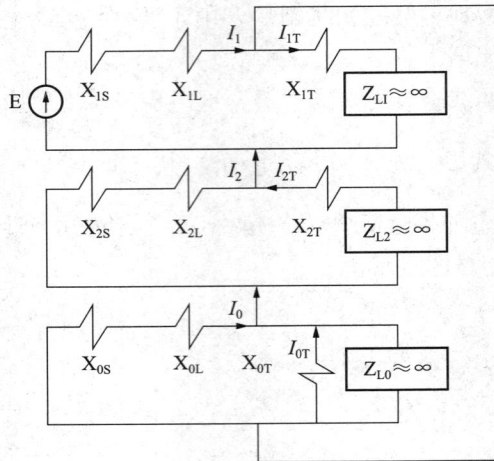

(2) 变电站侧的各相电流及特征。

由 U 相接地短路的边界条件 $\dot{U}_U=0$，$\dot{I}_V=\dot{I}_W$

得：$I_1=I_2=I_0=\dfrac{\dot{E}}{j(X_{1\Sigma}+X_{2\Sigma}+X_{0\Sigma})}$

$X_{1\Sigma}=X_{1S}+X_{1L}$

$X_{2\Sigma}=X_{2S}+X_{2L}=X_{1S}+X_{1L}$

$X_{0\Sigma}=(X_{0S}+X_{0L})\,/\!/\,X_{0T}$

由于中低压侧无电源且负荷不大，可以近似认为负荷阻抗为无穷大，故可得变压器侧的各序电流为

$$I_{1T}=I_{2T}=0,\quad I_{0T}=I_0\cdot(X_{0S}+X_{0L})/(X_{0S}+X_{0L}+X_{0T})$$

若忽略 V、W 相的负荷电流，则各相电流可近似为

$$I_U=I_V=I_W=I_{0T}$$

2. 如下图所示，开关 A、开关 B 均配置时限速断，定时限过流保护，已知开关 B 的定值（二次值），请计算开关 A 的定值（要求提供二次值）。

答：

开关 B：时限速断：n_{TA}：$\dfrac{300}{5}$　　$I_{set\,I}=12$（A）　　0.2s

则一次值 $I_{B1}=n_{TA}\times I_{set\,I}=60\times12=720$（A）

定时限过流：n_{TA}：$\dfrac{300}{5}$　　$I_{set\,II}=4$（A）　　1.5s

则一次值 $I_{B2}=n_{TA}\times I_{set\,II}=60\times4=240$（A）

开关 A 定值 n_{TA}：$\dfrac{400}{5}$

时限速断：与开关 B 的时限速断配合（$K_k = 1.15$）

$$I_{OP\,I} = K_K \times \frac{I_{B1}}{n_{TA}} = 1.15 \times \frac{720}{80} = 10.35(A)$$

取值：10.5A、0.7s。

定时限过流：与开关 B 的过流配合（$K_k = 1.15$）

$$I_{OP\,II} = K_K \times \frac{I_{B2}}{n_{TA}} = 1.15 \times \frac{240}{80} = 3.45(A)$$

取值：3.5A、2.0s。

模 拟 卷 四

一、**选择题**【本大题共 20 小题，每小题 1 分，共 20 分；在每小题给出的四个选项中，只有一个符合题意要求，把所选项前的字母填在题后的括号内】

1. 所谓继电器常开接点是指（C）。

A. 正常时接点断开
B. 继电器线圈带电时接点断开
C. 继电器线圈不带电时接点断开
D. 短路时接点断开

2. 一条线路 M 侧为系统，N 侧无电源但主变（YNyd 接线）中性点接地，当 YN 侧线路 U 相接地故障时，如果不考虑负荷电流，则（C）。

A. N 侧 U 相无电流，V、W 相有短路电流
B. N 侧 U 相无电流，V、W 相电流大小不同
C. N 侧 U 相有电流，与 V、W 相电流大小相等且相位相同
D. N 侧 U 相无电流，与 V、W 相电流大小相但相位相反

3. 90°接线的相间功率方向继电器，其最大灵敏角一般取值为（D）。

A. 70°   B. 90°   C. −110°   D. −30°或−45°

4. 系统发生振荡时，距离 III 段保护不受振荡影响，其原因是（C）。

A. 保护动作时限小于系统的振荡周期
B. 保护动作时限大于系统的振荡周期
C. 保护动作时限等于系统的振荡周期
D. 以上都不对

5. 中性点直接接地系统中，当线路发生（C）短路时，无零序电流。

A. U 相接地
B. U、V 两相同时接地
C. U、V 两相相间
D. V 相接地

6. 在计算距离保护 II 段整定阻抗时，分支系数 K_b 取最小值的目的是为了保证保护的（A）。

A. 选择性   B. 灵敏性   C. 速动性   D. 可靠性

7. 反应接地短路的阻抗继电器，引入零序电流补偿的目的是（C）。

A. 消除出口三相短路死区
B. 消除出口两相短路死区
C. 正确测量故障点到保护安装处的距离
D. 消除过渡电阻的影响

8. 对于大型变压器本体、有载分接开关的重瓦斯保护应投跳闸。若需退出重瓦斯保护，应预先（A），并经（A）批准，限期恢复。

A. 制定安全措施，总工程师
B. 制定临时方案，主管领导
C. 先将轻瓦斯代投跳闸，厂长
D. 制定反事故预案，负责人

9. 对工作前的准备，现场工作的安全、质量、进度和工作结束后的交接负全部责任，是属于（B）。

A. 工作票签发人　　B. 工作负责人　　C. 工作票许可人

10. 60~110kV 电压等级的设备不停电时的安全距离是（B）。

A. 2.0m　　　　　B. 1.5m　　　　　C. 1.0m　　　　　D. 3.0m

11. 配有重合闸后加速的线路，当重合到永久性故障时（A）。

A. 能瞬时切除故障

B. 不能瞬时切除故障

C. 具体情况具体分析，故障点在Ⅰ段保护范围内时，可以瞬时切除故障；故障点在Ⅱ段保护范围内时，则需带延时切除

D. 不能重合

12. 在操作箱中，关于断路器位置继电器线圈正确的接法是（B）。

A. TWJ 在跳闸回路中，HWJ 在合闸回路中

B. TWJ 在合闸回路中，HWJ 在跳闸回路中

C. TWJ、HWJ 均在跳闸回路中

D. TWJ、HWJ 均在合闸回路中

13. 基于零序方向原理的小电流接地选线继电器的方向特性，对于无消弧线圈和有消弧线圈过补偿的系统，如方向继电器按正极性接入电压，电流（流向线路为正），对于故障线路零序电压超前零序电流的角度是（C）。

A. 均为 +90°

B. 无消弧线圈为 −90°，有消弧线圈为 +90°

C. 无消弧线圈为 +90°，有消弧线圈为 −90°

14. 发电机的负序过流保护主要是为了防止（B）。

A. 损坏发电机的定子线圈　　　　B. 损坏发电机的转子

C. 损坏发电机的励磁系统

15. 变压器中性点消弧线圈的作用是（C）。

A. 提高电网的电压水平　　　　　B. 限制变压器故障电流

C. 补偿网络接地时的电容电流　　D. 消除潜供电流

16. 电流起动的防跳继电器，其电流线圈额定电流应与断路器跳闸线圈的额电电流相配合，并保证动作的灵敏系数不小于（C）。

A. 1.3　　　　　B. 1.2　　　　　C. 2　　　　　D. 1.5

17. 继电保护一般是以常见运行方来进行整定计算和灵敏度校核的。所谓常见运行方式是指（B）。

A. 正常方式下，任意一回线路检修

B. 正常方式下，与被保护设备相邻近的一回线路或一个元件检修

C. 正常方式下，与被保护设备相邻近的一回线路检修并有另一回线路故障被切除

D. 正常方式下，与被保护设备相邻近的一回线路和一个元件检修

18. 五次谐波分量的性质与（B）分量相似。

A. 正序　　　　　B. 负序　　　　　C. 零序

19. 继电保护装置检验分为三种，它们分别是（C）。

A. 验收检验、全部检验、传动检验　　　B. 部分检验、补充检验、定期检验

C. 验收检验、定期检验、补充检验

20. 在中性点不接地系统中，电压互感器变比为 $\frac{U_N}{\sqrt{3}} / \frac{100}{\sqrt{3}} / \frac{100}{3}$，则发生 U 相单相金属性接地故障时，开口三角形每相绕组上的电压分别为（ B ）。

A. 0V/100V/100V　　　　　　　　B. 0V/57.7V/57.7V

C. 0V/33.3V/33.3V

二、判断题【本大题共 20 小题，每小题 1 分，共 20 分；请将答案写在括号内】

1. 反应变化量的保护只能作为快速动作的保护。（ √ ）

2. 采用检无压、检同期重合方式的线路，投检同期侧还要投入检无压。（ × ）

3. 继电保护装置的跳闸出口接点，必须在开关确实跳开后才能返回，否则，该接点会由于断弧而烧毁。（ × ）

4. 双母线系统中电压切换的作用是为了保证二次电压与一次电压的对应。（ √ ）

5. 电压互感器中性点引出线上，一般不装设熔断器或自动开关。（ √ ）

6. VW 相金属性短路时，故障点的边界条件为 $I_{KU}=0$；$U_{KV}=0$；$U_{KW}=0$。（ × ）

7. 三相三柱式变压器的零序磁通由于只能通过油箱作回路，所以磁阻大，零序阻抗比正序阻抗小。（ √ ）

8. 我国电力系统中性点有三种接地方式，（1）中性点直接接地；（2）中性点经间隙接地；（3）中性点不接地。（ × ）

9. 只要电源是正弦的，电路中的各个部分电流和电压也是正弦的。（ × ）

10. 为使接地距离保护的测量阻抗能正确反映故障点到保护安装处的距离应引入补偿系数 $K=(Z_0-Z_1)/3Z_1$。（ √ ）

11. 电力系统振荡时，电流速断、距离保护有可能发生误动作。（ √ ）

12. "合闸于故障保护"是基于以下认识而配备的附加简单保护。即合闸时发生的故障大多是内部故障，不考虑合闸时刚好发生外部故障。（ √ ）

13. 在小电流接地系统中，零序电流保护动作时，除有特殊要求（如单相接地对人身和设备的安全有危险的地方）者外，一般动作于信号。（ √ ）

14. 谐波制动的变压器保护中设置差动速断元件的主要原因是为了提高差动保护的动作速度。（ × ）

15. 新安装变压器，在进行 5 次冲击合闸试验时，必须投入差动保护。（ √ ）

16. 变压器纵差保护经星-角相位补偿后，滤去了故障电流中的零序电流，因此，不能反映变压器 YN 侧内部单相接地故障。（ × ）

17. 一般情况下，变压器容量越大，涌流值与额定电流的比值也越大。（ × ）

18. 在现场进行试验时只有没有接地线的测试仪表才可以接入直流电源回路中。（ √ ）

19. 电流互感器二次回路中可以装设熔断器。（ × ）

20. 向变电站的母线空充电操作时，有时出现误发接地信号，其原因是变电站内三相带

电体对地电容量不等，造成中性点位移，产生较大的零序电压。　　　　　　（✓）

三、填空题【本大题共 10 个空格，每空 1 分，共 10 分；请将答案写在括号内】

1. 直流继电器的动作电压，不应超过额定电压的70%，对于出口中间继电器，其值不低于额定电压的50%。

2. 在系统振荡过程中，系统电压最低点叫振荡中心，位于系统综合阻抗的 1/2 处。

3. 微机保护硬件系统包含：（1）数据处理单元；（2）数据采集单元；（3）数字量输入/输出接口；（4）通信接口。

4. 带方向性的保护和差动保护装置，在新投运、一次设备或交流二次回路变动时，均应用负荷电流和工作电压来检验其电流电压回路接线的正确性。

5. 由变压器、电抗器瓦斯保护启动的中间继电器，应采用启动功率较大的中间继电器，不要求快速动作，以防止直流正极接地时误动作。

6. 电气设备分为高压和低压两种，其中，高压为电压等级在1000V 及以上者。

7. 系统频率下降时负荷吸取的有功功率下降，而系统频率升高时负荷吸取的有功功率上升，此现象称之为负荷调节效应。

8. 测量保护交流回路对地绝缘电阻时，应使用 1000V 绝缘电阻表，绝缘电阻阻值应大于10MΩ。

四、简答题【本大题共 6 小题，每题 5 分，共 30 分；请将答案写在空白处】

1. 在带电的电压互感器二次回路上工作时应采取哪些安全措施？

答：在带电的电压互感器二次回路上工作时应采取下列安全措施：

（1）严格防止电压互感器二次侧短路或接地。工作时应使用绝缘工具，戴绝缘手套，必要时在工作前停用有关保护装置。

（2）在二次侧接临时负载，必须装有专门的刀闸和熔断器。

2. 变压器差动保护用的电流互感器，在最大穿越性短路电流时其误差超过 10%，此时应采取哪些措施来防止差动保护误动作？

答：此时应采取下列措施：

（1）适当地增加电流互感器的变流比。

（2）将两组电流互感器按相串联使用。

（3）减小电流互感器二次回路负载。

在满足灵敏度要求的前提下，适当地提高保护动作电流。

3. 试述小接地电流系统单相接地的特点。当发生单相接地时，为什么可以继续运行 1～2h?

答：小接地电流系统单相接地的特点如下：

（1）非故障线路 $3I_0$ 的大小等于本线路的接地电容电流；故障线路 $3I_0$ 的大小等于所有故障线路的 $3I_0$ 之和，也就是所有非故障线路的接地电容电流之和。

（2）非故障线路的零序电流超前零序电压 90°；故障线路的零序电流滞后零序电压 90°。故障线路的零序电流与非故障线路的零序电流相位相差 180°。

（3）接地故障处的电流大小等于所有线路（包括故障线路和非故障线路）的接地电容电流的总和，并超前零序电压90°。

根据小接地电流系统单相接地时的特点，由于故障点电流很小，而且三相之间的线电压仍然对称，对负荷的供电没有影响，因此在一般情况下都允许再继续运行1~2h，不必立即跳闸这也是采用中性点非直接接地运行的主要优点。但在单相接地以后，其他两相对地电压升高$\sqrt{3}$倍，为了防止故障进一步扩大成两点、多点接地短路，应及时发出信号，以便运行人员采取措施予以消除。

4. 微机保护装置应具有哪些抗干扰措施？

答：保护装置应具有的抗干扰措施有：

（1）交流输入回路与电子回路的隔离应采用带有屏蔽层的输入变压器（或变流器、电抗变压器等变换器），屏蔽层要直接接地。

（2）跳闸、信号等外引电路要经过触点过渡或光电耦合器隔离。

（3）发电厂、变电所的直流电源不宜直接与电子回路相连（例如经过逆变换器）。

（4）消除电子回路内部干扰源，例如在小型辅助继电器的线圈两端并联二极管或电阻、电容，以消除线圈断电时所产生的反电动势。

（5）保护装置强弱电平回路的配线要隔离。

（6）装置与外部设备相连，应具有一定的屏蔽措施。

5. 20kV系统采用小电阻接地有什么优点？接地变安装方式有哪几种？

答：优点：降低设备绝缘，有利用故障选线；

母线上，变压器低压侧引线上。

6. 查找直流接地的操作步骤有哪些？

答：查找直流接地的操作步骤：

（1）根据运行方式、操作情况、气候影响进行判断可能接地的处所，采取拉路寻找、分段处理的方法。

（2）先信号和照明部分后操作部分，先室外部分后室内部分为原则。

（3）在切断各专用直流回路时，切断时间不得超过3s，不论回路接地与否均应合上。

当发现某一专用直流回路有接地时，应及时找出接地点，尽快消除。

五、绘图题【本题共1题，共8分】

对大接地电流系统，如果TV开口三角中V相线圈的极性接反，正常运行时$U_L - U_N$的电压为多少？请用相量图表示。

答：200V。

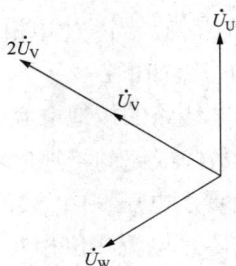

六、分析题【本题共 2 题，每题 6 分，计 12 分】

1. 有一台 $110\pm2\times2.5\%/10\text{kV}$ 的 31.5MVA 降压变压器，试计算其复合电压闭锁过电流保护的整定值（电流互感器的变比为 $300/5$，星形接线；K_{rel} 可靠系数，过电流元件取 1.2，低电压元件取 1.15；K_r 继电器返回系数，对低电压继电器取 1.2，电磁型过电流继电器取 0.85）。

答：变压器高压侧的额定电流

$$I_e = \frac{31.5\times10^6}{\sqrt{3}\times110\times10^3} = 165(\text{A})$$

电流元件按变压器额定电流整定，即

$$I_{op} = \frac{K_{rel}K_c I_e}{K_r n_{TA}} = \frac{1.2\times1\times165}{0.85\times60} = 3.88(\text{A})(\text{取}\ 3.9\text{A})$$

电压元件取 10kV 母线电压互感器的电压，即

（1）正序电压 $U_{op} = \dfrac{U_{min}}{K_{rel}K_r n_{TV}} = \dfrac{0.9\times10000}{1.15\times1.2\times100} = 65.2$（V）（取 65V）

式中：U_{min} 为系统最低运行电压。

（2）负序电压按避越系统正常运行不平衡电压整定，即

$$U_{op.n} = (5\sim7)(\text{V})(\text{取}\ 6\text{V})$$

故复合电压闭锁过电流保护定值为：动作电流为 3.9A，接于线电压的低电压继电器动作电压为 65V，负序电压继电器的动作电压为 6V。

2. 系统发生接地故障时，某一侧的 $3U_0$、$3I_0$，试判断故障在正方向上还是反方向上，并说明原因。（提示：每周波采样点数为 12）

打印数据如下：

$N=$	1	2	3	4	5	6	7	8
$3U_0$（V）	23.9	53.6	68.9	65.8	45	12.2	-23.9	-53.6
$3I_0$（A）	-76.6	-34.2	17.4	64.3	94	98.5	76.6	34.2
$N=$	9	10	11	12	13	14	15	16
$3U_0$（V）	-68.9	-65.8	-45	-12.2	23.9	53.6	68.9	65.8
$3I_0$（A）	-17.4	-64.3	-94	-98.5	-76.6	-34.2	17.4	64.3

答：（1）从打印数据读出：一个工频周期采样点数 $N=12$，即相邻两点间的工频电角度为

$$\frac{360°}{12} = 30°$$

（2）从打印数据读出 $3I_0$ 滞后 $3U_0$ 的相角改为 $60°\sim70°$，即

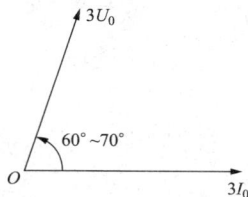

（3）结论：故障在反方向上。

第十八章

模 拟 技 能 题

一、线路保护

WXH803 线路保护试题（选手用）

试验要求

1. 定值校验（6分）：校验纵联差动保护、零差保护定值（含时间定值）

2. 开关传动试验（9分）：线路运行于Ⅰ母，在单重方式下，模拟线路末端A相永久性故障

3. 阻抗试验（5分）：测量相间距离Ⅲ段在短路阻抗角为30°时动作阻抗，并校验其误差

技能操作项目及要求

姓名			单位	
题目		WXH803 线路保护技能操作		
操作序号	操作项目	要　　求		分　值
1	试验前安措	试验前安全措施合理，全面，正确		3
2	试验接线	试验接线和操作规范		2
3	定值试验	定值校验		6
4	开关传动	模拟永久性故障，开关传动校验		9
5	阻抗测试	测量接地距离Ⅲ段在短路阻抗角为30°时动作阻抗及误差		5
6	故障排除	共15个故障		70
7	试验报告	编写报告及试验结论		5

WXH803 线路保护试题（裁判用）

试验内容：

1. 试验项目1：定值校验（6分）

校验纵联差动保护、零差保护定值（含时间定值）

2. 试验项目2：开关传动试验（9分）

线路运行于Ⅰ母，在单重方式下，模拟线路末端A相永久性故障

3. 试验项目3：阻抗试验（5分）

测量相间距离Ⅲ段在短路阻抗角为30°时动作阻抗，并校验其误差（2.64）

技能操作评分表

姓名					单位		
操作时间		时 分_____ 时 分			累计用时		分
	序号	项目	要求	分值	评分细则	得分	记事
评分标准	1	安措	试验前安全措施合理，全面，正确	3	记录压板位置（0.5） 定值区号（0.5） 断开 PT（0.5） 短接并划开 CT（0.5） 解掉出口压板或绝缘包扎相关的出口回路（0.5） 恢复（0.5）		
	2	试验接线	正确阅读端子排图，原理图。按图接线	2	连接电流、电压输入端子正确得1		
					停表接点正确得1		
	3	校验项目1定值校验		6	正确投退硬、软压板（1）		
					电流定值正确（2）		
					装置显示正确（1）		
					时间定值正确（2）		
	4	校验项目2开关传动试验		9	正确投退硬、软压板（1）		
					试验仪设定正确（2）		
					装置显示正确（3）		
					模拟开关动作正确（3）		
	5	校验项目3阻抗试验		5	正确投退硬、软压板（1）		
					试验仪设定正确（1）		
					装置显示正确（2）		
					方向动作边界（1）		
	6	故障排查	故障设置方法	70	故障现象		
		故障点1	定值区0区不对	3	正确定值单区号01		
		故障点2	单相重合闸、三相重合闸、禁止重合闸和停用重合闸四个控制字任意两个同时置1	3	保护告警，重合闸整定错误，闭锁重合闸功能		
		故障点3	In222 电压 N 端虚接、下移	4	电压偏移，不准确		
		故障点4	In203 与 In204 短接	4	B相电流分流、采样值变小		
		故障点5	1ZKK2、1ZKK6 互换	4	电压相序不对		
		故障点6	（开入公共端）1n831 与 1QD27 连线断开	4	开入显示无		
		故障点7	1QD4（开入正电源）和 1QD23（复归开入）短接	4	则保护一直处于复归状态，保护动作信号灯无法保持		

续表

	序号	项目	要求	分值	评分细则	得分	记事
姓名					单位		
操作时间		时 分_____ 时 分			累计用时	分	
评分标准	6	故障点 8	用 2 根尾纤跳线，错接	4	无法自环，通道故障		
		故障点 9	1KD1 与 1KD2 互换	5	U 相跳 V 相		
		故障点 10	4CD11 和 4CD12，4CD15 和 4CD16，4CD19 和 4CD20 未短接	5	可以正常合闸，但是操作箱跳位灯不亮		
		故障点 11	4n805 与 4n804 互换	6	保护重合闸出口启动操作箱的手合继电器，重合闸信号灯不会亮		
		故障点 12	4n504 短接 4n505	6	三跳继电器 TJRF 一直动作，模拟断路器无法合上		
		故障点 13	4CD1 短接至 4PD7	6	跳闸 U 相接入到 V 相跳位，单相不能重合		
		故障点 14	1CD1 和 1CD2 的短接线断开	6	重合闸回路无正电源		
		故障点 15	4YD1-4PD1，和 4YD9-1QD16 的连线	6	操作箱保护动作信号节点并接到保护用闭锁重合闸回路		
	7	试验报告	完成试验报告	5			
			附试验整订单	0.5			
			试验项目、数据完整	2.5			
			版本	0.5			
			试验仪器、人员、时间、装置型号等	0.5			
			试验结论	0.5			
			试验故障记录	0.5			
裁判签字：					年 月 日	总得分：	

二、母线保护

RCS 915 母线保护试题（选手用）

试验项目 1：

（1）线路 1、线路 2 运行于 Ⅰ母，线路 4、线路 5 运行于 Ⅱ母，双母线并列运行。Ⅰ、Ⅱ母电压正常。给各支路 U 相加二次电流，模拟上述母线运行方式，校验大小差电流的平衡，要求保护无任何告警、动作信号。

（2）线路 1、线路 2 运行于 Ⅰ母，线路 4、线路 5 运行于 Ⅱ母，双母线分列列运行。利用以上任意间隔校验大差比率制动系数低值，要求制动电流为 10A、12A 的两点，校验时差动保护动作行为正确。

试验项目 2：

模拟并列运行母联死区故障，母联 TA 接于Ⅰ母侧。

试验项目 3：

线路 1 失灵保护校验，要求测量出口时间，并校验复合电压定值。

技能操作项目及要求

姓名			单位	
题目	RCS-915 母线保护技能操作			
序号	操作项目	要求		分值
1	试验前安措及现场恢复	试验前安全措施合理，全面，正确。试验结束现场恢复		3
2	试验接线	试验接线和操作规范		2
3	试验项目 1	通平衡及大差比例系数低值校验		10
4	试验项目 2	母联合位死区功能校验		8
5	试验项目 3	线路失灵保护校验		7
6	故障排除	共 14 个故障		65
7	试验报告	编写报告及试验结论		5

RCS 915 母线保护试题（裁判用）

试验项目 1：

（1）线路 1、线路 2 运行于Ⅰ母，线路 4、线路 5 运行于Ⅱ母，双母线并列运行。Ⅰ、Ⅱ母电压正常。给各支路 U 相加二次电流，模拟上述母线运行方式，校验大小差电流的平衡，要求保护无任何告警、动作信号。

（2）线路 1、线路 2 运行于Ⅰ母，线路 4、线路 5 运行于Ⅱ母，双母线分列列运行。利用以上任意间隔校验大差比率制动系数低值，要求制动电流为 10A、12A 的两点，校验时差动保护动作行为正确。

试验项目 2：

模拟并列运行母联死区故障，母联 TA 接于Ⅰ母侧。

试验项目 3：

线路 1 失灵保护校验，要求测量出口时间，并校验复合电压定值。

技能操作评分表

姓名					单位			
操作时间		时 分_____ 时 分			累计用时		分	
	序号	项目	要求	分值	评分细则		得分	备注
评分标准	1	安措	试验前安全措施合理，全面，正确	3	记录原始位置（0.5） 定值区号（0.5） 断开 TV（0.5） 短接并划开 TA（0.5） 解掉出口压板或绝缘包扎相关的出口回路（0.5） 恢复（0.5）			
	2	试验接线	正确阅读端子排图、原理图，按图接线	2	连接电流、电压输入端子正确得 1			
					停表接点正确得 1			

姓名					单位			
操作时间		时 分_____ 时 分			累计用时		分	
评分标准	序号	项目	要求	分值	评分细则		得分	备注
	3	校验项目 1 差动平衡及大差低值校验		10	接线正确，平衡成功（5）			
					K 值校验正确（5）			
	4	校验项目 2 合位死区保护校验		8	接线正确（2）			
					逻辑正确（6）			
	5	校验项目 3 线路失灵逻辑验证、电压定值校验		7	接线正确（1）			
					失灵时间正确（4）			
					电压定值正确（2）			
	6	故障排查	故障设置方法	65	故障现象			
		故障点 1	ID26 虚接	4	支路 5W 相电流虚接			
		故障点 2	ID21 与 ID23 端子排外侧短接	5	支路 4V 相电流与 N 短接分流			
		故障点 3	装置背板电流插拔 10B 的 U 相短接	5	支路 4U 相电流与 N 短接分流			
		故障点 4	ID27 与 ID31 内部线交换	5	支路 4 与支路 5 的 N 相内部线交叉			
		故障点 5	ID7 与 ID9、ID14 端子排内侧短接	5	母联电流 N 相与支路 1V 相、支路 2W 相短接，通平衡时，差动电流 VW 不平衡			
		故障点 6	UD4 与 UD8 内部线互换	5	I、II 母电压 N 相交叉，电压漂移			
		故障点 7	ZKK1 与 ZKK2 下端头 U 相短接	4	I 母通压时，II 母出现 U 相电压			
		故障点 8	将失灵保护定值中的失灵跟跳动作时间设置为 1.2s	4	定值错误，失灵保护动作时间将大于 1.2s			
		故障点 9	模拟盘端子排 A3 与 B3 短接	5	支路 1 投入时，母线互联			
		故障点 10	模拟盘端子排 A5 与 A13 短接，B9 与 B13 短接	5	支路 2 正母运行，支路 4 副母运行时，装置出现互联			
		故障点 11	1LP1:2 与 1LP2:2 互换	4	"投母差"与"母线互联"压板交叉			
		故障点 12	背板插拔 7B 松开	4	无法打印			
		故障点 13	B11 短接至 SD73，并将压板 SLP9 短接	5	支路 5 运行于副母时，失灵长期启动			
		故障点 14	装置背板插拔 4B 与 5B 互换，CD1、2 互换	5	跳母联回路无法出口			

续表

	序号	项目	要求	分值	评分细则	得分	备注
姓名					单位		
操作时间		时 分_____ 时 分			累计用时		分
评分标准	7	试验报告	完成试验报告	5			
			附试验整定单	0.5			
			试验项目、数据完整	2.5			
			版本	0.5			
			试验仪器、人员、时间、装置型号等	0.5			
			试验结论	0.5			
			试验故障记录	0.5			
裁判签字:					年 月 日	总得分:	

三、主变压器保护

GPST 1202A 变压器保护试题（选手用）

试验情况：（1）高压侧用本侧运行；

（2）中压侧用本侧运行；

（3）低压侧用本侧运行；

（4）变压器为三圈变压器（Yyd11）。

试验内容：

试验项目1：纵差保护定值及平衡校验

要求：（1）在高压侧和低压侧检验，高压侧电流加在 V 相。

（2）制动电流 I_r 为 $1I_e$ 的差动电流的计算值与实测值。

（3）制动电流 I_r 为 $1.5I_e$ 的差动电流的计算值与实测值。

（4）通过试验验证 K 值。

（5）在 TA 断线告警情况下检验差动速断定值。

试验项目2：中压侧复压方向过流保护定值校验及整组传动（高压侧带模拟断路器）；

要求：（1）模拟中压侧 VW 相间故障；

（2）校验方向动作区；

（3）校验复压定值；

（4）进行整组传动。

技能操作项目及要求

姓名		单位		
题目	GPST1202A 变压器保护技能操作			
序号	操作项目	要 求		分 值
1	试验前安措	试验前安全措施合理，全面，正确		3
2	试验接线	试验接线和操作规范		2
3	试验项目1	按试验要求		15
4	试验项目2	按试验要求		10
5	故障排除	共14个故障，排除一个故障得3～5分		65
6	试验报告	打印故障报告、编写试验报告		5

GPST 1202A 变压器保护试题（裁判用）

试验情况：（1）高压侧用本侧运行；

（2）中压侧用本侧运行；

（3）低压侧用本侧运行；

（4）变压器为三圈变压器（YYd11）。

试验内容：

试验项目1：纵差保护定值及平衡校验

要求：（1）在高压侧和低压侧检验，高压侧电流加在V相；

（2）制动电流 I_r 为 $1I_e$ 的差动电流的计算值与实测值；

（3）制动电流 I_r 为 $1.5I_e$ 的差动电流的计算值与实测值；

（4）通过试验验证K值；

（5）在TA断线告警情况下检验差动速断定值。

试验项目2：中压侧复压方向过流保护定值校验及整组传动（高压侧带模拟断路器）

要求：（1）模拟中压侧VW相间故障；

（2）校验方向动作区；

（3）校验复压定值；

（4）进行整组传动。

技能操作评分表

姓名					单位			
操作时间		时　分_____　时　分			累计用时		分	
评分标准	序号	项目	要求	分值	评分细则		得分	记事
	1	安措	试验前安全措施合理，全面，正确	3	记录压板位置（0.5） 定值区号（0.5） 断开TV（0.5） 短接并划开TA（0.5） 解掉出口压板或绝缘包扎相关的出口回路（0.5） 恢复（0.5）			
	2	试验接线	正确阅读端子排图、原理图，按图接线	2	连接电流、电压输入端子正确得1			
					停表接点正确得1			
	3	校验项目1	高低侧校验主变差动保护比率制动特性定值	15	1. 正确投退硬压板、软压板（1分） 2. 计算值与实测值正确（4分） 3. 平衡检查正确（2分） 4. 校验K值正确（4分） 5.TA断线告警情况下检验差动速断定值校验正确（4分）			
	4	校验项目2	中复压方向过流保护定值校验及整组传动	10	1. 正确投退软硬压板（1分） 2. 动作区正确（3分） 3. 复压定值正确（3分） 4. 动作时间正确（2分） 5. 开关正确传动（1分）			

	姓名				单位			
	操作时间	时 分_____ 时 分			累计用时		分	
	序号	项目	要求	分值	评分细则	得分		记事
评分标准	5	故障点	故障设置方法	分值	故障现象	故障分析	故障排除	
		故障点 1	2D:2 虚接	5	高压侧 B 电流采样不准			
		故障点 2	5SD 的 B、C 短接	5	低压侧 B 电流采样不准			
		故障点 3	101:8 与 101:9 互换	5	电流 N 不通			
		故障点 4	1ZKK 与 2ZKK 空开上空开上口 C 相互换	5	电压采样不准			
		故障点 5	101、102 背后电压端子排互换	5	电压采样不准			
		故障点 6	107:17 接 107:18	5	开入无显示			
		故障点 7	定值单：改为 1 点	5	平衡检查错误			
		故障点 8	2LP、11LP 上端口用铜丝短接	5	中压侧方向过电流压板始终开放高复压元件，电压值校验不正确			
		故障点 9	108a:2 虚接	3	高压侧跳圈不通			
		故障点 10	12D1（5D1）做假线到 6D:15，6D:9 做假线到 5D1	6	TV 失压消失信号断开跳闸出口回路正电源			
		故障点 11	将 12D30 与 12D33 交换	5	保护动作后开关能跳开，但信号有误，保护 1 跳灯不亮			
		故障点 12	206:2 虚接	5	跳闸继电器不动作			
		故障点 13	12D36 接到 12D39	3	合闸正电源短接			
		故障点 14	12D42 接到 12D45	3	跳闸正电源短接			
	6	试验报告	完成试验报告	5				
			附试验整定单	0.5				
			试验项目、数据完整	2.5				
			版本	0.5				
			试验仪器、人员、时间、装置型号等	0.5				
			试验结论	0.5				
			试验故障记录	0.5				
	7	现场恢复	复原现场	0				
裁判签字：					年　月　日		总得分：	